高职高专"十三五"规划教材

机械零部件图的识读与绘制

(第2版)

主　编　刘利军
副主编　张　玥　张婧如　董小磊

北京航空航天大学出版社

内容简介

“机械零部件图的识读与绘制”是高职高专机械类、近机械类专业的一门主干技术基础课，以培养学生阅读与绘制机械工程图样为主要目的，以实际应用为宗旨，使学生的机械工程基础能力得到锻炼和提高，为学生后续课程的学习及将来的工作奠定良好的基础。

全书包括以下学习情境：0—绪论，1—绘制平面图形，2—初步手工制作，3—绘制基本体，4—绘制与阅读组合体，5—综合表达机件，6—绘制标准件与常用件，7—绘制与阅读零件图，8—绘制与阅读装配图，9—测绘减速器，10—计算机绘制平面图形，11—计算机绘制机械图样，12—计算机绘制减速器。

本书可作为高职院校、高等专科学校、本科院校的二级职业技术学院、技师学院及各类培训学校中机械类及近机械类专业的教学用书，也可作为相关工程技术人员的参考用书。

图书在版编目(CIP)数据

机械零部件图的识读与绘制 / 刘利军主编. -- 2版. -- 北京 ：北京航空航天大学出版社，2016.7

ISBN 978-7-5124-2171-4

Ⅰ. ①机… Ⅱ. ①刘… Ⅲ. ①机械元件－机械图－识别－高等职业教育－教材②机械元件－机械制图－高等职业教育－教材 Ⅳ. ①TH13②TH126

中国版本图书馆CIP数据核字(2016)第134528号

机械零部件图的识读与绘制(第2版)

主　编　刘利军

副主编　张　玥　张婧如　董小磊

责任编辑　董　瑞　甄　真

*

北京航空航天大学出版社出版发行

北京市海淀区学院路37号(邮编100191)　http://www.buaapress.com.cn

发行部电话：(010)82317024　传真：(010)82328026

读者信箱：goodtextbook@126.com　邮购电话：(010)82316936

北京兴华昌盛印刷有限公司印装　各地书店经销

*

开本：787×1 092　1/16　印张：29　字数：742千字

2016年8月第2版　2016年8月第1次印刷　印数：4 500册

ISBN 978-7-5124-2171-4　定价：56.00元

第2版前言

为了更好地适应高职高专机械类专业的教学要求，编者不断吸取更先进的教学经验，并听取了广大读者的反馈意见以及部分专家的指导意见，在保持第1版图书的编写格局并继续全面贯彻最新国家标准的基础上进行了相关修订。主要有以下几个方面的工作：

1. 在各个学习情境中尽可能重新使用表格形式将各个知识点生动地展示出来，力求给学生营造一个更加直观的认知环境。

2. 计算机绘图部分采用AutoCAD2014中文版重新编写。

3. 重新绘制了部分插图，并重新整理了所有表格。

4. 整合了部分重复内容，并删去了不常用的内容。

5. 开发了在线开放课程“机械制图与计算机绘图”，以方便读者自学。

本书由四川航天职业技术学院刘利军担任主编，张玥、张婧如、董小磊担任副主编，由刘利军、白晶斐、王建琼、赵忠元、张婧如、韩轲心、杨俊、张玥、王安宇、吴鸿涛、董小磊、武小波、丁昌昆、钟展、刘雯共同编写。全书统稿由刘利军完成。

本书由四川航天职业技术学院周林、唐长清、蒋萍审稿，周林主审。在编写过程中，参编的老师们付出了艰辛的劳动，而且得到了学院及系领导还有许多老师、同学的支持和帮助，如胡文彬、吴京霞、张卓娅、孙文珍、杨林等，在此表示衷心的感谢。

在线开放课程开发由白晶斐主持，参加人员有白晶斐、张玥、杨俊、刘利军、王安宇、吴鸿涛、董小磊。

本书再版，编者力求使之更加适用。由于编者水平和能力有限，书中的不足和错误在所难免，恳请使用本书的广大师生以及其他读者批评指正。

编　者

2016年5月

第1版前言

在四川省示范性高等职业院校建设及我院精品课程建设的基础上，借鉴德国基于工作过程导向的课程开发方法，结合多年来课程改革的经验，将原有教材《机械制图》与《AutoCAD 实用教程》改编为《机械零部件图的识读与绘制》一书。本书以项目引导、任务驱动、情境学习的方式改革原有的教材体系，并有机地结合计算机绘图的内容，充分体现以学生学习为主、教师教学为辅的“学、教、练、做”四位一体化的教学模式和“行动导向”的教学方案设计，体现了“以就业为导向”的职业院校办学宗旨。

本书在内容取舍和安排上充分考虑到高职高专相关专业对本课程的教学要求，在“突出实践能力培养”原则下，对画法几何内容作了精简，对机械制图部分增加了计算机绘图、读图和测绘的内容。通过任务驱动，设计学习情境引入相关的知识点，着重培养和提高学生的实际动手能力和工作能力。

本书具有以下几个方面的特点：

第一，采用学习情境结构体系。全书共十二个学习情境，包括1—绘制平面图形，2—初步手工制作，3—绘制基本体，4—绘制组合体，5—综合表达机件，6—绘制标准件，7—绘制与阅读零件图，8—绘制与阅读装配图，9—测绘减速器，10—计算机绘制平面图形，11—计算机绘制机械图样，12—计算机绘制减速器。

第二，坚持以能力为本位，注重实践能力的培养，突出职业技术教育特色。在学习情境中，将各知识点穿插在其中，任务由简单到复杂，并以真实完成生产任务或绘制真实的可供生产的机械零件图为载体，模拟真实工作过程，引导学生身临其境地仿照任务实施完成学习任务。每一个学习情境都让学生先在任务实施的过程中完成“学中做”；再在任务巩固中完成“做中学”。

第三，以学生为主体，以团队集体协作，学生在教师的指导下各自制订完成任务计划，自主完成任务，自主总结为主要教学方法，在完成任务的过程中学习相关理论，掌握职业技能，考取职业资格证书。

第四，在教材编写过程中，严格贯彻国家有关技术标准的要求，并采用最新颁布的《技术制图》和《机械制图》国家标准。

第五，在教材编写模式方面，打破原有教材的编写模式，以航天制造业典型数控职业岗位为依据，归纳典型工作任务，确定行动领域，转化为学习领域，并设计适当的学习情境，选择合适的载体。前后各个学习情境都有一定的关联性，由易到难，循序渐进。各个学习情境中尽可能使用图片、实物照片或表格形式将各个知识点生动地展示出来,力求给学生营造一个更加直观的认知环境。同时,针对相关知识点,设计了贴近实际生产的任务知识扩展及相关练习,意在拓展学生思维和知识面,引导学生自主学习。

本书可作为高职院校、高等专科学校、本科院校举办的二级职业技术学院、技师学院及各类培训学校中机械类及近机类专业的教学用书,也可作为相关人员自学用书。

本书由四川航天职业技术学院刘利军、王建琼担任主编,张玥、张婧如担任副主编,由刘利军、王建琼、赵忠元、张婧如、韩轲心、张玥、武小波、丁昌昆、钟展、刘雯共同编写。绪论由刘利军执笔,学习情境一由赵忠元执笔,学习情境二、学习情境四由张婧如执笔,学习情境三、学习情境六由韩轲心、丁昌昆、王建琼、钟展共同完成,学习情境五、学习情境七由张玥执笔,学习情境八由韩轲心、刘利军共同完成,学习情境九由武小波、王建琼共同完成,学习情境十、学习情境十一由刘雯执笔,学习情境十二由刘利军执笔。全书各学习情境中各项任务目标、任务引入、任务实施及任务巩固与练习由刘利军编写。全书统稿由刘利军、王建琼共同完成,计算机绘图部分由刘利军、刘雯完成,国家标准及相关资料的收集整理由薛元惠完成。

本书由四川航天职业技术学院周林、唐长清、蒋萍审稿,周林主审。在本书的编写过程中,参编的老师们付出了艰辛的劳动,而且得到了学院及系领导还有许多老师、同学,如胡文彬、董小磊、吴京霞、张卓娅、孙文珍、杨林等的支持和帮助,在此表示衷心的感谢。

这次课程改革仅是一次初探,由于编者水平有限,书中还有很多不足在所难免,有待在教学的实践中不断完善,并广泛听取行业企业专家的意见进一步修订,恳请广大读者批评指正。

编　者

目　　录

绪 论

一、图样的内容及作用

“机械零部件图的识读与绘制”是研究用投影法识读和绘制机械零部件图样的一门课程。根据投影法并遵照国家标准的相关规定，表达工程对象的结构形状、尺寸大小及技术要求的图，称为工程图样，简称为图样。

在现代工业生产中，各种机器、工具、车辆、船舶、飞行器、电子仪器的设计、制造以及各种工程建筑的设计、施工都要以图样为依据。在生产和科学实验活动中，设计者需要通过图样表达设计对象；制造者需要通过图样了解设计要求，依照图样制造设计对象；使用者需要通过图样了解设计、制造对象的结构及性能，进行操作、维修和保养。因此，图样是表达设计意图、交流技术思想与指导生产的重要工具，是工业生产中的重要技术文件，是工程界共同的技术语言。

机械图样是工程图样中应用最多的一种，它又分为零件图和装配图两种。任何机器都是由许多零件和部件组成的，部件又是由若干个零件组成的。图样与机器、部件、零件之间的关系（可参见铣刀头的图例 7－2、图例 7－3 和图例 8－21 或者机用虎钳的图例 8－1 和图例 8－11(d)）：装配图，用来说明机器或部件的工作原理、装配关系、传动路线以及组成该机器或部件的各零件的名称、数量、主要结构形状等，以便了解机器或部件的构造和设计要求，并用来指导该部件的装配。零件图，用来说明零件的结构形状、尺寸大小、技术要求、材料等，以便进行加工和检验。可见，在设计机器或部件时，一般是先画出装配图，然后拆画零件图；在制造机器或部件时，要先根据零件图加工零件，再按装配图把合格零件装配成组件、部件，最后才能装成机器。因此，装配图和零件图相互依赖、各有所用。随着生产和科学技术的发展，图样的作用越来越重要。

二、本课程的学习目的和要求

本课程是学习识读和绘制机械图样的基本理论和方法的一门主干技术基础课。在高等职业技术教育和高等工程专科教育机械类专业教学中，主要目的是培养学生具有一定的识读和绘制机械图样的能力。学习本课程可为后续的机械基础和专业课程以及发展自身的职业能力打下必要的基础。

本课程的主要要求是：

1. 培养专业能力

1）学习投影法（主要是正投影法）的基本理论及其应用。

正投影法是识读和绘制机械图样的理论基础，是本课程的核心内容。

2）学习、贯彻国家标准《技术制图》与《机械制图》及其有关规定。

国家标准《机械制图》相关规定包括基本规定、图样画法、尺寸注法、图形符号及其表示法、常用结构要素表示法等。

3)培养用仪器、计算机、徒手三种方法绘制机械图样的基本能力。

机械图样的表示法包括图样的基本表示法和常用机件及标准结构要素的特殊表示法,是识读和绘制零件图、装配图的重要基础。

4)培养阅读机械图样的基本能力。

阅读与绘制机械图样是本课程的主干内容。

5)培养空间想象和思维能力。

2. 培养方法能力

在完成实际的生产任务中,培养学生独立学习新技术、解决实际问题的能力,培养学生制订工作计划、工作过程自我管理、产品质量的自我控制、工作的自我评价和听取他人评价以及评估总结工作结果等能力。

3. 培养社会能力

培养学生爱岗敬业、认真负责、严谨细致、吃苦耐劳及团结协作的职业素质;培养学生经历和构建社会关系、感受和理解他人的奉献与冲突,并负责任地与他人相处的能力和愿望;培养学生劳动组织(如生产作业组织、劳动安全组织等)能力、群体意识和社会责任心等能力;培养学生在此过程中的语言表达与沟通能力。

三、本课程的学习方法

1)本课程的核心内容是如何用平面图形来表达空间物体,以及由平面图形想象空间物体的形状。各个学习情境就是按照“由物到图”“由图到物”来设计任务的。因此,学习本课程的重要方法是自始至终把物体的投影与物体的形状紧密联系,不断地“由物画图”和“由图想物”,既要想象物体的形状,又要思考作图的投影规律,逐步提高空间想象和思维能力。

2)学与练相结合。各个学习情境设计了各项任务,每次学习任务都要认真仿照任务实施的过程完成(即“学中做”),并补充相应的习题或作业,及时巩固所学知识(即“做中学”)。虽然本课程的教学目标是以识图为主,但是读图源于画图,所以要读画结合,以画促读,通过画图训练促进读图能力的提高。在画图训练中,要养成正确使用绘图工具和仪器的习惯,熟悉并遵守国家标准《技术制图》和《机械制图》的有关规定,掌握正确查阅和使用制图有关手册的方法,并能正确地绘制和阅读中等复杂程度的零件图和装配图。各项任务作业应该做到:投影正确、视图选择与配置恰当、尺寸齐全、字体工整、图面整洁。在工艺和结构方面,要尽量联系生产实际。

3)工程图样不仅是我国工程界的技术语言,也是国际工程界通用的技术语言,不同国籍的工程技术人员都能读懂。因此,阅读与绘制工程图样必须遵守以下两个方面的规则:一是规律性的投影作图;二是规范性的制图标准。学习本课程时,应遵循这两个规则,不仅要熟练地掌握空间形体与平面图形的对应关系,具有丰富的空间想象能力,同时还要熟悉、了解国家标准《技术制图》《机械制图》的相关内容,并严格遵守。

4)由于图样是进行生产的依据,绘图和读图的差错都会给生产带来损失,所以在学习和完成任务时,必须持认真负责的态度和一丝不苟的工作作风。

四、工程图学的历史与发展

我国是世界文明古国之一,在工程图学方面有着悠久的历史。工程图学同其他学科一样,是伴随着生产发展而产生和日趋完善的。

自从劳动开创人类文明史以来，图形与语言、文字一样，是人们认识自然、表达和交流思想的基本工具。远古时代，人类从制造简单工具到营造建筑物，一直使用图形来表达意图，但均以直观、写真的方法来画图。随着生产的发展，这种简单的图形已不能正确表达形体，人们迫切需要总结出一套绘制工程图的方法，既能正确表达形体，又便于绘制和度量。18 世纪欧洲的工业革命，促进了一些国家科学技术的迅速发展。法国科学家蒙日在总结前人经验的基础上，根据平面图形表示空间形体的规律，应用投影方法创建了《画法几何学》，从而奠定了图学理论的基础，使工程图的表达与绘制实现了规范化。200 多年来，经过不断完善和发展，工程图在工业生产中得到了广泛的应用。

2000 多年前，在图学发展的历史长河中，我国人民也有着杰出的贡献，记载了大量的图样史料。“没有规矩，不成方圆”，反映了我国在古代对尺规作图已有深刻的理解和认识，如春秋时代的《周礼・考工记》中已有“规、矩、绳墨、悬锤、水”等画图工具运用的记载。我国历史上保存下来的最著名的建筑图样为宋代李明仲所著的《营造法式》（刊印于 1103 年），书中记载的各种图样与现代的正投影图、轴测图、透视图的画法已非常接近。宋代以后，元代王桢所著《农书》（1313 年）、明代宋应星所著《天工开物》（1637 年）等书中都附有上述类似图样。清代徐光启所著《农政全书》，画有许多农具图样，包括构造细部的详图，并附有详细的尺寸和制造技术要求注解。但由于我国长期处于封建社会，科学技术发展缓慢，图学方面虽然很早就有相当高的成就，但未能形成专著留传下来。

20 世纪 50 代，我国著名学者赵学田教授简明而通俗地总结了三视图的投影规律“长对正、高平齐、宽相等”，从而使工程图易学易懂。1959 年，我国正式颁布国家标准《机械制图》，1970 年、1974 年、1984 年、1993 年、1998 年相继作了必要修订。为了尽快与国际标准接轨，1992 年以来我国又陆续制定了多项适用于多种专业的国家标准《技术制图》。目前，对 1984 年发布的《机械制图》国家标准分批进行的修订工作已经完成，2009 年正式发布，逐步实现了与国际标准的接轨。

20 世纪 50 年代，世界上第一架平台式自动绘图机诞生。到了 20 世纪 70 年代后期，随着微型计算机的出现，计算机绘图进入高速发展和广泛普及的新时期。

跨入 21 世纪的今天，计算机绘图、计算机辅助设计（CAD）技术推动了几乎所有领域的设计革命。CAD 技术从根本上改变了手工绘图、按图组织生产的管理方式，无图纸生产、甩图板工程已经指日可待了。但是，计算机的广泛应用，并不意味着其可以取代人。同时，无图纸生产并不等于无图生产，任何设计都离不开运用图形来表达、构思，因此，图形的作用不仅不会降低，反而显得更加重要。

学习情境 1

绘制平面图形

任务 1.1 尺规绘制简单平面图形

任务目标

- 掌握国家标准《技术制图》和《机械制图》中相关基本规定，并在实践中严格遵守，树立标准化的观念。
- 初步掌握常用绘图仪器和工具的使用。
- 初步掌握基本线型的画法。
- 初步掌握有关等分直线段和等分圆周的基本几何作图方法以及尺寸标注的初步知识。
- 初步了解平面图形的基本绘图方法和步骤。
- 初步养成良好的绘图习惯和一丝不苟的工作作风。

任务引入

绘制图 1-1 所示的简单平面图形，尺寸从图中量取取整，并标注尺寸。

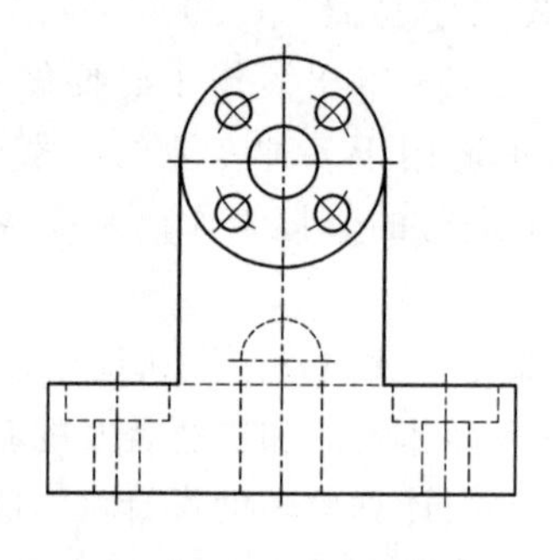

图 1-1 简单平面图形

任务知识准备

一、国家标准《机械制图》的基本规定

工程图样是工程界交流信息的共同语言。国家标准《机械制图》是工程界重要的技术标准，是绘制和阅读机械图样的准则和依据，为了便于指导生产和对外进行技术交流，每个从事技术工作的人员都必须掌握并遵守。

国家标准简称“国标”，包括强制性国家标准(代号为“GB”)、推荐性国家标准(代号为“GB/T”)和国家标准化指导性技术文件(代号为“GB/Z”)。例如《GB/T 17451—2002 技术制图 图样画法 视图》即表示技术制图标准中图样画法的视图部分，17451 为发布顺序号，2002 是发布年。需要注意的是，《机械制图》标准适用于机械图样，《技术制图》标准则对工程界的各种专业图样普遍适用。

（一）图纸幅面和格式（GB/T 14689—2008）

1. 图纸幅面

为了使图纸幅面统一，便于图样的绘制、装订和管理，并符合缩微复制原件的要求，绘制技术图样时应按以下规定选用图纸幅面。

① 应优先采用表1-1规定的图纸基本幅面，其尺寸关系如图1-2所示的粗实线部分。

表1-1　基本幅图（第一选择）及其周边尺寸　　mm

幅面代号	A0	A1	A2	A3	A4
$B\times L$	841×1189	594×841	420×594	297×420	210×297
e	20		10		
c	10			5	
a	25				

② 必要时允许按规定选用图纸的加长幅面，其尺寸由基本幅面的短边成整数倍增加后得出。如图1-2所示，粗实线为第一选择的基本幅面，细实线及细虚线分别为第二选择和第三选择的加长幅面。

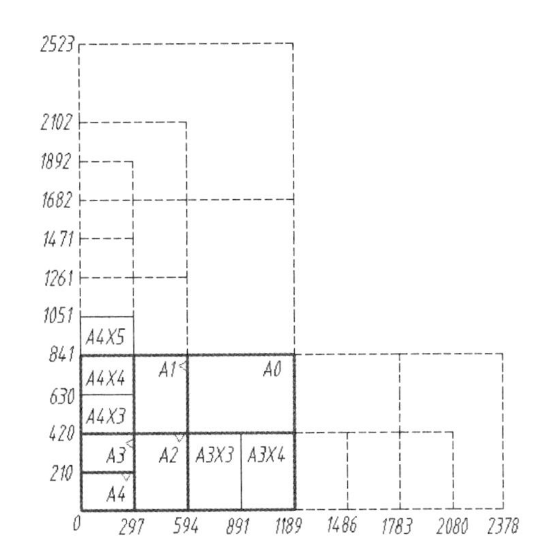

图1-2　基本图幅与加长图幅

2. 图框格式

图纸上限定绘图区域的线框称为图框。在图纸上必须用细实线画出表示图幅大小的纸边界线；用粗实线画出图框，其格式分为不留装订边格式和留装订边格式两种，如图1-3(a)、(b)所示，周边尺寸e、a和c按表1-1中的规定选择。

同一产品图样只能采用一种格式。一般采用A4幅面竖装（Y型图纸），其余幅面横装。

3. 标题栏

标题栏是用来表达零部件及其管理等信息的，主要由名称及代号区、签字区、更改区和其他区组成（见图1-4(a)）。其格式与尺寸由GB/T 10609.1—2008统一规定，如图1-4(b)所示。教学中建议采用简化的标题栏，如图1-5所示。

每张图样的右下角都必须画出标题栏。如图1-3(a)、(b)所示，若标题栏的长边置于水平方向，并与图纸的长边平行，则构成X型图纸；若标题栏的长边与图纸的长边垂直，则构成Y型图纸。此时，标题栏的文字方向为看图方向。

为了使图纸的复制和缩微摄影时定位方便，应在图纸各边的中点处分别画出“对中符号”。对中符号是从纸边开始至伸入图框内约5 mm处的一段粗实线。当对中符号处于标题栏内时，则伸入标题栏内的部分省略不画。

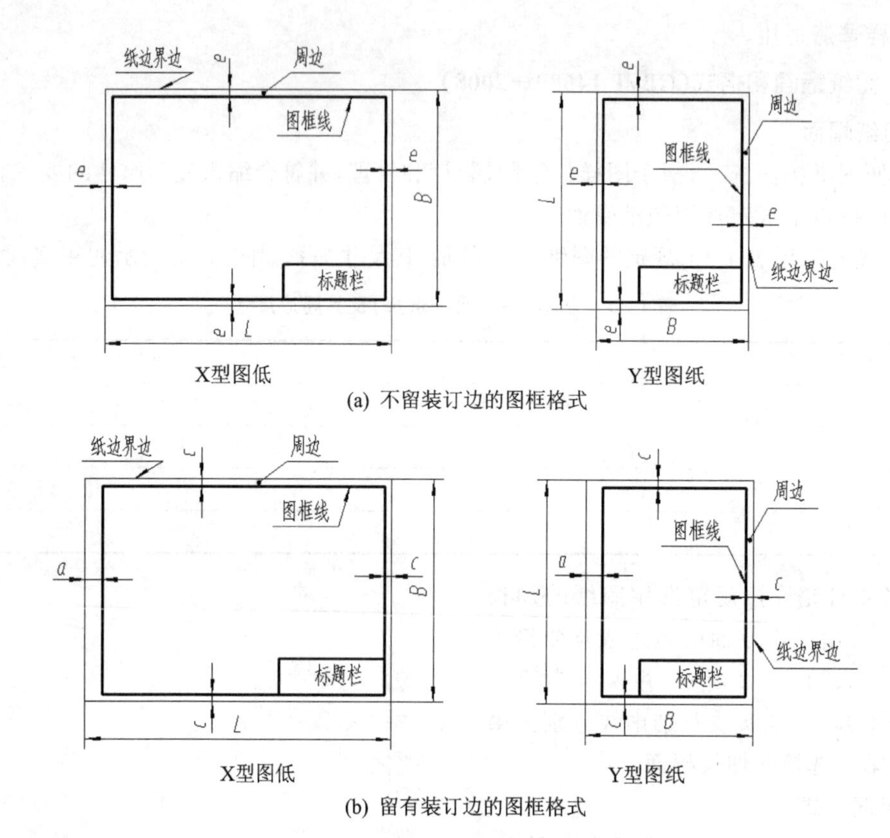

图 1-3　图框格式

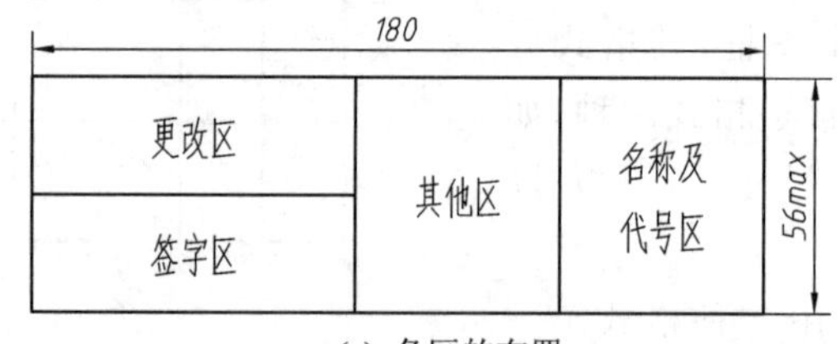

(a) 各区的布置

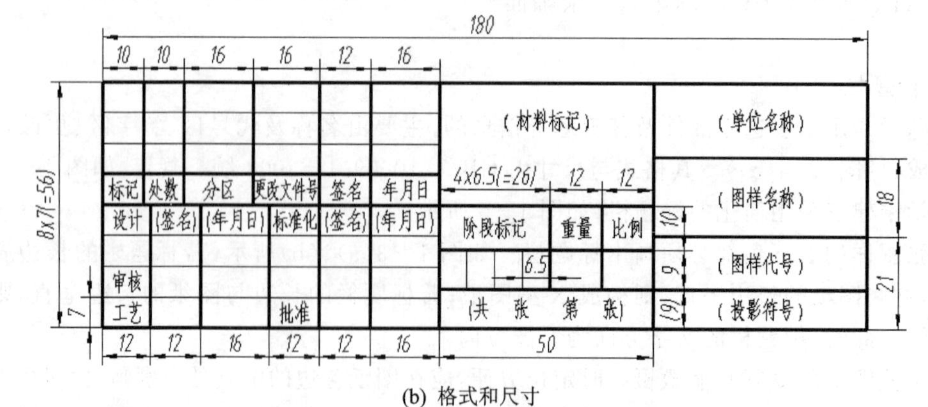

(b) 格式和尺寸

图 1-4　标题栏格式和尺寸

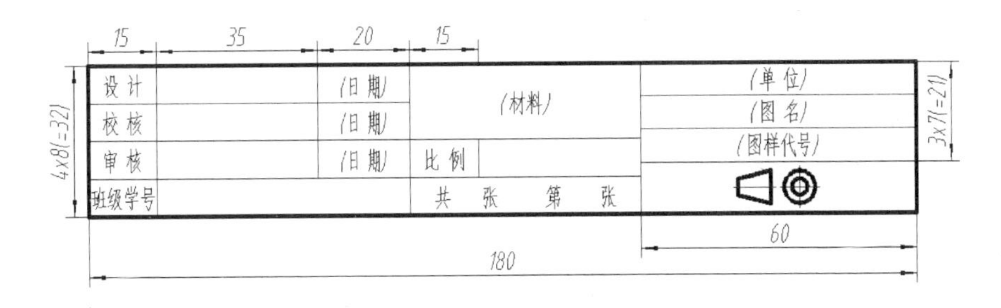

图1-5　制图练习推荐使用的标题栏格式

为了使用预先印制好的图纸，允许将X型图纸的短边置于水平位置使用（逆时针转90°），或将Y型图纸的长边置于水平位置使用（逆时针转90°）。此时，需要改变标题栏的方位时，必须将其旋转至图纸的右上角，而对需要留装订边的图纸，装订边在下方，则标题栏的文字方向与看图方向不一致，为了明确绘图与看图时图纸的方向，应在图纸下边的对中符号处绘制"方向符号"。如图1-6(a)、(b)所示，方向符号是一个用细实线绘制的等边三角形。

方向符号与对中符号的位置、画法和尺寸如图1-6(c)所示。

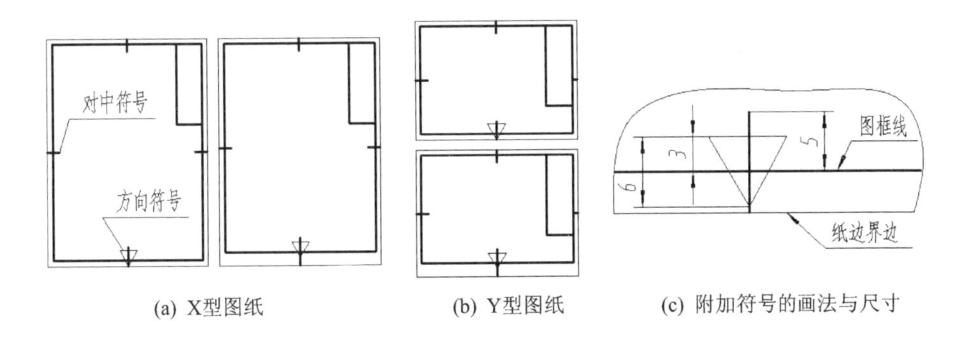

(a) X型图纸　(b) Y型图纸　(c) 附加符号的画法与尺寸

图1-6　图框格式的附加符号

（二）比例（GB/T 14690—1993）

比例是图样中图形与其实物相应要素的线性尺寸之比。

绘制图样时，可根据机件的大小及结构的复杂程度，采用国家标准规定的比例，如表1-2所列。

表1-2　绘图比例

种　类	优先使用比例	可使用比例
原值比例	1∶1	
放大比例	5∶1　2∶1 5×10^n∶1　2×10^n∶1　1×10^n∶1	4∶1　2.5∶1 4×10^n∶1　2.5×10^n∶1
缩小比例	1∶2　1∶5　1∶10　1∶2×10^n 1∶5×10^n　1∶1×10^n	1∶1.5　1∶2.5　1∶3　1∶4　1∶6　1∶1.5×10^n 1∶2.5×10^n　1∶3×10^n　1∶4×10^n　1∶6×10^n

注意

① 为了看图时获得机件的真实感，应尽可能按机件的实际大小，即原值比例绘图；如果机件太大或太小，则采用缩小比例或放大比例绘图。

② 图样无论采用何种比例绘制,标注尺寸都必须按机件设计时给定的尺寸标注,如图 1-7所示。

③ 同一机件的各个视图,原则上应采用相同比例绘制,并填写在标题栏中的“比例”项中;若某个视图采用不同比例时,可在视图名称的下方标注。

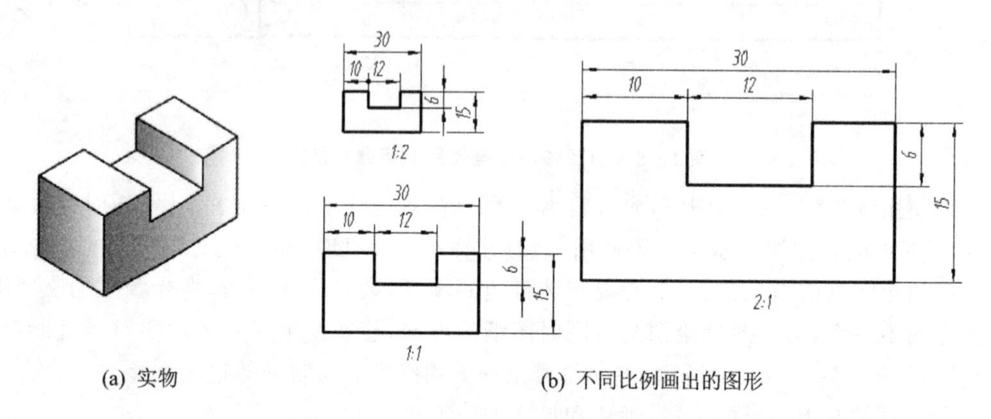

(a) 实物　　(b) 不同比例画出的图形

图 1-7　按机件设计给定的尺寸进行标注

(三) 字体(GB/T 14691—1993)

图样中书写的汉字、数字和字母必须做到:字体工整,笔画清楚,间隔均匀,排列整齐。字体的号数即字体的高度 h 分为 8 种:20 mm,14 mm,10 mm,7 mm,5 mm,3.5 mm,2.5 mm,1.8 mm。若需要书写更大的字,其字体高度应按$\sqrt{2}$的比率递增。用作指数、分数、注脚和尺寸偏差数值时,一般采用小一号字体。

(1) 汉　字

汉字应写成长仿宋体,并采用国家正式公布的简化字。长仿宋体字的书写要领:横平竖直,注意起落,结构均匀,填满方格。汉字的高度不应小于 3.5 mm,其字宽一般为 $h/\sqrt{2}$。

长仿宋体字示例

10 号字

字体工整 笔画清楚 间隔均匀 排列整齐

7 号字

横平竖直 注意起落 结构均匀 填满方格

5 号字

技术制图机械电子汽车航空船舶土木建筑矿山井坑港口纺织服装

3.5 号字

螺纹齿轮端子接线飞行指导驾驶舱位挖填施工引水通风闸阀坝棉麻化纤

(2) 字母和数字

字母和数字分为 A 型和 B 型。字体的笔画宽度和高度分别用 d 和 h 表示。A 型字体的笔画宽度 $d=h/14$,B 型字体的笔画宽度 $d=h/10$。字母和数字可写成斜体和直体。斜体字字头向右倾斜,与水平基准线成 75°。绘图时,一般用 B 型斜体字。在同一图样中,只允许选用一种字体，一般采用斜体字。

1）阿拉伯数字示例

0123456789

2）大写拉丁字母示例

ABCDEFGHIJKLMNO

PQRSTUVWXYZ

3）小写拉丁字母示例

abcdefghijklmno

pqrstuvwxyz

4）罗马数字示例

I II III IV V VI VII VIII IX X

（四）图线（GB/T 17450—1998、GB/T 4457.4—2002）

1. 线型及应用

绘图时应采用国家标准规定的线型和画法。国家标准《技术制图图线》规定了绘制各种技术图样的15种基本线型，根据基本线型及其变形，国家标准规定了9种图线，其名称、形式、宽度以及应用实例如表1-3所列。

表1-3 常用图线的线型与应用

图线名称	图线形式	图线宽度	一般应用举例
粗实线		d（粗）	可见轮廓线
细实线		$d/2$（细）	尺寸线及尺寸界线 剖面线 重合端面的轮廓线 过渡线
细虚线		$d/2$（细）	不可见轮廓线
细点画线		$d/2$（细）	轴线 对称中心线

续表 1-3

图线名称	图线形式	图线宽度	一般应用举例
粗点画线	——— — ——————— — ———	d(粗)	限定范围表示线
细双点画线	——————— - - ———————	$d/2$(细)	相邻辅助零件的轮廓线 轨迹线 极限位置的轮廓线 中断线
波浪线	～～～	$d/2$(细)	断裂处的边界线 视图与剖视的分界线
双折线	——╱╲——╱╲——	$d/2$(细)	同波浪线
粗虚线	— — — — — — —	d(粗)	允许表面处理的表示线

机械图样中采用粗细两种线宽,它们的比例关系为2∶1。图线宽度d应按图样类型和尺寸大小,在下列数系中选取:0.13,0.18,0.25,0.35,0.5,0.7,1,1.4,2(单位:mm,该数系的公比为$1:\sqrt{2}$)。画图时优先采用0.5 mm和0.7 mm的线宽。为了保证图样清晰,便于复制,图样上尽量避免出现线宽小于0.18 mm的图线。图1-8所示为各种线型的应用实例。

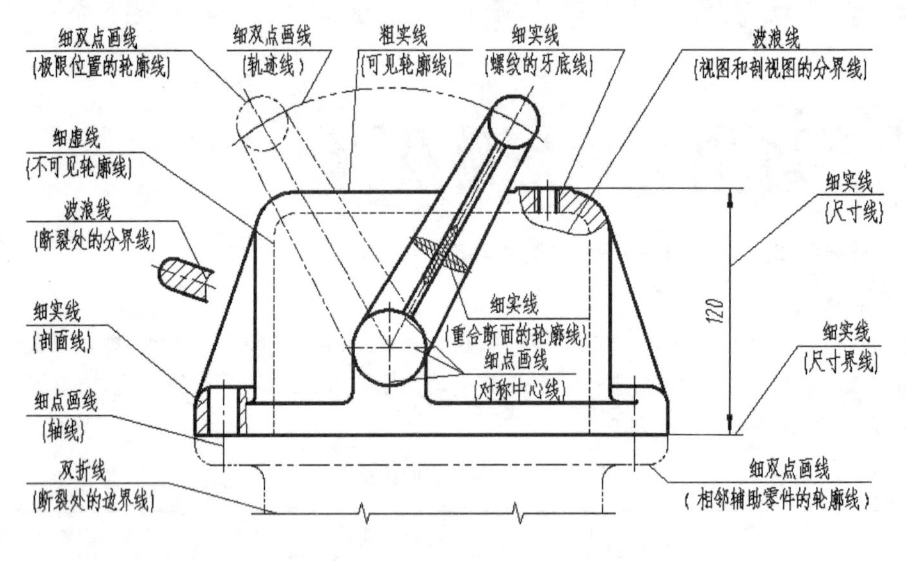

图1-8 图线的应用实例

2. 图线的画法

如图1-9所示,图线的画法有以下几种情况:

① 在同一图样中,同类图线的宽度应基本保持一致;细虚线、细点画线及细双点画线的线段长度和间隔长度也应大致相等。

② 当各种图线重合时,应按粗实线、细虚线、细点画线的顺序绘制。

③ 点画线和双点画线中的点应是极短的一段直线,长约1 mm,不能画成圆点;图线的首末两端应是长画,不能画成点;细点画线两端应超出图形的轮廓线3～5 mm或2～3 mm;在较

小的图形(如直径小于 10 mm 的小圆)上绘制细点画线或细双点画线有困难时,可用细实线代替。

④ 细虚线、细点画线及细双点画线与任何图线相交时都应交于长画处(如两圆的中心线,圆心应是长画的交点);细虚线是其他图线的延长线时,连接处应留有空隙;细虚线圆弧与粗实线相切时,细虚线圆弧应留出间隙;细虚线圆弧与细虚直线相切时,细虚线圆弧画至切点处,留空隙后再画细虚直线。

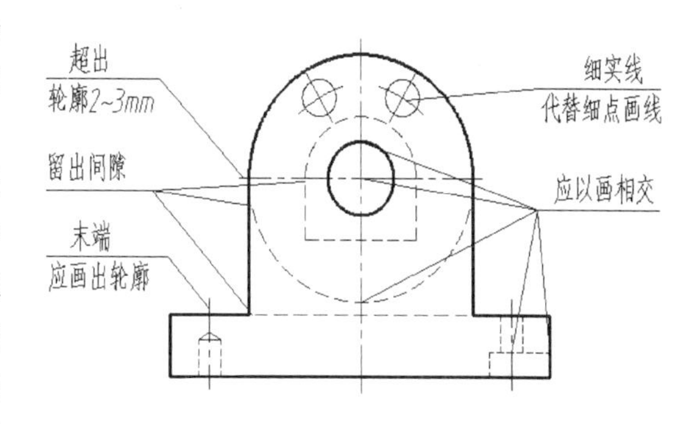

图 1-9　图线的正确画法

⑤ 图线与图线相切,应以切点相切,相切处应保持相切两线中较宽的图线的宽度不得相割或相离。

⑥ 除非另有规定,两条平行线之间的最小间隙不得小于 0.7 mm。

(五) 尺寸标注(GB/T 4458.4—2003)

在工程图样中,图形只能表示机件的结构形状,而其大小和相对位置则由图形上标注的尺寸确定。因此,图形及其尺寸就成为加工制造零件的主要依据。如果尺寸标注错误、不完整或不合理,将给生产带来困难,甚至生产出废品,造成浪费。因此,标注尺寸必须严格遵守国家标准的相关规定,并以极为负责的态度来对待。

国家标准《机械制图　尺寸注法》对此有一系列的规定,下面介绍尺寸标注的初步知识。

1. 基本规则

① 机件的真实大小应以图样上所注的尺寸数值为依据,与图形的大小及绘图的准确度无关。

② 图样中(包括技术要求和其他说明)的尺寸,一般以 mm(毫米)为单位,不注计量单位的代号或名称,如采用其他单位,则必须注明相应的计量单位的代号或名称。

③ 图样中所标注的尺寸为该图样所表示机件的最后完工尺寸,否则应另加说明。

④ 机件的每一尺寸,一般只标注一次,并应标注在最能清晰反映该结构的图形上。

2. 尺寸的基本要素

每个完整的尺寸应包含三个基本要素:尺寸界线、尺寸线(含箭头或斜线)和尺寸数字,如图 1-10 所示。

(1) 尺寸界线

尺寸界线表示所注尺寸的起始和终止位置,表明所注尺寸的范围,用细实线绘制。如图 1-10所示,它由图形的轮廓线、轴线或对称中心线处引出;也可利用轮廓线、轴线或对称中心线本身作尺寸界线。

注意　*尺寸界线一般应与尺寸线垂直,并超出尺寸线 2～3 mm 左右,如图 1-10 和图 1-11所示。必要时允许与尺寸线成适当的角度;当尺寸界线过于贴近轮廓线时,允许倾斜画出。在光滑过渡处标注尺寸时,必须先用细实线将轮廓线延长,再从它们的交点处引出尺寸界线,如图 1-11 所示。*

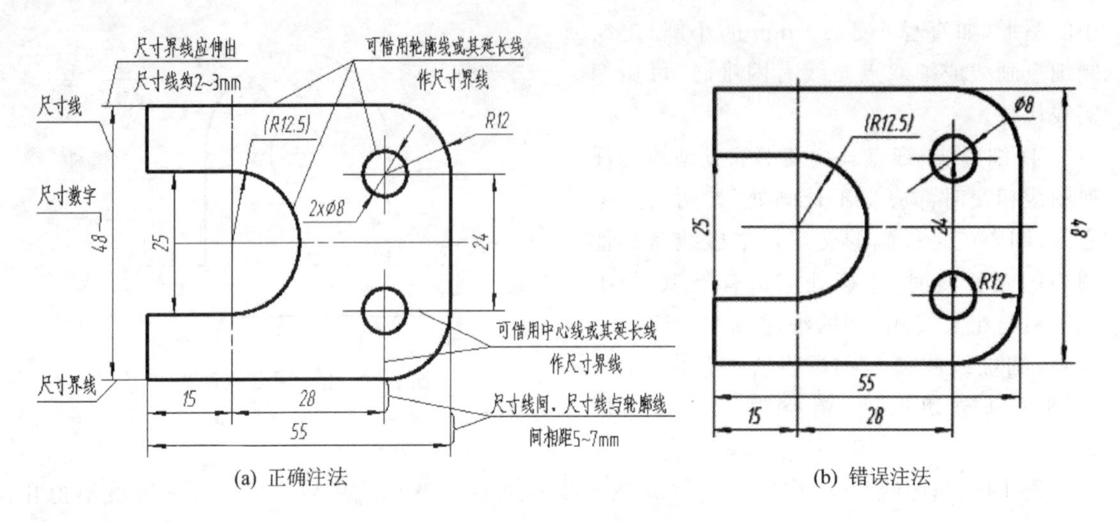

(a) 正确注法　　(b) 错误注法

图1-10　尺寸要素及其画法

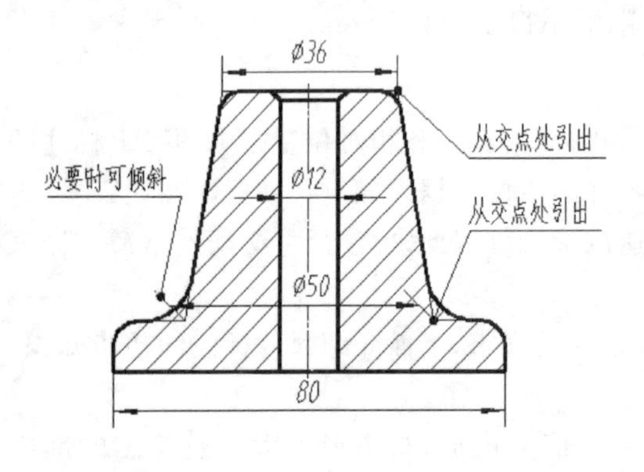

图1-11　尺寸界线与尺寸线斜交示例

(2) 尺寸线

尺寸线表明度量尺寸的方向，必须用细实线单独绘制，不能用图中的任何图线来代替，也不能画在其他图线的延长线上，并应尽量避免尺寸线之间及尺寸线与尺寸界线相交。

标注线性尺寸时(见图1-10)，尺寸线必须与所标注的线段平行；相互平行的尺寸线，小尺寸在内，大尺寸在外，依次排列整齐，并且各尺寸线的间隔要均匀，一般约为5～7 mm，以便于注写尺寸数字和有关符号。在一条直线上依次排列的尺寸箭头应对齐。

尺寸线终端表明度量尺寸的起止，它有两种形式：

① 箭头。箭头的形式如图1-12(a)所示，适用于各种类型的工程图样。

② 斜线。斜线用细实线绘制，其方向以尺寸线为准，逆时针旋转45°，如图1-12(b)所示，常用于建筑图样。当采用此斜线形式的终端时，尺寸线与尺寸界线必须相互垂直。

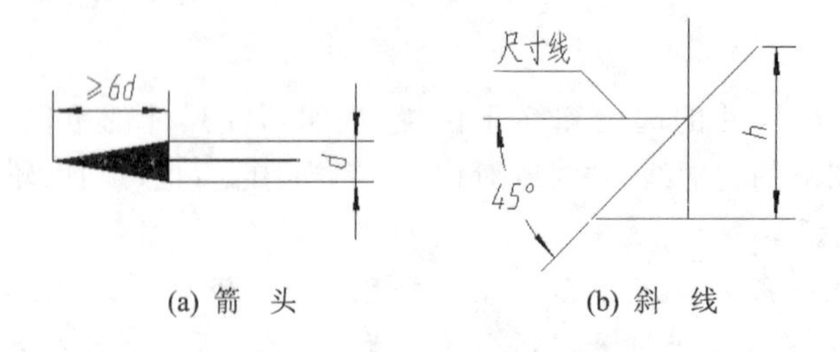

(a) 箭　头　　(b) 斜　线

图1-12　尺寸线终端

注意　同一图样上只能采用一种尺寸线终端的形式。机械图样一般采用箭头作为尺寸线终端。

(3) 尺寸数字

尺寸数字表示机件的实际大小,一律用标准字体书写(一般为3.5号字)。

线性尺寸的尺寸数字,一般应注写在尺寸线的上方,也允许注写在尺寸线的中断处,如图1-13所示。

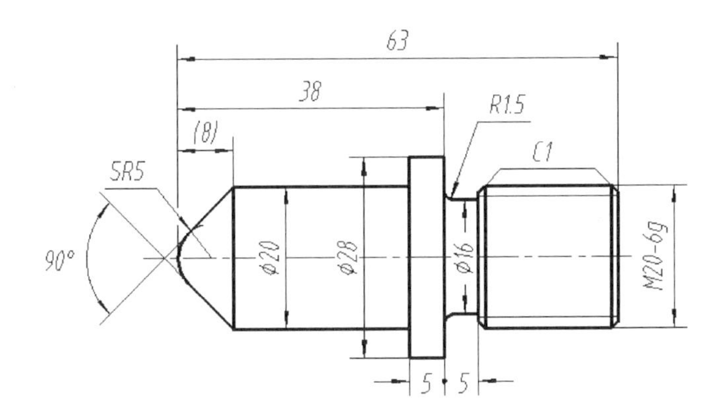

图1-13 尺寸数字的注写位置

注意

① 在同一张图样上公称尺寸数字的字高应保持一致,不能根据数值的大小而改变。

② 尺寸数字不能被任何图线通过,否则必须将该图线断开,如图1-13中的ϕ20,ϕ28。

③ 当位置不够时,线性尺寸的数字也可以引出标注。

3. 常用尺寸的注法

标注尺寸时,应尽可能使用符号和缩写词,如表1-4所列。

表1-4 常用符号和缩写词

含 义	符号和缩写词	含 义	符号和缩写词
直径	ϕ	深度	↧
半径	R	沉孔或锪平	⌴
球直径	Sϕ	埋头孔	⌵
球半径	SR	弧长	⌒
厚度	t	斜度	∠
均布	EQS	锥度	◁
45°倒角	C	展开长	○→
正方形	□	型材截面形状	(按GB/T 4656.1—2000)

线性尺寸、角度尺寸、圆及圆弧尺寸、小尺寸等常用尺寸注法如表1-5所列。

表 1-5 常用尺寸注法示例及说明

<table>
<tr>
<td rowspan="3">线性尺寸注法</td>
<td colspan="3">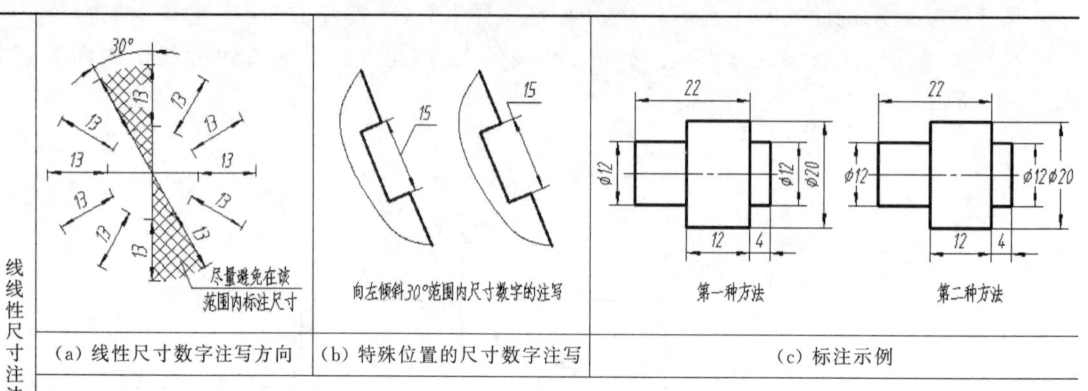
</td>
</tr>
<tr>
<td>(a) 线性尺寸数字注写方向</td>
<td>(b) 特殊位置的尺寸数字注写</td>
<td>(c) 标注示例</td>
</tr>
<tr>
<td colspan="3">线性尺寸数字的方向,注写方法有两种:
第一种应按图(a)方向注写,注写线性尺寸数字,当尺寸线为水平方向时,尺寸数字规定由左向右书写,字头向上;当尺寸线为竖直方向时,尺寸数字由下向上书写,字头朝左;在倾斜的尺寸线上注写尺寸数字时,必须使字头方向有向上的趋势。注意应尽量避免在图示 30°范围内标注尺寸;当无法避免时,应按图(b)形式引出标注。标注示例如图(c)所示。
第二种是对于非水平方向的尺寸,其数字可水平地注写在尺寸线的中断处,如图(c)第二种方法所示。
但在同一张图样中,应尽可能采用同一种标注方法,通常采用第一种方法</td>
</tr>
<tr>
<td rowspan="3">角度尺寸注法</td>
<td colspan="3">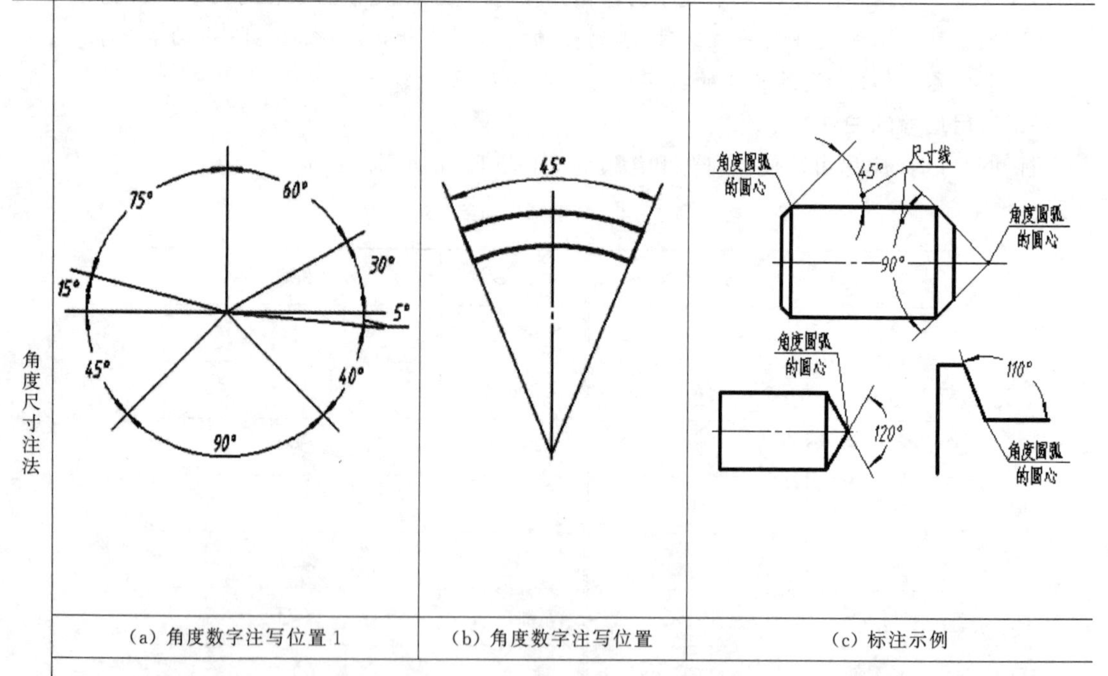
</td>
</tr>
<tr>
<td>(a) 角度数字注写位置 1</td>
<td>(b) 角度数字注写位置</td>
<td>(c) 标注示例</td>
</tr>
<tr>
<td colspan="3">角度的尺寸数字一律水平书写,一般注写在尺寸线的中断处,必要时也可写在尺寸线的上方、外侧或引出标注。角度较小时也可以用指引线引出标注。角度尺寸必须注出单位,如图(a)所示。
角度的尺寸界线应沿径向引出,尺寸线是以角的顶点为圆心画出的圆弧(半径取适当大小),如图(b)和图(c)所示</td>
</tr>
</table>

续表 1－5

<table>
<tr>
<td rowspan="3">圆及圆弧尺寸注法</td>
<td colspan="2">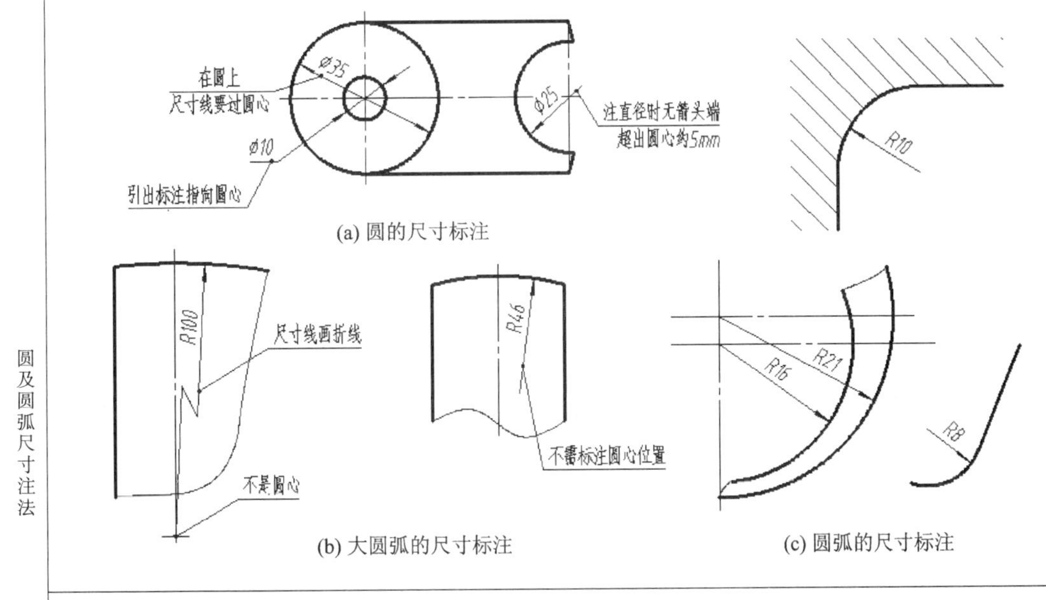

(a) 圆的尺寸标注
(b) 大圆弧的尺寸标注
(c) 圆弧的尺寸标注</td>
</tr>
<tr>
<td colspan="2">标注圆、圆弧的尺寸时，一般可将轮廓线作为尺寸界线，尺寸线或其延长线要通过圆心。大于半圆的圆弧标注直径，在尺寸数字前加注“ϕ”，如图(a)所示；小于和等于半圆的圆弧标注半径，在尺寸数字前加注“R”，如图(b)和图(c)所示</td>
</tr>
<tr>
<td>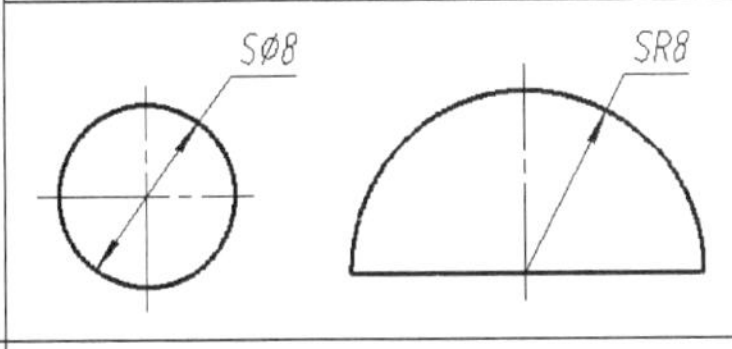
</td>
<td>标注球面的直径或半径时，在尺寸数字前加注符号“$S\phi$”，半球在尺寸数字前加注符号“SR”。对于轴及手柄的端部，螺钉或铆钉的头部等，在不致引起误解的情况下，允许省略符号“S”</td>
</tr>
<tr>
<td rowspan="2">小尺寸注法</td>
<td colspan="2">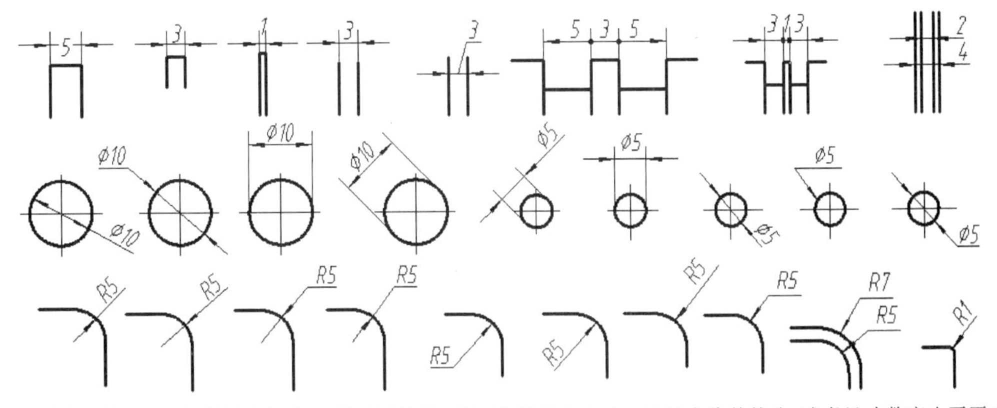
</td>
</tr>
<tr>
<td colspan="2">当没有足够的位置标注小尺寸时，箭头可外移，对于连续的小尺寸可用圆点代替箭头；或者尺寸数字也可画在尺寸界线的外面或引出标注。当位置更小时，箭头和尺寸数字均可以画在尺寸界线的外面</td>
</tr>
</table>

续表 1-5

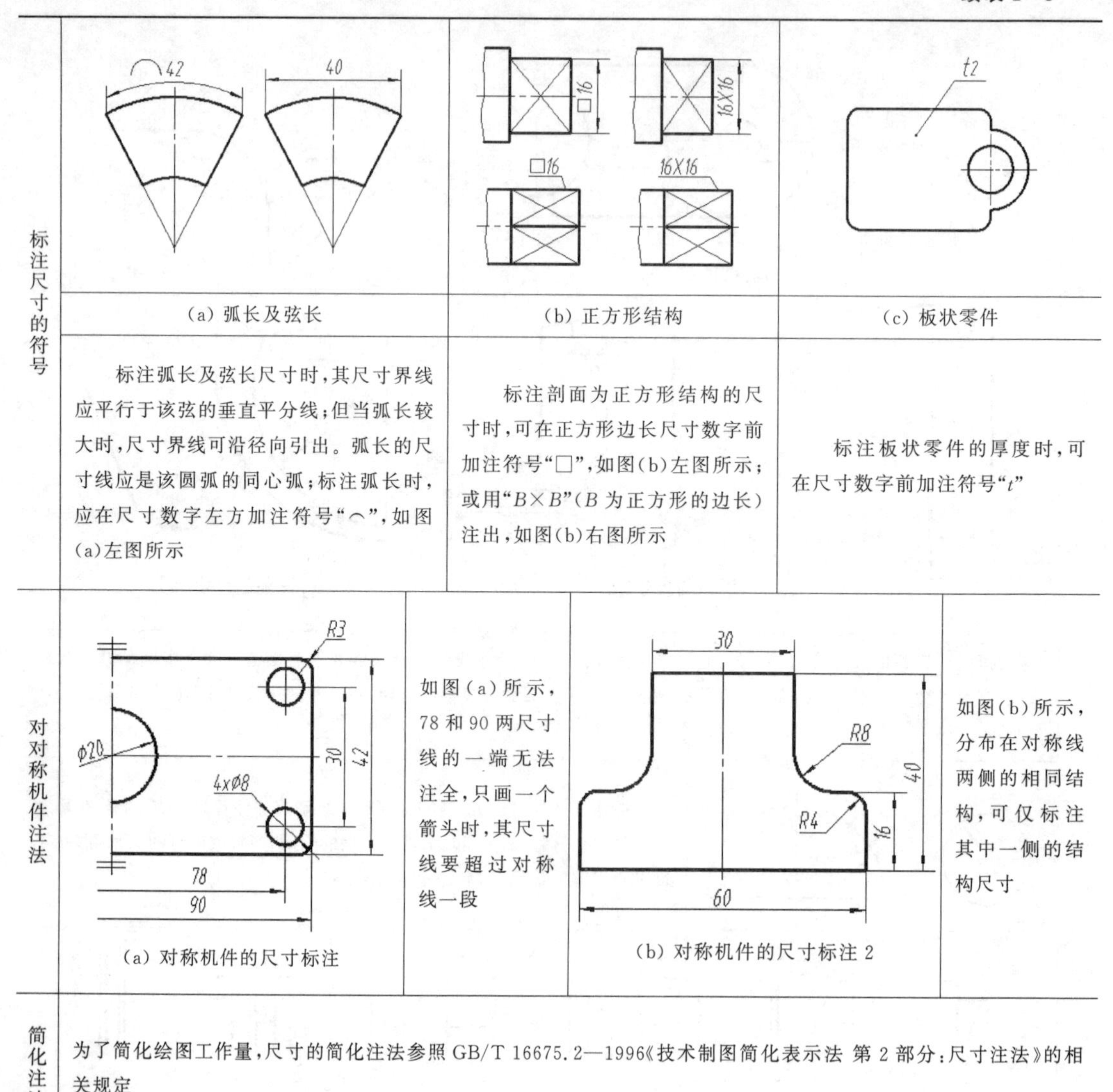

标注尺寸的符号	(a) 弧长及弦长	(b) 正方形结构	(c) 板状零件
	标注弧长及弦长尺寸时,其尺寸界线应平行于该弦的垂直平分线;但当弧长较大时,尺寸界线可沿径向引出。弧长的尺寸线应是该圆弧的同心弧;标注弧长时,应在尺寸数字左方加注符号"⌒",如图(a)左图所示	标注剖面为正方形结构的尺寸时,可在正方形边长尺寸数字前加注符号"□",如图(b)左图所示;或用"$B \times B$"(B 为正方形的边长)注出,如图(b)右图所示	标注板状零件的厚度时,可在尺寸数字前加注符号"t"

对称机件注法	(a) 对称机件的尺寸标注	如图(a)所示,78 和 90 两尺寸线的一端无法注全,只画一个箭头时,其尺寸线要超过对称线一段	(b) 对称机件的尺寸标注 2	如图(b)所示,分布在对称线两侧的相同结构,可仅标注其中一侧的结构尺寸

简化注法	为了简化绘图工作量,尺寸的简化注法参照 GB/T 16675.2—1996《技术制图简化表示法 第 2 部分:尺寸注法》的相关规定

二、尺规绘图

绘制图样按使用工具的不同可分为尺规绘图、徒手绘图和计算机绘图。尺规绘图是借助图板、丁字尺、三角板、圆规、铅笔等绘图工具进行手工绘图的一种绘图方法。虽然目前技术图样已使用计算机绘制,但尺规绘图既是工程技术人员的必备基本技能,又是学习和巩固图学理论知识不可缺少的方法,必须熟练掌握。

(一) 尺规绘图工具及使用方法

1. 图板、丁字尺和三角板

① 图板　图板是用来固定图纸并进行绘图的,板面要求平整、光洁,左侧为导边,必须光滑、平直。常用的图板规格有 0 号、1 号、2 号三种。

② 丁字尺　丁字尺主要用于画水平线，它由尺头和尺身组成，尺头和尺身连接处必须牢固，尺头的内侧边与尺身的上边(工作边)必须垂直。

画图时，先将图纸用胶带纸固定在图板上，将丁字尺尺头的内侧紧贴图板的导边，用左手扶住尺头，上下移动丁字尺；画线时，铅笔垂直纸面向右倾斜约30°，自左向右画出一系列不同位置的水平线。图板和丁字尺的关系如图1-14所示。

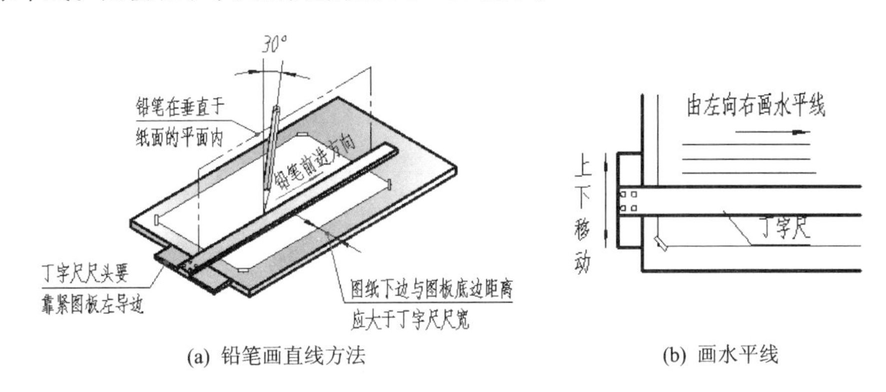

(a) 铅笔画直线方法　　(b) 画水平线

图1-14　图板和丁字尺

③ 三角板　一副三角板由45°-45°-90°和30°-60°-90°的两块三角板组成。将一块三角板与丁字尺配合使用，自下而上可画出一系列不同位置的垂直线；还可画出与水平线成特殊角度的30°、45°、60°的倾斜线。将两块三角板与丁字尺配合使用，可画出与水平线成15°、75°的倾斜线。两块三角板互相配合使用可画出任意已知直线的平行线或垂直线。图板、丁字尺、三角板的关系如图1-15所示。

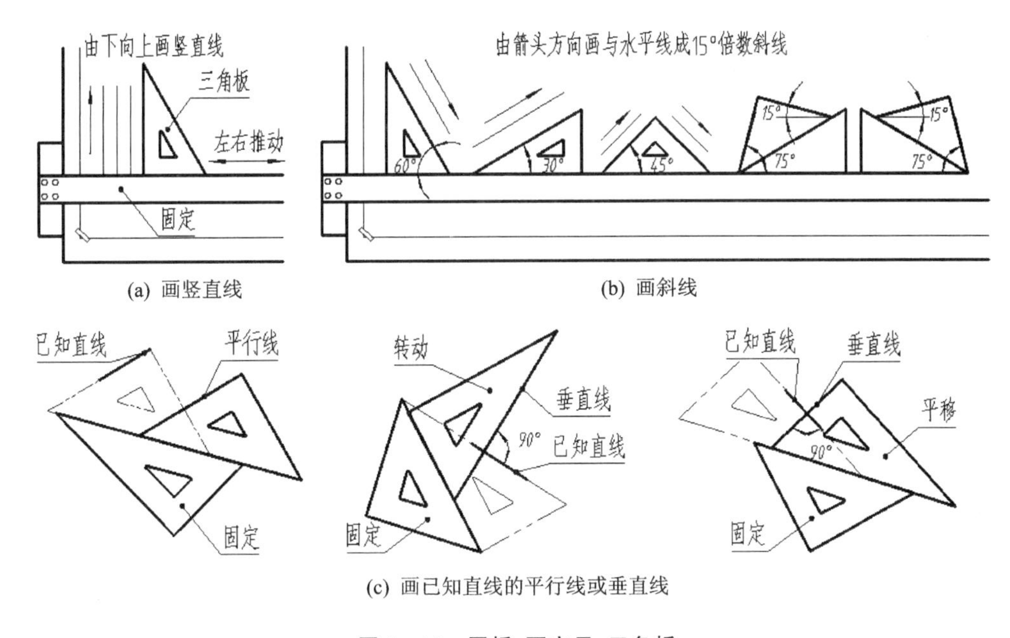

(a) 画竖直线　　(b) 画斜线

(c) 画已知直线的平行线或垂直线

图1-15　图板、丁字尺、三角板

2. 圆规和分规

① 圆规主要用于画圆或圆弧。画圆时预先调整针脚,使针尖略长于铅芯。画圆时,应使圆规向前进方向稍微倾斜,用力要均匀。

画圆时,圆规的钢针应使用有台阶的一段(以避免图纸上的针孔不断扩大),并使笔尖与纸面垂直,画大圆或大圆弧时可用加长杆。圆规的用法如图 1－16 所示。

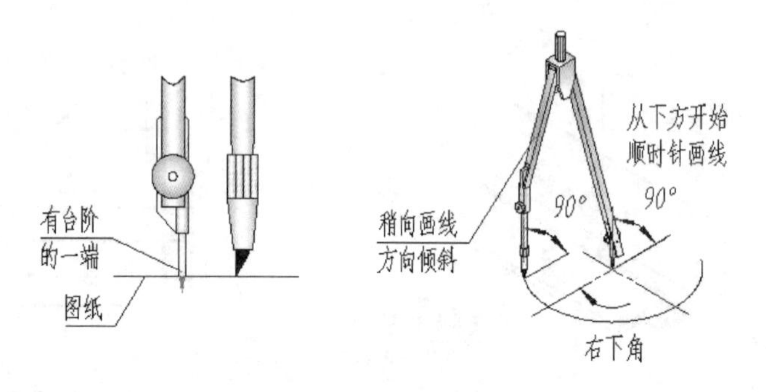

图 1－16　圆规的用法

② 分规是用来量取线段和等分线段的。分规两脚均为钢针,分规的针尖在并拢后应能对齐,否则应调整。分规的用法如图 1－17 所示。

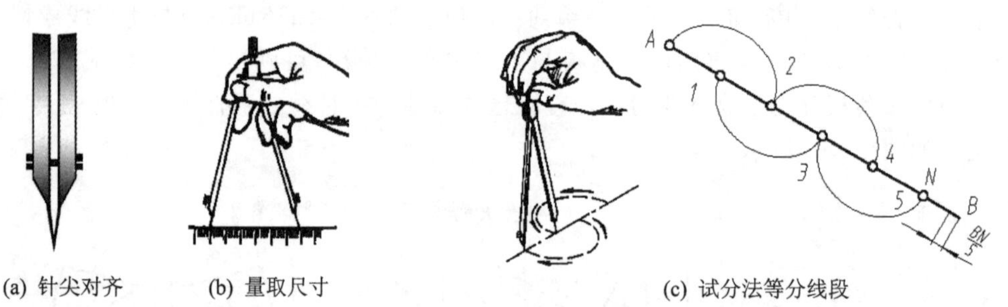

(a) 针尖对齐　(b) 量取尺寸　(c) 试分法等分线段

试分法：利用试分法试分时，先凭目测估计出分段的长度，用分规自线段的一端(点A)进行试分，如不能恰好将线段分尽，可根据剩余（或不足）的长度调整分规的开度，如图1－17(c)剩余时增加(或不足时减少)$BN/5$，再进行试分，直到分尽为止。

图 1－17　分规的用法

3. 曲线板

曲线板是绘制非圆曲线的常用工具。画线时,先徒手将各点轻轻地连成曲线,如图 1－18(a)所示,然后在曲线板上选取曲率相当的部分,分几段逐次将各点圆滑地连成曲线,每段至少对准四个点,但不要全部连完,只描中间一节,前面一节为上次所画,至少要留出后两点间的一小节,使之与下段吻合,以保证整条曲线的光滑连接,如图 1－18(b)所示,利用曲线板描绘曲线。

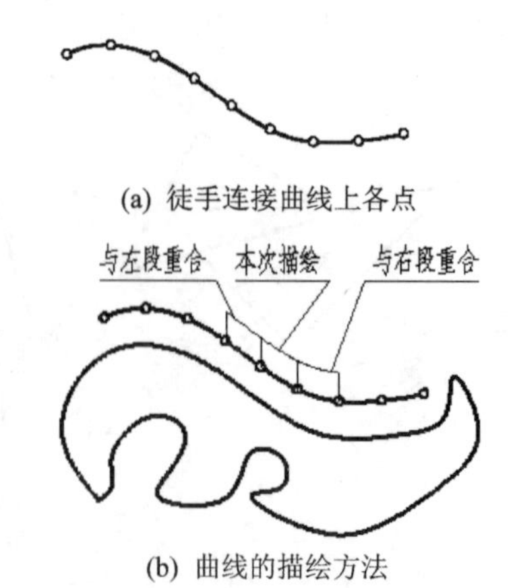

(a) 徒手连接曲线上各点

(b) 曲线的描绘方法

图 1－18　曲线板的用法

4. 铅　笔

绘图铅笔的笔芯有软硬之分,用标号 B 或 H 表示。B 前数字越大,铅芯越软;H 前数字越大,铅芯越硬;HB 铅芯软硬适中;铅芯越硬画出的图线越淡。绘图时根据不同的使用要求，应准备以下几种硬度不同的铅笔，铅芯硬度的选用如表1－6所列。

表1－6　铅芯硬度的选用及铅笔的削磨

类　别	铅笔（画直线）				圆规铅芯（画圆及圆弧）		
铅芯软硬	2H	H	HB	HB　B	H	HB	B　2B
铅芯形式	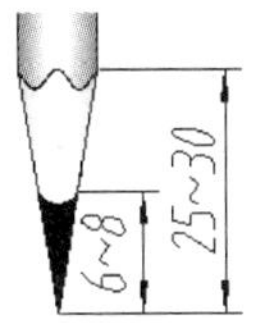 （圆锥）			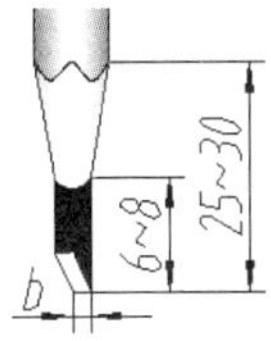 （楔形四棱柱）	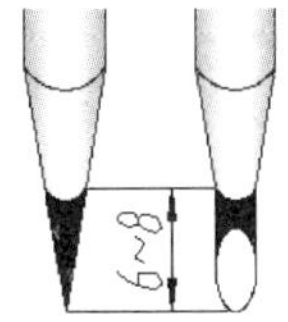 （圆锥、圆柱斜切）		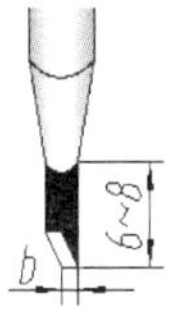 （楔形四棱柱）
用途	画基准线和底稿线	描深细实线、细点画线、细虚线	写字、画箭头	描深粗实线	画基准线和底稿线	描深细实线、细点画线和细虚线	描深粗实线

注意　1．同一张图样中，当画圆或圆弧时，圆规的铅芯比铅笔上的铅芯软一号为宜。

2．铅笔应从没有标号那端开始削起，并在砂纸上修磨。

（二）基本几何作图

机件的轮廓形状基本上都是由直线、圆弧和一些其他曲线组成的几何图形。绘制几何图形称为几何作图。下面介绍等分作图及斜度、锥度的画法。

1．等分作图

表1－7所列为常见等分直线段和等分圆周的几何作图方法。

表1－7　等分直线段和等分圆周（或作正多边形）

类　别		作　图	步骤说明
五等分直线段		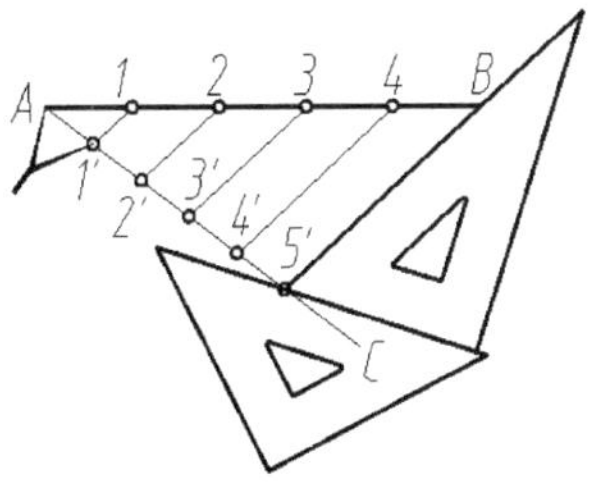	（1）平行线法 做辅助线以达到等分线段的目的。 五等分直线段 AB ① 过点 A 任作一直线 AC，用分规以任意长度为单位长度在 AC 上截得点1′、2′、3′、4′、5′等分点。 ② 连接5′B，过点1′、2′、3′、4′分别作5′B 的平行线，并与 AB 交于1、2、3、4点，即得到线段 AB 的五等分点
等分圆周	四、八等分圆周	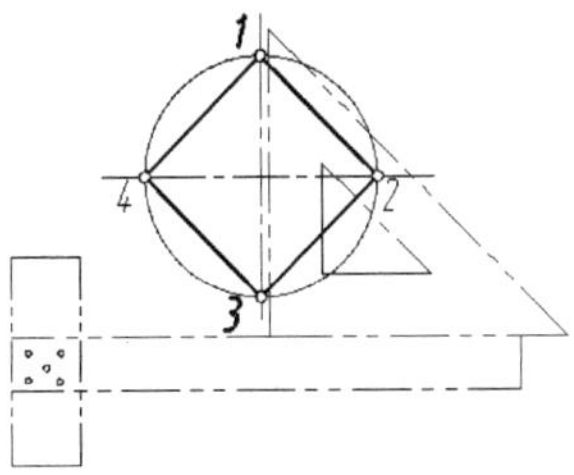 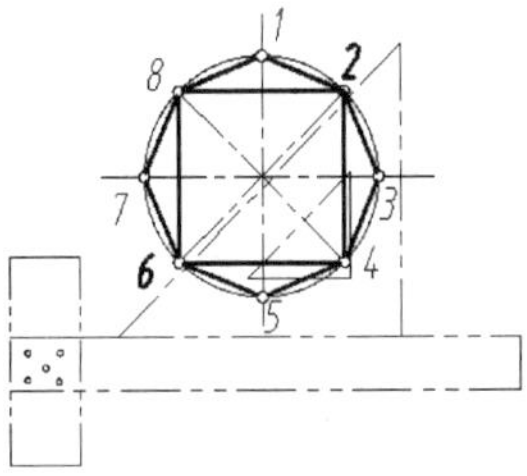	（2）45°三角板与丁字尺（或另一个三角板）配合法可直接分圆周为四（或八）等份，连接各等分点即得圆内接正四边形（或圆内接正八边形）

续表 1-7

类别		作图	步骤说明
等分圆周	三、六等分圆周	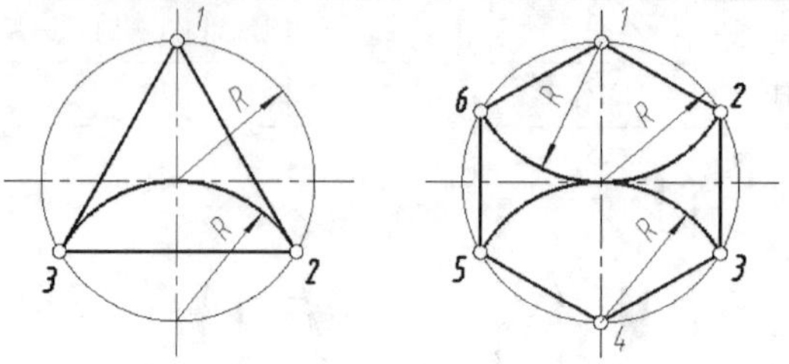	(3) 圆规等分法 分别以已知圆的直径一端(或两端)为圆心,以已知圆的半径 R 为半径画弧与圆周相交,即得三(或六)等分点,依次连接,即得圆内接正三角形(或圆内接正六边形)
		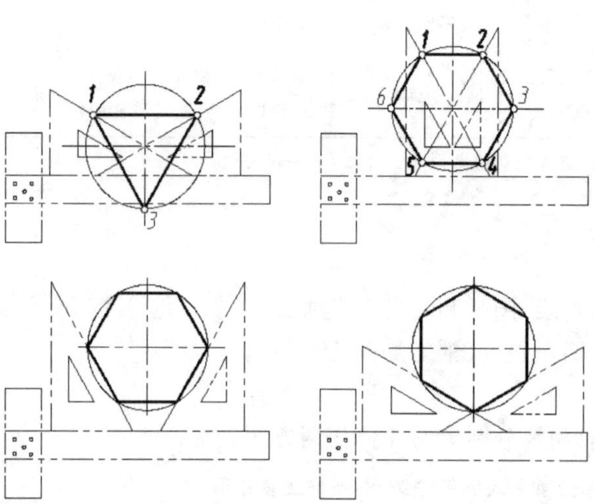	(4) 丁字尺与30°-60°-90°三角板配合法 ① 用30°-60°-90°三角板斜边过圆心作图,如上排图示。 ② 用30°-60°-90°三角板斜边过圆周与两条中心线的交点作图,如下排图示。 用上述两种方法可以得到不同的等分点,并作出不同位置的圆内接正三角形或圆内接正六边形
	五等分圆周	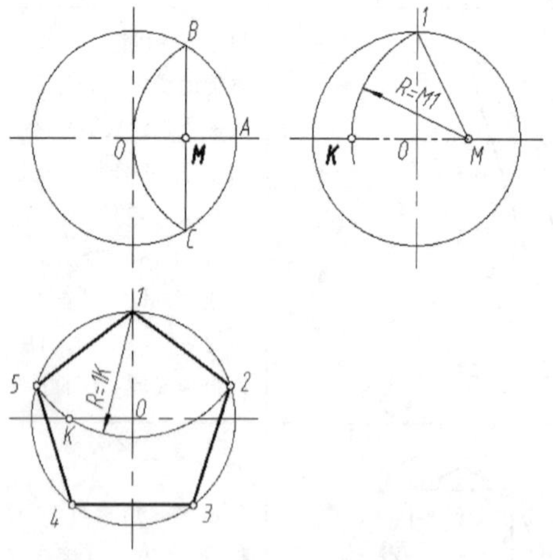	(5) 圆规等分法 ① 以点 A 为圆心,OA 为半径画弧交圆于点 B、C,连接 BC 得到 OA 中点 M; ② 以点 M 为圆心,$M1$ 为半径画弧,得到交点 K,线段 $1K$ 的长度即为五边形的边长; ③ 以点1为圆心,$1K$ 长为半径画弧,交外接圆于点2、5,再分别以2、5为圆心,$1K$ 长为半径画弧,交外接圆于点3、4,则分圆周为五等份,依次连接点1、2、3、4、5即得五边形

2. 斜度和锥度

表1-8所列为斜度和锥度的几何作图方法。

表 1-8　斜度和锥度

类　别	图　例	说　明
斜度	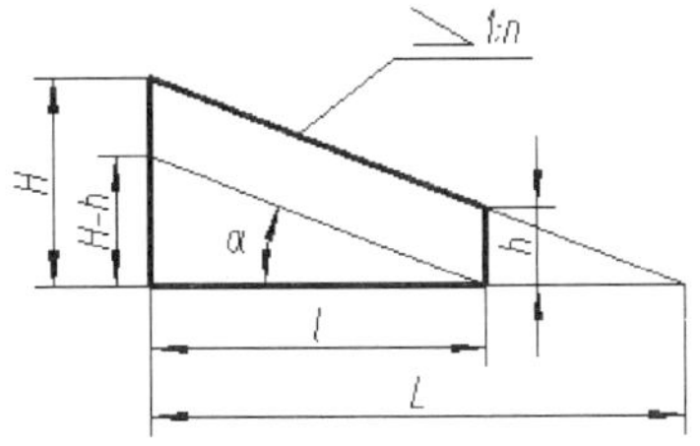 (a) 斜度$=\tan\alpha=H/L=(H-h)/l=1:n$ 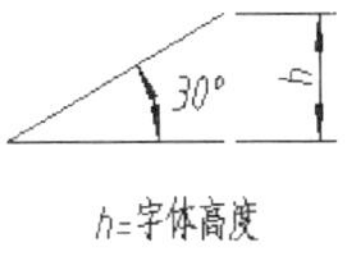　(b) 斜度符号 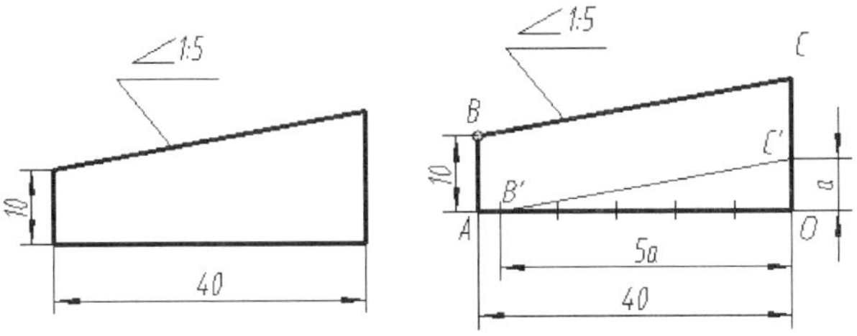 h=字体高度 (c) 作图方法	(1) 定义及标注 斜度是指一直线(或平面)对另一直线(或平面)的倾斜程度。其大小以它们的夹角α的正切值来表示,并将此值化为$1:n$的形式;标注斜度时,须在$1:n$前加注斜度符号“∠”,其符号方向应与图形中的倾斜方向一致,如图(a)所示。 (2) 作图方法 作图方法如图(c)所示。 ① 画法(以1∶5的斜度为例) 由点O起在水平线段取5个单位长度,得点B',过点O作OA的垂线OC,以点O始取一个单位长度,得点C',连接$B'C'$两点即得斜度为1∶5的参考斜度线,过已知点B作参考斜度线的平行线BC,交于OC于点C。 ② 标注 斜度符号与斜度方向一致
锥度	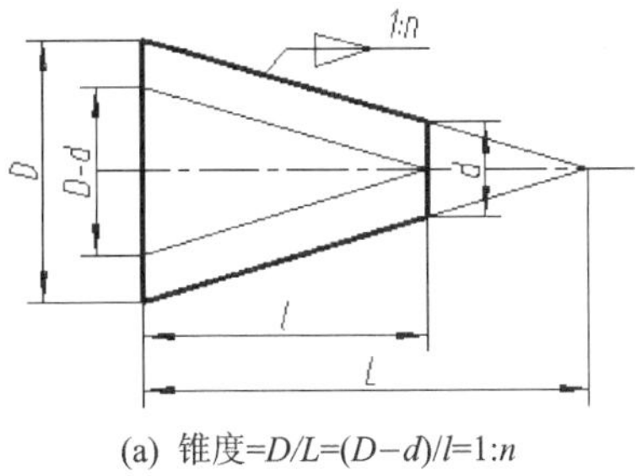 (a) 锥度$=D/L=(D-d)/l=1:n$ 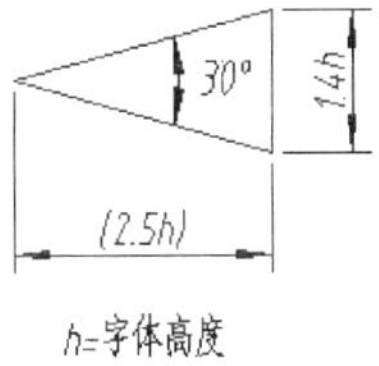　(b) 斜度符号 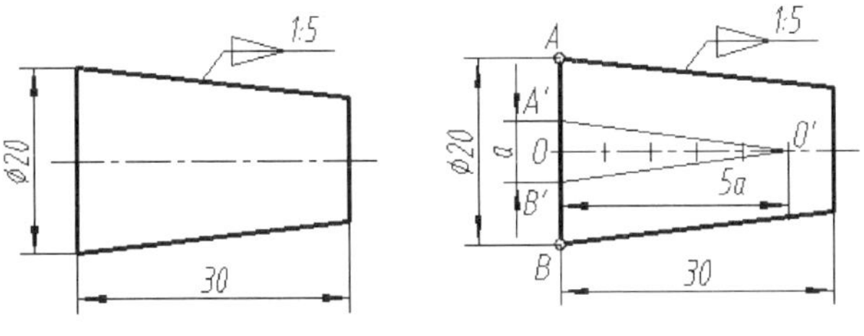 h=字体高度 (c) 作图方法	(1) 定义及标注 锥度是指正圆锥体的底圆直径与其高度之比(对于圆锥台,则为底圆与顶圆的直径差与其高度之比),并将此值化为$1:n$的形式。标注锥度时,须在$1:n$之前加注锥度符号“▷”。符号的方向应与图形中大小端方向一致,并对称地配置在基准线上,即基准线应从锥度符号中间穿过。 (2) 作图方法 作图方法如图(c)所示。 ① 画法(以1∶5锥度为例) 由点O起在水平线段上取5个单位长度,得O';过O作OO'的垂线,分别向上或向下截取半个单位长度,得A'、B'两点,连接$A'O'$两点和$B'O'$两点即得两条锥度为1∶5的参考锥度线,过已知点A、B分别作参考锥度线的平行线即可。 ② 标注 锥度符号要与锥度方向一致

任务分析

明确画图顺序,初步养成良好的画图习惯,首先绘制作图基准线,即垂直相交的细点画线,以确定各部分图形的位置;任务图形由实线、虚线、直线、圆弧组合而成,绘制图形时应准确掌握图线相交、相接、相切的画法,并初步学习等分几何作图和尺寸标注。

任务实施

为了保证绘图质量,提高绘图速度,除了必须熟悉和遵守制图标准、正确使用绘图工具、掌握几何作图的方法外,还要有比较合理的绘图工作顺序。以下为尺规绘图的方法与步骤。

一、准备工作

1. 准备工具并整理好工作地点

① 准备好必需的绘图工具和仪器,用软布把图板、丁字尺、三角板擦干净,保证绘图时图面整洁干净。

② 按线型削好铅笔及圆规上的铅芯(见表1-6)

③ 绘图工具放在合适的位置,以便绘图时使丁字尺、三角板移动自如。

2. 选定图幅并固定图纸

根据图形的大小及复杂程度,确定绘图比例及图纸幅面大小,并将图纸固定在图板的适当位置,同时使图纸的水平边与丁字尺的工作边平行,如图1-14(a)所示。

3. 画图框和标题栏

画图框和标题栏应按国家标准规定的图纸幅面、周边尺寸和标题栏要求来绘制。

4. 分析图形

熟悉并分析所画的图形,确定画图的先后顺序和图形的布局。

二、绘制平面图形

平面图形的画图方法与步骤如表1-9所列。

表1-9 平面图形的作图步骤、要求及说明

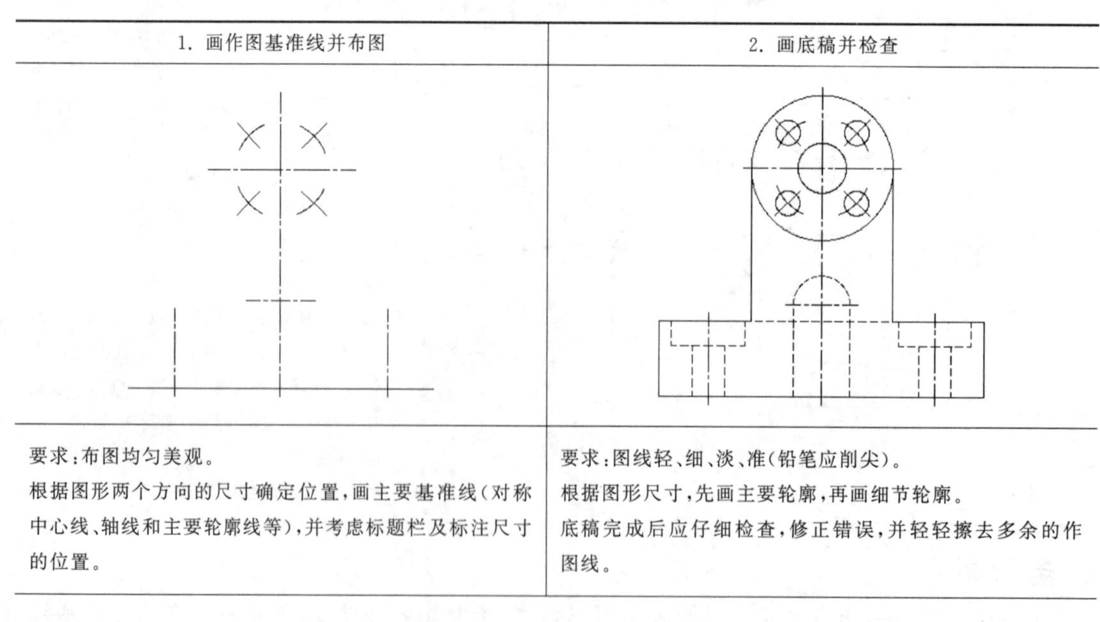

1. 画作图基准线并布图	2. 画底稿并检查
要求:布图均匀美观。 根据图形两个方向的尺寸确定位置,画主要基准线(对称中心线、轴线和主要轮廓线等),并考虑标题栏及标注尺寸的位置。	要求:图线轻、细、淡、准(铅笔应削尖)。 根据图形尺寸,先画主要轮廓,再画细节轮廓。 底稿完成后应仔细检查,修正错误,并轻轻擦去多余的作图线。

续表 1－9

3. 描粗加深图线	4. 标注尺寸；修饰、校正全图，并按要求填写标题栏
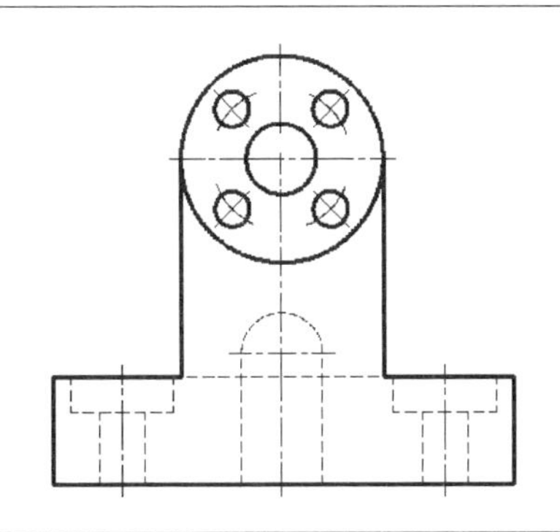	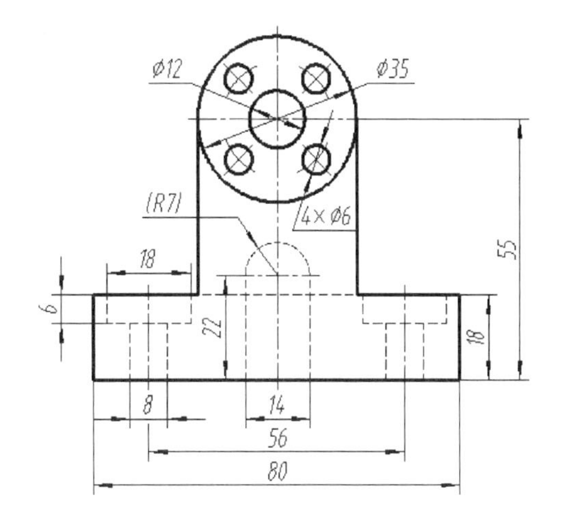
要求：线型正确，粗细分明，浓淡一致，连接光滑，图面整洁。 按线型选择铅笔，尽可能将同类型、同样粗细的图线一起描深。 (1) 描深图形 ① 先细后粗，保证图面清洁，提高效率。 ② 先曲(圆及圆弧)后直，保证连接光滑。 ③ 先横(从上到下)后竖、斜(从左到右先竖后斜)。 **注意**　应从图的左上方开始顺序向下描深横线，从左至右描深竖线，然后描深斜线。 ④ 先小后大(圆弧)，保证图形准确。 (2) 描深图框线和标题栏	① 按尺寸界线→尺寸线→箭头→尺寸数字的顺序标注尺寸，为提高绘图速度，可一次完成。或者在步骤 2 最后画尺寸界线→尺寸线，而此步骤只画箭头，注尺寸数字。 ② 全面检查、校正图样。 ③ 填写标题栏，文字应按工程字要求写

任务知识扩展

基本几何作图：七等分圆周(见图 1－19)

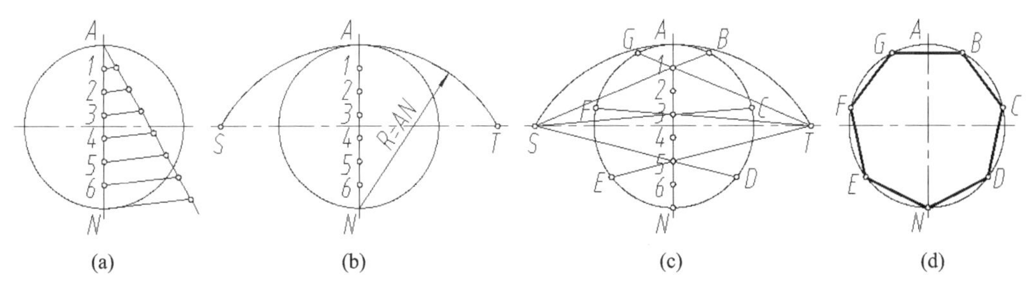

画图步骤：图(a)：七等分直径*AN*；
图(b)：以*N*为圆心、*AN*为半径作圆弧*ST*；
图(c)：连接*ST*与奇数等分点并延长，与圆交于7个等分点*B*，*C*，*D*，*N*，*E*，*F*，*G*；
图(d)：依次连接7个点得正七边形。

图 1－19　七等分圆周

任务巩固与练习

绘制图 1－1 所示的简单平面图形，尺寸从图中量取取整，并标注尺寸。

任务1.2 尺规绘制复杂平面图形

任务目标

- 学习平面图形的分析和绘制。
- 熟悉圆弧连接的画法。

任务引入

绘制如图1-20所示的手柄并抄注尺寸,图幅尺寸A4,比例2∶1。

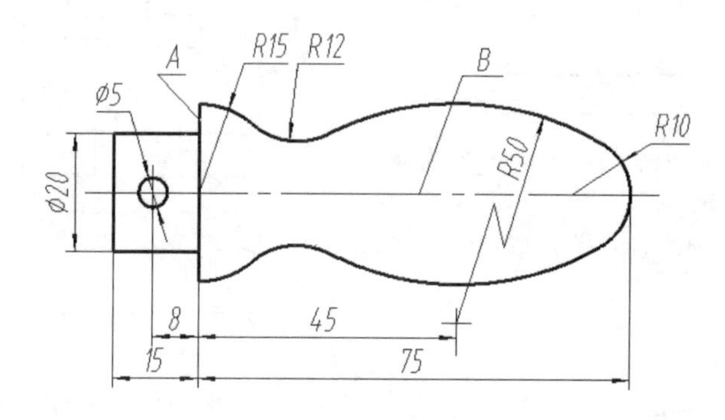

图1-20 手柄

任务知识准备

一、基本几何作图——圆弧连接

圆弧连接是指用已知半径的圆弧将两个已知元素(直线、圆弧、圆)光滑地连接起来,即平面几何中的相切。其中的连接点是切点,所作的圆弧称为连接弧。

(一)圆弧连接画图原理

圆弧连接画图原理是轨迹法,如表1-10所列。

表1-10 圆弧连接画图原理

类别	与定直线相切的圆心轨迹	与定圆外切的圆心轨迹	与定圆内切的圆心轨迹
图例	连接圆弧、圆心轨迹、R、O、O′、T、已知直线、连接点(切点)	连接圆弧、圆心轨迹、R、O、R_1+R、R_1、T、O′、O_1、已知圆弧、连接点(切点)	T、已知圆弧、R、O、圆心轨迹、连接圆弧、R_1-R、R_1、O′、O_1、连接点(切点)
连接弧圆心的轨迹及切点位置	半径为R的连接圆弧与已知直线连接(相切)时,连接弧圆心O的轨迹是与直线相距为R且平行直线的直线;切点为连接弧圆心向已知直线所作垂线的垂足T	当一个半径为R的连接圆弧与已知圆弧(半径为R_1)外切时,连接弧圆心的轨迹是已知圆弧的同心圆弧,其半径为R_1+R;切点为两圆心的连线与已知圆的交点T	当一个半径为R的连接圆弧与已知圆弧(半径为R_1)内切时,连接弧圆心的轨迹是已知圆弧的同心圆弧,其半径为R_1-R;切点为两圆心连线的延长线与已知圆的交点T

（二）圆弧连接作图方法

作图的要点是准确地求出连接弧的圆心和切点，圆弧连接画图方法如表1－11所列。

表1－11　各种圆弧连接画图步骤

圆弧连接类别	已知条件	画图方法和步骤		
		1. 求连接弧圆心	2. 定切点	3. 画连接弧并描粗
圆弧连接两已知直线（任意角）	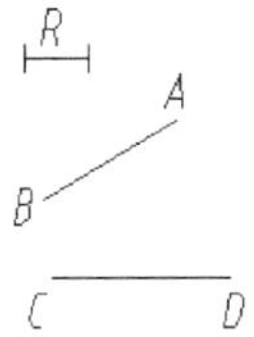 (锐角)	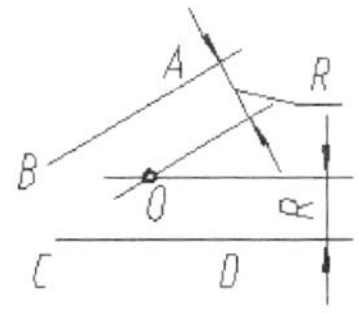	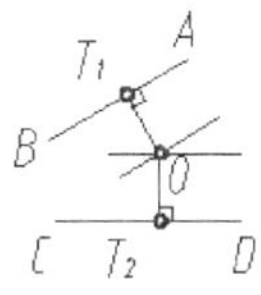	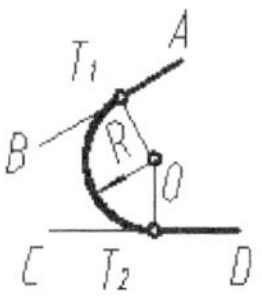
		作与已知两直线分别相距为 R 的平行线，交点 O 即为连接弧圆心	从圆心 O 分别向两直线作垂线，垂足 T_1，T_2 即为切点	以点 O 为圆心，R 为半径在两切点（垂足）T_1，T_2 之间画圆弧，即为所求
	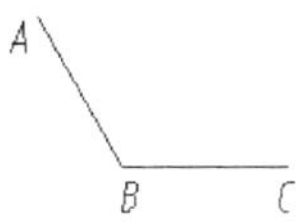 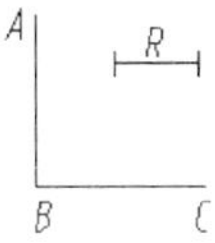 (钝角)　(直角)	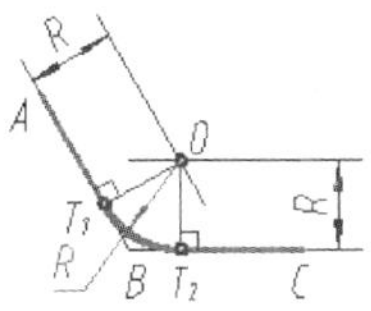 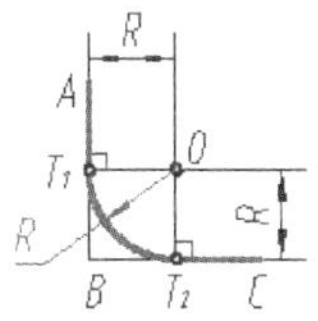		
圆弧连接已知直线与圆弧	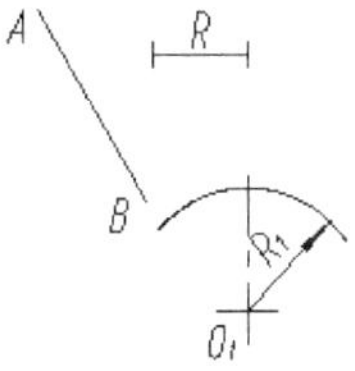 (与圆弧外切)	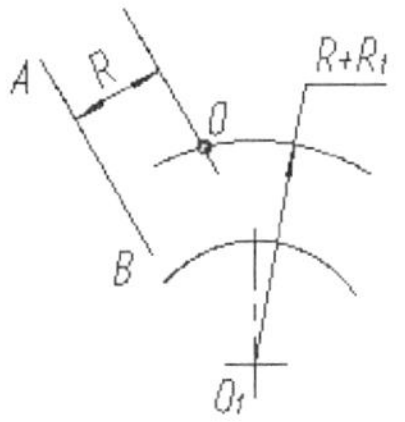	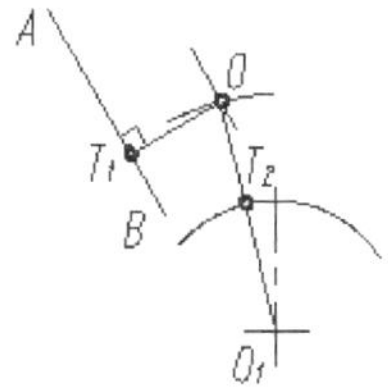	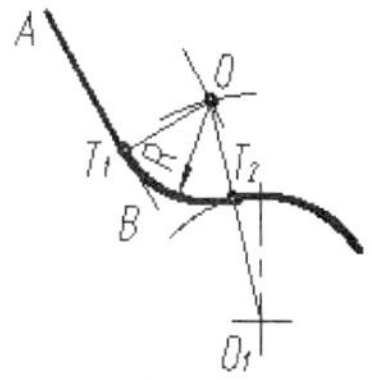
	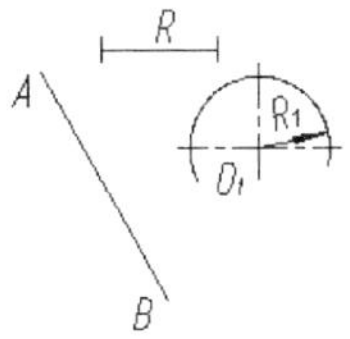 (与圆弧内切)	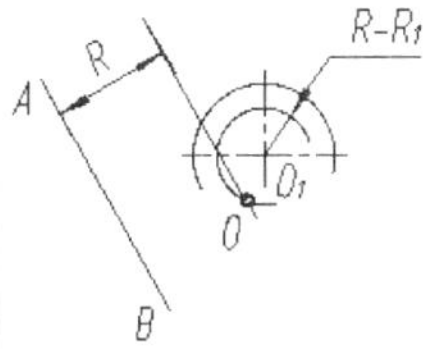	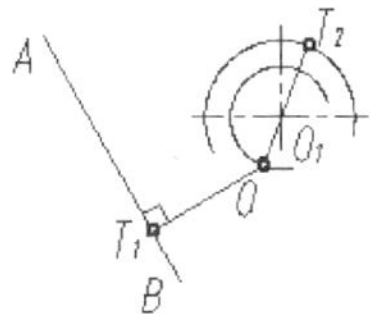	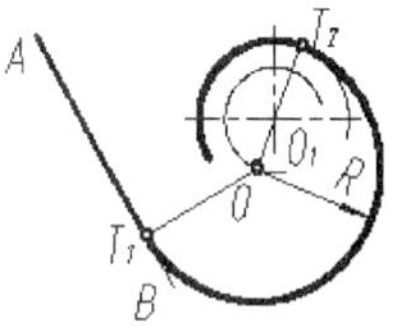
		以半径 R 为间距作直线 AB 的平行线，与以点 O_1 为圆心、$(R+R_1)$ 或 $(R-R_1)$ 为半径所画弧交于点 O，点 O 即为圆心	过点 O 作直线 AB 的垂线得垂足 T_1，连接直线 OO_1 或其延长线交已知圆弧于点 T_2，点 T_1，T_2 即为切点	以点 O 为圆心、R 为半径自点 T_1 到点 T_2 画圆弧，此段圆弧即为所求

续表 1 - 11

圆弧连接类别	已知条件	画图方法和步骤		
		1. 求连接弧圆心	2. 定切点	3. 画连接弧并描粗
圆弧外切连接两已知圆弧	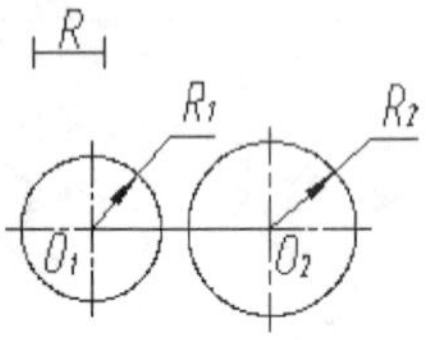	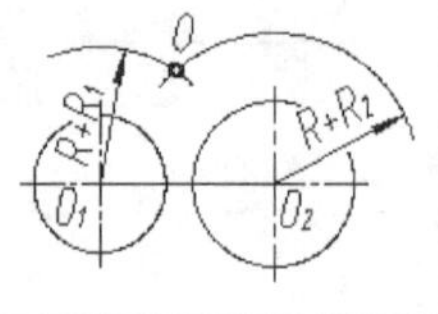	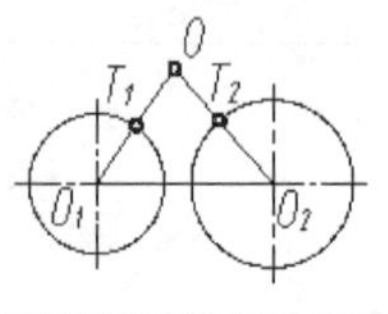	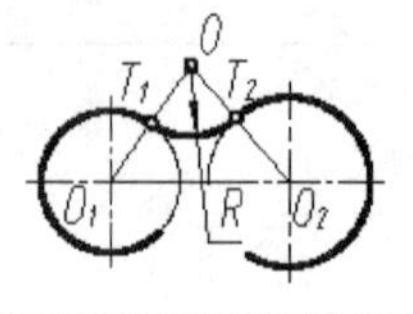
		以点 O_1 为圆心、$(R+R_1)$ 为半径画圆弧,以 O_2 为圆心、$(R+R_2)$ 为半径画圆弧,两圆弧交点 O 即为圆心	连接直线 OO_1、OO_2 交已知圆弧于点 T_1,T_2,这两点即为切点	以点 O 为圆心、R 为半径在点 T_1,T_2 之间画圆弧,此段圆弧即为所求
两圆弧内切连接两已知圆弧	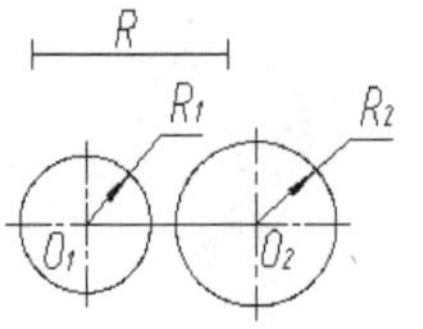	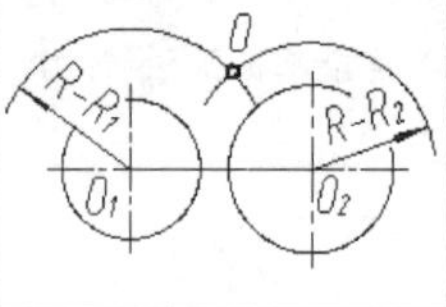	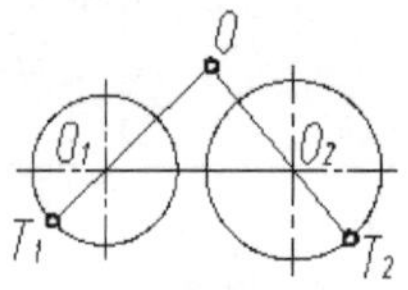	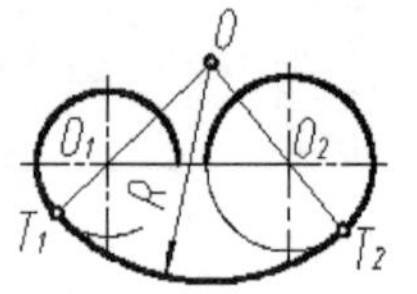
		以 O_1 为圆心、$(R-R_1)$ 为半径画圆弧,以 O_2 为圆心、$(R-R_2)$ 为半径画圆弧,两圆弧交点 O 即为圆心	连接 OO_1、OO_2 并延长交已知圆弧于点 T_1,T_2,这两点即为切点	以点 O 为圆心、R 为半径在点 T_1,T_2 之间画圆弧,此段圆弧即为所求连接圆弧
两圆弧混合连接	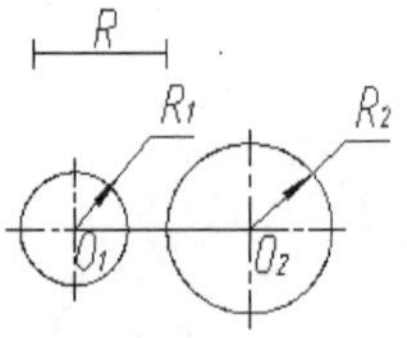	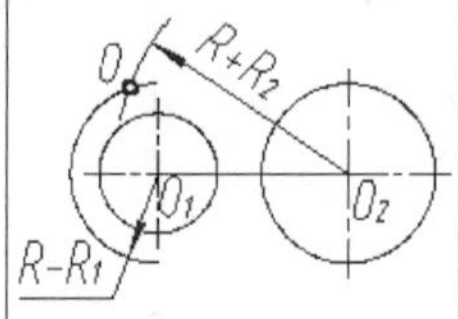	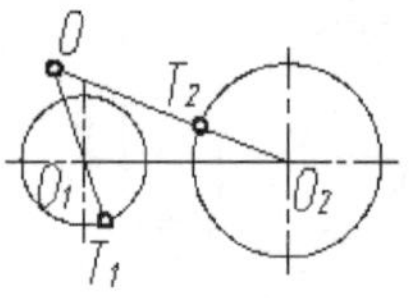	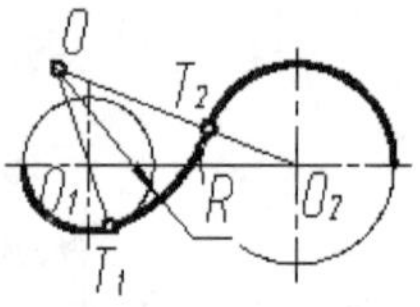
		以 O_1 为圆心、$(R+R_1)$ 为半径画圆弧,以 O_2 为圆心、$(R-R_2)$ 为半径画圆弧,两圆弧交点 O 即为圆心	连接 OO_1 并延长、OO_2 交已知圆弧于点 T_1,T_2,这两点即为切点	以点 O 为圆心、R 为半径在点 T_1,T_2 之间画圆弧,此段圆弧即为所求连接圆弧

二、平面图形分析与绘制

平面图形是由若干直线和曲线封闭连接组合而成的。在平面图形中,有些线段可以根据所给定的尺寸直接画出;而有些线段还须利用线段连接关系,找出潜在的补充条件才能画出。要准确绘制平面图形,首先要分析平面图形中各尺寸的作用、各线段的性质以及它们间的相互关系,然后确定正确的画图顺序,最后正确、完整地标注尺寸。

(一) 尺寸分析

尺寸按其在平面图形中所起的作用,可分为定形尺寸和定位尺寸两类。

1. 定形尺寸

定形尺寸是指确定平面图形上各线段或线框形状大小的尺寸，如矩形的长度和宽度、圆及圆弧的直径或半径以及角度的大小等。如图1-20中的矩形长度15，直径$\phi20$和$\phi5$，半径$R15$，$R12$，$R50$，$R10$。

2. 定位尺寸

① 定位尺寸　确定平面图形上各线段或线框间相对位置的尺寸。如图1-20所示，确定左方$\phi5$小圆的定位尺寸8，确定$R50$圆弧的定位尺寸45，确定右方$R10$圆弧的定位尺寸75。有的尺寸既有定形尺寸的作用，又有定位尺寸的作用，如图1-20中的矩形长度15。

② 尺寸基准　标注尺寸的起点。标注定位尺寸，应有相应的尺寸基准。尺寸基准通常是确定尺寸位置的几何要素，例如以点、较长直线、图形的对称线、较大圆的中心线及图形主要轮廓线（底线或边线）作为尺寸基准。

一个平面图形至少应有两个（长度和宽度）方向的尺寸基准。如图1-20所示，以矩形右边线A（左右或长度方向）和图形对称线B（上下或宽度方向）作为基准。定位尺寸为零时，不标注。

（二）线段分析

平面图形的各线段，有的尺寸齐全，可以根据其定形、定位尺寸直接作图画出；有的尺寸不齐全，必须根据其连接关系通过几何作图的方法画出。按尺寸是否齐全，线段分为已知线段、中间线段和连接线段3类。

1. 已知线段

已知线段是指定形、定位尺寸齐全的线段。如图1-20中的15和$\phi20$为已知矩形，$\phi5$为已知圆，$R15$，$R10$为已知圆弧，可以直接画出。

2. 中间线段

中间线段是指只有定形尺寸和一个方向定位尺寸，而缺少另一方向定位尺寸的线段，这类线段要在其相邻一端的线段画出后，再根据连接关系（如相切关系），通过几何作图的方法画出，如图1-20中的$R50$圆弧。

3. 连接线段

连接线段是指只有定形尺寸而缺少定位尺寸的线段。如图1-20中的$R12$圆弧，它需要利用与其两侧相切的关系确定圆心和切点，才能画出。

任务分析

正确分析平面图形的尺寸作用和线段性质，明确画图顺序。在复杂平面图形的绘制过程中，重点应熟悉和掌握各种连接圆弧的正确绘制方法（先求圆心，再定切点，后在切点间光滑连接圆弧）。

任务实施

一、准备工作

尺规绘制复杂平面图形的步骤与“任务1.1中的任务实施”相同，请参照前面所述方法完成，此处不再重复叙述。重点是进行平面图形的尺寸分析和线段分析，从而确定画图的顺序。

二、绘制手柄

手柄的画图方法与步骤如表1-12所列。

表1-12 手柄的画图方法与步骤

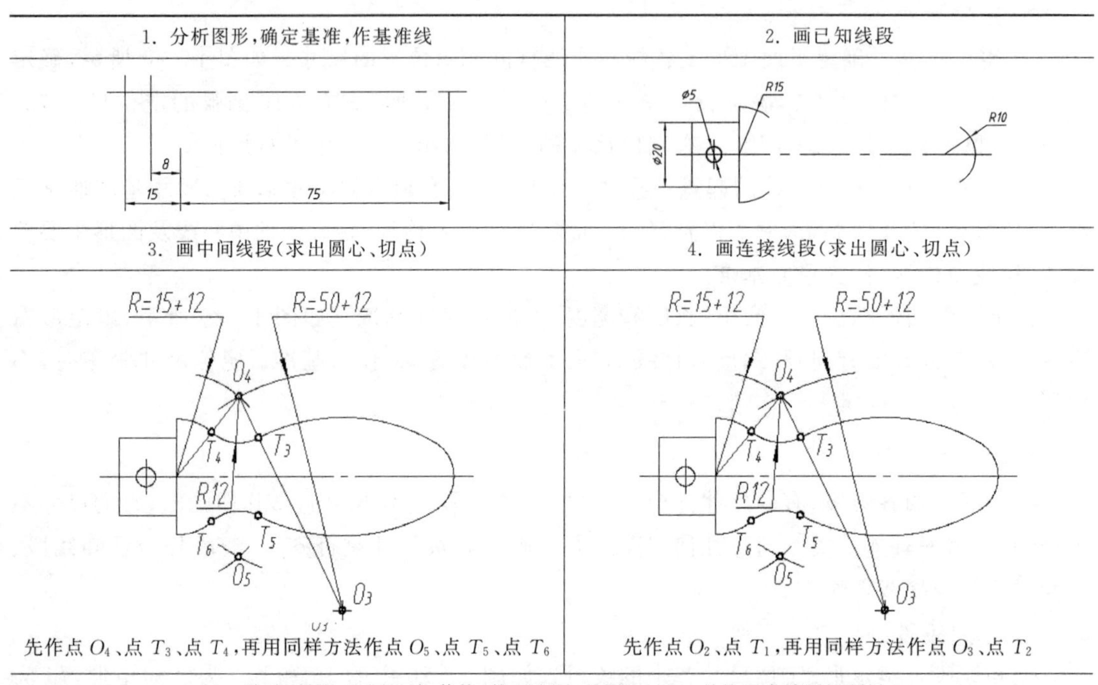

1. 分析图形,确定基准,作基准线	2. 画已知线段
3. 画中间线段(求出圆心、切点)	4. 画连接线段(求出圆心、切点)
先作点 O_4、点 T_3、点 T_4,再用同样方法作点 O_5、点 T_5、点 T_6	先作点 O_2、点 T_1,再用同样方法作点 O_3、点 T_2
5. 检查、描深;注写尺寸;修饰、校正全图(见图1-20),并按要求填写标题栏	

任务知识扩展

除了前面所述基本几何作图外,还有以下几种:

一、圆弧连接直角画法

圆弧连接直角画法如表1-13所列。

表1-13 圆弧连接直角画法(特例)

已知条件	作图方法和步骤		
	1. 求切点	2. 定连接弧圆心	3. 画连接弧并描粗
	以直角顶点为圆心、R 为半径作圆弧交直角两边于点 T_1 和点 T_2	以点 T_1 和点 T_2 为圆心、R 为半径作圆弧相交得连接弧圆心 O	以点 O 为圆心、R 为半径在切点 T_1 和 T_2 之间作连接弧

二、椭圆画法

已知椭圆的长轴、短轴，用四心圆法近似画椭圆，如图 1－21 所示。

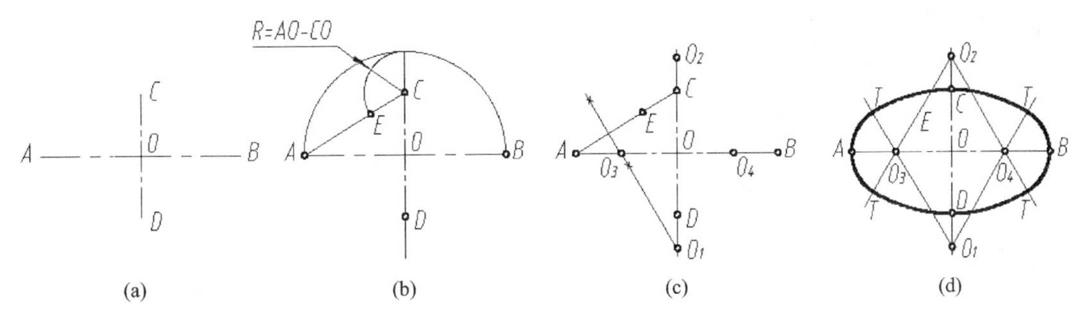

画图步骤：图(a)：画出椭圆的长轴AB、短轴CD；

图(b)：连AC，以点C为圆心、长半轴与短半轴之差为半径画弧交AC于点E；

图(c)：作AE中垂线与长、短轴交于点O_3、O_1，并作出其对称点O_4、O_2；

图(d)：分别以点O_1、O_2为圆心，O_1C为半径画大弧；以点O_3、O_4为圆心，O_3A为半径画小弧，即得椭圆(大小弧的切点T在相应的连心线上)

图 1－21　用四心圆法近似画椭圆

任务巩固与练习

绘制如图 1－22 所示的连杆并抄注尺寸，比例 2∶1，图幅自定。

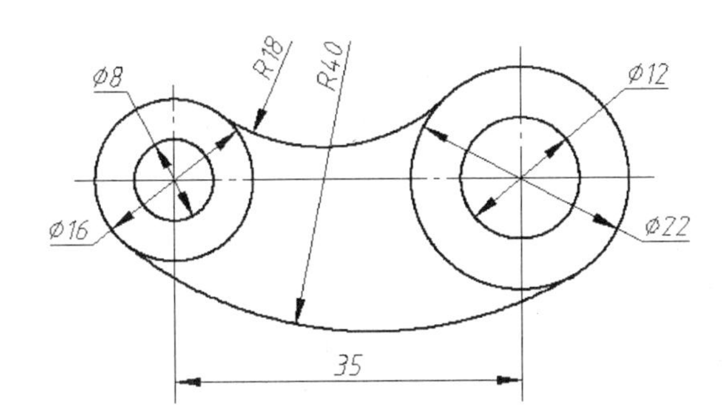

图 1－22　连杆

学习情境 2

初步手工制作

任务 2.1　根据轴测图手工制作模型(选作)[①]

任务目标

初步培养空间想象能力、思维能力及动手能力,通过手工制作模型训练,储备一定量的空间立体模型。

任务引入

根据图 2-1 所示的轴测图,用纸壳或橡皮泥制作模型。

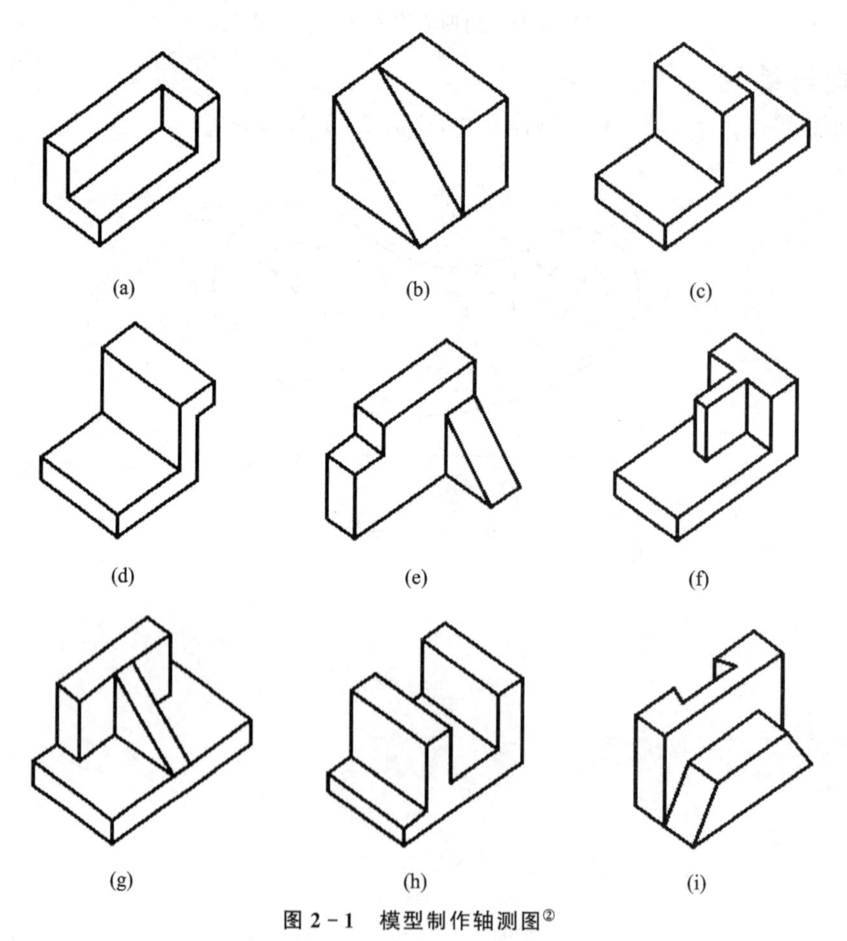

图 2-1　模型制作轴测图[②]

① 模型即为立体模型。

② 有关轴测图内容详见学习情境 3。

任务分析

目前使用的3D软件不下数十种，而机械工程领域中常用的3D软件包括UG、AutoCAD、SolidWorks、Pro\E等。由于计算机绘图简便、快速，易于修改，材料质感的表达和效果的真实感等因素都是手工模型无法达到的，那么手工制作模型的重要性和必要性体现在哪儿呢？

手工制作模型，首先可以充分发挥学生的主观能动性，眼、手、脑并用，有利于培养学生的空间想象及思维能力；其次可以在制作的过程中，通过对面材（如纸板、泡沫板等）和线材（如铁丝、小木棍等）的运用，充分体会几何形体各个表面在空间中的相对位置关系，由此充分理解由点、线、面等几何要素组成的几何形体，为后续的学习内容储备相关几何形体知识。

任务实施

12个模型，每组完成4个（可任选或由教师指定，比例自定）。

一、准备工作

① 准备原材料和制作工具：硬纸壳（或橡皮泥），铅笔，尺子，小、中、大号剪刀，透明胶，彩色纸等。

② 分析轴测图，弄清立体模型各表面的组成及相互位置关系，以便确定模型制作的先后顺序。

③ 明确小组成员分工协作任务，以培养学生的职业素质、团队协作、语言表达的能力。

二、制作模型

下面以硬纸壳为材料来说明制作模型的方法与步骤。

① 对图2-1(a)所示轴测图中的各立体表面编号，如图2-2(a)所示。

② 测量图2-1(a)所示轴测图上各线段尺寸并标注，如图2-2(b)所示。

③ 按标注的尺寸放大6倍，剪裁纸壳成如图2-2(c)所示的表面形状，并用同样的方法剪裁彩色纸。注意剪裁时要有效利用纸壳，使纸壳的利用率最高。

④ 将粘贴好彩色纸的各表面粘贴成如图2-2(d)所示的立体。

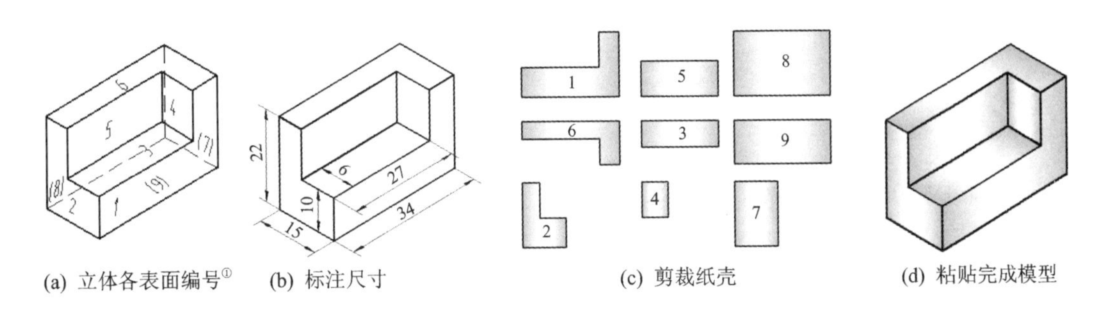

(a) 立体各表面编号[①] (b) 标注尺寸 (c) 剪裁纸壳 (d) 粘贴完成模型

图2-2 根据轴测图制作模型的步骤

① 为了方便，此学习情境中空间几何要素编号不用大写字体。加圆括号的编号为不可见表面。

任务知识扩展

《机械制图》作为机械工程设计与制造的基础,空间立体的把握和塑造非常重要,因此要求学生具备较强的空间想象力、空间问题的分析和求解能力。

空间想象力即能够根据空间几何形体的位置关系和具体形状采用投影图表达,并能根据投影图明确空间立体的位置关系和具体形状,由空间到平面,再由平面到空间。

从观察到手工制作模型,学生能够非常充分地感受到一个空间造型在不同的位置(在其内部或外部)俯视或仰视时的不同形状。这样不仅能够很好地培养学生的观察力,而且能够提高学习兴趣和学习效率。

空间想象能力和空间思维能力的培养不是一朝一夕可以奏效的,要坚持长期系统的训练。作为机械类各专业必修的专业基础课程,重点首先要放在空间想象能力的培养上,只有通过不断地探索和积累,才能获得更好的学习效果。

任务巩固与练习

根据习题集2-8轴测图,制作模型(选做2个)。

任务2.2 根据模型徒手绘制三视图

任务目标

- 理解投影法的概念及分类,掌握正投影法的基本性质。
- 理解三视图的形成过程,熟练掌握三视图的投影规律及其与物体方位间的关系。
- 初步掌握徒手绘图的方法。
- 初步掌握从空间立体到平面图形的正投影理论知识和画图方法。

任务引入

选定一个主要观察方向(即前方),分别从前方、左方、上方观察任务2.1(见图2-1)中手工制作的模型,将观察到的结果用平面图形表示,并徒手画在图纸上。

任务知识准备

一、投影的基本知识

(一)投影法概述

1. 投影法

在日常生活中,当太阳光或灯光照射物体时,在地面或墙壁上会出现物体的影子。因此,根据这种自然现象,人们对形成影子的三要素(光源、物体、承影面)进行了抽象研究,总结出影子与物体形状之间的对应关系,从而创造了投影法。

如图2-3所示,设空间定点S为投射中心,过S和空间点A作投射线SA与平面P相交于一点a,称点a为空间点A在平面P上的投影。同样,投影b、c是空间点B、C的投影。将a、b、c用直线顺次连成$\triangle abc$,$\triangle abc$即为空间的$\triangle ABC$在投影面P上的投影。据此,要作出空间物体在投影面上的投影,其实质就是通过物体上的点、线、面作出一系列的投射线与投影面的交点(即投影),并根据物体上的点、线、面关系,对交点进行适当连线。

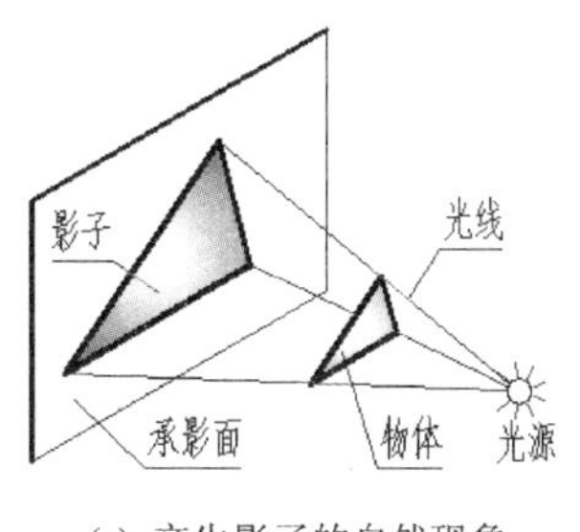

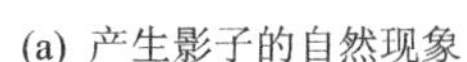
(a) 产生影子的自然现象

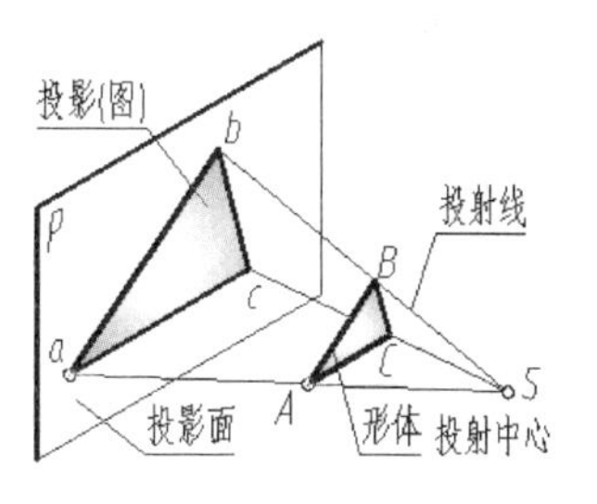

(b) 投影构成要素

图 2-3　中心投影法

综上所述，投射线通过物体，向选定的面投射，并在该面上得到图形的方法称为投影法。所有投射线的起源点称为投射中心；根据投影法所得到的图形称为投影(投影图)；发自投射中心且通过被表示物体上各点的直线称为投射线；投影法中，得到投影的面称为投影面。

2. 投影法的种类及应用

(1) 中心投影法

投射线汇交于投射中心的投影法(投射中心位于有限远处)称为中心投影法，如图 2-3 所示。日常生活中的照相、放映电影和人眼看东西得到的影像都是中心投影的实例。中心投影法的特点如下。

优点：中心投影与人的视觉习惯相符，能体现近大远小的效果，形象逼真，具有强烈的立体感，工程上常用于绘制建筑物、机械产品的透视图。

缺点：中心投影法不能真实地反映物体的形状和大小，度量性较差，作图复杂，不适于绘制机械图样。

(2) 平行投影法

投射线互相平行的投影法(投射中心位于无限远处)称为平行投影法，如图 2-4 所示。

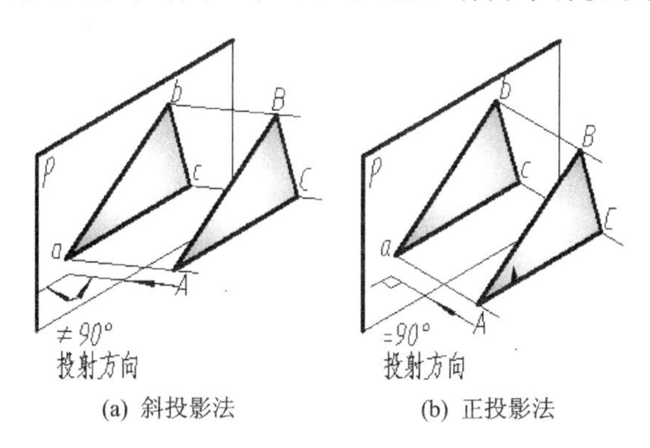

(a) 斜投影法　　(b) 正投影法

图 2-4　平行投影法

根据投射线与投影面是否垂直，平行投影法又分为两种：

① 斜投影法——投射线与投影面倾斜的平行投影法，如图 2-4(a)所示。常用于绘制斜二轴测图。根据斜投影法所得到的图形称为斜投影(斜投影图)。

② 正投影法——投射线与投影面垂直的平行投影法，如图 2-4(b)所示。根据正投影法所得到的图形称为正投影(正投影图)。

正投影法能够准确、完整地表达物体的真实形状和大小,度量性好,作图简单,所以广泛用于绘制机械图样。为叙述方便,本书以后将"正投影"简称为"投影"。

3. 正投影法的基本性质

① 真实性 物体上平行于投影面的平面(P),其投影反映实形(实形性);平行于投影面的直线(BC)的投影反映实长(实长性),如图2-5(a)所示。

② 积聚性 物体上垂直于投影面的平面(Q),其投影积聚成一条直线;垂直于投影面的直线(CD)的投影积聚成一点,如图2-5(b)所示。

③ 类似性 物体上倾斜于投影面的平面(R),其投影是原图形的类似形(类似形是指两图形相应线段间保持定比关系,即边数、平行关系、凸凹关系不变);倾斜于投影面的直线(AB)的投影比实长短,如图2-5(c)所示。

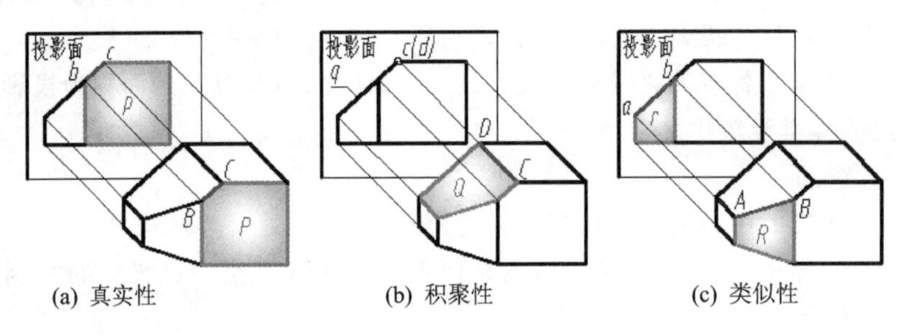

图2-5 正投影的基本性质

(二) 三视图的形成与投影规律

用正投影法绘制出物体的图形称为视图。在工程图样中,根据有关标准规定所绘制的多面正投影图(即物体在互相垂直的两个或多个投影面上所得到的正投影)也称为"视图"。

一般情况下,一个视图不能唯一确定物体的形状。如图2-6所示,三个形状不同的物体,它们在同一投影面上的投影都相同。因此,要反映物体的完整形状,必须增加由不同投射方向所得到的几个视图,互相补充,才能将物体形状、结构表达清楚。机械工程上常用的是三视图。

1. 三投影面体系与三视图的形成

(1) 三投影面体系的建立

三投影面体系由三个互相垂直的投影面所组成,如图2-7所示。它们分别是:

- 正立投影面:简称正面,用V表示;

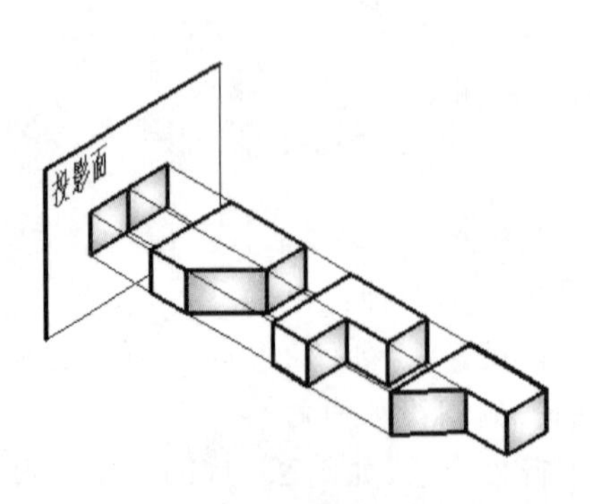

图2-6 一个视图不能唯一确定物体的形状

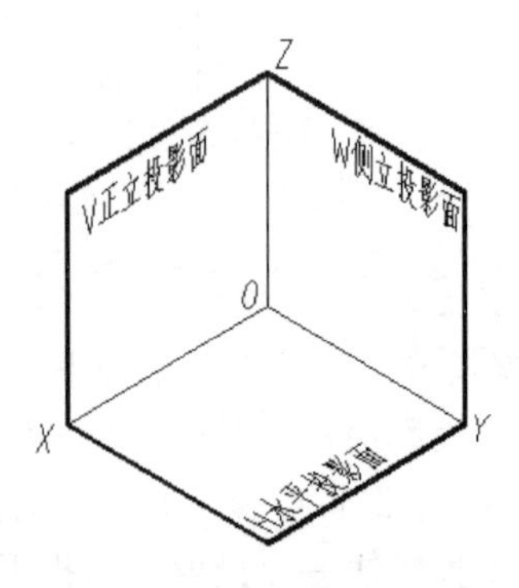

图2-7 三投影面体系

- 水平投影面：简称水平面，用 H 表示；
- 侧立投影面：简称侧面，用 W 表示。

三个投影面的交线，称为投影轴，它们分别是：

- OX 轴：V 面和 H 面的交线，代表长度方向；
- OY 轴：H 面和 W 面的交线，代表宽度方向；
- OZ 轴：V 面和 W 面的交线，代表高度方向。

三个投影轴垂直相交的交点 O 称为原点。

(2) 三视图的形成

在三投影面体系中，将物体正放(使物体的主要表面平行或垂直于投影面，以便反映物体表面的真形或积聚形，绘图简便)，并置于观察者与投影面之间，然后将物体分别向各个投影面进行投射，得到如图 2－8(a)所示的三个视图。

- 主视图：从前向后进行投影，在正面(V 面)上得到的视图。
- 俯视图：从上向下进行投影，在水平面(H 面)上得到的视图。
- 左视图：从左向右进行投影，在侧面(W 面)上得到的视图。

注意　物体在三投影面体系中的位置一经选定，在投影过程中就不能移动或变更。

(3) 三投影面体系的展开

为了画图方便，须将三个投影面在一个平面(纸面)上表示出来。由此规定：使 V 面不动，将 H 面和 W 面沿 OY 轴分开，H 面绕 OX 轴向下旋转 90°，W 面绕 OZ 轴向右旋转 90°(见图 2－8(b))，分别与 V 面重合，这样就得到了在同一平面上的三视图，如图 2－8(c)所示。这里应特别注意：同一条 OY 轴旋转后出现了两个位置，即 OY 轴随着 H 面旋转到 OY_H 的位置，

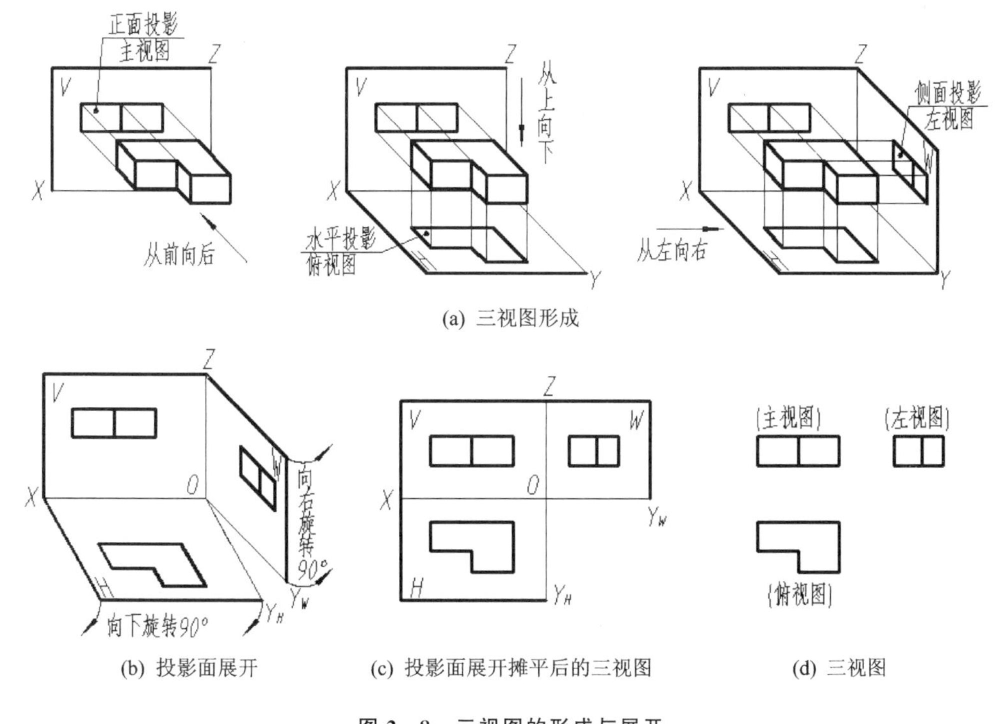

(a) 三视图形成

(b) 投影面展开　(c) 投影面展开摊平后的三视图　(d) 三视图

图 2－8　三视图的形成与展开

同时又随着 W 面旋转到 OY_W 的位置。画物体的三视图时,不必画投影面的边框线和投影轴,如图 2-8(d)所示。

2. 三视图的投影规律

(1) 位置关系

如图 2-8(d)所示,由投影面的展开规则可知,主视图不动,俯视图在主视图的正下方,左视图在主视图的正右方。按此规定配置时,不必标注视图的名称。

注意 三视图的位置关系,在一般情况下是不允许变动的。

(2) 尺寸关系

如图 2-9(a)所示,物体有长、宽、高三个方向的尺寸。通常规定:物体左右之间的距离为长,前后之间的距离为宽,上下之间的距离为高。从图 2-9(b)可以看出,一个视图只能反映物体两个方向的尺寸,主视图反映了物体的长度和高度方向的尺寸,俯视图反映了物体的长度和宽度方向的尺寸,左视图反映了物体的宽度和高度方向的尺寸。由此归纳出三视图的"三等"规律:

主、俯视图"长对正"(即等长);

主、左视图"高平齐"(即等高);

俯、左视图"宽相等"(即等宽)。

三视图的"三等"规律反映了三视图的重要特性,也是画图和读图的依据。它适用于物体的整体和局部投影,如图 2-9(c)所示。

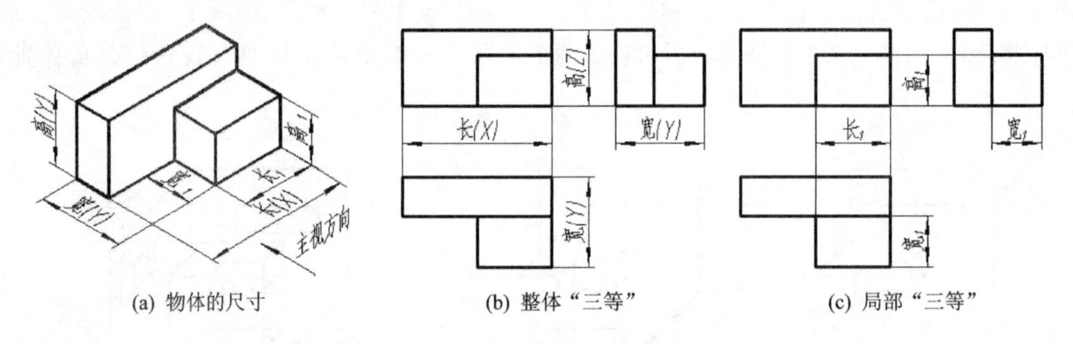

图 2-9 三视图的"三等"规律

注意 画图与读图时,尤其是俯、左视图的对应,在度量宽相等时,度量基准必须一致,度量方向必须一致。

(3) 方位关系

物体有上下、左右、前后六个方位关系,如图 2-10(a)所示。六个方位在三视图中的对应关系如图 2-10(b)所示。

主视图反映了物体的上、下和左、右四个方位关系;

俯视图反映了物体的前、后和左、右四个方位关系;

左视图反映了物体的上、下和前、后四个方位关系。

注意 画图与读图时,要特别注意俯视图与左视图的前、后对应关系:以主视图为中心,俯视图、左视图靠近主视图的一侧为物体的后面,远离主视图的一侧为物体的前面。

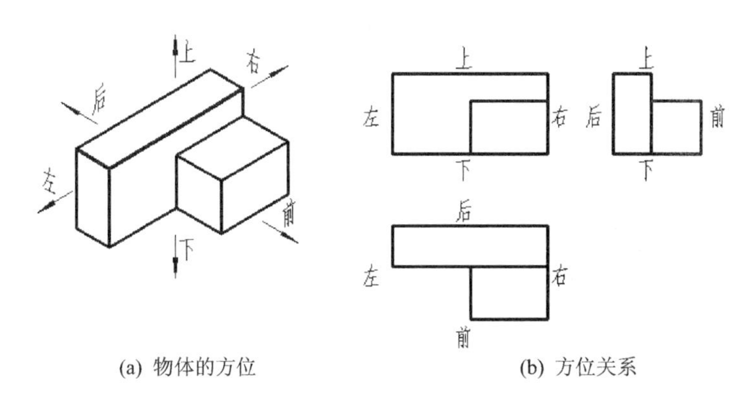

(a) 物体的方位　　(b) 方位关系

图 2－10　三视图的“方位”关系

二、草图画法

(一) 草图的概念

草图(即徒手图)是指不借助直角尺或圆规等绘图工具，以目测估计图形与实物的比例，按一定的画法要求，用铅笔徒手快速绘制的工程图样。这种草图主要用于新产品的设计开发、仿制和修配时的现场实物测绘或技术交流。在设计初期，由于设计方案要经过反复分析、比较、推敲才能确定最后方案，所以为了节省时间，加快速度，往往以直观图或视图的草图形式表达构思结果。在仿制产品或维修机器时，经常要现场绘制图样，由于环境和条件的限制，常常缺少完备的绘图仪器和计算机，为了尽快得到结果，一般也先画草图，再画工作图；在参观、学习或交流、讨论时，有时也需要徒手绘制草图；此外，在进行表达方案讨论、确定布图方式时，往往也需要画出草图，以便进行具体比较。可见，草图的适用场合是非常广泛的，具有很大的实用价值。

因此，工程技术人员必须具备徒手绘图的能力。由于计算机绘图的普及，徒手绘图已显得尤为重要。尺规绘图、计算机绘图、徒手绘图已成为三种主要绘图手段。

注意　草图虽然是徒手绘制的，但绝不是潦草的图，仍应做到图形投影正确，线型粗细分明，比例匀称，字体工整，图面整洁。

(二) 草图的分类

按投影方法不同分为：正投影草图(见表 2－1)、轴测投影草图(透视草图，见图 2－11)。

按图样作用不同分为：零件草图、部件草图和装配草图。

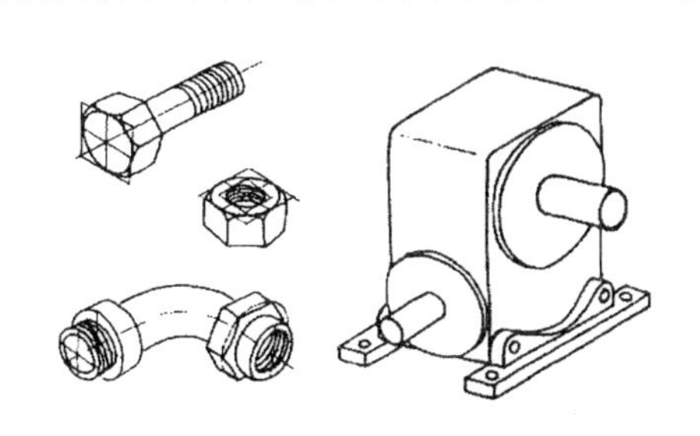
图 2－11　轴测投影草图

(三) 徒手绘图的方法与步骤

徒手绘图的要求：画线要稳，图线要清晰(粗细分明，基本平直，方向正确)；目测尺寸要准，各部分比例匀称；绘图速度要快；标注尺寸无误，字体工整。

徒手画草图一般选用软一些的 HB 或 B 的铅笔，铅芯头磨成圆锥形，粗细各一支，分别用于绘制粗、细线。画中心线和尺寸线时，铅芯应磨得较尖,画可见轮廓线时的铅芯应磨得较钝。初学时,应在方格纸(一般是5 mm见方的网格纸,见图2-12)上徒手绘草图,以便训练控制图线的平直和借助方格纸线确定图形的比例大小。待熟练后便可直接用白纸画。

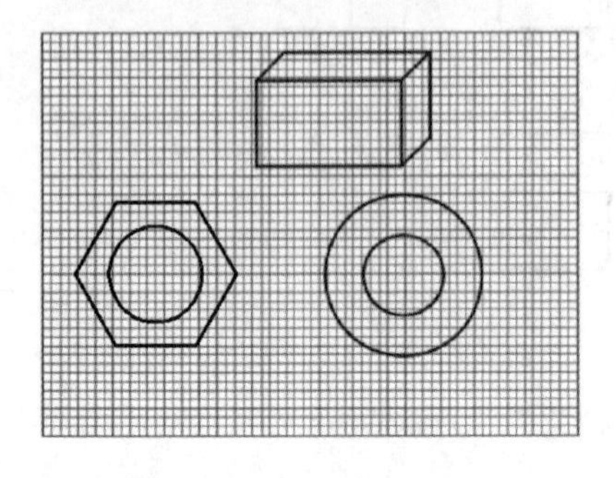

图2-12 方格纸画草图

一个物体的图形无论多么复杂,都是由直线、圆、圆弧或曲线组成的。因此要画好草图,必须掌握好徒手绘制各种线条的方法。绘图时手腕要悬空,小指接触纸面。一般图纸不固定,并且为了便于画图,还可以随时将图纸旋转适当的角度。

1. 直线的画法

如图2-13所示,徒手画草图时,手指应握在距铅笔笔尖约3~5 mm处,手腕和小指对纸面的压力不要太大。在画直线时,先定出直线的两个端点,然后执笔悬空,沿直线方向先比画一下,掌握好方向和走势后再落笔画线。画线时手腕不要转动,眼睛的余光瞄向运笔的前方和笔尖运行的画线的终点,慢慢移动手腕和手臂,使笔尖向着要画的方向做近似的直线运动。

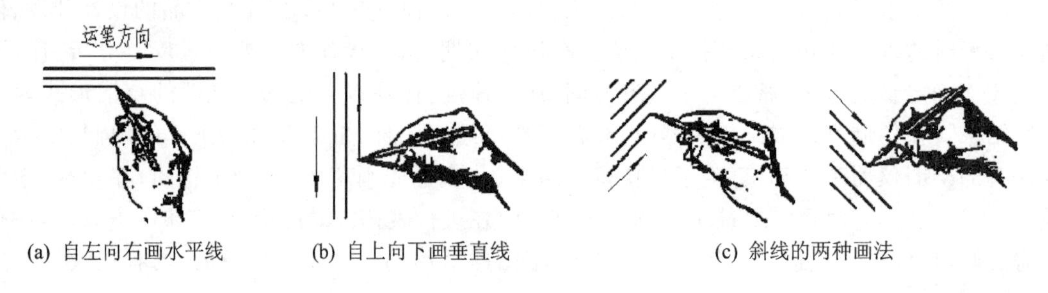

(a) 自左向右画水平线　(b) 自上向下画垂直线　(c) 斜线的两种画法

图2-13 直线的徒手画法

水平线自左向右画,垂直线自上向下画,画斜线时,可以直接按倾斜方向画出斜线,为了运笔方便,也可转动图纸到适当的位置,将直线处于水平或竖直位置时画出斜线。

若所画线段较长,不便于一笔画成,可分为几段画出,但切忌一小段一小段画出,可分段画出较长的线段。

2. 等分线段的画法

等分线段时,根据等分数的不同,应凭目测,先将线段分成相等或成一定比例的两(或几)大段,再逐步分成符合要求的多个相等的小段。

① 八等分线段(见图2-14(a)),先目测取得中点4;依次对各段平分,再取等分点2,6,最后取其余等分点1,3,5,7。

② 五等分线段(见图2-14(b)),先目测将线段分成2:3,取分点2;再将较短段平分,取分点1;最后将较长段三等分,取分点3和4。

3. 常用角度斜线的画法

画30°,45°,60°等特殊角度的斜线时,可利用直角三角形两直角边的比例关系,近似地定出两端点,然后连接两点,即为所画的角度线,如图2-15(a)所示。也可以将半圆弧二等分或三等分后画出45°,30°或60°斜线,如图2-15(b)所示。如画10°,15°等角度线,可先画出30°

后，再等分求得，如图 2－15(c)所示。

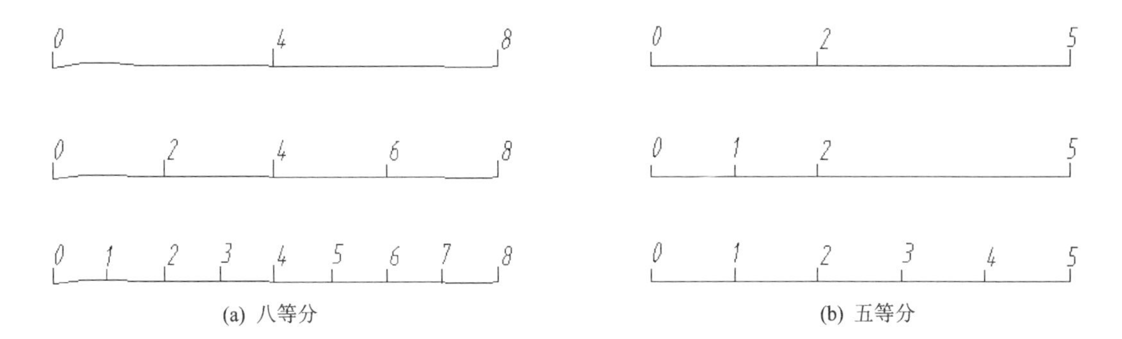

(a) 八等分　　(b) 五等分

图 2－14　等分线段的徒手画法

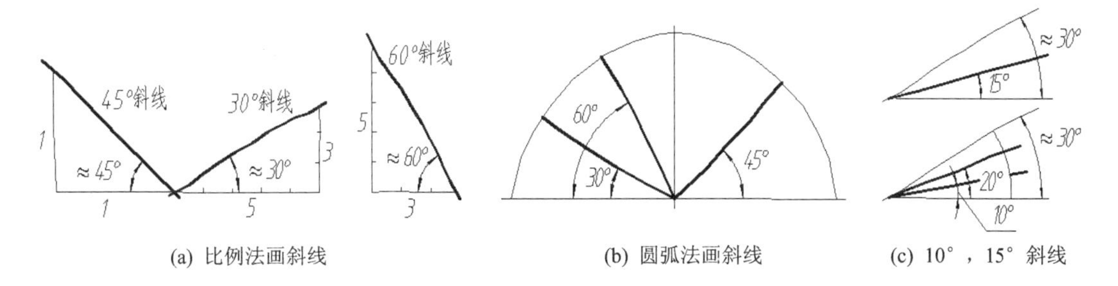

(a) 比例法画斜线　　(b) 圆弧法画斜线　　(c) 10°，15°斜线

图 2－15　斜线的徒手画法

4. 圆及圆角的画法

画小圆时，如图 2－16(a)所示，应过圆心先画中心线，再根据半径大小用目测法在中心线上定出 4 点，然后过这 4 点画圆。当圆的直径较大时，如图 2－16(b)所示，可过圆心增画两条 45°的斜线，在线上再定 4 个点，然后过这 8 个点画圆。

如图 2－16(c)所示，当圆的直径很大时，可取一纸片标出半径长度，利用它从圆心出发定出许多圆上的点，然后通过这些点光滑连接成圆。或如图 2－16(d)所示，用手作圆规，以小手指的指尖或关节作圆心，使铅笔与它的距离等于所需的半径，用另一只手小心地慢慢转动图纸，即可得到所需的圆。也可以一只手拿两支铅笔来画圆，笔尖分开作圆规状，一支笔尖压住中心为圆心，另一只手转动图纸来画圆。

画圆角的方法，先画两条相交直线，作角平分线，然后目测在角平分线上选取圆心位置 O，使它与角两边的距离等于圆角的半径大小。过圆心向两边引垂直线定出圆弧的起点 1 和终点 2，并在角平分线上也定出一个圆周点 3，然后徒手作圆弧把点 1、3、2 光滑连接起来，如图 2－17所示。

5. 椭圆的画法

(1) 矩形画法

先画椭圆的长、短轴，并用目测方法定出其 4 个端点的位置，过这 4 个端点画一个矩形，如图 2－18(a)所示，画较小椭圆时，直接徒手作椭圆与此矩形相切；画较大椭圆时，将矩形的对角线六等分，过对角线靠外等分点 2、4、6、8 和长短轴端点 1、5、3、7，徒手顺次连接画出椭圆。

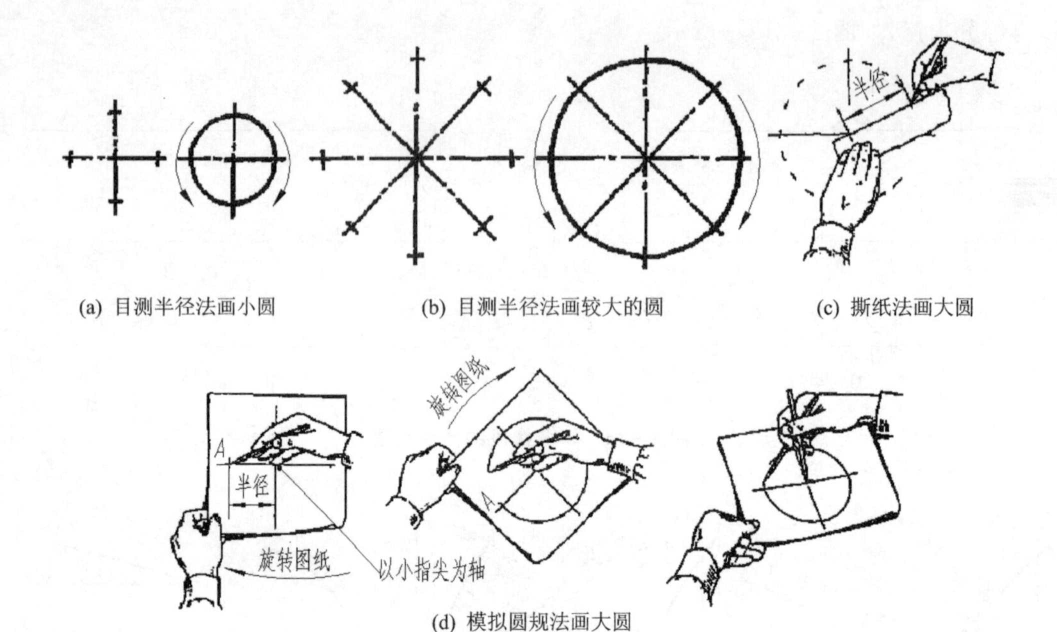

(a) 目测半径法画小圆　(b) 目测半径法画较大的圆　(c) 撕纸法画大圆

(d) 模拟圆规法画大圆

图 2-16　圆的徒手画法

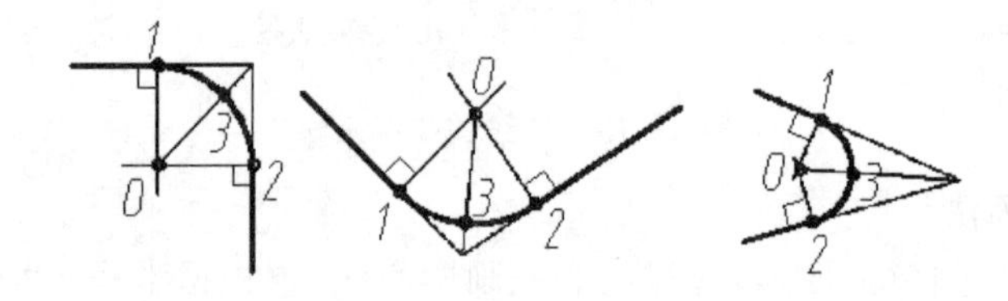

图 2-17　圆角的徒手画法

(2) 菱形画法

先画椭圆的外切菱形(或平行四边形),如图 2-18(b)所示,画较小椭圆时,直接徒手作两钝角及两锐角的内切弧,画出椭圆;画较大椭圆时,在菱形(或平行四边形)的四条边上取中点 1、3、5、7,在对角线上再取四点 2、4、6、8(过 O1 的中点 K 作 $EF /\!/ AC$,连接 $F1$、$E1$ 与 AB、CD 交于点 2、8,并作出它们的对称点 6、4),将椭圆分为八段,然后顺次连接画出椭圆。另外此法还可画圆的正等轴测图[①]。

注意　椭圆与所画辅助矩形或菱形(平行四边形)相切,即一定过矩形或菱形(平行四边形)各边的中点。

6. 正六边形的画法

画正六边形时,以正六边形的对角距为直径作圆,取半径的中点 K 作垂线与圆周交于点 2、6,再作出对称点 3、5,连接各点 1、2、3、4、5、6 即为正六边形,如图 2-19(a)所示。用类似方法可作出正六边形的正等轴测图,如图 2-19(b)所示。

(四) 目测比例的方法

在徒手绘图时,关键的一点是要保持所画物体图形各部分的比例。如果比例(特别是大的

① 有关正等轴测图的内容参见学习情境 3。

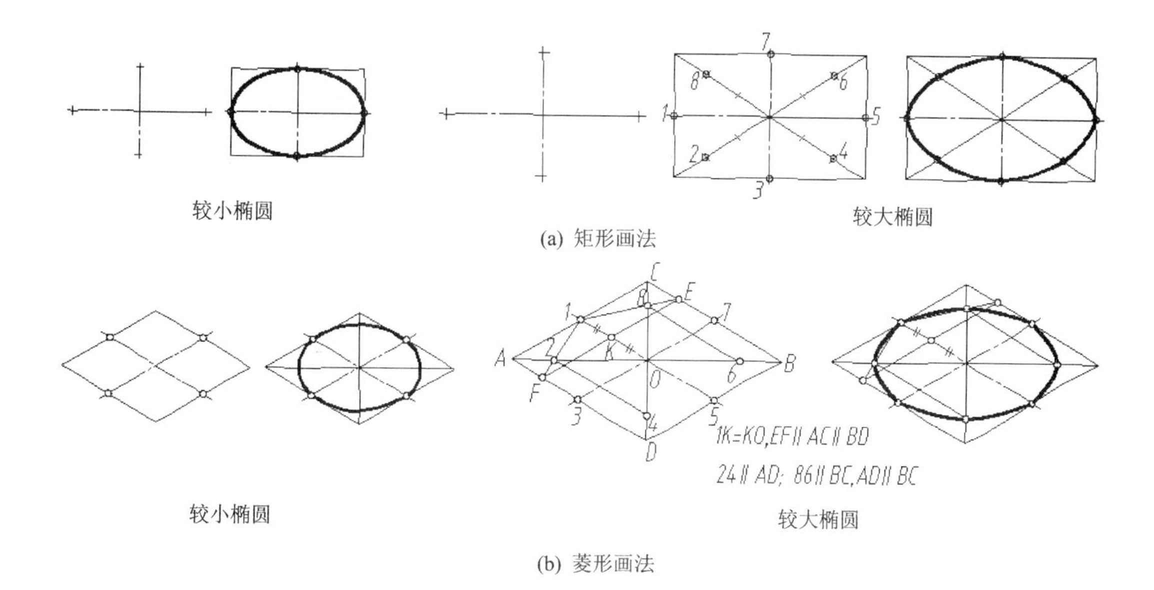

图 2-18 椭圆的徒手画法

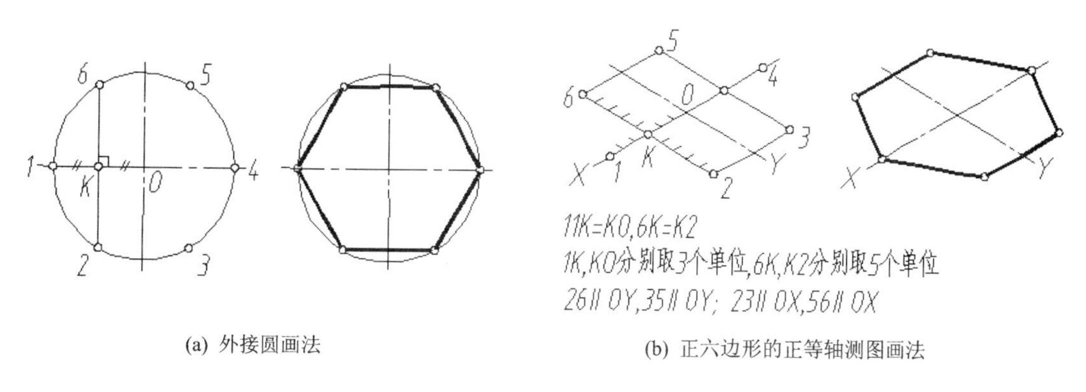

图 2-19 正六边形的徒手画法

总体比例)保持不好,不管线条画得多好,这张草图也是劣质的。在开始画图时,物体长、宽、高的相对比例一定要仔细观察、拟定。然后,在画中间部分或细节部分时,还要随时将新测定的线段与已拟定的线段进行比较、调整。因此,掌握目测比例方法对画好草图十分重要。

初学和经验不足者可以利用铅笔、坐标纸等作为度量工具,确定所绘对象大致的尺寸比例。

在画中、小型物体时,可用铅笔直接放在实物上测定各部分的大小,然后按测定的大小画出草图,或者用这种方法估计出各部分的相对比例,然后按估计的相对比例画出缩小的草图。

在画较大的物体时,可以用手握一铅笔进行目测度量。在目测时,人的位置应保持不动,握铅笔的手臂要伸直,人和物的距离大小应根据所需图形的大小来确定。

下面以正投影草图为例,简述绘制草图时目测尺寸的方法,如图 2-20 所示。

① 按物体前面的长、高尺寸画出主视图。

② 按物体宽度且保证与主视图等长画俯视图。

③ 与主视图等高、俯视图等宽,且在主视图的正右方画左视图。

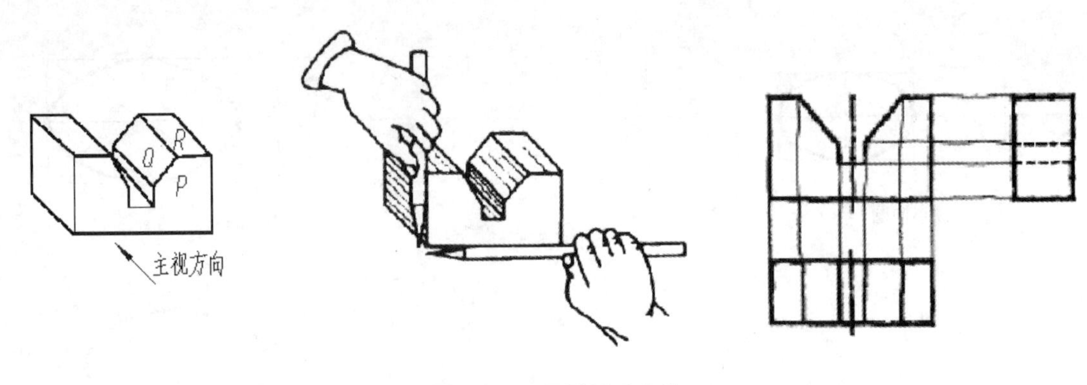

图2-20　目测尺寸方法

(五) 应用举例

绘制较复杂的平面图形时,要分析图形的尺寸关系,先画已知线段,再画连接线段。在方格纸上画平面图形时,大圆的中心线和主要轮廓应尽可能地利用方格纸上的线条,图形各部分之间的比例可按方格纸上的格数来确定,如图2-21所示。注意不要急于画细部,先要考虑大局,即要注意图形长与高的比例,以及图形整体与细部的比例是否正确。要尽量做到直线平直,曲线光滑,尺寸完整。

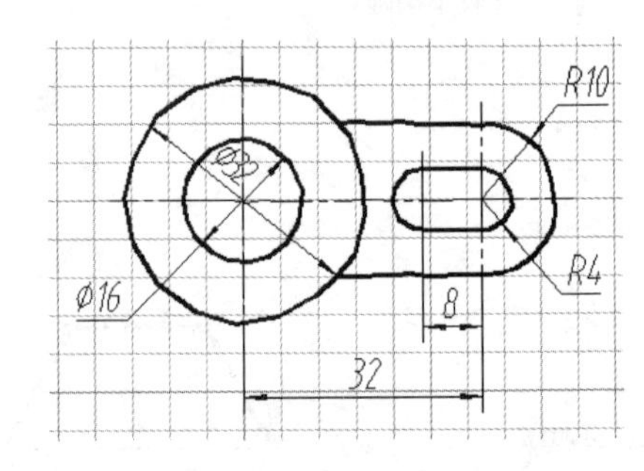

图2-21　徒手画平面图形示例

任务分析

首先观察模型或轴测图,确定模型在三投影面体系中的位置,明确主视方向;其次正确运用正投影法理论绘制三视图。在此任务中开始用正确、规范的徒手绘图的方法与步骤来画三视图。

任务实施

12个模型,每组完成4个模型的三视图绘制(可任选或由教师指定)。

参照表2-1,根据轴测图徒手绘制三视图的方法与步骤在规定的方格纸上完成任务。

表2-1　根据轴测图徒手绘制三视图的方法及步骤

1. 画图前的准备工作:分析图形,确定基准	2. 先画中心线、轴线定位,再画出各投影框线

续表 2－1

3. 轻笔画出各部分投影	4. 校核并擦去多余的线
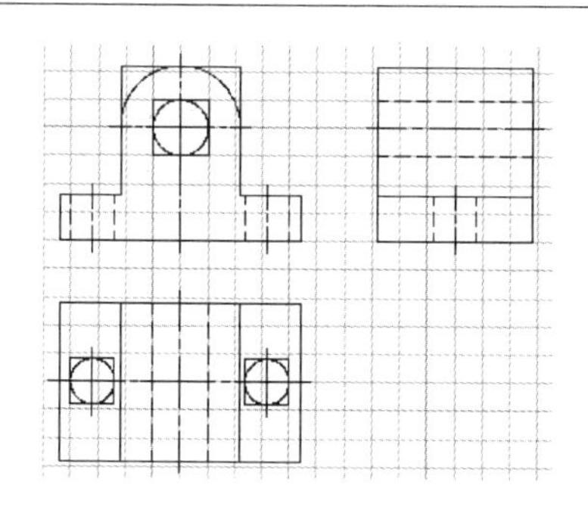	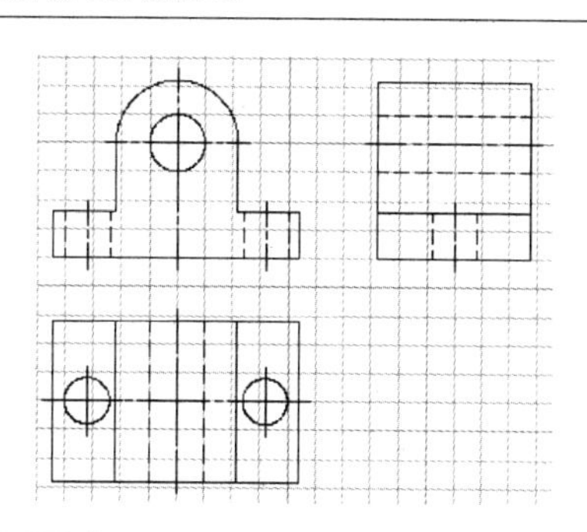
5. 描粗加深；注写尺寸；填写标题栏；修饰、校正，完成全图	
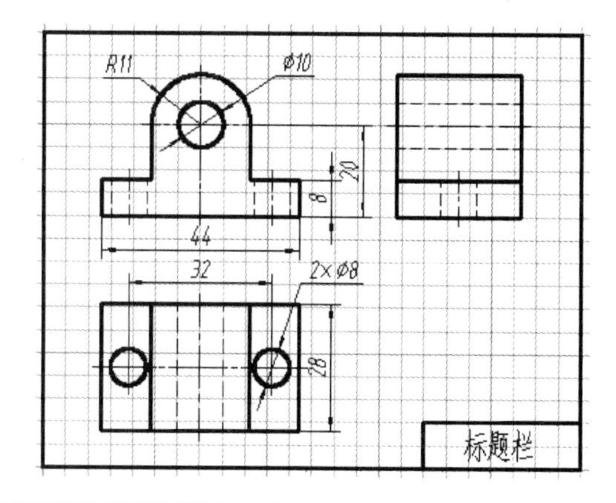	

任务巩固与练习

根据如图 2－22 所示的轴测图，徒手绘制三视图。

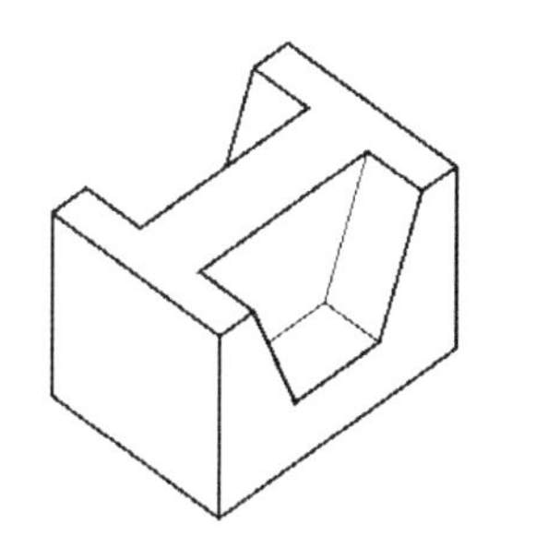

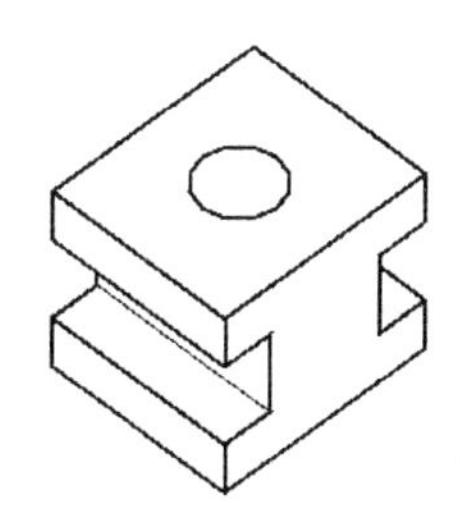

图 2－22　轴测图

任务 2.3　根据三视图制作模型

任务目标

➢ 初步掌握由平面图形构思空间立体的空间思维方法，并建立基本的空间想象能力。

任务引入

读懂图 2－23 给出的三视图,想象空间立体,并用纸壳或橡皮泥制作模型。

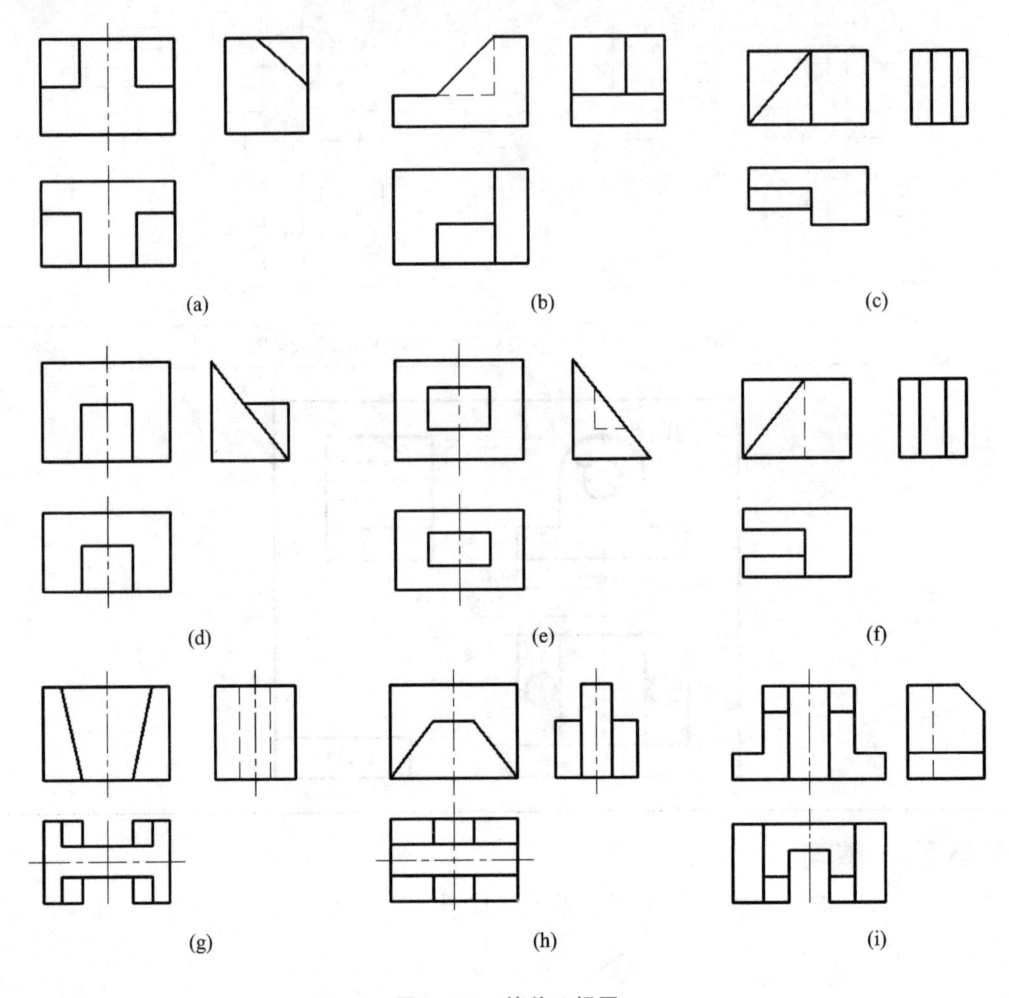

图 2－23 简单三视图

任务分析

首先,运用正投影法理论分析三视图中的各线框及各交线,弄清立体各表面的组成及相互位置关系,初步构想空间立体形状;其次,通过手工制作模型进一步使想象中的立体形状具体化,并据此检查所想象的形状是否符合正投影图所给定的物体形状。进一步充分理解由点、线、面等几何元素组成的几何形体,为后续学习内容储备足够的几何形体知识。注意在制模过程中要反复验证,直到制作出对应的正确空间立体。

任务实施

9 个三视图,每组完成 3 个模型的制作(可任选或由教师指定,比例自定)。

一、准备工作

① 准备原材料和制作工具(同任务 2.1)。

② 分析如图 2 - 23(a)所示的三视图,想象空间立体形状结构,弄清立体各表面的组成及相互位置关系,以便确定模型制作的先后顺序。

③ 明确小组成员分工,协作任务,以培养学生的职业素质、团队协作、语言表达的能力。

二、制作模型

① 在三视图上对立体各表面进行编号,如图 2 - 24(a)所示。

② 测量三视图上各线段尺寸并标注,如图 2 - 24(b)所示。

③ 按标注的尺寸放大 6 倍,剪裁纸壳成如图 2 - 24(c)所示的表面形状,并用同样的方法剪裁彩色纸。注意剪裁时要有效利用纸壳,使纸壳的利用率最高。

④ 将粘贴好彩色纸的各表面粘贴成如图 2 - 24(d)所示的立体形状。

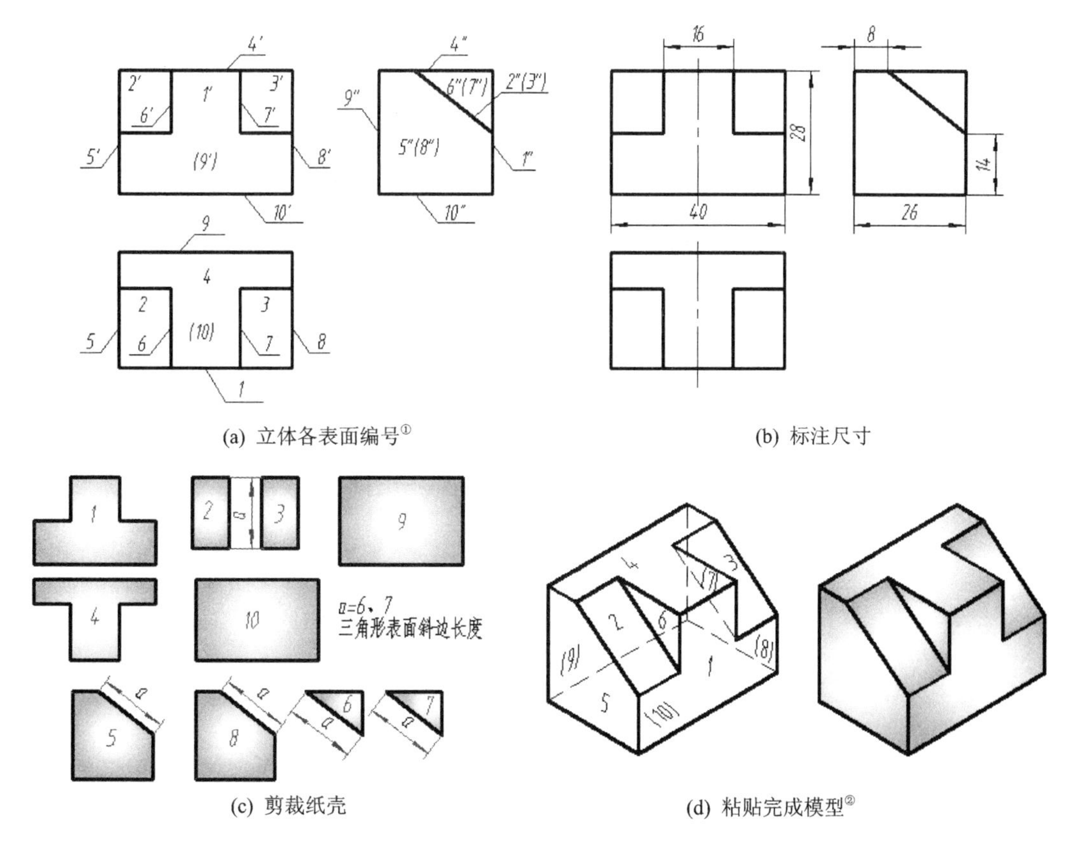

(a) 立体各表面编号①　　(b) 标注尺寸

(c) 剪裁纸壳　　(d) 粘贴完成模型②

图 2 - 24 根据三视图制作模型的步骤

① 三视图中各表面的投影标注参见学习情境 3,比如 1,1′,1″代表的是空间表面 1,以此类推。

② 加圆括号的编号为不可见表面。

任务巩固与练习

根据如图2-25所示的三视图,想象空间立体,并用纸壳或橡皮泥制作模型。

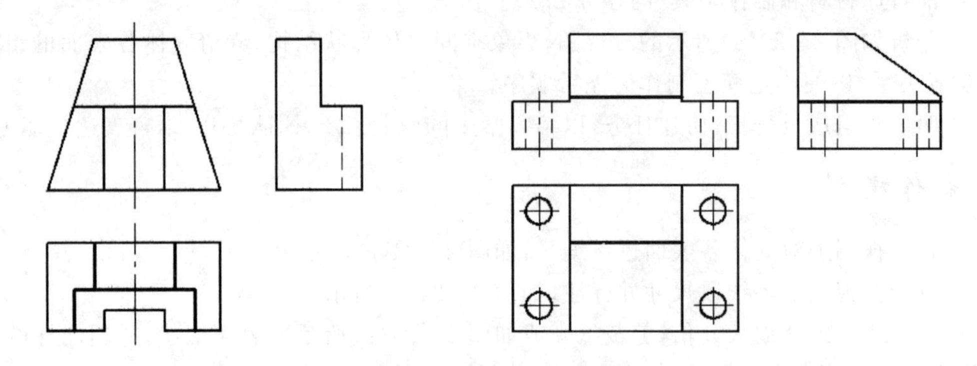

图2-25 三视图

学习情境 3

绘制基本体三视图

任务 3.1　绘制平面体的三视图

任务目标

➢ 掌握平面立体的投影特征。

➢ 掌握不同位置平面立体的三视图画法。

➢ 掌握平面立体表面上点的投影作图方法。

任务引入

根据如图 3－1 所示的平面体，按如下尺寸在 A4 图纸上以 2∶1 绘制三视图并标注尺寸。

任务 3.1.1：绘制正六棱柱的三视图，底面外接圆直径 $\phi20$，高 8，如图 3－1(a)所示。

任务 3.1.2：绘制正三棱锥的三视图，底面外接圆直径 $\phi16$，高 15，如图 3－1(b)所示。

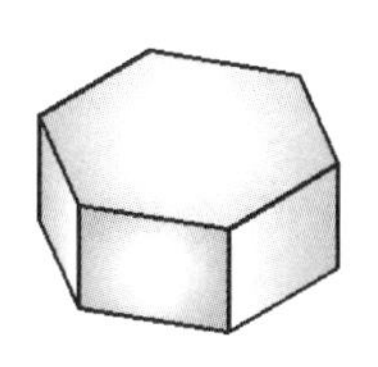

(a) 正六棱柱

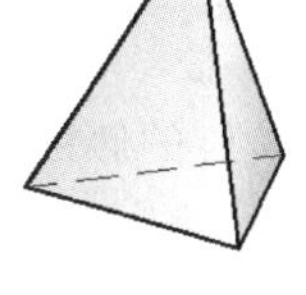

(b) 正三棱柱

图 3－1　平面立体

任务知识准备

一、基本体概述

机器上的零件[①]，由于其作用不同而有各种各样的结构形状，不管它们的形状如何复杂，都可以看成是由若干基本几何体(简称基本体)组合而成的。如图 3－2(a)所示的顶尖可看成是圆锥和圆台的组合；图 3－2(b)所示的螺栓坯可看成是圆台、圆柱和正六棱柱的组合；图 3－2(c)所示的手柄可看成是圆柱、圆环和圆球的组合等。由于它们在机器中所起的作用不同，有些常加工成带切口、穿孔等结构形状而成为不完整的基本体，如图 3－2(d)～(f)所示。

基本体是由一定数量的表面围成的。根据表面的几何性质，基本体可分为平面体和曲面体两大类。

(一) 平面体

平面体的表面均由多边形平面构成，如棱柱、棱锥等。它们均由棱面和底面所围成，各表面的交线称为棱线，其中相邻两棱面的交线称为侧棱线，底面和棱面的交线称为底棱线。

1. 棱　柱

棱柱的顶面、底面形状相同且为平行的多边形，侧棱线互相平行。若侧棱线与底面垂直，为直棱柱，若侧棱线与底面倾斜为斜棱柱。常见的棱柱有三棱柱、四棱柱、五棱柱和六

---

① 零件是用来装配成机器或部件的不可拆分的单个制件，是机器的基本组成要素，也是机械制造过程中的基本单元。

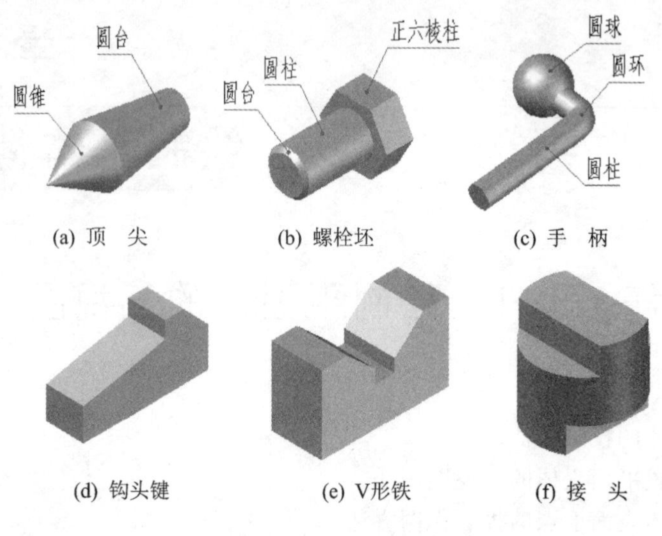

(a) 顶　尖　(b) 螺栓坯　(c) 手　柄

(d) 钩头键　(e) V形铁　(f) 接　头

图 3-2　各种零件

棱柱等。

2. 棱　锥

棱锥的底面为多边形,各棱面均为过锥顶的三角形,侧棱线交于锥顶。常见的棱锥有三棱锥、四棱锥和五棱锥等。

(二) 曲面体

曲面体的表面由曲面和平面或者全部由曲面构成。工程上常见的曲面体是回转体,如圆柱、圆锥、圆球、圆环等。回转体是由回转面或回转面和平面围成的形体。回转面是由母线(直线或曲线)绕某一轴线旋转而形成的。

常见的基本几何体有:棱柱、棱锥、圆柱、圆锥、圆球、圆环等,如图 3-3 所示。

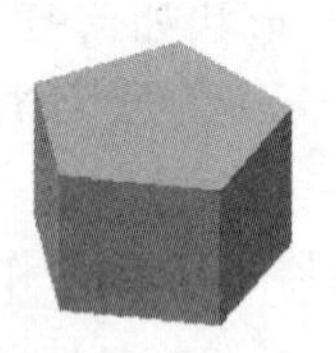

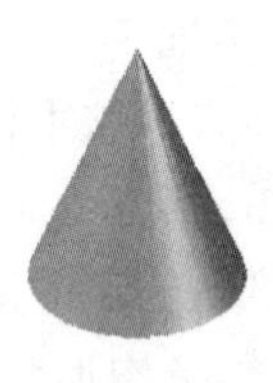

图 3-3　基本体

二、点、直线、平面的投影

任何平面体都是由点、直线、平面等基本几何元素构成的,如图 3-4(a)所示的三棱锥就是由四个平面、六条直线和四个点组成的。掌握这些几何元素的投影特性和作图方法,能帮助学生完整、正确地绘制物体的三视图,是今后画图和读图的基础。

(一) 点的投影

点是组成物体的最基本的几何元素。点的投影仍是点。如图 3-4(b)所示,空间点 A[①] 在

① 为了便于区分,空间点用大写拉丁字母表示,各投影用对应小写拉丁字母表示。

三投影面体系中的三面投影分别为：a（点 A 的水平投影），a'（点 A 的正面投影），a''（点 A 的侧面投影）。投影面展开如图 3－4(c)所示。

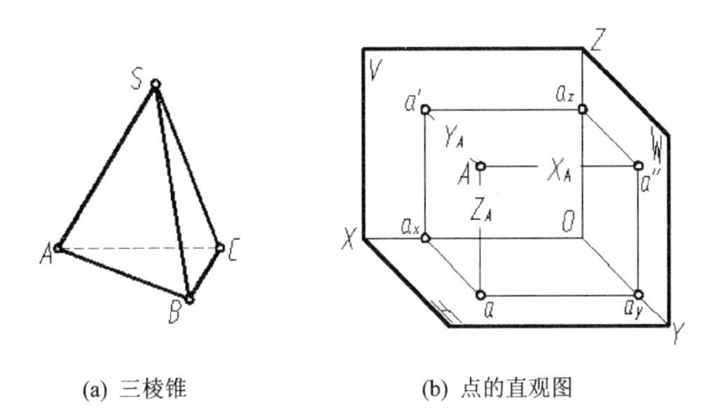

(a) 三棱锥　　(b) 点的直观图　　(c) 点的三投影及其与点的坐标关系

图 3－4　点的投影

1. 点的投影规律

由图 3－4 可得点的投影规律：

① 点的投影连线（即点的两面投影的连线）必定垂直于相应的投影轴，即

$a\,a' \perp OX$，即点的正面投影和水平投影的连线垂直于 OX 轴；

$a'a'' \perp OZ$，即点的正面投影和侧面投影的连线垂直于 OZ 轴；

$a\,a_x = a''a_z$，即点的水平投影到 OX 轴的距离等于其侧面投影到 OZ 轴的距离。

显然，点的三个投影之间的投影关系与三视图之间的三等关系是一致的，

② 点的投影到投影轴的距离等于空间点到对应投影面的距离。若将三投影面体系看作空间直角坐标体系，即把投影面当作坐标面，投影轴当作坐标轴，三个轴的交点 O 即为坐标原点。则空间点 A 至三个投影面的距离，可用直角坐标来表示，即

$aa_y = a'a_z = A$ 点到 W 面的距离 $Aa'' = x$ 坐标；

$a'a_x = a''a_y = A$ 点到 H 面的距离 $Aa = z$ 坐标；

$aa_x = a''a_z = A$ 点到 V 面的距离 $Aa' = y$ 坐标。

可见，空间点的位置可由点的坐标（x, y, z）确定，点 A 三投影的坐标分别为 $a(x,y)$、$a'(x,z)$、$a''(y,z)$。任一投影都包含了两个坐标，所以一点的两个投影就包含了确定该点空间位置的三个坐标，即确定了点的空间位置。因此，根据空间点的三个坐标（x,y,z），按点的投影规律便可做出该点的投影图。反之，如果已知空间点的两个或三个投影，即可求得该点的三个坐标。

例 3－1　已知点 A 的两面投影 a、a'，求作第三面投影 a''。

分析：可利用点的三面投影规律，作图步骤如图 3－5 所示。

例 3－2　已知点 B(18,10,15)，单位为 mm（下同），求点 B 的三面投影图。

分析：可利用空间点的位置及其投影点的位置与坐标的关系，作图步骤如图 3－6 所示。

2. 点的投影特性

点与投影面的位置有 4 种：在空间、在投影面上、在投影轴上、在原点。它们的种类与投影特性如表 3－1 所列。

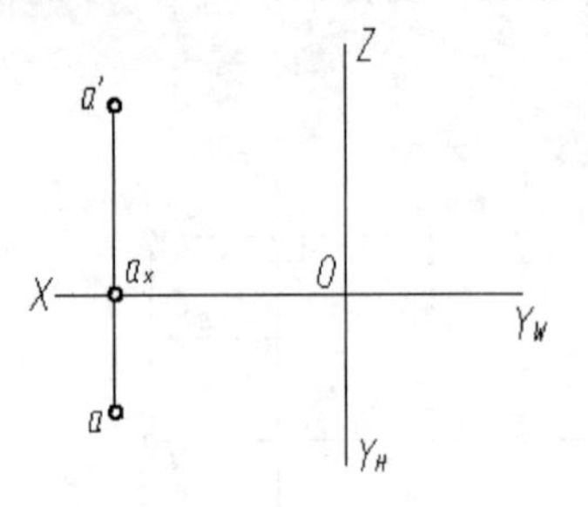

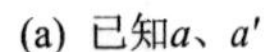
(a) 已知a、a'

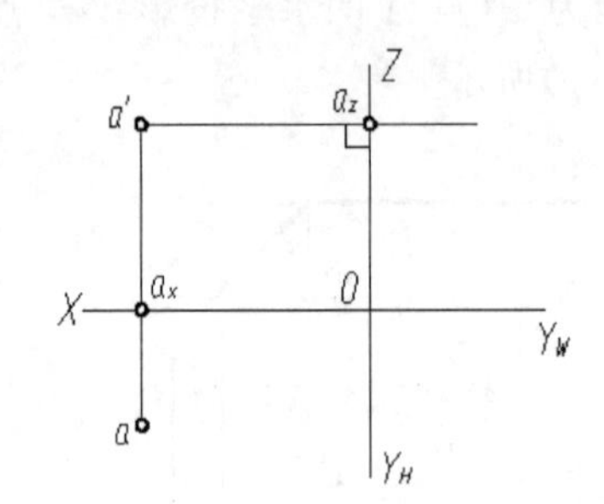

(b) 过a'作$a'a_z \perp OZ$，并延长

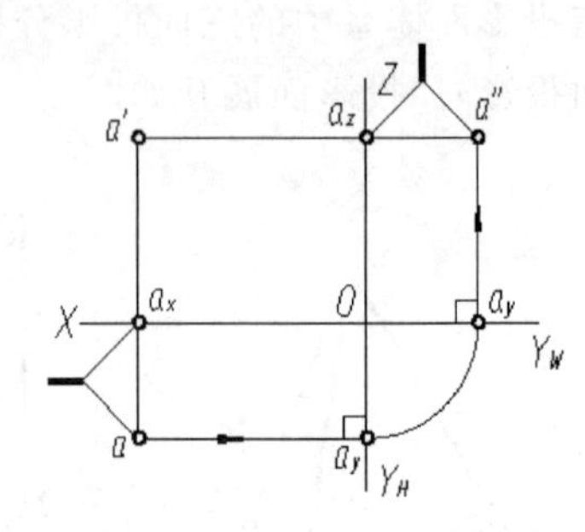

(c) 分规法(量取$aa_x=a''a_z$)或圆弧法

图 3-5　已知点的两面投影求第三投影

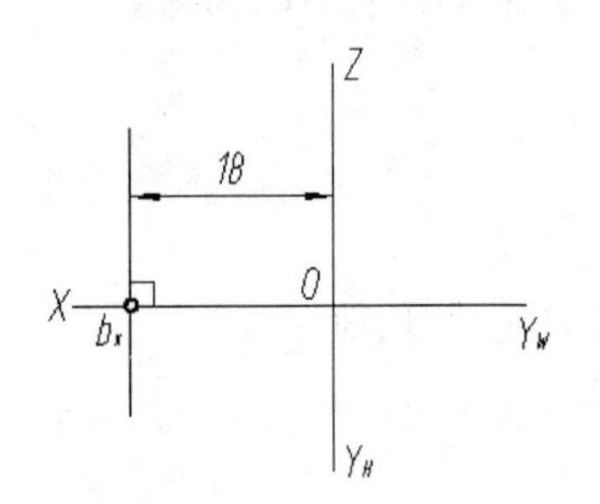

(a) 量取Ob_x=18，并过b_x作X轴的垂线

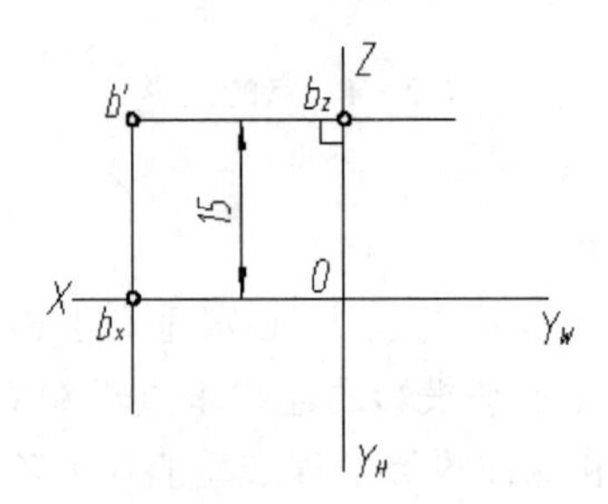

(b) 量取Ob_x=15，并过b_z作Z轴的垂线，与X轴垂直线的交点即为b'

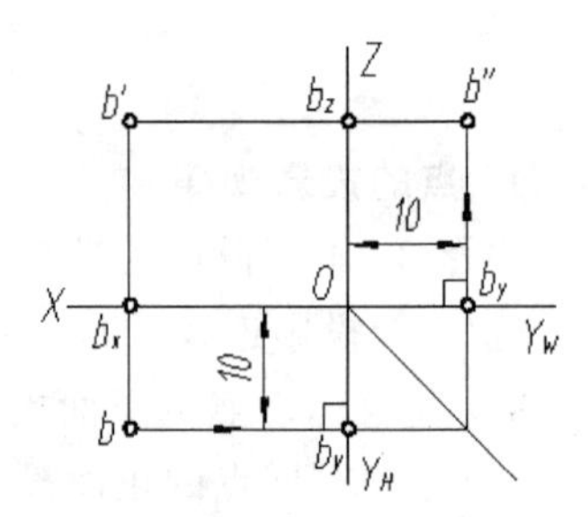

(c) 在$b'b_x$延长线上，量取b_xb=10，得b。利用45°斜线法得b''

图 3-6　由点的坐标求作三面投影

表 3-1　各类空间位置点的投影特性

位　置	投影特性
在空间	定义：点的三个坐标值均不为零 投影特性：点的三个投影都在相应的投影面上（不可能在轴及原点上）

续表 3－1

<table>
<tr><th>位　置</th><th colspan="3">投影特性</th></tr>
<tr><td rowspan="3">在投影面上</td><td>在水平面</td><td>在正面</td><td>在侧面</td></tr>
<tr><td>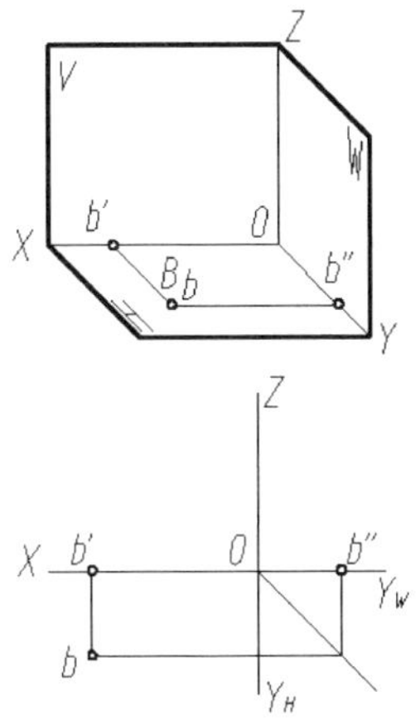
</td><td>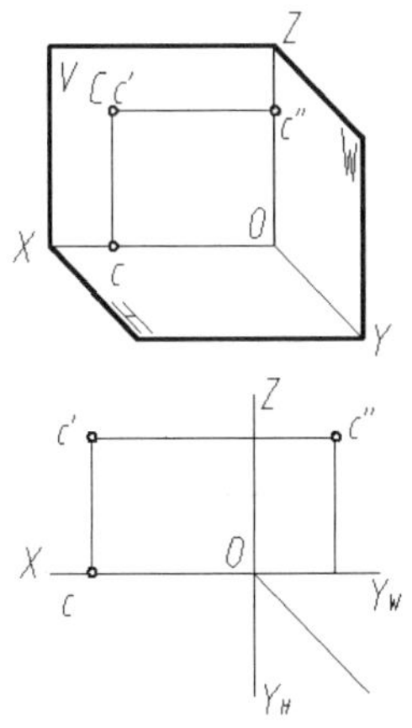
</td><td>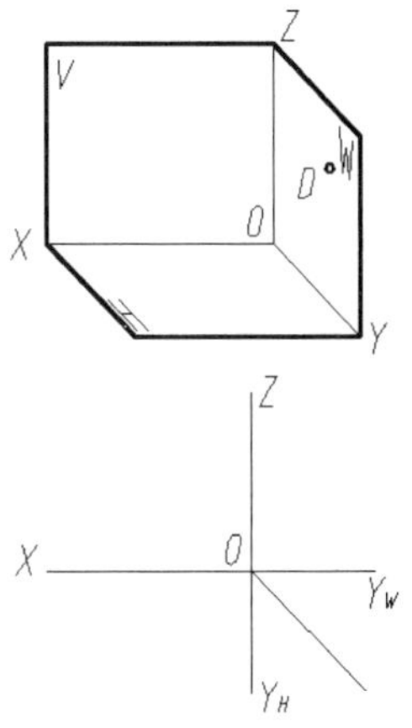
</td></tr>
<tr><td colspan="3">定义：点的一个坐标值为零
投影特性：点的一个投影在点所在的投影面上，与空间点重合；另两个投影在相应的投影轴上</td></tr>
<tr><td rowspan="3">在投影轴上</td><td>在 X 轴</td><td>在 Y 轴</td><td>在 Z 轴</td></tr>
<tr><td>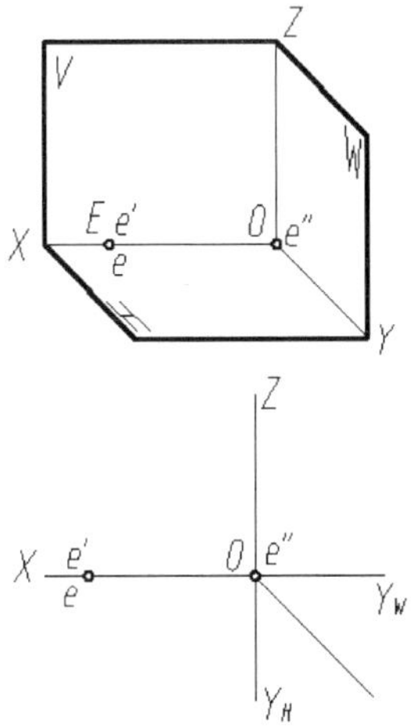
</td><td>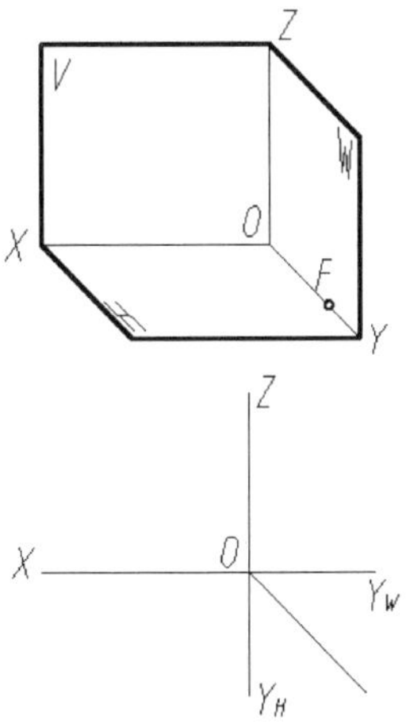
</td><td>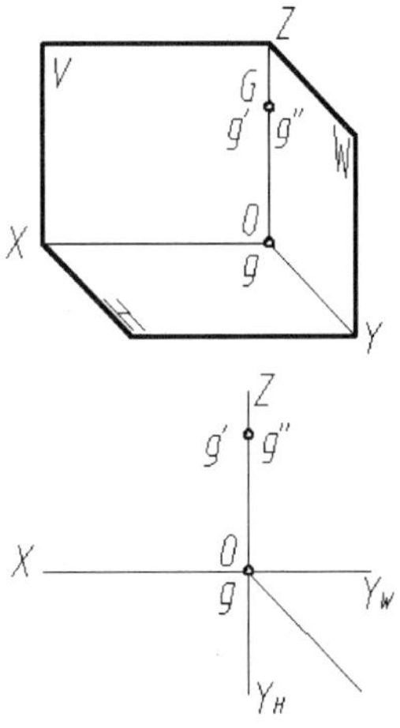
</td></tr>
<tr><td colspan="3">定义：点的两个坐标值为零
投影特性：点的两个投影在点所在的投影轴上，与空间点重合；另一个投影与原点重合</td></tr>
<tr><td colspan="4">在原点上的点：三个坐标值均为零；点的三个投影与空间点都重合在原点上</td></tr>
</table>

绘图：作图完成点 D、点 F 的直观图和三投影图。

3．两点的相对位置

两点的相对位置是指空间两个点的上下、左右、前后关系。在投影图中，是以它们的坐标差来确定的：两点的左、右位置由 x 坐标差确定，x 坐标值大者在左；两点的前、后位置由 y 坐标差确定，y 坐标值大者在前；两点的上、下位置由 z 坐标差确定，z 坐标值大者在上。

两点的正面投影反映上下、左右关系;两点的水平投影反映左右、前后关系;两点的侧面投影反映上下、前后关系。

例 3-3 已知点 $C(33,5,30)$;点 D 在点 C 右方 10,比点 C 低 15,并在点 C 前方 10,作出点 D 的三面投影图。作图步骤如图 3-7 所示。

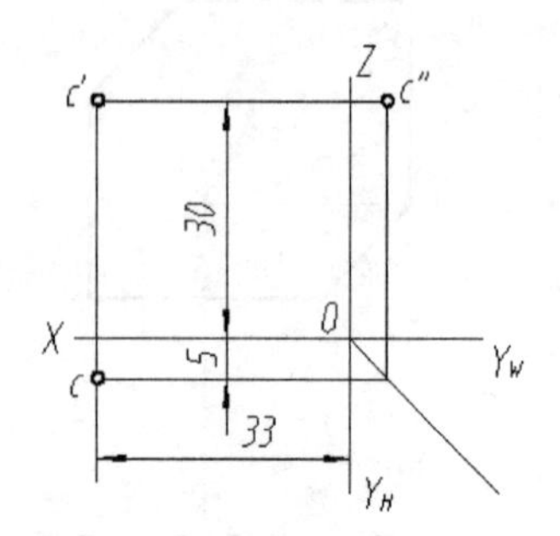

(a) 由点C坐标作c、c'、c''

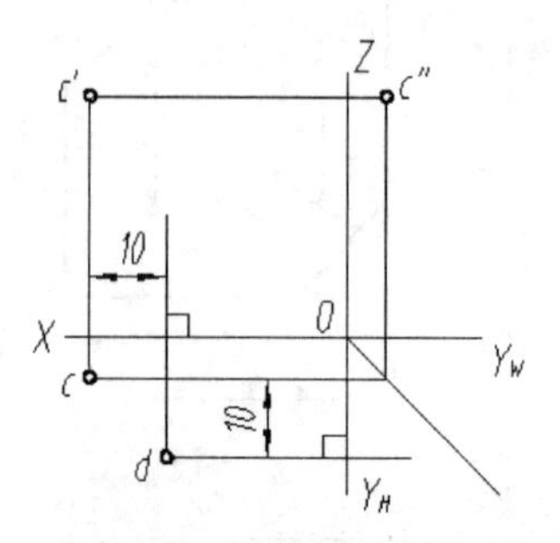

(b) 由点c(或c')沿X轴向右量取10并作其垂线,由c沿Y轴向前量取10并作其垂线,两线交点即是d

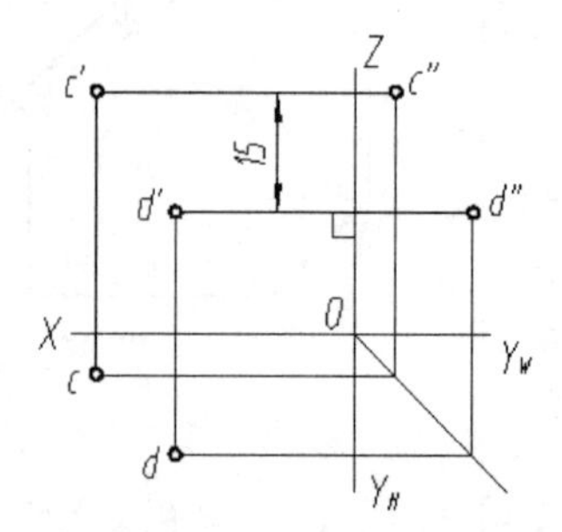

(c) 由c'(或c'')沿Z轴向下量取15并作其垂线,与X轴垂线的交点即是d''。由d,d'再作d''即可

图 3-7 两点相对位置

4. 重影点及其可见性

当空间两点在某个投影面上的投影重合时,这两点称为对该投影面的重影点。如图 3-8 所示,点 A 和点 B 的水平投影 a、b 重合(即它们的 x、y 坐标相同),那么重影点的可见性须根据这两点不重影的投影的坐标大小(即 z 坐标)来判别,因为 $z_A > z_B$,故点 A 可见,点 B 不可见。在投影图中,对不可见的点(即坐标小的点),须加圆括号表示。

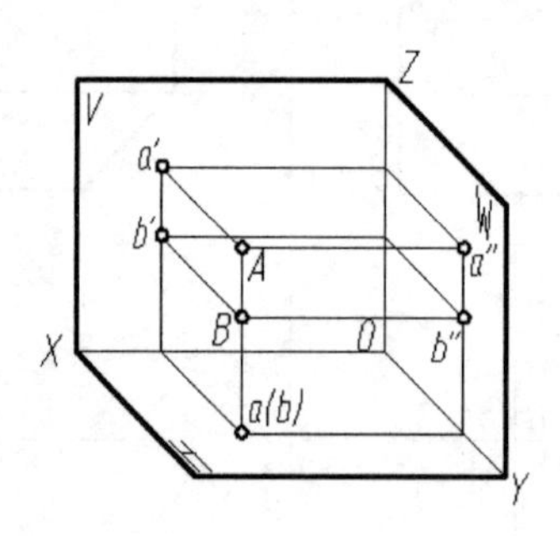

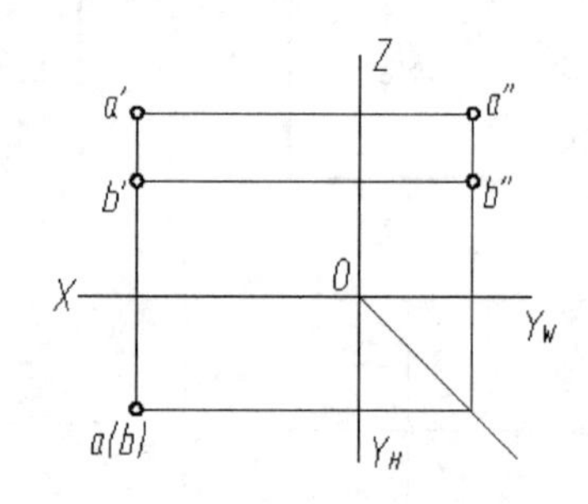

图 3-8 重影点的投影

(二) 直线的投影

1. 直线的三面投影

由几何定理可知:两点确定一条直线。直线的投影一般仍是直线。作图时,只要作出直线上任意两点的投影,再连接两点的同面投影,即可得到直线的三面投影。

如表 3-2 中一般位置直线(a)和(b)所示,直线上两端点 A,B 的投影分别为 a,a',a''及 b,b',b'';如表 3-2 中一般位置直线(c)所示,将水平投影 a,b 相连,便得到直线 AB 的水平投影 ab,同样可以得到直线的正面投影 $a'b'$和侧面投影 $a''b''$。

2. 直线的投影特性

直线与投影面的相对位置可分为3种：投影面平行线、投影面垂直线和一般位置直线。它们的种类与投影特性如表3－2所列。

表3－2　各类空间位置直线的投影特性

分类	定义及投影特性		
投影面平行线	水平线(∥H)	正平线(∥V)	侧平线(∥W)
	定义：只平行于一个投影面，与另外两个投影面倾斜的直线 投影特性：① 三个投影都是直线；其中在所平行的投影面上的投影反映实长，且与投影轴倾斜，与投影轴的夹角等于直线与另外两个投影面的实际倾角①。② 其他两投影都变短，且分别平行于相应的投影轴，其到投影轴的距离，反映空间线段到线段实长投影所在投影面的真实距离		
投影面垂直线	铅垂线(⊥H)	正垂线(⊥V)	侧垂线(⊥W)
	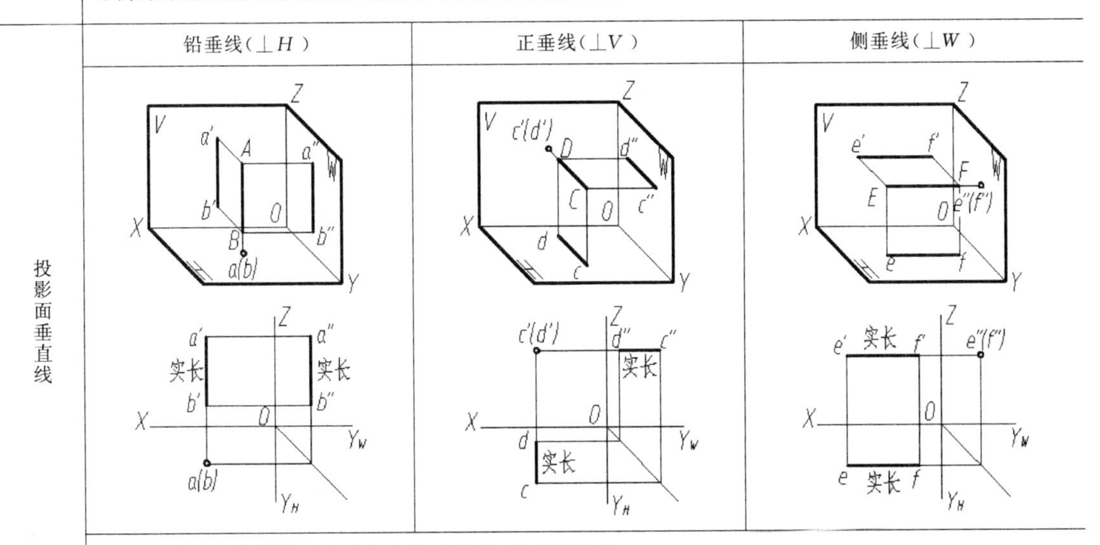		
	定义：垂直于一个投影面，必定与其他两投影面平行的直线 投影特性：① 在所垂直的投影面上的投影必积聚成一点；② 其他两投影都反映实长，且垂直于相应的投影轴		

① 直线对投影面的倾角，即是直线与投影面的夹角。α,β,γ 分别表示直线对 H,V,W 面的倾角。

续表 3-2

分　类	定义及投影特性
一般位置直线	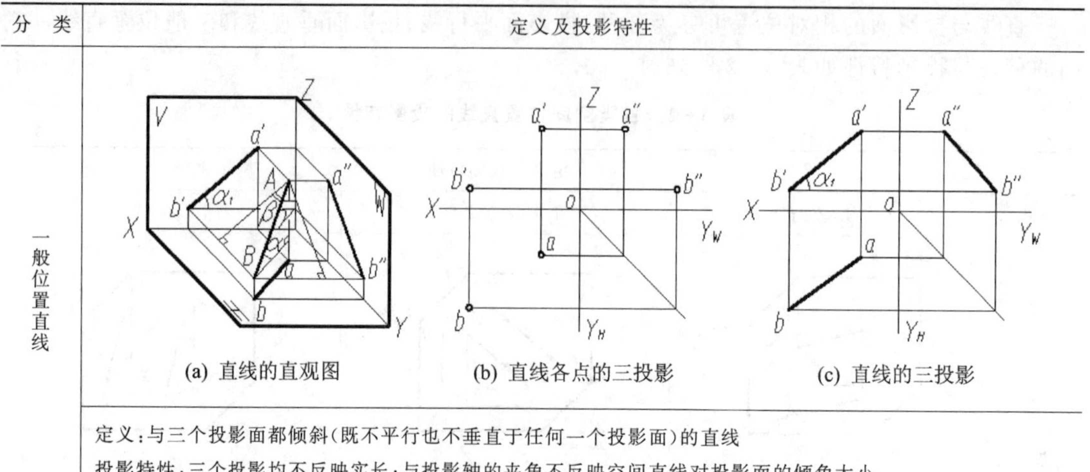 (a) 直线的直观图　(b) 直线各点的三投影　(c) 直线的三投影 定义:与三个投影面都倾斜(既不平行也不垂直于任何一个投影面)的直线 投影特性:三个投影均不反映实长;与投影轴的夹角不反映空间直线对投影面的倾角大小。 注:一般位置直线的投影与投影轴所夹的角度为该线倾角的投影,如图(a)和(c)中的α_1为该线倾角α的投影

(三) 平面的投影

1. 平面的三面投影

由几何定理可知:不在同一直线上的三点可确定一个平面。

如图 3-9 所示,平面的投影通常是用平面上的点、直线或平面图形(如三角形、四边形、圆)等几何元素的投影来表示的,以确定其形状和空间位置。如表 3-3 中一般位置平面图(a)所示,平面的投影一般仍是平面,它是由其轮廓线投影所组成的图形。作图时,找出能够决定平面的形状和位置的一系列点,并作出这些点的三面投影,然后顺次连接这些点的同面投影,即得到平面的三面投影,如表 3-3 中一般位置平面图(b)和(c)所示。

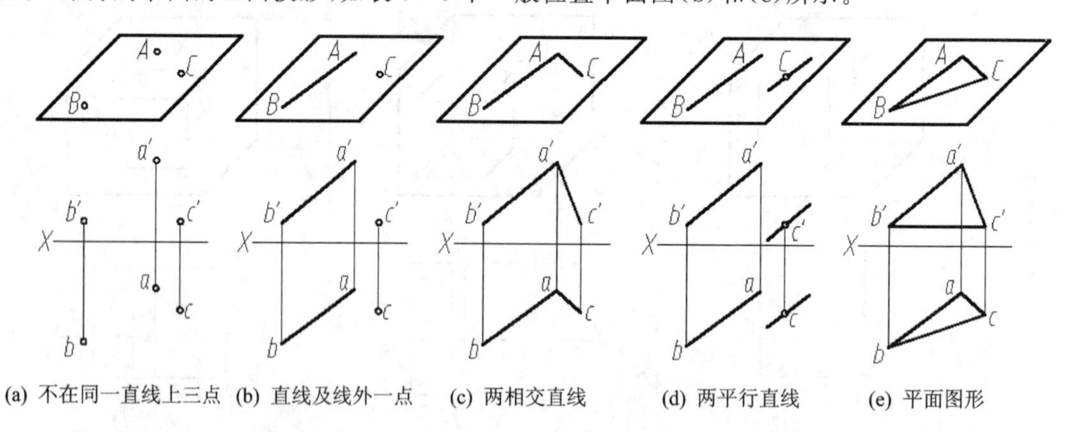

(a) 不在同一直线上三点　(b) 直线及线外一点　(c) 两相交直线　(d) 两平行直线　(e) 平面图形

图 3-9　用几何元素表示平面

2. 平面的投影特性

平面与投影面的相对位置有 3 种:投影面平行面、投影面垂直面和一般位置平面。它们的种类与投影特性如表 3-3 所列。

表3-3　各类空间位置平面的投影特性

分　类	定义及投影特性		
投影面平行面	水平面(//H)	正平面(//V)	侧平面(//W)
	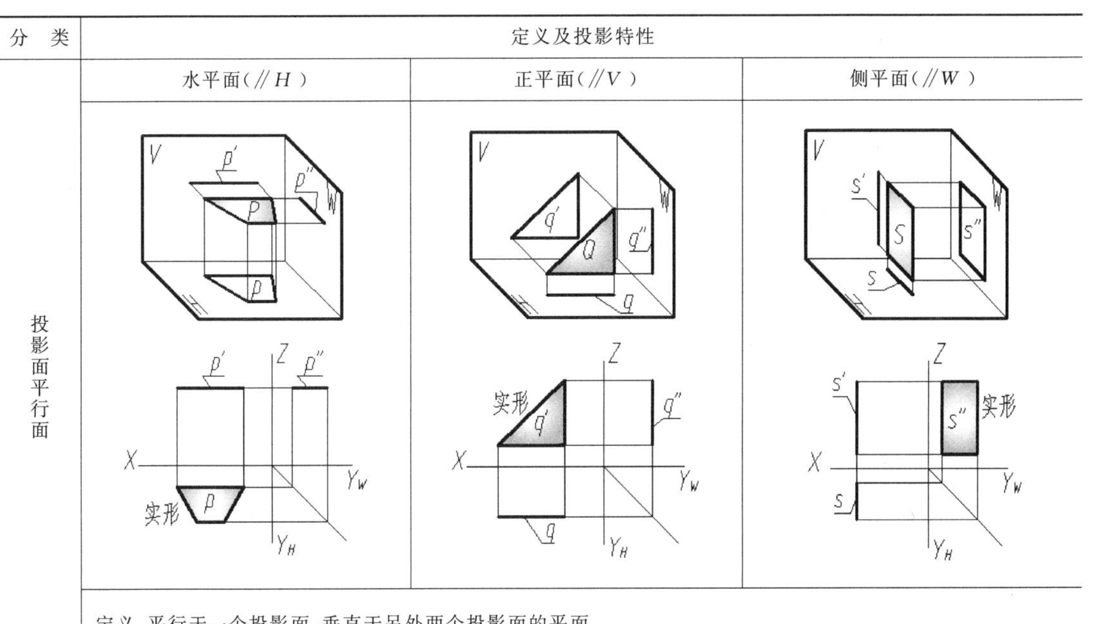		
	定义:平行于一个投影面,垂直于另外两个投影面的平面 投影特性:① 在所平行的投影面上的投影反映实形。② 其他两投影积聚成一条直线,且平行于相应的投影轴		
投影面垂直面	铅垂面(⊥H)	正垂面(⊥V)	侧垂面(⊥W)
	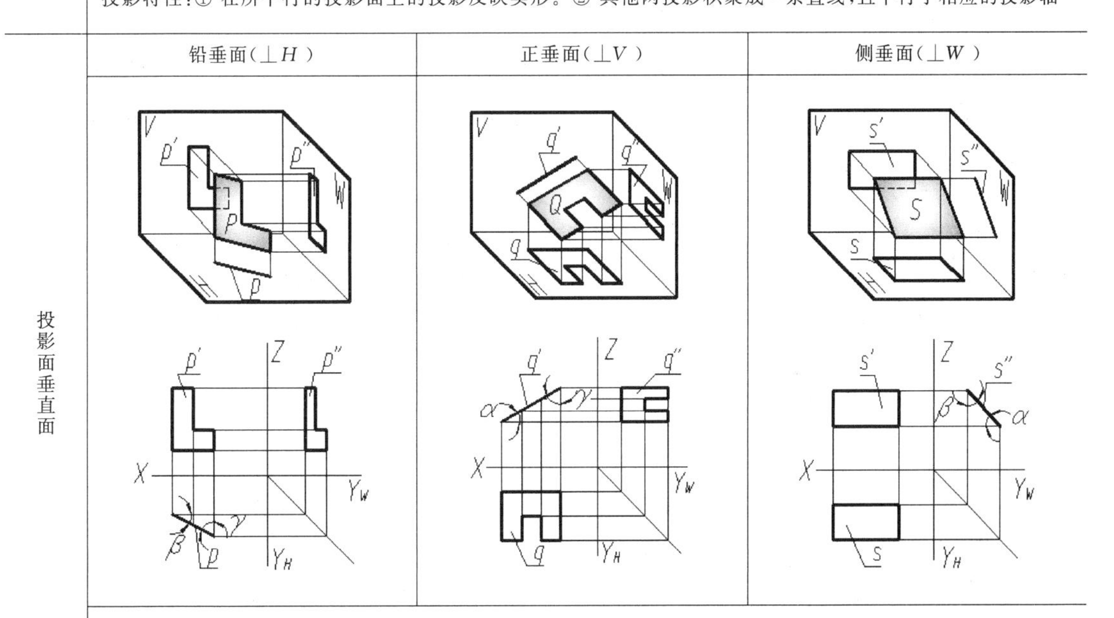		
	定义:垂直于一个投影面,且与其他两投影面都倾斜的平面 投影特性:① 在所垂直的投影面上的投影积聚成一条倾斜直线。② 其他两投影为缩小的类似形		

续表 3-3

分类	定义及投影特性
一般位置平面	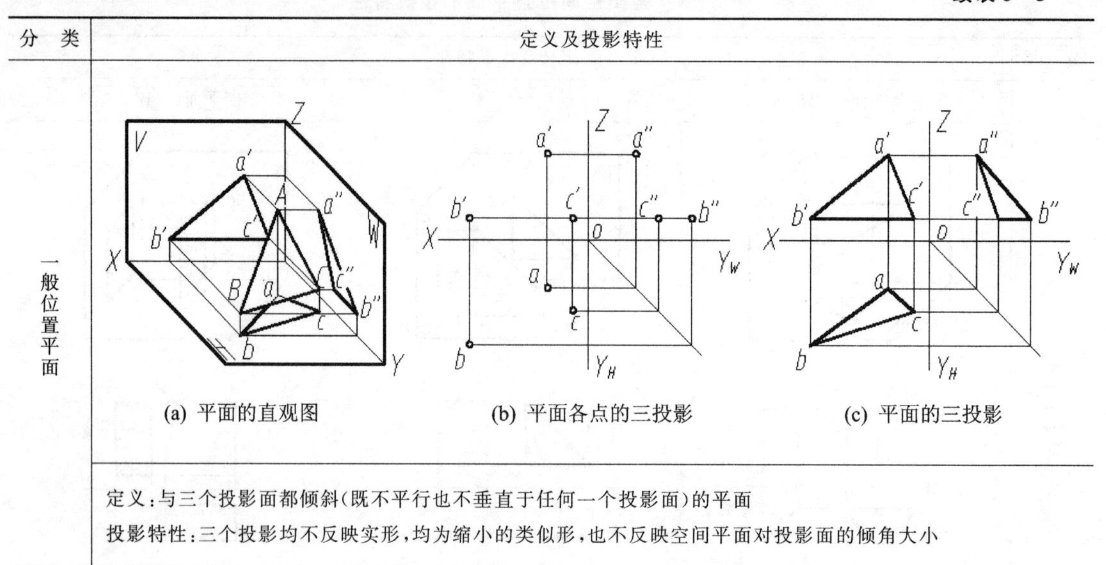(a) 平面的直观图　(b) 平面各点的三投影　(c) 平面的三投影 定义:与三个投影面都倾斜(既不平行也不垂直于任何一个投影面)的平面 投影特性:三个投影均不反映实形,均为缩小的类似形,也不反映空间平面对投影面的倾角大小

(四) 实　例

例 3-4　读图分析如图 3-10(a)所示的正三棱锥,判断各棱线及各表面的空间位置。

读图步骤如下:

① 先在正三棱锥轴测图及三视图中标注各顶点及对应三投影,如图 3-10(b)所示。

② 由图 3-10(c)可知,sb 和 $s'b'$ 分别平行于 OY_H 和 OZ,$s''b''$ 为一斜线,由直线的投影特性可确定棱线 SB 为侧平线,$s''b''$ 反映实长。由图 3-10(d)可知,侧面投影 $a''(c'')$ 重影,可确定棱线 AC 为侧垂线,$ac=a'c'=AC$。

③ 由图 3-10(e)可知,sab,$s'a'b'$,$s''a''b''$ 三个投影都没有积聚性,均为棱面 SAB 的类似形,由平面的投影特性可判断其为一般位置平面。由前面叙述可知,棱面 SAC 的一边 AC 为侧垂线,根据几何定理,一个平面上的任意一条直线垂直于另一个平面,则两平面互相垂直。因此,可确定棱面 SAC 为侧垂面,侧面投影积聚成一条直线,如图 3-10(f)所示。

正三棱锥上其余棱线和棱面的空间位置请读者自行分析

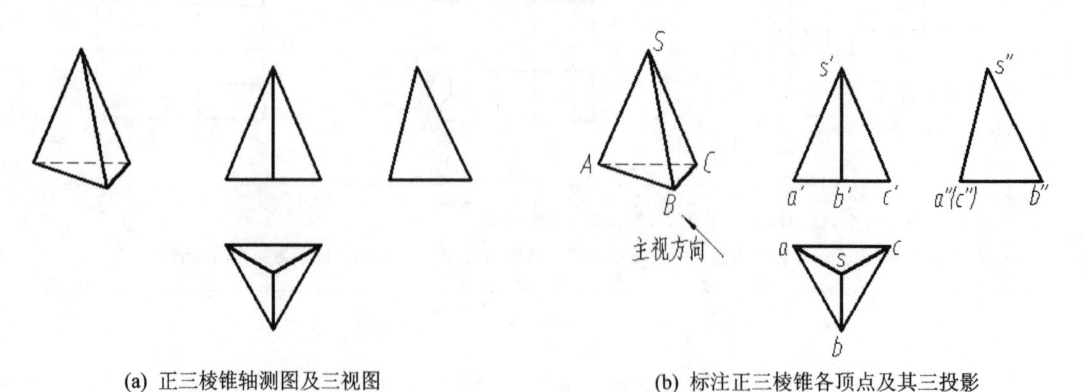

(a) 正三棱锥轴测图及三视图　　(b) 标注正三棱锥各顶点及其三投影

图 3-10　判断直线或平面与投影面的相对位置

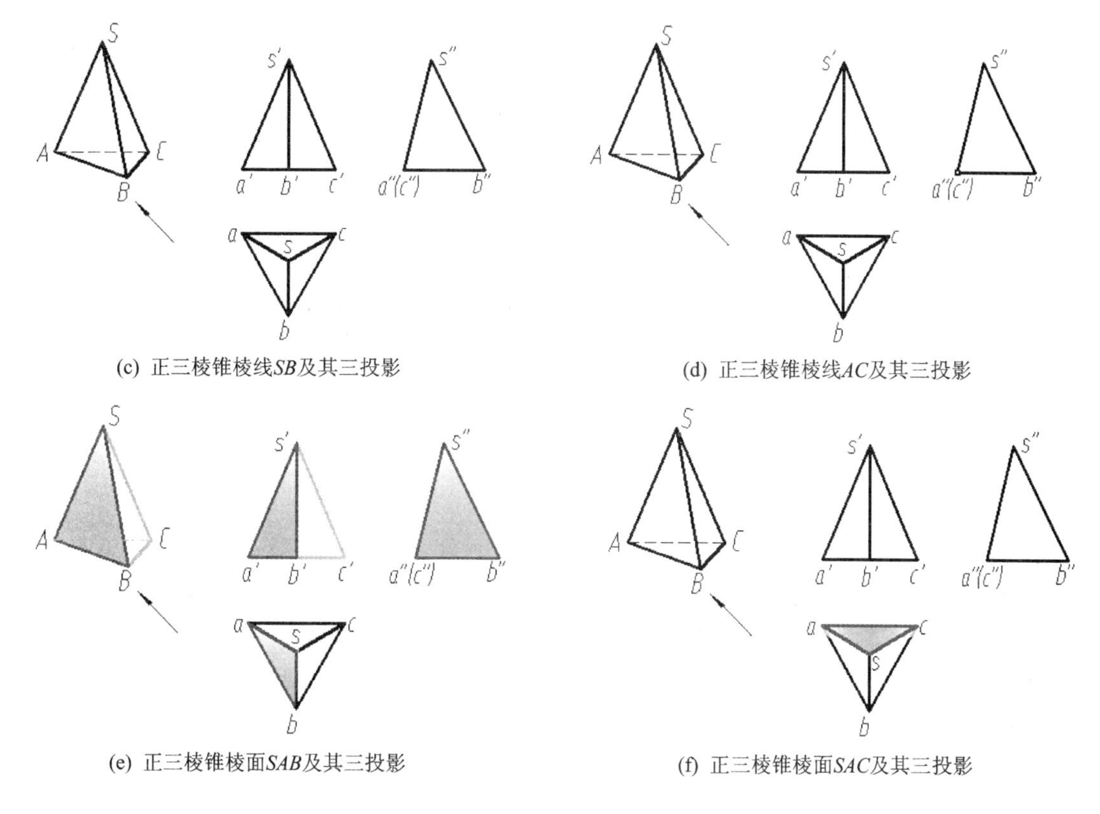

(c) 正三棱锥棱线*SB*及其三投影

(d) 正三棱锥棱线*AC*及其三投影

(e) 正三棱锥棱面*SAB*及其三投影

(f) 正三棱锥棱面*SAC*及其三投影

图 3-10　判断直线或平面与投影面的相对位置(续)

任务分析

明确画图顺序,建立空间立体与三视图之间的联系。注意特征视图与其他视图的区别。此阶段必须严格要求,保证投影正确,并能画不同放置位置的立体的三视图。

任务 3.1.1　绘制正六棱柱三视图

任务实施

一、了解正六棱柱,并分析投影特征

如图 3-11(a)所示的正六棱柱,顶面和底面是互相平行的正六边形,六个棱面都是相同的矩形并与顶、底面垂直,侧棱线互相平行。

将其按如图 3-11(b)所示的位置放置(顶面和底面是水平面,前棱面和后棱面是正平面,其余各棱面是铅垂面),其投影特性[①]如下:

① 水平投影　正六边形为顶面和底面的重合投影,反映实形。六条边是六个棱面积聚成六条直线。

② 正面投影　三个矩形是六个棱面的投影。中间的大矩形表示前棱面和后棱面的投影,反映实形;两边的矩形是其余四个棱面(铅垂面)的投影,是类似形。主视图中的上下两条横线

① 此处只分析各棱面的投影,各棱线的投影请读者自行分析。

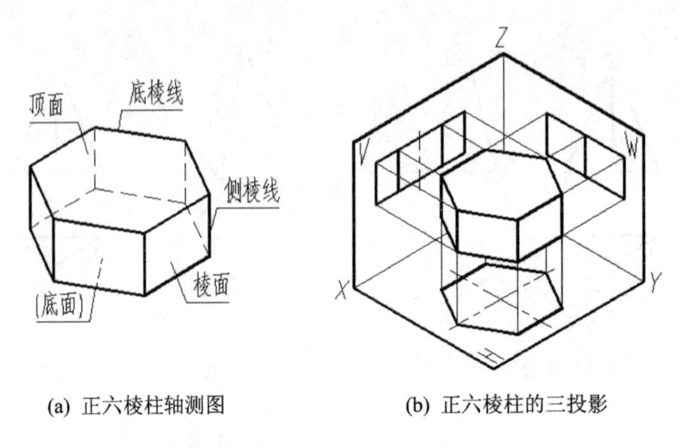

(a) 正六棱柱轴测图　　(b) 正六棱柱的三投影

图 3-11　正六棱柱

是顶面和底面的积聚投影。

注意　后半部分的投影(不可见)与前半部分投影(可见)重合。

③ 侧面投影　两个矩形是左右各两个侧棱面的重合投影(左可见),皆为类似形。前后两条竖线是前后两个侧棱面的积聚投影,上下两条横线是顶面和底面的积聚投影。

由上可知,直棱柱三面投影特征为:一个视图有积聚性,反映棱柱形状特征;另两个视图都是由实线或虚线组成的矩形线框。

二、绘制正六棱柱的三视图

正六棱柱三视图的作图方法与步骤如表 3-4 所列。

表 3-4　正六棱柱三视图的作图方法和步骤

1. 作正六棱柱的对称中心线和底面基线	2. 先画特征视图即俯视图: ① 画直径为 ϕ20 的圆;② 画内接正六边形。
	20

续表 3－4

3. 按长对正的关系及棱柱的高度画主视图	4. 按高平齐、宽相等的关系画左视图

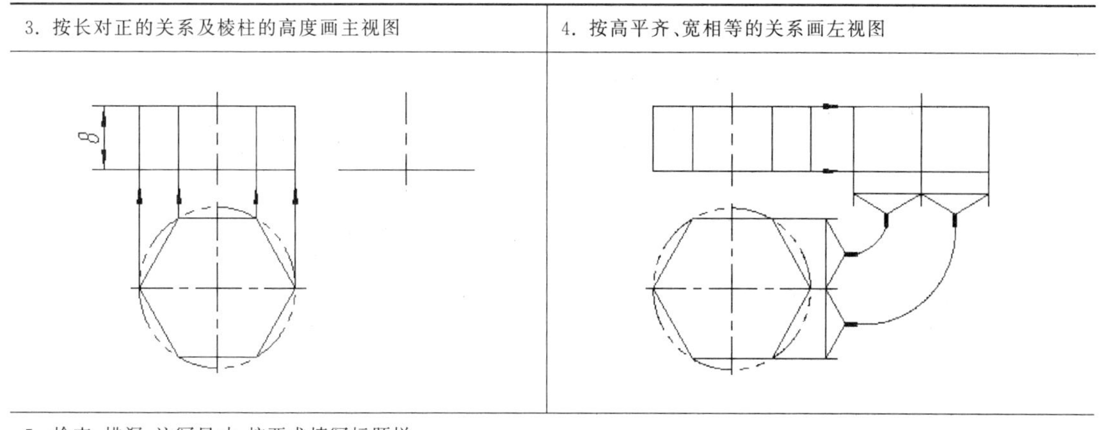

5. 检查、描深；注写尺寸；按要求填写标题栏

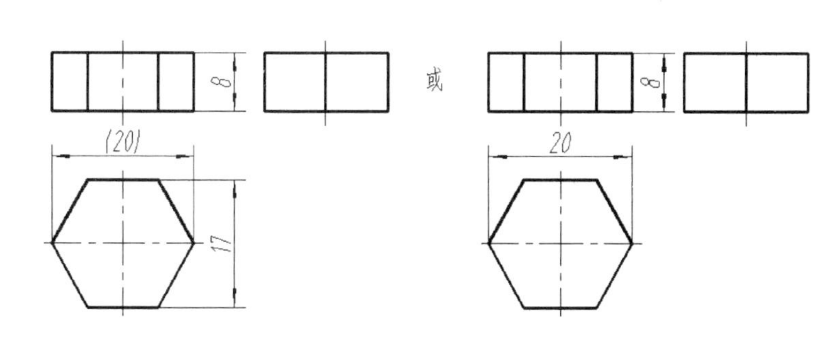

正六棱柱一般标注两个尺寸：

① 棱柱的高；

② 底面的尺寸，有两种注法，常用的一种是注出正六边形的对边尺寸（内切圆直径尺寸数字，通常也称扳手尺寸）。另一种是注出正六边形的对角尺寸（外接圆直径尺寸数字）。在实际标注尺寸时，一般两个尺寸都标注，且将外接圆的直径尺寸数字加括号，这种尺寸称为参考尺寸

三、棱柱表面上点的投影

如图 3－12(a)所示，已知正六棱柱表面上点 M 的水平投影 m 和点 N 的正面投影 n'，求作正六棱柱表面上点 M 和点 N 的其他两个投影。

作图分析与步骤：

① 首先分析点 M 的投影，由图 3－12(b)可知，由于点 M 在正六棱柱的顶面上，顶面的正面投影和侧面投影皆为横线，所以过 m 向上引竖线与顶面的投影相交即得 m'，以后面为基准，从 m 量宽的距离，按“宽相等”的投影规律，在左视图顶面上量取，即得 m''，如图 3－12(c)所示。

② 其次分析点 N 的投影，由图 3－12(b)可知，由于点 N 在一个铅垂侧棱面上，该铅垂面的水平投影积聚成一条斜线，所以过 n' 向俯视图引竖线，与该铅垂面水平投影的交点（点 N）的水平投影 n，然后根据点的投影规律求得 n''，如图 3－12(d)所示。

注意　在立体表面上取点，一定要判别点的可见性。

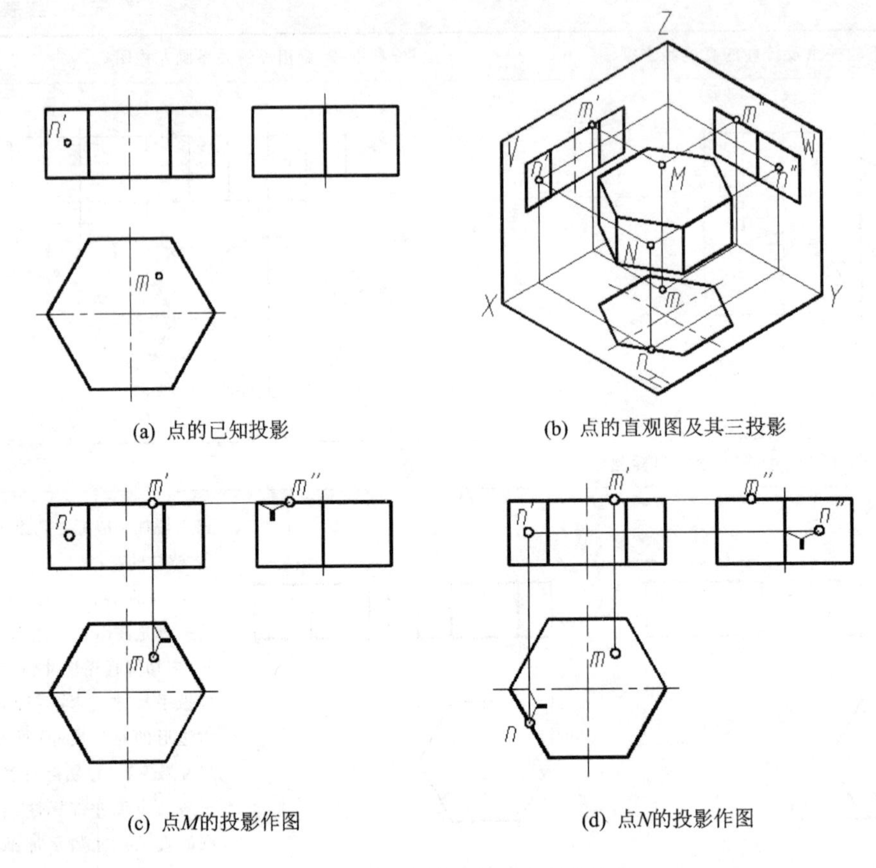

(a) 点的已知投影　(b) 点的直观图及其三投影

(c) 点M的投影作图　(d) 点N的投影作图

图 3-12　正六棱柱表面上点的投影

任务知识扩展

一、点、直线、平面之间关系

(一) 直线上的点

① 点在直线上,则点的三面投影必在直线的三面投影上,且符合同一点的投影规律;反之,点的三面投影都在直线的三面投影上,则点必定在直线上,如图 3-13(a)和(b)所示。否则不成立,如图 3-13(c)所示。

② 直线上的点分割线段长度之比等于其投影分割线段投影之比。如图 3-13(a)和(b)可知,点 C 将直线 AB 分成 $AC:CB$ 两段,则有 $AC:CB=ac:cb=a'c':c'b'=a''c'':c''b''$。

(二) 两直线的相对位置

两直线的相对位置有 3 种情况:平行、相交、交叉(既不平行,也不相交,也称异面)。

1. 两直线平行

两直线平行,则其同面投影必定平行或重合;反之,两直线的三面投影都平行,则两直线必定平行,如图 3-14(a)所示。

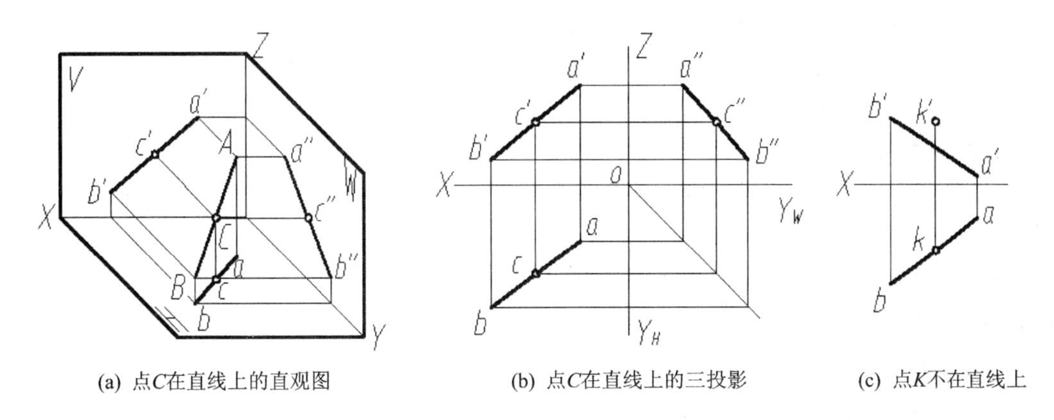

(a) 点C在直线上的直观图　　(b) 点C在直线上的三投影　　(c) 点K不在直线上

图 3－13　直线上的点

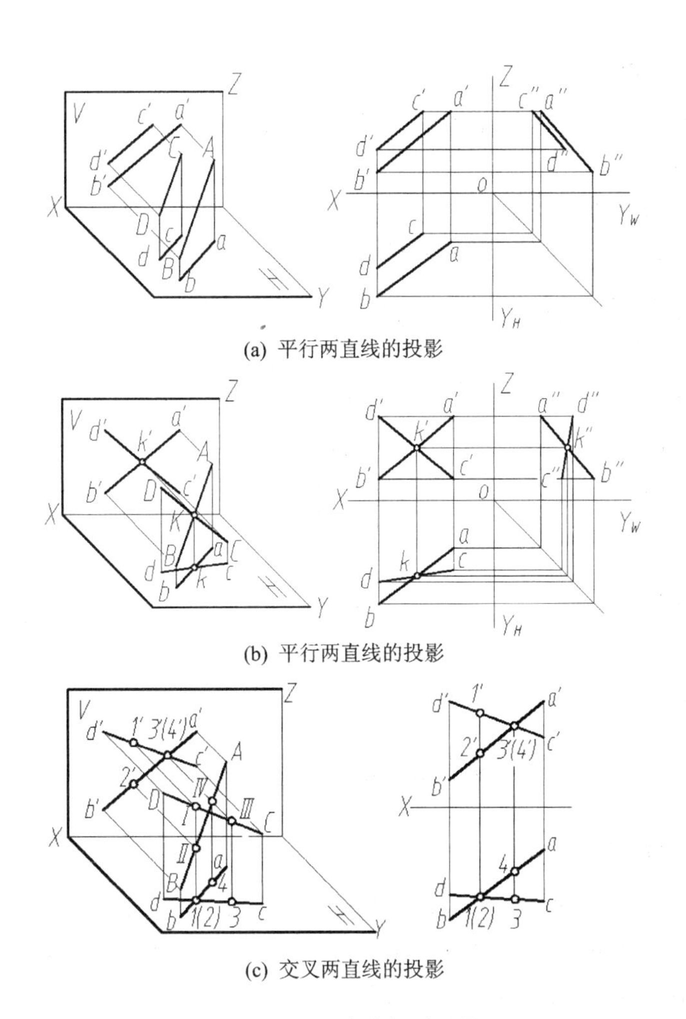

(a) 平行两直线的投影

(b) 平行两直线的投影

(c) 交叉两直线的投影

图 3－14　两直线相对位置

2. 两直线相交

两直线相交,则其同面投影必相交,且交点(同属于两直线)的投影必符合空间点的投影规律;反之,两直线的三面投影都相交,且投影交点也符合空间点的投影规律,则此两直线必相交,如图3-14(b)所示。

3. 两直线交叉

两直线交叉,则其同面投影既不符合平行两直线的投影特性,也不符合相交两直线的投影特性。

两直线交叉,某同面投影可能相交,但投影交点不符合空间点的投影规律,投影交点是两直线上的一对重影点的投影(重影),如图3-14(c)所示。

(三) 平面内的点

点在平面内,则点在平面内的直线上。

故平面内点的各面投影,必在该平面内通过该点的直线的同面投影上,如图3-15(a)所示。

(四) 平面内的直线

若直线通过平面内的两点,或者直线通过平面内的一点、且平行于平面内的另一条直线,则直线必在平面内。

故平面内直线的三面投影必是过平面内两点的同面投影的连线,或者过平面内一点的同面投影,且与平面内的另一条直线的同面投影平行,否则不成立,如图3-15(b)和(c)所示。

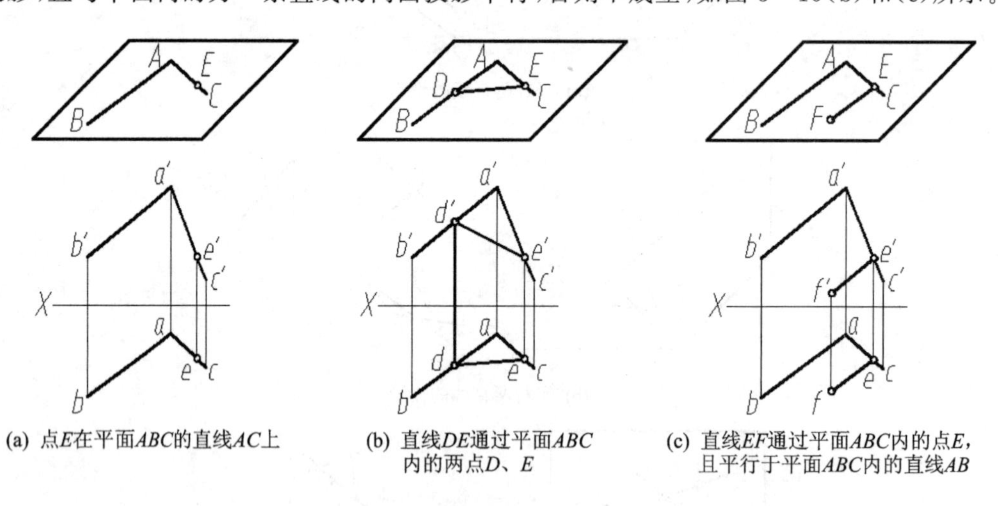

(a) 点E在平面ABC的直线AC上　(b) 直线DE通过平面ABC内的两点D、E　(c) 直线EF通过平面ABC内的点E,且平行于平面ABC内的直线AB

图3-15　平面内的点和直线

二、直角投影特性

当两直线垂直相交(或垂直交叉)时,若其中一条直线平行于某投影面,则这两条直线在该投影面上的投影仍为直角。反之,若这两条直线在某投影面上的投影为直角,且其中有一条直线平行于该投影面时,则这两条直线在空间必互相垂直,如图3-16所示。

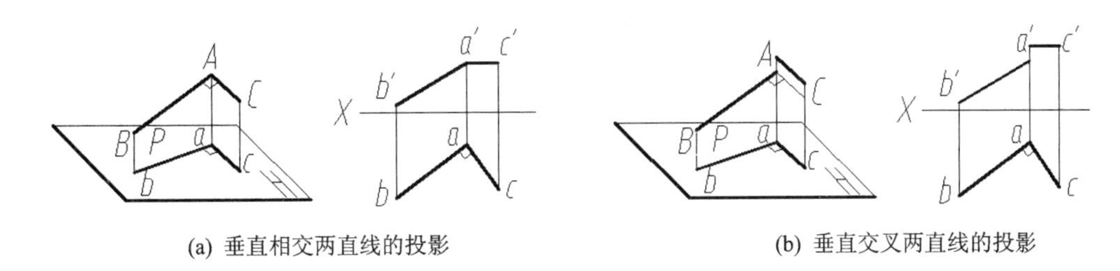

(a) 垂直相交两直线的投影　　(b) 垂直交叉两直线的投影

图 3-16　直角投影特性

任务3.1.2　绘制正三棱锥三视图

任务实施

一、了解正三棱锥，并分析投影特征

如图 3-17(a)所示的正三棱锥，底面为等边三角形，三个棱面均为过锥顶的等腰三角形。将其按如图 3-17(b)所示的位置放置(底面是水平面，后棱面是侧垂面，左右两棱面为一般位置平面)，其投影特性如下：

① 水平投影　大正三角形是底面的投影，反映实形(不可见)。内部三个小三角形是其余三个棱面的投影，均为类似形。

② 正面投影　大等腰三角形是后棱面的投影，是类似形(不可见)。内部两个直角三角形是左右两棱面的类似投影。底横线是底面的积聚投影。

③ 侧面投影　三角形是左右两棱面的重合投影(左可见)，是类似形。后斜线是后棱面的积聚投影。底横线是底面的积聚投影。

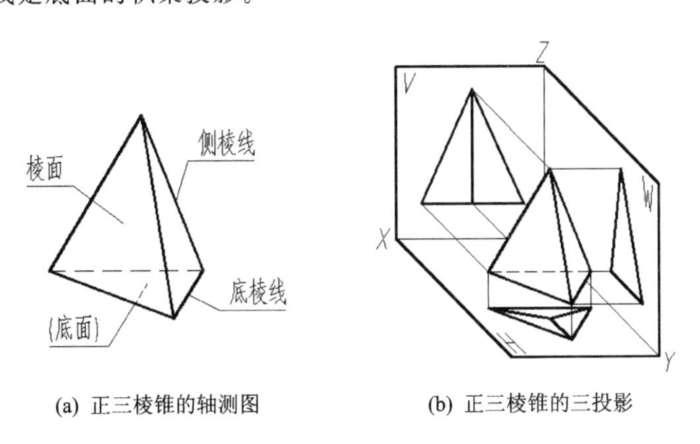

(a) 正三棱锥的轴测图　　(b) 正三棱锥的三投影

图 3-17　正三棱锥

二、绘制正三棱锥的三视图

正三棱锥三视图的作图方法与步骤如表 3-5 所列。

表3-5　正三棱锥三视图的作图方法和步骤

1. 作正三棱锥的底面外接圆对称中心线和底面基线	2. 先画俯视图 ① 画直径为ϕ16的圆；② 画内接正三角形；③ 分别连接三角形中心与其三个角
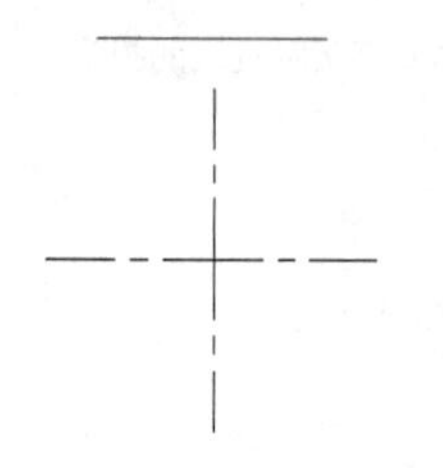	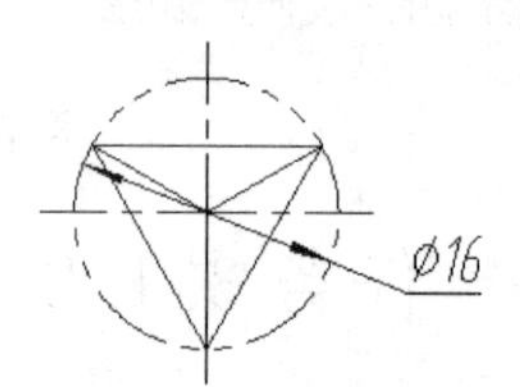
3. 按长对正的关系及正三棱锥的高度画主视图	4. 按高平齐、宽相等的关系画左视图(注意锥顶的画法)
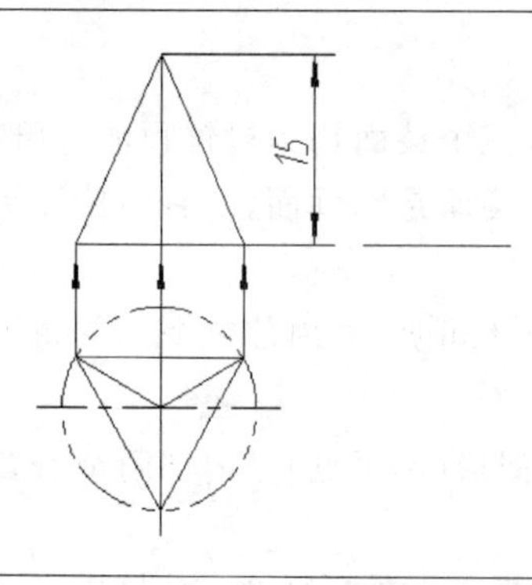	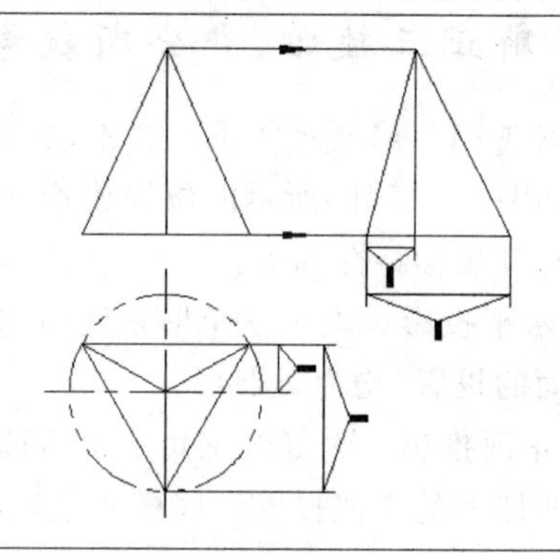
5. 检查、描深；注写尺寸；按要求填写标题栏	
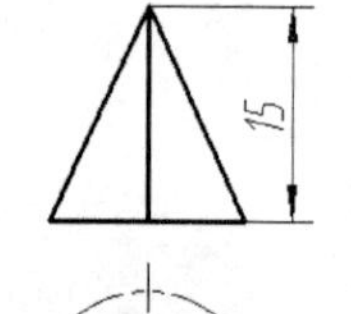  或 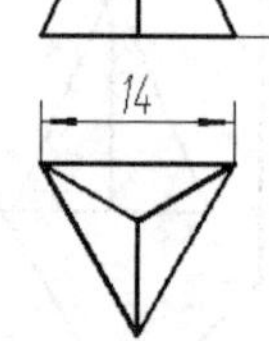 	正三棱锥需要标注两个尺寸： ① 正三棱锥的高； ② 底面正三角形的外接圆直径或边长

三、棱锥表面上点的投影

如图3-18(a)所示，已知正三棱锥表面上点A的正面投影a'和点B的水平投影b，求作正三棱锥表面上点A和点B的其他两面投影。

1. 作图分析

(1) 求点A的水平投影和侧面投影

点A在一般位置平面上，没有积聚性可以利用。为此，可以过点A在其所在的表面上作一条辅助直线。求出辅助直线的三面投影，点的投影就求出了，如图3-18所示。

(2) 求点B的正面投影和侧面投影

点B在一个侧垂面上，可利用点的投影规律和积聚性求出其侧面投影，再求正面投影。

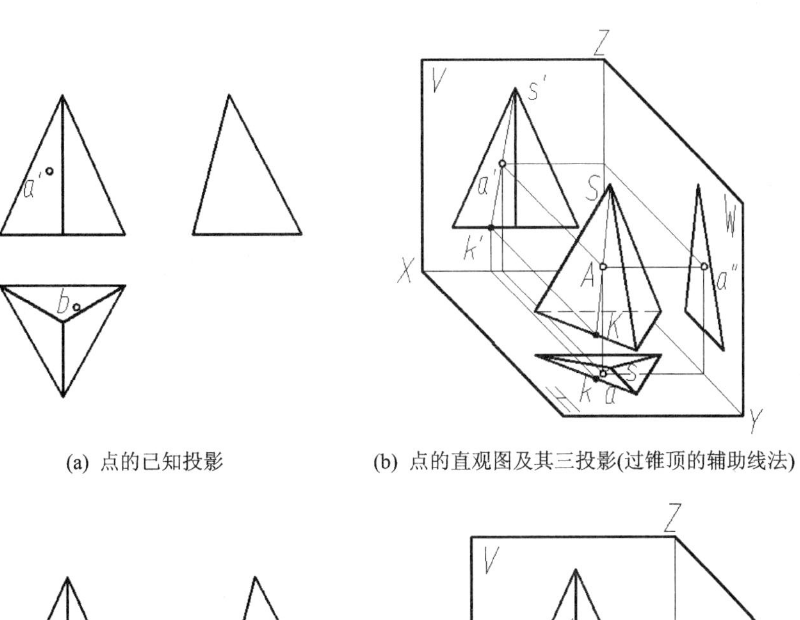

(a) 点的已知投影　　(b) 点的直观图及其三投影(过锥顶的辅助线法)

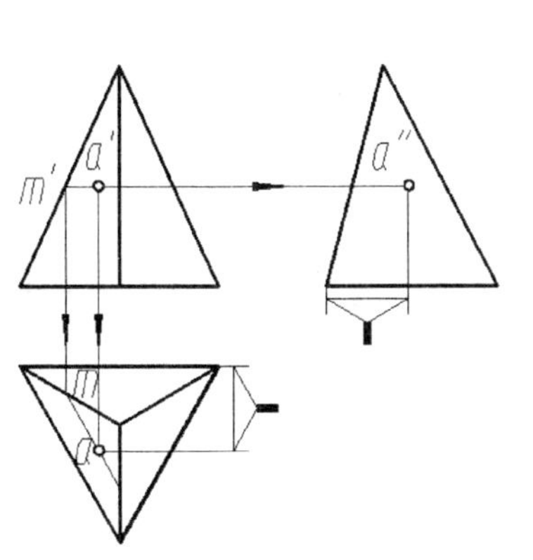

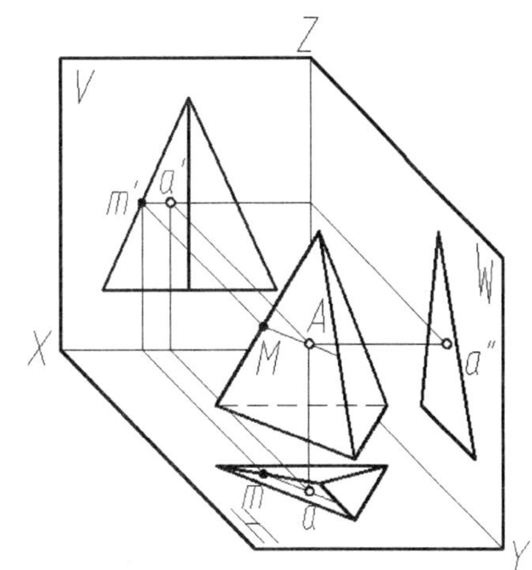

(c) 点的投影作图(平行辅助线法)

图 3－18　正三棱锥表面上点的投影

2. 作图方法与步骤

利用过锥顶的辅助线法求正三棱锥表面上点的投影，如表 3－6 所列。

表 3－6　正三棱锥表面上点的投影作图方法与步骤

1. 过点 A 作辅助直线 SK，作出 SK 的正面投影 $s'k'$	2. 作辅助直线 SK 的水平投影 sk

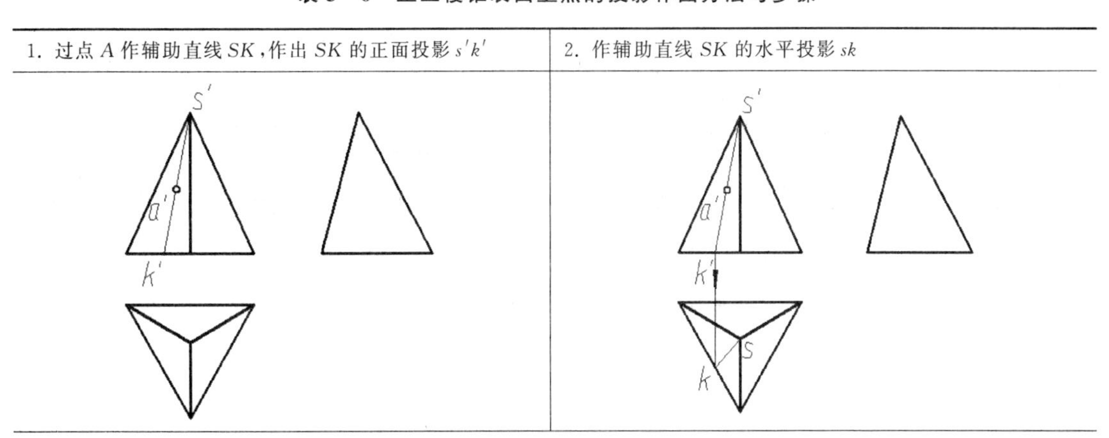

续表 3-6

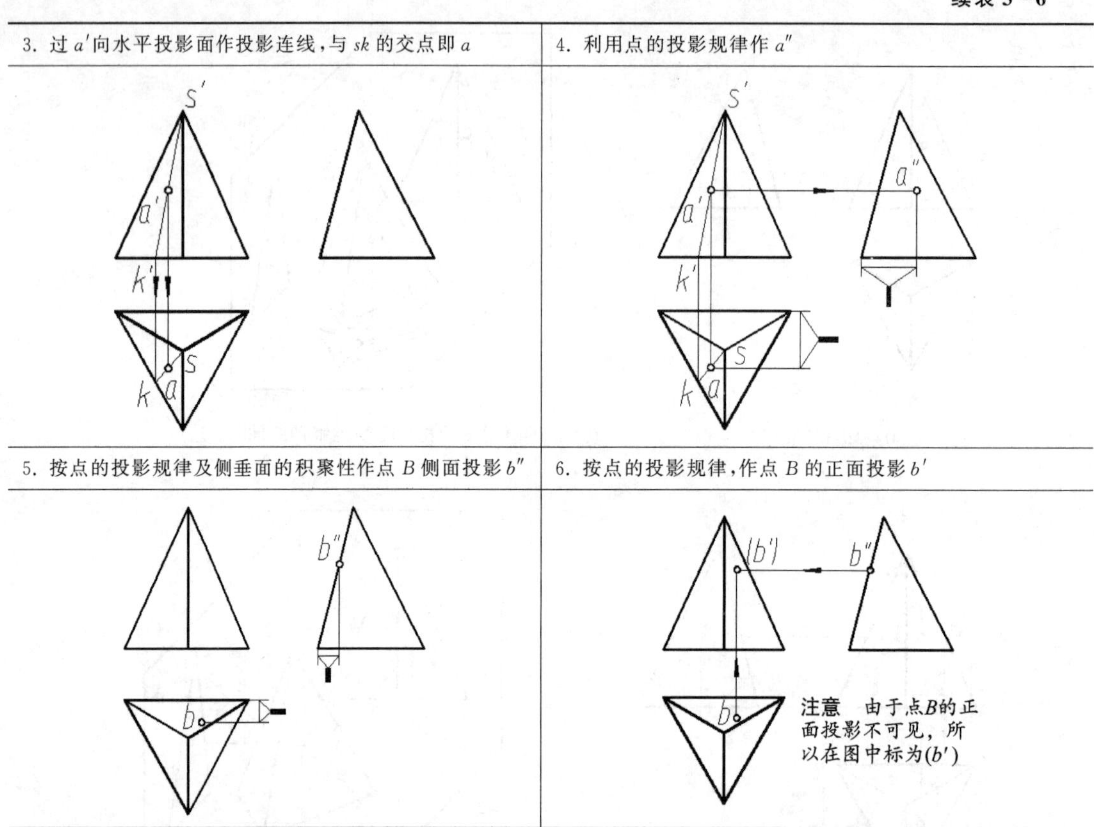

3. 思　考

请读者思考，是如何找到表面上的点的？还有没有其他的找点方法呢？

任务知识扩展

一、常见平面体的尺寸标注

平面体的尺寸应根据其具体形状进行标注，一般应标注长、宽、高三个方向的尺寸。常见平面体的尺寸标注如图 3-19 所示。

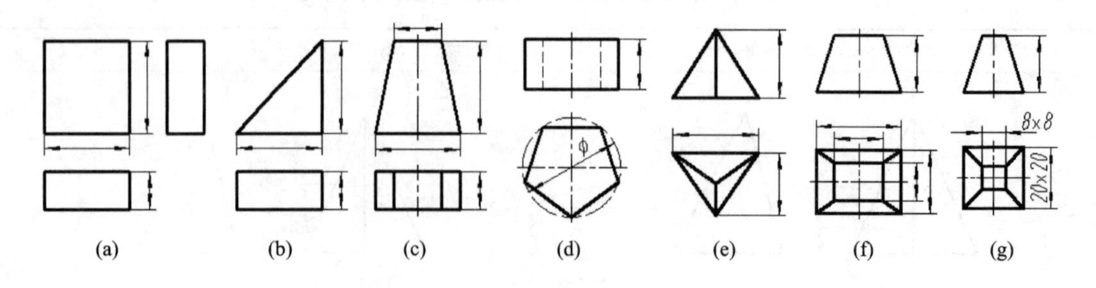

图 3-19　常见平面体的尺寸标注

二、各种位置平面体

同一立体的空间位置不同，其三视图也不同。如图 3-20 所示，改变平面体的放置位置，请读者绘制其三视图。

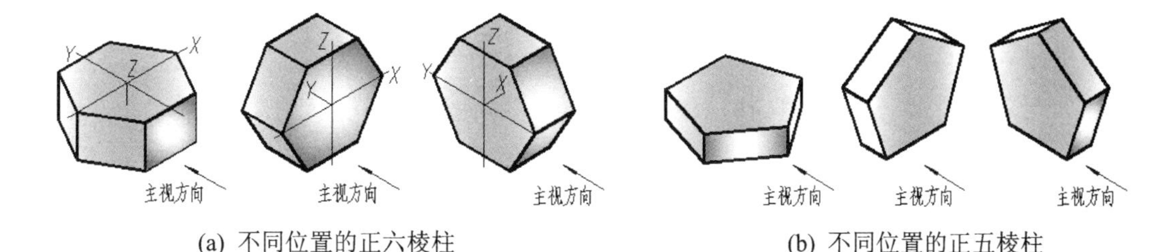

(a) 不同位置的正六棱柱　　(b) 不同位置的正五棱柱

图 3-20　不同位置的平面体

任务巩固与练习

① 绘制如图 3-20 所示的不同放置位置的正六棱柱和正五棱柱的三视图。

② 已知平面体的两面视图，求作第三视图及表面上点、直线的另两面投影，写出该立体的名称，如图 3-21 所示。

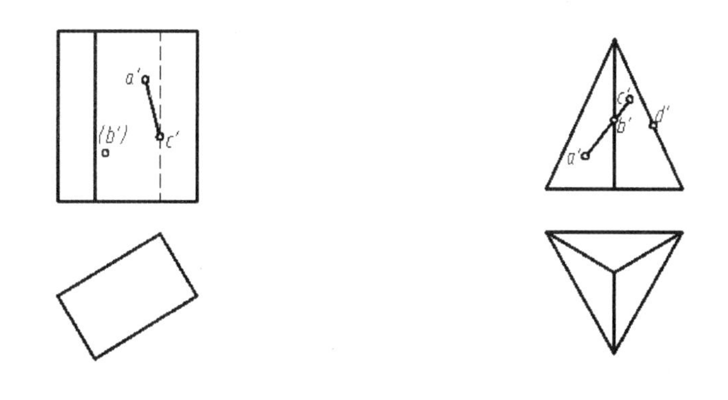

图 3-21　求作平面体的第三视图及表面上点、线的另两面投影

任务 3.2　绘制回转体的三视图

任务目标

- 掌握回转体的投影特征。
- 掌握不同位置回转体的三视图画法。
- 掌握回转体表面上点的投影作图方法。

任务引入

根据如图 3-22 所示放置的回转体，按如下尺寸在 A4 图纸上以 2∶1 的比例绘制三视图，并标注尺寸。

任务 3.2.1　绘制圆柱三视图：底圆直径 $\phi16$，高 14，如图 3-22(a)所示。

任务 3.2.2　绘制圆锥三视图：底圆直径 $\phi16$，高 18，如图 3-22(b)所示。

任务 3.2.3　绘制圆球三视图:球直径 $\phi15$,如图 3-22(c)所示。

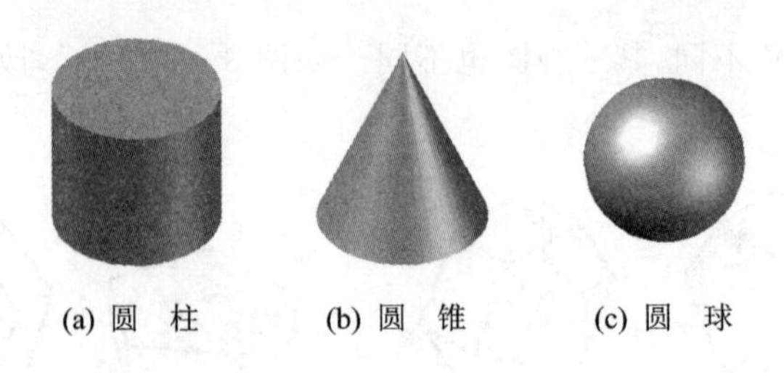

(a) 圆　柱　　(b) 圆　锥　　(c) 圆　球

图 3-22　回转体

任务分析

明确画图顺序,建立空间立体与三视图之间的联系。注意特征视图与其他视图的区别。此阶段必须严格要求,保证投影正确,并能画出不同放置位置的立体三视图。

任务 3.2.1　绘制圆柱三视图

任务实施

一、了解圆柱,并分析投影特征

(一) 圆柱的形成

如图 3-23 所示,圆柱由圆柱面、顶面和底面组成。圆柱面可看作是一条直线(母线)绕着与它平行的一条轴线旋转一周形成。

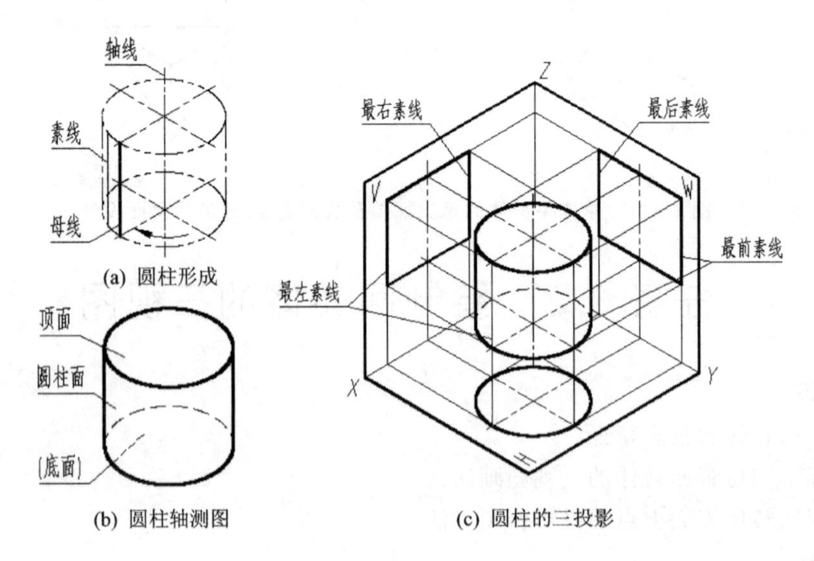

(a) 圆柱形成　(b) 圆柱轴测图　(c) 圆柱的三投影

图 3-23　圆　柱

母线处在任一位置时称为素线。转向轮廓素线是在某一投射方向上观察回转体时可见与不可见部分的分界线。

（二）圆柱的投影分析

将圆柱的轴线垂直于水平投影面放置，如图 3－23(c)所示，顶面和底面为水平面，圆柱面为铅垂表面。其投影特性如下：

水平投影：圆。圆面区域为顶面和底面的投影，反映实形；圆周为圆柱面的积聚性投影。

正面投影：矩形线框，是前、后两半圆柱面的重合投影(前可见)。两条竖线为圆柱面最左和最右素线(即圆柱面前、后分界的转向轮廓素线)的投影，上、下两横线分别为顶面和底面的积聚性投影。

侧面投影：与主视图相同的矩形线框，是左、右两半圆柱面的重合投影(左可见)。两条竖线为圆柱面最前和最后素线(即圆柱面左、右分界的转向轮廓素线)的投影，上、下两横线分别为顶面和底面的积聚性投影。

二、绘制圆柱的三视图

圆柱三视图的作图方法与步骤如表 3－7 所列。

表 3－7　圆柱的三视图的绘图方法和步骤

1. 作各视图的轴线、对称中心线及底面基线	2. 先画特征视图即俯视图：圆(直径为 ϕ16 mm)
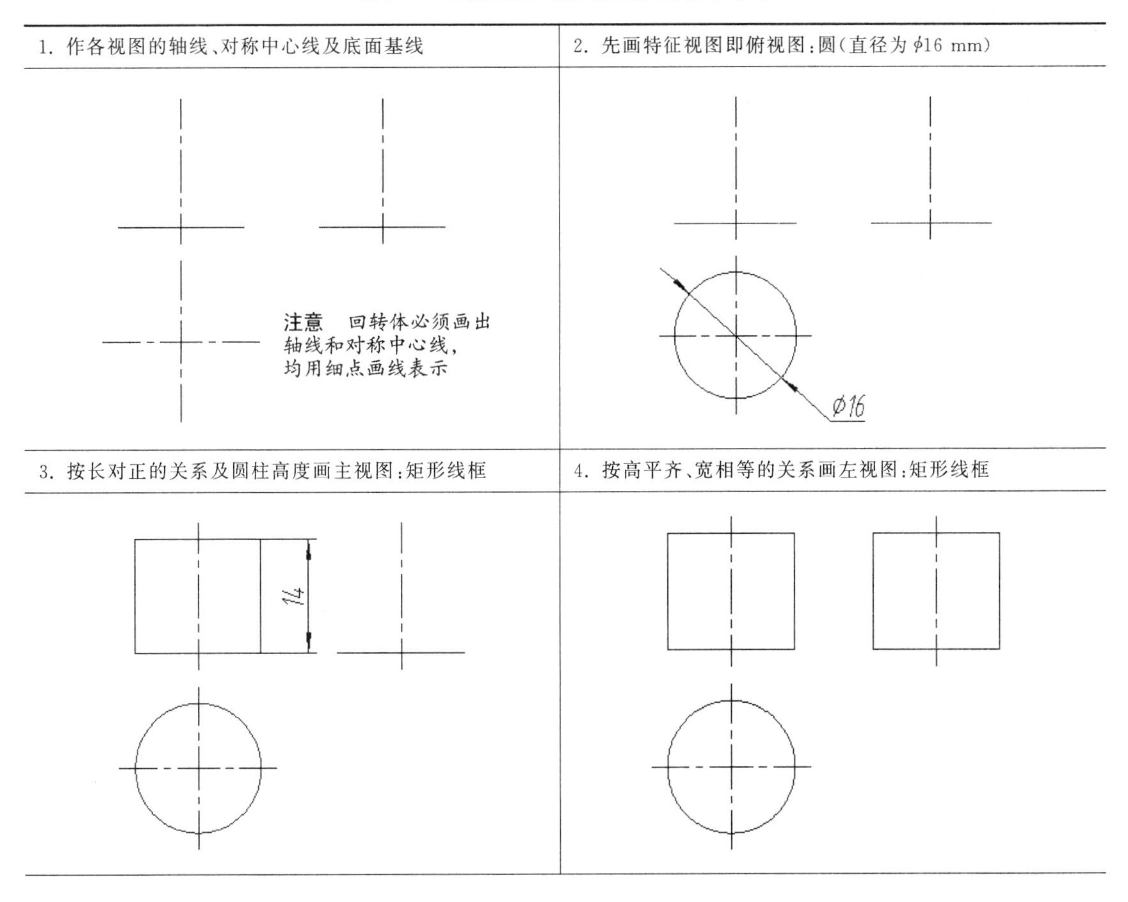	
3. 按长对正的关系及圆柱高度画主视图：矩形线框	4. 按高平齐、宽相等的关系画左视图：矩形线框

续表 3-7

5. 检查、描深;注写尺寸;按要求填写标题栏
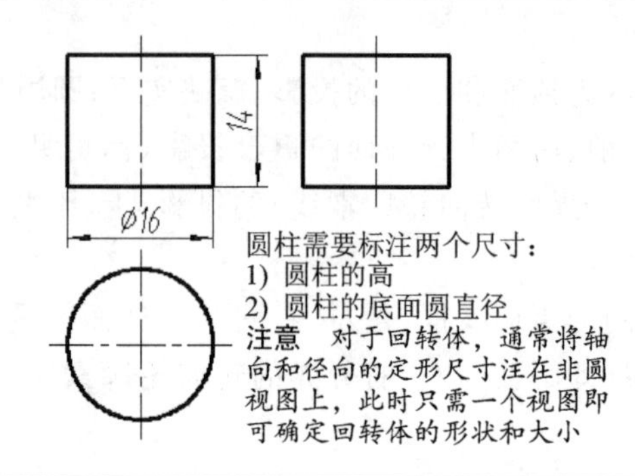

三、圆柱表面上点的投影

已知圆柱表面上点 A 的正面投影 a' 和点 B 的侧面投影 b'',求作其另外两面投影,如图 3-24 所示。

1. 作图分析

圆柱面的水平投影具有积聚性,求作点 A 和点 B 的未知投影时,利用圆柱面在水平投影面上有积聚性和点的投影规律两个条件,先求出点的水平投影,然后再求作其他投影。

2. 作图方法与步骤

圆柱表面上点的投影作图,如图 3-25 所示。

图 3-24 圆柱表面上点的已知投影

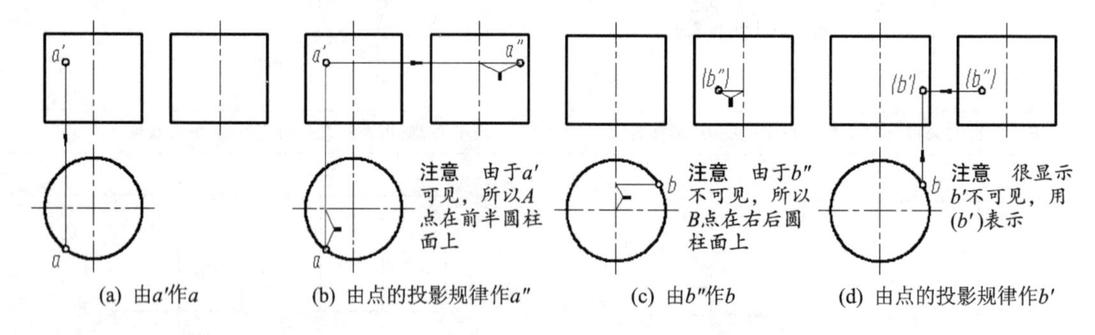

图 3-25 圆柱表面上点的投影作图方法与步骤

任务知识拓展

一、圆柱表面上线的投影

如图 3-26 所示,已知圆柱面素线上的直线 AB 的侧面投影 $a''b''$ 和圆柱表面上平行于水平投影面的圆弧 $\overset{\frown}{BDC}$ 的侧面投影 $\overset{\frown}{b''d''c''}$,求作其另外两面投影。

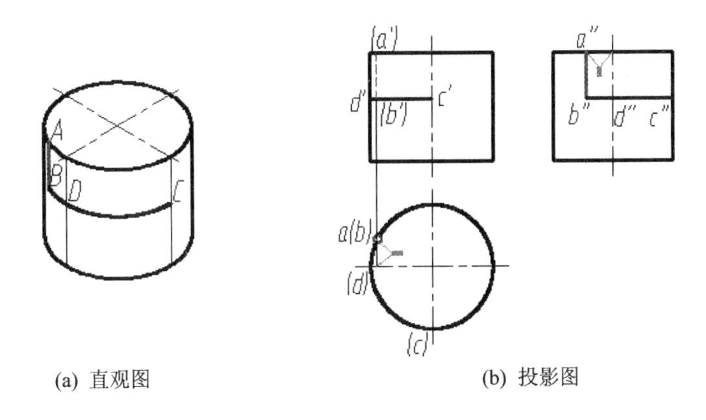

(a) 直观图　　(b) 投影图

图3-26　圆柱表面上线的投影作图

1. 作图分析

利用圆柱面水平投影的积聚性及直线AB在圆柱面素线上和圆弧$\overset{\frown}{BDC}$平行于水平投影面的特性，先求出直线AB和圆弧$\overset{\frown}{BDC}$的水平投影，然后求出正面投影。

2. 作图方法与步骤

在圆柱表面上求线的投影，可先求属于线上的特殊点，再求属于线上的一些一般点，经判别可见性后，再顺次连成所要求的线。作图方法如图3-26所示。

① 作直线AB的另两个投影。由于直线AB在圆柱面素线上（$AB/\!/$轴线），故水平投影$a(b)$积聚为一个点，积聚在圆周上；由于直线AB在后半个圆柱面上，故正面投影(a') (b')不可见（画成虚线）。

② 作圆弧$\overset{\frown}{BDC}$的另两个投影。由于圆弧$\overset{\frown}{BDC}$平行于水平投影面，故水平投影$\overset{\frown}{(b)(d)(c)}$反映实形，积聚在圆周上；正面投影$\overset{\frown}{(b')d'c'}$积聚成直线。由于$\overset{\frown}{DC}$在前半个圆柱面上（点$D$在最左转向轮廓线上），其正面投影$\overset{\frown}{d'c'}$可见；由于$\overset{\frown}{BD}$在后半个圆柱面上，其正面投影$\overset{\frown}{(b')d'}$不可见，因与$\overset{\frown}{d'c'}$投影重合，故不另画出。

二、各种位置圆柱

同一立体的空间位置不同，其三视图也不同。如图3-27所示，改变圆柱的放置位置，请读者绘制其三视图。

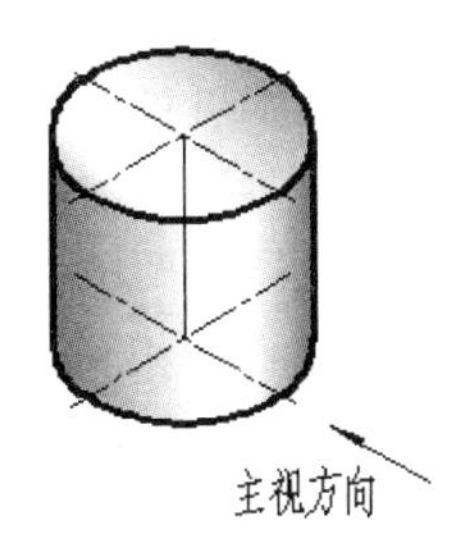

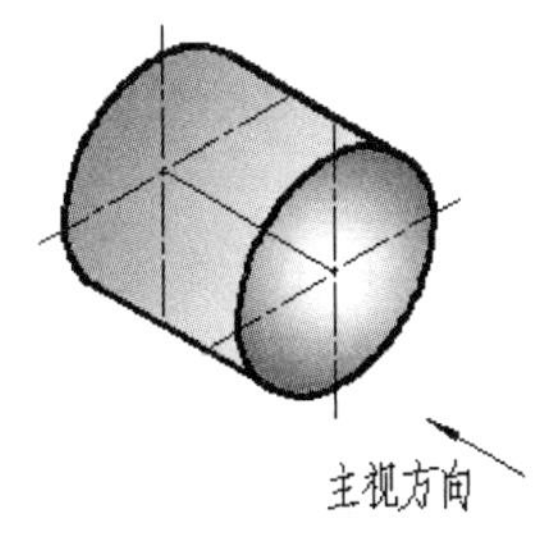

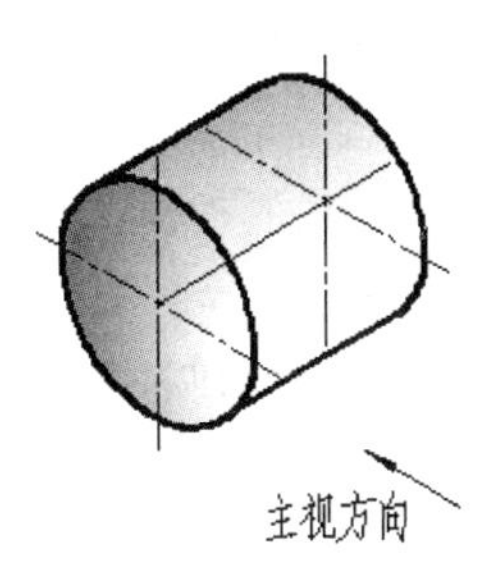

图3-27　不同位置的圆柱

任务3.2.2 绘制圆锥三视图

任务实施

一、了解圆锥并分析投影特征

(一)圆锥的形成

如图3-28所示,圆锥由圆锥面和底面组成。圆锥面可看成是一条与轴线相交的直线(母线)绕轴线旋转一周形成的。

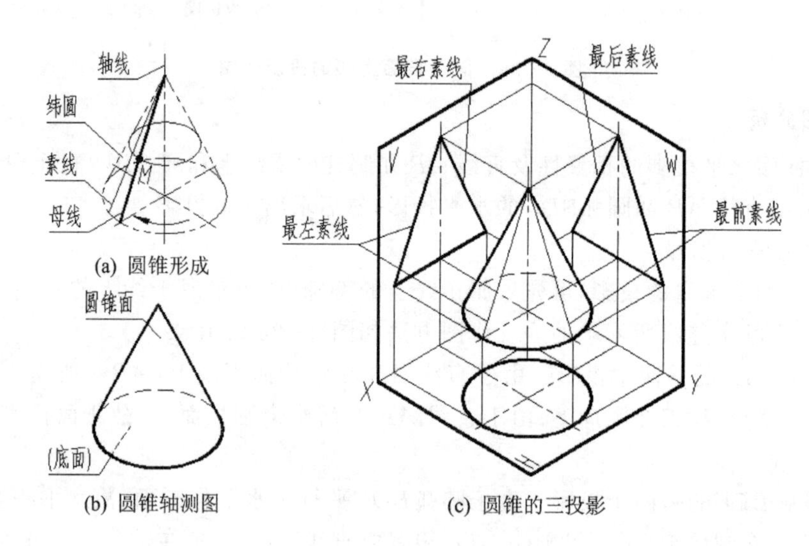

图3-28 圆 锥

母线处在任一位置时称为素线。母线上任一点的运动轨迹皆为垂直于回转轴线的圆,称为纬圆。圆锥面上的点均在任一条素线上或纬圆上,利用素线或纬圆在回转面上取点的方法是素线法或纬圆法。

(二)圆锥的投影分析

将圆锥的轴线垂直于水平投影面放置,如图3-28(c)示,底面为水平面,圆锥面为一般位置表面。其投影特性如下。

① 水平投影:圆。圆面区域既是圆锥面的投影,又是底面的实形投影(不可见);圆周是圆锥面和底面交线的投影。

② 正面投影:等腰三角形线框,是前、后两半圆锥面的重合投影(前可见)。两腰为圆锥面最左和最右素线(即圆锥面前、后分界的转向轮廓素线)的投影,底横线为底面的积聚性投影。

③ 侧面投影:与正面投影相同的等腰三角形线框,是左、右两半圆锥面的重合投影(左可见)。两腰为圆锥面最前和最后素线(即圆锥面左、右分界的转向轮廓素线)的投影,底横线为底面的积聚性投影。

由以上可知,圆锥面的三面投影不具有积聚性。

二、绘制圆锥的三视图

请参照表 3 - 7 所示的圆柱三视图的绘图方法和步骤完成圆锥三视图的绘制，如图 3 - 29 所示。

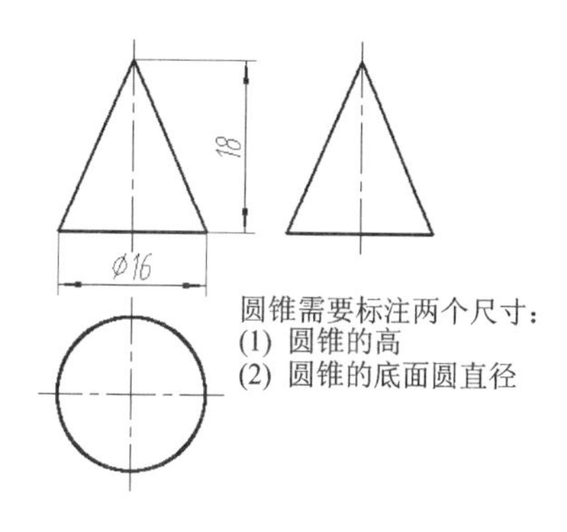

图 3 - 29　圆锥三视图

三、圆锥表面上点的投影

如图 3 - 30 所示，已知圆锥面上点 A 的正面投影 a'，求作其另外两个投影。

1. 作图分析

由于圆锥面投影没有积聚性，要用作辅助线的方法来求其表面上点的投影。

在圆锥面上作过点 A 的辅助素线 SK 或辅助纬圆 AM，则点 A 的三面投影必在 SK 或 AM 的三面投影上，如图 3 - 30 所示。

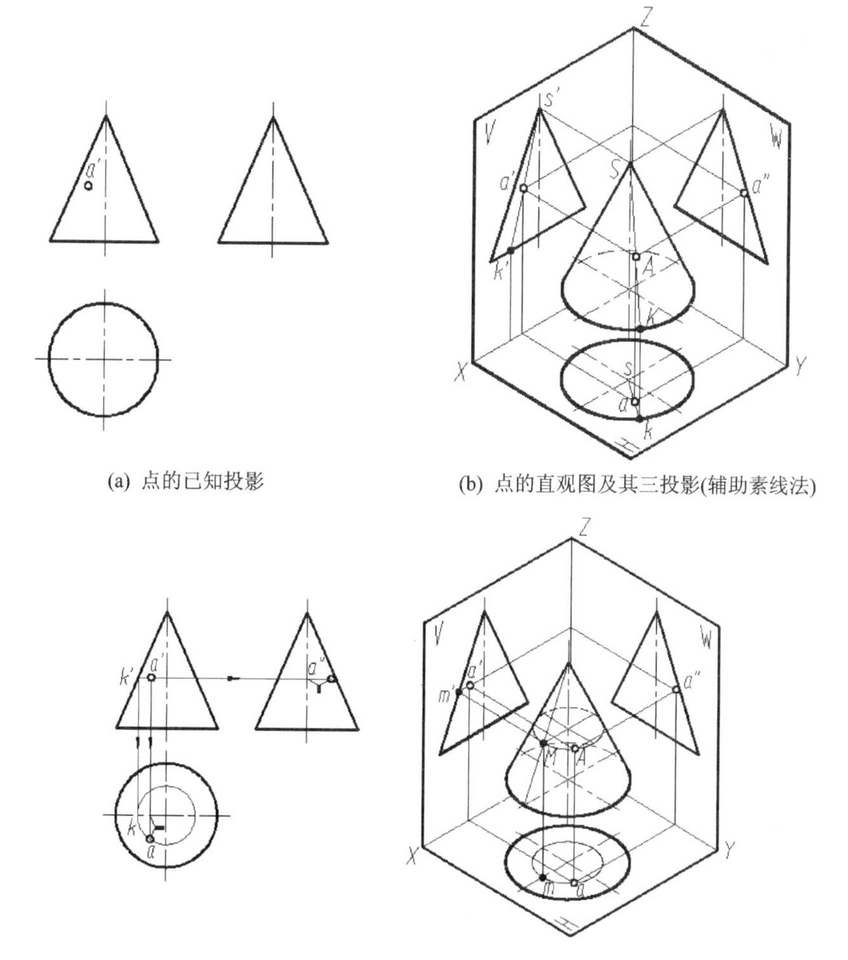

(a) 点的已知投影

(b) 点的直观图及其三投影(辅助素线法)

(c) 点的投影作图（辅助纬圆法）

图 3 - 30　圆锥表面上点的投影

2. 作图方法与步骤

利用辅助素线法求点的投影的作图方法与步骤如图 3-31 所示。

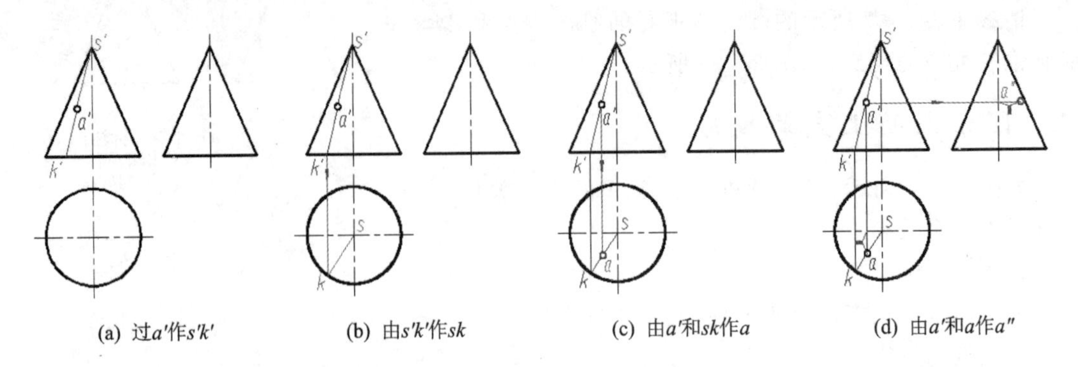

(a) 过a'作$s'k'$　(b) 由$s'k'$作sk　(c) 由a'和sk作a　(d) 由a'和a作a''

图 3-31　圆锥表面上点的投影作图方法与步骤(辅助素线法)

3. 思考

请读者思考,如何找到表面上的点？还有没有其他的找点方法？

任务知识拓展

一、圆锥表面上线的投影

如图 3-32 所示,已知圆锥表面素线上的直线 AB 的正面投影 $a'b'$ 和圆锥表面上垂直于轴线(圆锥轴线垂直于水平面)的圆弧$\overset{\frown}{CD}$的正面投影$\overset{\frown}{c'd'}$,求作其另外两面投影。

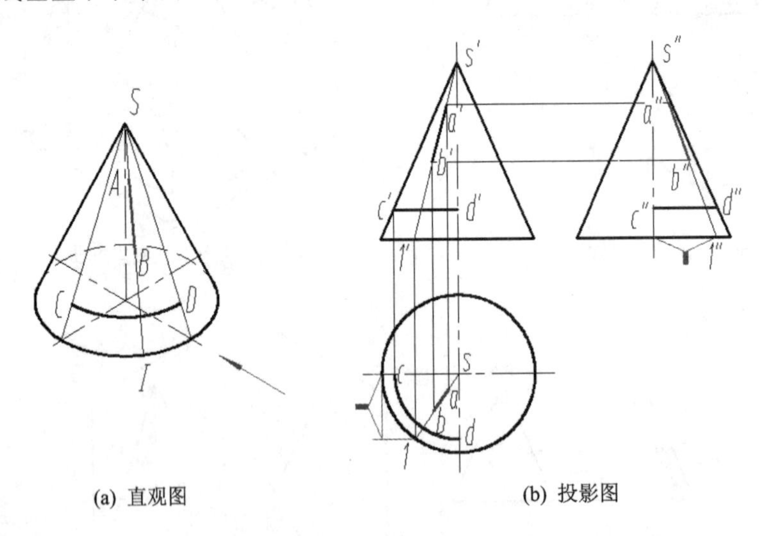

(a) 直观图　(b) 投影图

图 3-32　圆锥表面上线的投影作图

1. 作图分析

由于圆锥表面的三个投影都没有积聚性,而直线 AB 在圆柱面素线上和圆弧$\overset{\frown}{CD}$平行于水平投影面,利用辅助素线法或辅助纬圆法,先求出直线 AB 和圆弧$\overset{\frown}{CD}$的水平投影,然后求出侧面投影。

2. 作图方法与步骤

在圆锥表面上求线的投影,可先求属于线上的特殊点,再求属于线上的一些一般点,经判别可见性后，再顺次连成所要求的线。作图方法如图 3－32 所示。

① 作直线 AB 的另两个投影。由于直线 AB 在圆锥面素线上，故过直线 AB 作锥面上的辅助素线 SⅠ，即先过 $a'b'$ 作 $s'1'$，由 $1'$ 作 1、$1''$，连接 $s1$ 和 $s''1''$（分别为辅助素线 SⅠ 的水平投影和侧面投影），则直线 AB 的水平投影和侧面投影必在辅助素线 SⅠ 的同面投影上，即可作出 ab 和 $a''b''$。由于直线 AB 在左半个圆锥面上，故 $a''b''$ 可见。

② 作圆弧 $\overset{\frown}{CD}$ 的另两个投影。由于圆弧 $\overset{\frown}{CD}$ 平行于水平投影面，故水平投影 $\overset{\frown}{cd}$ 反映实形，因点 C 在最左转向轮廓线上，点 D 在最前转向轮廓线上，故 $\overset{\frown}{c'd'}$ 长度为圆弧半径，从而作出 $\overset{\frown}{cd}$。侧面投影 $\overset{\frown}{c''d''}$ 积聚成直线，由于 $\overset{\frown}{CD}$ 在左前 1/4 个圆锥面上，其侧面投影 $\overset{\frown}{c''d''}$ 可见。

二、各种位置圆锥

同一立体的空间位置不同，其三视图也不同。如图 3－33 所示，改变圆锥的放置位置，请读者绘制其三视图。

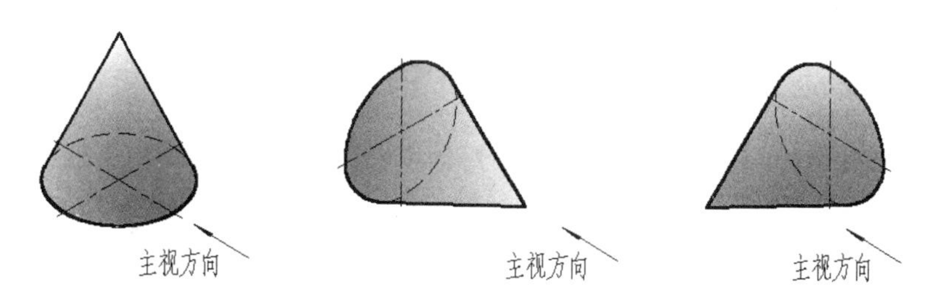

图 3－33　不同位置的圆锥

任务 3.2.3　绘制圆球三视图

任务实施

一、了解圆球，并分析投影特征

（一）圆球的形成

如图 3－34 所示，球面可看成是一个圆（母线）绕通过圆心且在同一平面的轴线旋转一周形成的。

三个特殊位置的素线圆包括前、后转向轮廓圆，左、右转向轮廓圆，上、下转向轮廓圆。

（二）圆球的投影分析

按图 3－34(c)所示的位置放置，其投影特性如下。

正面投影：前、后转向轮廓圆（即前、后半球的分界圆）（平行于 V 面）的投影（前可见）；

水平投影：上、下转向轮廓圆（即上、下半球的分界圆）（平行于 H 面）的投影（上可见）；

侧面投影：左、右转向轮廓圆（即左、右半球的分界圆）（平行于 W 面）的投影（左可见）。

由上可知，圆球的三个投影都是与圆球直径相等的圆，并且是圆球上平行于相应投影面的三个不同位置的最大轮廓圆。每个投影都不具有积聚性。

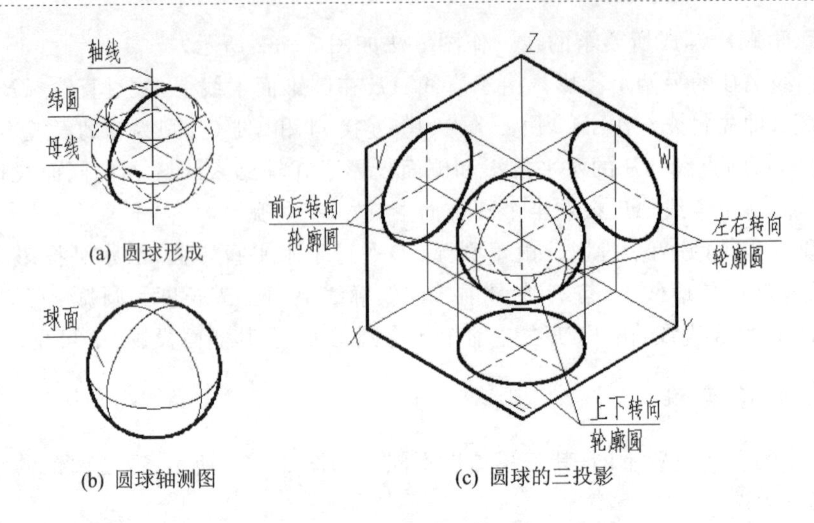

(a) 圆球形成

(b) 圆球轴测图

(c) 圆球的三投影

图3-34　圆　球

二、绘制圆球的三视图

画图时，先画确定球心的三个投影的三组对称中心线，再以球心的三个投影为圆心画出三个与球等直径的圆，如图3-35所示。

注意　表达一个立体的形状和大小，不一定要画出三个视图，有时画一个或两个即可。当然，有时三视图也不能完整表达物体的形状，则需要画更多的视图。对于圆柱、圆锥和圆球等回转体，若只表达形状，不标注尺寸，则用圆的视图和非圆视图即可；若标注尺寸，仅用标注了轴向和径向的形状尺寸的非圆视图(一般为主视图)即可。

SØ15

圆球的尺寸标注：
只需要标注圆球的直径(小于半球的圆球标注半径)。
国家标准规定，在尺寸数字前面加注“$S\phi$”或“SR”表示球的直径或半径。

图3-35　圆球的三视图

三、圆球表面上点的投影

如图3-36所示，已知球面上点A的正面投影a'，求作其另外两个投影。

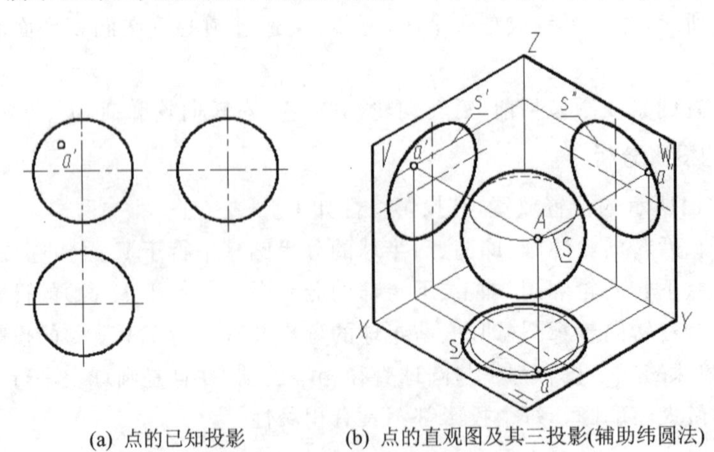

(a) 点的已知投影　　(b) 点的直观图及其三投影(辅助纬圆法)

图3-36　圆球表面上点的投影

1. 作图分析

由于球面的任何投影都没有积聚性，球面的素线也不是直线，所以可以利用辅助纬圆法来求其表面上点的投影。注意球面上有三种特殊位置的纬圆即水平纬圆、侧平纬圆和正平纬圆。

在圆球面上过点 A 作辅助水平纬圆 S，则点 A 的三面投影在 S 的三面投影上，如图 3－36 所示。

2. 作图方法与步骤

利用辅助纬圆法求点的投影的作图方法与步骤如图 3－37 所示。

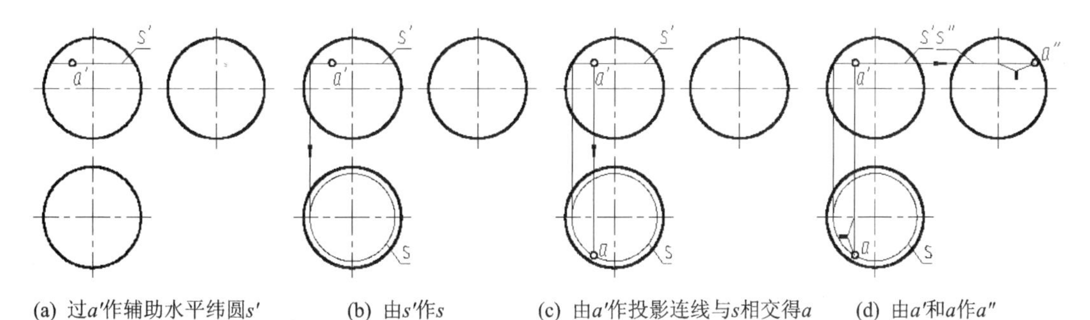

(a) 过a'作辅助水平纬圆s'　(b) 由s'作s　(c) 由a'作投影连线与s相交得a　(d) 由a'和a作a''

图 3－37　圆球表面上点的投影作图方法与步骤(辅助纬圆法)

任务知识扩展

一、圆球表面上线的投影

如图 3－38 所示，已知圆球表面上平行于侧面的圆弧$\overset{\frown}{ACB}$的正面投影$\overset{\frown}{a'c'd'}$和平行于水平面的圆弧$\overset{\frown}{DE}$的侧面投影$\overset{\frown}{d''(e'')}$，求作其另外两面的投影。

1. 作图分析

由于圆球表面的三个投影都没有积聚性，而圆弧$\overset{\frown}{ACB}$和圆弧$\overset{\frown}{DE}$都平行于投影面，利用辅助纬圆法，先求出反映实形圆弧的投影，然后求出第三个投影。

2. 作图方法与步骤

在圆球表面上求线的投影，可先求属于线上的一系列点(先特殊点，后一般点)，经判别可见性后，再顺次连成所要求的线。作图方法如图 3－38 所示。

① 作圆弧$\overset{\frown}{ACB}$的另两个投影。由于圆弧$\overset{\frown}{ACB}$平行于侧面投影面，过$\overset{\frown}{a'c'b'}$作侧平纬圆的积聚投影直线 $1'2'$(端点 $1'$，$2'$ 在圆球正面投影圆上)，以直线 $1'2'$ 长度为直径(或以直线 $1'c'$长度为半径)、以 O''为圆心在侧面投影面上作侧平纬圆，则圆弧$\overset{\frown}{ACB}$的侧面投影$\overset{\frown}{a''c''b''}$必在该纬圆上，并反映实形，从而再作出$\overset{\frown}{ac(b)}$。因圆弧$\overset{\frown}{ACB}$在左半球面上，$\overset{\frown}{a'c'b'}$可见，故侧面投影$\overset{\frown}{a''c''b''}$可见；由于圆弧$\overset{\frown}{ACB}$的$\overset{\frown}{AC}$部分在上半球面上(点 C 在俯视转向轮廓线上)，其水平投影$\overset{\frown}{ac}$可见，由于$\overset{\frown}{CB}$部分在下半球面上，其水平投影$\overset{\frown}{c(b)}$不可见，因与$\overset{\frown}{ac}$投影重合，故不另画出。

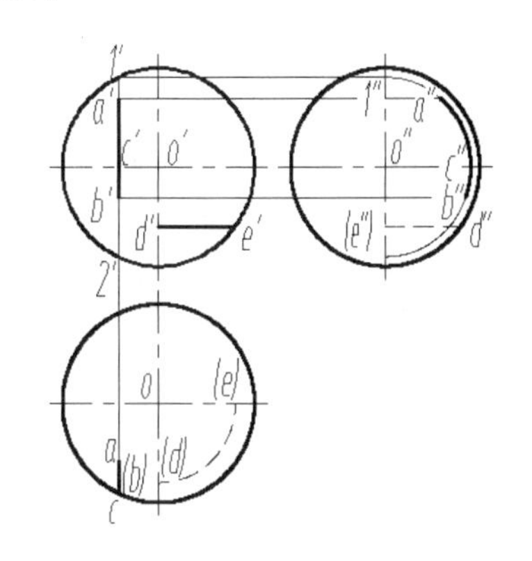

图 3－38　圆球表面上线的投影作图

② 作圆弧$\overset{\frown}{DE}$的另两个投影。由于圆弧$\overset{\frown}{DE}$平行于水平投影面，故水平投影$\overset{\frown}{(d)(e)}$反映实形，因点 D 在左视转向轮廓线上，点 E 在主视转向轮廓线上，故$\overset{\frown}{d''(e'')}$长度为圆弧半径，从而作出$\overset{\frown}{(d)(e)}$(1/4 纬圆)，再作出正面投影$\overset{\frown}{d'e'}$(积聚成直线)。由于$\overset{\frown}{d''(e'')}$不可见，$\overset{\frown}{DE}$在右前下1/8 圆球面上，则$\overset{\frown}{d'e'}$可见，$\overset{\frown}{(d)(e)}$不可见(画成虚线)。

二、了解圆环及其表面上点的投影

1. 环的投影

环的表面由环面围成，如图 3－39 所示。环面由一圆母线绕不过圆心但在同一平面上的轴线回转而成。靠近轴线的半个母线圆形成的环面为内环面，远离轴线的半个母线圆形成的环面为外环面。

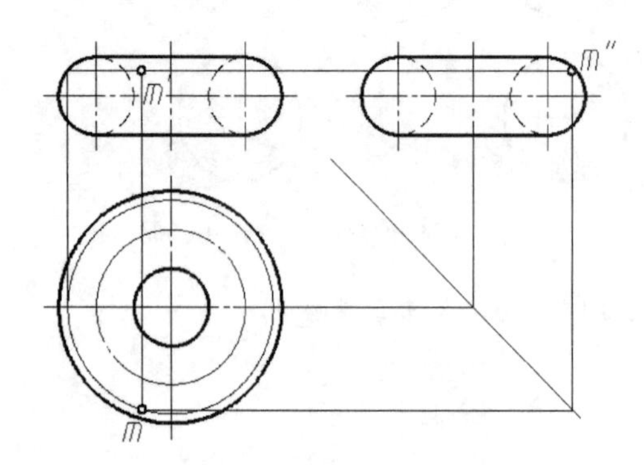

图 3－39 圆环的投影及表面上取点

圆环投影中的轮廓线都是环面上相应转身轮廓线的投影。正面投影中左、右两个圆是环面上平行于 V 面的两个圆的投影，它们是前半个环面和后半个环面的分界线。侧面投影中前、后两个圆是环面上平行于 W 面的两个圆的投影，它们是左半个环面和右半个环面的分界线。正面和侧面投影中顶、底两直线是环面最高、最低圆的投影。水平投影中最大、最小圆是区分上、下环面的转身轮廓线，细点画线圆是母线圆心的轨迹。

2. 环面上取点

在环面上取点仍采用辅助圆法。如图 3－39 所示，已知环面上点 M 的正面投影 m'，求点 M 的其他两投影 m，m''。通过分析点在环面上位置可知，由于 m'可见，故点 M 位于前半个圆环的外环面上。过点 M 作平行于水平面的辅助圆，求出 m，m''

任务巩固与练习

① 绘制如图 3－27、图 3－33 所示的不同放置位置的圆柱和圆锥的三视图。

② 已知回转体的两面视图，求作第三视图及表面上点、直线的另两面投影，写出该立体的名称，如图 3－40 所示。

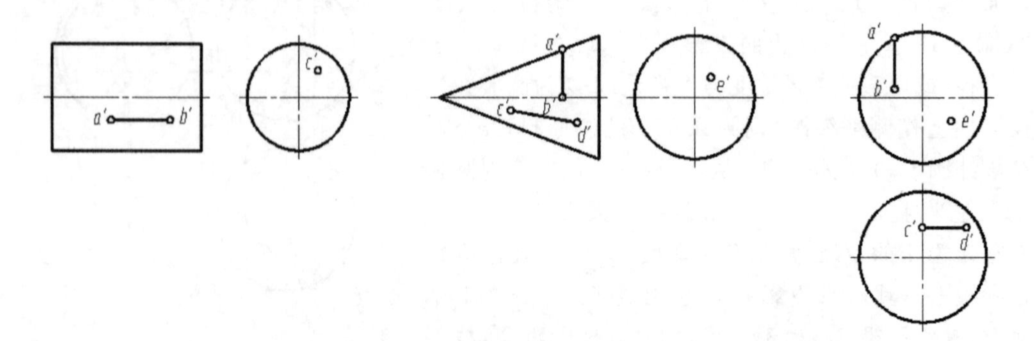

图 3－40 求作回转体的第三视图及表面上点、线的另两面投影

任务3.3　绘制轴测图

任务目标

➢ 了解轴测投影的基本概念、特性和常用轴测图种类。

➢ 掌握正等测图(平面体、回转体)和斜二测图的作图方法。

任务引入

任务3.3.1　绘制任务3.1.1中的正六棱柱的正等轴测图。

任务3.3.2　绘制任务3.2.1中的圆柱的正等轴测图。

任务知识准备

用正投影法绘制的三视图,能完整、准确地表达物体的各部分形状,而且度量性好,作图方便,因而在工程上得到广泛应用。但这种图样缺乏立体感,直观性差。为了弥补不足,工程上有时也采用富有立体感的轴测图来表达设计意图。同时,画轴测图也是发展空间构思能力的手段之一,它可以帮助想象物体的形状,培养空间想象能力及思维能力。

轴测图常被用于产品使用、拆装及维修等说明书及广告中表示产品的外形,或用于结构设计、技术革新中表达机器的工作原理,以及绘制化工管道系统图等。

目前,三维CAD技术已日臻成熟,轴测图表示法日益广泛地用于产品几何模型的设计,而绘制轴测草图[①],更显得重要。

一、轴测投影的基本知识

(一)轴测投影的形成

轴测投影是将物体连同其直角坐标系,沿不平行于任一坐标平面的方向,用平行投影法将其投射在单一投影面上所得的具有立体感的图形,简称轴测图,如图3-41所示。

单一投影面P称为轴测投影面,直角坐标轴O_1X_1,O_1Y_1,O_1Z_1在轴测投影面上的投影OX,OY,OZ称为轴测轴,三根轴测轴的交点O称为原点。

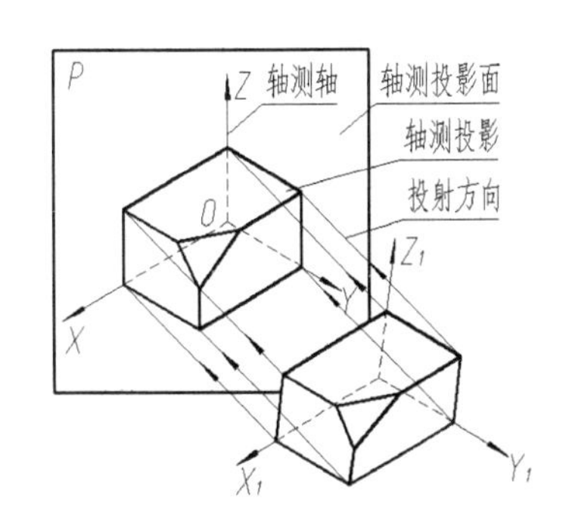

图3-41　轴测图的形成

(二)轴间角和轴向伸缩系数

轴测投影中,任两根轴测轴之间的夹角称为轴间角。它控制轴测投影的形状变化。

轴测轴的单位长度与相应直角坐标轴的单位长度的比值称为轴向伸缩系数。它控制轴测投影的大小变化。OX,OY,OZ轴上的轴向伸缩系数分别用p_1,q_1,r_1,表示。为了便于作图,绘制轴测图时,常用简化伸缩系数p,q,r分别表示。

轴间角和轴向伸缩系数是画轴测图的两个主要参数。常用轴测图的轴间角、轴向伸缩系

① 关于轴测草图的内容在"学习情境4任务4.3"中叙述。

数及简化伸缩系数如表3-8所列。

(三) 常用的轴测投影

轴测图的类型较多,根据投射方向与轴测投影面位置不同,轴测图分为两类:正轴测投影和斜轴测投影。常用的轴测图如表3-8所列。在轴测投影中,工程上应用最广泛的是正等测图和斜二测图。

表3-8 常用的轴测投影分类(GB/T 14692—2008)

正轴测投影		斜轴测投影					
特性		投射线与轴测投影面垂直			投射线与轴测投影面倾斜		
轴测类型		等测投影	二测投影	三测投影	等测投影	二测投影	三测投影
简称		正等测	正二测	正三测	斜等测	斜二测	斜三测
应用举例	伸缩系数	$P_1=q_1=r_1=0.82$	$P_1=r_1=0.94$ $q_1=P_1/2=0.47$	视具体要求选用	视具体要求选用	$P_1=r_1=1$ $q_1=0.5$	视具体要求选用
	简化系数	$P=q=r=1$	$P=r=1$ $q=0.5$			无	
	轴间角	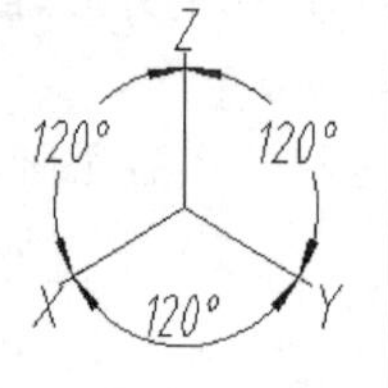 Z X Y 120° 120° 120°	Z X Y ≈97° 131° 132°			Z X Y 90° 135° 135°	
	例图	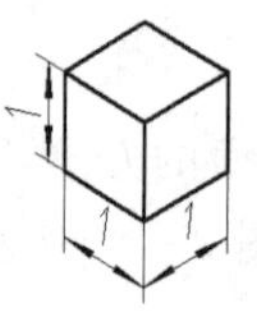 1 1 1	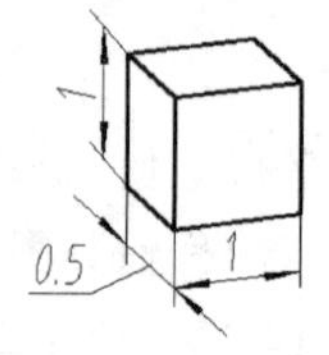 1 0.5 1			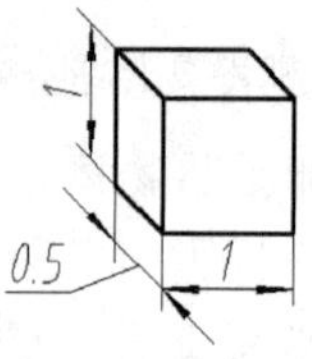 1 0.5 1	

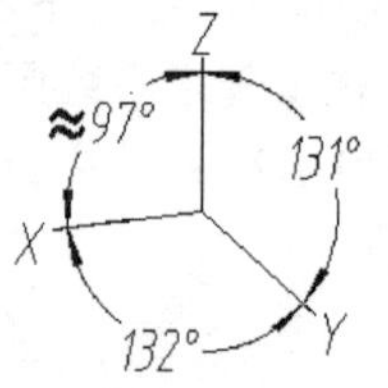

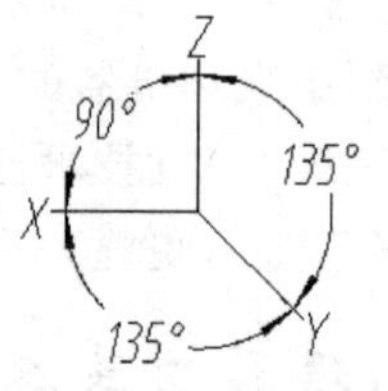

(四) 轴测投影的基本特性

由于轴测图是根据平行投影法画出来的,因此它具有平行投影的基本性质:

① 物体上互相平行的线段,轴测投影仍互相平行。

② 与直角坐标轴平行的线段(称轴向线段),轴测投影必与相应的轴测轴平行,且同一轴向所有线段的轴向伸缩系数相同。故绘制轴测图时,凡物体上的轴向线段,可按该轴的轴向直接进行度量,其在轴测图中的长度等于实际长度乘以该轴的轴向伸缩系数。所谓“轴测”就是指“沿轴向测量”的意思。而与直角坐标轴倾斜的线段(称非轴向线段),就不能按该轴的轴向进行度量;需要用坐标法定出其两端点在轴测坐标系中的位置,然后再连成线段的轴测投影。

③ 物体上不平行于轴测投影面的平面图形,在轴测图上变成原形的类似形。例如,正方形的轴测投影为菱形,圆的轴测投影为椭圆等。

二、正等轴测图

使物体上的三个坐标轴与轴测投影面倾角相同,用正投影法所得到的轴测投影称为正等轴测图，简称正等测，如图3－41所示。

（一）轴间角、轴向伸缩系数

由表3－8可知，正等轴测图的轴间角$\angle XOY=\angle XOZ=\angle YOZ=120°$。画图时，一般使$OZ$轴处于竖直位置，$OX$，$OY$轴与水平成30°，可利用30°的三角板与丁字尺方便地画出三根轴测轴，如图3－42所示。三根轴的简化伸缩系数都相等（$p=q=r=1$），这样在绘制正等测图时，沿轴向的尺寸都可在投影图上的对应轴上按1:1的比例量取。采用简化伸缩系数画出的轴测图，比轴向伸缩数为0.82时画出的轴测图放大了1.22倍，但并不影响轴测图的直观效果。

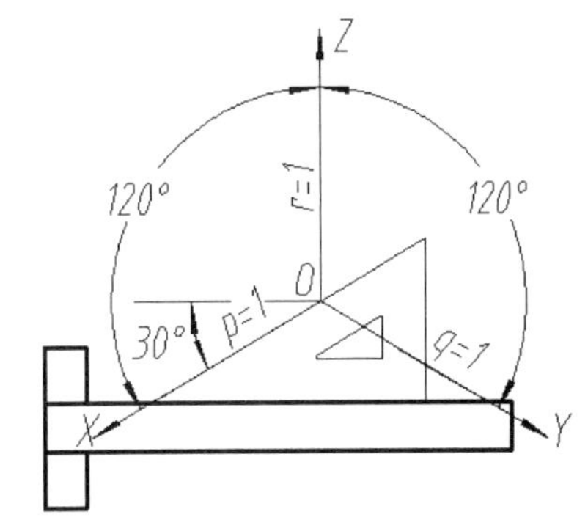

图3－42　正等轴测图的轴间角和轴向伸缩系数

（二）正等轴测图的画法

物体一般都是由平面体和回转体组合而成的，所以要画它们的轴测图，只要研究平面体和回转体的轴测图的画法即可。画基本体轴测图的常用方法是坐标法。其作图方法与步骤如下。

（1）分析物体，选坐标，画轴测轴

根据物体的形状特点确定适当的直角坐标轴和坐标原点，并标注在视图上，然后画轴测轴。通常坐标原点是物体上的某个特征点，也即非对称件上的角点、大端面上的某个点、重要轴线与某个端面相交的交点；对称件上的对称面上的某个点、中心点等；也可与作图基准重合。坐标原点确定是否恰当将直接影响后续作图是否方便。

（2）画出各点轴测投影

根据物体上各点（立体各顶点或线段端点）的坐标，画出其轴测投影。

（3）顺次连接各点轴测投影

顺次连接物体上各点轴测投影，检查、描深，完成轴测图。

注意　轴测图一般只画可见轮廓。

三、斜二轴测图

轴测投影面平行于一个坐标面（V面），当投射方向倾斜于轴测投影面，且使平行于坐标面的那两个轴的轴向伸缩系数相等时，即得斜二轴测图，简称斜二测，如图3－43(a)所示。

（一）轴间角、轴向伸缩系数

由表3－8可知，斜二轴测图的轴间角$\angle XOZ=90°$，$\angle XOY=\angle YOZ=135°$；同时由图3－43(b)可知，$OY$轴与水平轴$OX$成45°，可用45°三角板和丁字尺画出。三根轴的简化轴向伸缩系数分别为$p_1=1$，$q_1=0.5$，$r_1=1$。在绘制斜二轴测图时，沿轴测轴OX和OZ方向的尺寸，可按实际尺寸选取比例度量，沿OY方向的尺寸，则要缩短一半度量。

（二）斜二轴测图的画法

斜二轴测图能反映物体正面的实形且画圆方便，适用于画正面有较多圆的机件轴测图。如图3－44所示为带圆孔的支架，其前、后端面均平行于正面，确定直角坐标系时，使坐标轴

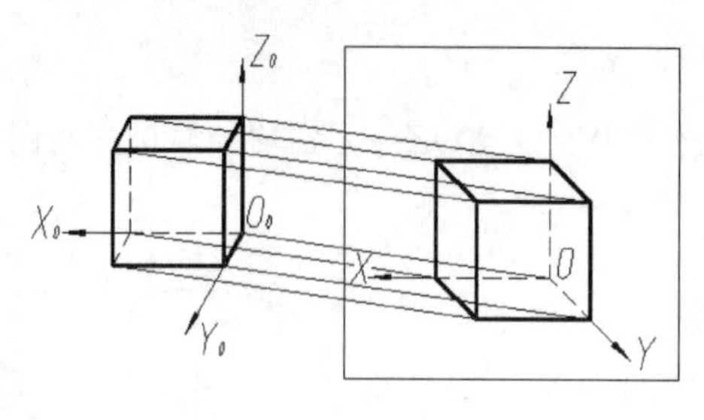

(a) 斜二轴测图的形成

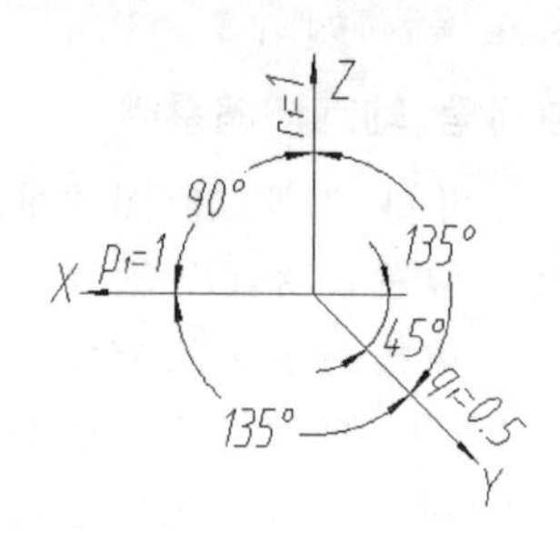

(b) 轴间角和轴向伸缩系数

图 3-43　斜二轴测图

OY 与圆孔轴线重合,坐标面 XOZ 与正面平行,所以支架上的多边形及圆的轴测投影均为实形,选择前端面的圆心为坐标原点,从前端面开始画图,使作图更方便。

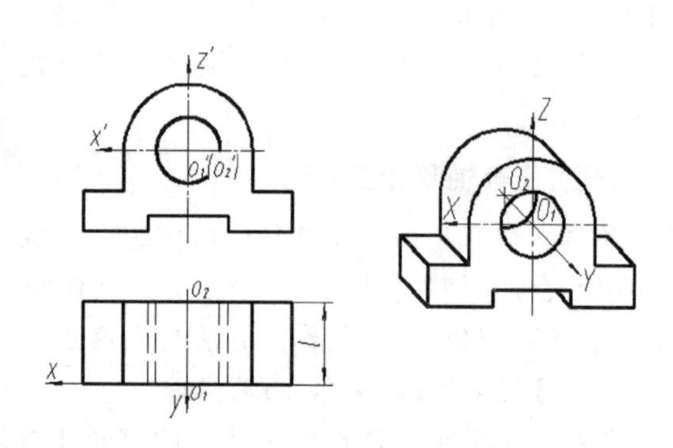

图 3-44　支架的斜二轴测图

作图方法与步骤如下:

① 在视图上选定坐标原点和坐标轴,画轴测轴。

② 画支架前端面的正面真实形状。

③ 按 O_1Y 方向画 45°平行线,取支架的宽度为 $0.5y$,圆心沿 O_1Y 向后移 $0.5y$,画出后端面的圆弧。

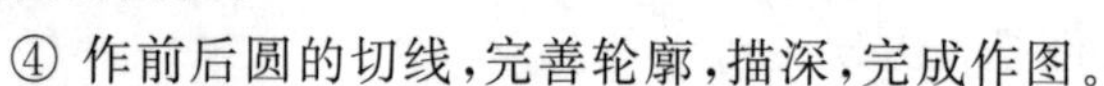

④ 作前后圆的切线,完善轮廓,描深,完成作图。

任务分析

明确轴测图的画图顺序,注意轴测图是一种立体感较强的单面投影图,而非真正的空间立体。进一步培养空间想象能力。

任务 3.3.1　绘制正六棱柱的正等轴测图

任务实施

一、分析正六棱柱并确定画图顺序

如表 3-9 中步骤 1 中图所示,正六棱柱的前后、左右对称,将坐标原点 O 定在顶面六边形的中心,以六边形的中心线为 X 轴和 Y 轴。这样便于直接求出顶面六边形各顶点的坐标,从顶面开始作图,直接画出可见轮廓,使作图过程简化。

二、绘制正六棱柱的正等轴测图

正六棱柱的正等测图的绘图方法与步骤如表 3-9 所列。

表 3-9　正六棱柱正等轴测图的绘图方法与步骤(坐标法)

1. 选坐标，画轴测轴 在视图上选定坐标原点和坐标轴，标注顶面各点坐标，并画轴测轴	2. 画顶面各点轴测投影 由标注尺寸 s、l 先画点 A、B，再定点Ⅰ、Ⅱ、Ⅳ、Ⅴ，最后由尺寸 $e=20$ 定点Ⅲ、Ⅵ
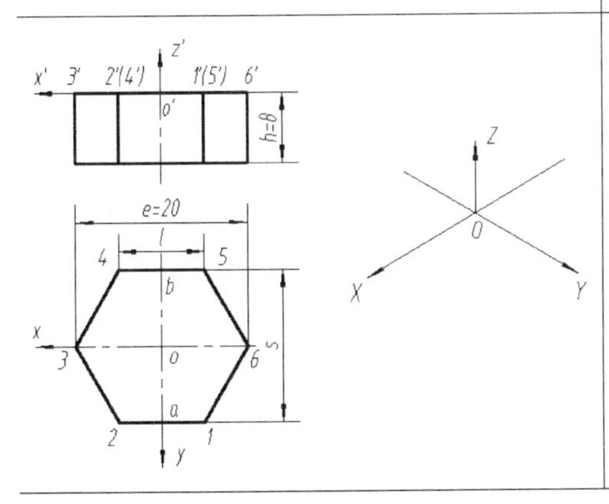	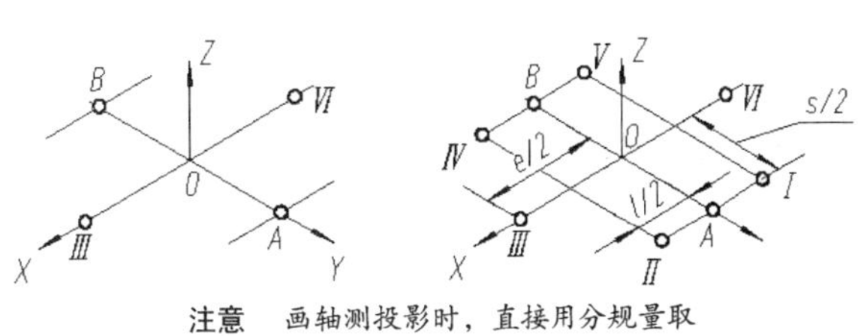 **注意**　画轴测投影时，直接用分规量取
3. 画顶面，画棱线，画底面，描深全图 连接各点得顶面轴测投影，由顶点Ⅰ、Ⅱ、Ⅲ、Ⅳ向下作 Z 轴的平行线，并取正六棱柱高度 $h=8$，同时也定出了底面各可见点的位置，连接底面各点，得出底面投影，擦去作图线，整理加深，完成作图	
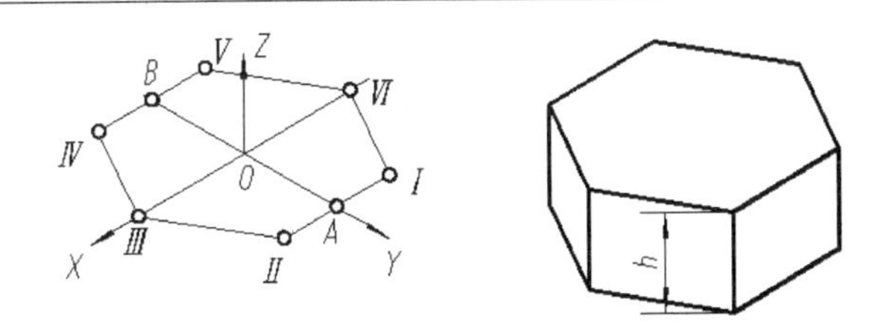	

任务 3.3.2　绘制圆柱的正等轴测图

任务实施

一、分析圆柱并确定画图顺序

如表 3-10 中步骤 1 中图所示，圆柱的轴线垂直于水平面，顶面、底面为两个与水平面平行且大小相同的圆，在轴测图中均为椭圆。根据圆柱的直径 ϕ 和高度 h，作出两个形状、大小相同，中心距为 h 的椭圆，再作两椭圆的公切线即可得圆柱的正等轴测图。

二、绘制圆柱的正等轴测图

圆柱的正等轴测图的绘图方法与步骤如表 3-10 所列。

表 3-10　圆柱正等轴测图的绘图方法与步骤(菱形法)

1. 在视图上选定坐标原点和坐标轴		2. 画轴测轴，作菱形	
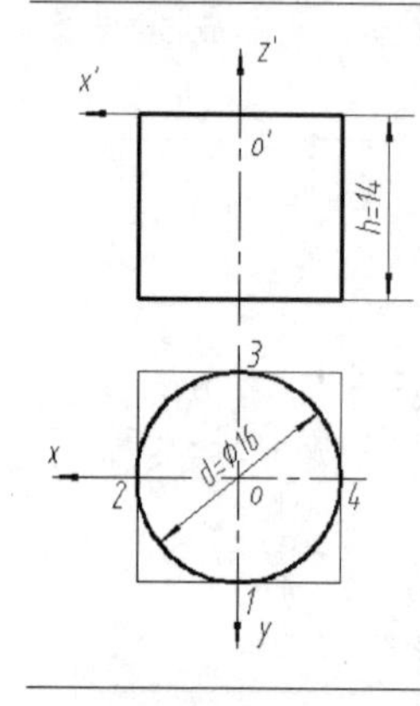	以顶圆的圆心为原点 O，以上底圆的中心线 OX，OY，OZ 为坐标轴，作顶圆的外切正方形，得切点 1，2，3，4	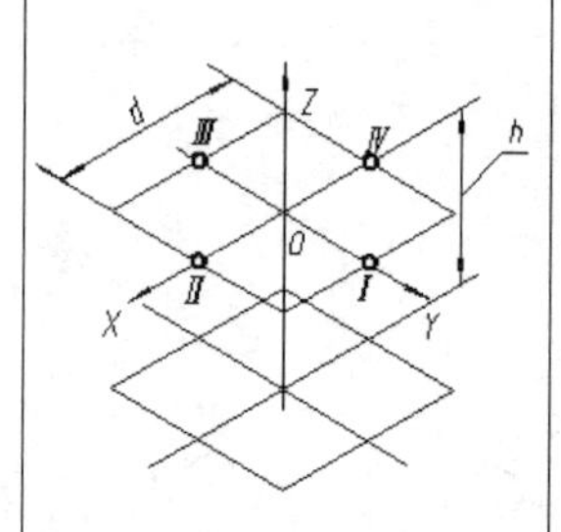	作轴测轴和四个切点的轴测投影Ⅰ、Ⅱ、Ⅲ、Ⅳ，过四点分别作 X，Y 轴的平行线，得外切正方形的轴测投影为菱形
3. 画顶面上近似椭圆的四个圆心		4. 画顶面椭圆	
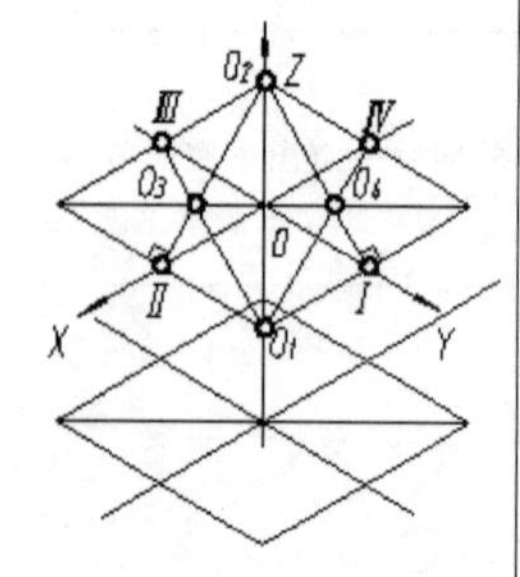	过菱形两顶点 O_1，O_2，连接 O_1Ⅲ 和 O_2Ⅱ，与菱形对角线相交得交点 O_3，连接 O_1Ⅳ 和 O_2Ⅰ，与菱形对角线相交得交点 O_4，则 O_1，O_2，O_3，O_4 即为近似椭圆的四个圆心	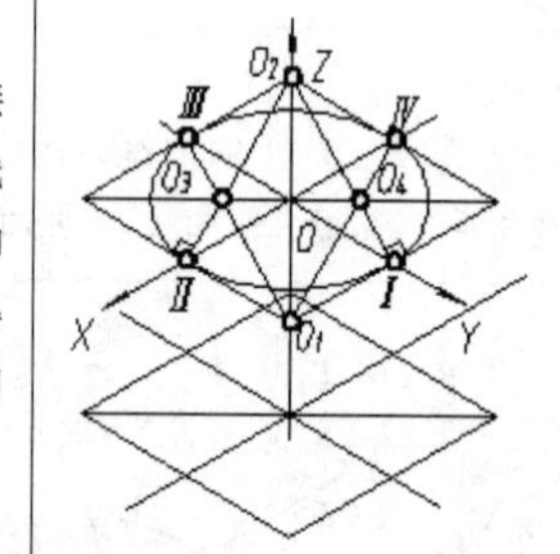	用四段圆弧连成椭圆。分别以 O_1，O_2 为圆心，O_1Ⅳ 为半径作大圆弧Ⅲ Ⅳ和Ⅰ Ⅱ，再分别以 O_3，O_4 为圆心，O_3Ⅱ 为半径作小圆弧Ⅱ，Ⅲ 和Ⅰ，Ⅳ，即为顶圆的轴测图椭圆
5. 画底面椭圆		6. 作两椭圆公切线，擦去作图线，描深，完成作图	
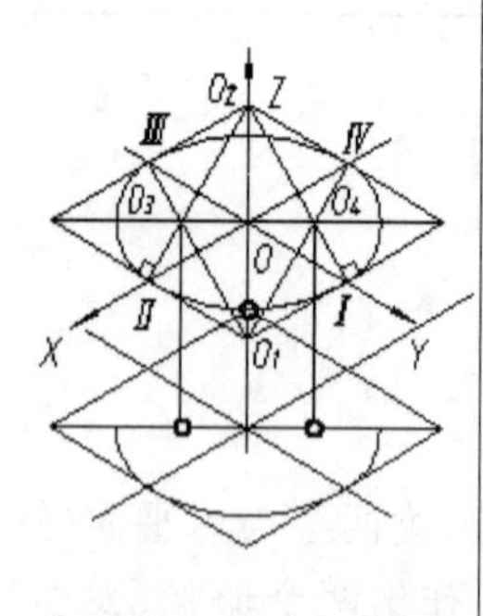	将椭圆的三个圆心 O_2，O_3，O_4 沿 Z 轴向下平移高度 h，作出底面椭圆(底面椭圆看不见的一半圆弧不必画出。 **注意**：由图可知 O_1Ⅲ⊥O_2Ⅲ，O_1Ⅳ⊥O_2Ⅳ，O_2Ⅱ⊥O_1Ⅱ，O_2Ⅰ⊥O_1Ⅰ，该性质可用于绘制圆角的正等轴测图时确定圆心点	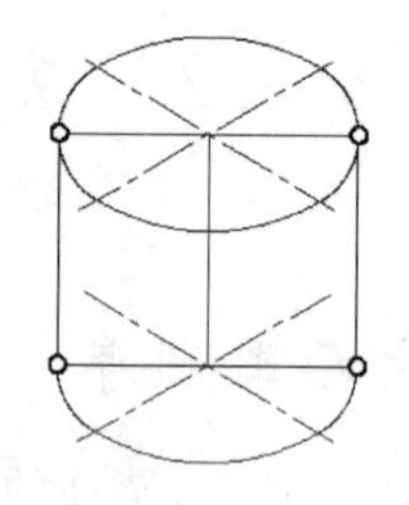	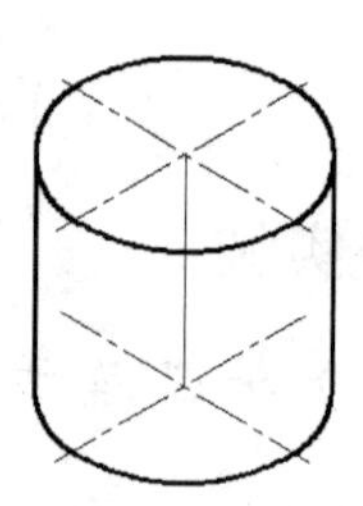

三、不同位置圆柱的正等轴测图

当圆柱轴线垂直于正面或侧面时，轴测图的画法与上述相同，只是圆平面内所含的轴测轴应分别是 X，Z 和 Y，Z，如图 3-45 所示。

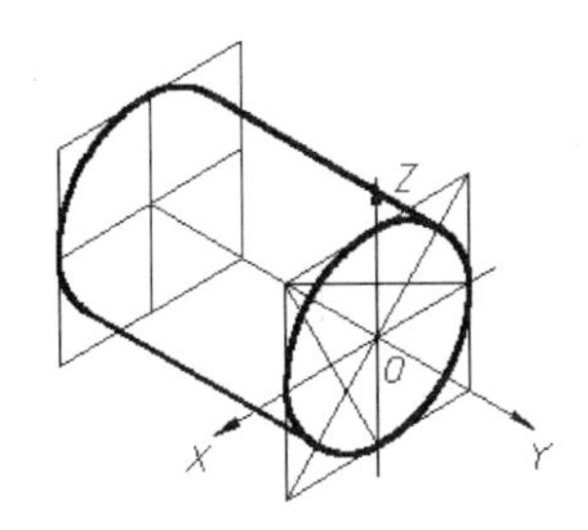

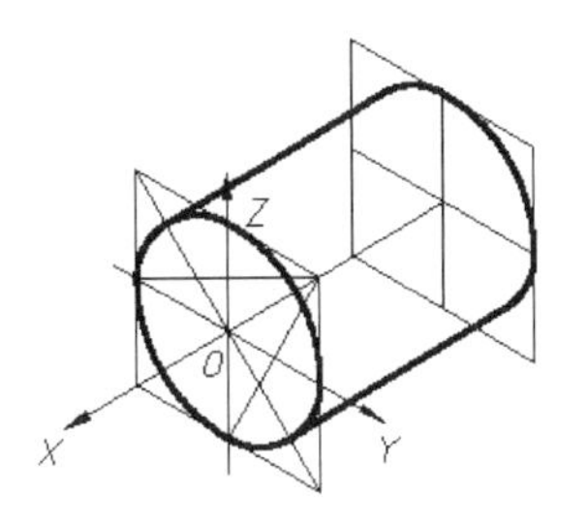

图 3－45　不同位置圆柱的正等轴测图

任务知识扩展

圆角的正等测画法

平行于坐标面的圆角是圆的一部分，特别是常见的 1/4 圆周的圆角，其正等轴测图恰好是任务 3.3.2 中所述近似椭圆的四段圆弧中的一段，故也可用近似法画圆角的正等轴测图，如图 3－46所示。其作图方法步骤如图 3－47 所示。

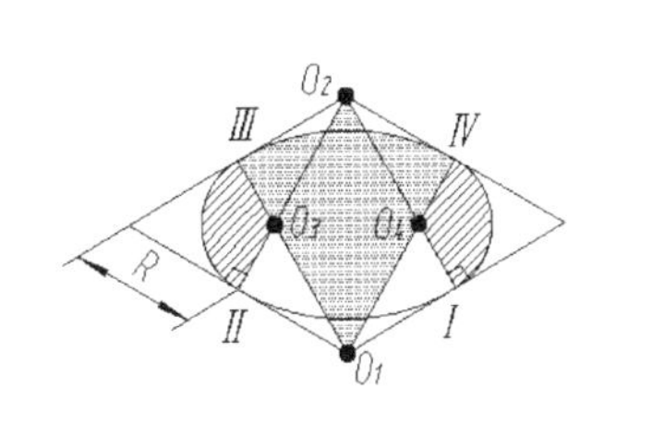

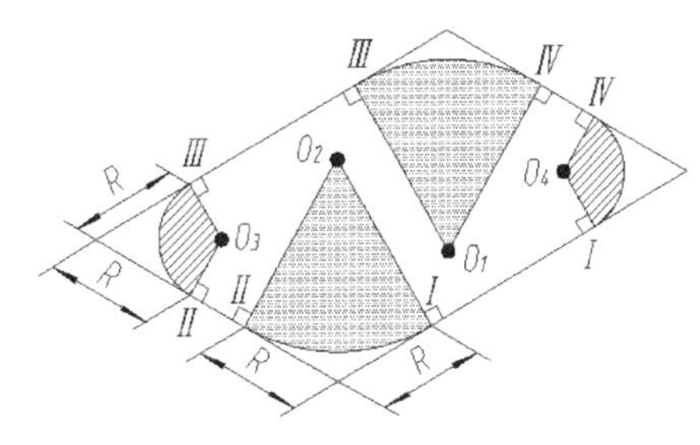

图 3－46　圆角的正等轴测画法

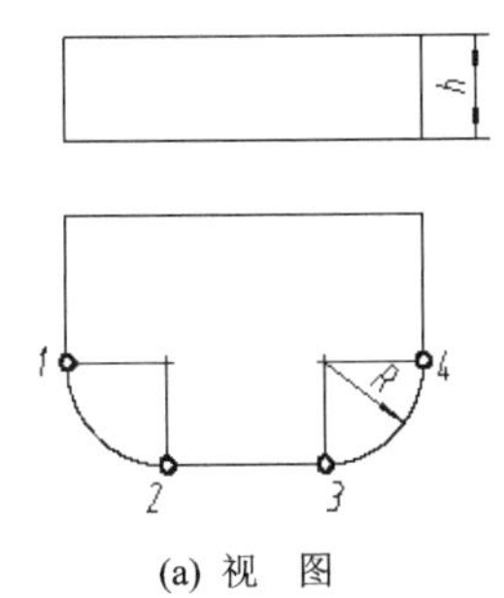

(a) 视　图

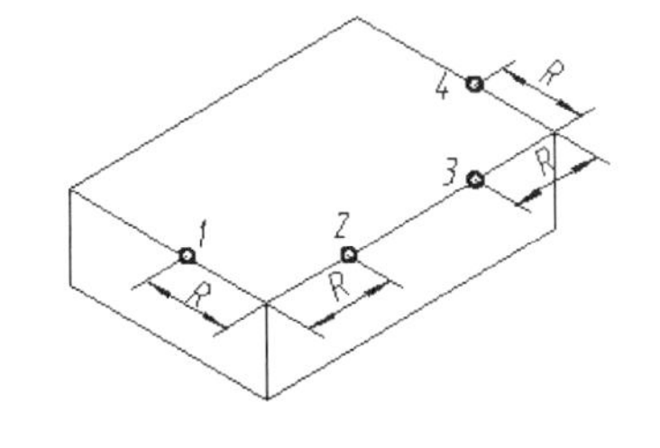

(b) 画平板，定半径

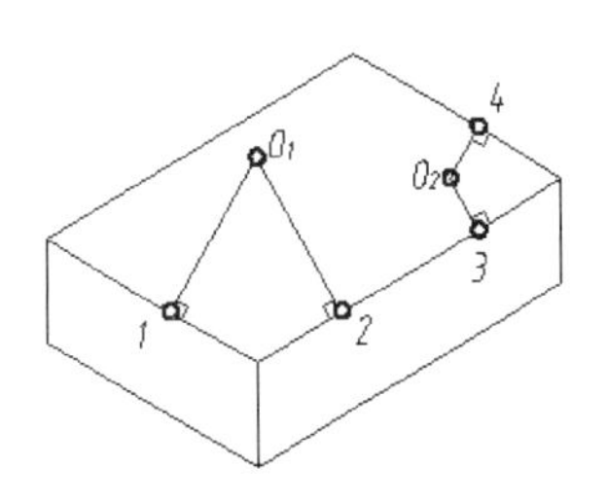

(c) 作垂线，求圆心

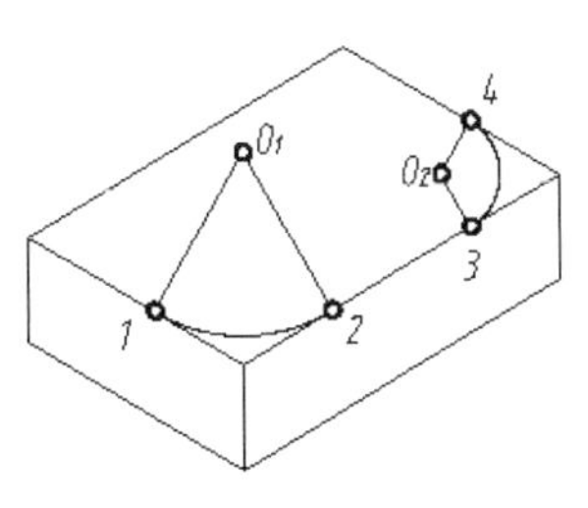

(d) 画顶面圆弧

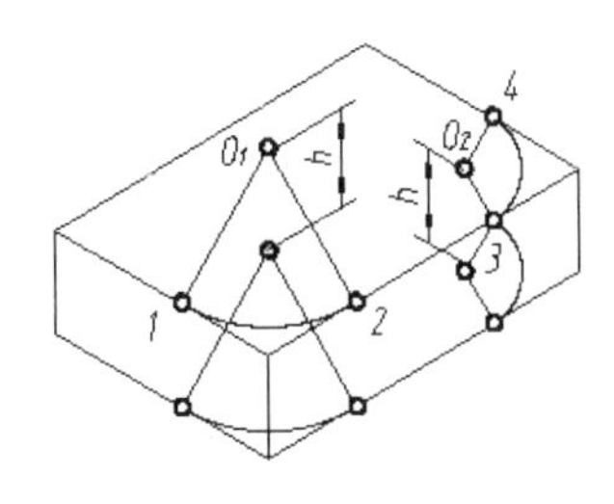

(e) 画底面圆弧

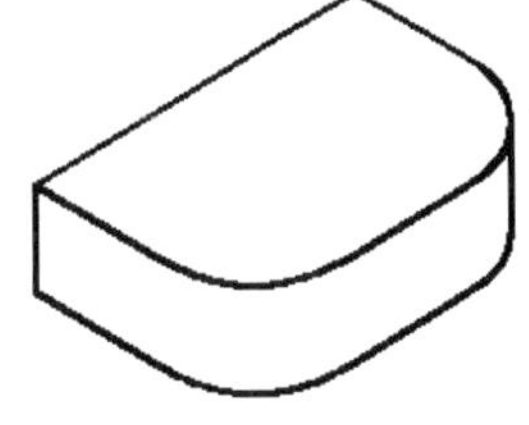

(f) 完成平板正等测图

图 3－47　圆角的正等测画法

任务巩固与练习

完成如图3-48所示的基本立体的正等测图和斜二测图,比较两者有何区别。

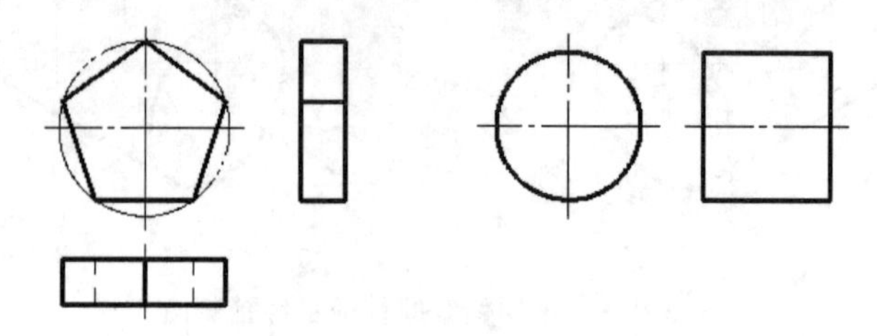

图3-48 绘制基本体的轴测图

学习情境 4

绘制与阅读组合体三视图

任务 4.1 绘制切割组合体的三视图

任务目标

- 进一步熟悉点的投影规律。
- 了解截交线的概念、基本性质。
- 熟练掌握截交线的投影作图方法及尺寸注法。

任务引入

根据已知视图和轴测图，按如下尺寸（尺寸从图上量取并取整）在 A4 图纸上用 1∶1 的比例完成三视图的绘制，并标注尺寸。

任务 4.1.1 绘制单一平面切割基本体的三视图，如图 4-1 所示。

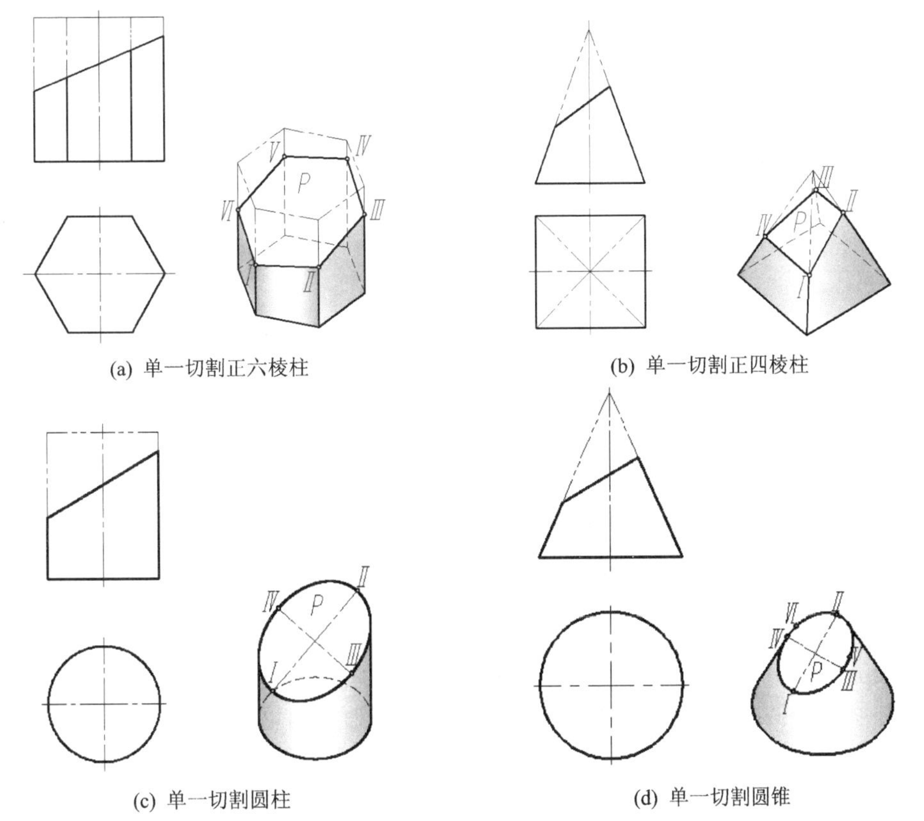

(a) 单一切割正六棱柱　(b) 单一切割正四棱柱

(c) 单一切割圆柱　(d) 单一切割圆锥

图 4-1　单一平面切割基本体

任务 4.1.2 绘制多平面组合切割基本体的三视图,如图 4-2 所示。

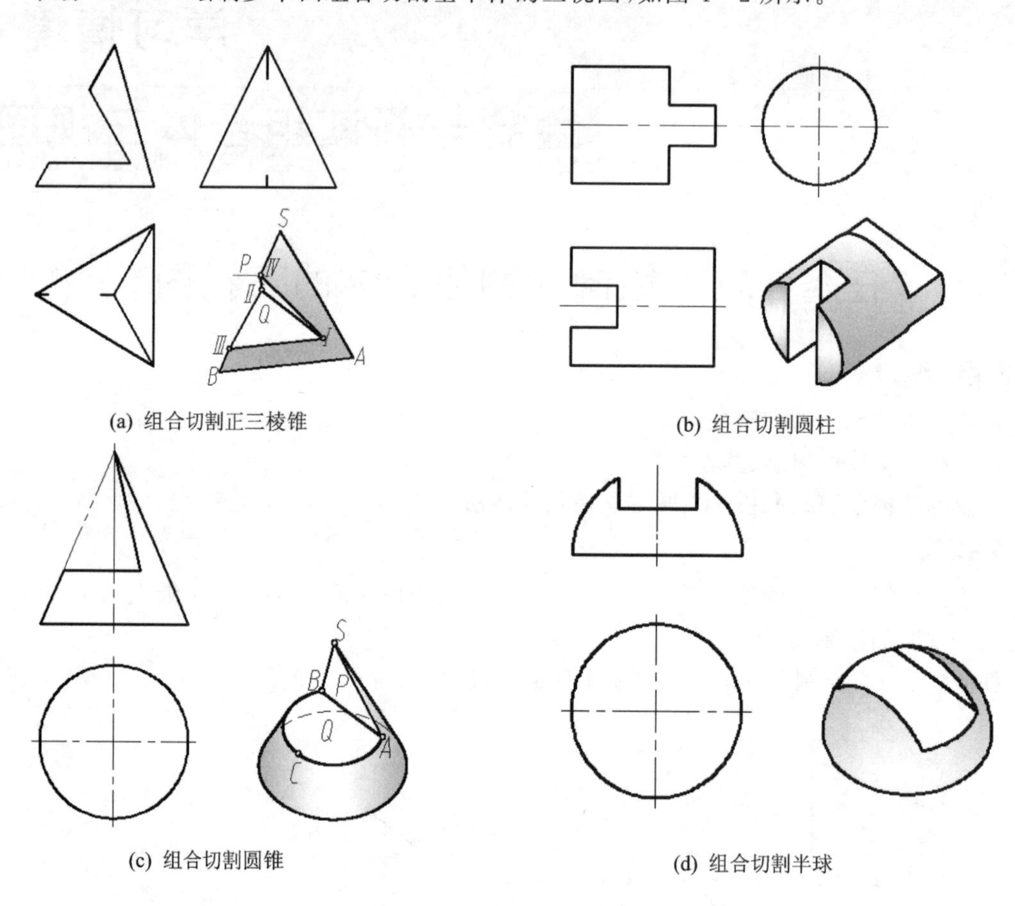

(a) 组合切割正三棱锥

(b) 组合切割圆柱

(c) 组合切割圆锥

(d) 组合切割半球

图 4-2 多平面组合切割基本体

任务 4.1.3 绘制顶尖的三视图,如图 4-3 所示。

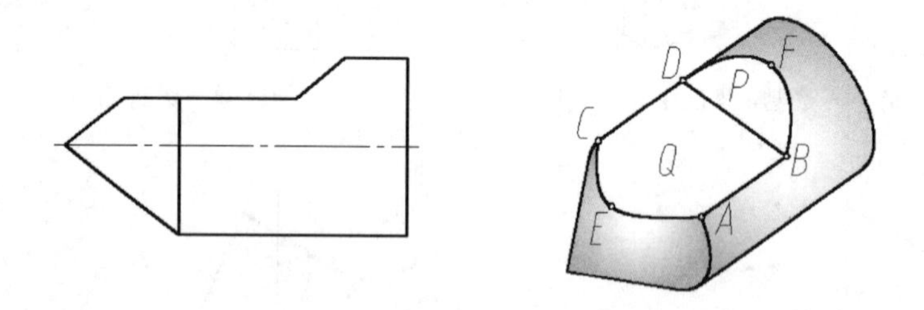

图 4-3 组合切割同轴复合回转体

任务知识准备

机件表面是由一些平面或曲面构成的,机件上两个表面相交形成表面交线。其中,平面与立体表面相交产生截交线;两立体表面相交且互相贯穿形成相贯线①,了解这些交线的性质并掌握交线的画法,有助于正确表达机件的结构形状和读图时对机件进行形体分析。

① 有关相贯线的概念见任务 4.2。

一、截交线概述

(一) 截交线的概念

平面与立体表面相交,可以认为是立体被平面截切,此平面通常称为截平面,截平面与立体表面的交线称为截交线,如图 4-1、图 4-2、图 4-3、图 4-4(a)所示。

图 4-4　零件表面的交线

(二) 截交线的性质

① 截交线一定是一个封闭的平面图形。

② 截交线既在截平面上,又在立体表面上,是截平面和立体表面的共有线;截交线上的点都是截平面与立体表面上的共有点。

注意　*求作截交线的实质,就是求出截平面与立体表面的共有点和共有线。*

(三) 截交线的形状

截交线的形状取决于立体的形状及截平面对立体的截切位置,通常是由平面折线、平面曲线或平面曲线与直线组成的平面图形。

1. 平面切割平面体

当平面截切平面体时,其截交线的形状是封闭的平面多边形,如图 4-1(a)和(b)所示。多边形的各个顶点是截平面与平面体的棱线或底边的交点,多边形的各条边是截平面与平面体表面的交线,即立体被截断几条棱,那么截交线就是几边形。

2. 平面切割回转体

平面与曲面体相交产生的截交线一般是封闭的平面曲线,也可能是由曲线与直线围成的平面图形。下面主要介绍平面切割回转体时截交线的形状。

(1) 圆柱的截交线

平面切割圆柱时,根据截平面与圆柱轴线的相对位置不同,其截交线有三种不同的形状,如表 4-1 所列。

(2) 圆锥的截交线

平面切割圆锥时,根据截平面与圆锥轴线的相对位置不同,其截交线有五种不同的情况,如表 4-2 所列。

(3) 圆球的截交线

平面在任何位置截切圆球的截交线都是圆。当截平面为不同位置平面时,其投影也不同,如表 4-3 所列。

当截平面平行于某一投影面时,截交线在该投影面上的投影为圆的实形,其他两投影面上的投影都积聚为直线。

表 4-1　圆柱截交线

截平面位置	与轴线平行	与轴线垂直	与轴线倾斜
截交线形状	矩形	圆	椭圆
直观图	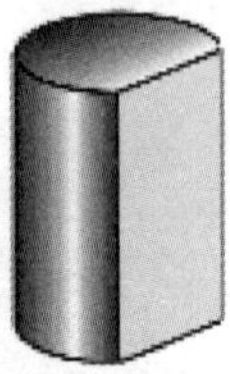		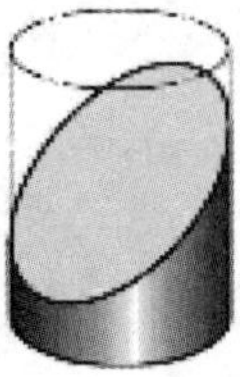
投影图	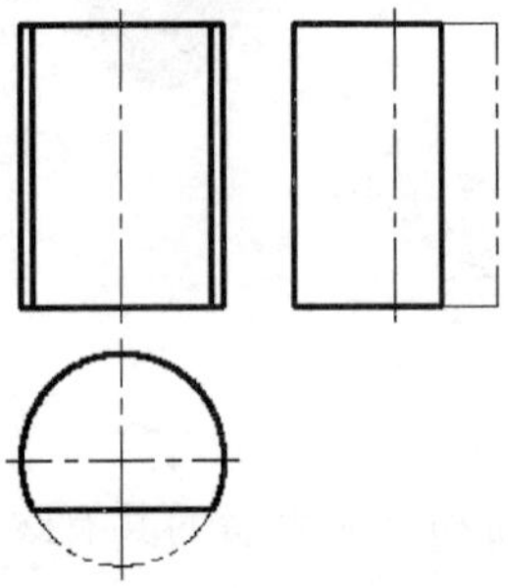	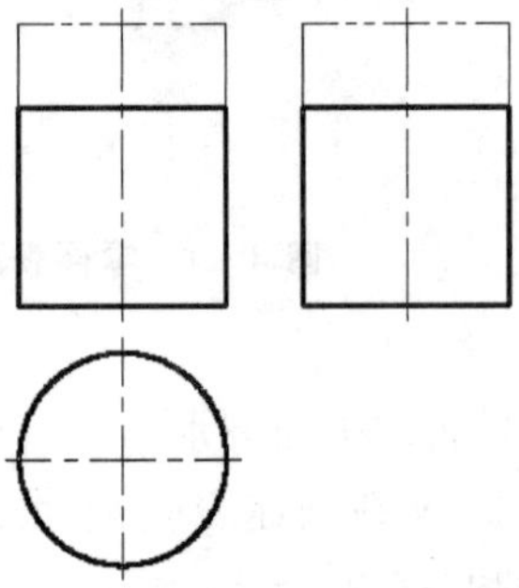	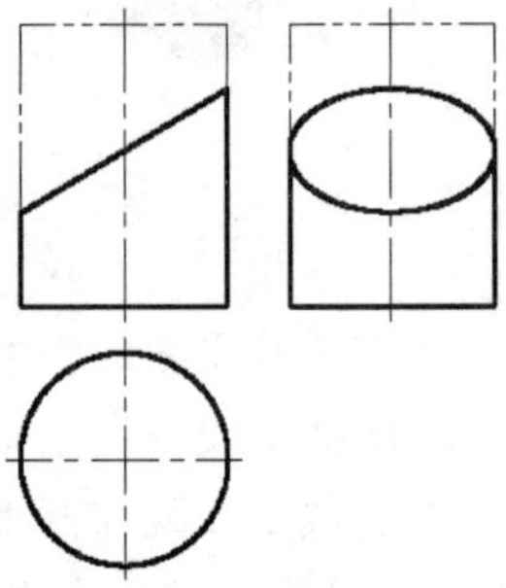

表 4-2　圆锥截交线

截平面位置	与轴线垂直 $\theta=90°$	与轴线倾斜且与所有素线相交 $90°>\theta>\alpha$	只平行于任一条素线 $\theta=\alpha$	平行于两条素线 $\theta=0°$	通过圆锥顶点 $0°<\theta<\alpha$
截交线形状	圆	椭圆	抛物线+直线	双曲线+直线	等腰三角形
直观图	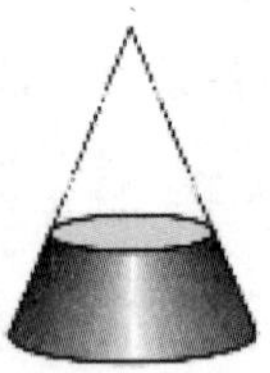	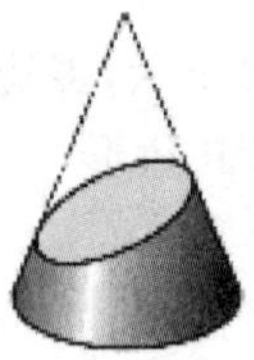	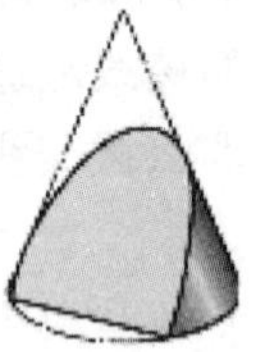	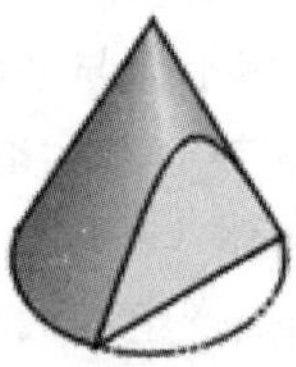	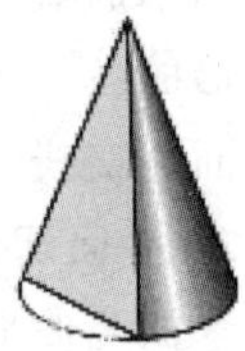
投影图	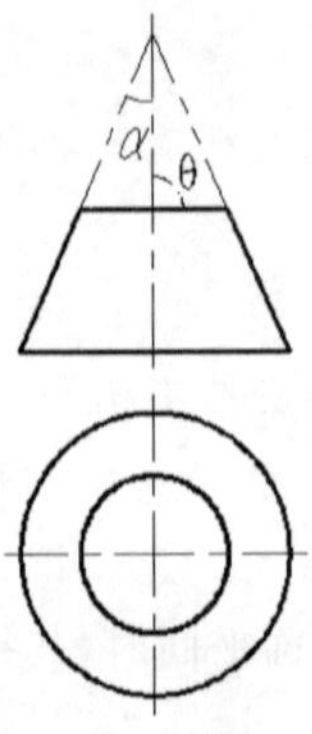 α θ	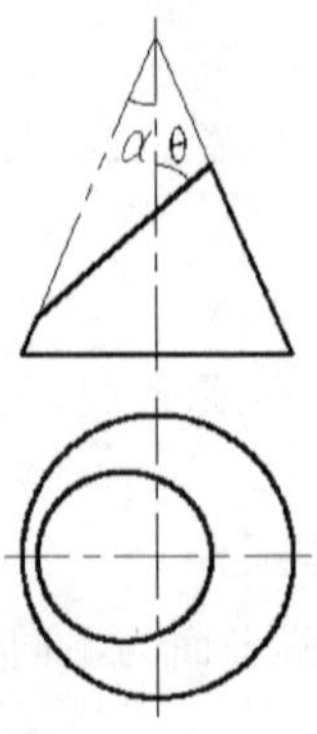 α θ	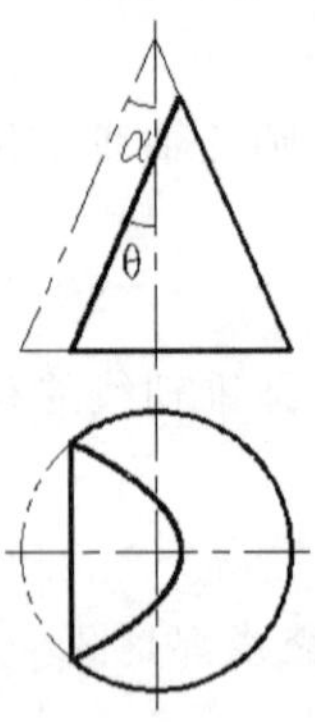 α θ	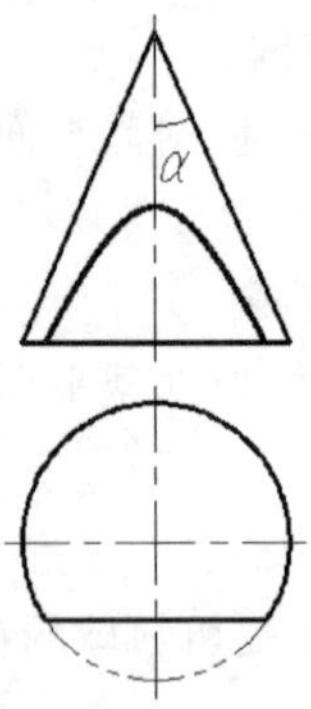 α	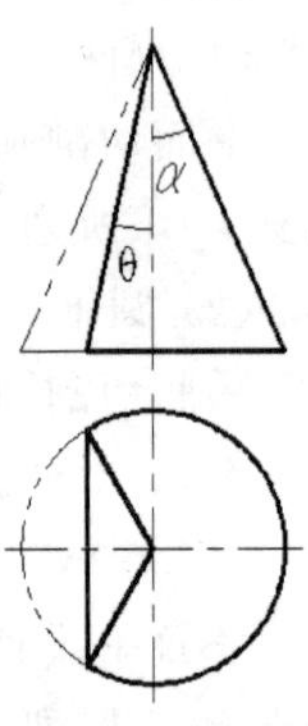 α θ

表4-3　圆球截交线

截平面为投影面平行面	截平面为投影面垂直面

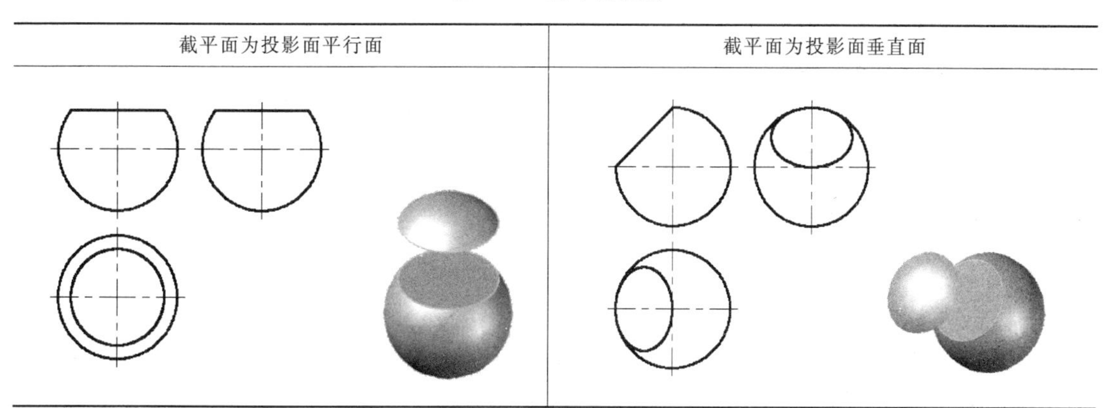

二、各种截交线的作图方法与步骤

(一) 空间形状及投影分析

首先分析立体的形状、截平面与立体轴线的相对位置，以确定截交线的形状（当有两个以上截平面时，则确定各段截交线的形状和分界线）；然后分析截平面与投影面的相对位置（如垂直、平行、倾斜），找出截交线的已知投影（如积聚投影、实形投影等），预见未知投影，以确定截交线的投影特性（如积聚性、实形性或类似性）。

(二) 画图方法与步骤

1）画完整立体的三视图。

2）画截平面位置（一般为特殊位置），即确定切割位置。

注意　被切割立体表面位置特殊，可知截交线的已知投影为两个，常用面上取点法；被切割立体表面位置一般，可知截交线的已知投影为一个，常用线面交点法。因为当截平面或立体的表面垂直于某一投影面时，其截交线在该投影面上的投影具有积聚性。

① 平面与立体相交，截平面处于特殊位置，截交线有一个投影或两个投影有积聚性，利用积聚性在面上取点（共有点），求出截交线上共有点的另外两个或一个投影，此方法称为面上取点法。

② 平面与立体相交，截平面处于特殊位置，截交线有一个投影或两个投影有积聚性，求立体表面上的棱线或素线与截平面的交点，该交点即为截交线上的点（共有点），此方法称为线面交点法。

3）画各段截交线分界点（也即画各段回转体之间的分界线），分界点在分界线上。

注意　此步骤适用于组合切割基本体或组合切割同轴回转体。

4）求截交线三投影。

① 切割平面体

求出截平面与被截棱线的交点→判断可见性→顺次连接各顶点→完成封闭平面多边形。

② 切割回转体（截交线的投影为非圆曲线时）

先找特殊点→再补充一般点（又称中间点）→判断可见性→顺次光滑连接各点→完成封闭的平面曲线或由曲线与直线围成的平面图形。

注意 特殊点通常指投影中转向轮廓素线上的点和曲线上最高、最低、最左、最右、最前、最后的极限位置点以及可见性分界点,它们同时也是决定曲线投影范围的点。而一般点是确定交线拐弯情况的一些点。

5）画切割后的立体,以完善轮廓(注意立体上各棱线可见性的判别)。

6）检查(注意截交线投影的类似性),描深,完成作图。

三、切割立体的尺寸标注

如图4-5所示,标注带有切口或凹槽的基本形体的尺寸时,除了要注出基本体的形状尺寸,还要注出截平面的位置尺寸。

注意 因为形体与截平面的相对位置确定后,切口的交线已完全确定,所以在截交线上是不能标注尺寸的,如图4-5中画"×"的是多余尺寸。

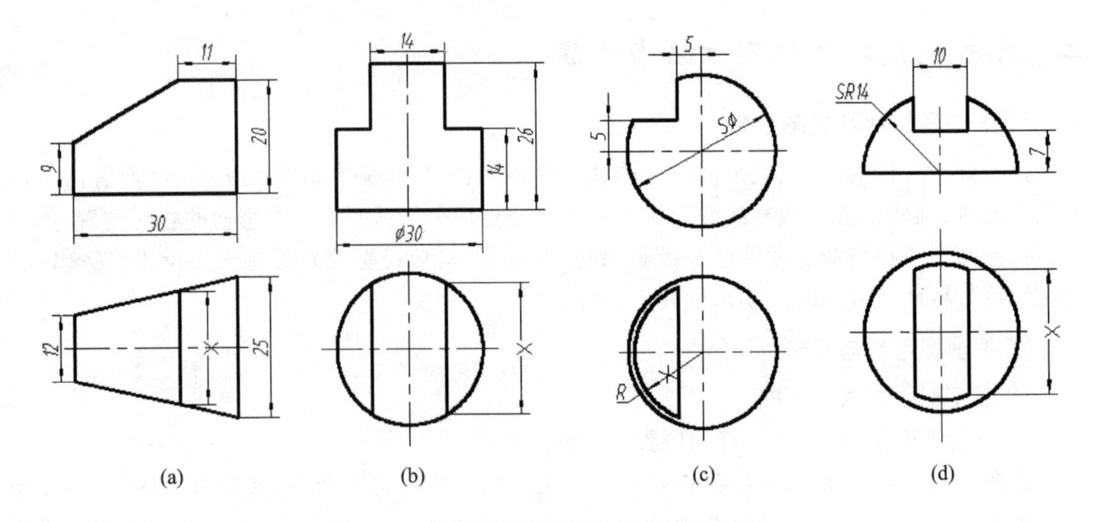

图4-5 带切口或凹槽的基本体的尺寸注法

任务分析

平面体的切割实际就是根据线面交点法求截交线。绘图时要特别注意先作出原始的完整平面体,然后分步切割。

回转体的切割实际就是求截平面与回转体表面的共有点的投影,然后把各点的同面投影依次光滑连接起来。绘图时应先作出原始的完整回转体,然后分步切割。关于非圆曲线的截交线的逐点求取方法是个难点,应注意正确绘制各点的投影。

任务4.1.1 绘制单一平面切割基本体的三视图

任务实施

一、平面切割六棱柱

(一)空间形状及投影分析

如图4-1(a)所示,正放的正六棱柱被正垂面 P 切割,截平面与六棱柱的六条棱线都相交，故截交线是一个六边形，六边形的顶点Ⅰ、Ⅱ、Ⅲ、Ⅳ、Ⅴ、Ⅵ为各棱线与截平面的交点。表 4－4步骤 2 中的图所示的截交线的正面投影可直接确定（即与截平面的积聚性正面投影 p' 重合），截交线的水平投影与正六棱柱各侧棱面的积聚性水平投影重合，故由截交线的正面投影和水平投影可求出其侧面投影。

（二）绘制平面切割六棱柱的三视图

平面切割六棱柱的作图方法与步骤如表 4－4 所列。

表 4－4　平面切割六棱柱的绘图方法和步骤

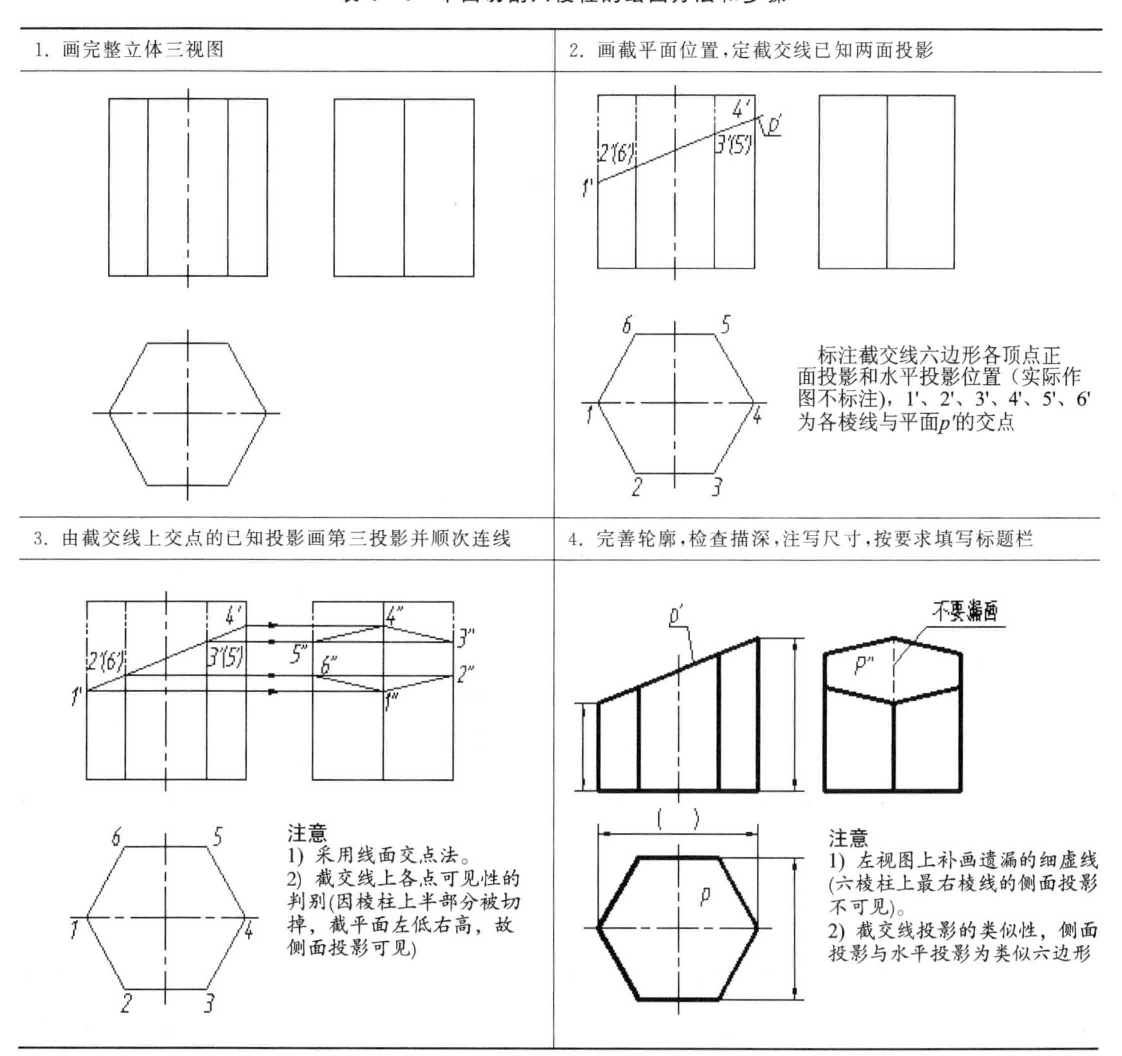

二、平面切割四棱锥

（一）空间形状及投影分析

如图 4－1(b)所示，四棱锥被正垂面 P 切割，截平面与棱锥的四条棱线相交，则截交线是四边形，其四个顶点Ⅰ、Ⅱ、Ⅲ、Ⅳ分别是四条棱线与截平面的交点。截交线的正面投影可直接确定（即积聚在 p' 上），如表 4－5 步骤 2 中的图所示，因此利用直线上点的投影特性，可由交线的正面投影求出水平投影和侧面投影。

(二)绘制平面切割四棱锥的三视图

平面切割四棱锥的作图方法与步骤如表4-5所列。

表4-5 平面切割四棱锥的绘图方法和步骤

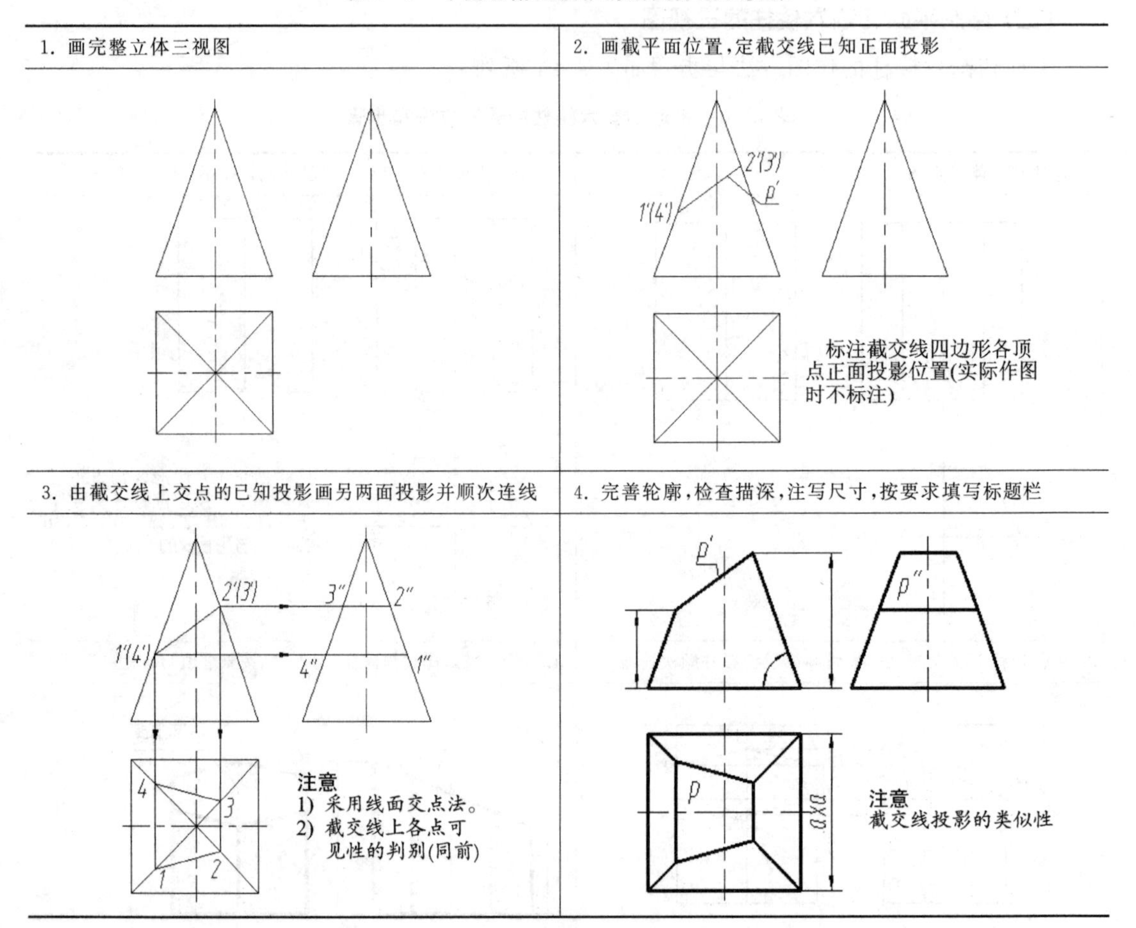

三、平面切割圆柱

(一)空间形状及投影分析

如图4-1(c)所示,由于截平面P与圆柱轴线倾斜,故截交线应为椭圆。由于P面是正垂面,因此截交线的正面投影积聚成斜线(即与截平面的积聚性正面投影p'重合);又因为圆柱轴线为铅垂线,因此截交线的水平投影与圆柱面的积聚性投影(即圆周)重合;侧面投影一般为椭圆,但不反映实形。由此可见,求此截交线主要是求其侧面投影。

(二)绘制平面切割圆柱的三视图

平面切割圆柱的作图方法与步骤如表4-6所列。

表 4 - 6　平面切割圆柱的绘图方法和步骤

1. 画完整立体三视图

2. 画截平面位置,定截交线已知两面投影

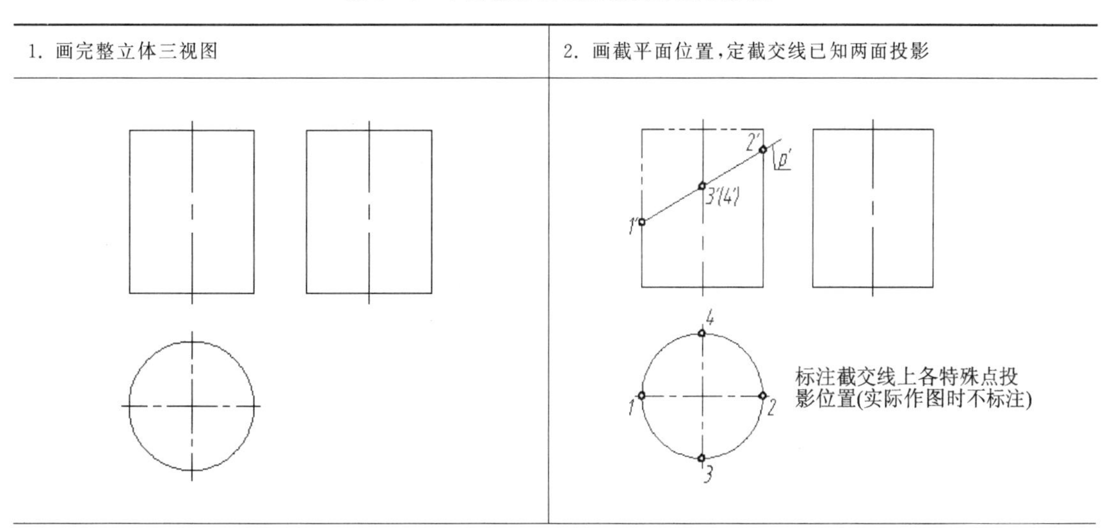

3. 由截交线上交点的已知投影画第三投影并顺次光滑连线

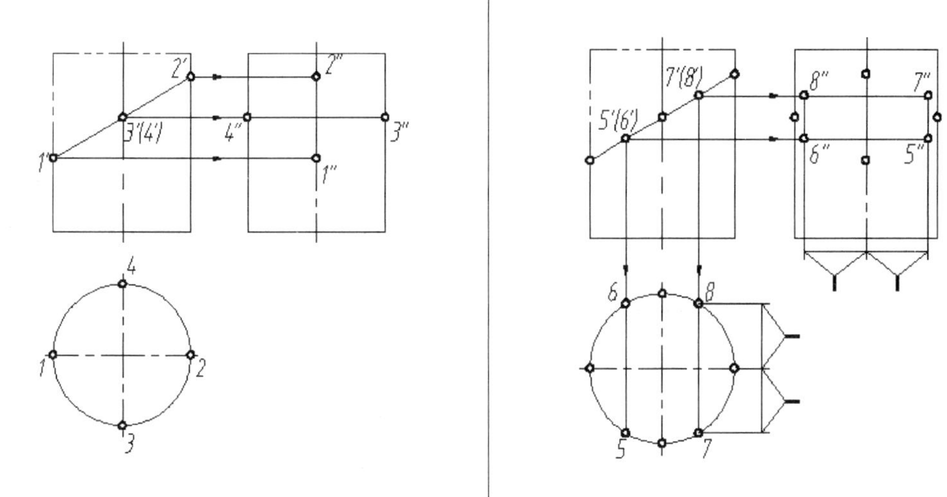

(1) 采用线面交点法求特殊点

由正面投影标出主视转向轮廓线上的点 1′、2′,按点属于圆柱面的性质,可求得 1、2 及 1″、2″。同理,由正面投影标出左视转向轮廓线上的点的正面投影 3′、(4′),可求得水平投影 3、4 及侧面投影 3″、4″。点Ⅰ、Ⅱ分别为截交线椭圆的最低点(最左点)和最高点(最右点);点Ⅲ、Ⅳ为椭圆的最前点和最后点。点Ⅰ、Ⅱ和点Ⅲ、Ⅳ也是椭圆的长轴、短轴的端点

(2) 采用面上取点法求一般点

为了准确作图,可在特殊点之间作出适当数量的中间点,如Ⅴ、Ⅵ、Ⅶ、Ⅷ。在有积聚性的水平投影上先标出 5、6、7、8 和正面投影 5′、(6′)、7′、(8′),然后按点的投影规律求出侧面投影 5″、6"、7"、8″(实际作图不标注)

续表 4-6

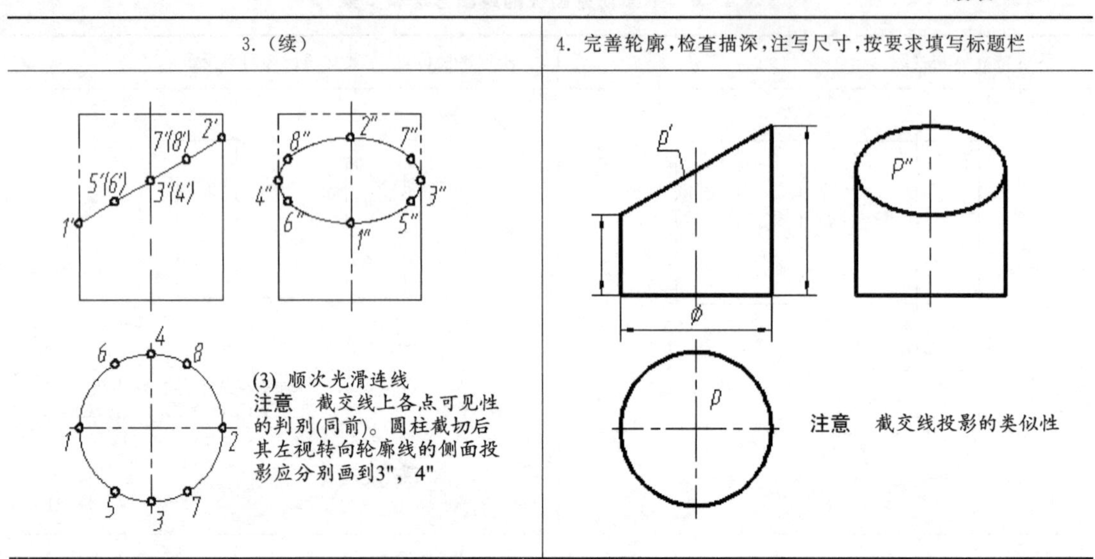

四、平面切割圆锥

(一) 空间形状及投影分析

如图 4-1(d)所示,截平面 P 与圆锥轴线斜交且与所有素线相交,截交线是一椭圆。由于 P 面是正垂面,所以截交线的正面投影积聚成斜线;又因为圆锥轴线为铅垂线,水平投影和侧面投影一般仍为椭圆(不反映实形)。该椭圆的长轴 $I\ II$ 为正平线,位于过圆锥轴线的前后对称面上;短轴 $III\ IV$ 与长轴垂直平分,为正垂线。

(二) 绘制平面切割圆锥的三视图

平面切割圆锥的作图方法与步骤如表 4-7 所列。

表 4-7　平面切割圆锥的绘图方法和步骤

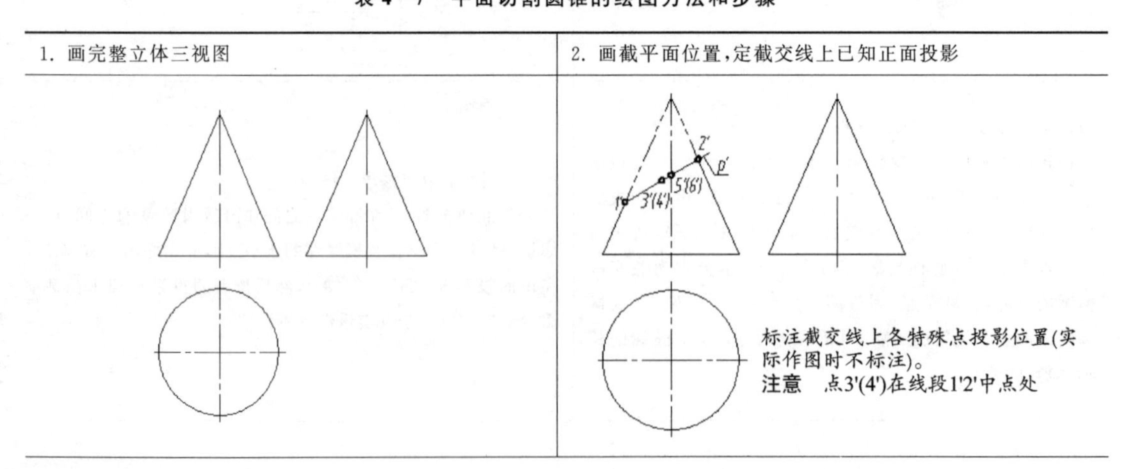

续表 4－7

3. 由截交线上点的已知投影画另两面投影并顺次光滑连线

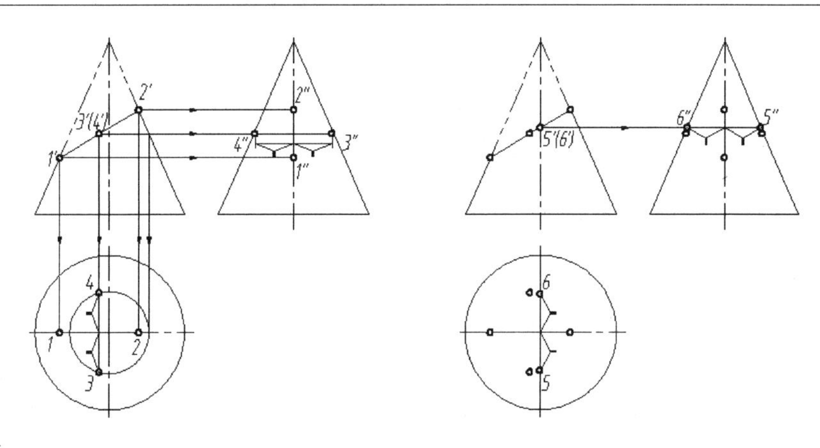

(1) 求特殊点

截交线上最低点Ⅰ和最高点Ⅱ分别在圆锥的最左和最右素线上，是椭圆长轴的两个端点，其正面投影为 1′、2′，由此采用线面交点法直接作出 1、2 和 1″、2″。椭圆短轴的两个端点Ⅲ、Ⅳ的正面投影为 3′、(4′)，采用纬圆法过 3′、(4′)作水平圆，再作Ⅲ、Ⅳ点的水平投影 3、4，然后根据点的投影规律作侧面投影 3″、4″。截交线上点Ⅴ、Ⅵ分别在最前和最后素线上，由 5′、(6′)先作 5″、6"再作 5、6

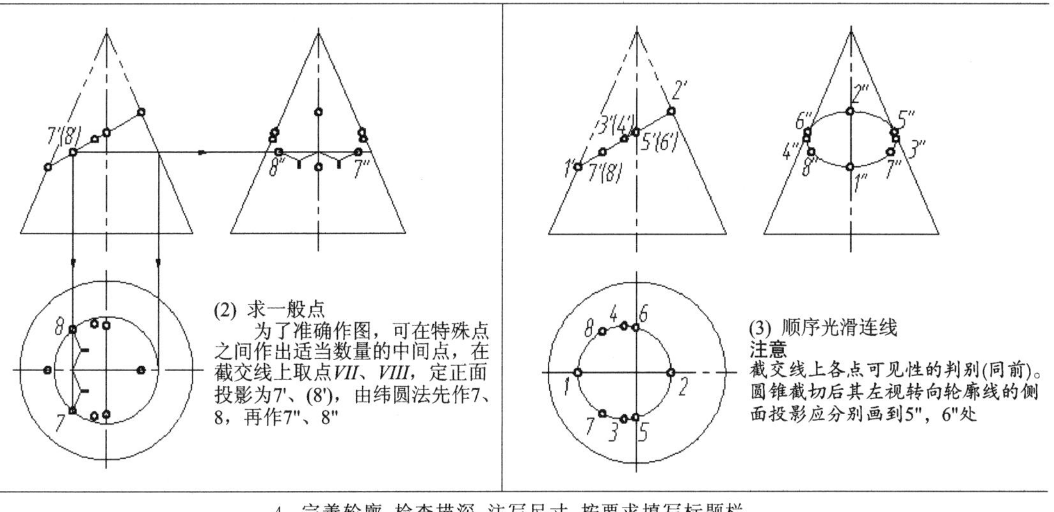

4. 完善轮廓，检查描深，注写尺寸，按要求填写标题栏

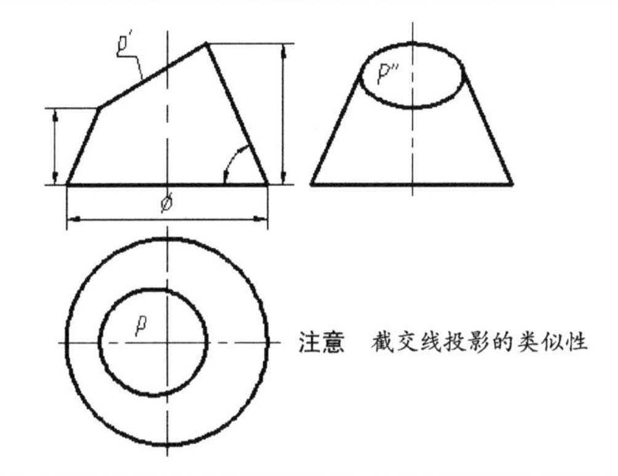

任务4.1.2　绘制组合切割基本体的三视图

任务实施

一、组合切割平面体——带切口正三棱锥

(一) 空间形状及投影分析

如图4-2(a)所示,正三棱锥的切口是由正垂面P和水平面Q切割后形成的,它们都垂直于正面,因此切口的正面投影具有积聚性。平面Q与三棱锥的底面平行,因此它与棱面$\triangle SAB$和$\triangle SBC$的交线ⅠⅢ、ⅡⅢ必平行于对应底边AB和BC,其侧面投影积聚成一条直线。平面P分别与棱面$\triangle SAB$和$\triangle SBC$交于直线ⅠⅣ、ⅡⅣ。平面P和Q的交线ⅠⅡ一定是正垂线,该交线上的端点Ⅰ、Ⅱ属棱锥表面上的点,平面Q、P与侧棱线SB的交点Ⅲ、Ⅳ属于棱线上的点,求出点Ⅰ、Ⅱ、Ⅲ、Ⅳ的投影后,顺次连接,完成切口的投影。

(二) 绘制带切口正三棱锥的三视图

带切口正三棱锥的作图方法与步骤如表4-8所列。

表4-8　带切口正三棱锥的绘图方法和步骤

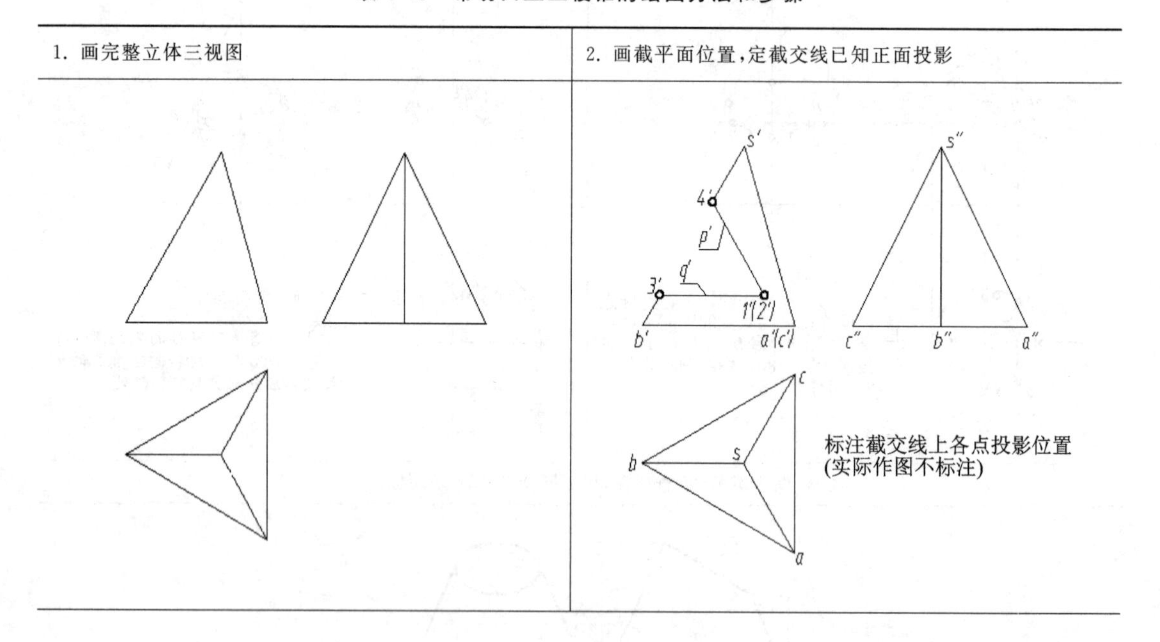

续表 4－8

3. 由截交线上点的已知投影画另两面投影并顺次连线	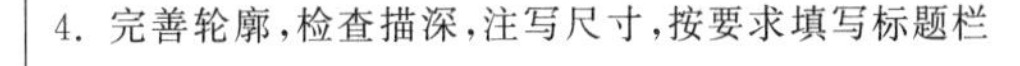 4. 完善轮廓，检查描深，注写尺寸，按要求填写标题栏
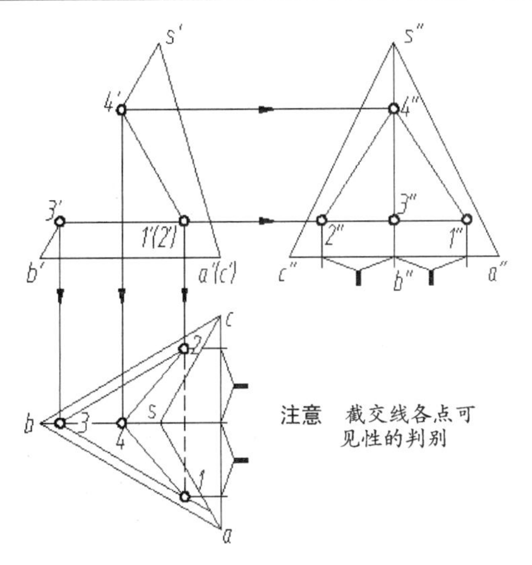 (1) 采用线面交点法作点Ⅲ、Ⅳ的水平投影和侧面投影。由正面投影 3′、4′，可作 3、3″、4、4″。 (2) 采用辅助线法作点Ⅰ、Ⅱ的水平投影和侧面投影。过 3 作 13∥ab、23∥bc；由点 1′、2′作点 1、2，再根据点 1、1′和点 2、2′作出 1″、2″。 (3) 顺次连接 14、42、23、31 和 1″4″、4″2″、2″3″、3″1″，完成截交线。 (4) 连接交线 12	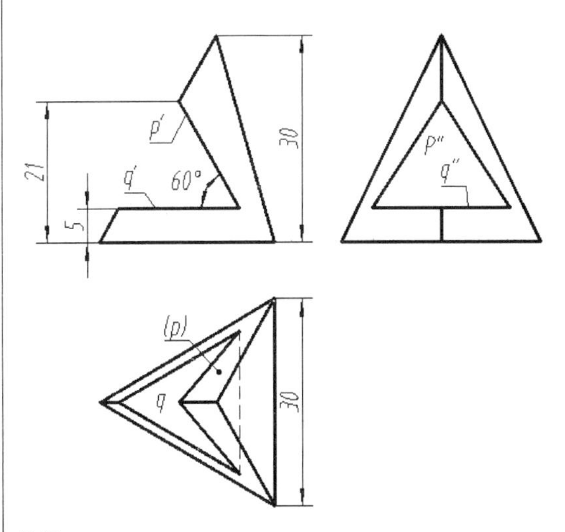 **注意** (1) 两个截平面的交线的水平投影因锥体上部遮挡而不可见，应画细虚线。 (2) 截交线投影的类似性

二、组合切割回转体——接头

(一) 空间形状及投影分析

如图 4－2(b)所示，圆柱左端开槽(中间被两个平行于圆柱轴线的对称的正平面和一个垂直于轴线的侧平面切割)、右端削扁(上下由两个平行于圆柱轴线的水平面和两个侧平面对称切割)而形成接头。右端削扁的上半部分由侧平面 P 和水平面 Q 切割而成，如表 4－9 步骤 2 中的图所示，平面 P 与圆柱面的截交线是一段圆弧$\overset{\frown}{BID}$，其正面投影$\overline{b'i'(d')}$和水平投影$\overline{bid}$积聚为一条直线，侧面投影$\overset{\frown}{b''i''d''}$是一段反映实形的圆弧(积聚在圆柱的侧面投影上)；平面 Q 与圆柱面的截交线是两段侧垂线 AB 和 CD(圆柱面上的两段素线)，其正面投影重合在 q'上(反映实长)，侧面投影分别积聚为圆周上的两个点 $b''(a'')$和 $d''(c'')$，平面 Q 与圆柱右端面的截交线是一条正垂线 AC，其正面投影积聚成点 $a'(c')$；平面 P 和 Q 的交线是一条正垂线 BD，其正面投影积聚成点 $b'(d')$，侧面投影 b''、d''在圆周上。由此可知，所产生的截交线均为直线和平行于侧面的圆弧。其余部分请读者自行分析。

(二) 绘制接头的三视图

接头的作图方法与步骤如表 4－9 所列。

表 4-9　接头的绘图方法和步骤

1. 画完整立体三视图

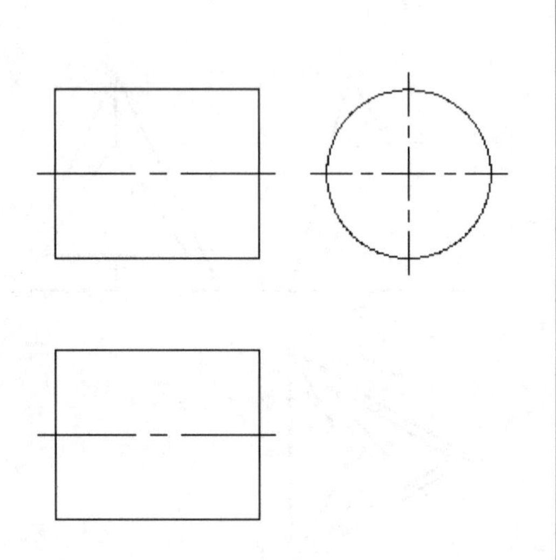

2. 画右端削扁部分

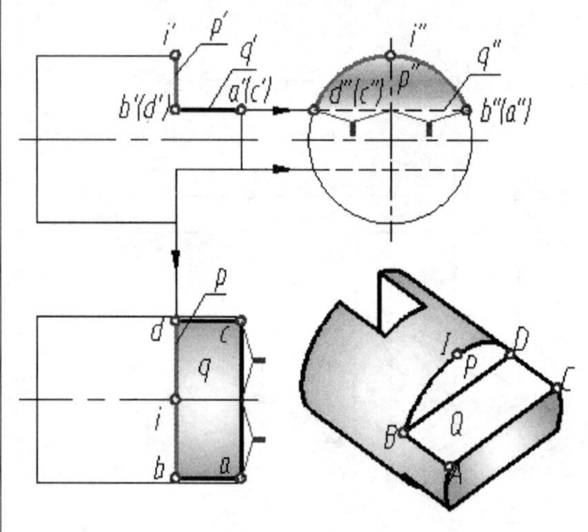

画截交线已知正面投影 p'、q' 上各点；先作 p''、q'' 上各点，再按投影规律作 p、q 上各点，各自顺次连线即可。

注意　左视图上两截平面均不可见，所以 q'' 应画细虚线

3. 画左端开槽部分

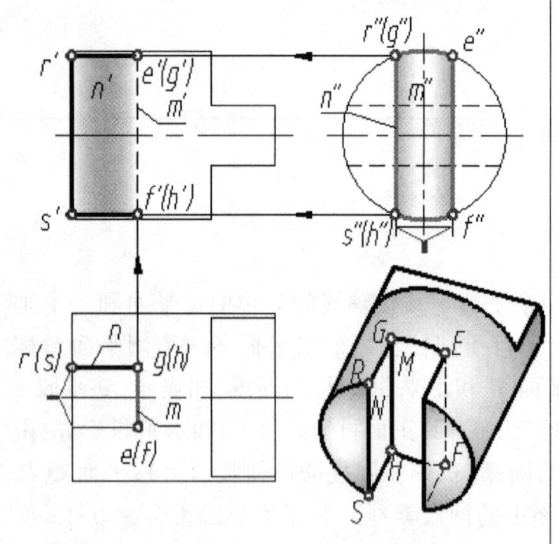

画截交线已知水平投影 m、n 上各点；先作 m''、n'' 上各点，再按投影规律作 m'、n' 上各点，各自顺次连线即可。

注意　主视图上两截平面均不可见，所以 m' 应画成虚线，但 e'、f' 到外形轮廓的一小段直线应画成实线

4. 完善轮廓，检查描深，注写尺寸，按要求填写标题栏

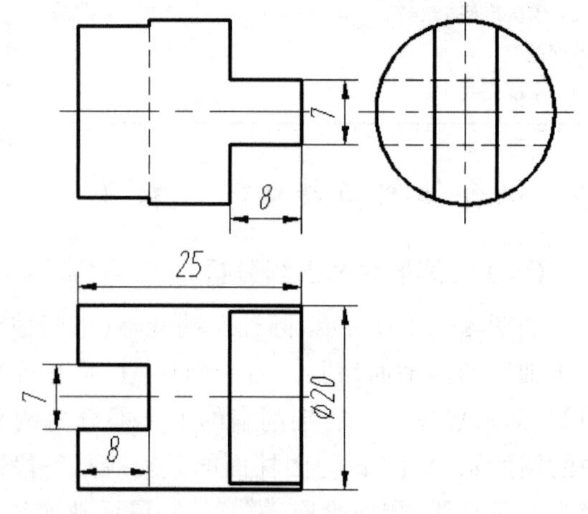

注意　由于右端削扁被切去上下对称的两块，其截交线的水平投影为矩形，因为圆柱的最前、最后素线的削扁部位未被切去，所以圆柱的水平投影的外形轮廓是完整的。又由于左端开槽，圆柱的最高、最低两条素线各截去一段，所以正面投影的外形轮廓线在开槽部位向轴线收缩，其收缩程度与槽宽有关

三、组合切割回转体——带切口圆锥

(一) 空间形状及投影分析

如图 4－2(c)所示,圆锥被正垂面 P 和水平面 Q 切割,平面 P 通过锥顶,与圆锥面的截交线是相交两直线(交于锥顶);平面 Q 与圆锥面的截交线是圆弧。平面 P 和 Q 的交线 AB 为正垂线。

(二) 绘制带切口圆锥的三视图

带切口圆锥的作图方法与步骤如表 4－10 所列。

表 4－10　带切口圆锥的绘图方法和步骤

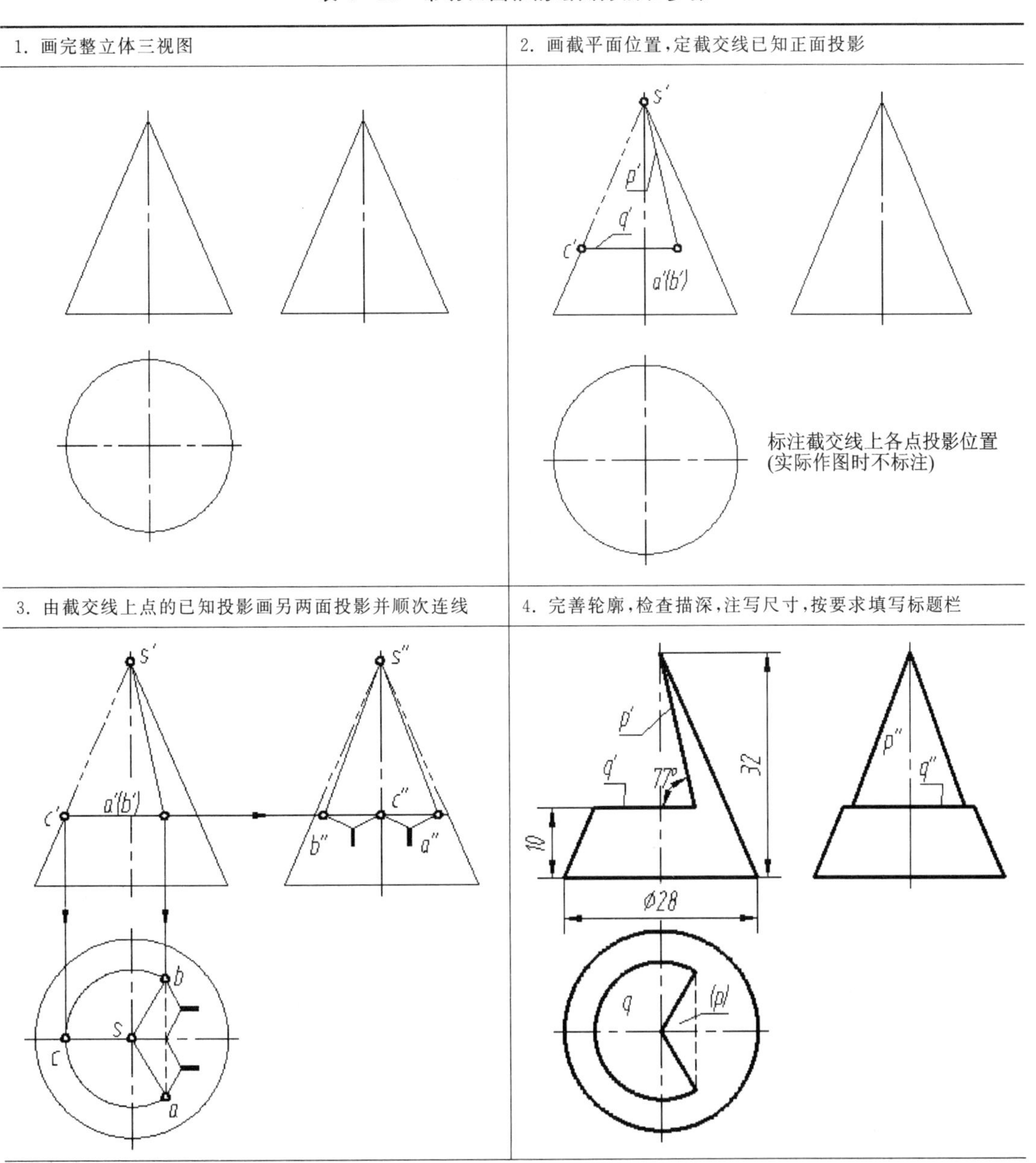

续表 4-10

	注意
(1) 作平面 Q 的截交线:采用线面交点法由 c' 作 c 和 c'',以点 s 为圆心,sc 为半径画交线圆弧的实形 $\overset{\frown}{acb}$ 点 a、b 由点 a'(b')作投影连线交于圆弧),其侧面投影为垂直于轴线的直线(长度为交线圆弧直径)。 (2) 作平面 P 的截交线:由(1)可直接连接 sa、sb 和 $s''a''$、$s''b''$。 (3) 作平面 P、Q 交线的投影:由(1)可直接连接 ab 和 $a''b''$	(1) 两个截平面的交线的水平投影 ab 因锥体上部遮挡而不可见,应画细虚线; (2) 因圆锥上部切口最前、最后素线被切去,所以左视图中外形轮廓向轴线收缩,其收缩程度与切口角度有关; (3) 截交线投影的类似性

四、组合切割回转体——开槽半球

(一) 空间形状及投影分析

如图 4-2(d)所示,半球上部的通槽由左右对称的两个侧平面和一个水平面切割而成。如表 4-11 步骤 3 中的图所示,两个侧平面和球的交线为两段平行于侧面的圆弧(半径为 R_2),侧面投影反映圆弧实形;水平面与球的交线为前后两段水平圆弧(半径为 R_1),水平投影反映圆弧实形;截平面之间的交线为正垂线。

(二) 绘制开槽半球的三视图

开槽半球的作图方法与步骤如表 4-11 所列。

表 4-11　开槽半球的绘图方法和步骤

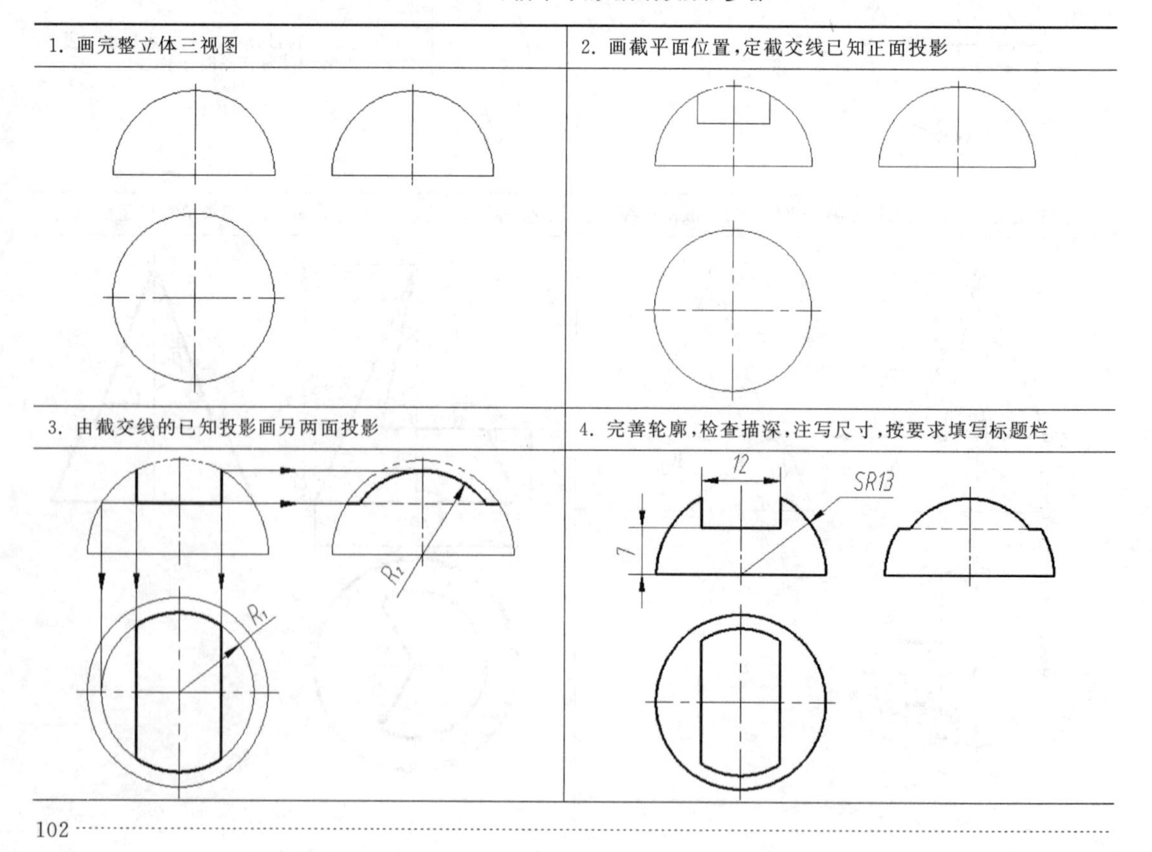

续表 4－11

(1) 作通槽的水平投影：由两段相同的圆弧和两段积聚性直线组成，圆弧半径为 R_1，由正面投影量取。 (2) 作通槽的侧面投影：由一段积聚性直线和一段圆弧组成，圆弧半径为 R_2，由正面投影量取。	**注意**　左视图中两个侧平面均不可见，水平面积聚为直线，中间部分被半球上部遮挡不可见，应画细虚线；由于半球上通槽部分的左右转向轮廓线被切去，所以左视图中外形轮廓向轴线收缩，外形轮廓两端有一小段直线（水平面积聚性的投影）可见，则应画粗实线。

任务 4.1.3　绘制顶尖的三视图

任务实施

一、组合切割同轴回转体——顶尖

(一) 空间形状及投影分析

如图 4－3 所示，顶尖是由同轴的圆锥和圆柱组成的，其上部被正垂面 P 和水平面 Q 所切割而形成。截交线由三部分组成，因平面 Q 平行于轴线，所以它与圆锥面的交线为双曲线，与圆柱面的交线为两条平行直线（侧垂线 AB、CD）；正垂面 P 与圆柱的截交线是椭圆弧；P、Q 两平面的交线 BD 为正垂线。三段截交线的分界点就是侧垂线 AB、CD 上的四个端点 A、B、C、D，点 A、C 在圆锥和圆柱的分界线上。由于 P、Q 面的正面投影及 P 面和圆柱面的侧面投影均有积聚性，所以只需要作出截交线和两截平面的交线的水平投影。

(二) 绘制顶尖的三视图

顶尖的作图方法与步骤如表 4－12 所列。

表 4－12　顶尖的绘图方法和步骤

1. 画完整立体三视图	2. 画截平面位置，定截交线已知两面投影

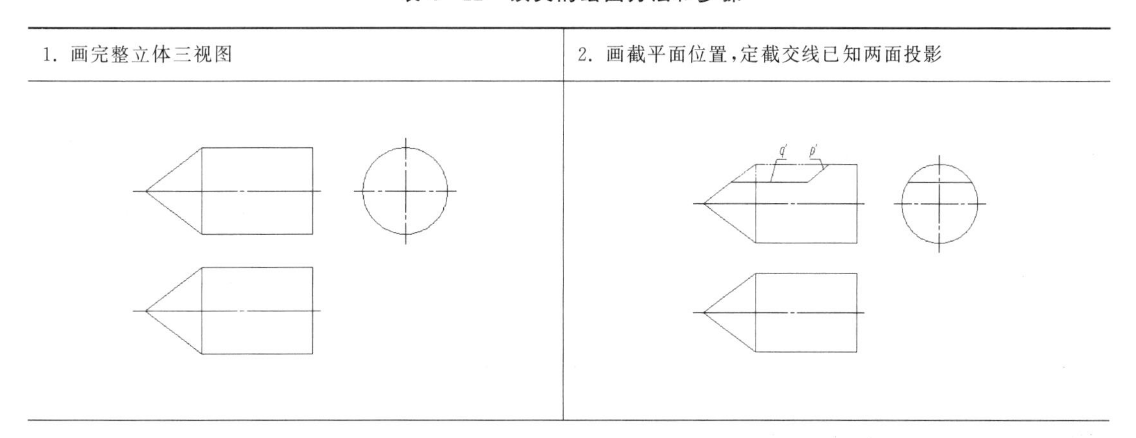

续表 4－12

3. 由截交线已知投影画第三投影并顺次光滑连线

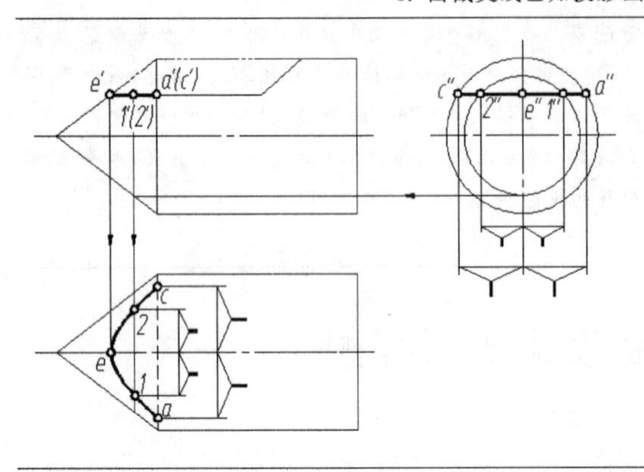

(1) 作双曲线 AEC(采用辅助纬圆法)

① 求特殊点：双曲线上最左点 E 是圆锥面上最高素线与水平面 Q 的交点，利用圆锥最高素线投影特点及水平面投影积聚性直接作出正面投影 e'、侧面投影 e''，再作出水平投影 e；双曲线上最右点 A、C 是圆锥和圆柱的分界线与水平面 Q 的交点，直接定出 a'、c' 和 a''、c''，再作出 a、c。

② 求一般点：在适当位置作侧平纬圆，该圆的侧面投影与水平面 Q 的侧面投影的交点 $1''$、$2''$ 即为截交线上两点的侧面投影，再作出 $1'$、$(2')$ 和 1、2。

③ 顺次光滑连线得双曲线的水平投影

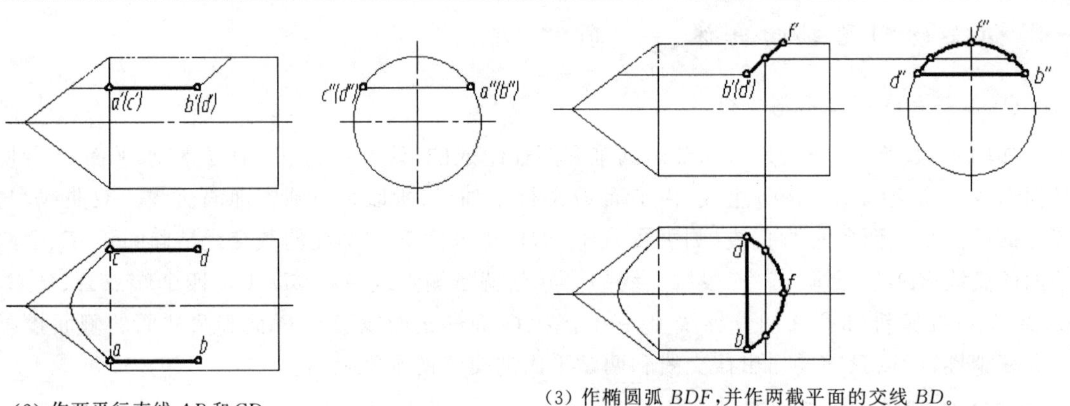

(2) 作两平行直线 AB 和 CD

(3) 作椭圆弧 BDF，并作两截平面的交线 BD。椭圆弧的作图方法参照表 4－6 完成

4. 完善轮廓，检查描深，注写尺寸，按要求填写标题栏

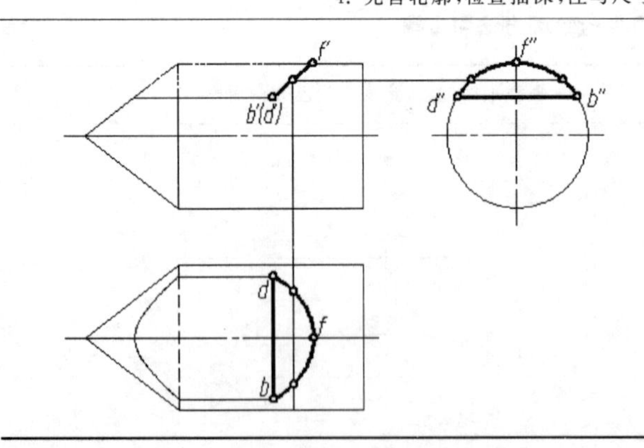

注意

俯视图中圆锥与圆柱的交线被 P、Q 面截去的一段不应画出，但由于其下方还有圆锥与圆柱的不可见的交线，所以这一段应画成虚线；因圆锥与圆柱最前与最后素线未被切去，所以圆锥与圆柱的水平投影的外形轮廓仍然完整，其未切去的可见交线应画成粗实线(虚线前后各一段短的直线)

二、组合切割同轴回转体分析

由上述绘制顶尖的实例可知，组合切割同轴回转体，在其表面会产生组合截交线。画此截交线时，首先要分析该立体是由哪些基本体所组成的，再分析截平面与每个被截切的基本体的相对位置、截交线的形状和投影特性，然后逐个画出基本体的截交线，围成封闭的平面图形。

任务知识扩展

一、关于不同位置的截平面切割基本体的实例探讨

(一) 不同位置的截平面切割正五棱柱

由图4-6可知,图(a)截平面与上、下底面平行,截面为正五边形;图(b)截平面截断五条棱,截面为五边形;图(c)截平面截断六条棱,截面为六边形;图(d)截平面截断四条棱,截面为四边形;图(e)截平面截断三条棱,截面为三边形;图(f)截平面与侧棱平行,截面为矩形。

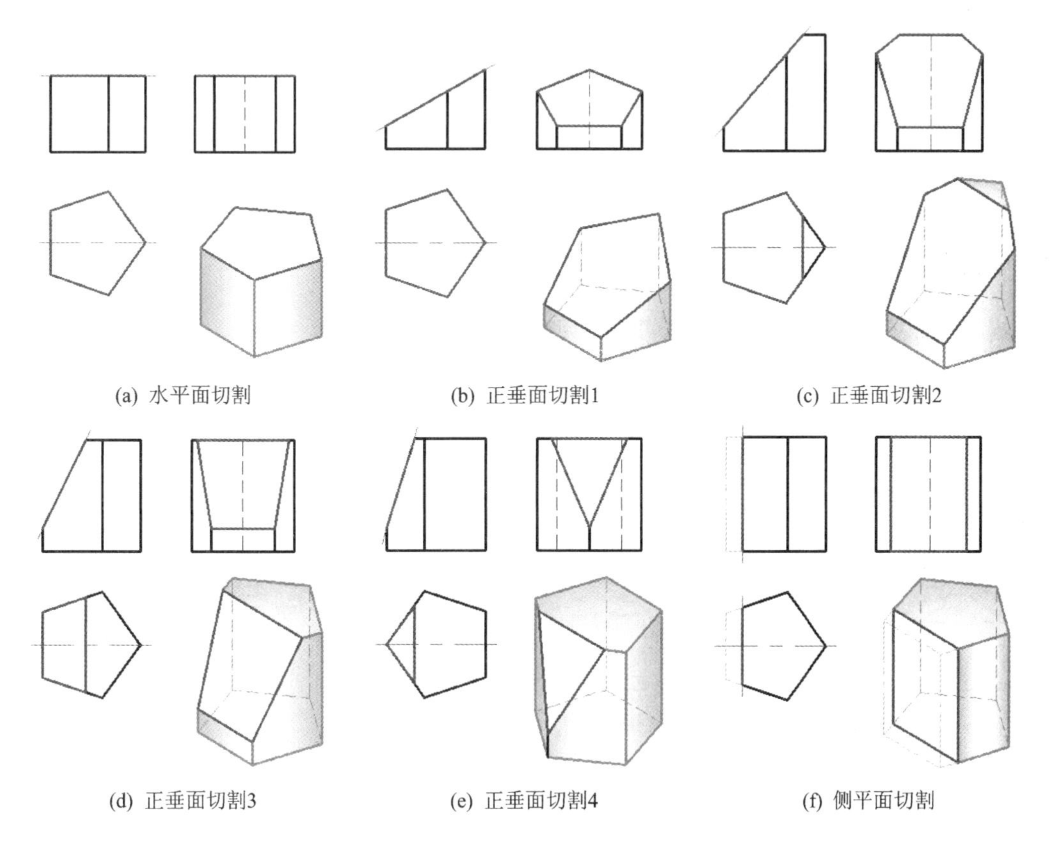
(a) 水平面切割　(b) 正垂面切割1　(c) 正垂面切割2
(d) 正垂面切割3　(e) 正垂面切割4　(f) 侧平面切割

图4-6　不同位置平面切割正五棱柱

(二) 不同位置的截平面切割圆柱

由图4-7可知,从图(a)到图(c)逐渐扩大切割圆柱的范围,它们的侧面投影会有所不同。图(a)因截平面未切过轴线,侧面投影外形轮廓完整,中间是一个矩形;图(b)因截平面与轴线重合切割,侧面投影外形轮廓仍然完整,且与矩形的两条竖线重合;图(c)因截平面已切过轴线,圆柱面上部的前后两条轮廓素线已被切去,侧面投影的外形轮廓向中间收缩。所以应仔细分析由于切割位置的不同而形成某面投影所画轮廓线的区别。

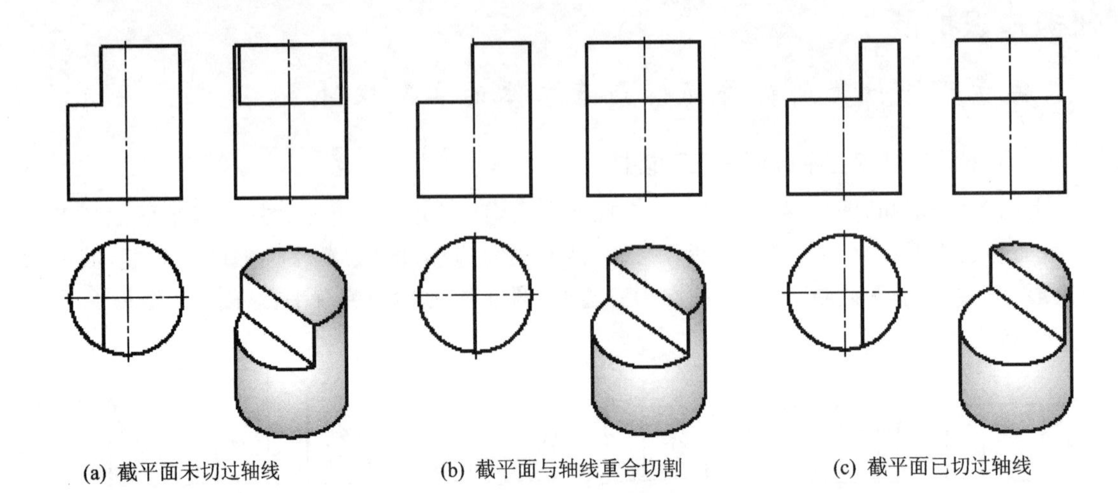

(a) 截平面未切过轴线　(b) 截平面与轴线重合切割　(c) 截平面已切过轴线

图 4－7　不同位置平面切割圆柱

二、特殊位置切割的回转体

表 4－13 所列为各种特殊位置切割的回转体。

表 4－13　切割回转体

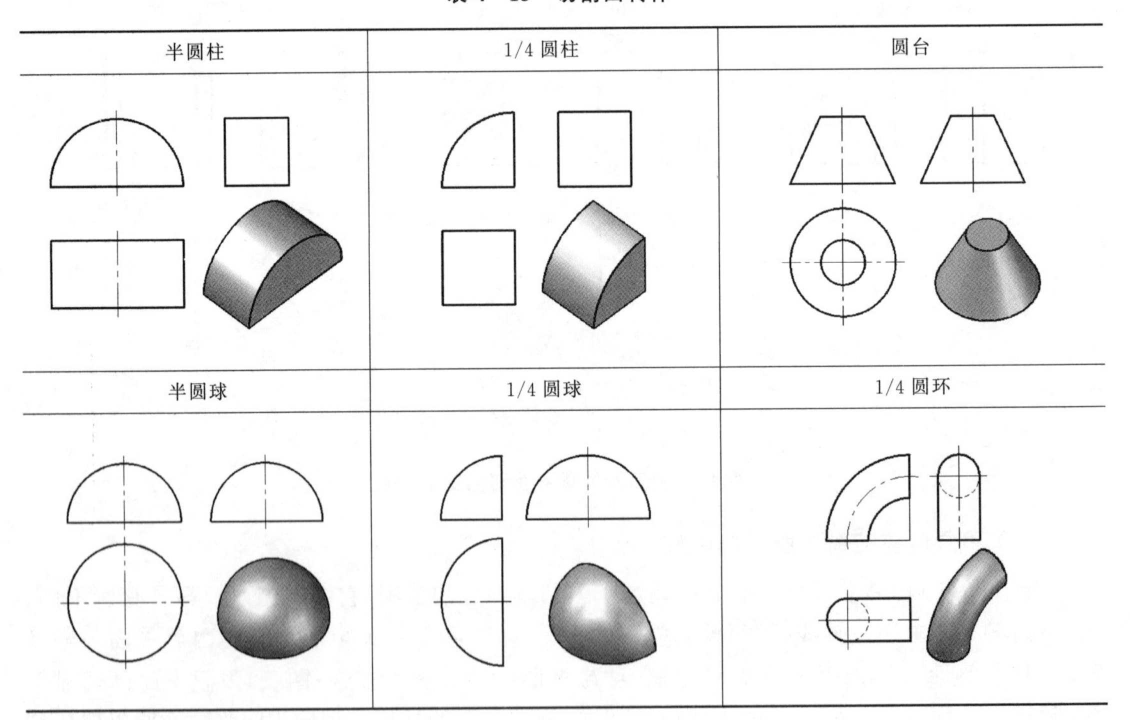

任务巩固与练习

根据图 4－8 所示的已知视图,补画第三视图。

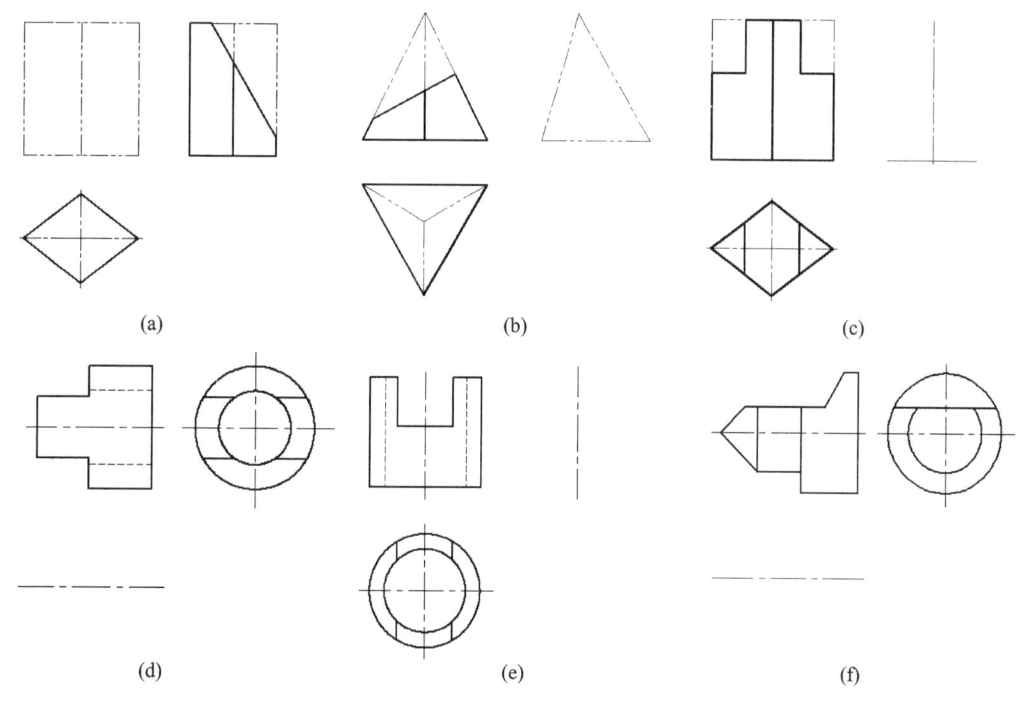

图 4-8 补画第三视图

任务 4.2 绘制相贯组合体的三视图

任务目标

➢ 进一步熟悉点的投影规律。

➢ 了解相贯线的概念、性质。

➢ 掌握常见表面交线——相贯线的投影作图方法及可见性的判别方法。

➢ 了解和掌握相贯线的特殊情况和作图。

任务引入

求作两个直径不等的圆柱轴线正交时相贯线的投影,如图 4-9 所示。

任务知识准备

一、相贯线概述

(一) 相贯线的概念

两立体相交称相贯,其表面交线称为相贯线,相交两基本体称相贯体,如图 4-9 所示。

(二) 相贯线的性质

① 由于立体表面是封闭的,相贯线一般为封闭的空间线框。

② 相贯线是两立体表面的共有线,相贯线上的点是两立体表面的共有点。

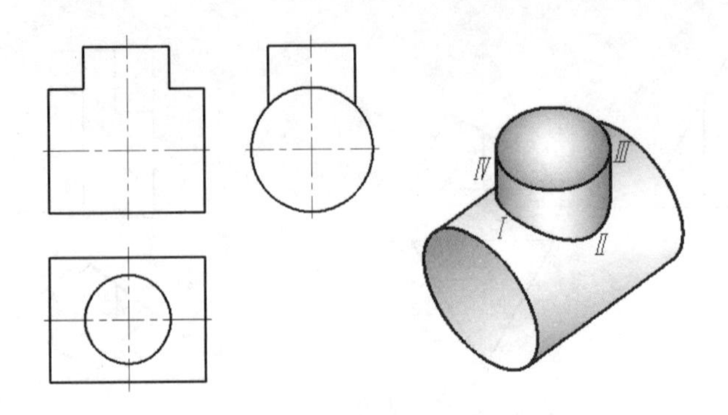

图4-9　轴线正交的两圆柱相贯

注意　求作相贯线的实质就是求出两立体表面的共有点和共有线。

(三) 相贯线的形状

相贯线的形状取决于两立体各自的形状、大小和相对位置。

1. 平面体与基本体相交

平面体与平面体相交,其相贯线一般是封闭的空间多边形或平面多边形。平面体与曲面体相交,其相贯线一般是由若干平面曲线或平面曲线和直线组合而成的封闭空间几何图形。由此可将上述相交理解为平面与平面体或平面与曲面体的截交。

2. 回转体相交

两回转体相交,常见的是圆柱与圆柱相交、圆柱与圆锥相交以及圆柱与圆球相交,其相贯线一般是封闭的空间曲线,特殊情况下可能是平面曲线或直线。

二、回转体的相贯线的作图方法与步骤

(一) 空间及投影分析

首先分析两回转体的几何形状、大小和相对位置,以确定相贯线的空间形状;然后分析两回转体对投影面的相对位置(如轴线垂直、平行、倾斜);找出相贯线的已知投影(如积聚投影、类似投影等),预见未知投影,以确定相贯线的投影特性(如积聚性、类似性等)。

(二) 画图方法与步骤

1) 画相交立体的三视图,注意相交处无积聚性,投影先不画。

2) 求相贯线三投影。

通常采用面上取点法(积聚性法)和辅助平面法[①]求共有点。先找特殊点→再补充一般点(中间点)→判断可见性→顺次光滑连接各点→完成封闭的空间曲线或由曲线与直线围成的空间几何图形。

注意

① 轮廓素线上的点并不都是区别相贯线可见与不可见部分的分界点,只有距离观察者最近的一个回转体轮廓素线上的点才是区别可见性的分界点。

② 相贯线的可见性取决于相贯线所处立体表面的可见性。若相贯线处于同时可见的两

① 辅助平面法求相贯线的方法详见任务拓展。

立体表面上，则相贯线可见，画成实线；其他情况下均为不可见，画成虚线。

3）画相交后的立体以完善轮廓（注意可见性的判别）。

4）检查，描深，完成作图。

三、相贯体的尺寸标注

如图4－10所示，对于相贯体，除标注相交两基本体的形状尺寸外，还应标注出两相交基本体的相对位置尺寸。两相交基本体的形状大小及相对位置确定后，相贯体的形状大小才能完全确定，相贯线的形状大小也就确定了。因此，相贯线上不需要再直接标注尺寸，如 $R21$ 不必标注。

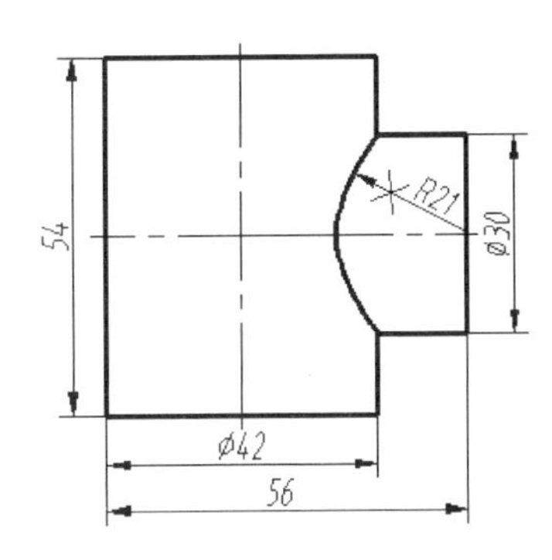

图4－10　相贯体的尺寸标注

任务分析

理解两立体相交后融合处的画法。关于一般相贯线的逐点求取方法是个难点，应注意各点的投影正确。应掌握两不等直径圆柱简化相贯线的画法以及特殊相贯线的画法。

任务实施

一、绘制不等径两圆柱轴线正交的三视图

（一）空间形状及投影分析

如图4－9所示，两圆柱轴线垂直相交称为正交。相贯线的水平投影与直立圆柱（轴线为铅垂线）的圆柱面的水平投影圆重合，其侧面投影与横放圆柱（轴线为侧垂线）的圆柱面侧面投影的一段圆弧重合。因此，已知相贯线的两个投影，就可以求得相贯线的正面投影，可用面上取点法作图。两不等径圆柱正交形成的相贯线是封闭的空间曲线，因为前后对称，在其正面投影中，可见的前半部分与不可见的后半部分重合，且左右对称。故只需在正面投影中求相贯线前面一半。

（二）绘制不等径正交圆柱的三视图

不等径正交圆柱的作图方法与步骤如表4－14所列。

表4-14　不等径正交圆柱的绘图方法和步骤

1. 画相交立体三视图,确定相贯线已知投影	2. 由相贯线已知两面投影画第三面投影:求特殊点
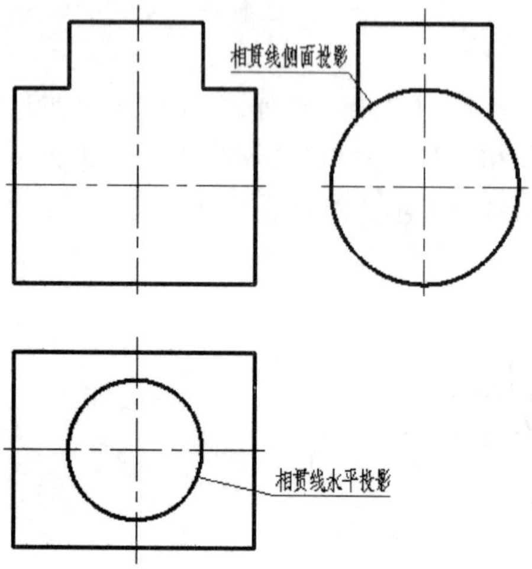 相贯线侧面投影 相贯线水平投影	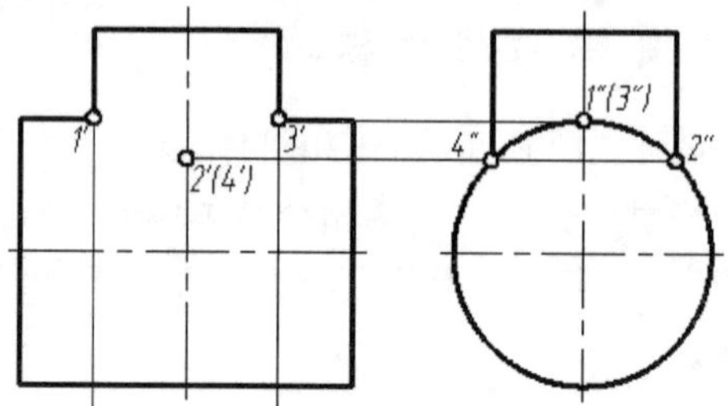 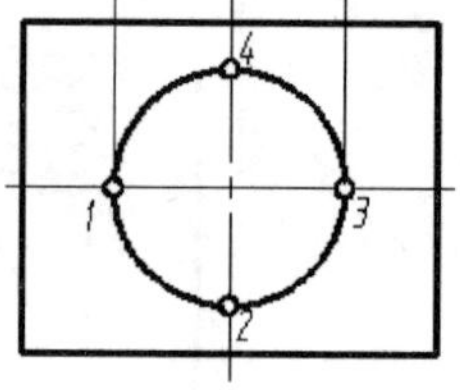 横放圆柱的最高素线与直立圆柱的最左、最右素线的交点Ⅰ、Ⅲ是交线上的最高点，也是最左、最右点。1'、3'，1、3和1"、3"均可直接求出。点Ⅱ是交线上的最低点，也是最前点，2"和2可直接求出，再由点2"、2求得2'；同理可作交线上的最低点，也是最后点Ⅳ，正面投影与点Ⅱ重合。
3. 由相贯线已知两面投影画第三面投影:作一般点并光滑连线	4. 完善轮廓,检查描深,注写尺寸,按要求填写标题栏
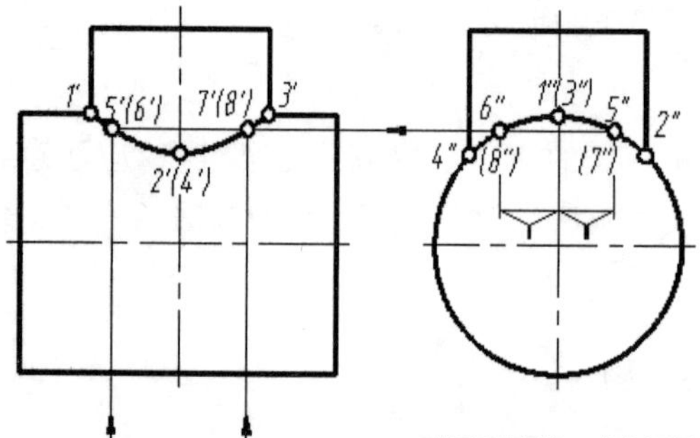 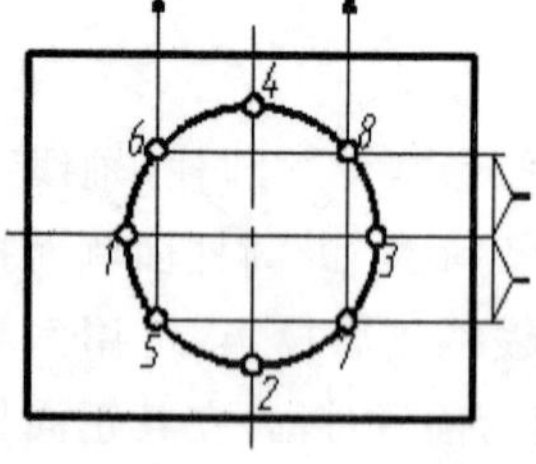 利用积聚性，在侧面投影和水平投影上定出5"、7"和5、7，再求得5'、7'。同理可求得点Ⅵ、Ⅷ的投影，其正面投影分别与点Ⅴ、Ⅶ重合。用同样方法可再求出交线上一系列点的投影。依次光滑连接各点即为交线的正面投影。	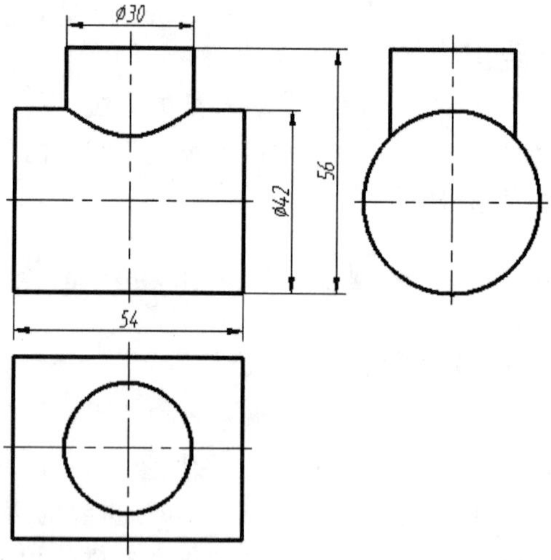

二、相贯线的简化画法

工程上两圆柱轴线正交的实例较多,而相贯线的作图步骤繁琐,为了简化作图,国家标准规定,允许采用简化画法作出相贯线的投影,即以圆弧代替非圆曲线。如图4-11所示,当轴线垂直相交且平行于正面的两个不等径圆柱相交时,相贯线的正面投影以大圆柱的半径为半径画圆弧代替。

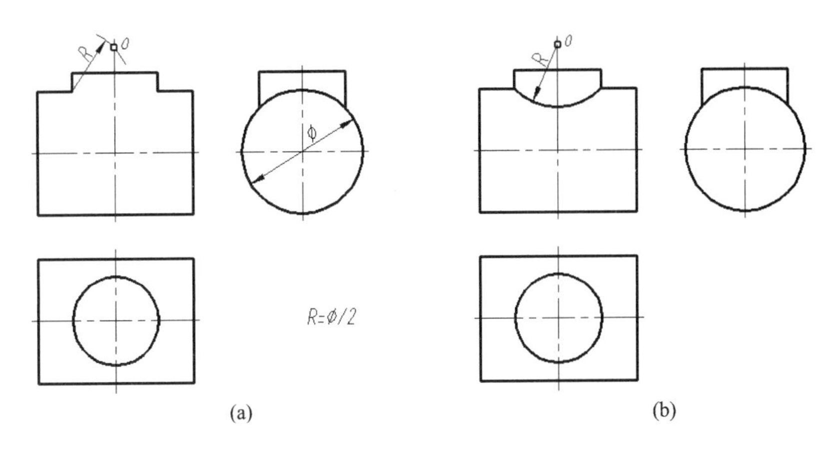

图4-11　相贯线的简化画法

任务知识扩展

一、相交两圆柱的类型及其相贯线投影的弯曲趋向和变化情况

（一）轴线正交两圆柱的类型

如表4-15所列，轴线正交两圆柱有三种情况：两外圆柱面相交、外圆柱面与内圆柱面相交、两内圆柱面相交。这三种情况的相交形式虽然不同，但相贯线的性质和形状一样，求法也是一样的。

表4-15　两正交圆柱相交的三种情况

两圆柱的位置关系	两实体圆柱相交	实体圆柱与空心圆柱相交	两空心圆柱相交
立体图			
投影图			

(二)轴线正交两圆柱直径相对变化时对相贯线的影响

由表 4－16 可看出,在相贯线的非积聚性投影上,相贯线的弯曲方向总是朝向较大圆柱的轴线(即“小向大弯”)。

表 4－16　轴线垂直相交的两圆柱直径相对变化时对相贯线的影响

两圆柱直径的关系	水平圆柱直径较大	两圆柱直径相等	水平圆柱直径较小
相贯线特点	上、下各一条空间曲线	两个相互垂直的椭圆	左、右各一条空间曲线
立体图	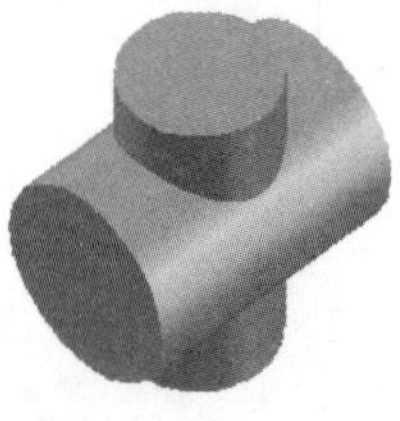	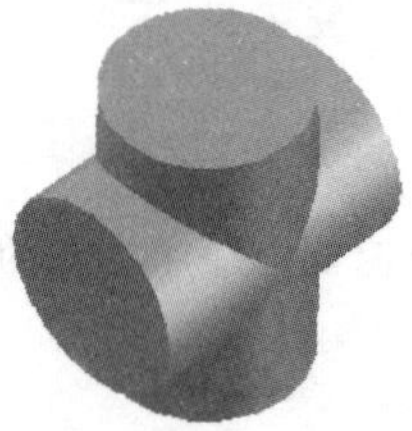	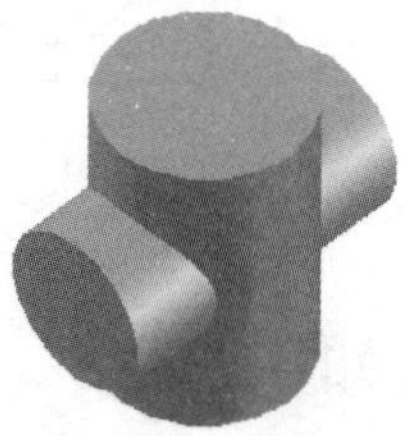
投影图	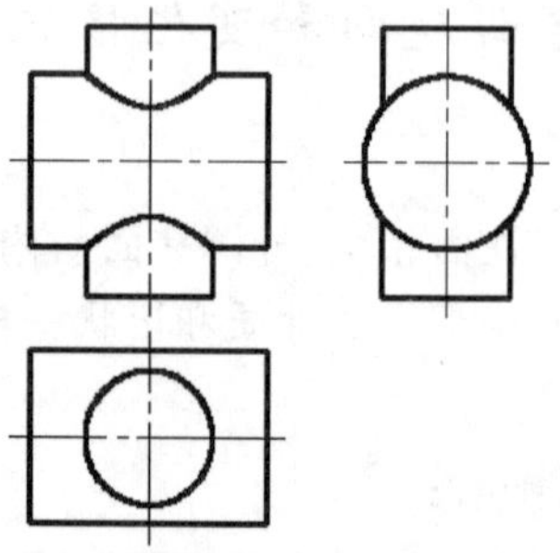	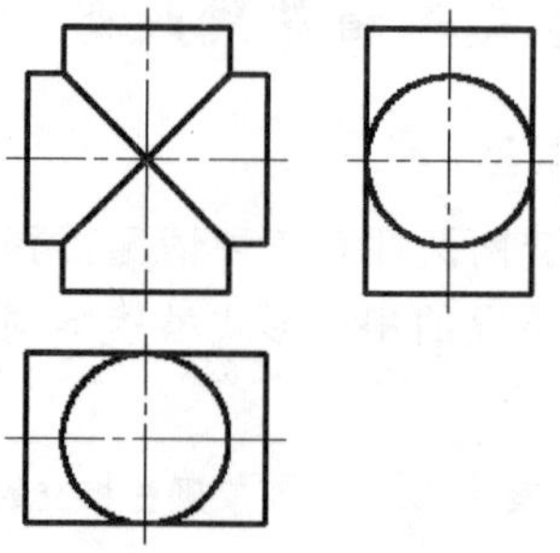	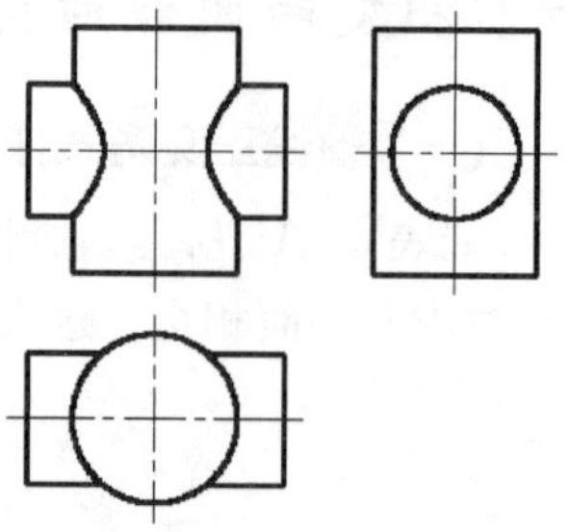

(三)相交两圆柱轴线相对位置变化时对相贯线的影响(见表 4－17)

表 4－17　相交两圆柱轴线相对位置变化时对相贯线的影响

两圆柱轴线的关系	两轴线垂直相交	两轴线垂直交叉		两轴线平行
		偏贯	互贯	
立体图		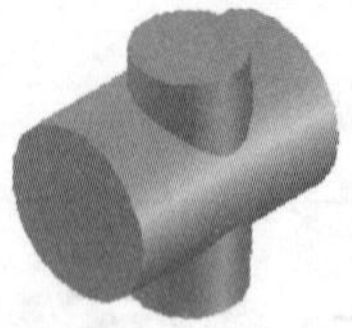 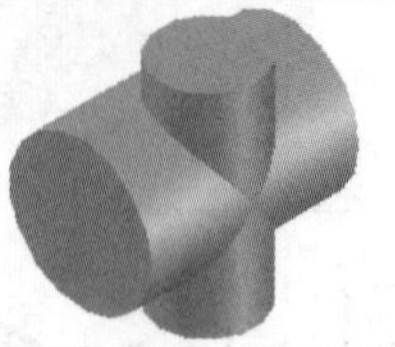	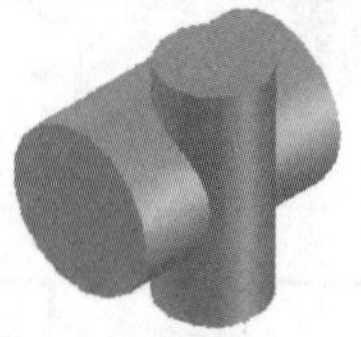	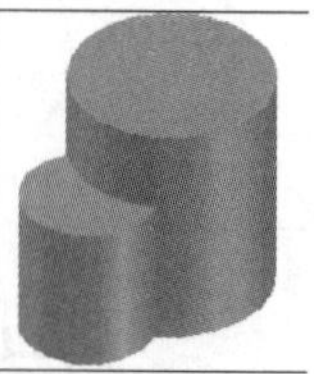
投影图	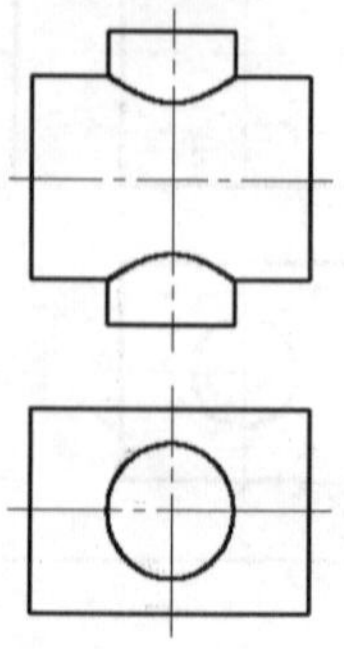	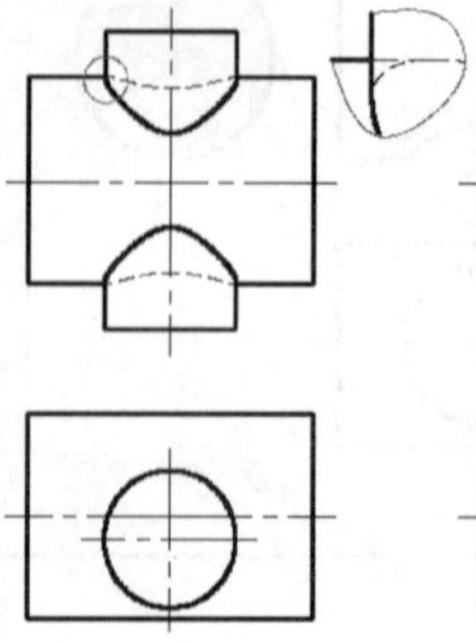 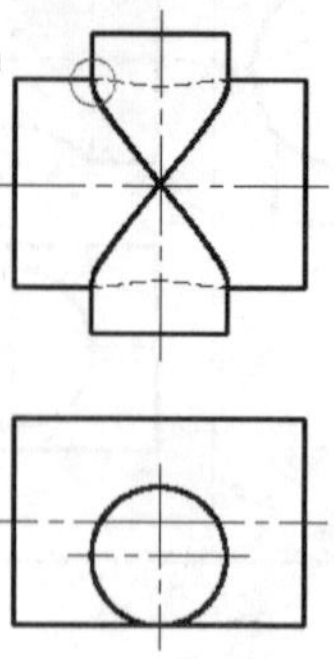	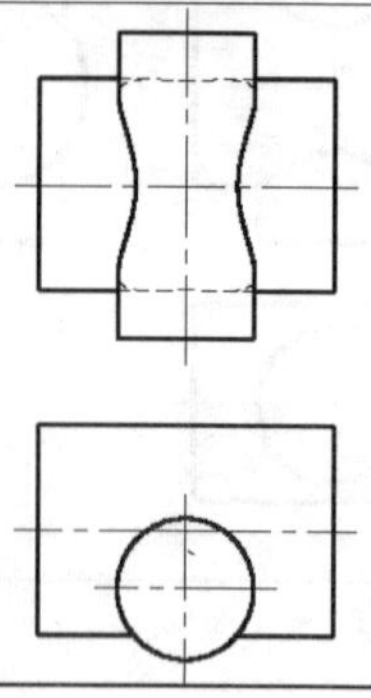	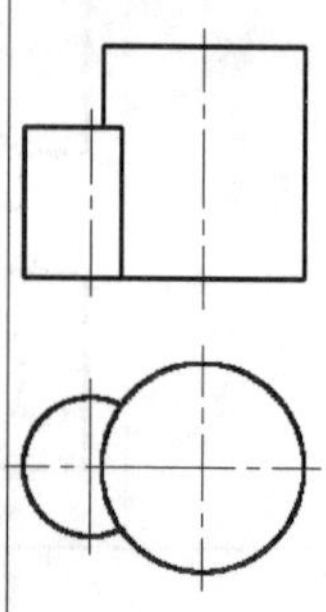

二、圆柱与圆锥相交*

(一) 圆柱与圆锥正交

由于圆锥面的投影没有积聚性，因此，当圆柱与圆锥相交时，不能利用积聚性法作图，而要采用辅助平面法求出两立体表面上若干共有点，从而画出相贯线投影。

用辅助平面法求相贯线的投影的基本原理是：假设作一辅助截平面，使辅助截平面与两回转体都相交，求出辅助截平面与两回转体的截交线，再作出两截交线的交点，两截交线的交点即为两回转体表面的共有点，该共有点是根据三面共点的原理求出的，它既在截平面上，又在两回转体表面上，它就是所要求的相贯线上的点。

为了简化作图，所选择的辅助截平面与两相交立体表面所产生的截交线的投影，应该是简单易画的圆或直线。如图 4－12 中的水平辅助面与圆台和球的交线都为圆、正平辅助面（过圆台中心线）与圆台和球的交线分别为直线和圆。

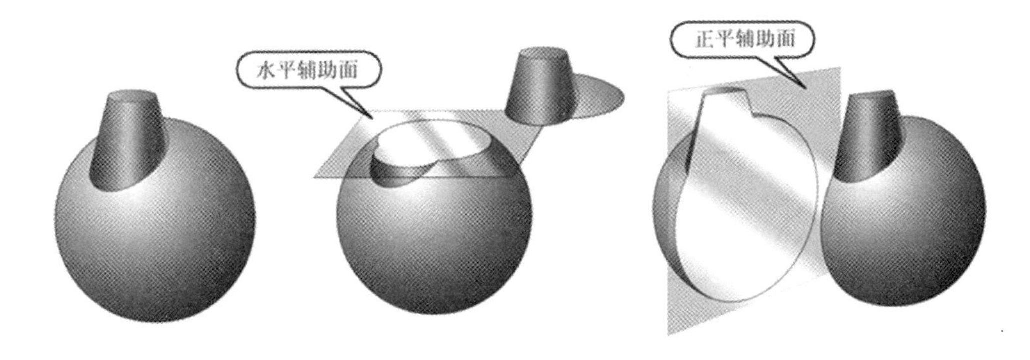

图 4－12 辅助平面与两相交立体表面所产生的截交线

例 4－1 求圆柱与圆锥轴线正交的相贯线投影，如图 4－14 所示。

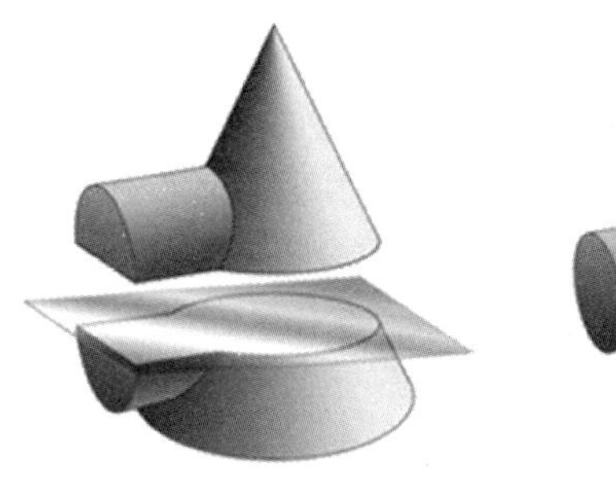

(a) 水平面作为辅助平面

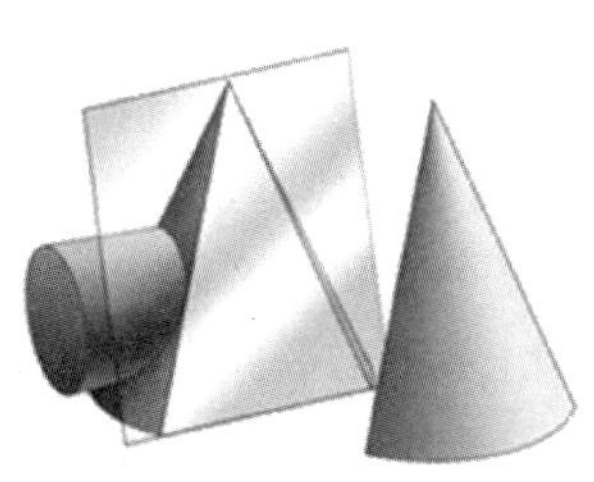

(b) 过锥顶的辅助平面与圆柱相切

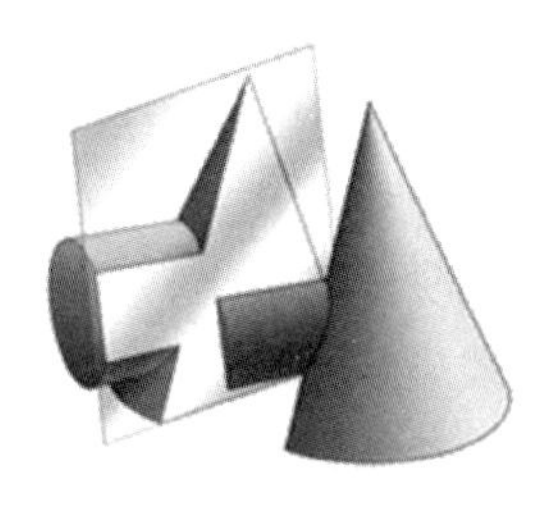

(c) 过锥顶的辅助平面

图 4－13 利用辅助平面法求相贯线

分析：

由投影图 4－14 可知，圆柱与圆锥轴线垂直相交，相贯线为一条封闭的空间曲线，并且前后对称。由于圆柱的 W 面投影为圆，所以相贯线的 W 面投影积聚在该圆上。从两形体相交的位置来分析，求一般点采用一系列与圆锥轴线垂直的水平面作为辅助平面最为方便，因为它与圆锥的交线是圆，与圆柱的交线是矩形，圆和直线都是简单易画的图线，如图 4－13(a)所

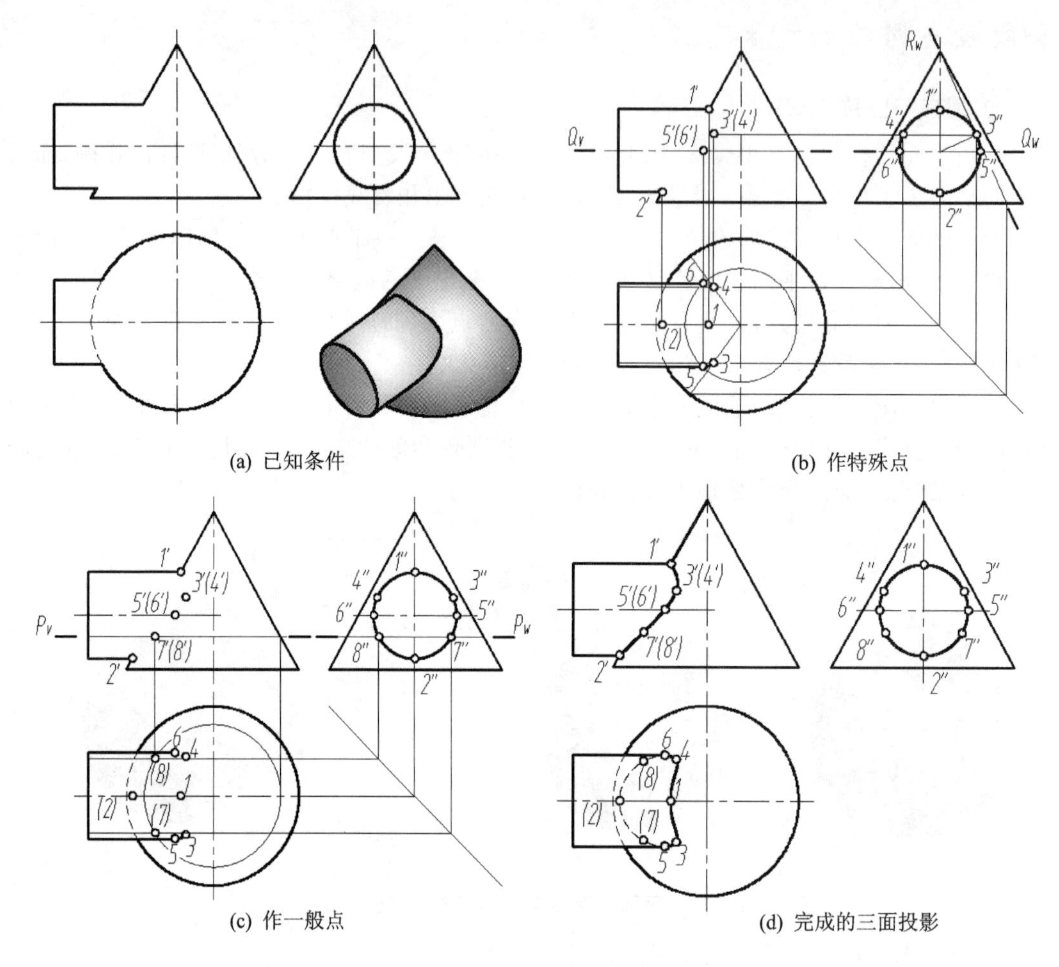

(a) 已知条件　　(b) 作特殊点

(c) 作一般点　　(d) 完成的三面投影

图 4-14　圆柱与圆锥的相贯线

示；也可采用过锥顶的辅助平面，这样辅助平面与圆锥面的交线是直线，与圆柱面的交线(或相切的切线)也是直线，如图 4-13(b)和(c)所示。若用过锥顶的铅垂面作辅助平面，它与圆锥面的交线是最左、最右的转向线，与圆柱面的交线是最上、最下的转向线，其四条转向线的交点为相贯线上最上、最下的特殊点。若用正平面和侧平面作辅助平面，它们与圆锥面的交线是双曲线，双曲线不是简单易画的图线，因此，采用正平面和侧平面作辅助平面不合适。

作图：

1) 求特殊点。从 V 面投影可以看出，圆柱的上、下两条转向轮廓素线和圆锥的左转向轮廓素线彼此相交，其交点的 1′、2′是相贯线的最高点和最低点的 V 面投影，由此可求出 H 面投影 1、2。由 W 面投影可知，相贯线上的最前、最后点Ⅴ、Ⅵ在圆柱的最前、最后素线上，其侧面投影 5″、6"在 W 面上即可确定，其他两个投影可通过 5″、6"作一水平辅助平面 Q，在 H 面投影面上，平面 Q 与圆锥面的截交线为一圆，与圆柱面的截交线为圆柱的最前、最后转向线，两交线的交点即为 5、6，由 5、6 向上作图，可求出 V 面投影 5′、(6′)。过锥顶作侧垂面与圆柱相切(见图 4-14(b))，切点Ⅲ(Ⅳ)为相贯线上的点，H 面投影 3、4 分别在过锥顶的两直线上，由 H 面投影 3、4 和 W 面投影 3″、4″可求出 3′、(4′)，作图过程如图 4-14(b)所示。

2) 求一般点。在特殊点之间的适当位置上作一水平辅助平面 P。在 W 面上，由 P_W 和圆的交点定出一般点Ⅶ、Ⅷ的 W 投影 $7''$、$8''$。在 H 面上，平面 P 与圆锥、圆柱面的交线为圆和两条直线，它们的交点是点Ⅶ、Ⅷ的 H 投影(7)、(8)，由此可求出点 $7'$、$8'$，作图方法如图 4-14(c)所示。

3) 判断可见性，依次光滑连接各点。当两回转体表面都可见时，其上的交线才可见。按此原则，相贯线的 V 面投影前后对称，后面的相贯线与前面的相贯线重合，只需要按顺序光滑连接前面可见部分的各点的投影；相贯线的 H 面投影以两点Ⅴ、Ⅵ为分界点，分界点的上段可见，用粗实线依次光滑连接；分界点的下段不可见，用虚线依次光滑连接。

4) 整理轮廓线。H 面投影中，圆柱的转向线应画到相贯线为止(见图 4-14(d))。

(二) 圆柱与圆锥轴线垂直相交时圆柱直径变化对相贯线的影响

当圆柱与圆锥轴线垂直相交、圆柱直径发生变化时，相贯线的形状也会发生改变(见表 4-18)。

表 4-18　圆柱与圆锥轴线垂直相交时圆柱直径变化对相贯线的影响

圆柱直径变化情况	圆柱穿过圆锥	圆柱与圆锥公切于一圆球	圆锥穿过圆柱
主俯视图	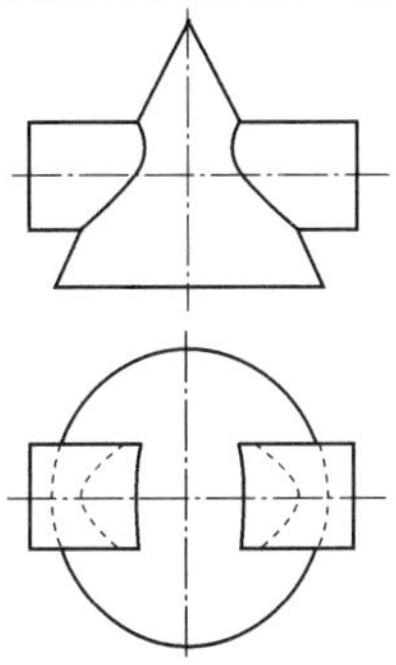	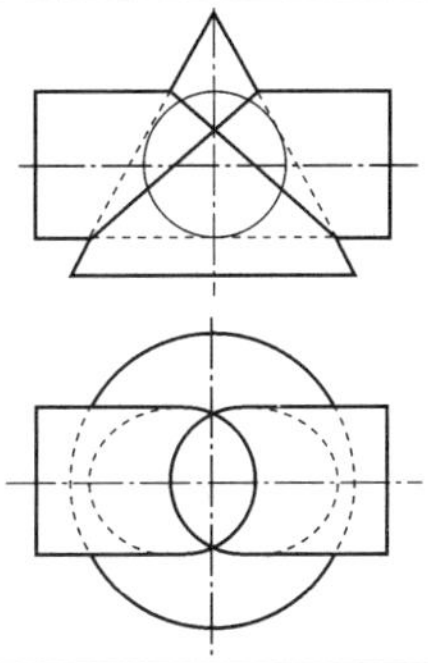	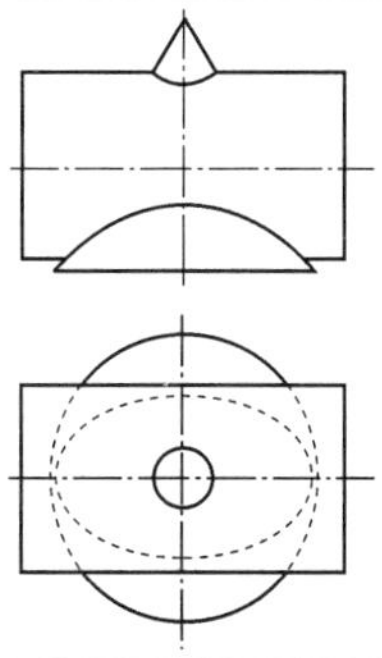

三、相贯线的特殊情况

在一般情况下，两回转体的相贯线是封闭的空间曲线，但也有以下几种特殊情况。

(一) 相贯线为平面曲线

1) 当两回转体具有公共轴线时，相贯线为垂直于轴线的圆。当回转体轴线平行于某投影面时，这个圆在该投影面的投影为垂直于轴线的直线，如图 4-15 所示。

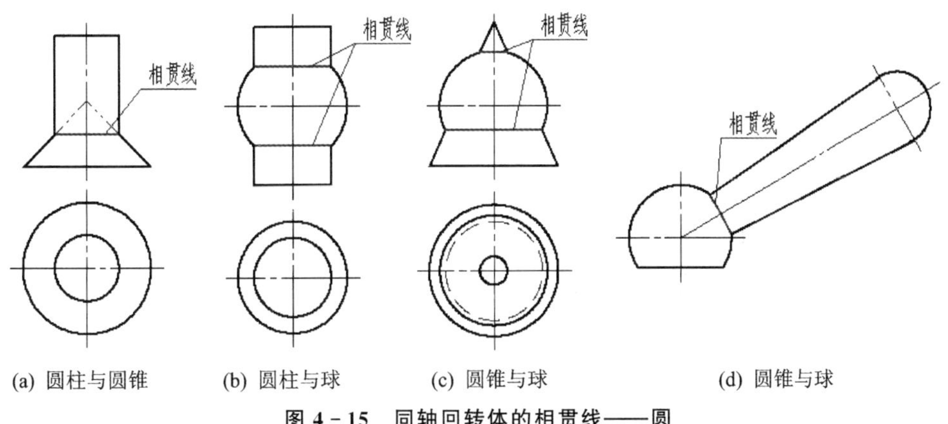

(a) 圆柱与圆锥　(b) 圆柱与球　(c) 圆锥与球　(d) 圆锥与球

图 4-15　同轴回转体的相贯线——圆

2）当轴线相交的两圆柱或圆柱与圆锥有一公切球时相贯线成为平面曲线——两个相交的椭圆。椭圆所在的平面与投影面垂直时,在该投影面上相贯线的投影成为直线,这种情况相贯线可直接画出,如图 4-16 所示。

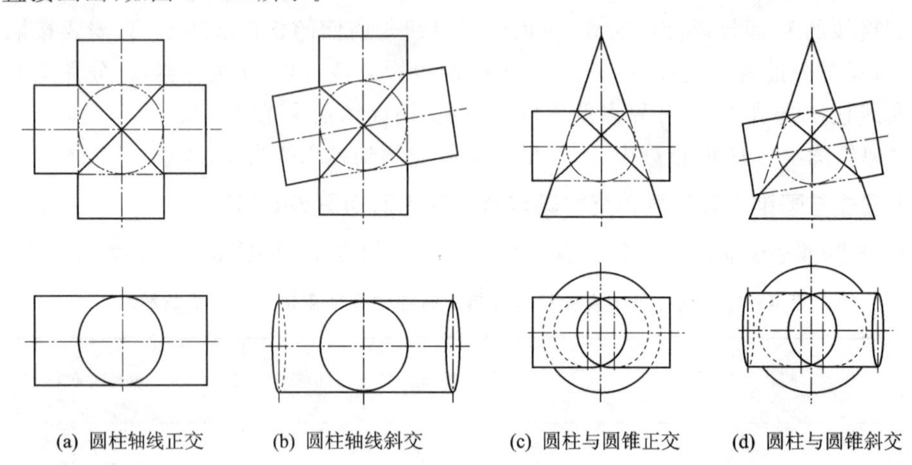

(a) 圆柱轴线正交　(b) 圆柱轴线斜交　(c) 圆柱与圆锥正交　(d) 圆柱与圆锥斜交

图 4-16　两回转体公切于一个球面的相贯线——椭圆

(二) 相贯线为直线与平面曲线(见图 4-17)或直线组成的空间几何图形(见图 4-18)

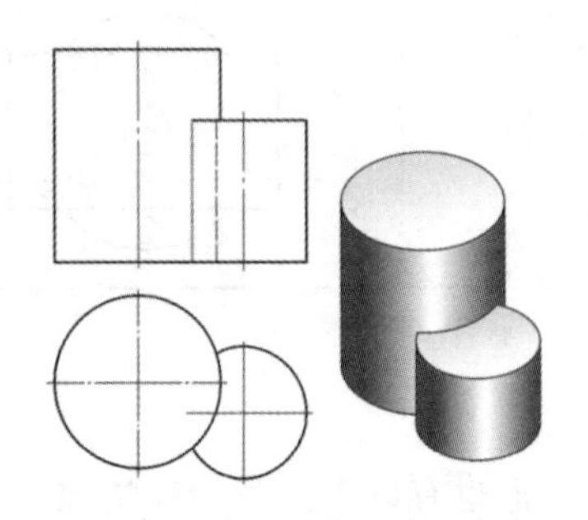

图 4-17　相交两圆柱轴线平行的相贯线——直线

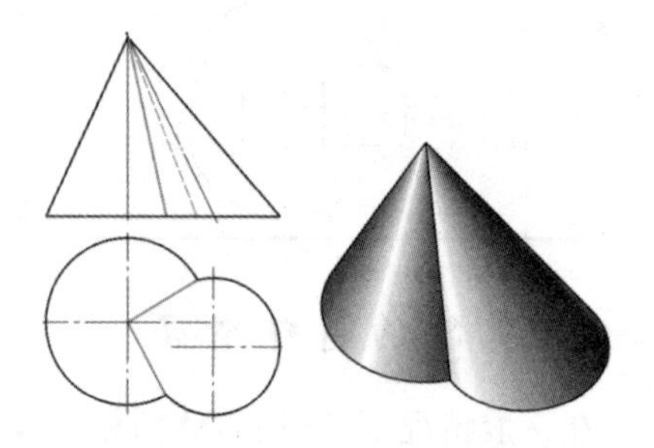

图 4-18　相交两圆锥共顶的相贯线——直线

任务巩固与练习

1）根据图 4-19 所示的已知相贯体的俯、左视图,求作主视图。

2）根据图 4-20 求作半球与两个圆柱三体相交的相贯线的投影。

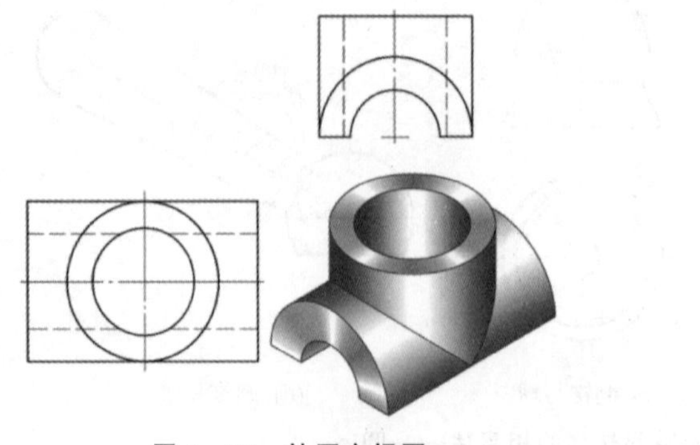

图 4-19　补画主视图

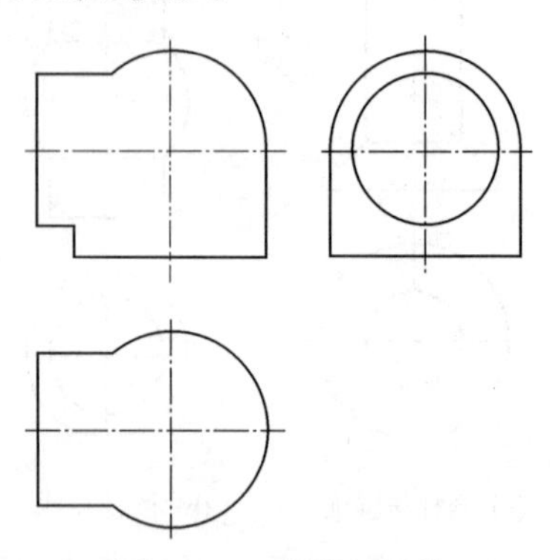

图 4-20　补画相贯线

任务 4.3　徒手绘制组合体轴测图并手工制作组合体模型

任务目标

- 明确组合体的概念，了解组合体的组合形式，掌握表面连接关系，能够正确绘制图形。
- 能熟练运用形体分析法和线面分析法识读组合体视图，掌握补视图、补漏线的基本方法。
- 进一步熟练掌握轴测草图的画法。
- 通过手工制作模型，更进一步理解形体分析法和线面分析法的内涵。
- 进一步培养学生的空间想象能力及思维能力。

任务引入

任务 4.3.1　补缺线

补全视图中漏画的图线（见图 4－21），徒手绘制组合体轴测图并手工制作组合体模型①。

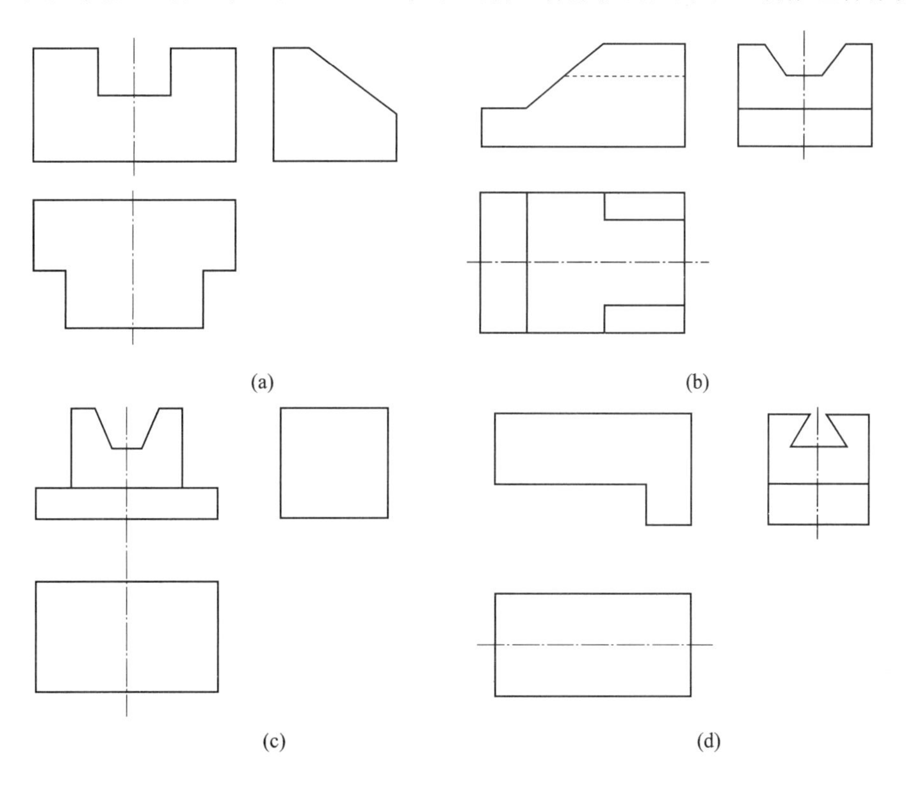

图 4－21　补画视图中缺漏的图线

① 在任务实施中制作模型的过程省略。

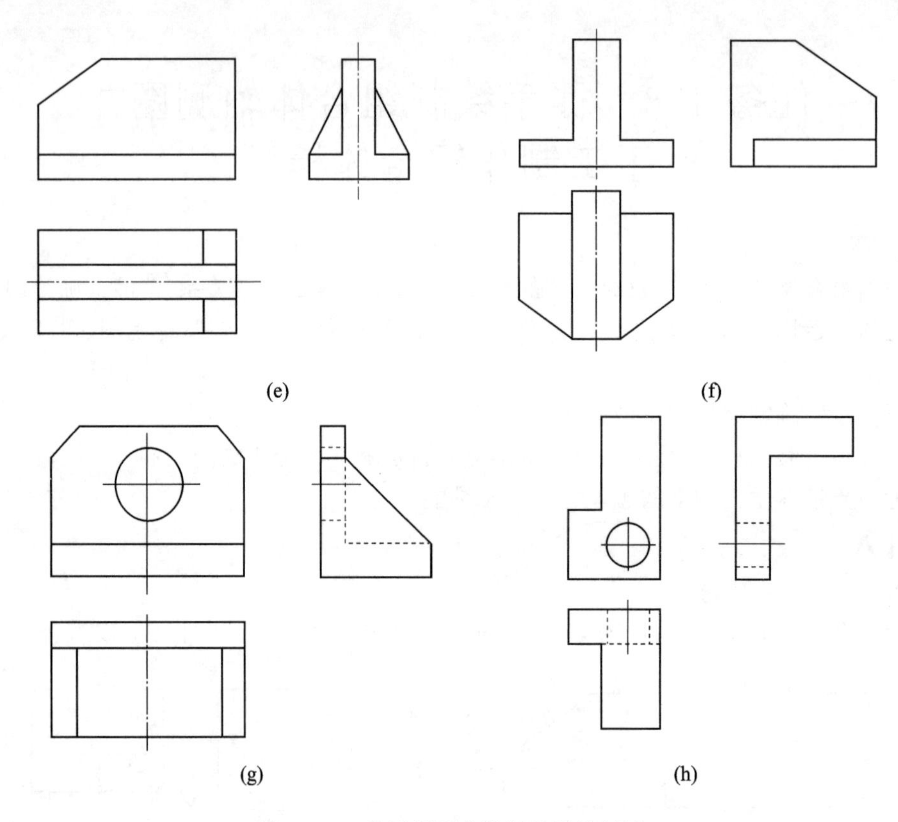

图 4-21 补画视图中缺漏的图线(续)

任务 4.3.2 补视图

根据两面视图,补画第三视图(见图 4-22),徒手绘制组合体轴测图并手工制作组合体模型。

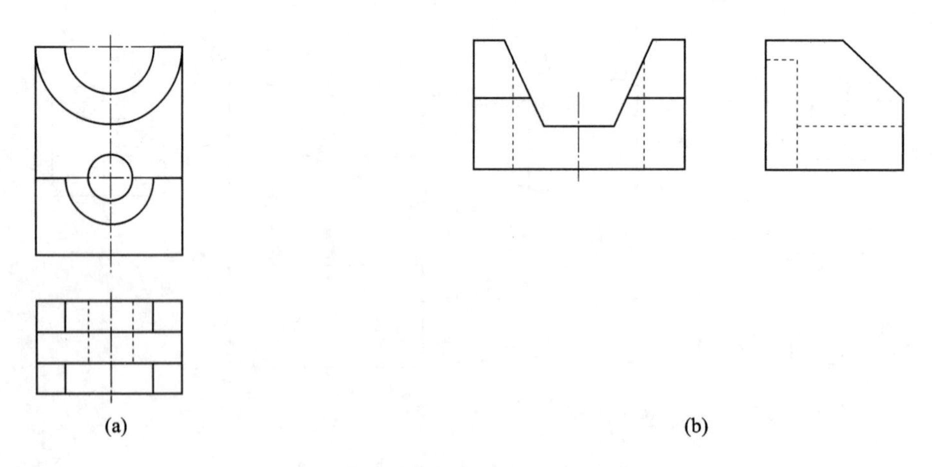

图 4-22 补画组合体第三视图

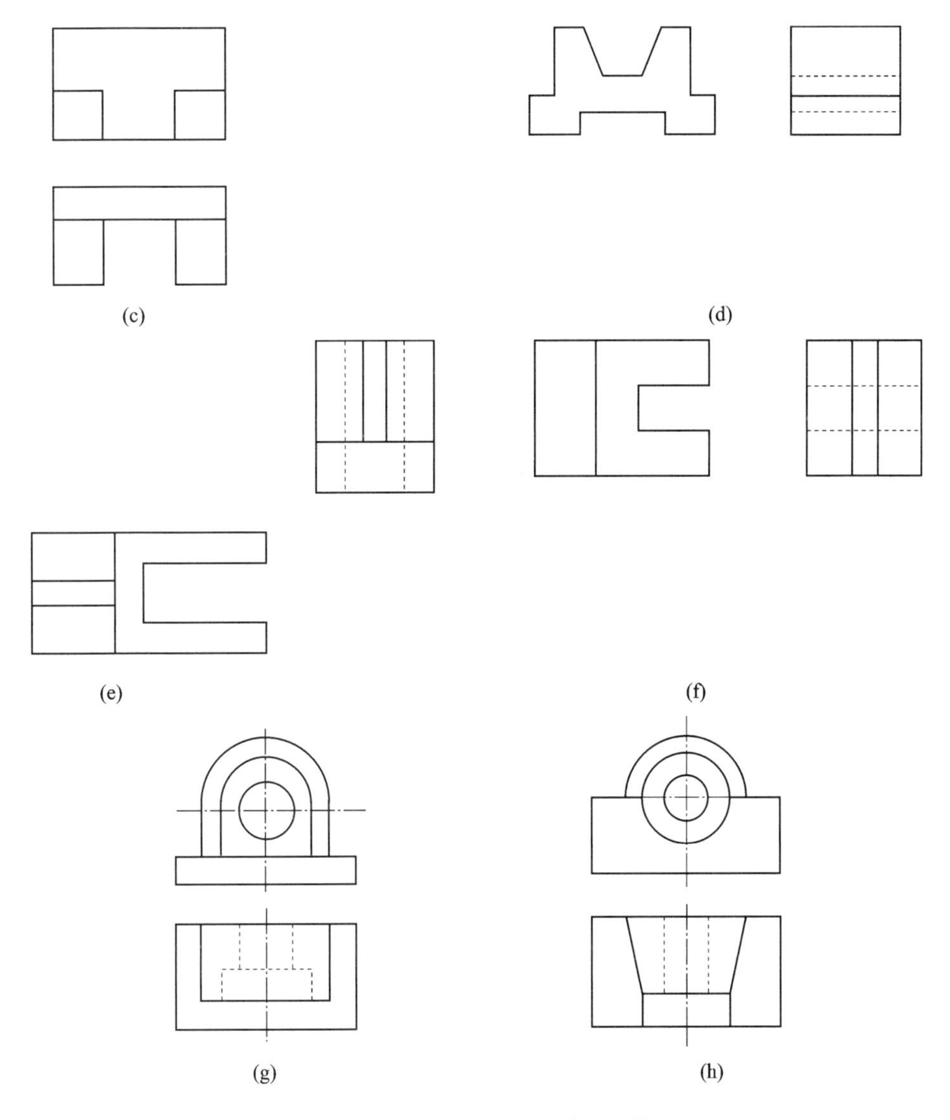

图 4 - 22　补画组合体第三视图(续)

任务知识准备

大多数的机器零件,从形体角度分析,往往是由基本体经过叠加、切割或穿孔后形成的,如图 3 - 2 所示。这种由两个或两个以上的基本体组合成的形体称为组合体。正确地绘制、阅读组合体视图,将为进一步绘制、阅读零件图及装配图打下扎实的基础。

一、组合体的组合形式

组合体的组合形式可分为叠加和切割两种基本形式,常见的是这两种形式的综合。

1) 叠加:构成组合体的各基本体互相堆积或叠加,如图 4 - 23(a)所示。

2) 切割:从较大的基本体中挖掘掉或切割掉较小的基本体,如图 4 - 23(b)所示。

3) 综合:既有叠加又有切割的基本体的组合,如图 4 - 23(c) 所示。

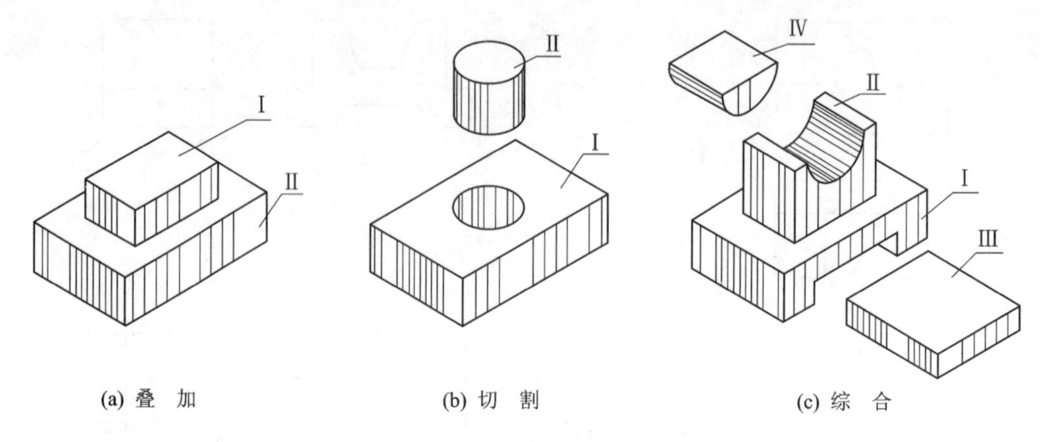

(a) 叠 加　　(b) 切 割　　(c) 综 合

图4-23 组合体的组合形式

二、组合体相邻形体表面的连接关系

(一) 平齐或不平齐

当两形体表面平齐(共面)时,结合处不画分界线。如图4-24(a)所示的组合体,上下两表面平齐,在主视图上不应画分界线。

当两形体表面不平齐(不共面)时,结合处应画出分界线。如图4-24(b)所示的组合体,上下两表面不平齐,在主视图上应画出分界线。

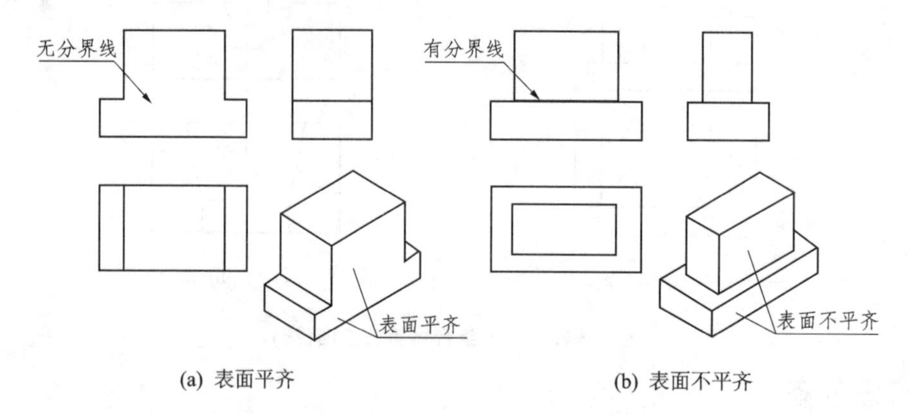

(a) 表面平齐　　(b) 表面不平齐

图4-24 表面平齐和不平齐的画法

(二) 相 切

当两形体表面相切时,在相切处不画分界线。如图4-25(a)所示的组合体,它是由底板和圆柱体组成的,底板的侧面与圆柱面相切,在相切处形成光滑的过渡,因此主视图和左视图中相切处不应画线,此时应注意两个切点A、B的正面投影a'、(b')和侧面投影a''、(b'')的位置。图4-25(b)是常见的错误画法。

如图4-26(a)所示,圆柱面与半球面相切,其表面应是光滑过渡,切线的投影不画。但有一种特殊情况必须注意,如图4-26(b)所示,两个圆柱面相切,当圆柱面的公共切平面垂直于投影面时,应画出两个圆柱面的分界线。

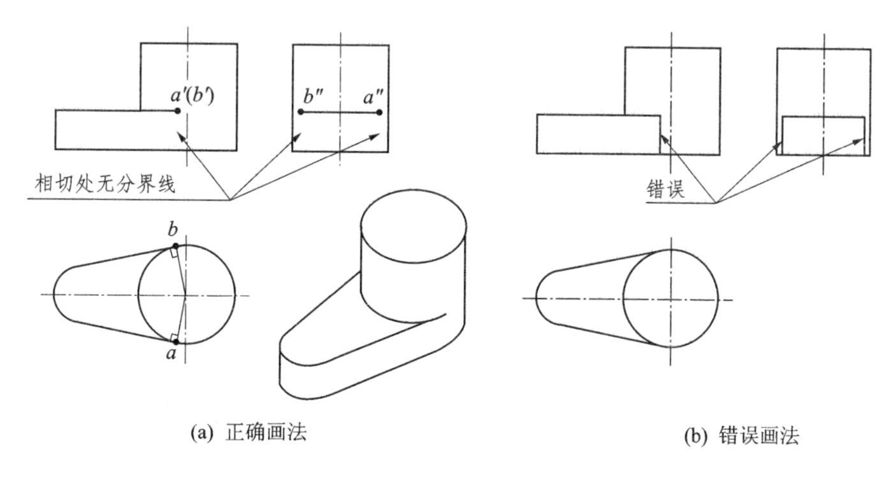

(a) 正确画法　　(b) 错误画法

图 4-25　表面相切的画法

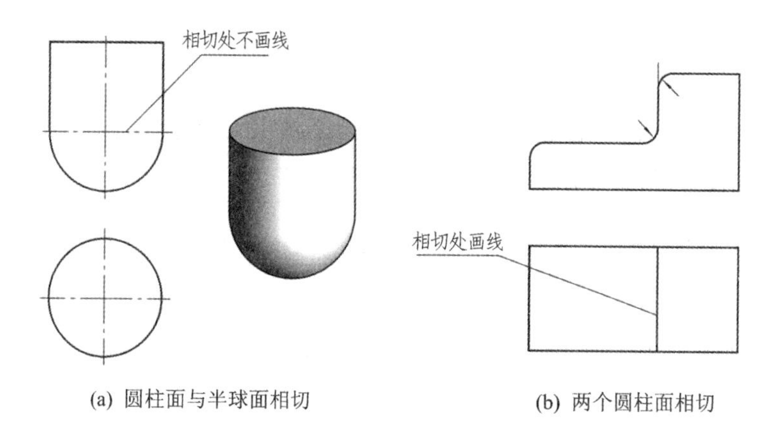

(a) 圆柱面与半球面相切　　(b) 两个圆柱面相切

图 4-26　相切及其特殊情况

(三) 相　交

当两形体表面相交时，在相交处应画出分界线。相交有截交和相贯之分。

1. 截　交

截交处应画出截交线。如图 4-27(a)所示的组合体，它也是由底板和圆柱体组成的，底板的侧面与圆柱面是相交关系，故在主、左视图中相交处应画出交线。图 4-27(b)是常见的错误画法。

2. 相　贯

相贯处应画出相贯线。如图 4-28 所示，无论实形体与实形体相邻表面相交，还是实形体与空形体相邻表面相交，只要形体的大小和相对位置一致，其交线完全相同。值得注意的是：当两实形体相交已融为一体，圆柱面上原来的一段转向轮廓线已不存在；圆柱被穿方孔后的一段转向轮廓线已被切去。

注意　相切与相交两种画法的区别。

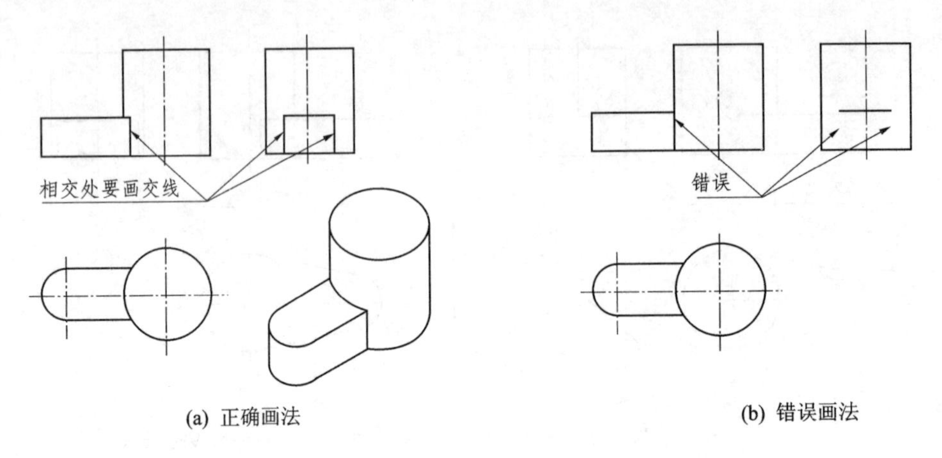

(a) 正确画法　　(b) 错误画法

图 4-27　表面相交的画法

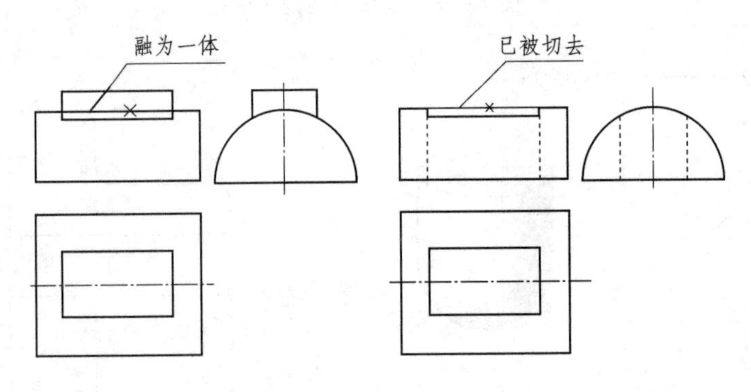

图 4-28　圆柱相贯的画法

三、读组合体视图的方法和步骤

读组合体视图的目的是为读零件图、装配图提供方法，学习时应逐步树立组合体的一个视图为组合体、一个图框为一基本体或由简单基本体组合的概念，具有能把组合体分解为若干基本几何体，又能把它们再组合为一个整体的思维能力。

(一) 读图的基本要领

1. 将几个视图联系起来进行分析

一个组合体通常需要几个视图才能表达清楚，一个视图不能唯一确定物体形状。如图 4-29所示的三组视图，他们的主视图都相同，但由于俯视图不同，所以它们是形状不同的三个立体。

有时即使有两个视图相同，若视图数量选择不当，就不能表达清楚组合体的形状特征或相对位置特征，也不能唯一确定物体的形状。如图 4-30 所示的三组视图，它们的主、俯视图都相同，但由于左视图不同，也表示了三个不同的物体。

由此可见，读图时一般要将几个视图联系起来阅读、分析和构思，才能弄清物体的形状。

2. 抓住特征视图来读图

在读图时，一般应从最能明显反映组合体形体特征的视图入手，联系其他视图进行对照分析，确定物体形状，切忌只看一个视图就妄下结论。

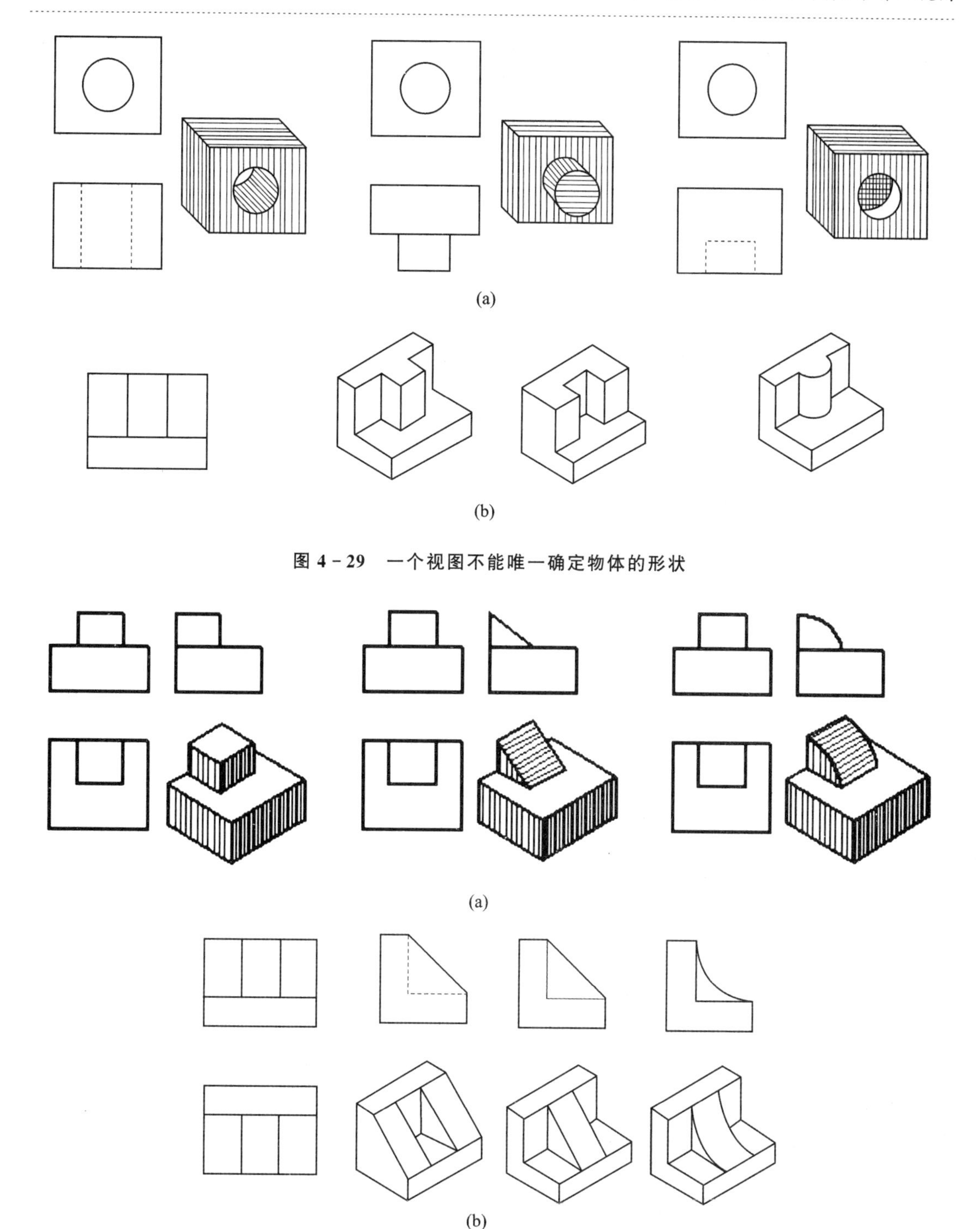

图4－29　一个视图不能唯一确定物体的形状

图4－30　两个视图不能确定物体的形状

主视图通常是反映组合体形体特征最明显的视图，而构成组合体的各个基本体形状与位置的特征则可能表现在其他视图上。因此，在看这些基本体时，要善于找出反映各自的形状与位置特征的视图来看图。如图4－31所示，它们相异部分的位置特征视图为左视图（事实上，由主、左两视图即可确定物体的形状）。如图4－31(a)所示，若只看主、俯两视图，组合体上

Ⅰ、Ⅱ两部分的凹凸情况不明确,它可设想为图4-31(b)和(c)两种情况,而结合左视图即可明确地看出图(c)是正确的。两部分形状特征较明显的是主视图,而位置特征明显的则是左视图。

又如图4-31(d)所示,反映底板Ⅰ形状特征最明显的视图为俯视图,反映立板Ⅱ形状特征最明显的视图是左视图,而反映它们的位置特征最明显的是主视图,联系三个视图一起看,即可知它们的整体形状,如图4-31(e)所示。

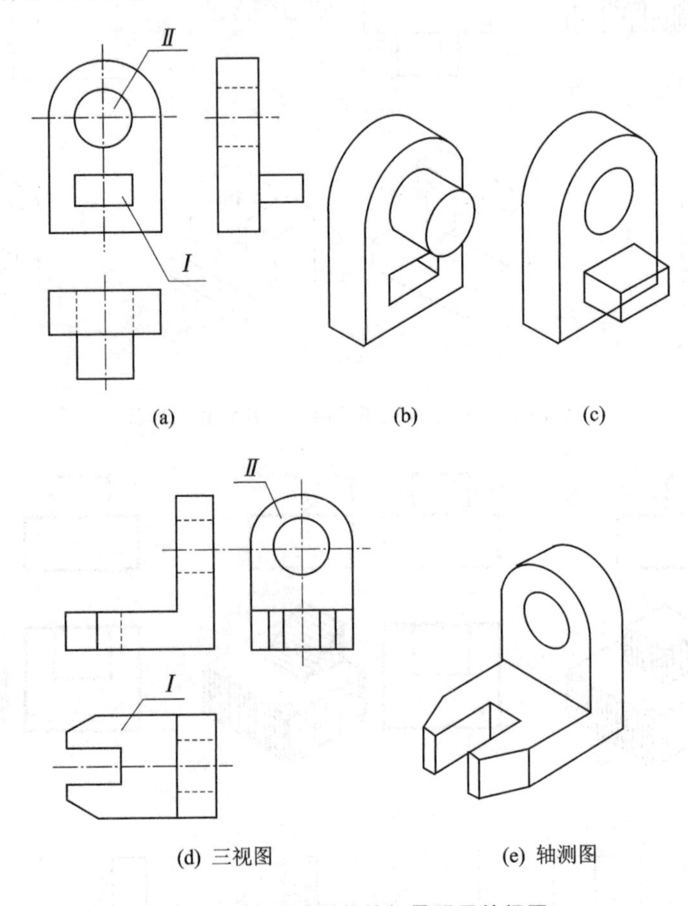

图4-31 反映形状特征最明显的视图

3. 分析视图中的封闭线框,划分基本形体

分析线框想象形体是看组合体视图常用的一种方法。表示形体的封闭线框,可能是单一的基本体(平面体或回转体),也可能是基本体的简单组合,所以分析线框、划分形体时也是比较灵活的,要以便于想出基本形体的形状为原则。

1)视图中的每个封闭线框表示的含义

① 可以是物体上一个表面(平面、曲面或它们相切形成的组合面)的投影。

② 可以是一个孔的投影。

如图4-32所示,主视图上的线框a'、b'、c'是平面A、B、C的投影,线框d'是平面D与圆柱面相切形成的组合面的投影,主、俯视图中大小两个圆线框分别是大小两个孔的投影。

2)视图中的每一条图线表示的含义

① 可以是面的积聚性投影。图4-32中直线a和e'分别是A面和E面的积聚性投影。

② 可以是两个面的交线的投影，图 4－30 中直线 2 和 3″分别是肋板斜面 E 与底板上表面和拱形立板左侧面的交线Ⅱ 和Ⅲ，直线 1′是 A 面和 D 面交线Ⅰ 。

③ 可以是曲面的转向轮廓线的投影，图 4－32(b)左视图中直线 4″是小圆孔圆柱面的前转向轮廓线Ⅳ（此时不可见，画虚线）。

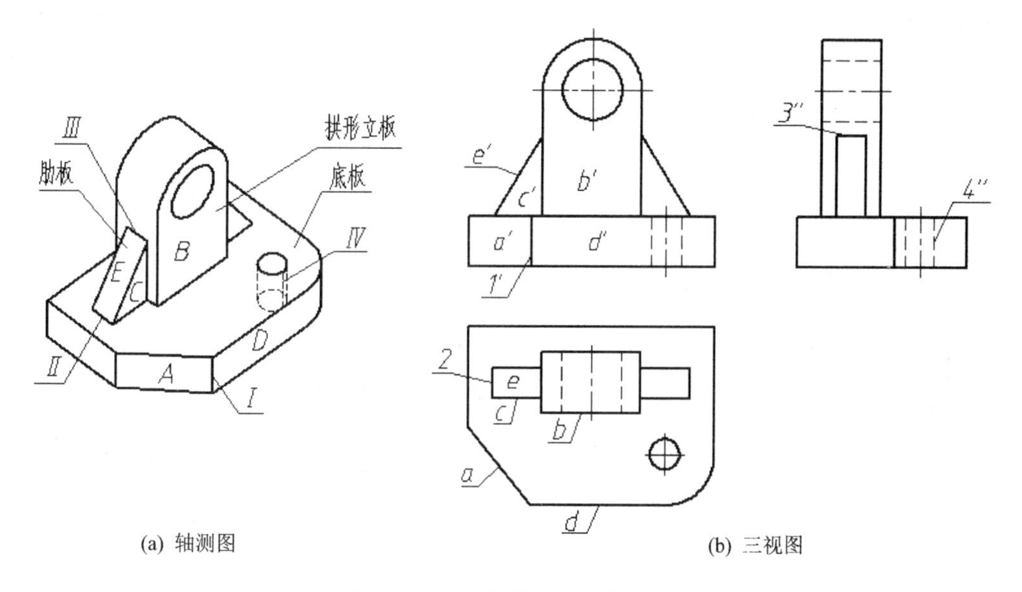

(a) 轴测图　　(b) 三视图

图 4－32　分析封闭线框的含义

3）视图中相邻的两个封闭线框表示位置不同的两个面的投影。图 4－32 中 b'、c'、d'三个线框两两相邻，从俯视图中对应直线 b、c、d 可以看出，B、C、D 三个平面互相平行，且 D 面在最前，B 面居中，C 面最靠后。

4）大线框内包括的小线框，一般表示在大立体上凸出或凹下的小立体的投影。图 4－32 中俯视图上的小圆线框表示凹下的小孔的投影，线框 e 表示凸起的肋板的投影。

（二）读图的基本方法

读图的基本方法主要有形体分析法和线面分析法。

1. 形体分析法

（1）概　念

根据组合体的特点，在反映形体特征比较明显的视图上按线框将其分成若干部分，然后逐一将每一部分的几个投影按投影关系对照进行分析，想象出其形状，并确定各部分之间的相对位置关系和组合形式，最后综合想象出整个物体的形状。这种读图方法称为形体分析法。此法常用于叠加类组合体。

（2）读图的方法与步骤

以图 4－33(a)所示的组合体三视图为例。

1）画线框，分形体。从主视入手（由于主视图上反映组合体的形状和位置特征的部位一般较多），分离出特征明显的线框。三个视图都可以看作是由三个线框组成的，因此可将该组合体按线框分为三个部分，其中主视图中Ⅰ 、Ⅲ 两个线框特征明显，俯视图中线框Ⅱ 的特征明显，如图 4－37(a)所示。

2）对投影，想形状。根据投影规律，依次找出Ⅰ、Ⅱ、Ⅲ三个线框在其他两个视图的对应投影，按照一般的读图顺序(先看大体，后看细节；先看外面，后看里面；先看堆叠，后看挖切)逐个想象各基本形体形状，如图4-33(b)、(c)、(d)所示。

3）合起来，想整体。在上述读懂各部分形体的基础上，根据三视图确定各形体的相互位置关系和连接关系，初步想象物体的整体形状，如图4-33(e)和(f)所示。然后把想象的组合体与三视图进行对照、检查，如根据主视图中的圆线框及它在其他两视图中的投影想象出通孔的形状，最后想象出的物体整体形状，如图4-33(g)所示。

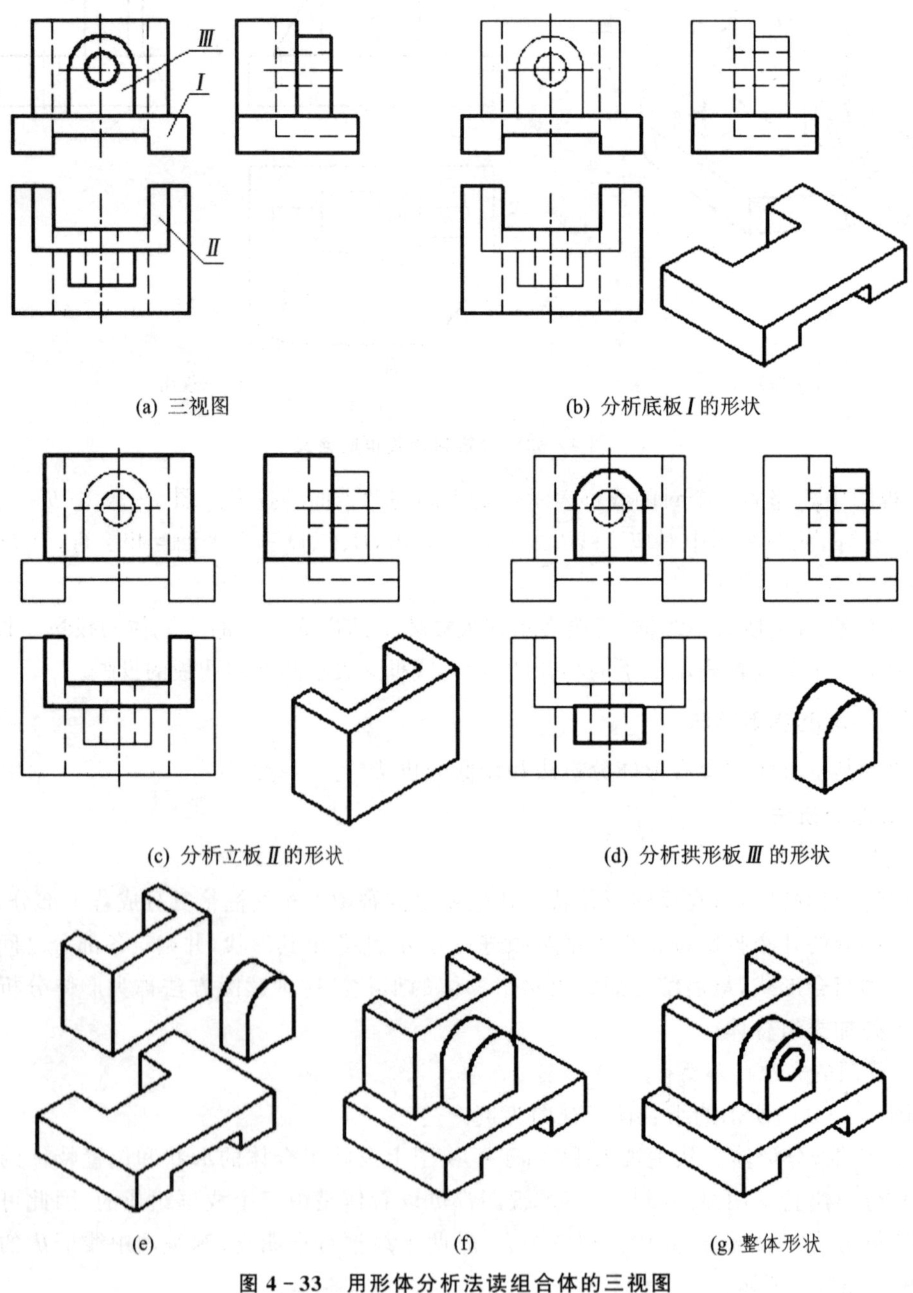

(a) 三视图　(b) 分析底板Ⅰ的形状

(c) 分析立板Ⅱ的形状　(d) 分析拱形板Ⅲ的形状

(e)　(f)　(g) 整体形状

图4-33　用形体分析法读组合体的三视图

2. 线面分析法

在读图过程中,遇到物体形状不规则或物体被多个面切割,物体的视图往往难以读懂,此时可以在形体分析的基础上进行线面分析。

(1) 概　念

运用投影规律,通过对物体表面的线、面等几何要素进行分析,确定物体的表面形状、面与面之间的位置及表面交线,从而想象出物体的整体形状,这种读图方法称为线面分析法,如图 4-34所示。此法常用于切割类组合体。

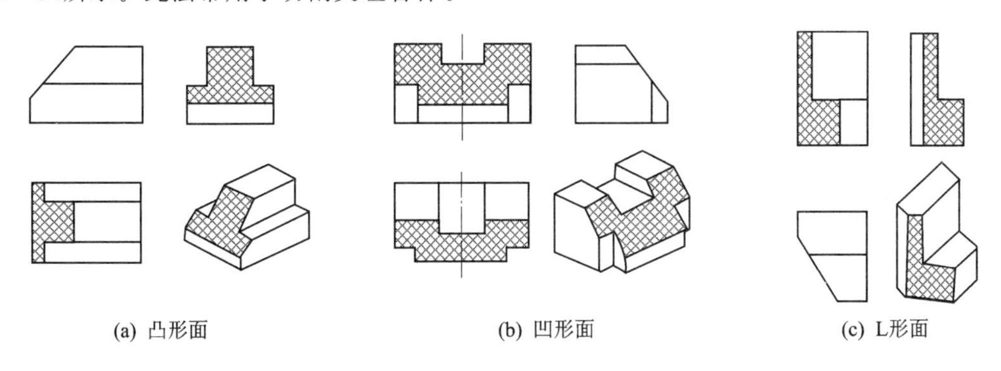

(a) 凸形面　　(b) 凹形面　　(c) L形面

图 4-34　线面分析法

运用线面分析时,应注意三点:

❶ 分析面的形状。当平面平行于投影面时,它在该投影面上反映实形;倾斜时,它在投影面上的投影是其类似形;垂直时,它在投影面上的投影积聚成直线。

例如图 4-34(a)所示的凸形面为正垂面,图 4-34(b)所示的凹形面是侧垂面,图 4-34(c)所示的 *L* 形面是铅垂面,在它们的三视图中,与截平面垂直的投影面上的投影积聚成一条直线,与截平面倾斜的另两个投影面上的投影均为类似形。

❷ 分析面的相对位置。视图上任何相邻的封闭线框,必是物体上相交的或不相交的两个面的投影。

❸ 分析面与面的交线。当视图上出现面与面的交线时,应运用投影原理,对交线的性质及画法进行分析。

(2) 读图的方法与步骤

以图 4-35(a)所示的组合体三视图为例。

1) 初步判断主体形状。物体被多个平面切割,但从三个视图的最大线框来看,基本都是矩形,据此可判断该物体的主体应是长方体。

2) 确定切割面的形状和位置。图 4-35(b)是分析图,从左视图中可明显看出该物体有a、b 两个缺口,其中,缺口 a 是由两个相交的侧垂面切割而成的,缺口 b 是由一个正平面和一个水平面切割而成的。还可以看出主视图中线框 1′、俯视图中线框 1 和左视图中线框 1″ 有投影对应关系,据此分析它们是一个一般位置平面的投影。主视图中线段 2′、俯视图中线框 2 和左视图中线段 2″ 有投影对应关系,可分析出它们是一个水平面的投影。并且可看出*Ⅰ*、*Ⅱ* 两个平面相交。

3) 逐个想象各切割处的形状。暂时忽略次要形状,先看主要形状。比如看图时可先将两个缺口在三个视图中的投影忽略,如图 4-35(c)三视图所示。此时物体可认为是由一个长方体被Ⅰ、Ⅱ两个平面切割而成,可想象出此时物体的形状,如图 4-35(c)轴测图所示。然后再依次想象缺口 a、b 处的形状,分别如图 4-35(d)和(e)所示。

4)想象整体形状。综合归纳各截切面的形状和空间位置,想象物体的整体形状,如图 4-32(f)所示。

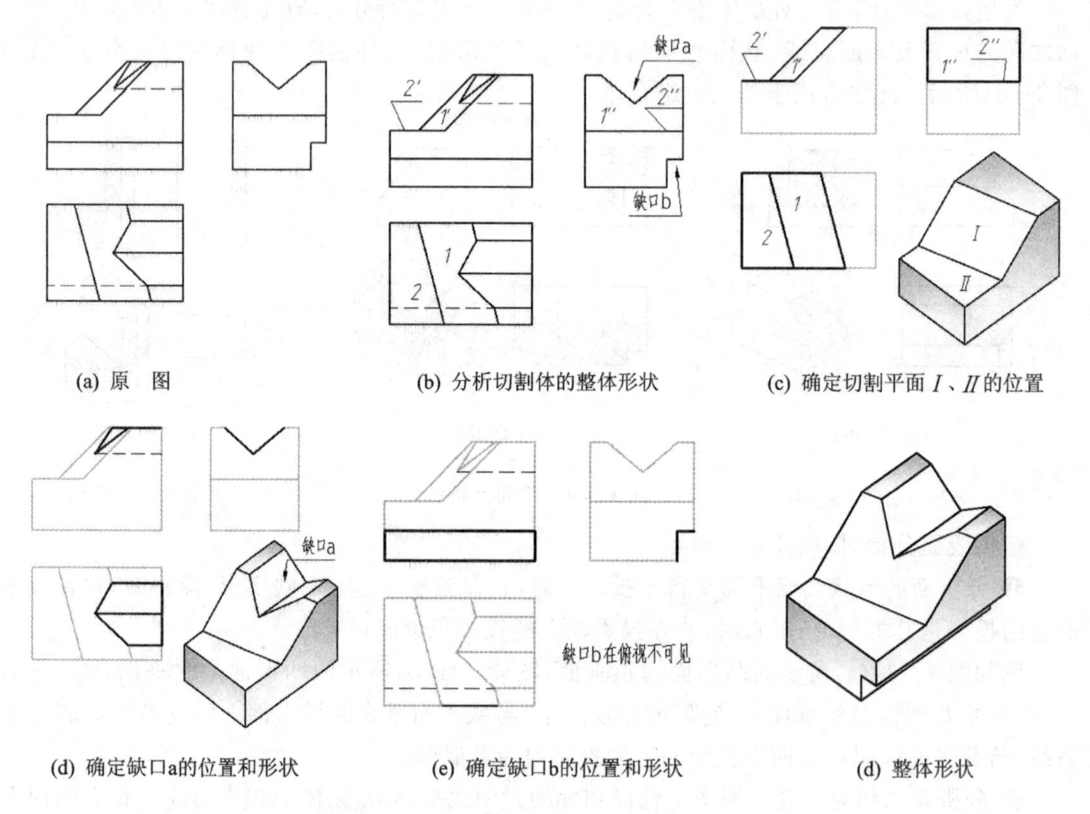

(a) 原 图　(b) 分析切割体的整体形状　(c) 确定切割平面Ⅰ、Ⅱ的位置

(d) 确定缺口a的位置和形状　(e) 确定缺口b的位置和形状　(d) 整体形状

图 4-35　用线面分析法读组合体的三视图

3. 补视图补缺线

根据两个视图补画第三视图,或根据已知的视图补画视图中所缺的图线,是培养读图能力和检验读图效果的一种有效手段,同时又是看图与画图的综合练习。而对于较复杂的组合体视图,常需要综合运用形体分析法和线面分析法这两种方法读图,以形体分析法为主,遇到难以看懂的图线和线框时再借助线面分析法,这样才能较好地读懂视图、想象出物体形状,进而补出视图或补出所缺的图线。具体方法与步骤参见任务 4.3.1 和任务 4.3.2 的任务实施。

四、轴测草图

(一)轴测草图概念

徒手绘制的立体轴测投影图样称为轴测投影草图(简称轴测草图)。初学时,一般采用印有轴测网格的纸张。

如图 4-36 所示,画圆锥和圆柱的草图时,可先画一椭圆表示锥和柱的下底面,然后通过椭圆中心画一条竖直轴线,定出锥或柱的高度。对于圆锥则从锥顶作两直线与椭圆相切,对于圆柱则画一个与下底面同样大小的上底面,并作两直线与上下椭圆相切。

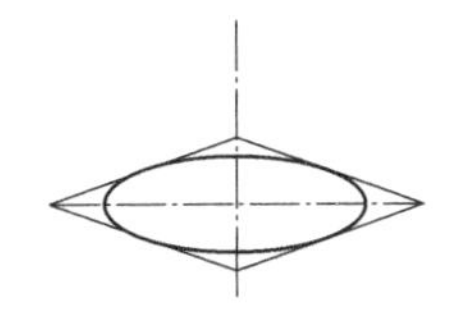
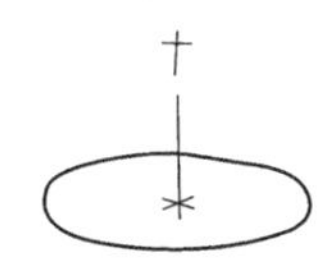
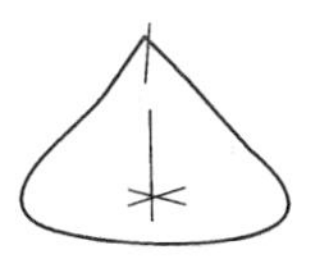
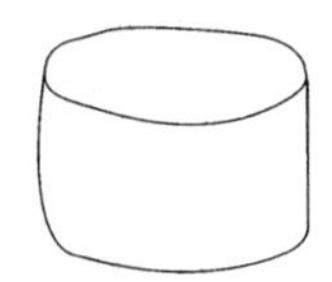

图 4－36　基本体的正等轴测草图绘制

（二）空间想象中的草图画法

读图过程中，根据划分的线框，一边想象，一边勾画，然后再作必要的修改，最后勾画出整个组合体的轴测草图，它可以帮助我们把想象中的形状具体化，并可据此检查所想象的形状是否符合正投影图所给定的物体形状。故此，画轴测草图可以作为阅读图样的一种辅助手段，尤其是读切割类组合体视图的很有效的方法。

（三）组合体的轴测草图画法

画组合体的轴测图也是采用形体分析法，将构成组合体的各基本形体按它们叠加或切割的相对位置逐个画出，所以画组合体的轴测图实际上就是对学习情境 3 任务 3.3 中所述的常见形体轴测图画法的综合运用。

1. 叠加法

叠加法是指对于叠加式组合体，可按各基本形体逐一叠加画出其轴测图的方法。如图 4－37(a)所示的模型，可以看作由两个四棱柱叠加而成。画草图时，可先徒手画出下面的大四棱柱，使其高度方向竖直，长度和宽度方向与水平线成 30°，并估计其大小，定出其长、宽、高，然后在顶面上另加小四棱柱。

2. 切割法

切割法是指对于切割式组合体，先按完整形体画出，然后用挖掘或切割的方法于整体上修改画出被挖切部分的可见轮廓线的方法。如图 4－37(b)的棱台，则可以看成从一个大四棱柱削去一部分而做成。这时可先徒手画出一个以棱台的下底为底，棱台的高为高的四棱柱，然后在其顶画出棱台的顶面，并将下面的四个角连接起来。

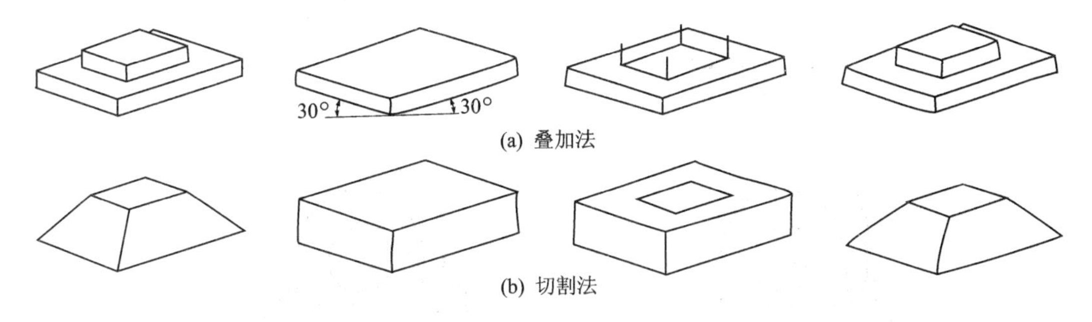

(a) 叠加法

(b) 切割法

图 4－37　各种形体的正等轴测草图绘制

3. 综合法

综合法是指对于既有叠加又有切割的组合体可综合采用上述两种方法画轴测图的方法。

（四）绘制组合体的轴测草图

画组合体的轴测草图的方法与步骤如图 4－38 和图 4－39 所示。

1）选坐标，画轴测轴；

2）按轴测轴方向画框线，确定物体轮廓范围；

3）确定各部分位置和形状（叠加或切割）；

4）校核图线，完成轴测草图。

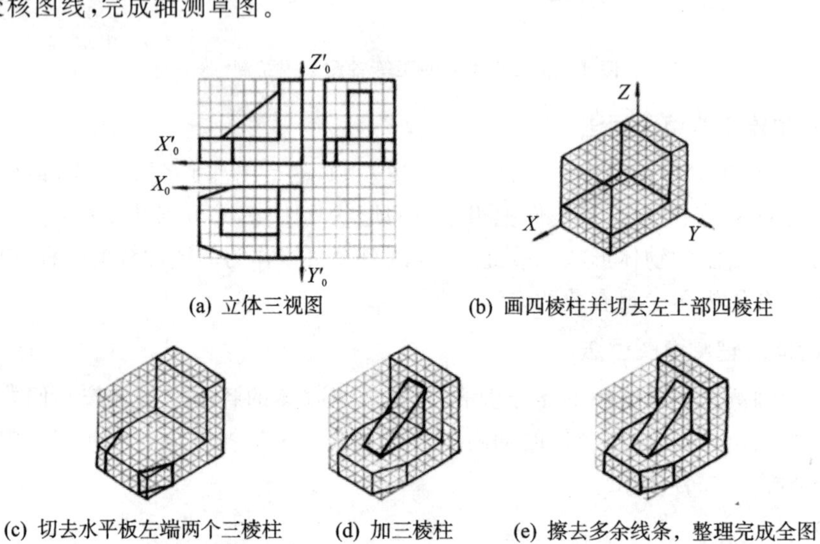

(a) 立体三视图　(b) 画四棱柱并切去左上部四棱柱

(c) 切去水平板左端两个三棱柱　(d) 加三棱柱　(e) 擦去多余线条，整理完成全图

图4-38　徒手绘制组合体的正等轴测图

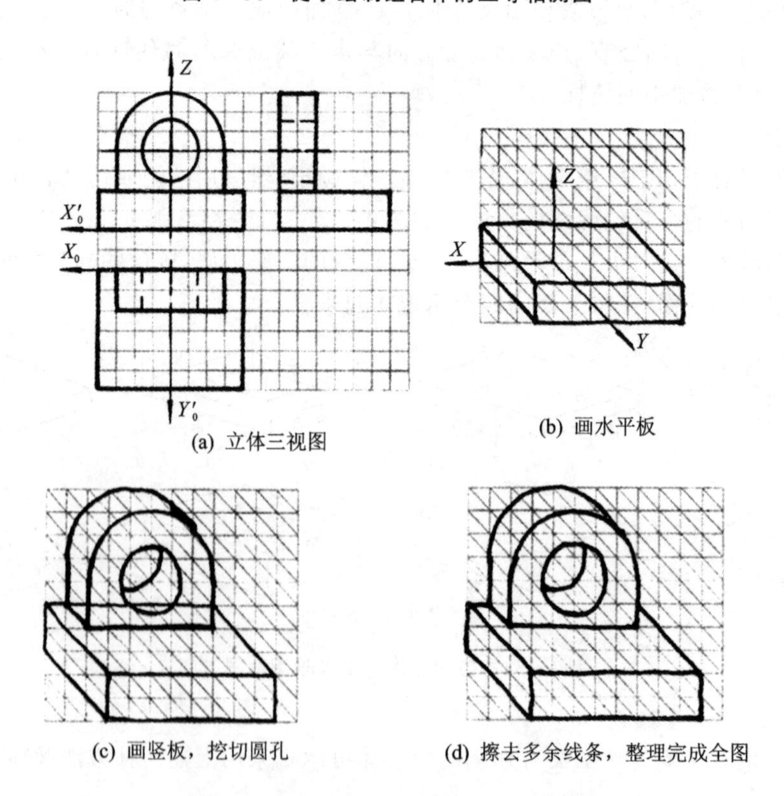

(a) 立体三视图　(b) 画水平板

(c) 画竖板，挖切圆孔　(d) 擦去多余线条，整理完成全图

图4-39　徒手绘制组合体的斜二轴测图

任务分析

画图和读图是学习“机械制图”这门课程的两个重要环节，培养读图能力是本课程的基本任务之一。画图是将空间的物体形状在平面上绘制成视图，而读图则是根据已画出的视图，运用投影规律，对物体空间形状进行分析、判断、想象的过程，读图是画图的逆过程。

正确运用形体分析法并辅以线面分析法想象空间立体，在绘制轴测草图时要反复验证，如有条件，可通过制模制作出对应的正确空间立体。此过程又进一步培养学生独立学习、解决问题、语言表达和团队协作的能力。

任务4.3.1　补缺线

任务实施

一、读图分析

如图4-21(a)所示，从已知三个视图的分析可知，该组合体是长方体被几个不同位置的平面切割而成的，可采用边切割边补线的方法逐个补画出三个视图中的漏线。在补线过程中，要应用“长对正、高平齐、宽相等”的投影规律，特别是要注意俯、左视图宽相等及前后对应的投影关系。

补缺线时，同时画轴测草图，逐个记录想象和构思的过程。因为三个视图中均没有圆或圆弧，可采用正等测绘制轴测草图。

二、作图步骤

作图步骤如表4-19所列。

三、参照上面任务实施完成其余类似任务。

表4-19　补缺线的绘图方法和步骤

1. 画前方切角	2. 画中间凹槽
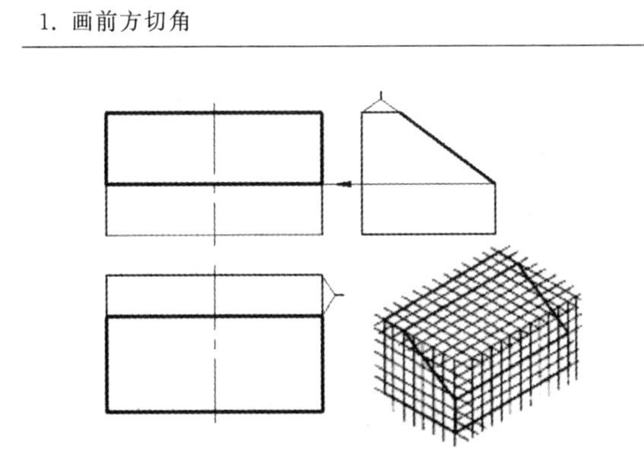	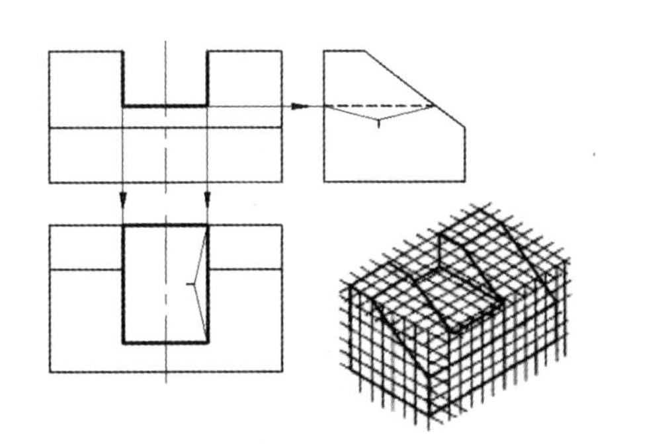
从左视图上的斜线可知，长方体被侧垂面切去一角。在主、俯视图中补画相应的漏线	从主视图上的凹槽可知，长方形的上部被一个水平面和两个侧平面开了一个槽。补画俯、左视图中相应的漏线

续表 4-19

3. 画左右前方切角	4. 按徒手画出的轴测草图,检查描深,完成作图
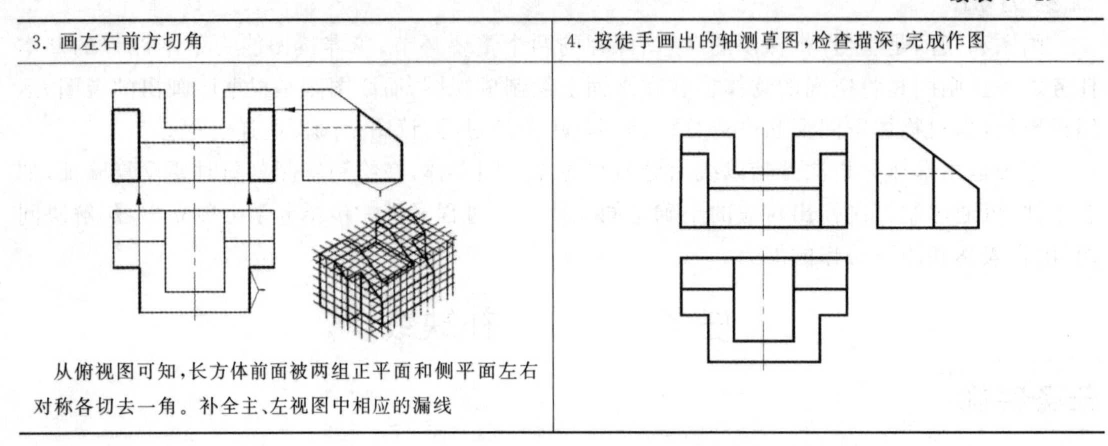 从俯视图可知,长方体前面被两组正平面和侧平面左右对称各切去一角。补全主、左视图中相应的漏线	

任务 4.3.2　补视图

任务实施

一、读图分析

如图 4-22(a)及表 4-20 步骤 1 中的图所示,在主视图上有三个线框,由中部的小圆孔的起、止位置(见俯视图中的虚线)并经主、俯视图对照可知,三个线框分别表示架体上三个不同位置的表面: *A* 线框是一个上部中间带半圆槽的四棱柱,处于架体的前层(最低);*C* 线框上部中间也有一个较小的半圆槽,它和 *A* 线框的半圆槽半径相同,处于 *A* 面之后(最高); *B* 线框上部有个较大的半圆槽,它和 *C* 线框的半圆槽同轴,并与整个架体的左右两个平面相切,其中还有一个小圆线框,可知从 *B* 面到架体后面穿了一个小圆孔,由此可知其处于架体的中部。补左视图时,同时徒手画轴测草图,因为架体的正面投影有较多的圆和圆弧,所以采用斜二测画轴测草图比较方便。

二、作图步骤

作图步骤如表 4-20 所列。

表 4-20　补视图的绘图方法和步骤

1. 原始两面视图	2. 画左视图轮廓线
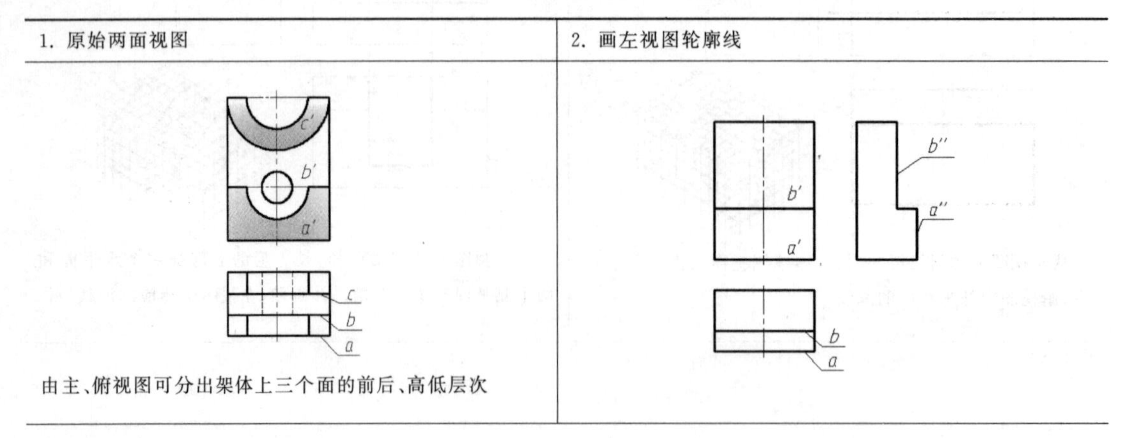 由主、俯视图可分出架体上三个面的前后、高低层次	

续表 4-20

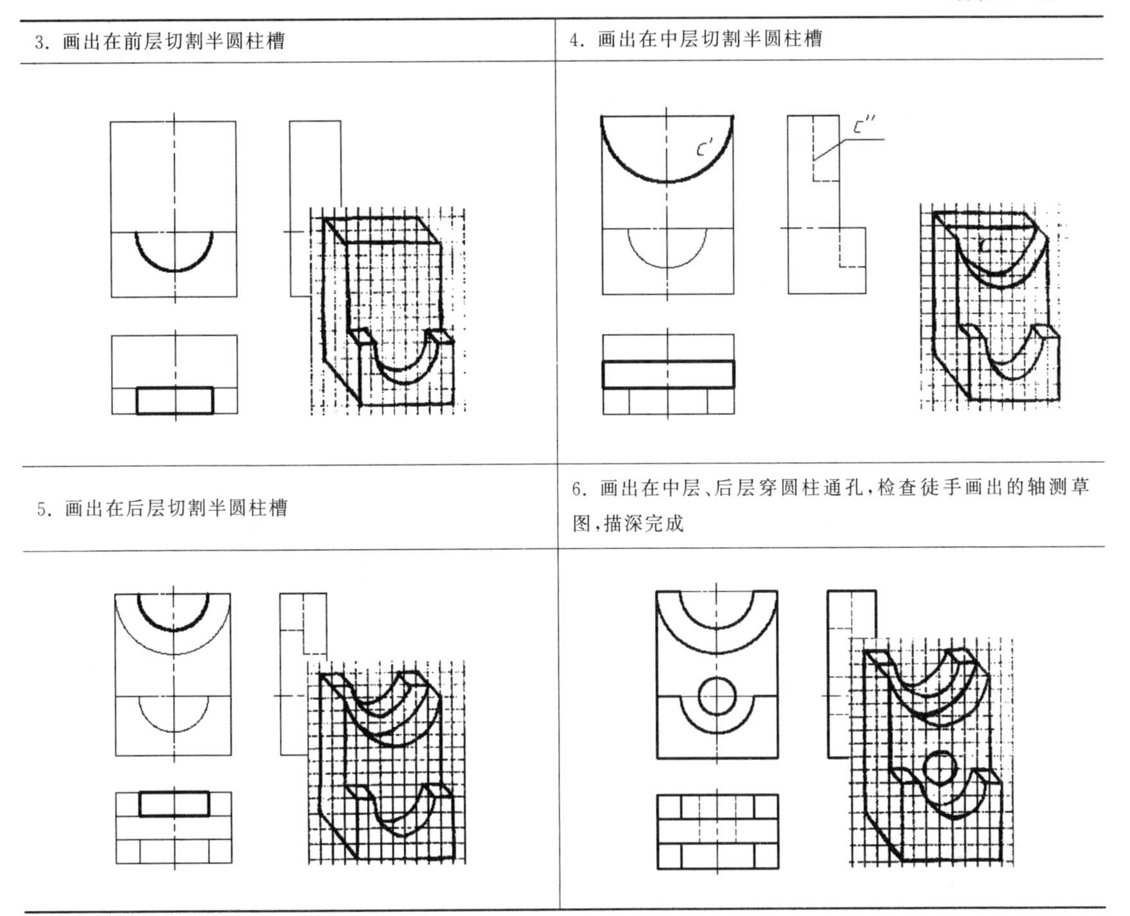

三、其他任务

参照任务实施完成其余类似任务。

任务知识扩展

一、组合体的构形训练

根据已知视图，构想组合体的空间形状，将其补画为能表达形体确定形状的三视图，这种自主想象、构造组合体形状的方法也是一种训练看图和空间想象能力的有效方法。

例如根据已知两视图，构想组合体的空间形状，补画第三视图。这里给出的主、左视图，不能唯一地确定组合体的形状，如图 4-40 所示，在补画第三视图时与前面的不同之处在于有更广阔的想象空间，也就是可以构想出两种以上的形状，补画出两种以上的第三视图。

例 4-2　根据主、左视图补画出表示不同形体的第三视图。

分析：根据已给的视图可构想出图 4-40(a)和(b)右侧的立体图所表示的空间形状，然后补画出其俯视图。补画后再与主、左视图综合起来对照一下，检查是否有矛盾之处。除图中三种形状外，读者还可想象出其他符合主、左两视图投影要求的组合体。

另外，还可以根据物体的一个视图补画其他视图以确定物体的空间形状。

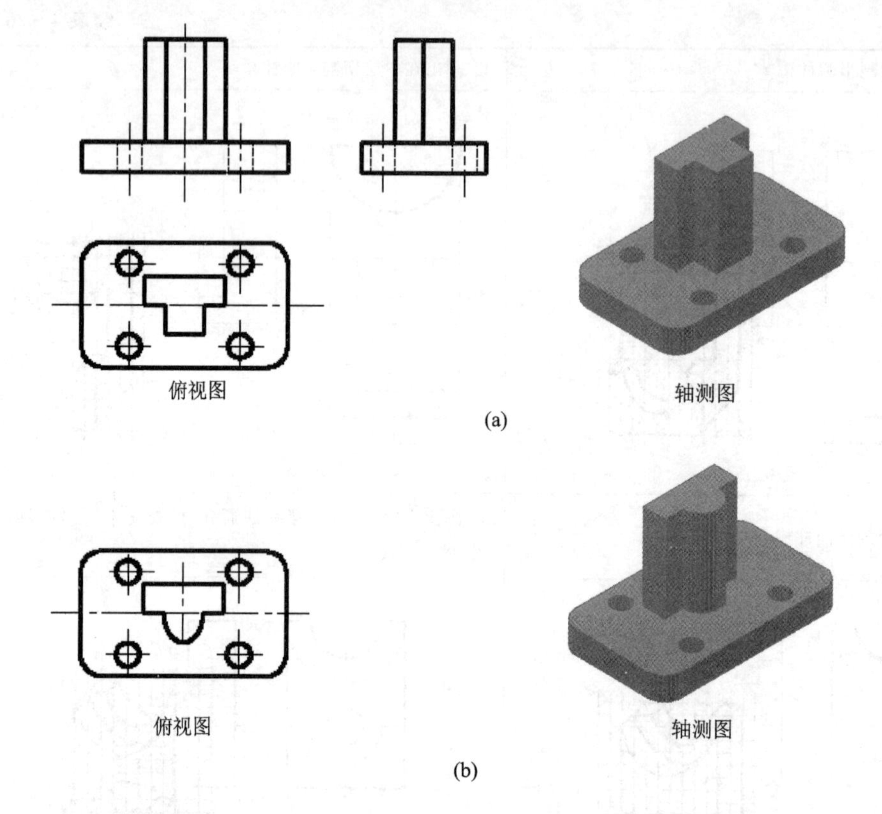

图 4-40　不同形体的构型训练

任务巩固与练习

1）读懂视图,补缺线或补视图,如图 4-41 所示。

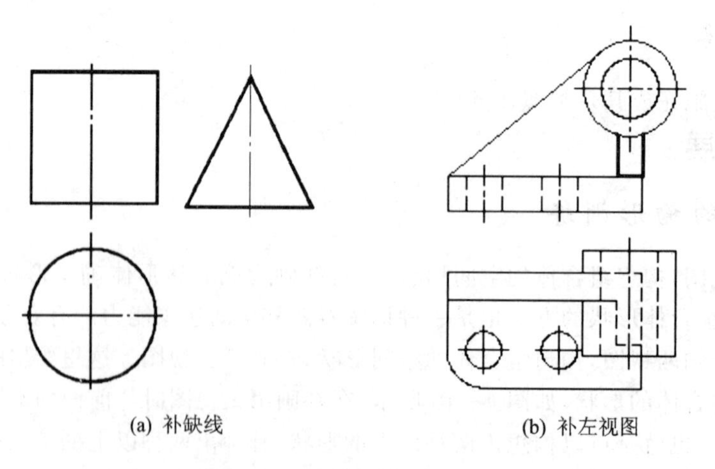

图 4-41　读图补缺线或补视图

2）读懂视图,构思模型,绘轴测草图,补画其余视图(有多种答案,至少作三个答案),如图 4-42所示。

3）读图 4-43 所示的轴承座的三视图,绘制轴测草图,想象出它所表示的空间物体的形状。

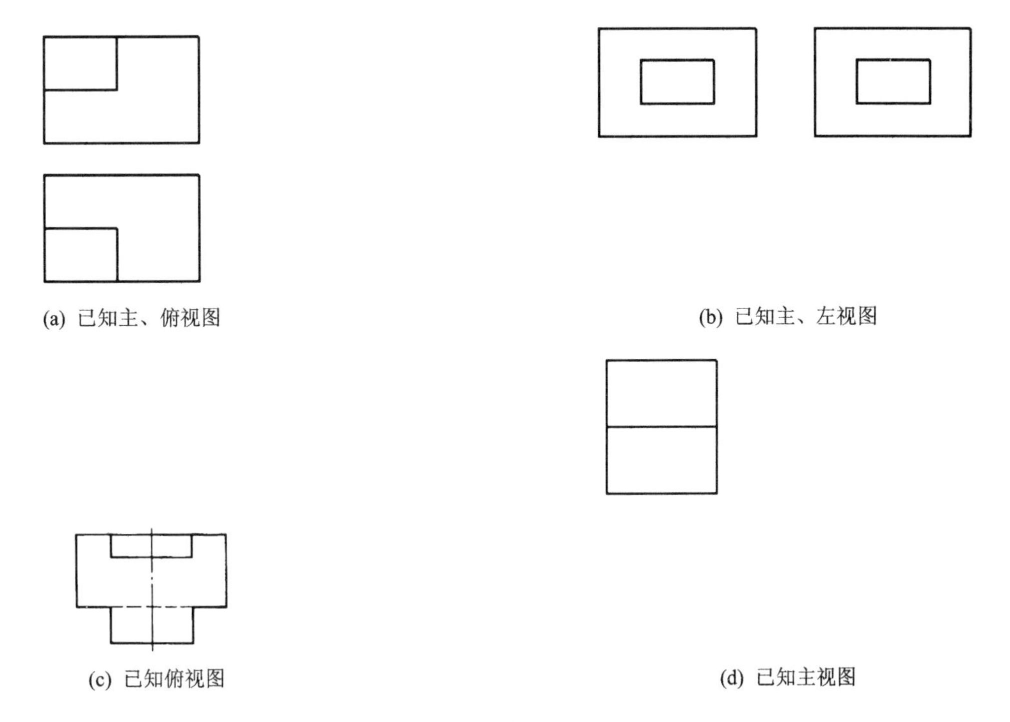

(a) 已知主、俯视图　(b) 已知主、左视图　(c) 已知俯视图　(d) 已知主视图

图4-42　读图构思模型

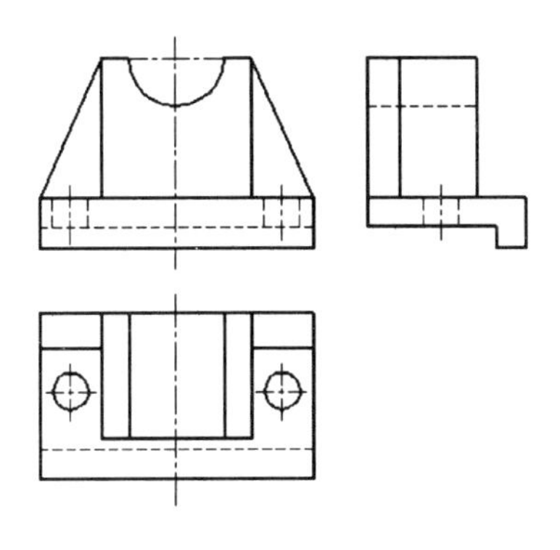

图4-43　轴承座三视图

提示　从主视图看有四个可见线框，可按照线框将它们分为四个部分。再根据视图间的投影关系，依次找每一个线框在其他两个视图的对应投影，联系起来想象出每部分的形状。最后想象出轴承座的整体形状。

任务4.4　绘制组合体的三视图

任务目标

能运用形体分析法绘制组合体的三视图，并能基本正确、完整、清晰地标注组合体尺寸。

任务引入

根据轴测图(或模型)在 A4 图纸上 1∶2 画组合体三视图,并标注尺寸。

任务 4.4.1 绘制支座三视图,如图 4-44(a)所示。

任务 4.4.2 绘制定位块三视图,如图 4-44(b)所示。

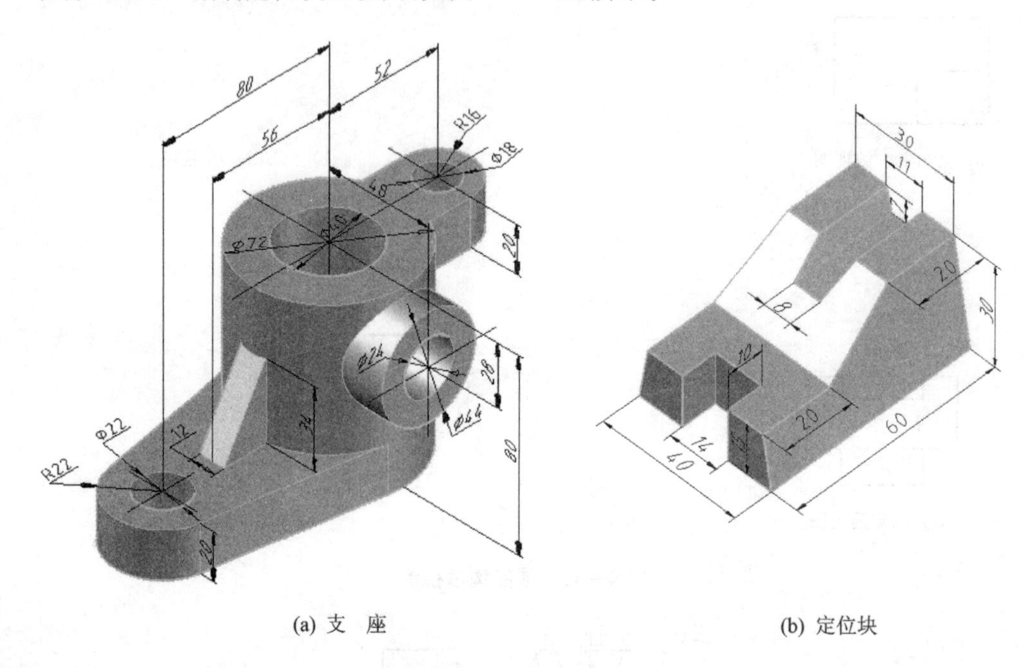

(a) 支 座　　(b) 定位块

图 4-44 组合体轴测图

任务知识准备

一、绘制组合体视图的方法与步骤

(一) 画图前的准备工作

1. 形体分析

画图的基本方法也与读图一样,首先对组合体(模型或轴测图)进行形体分析,将其分解(叠加或切割)成若干基本形体,分析各基本体的形状、尺寸,弄清相互之间的组合形式、相对位置及表面连接关系。必要时还要对组合体中的投影面垂直面或一般位置平面及其相邻表面关系进行线面分析。

2. 选择主视图

三视图中主视图是最主要的视图,选择视图首先要确定主视图。主视图的投射方向确定后,其他视图的投射方向则随之确定。因此,主视图的选择是绘图前的一个重要环节。

1) 确定主视图的投射方向。一般选择反映组合体形状特征最明显、其各部分相对位置最多的方向作为主视投射方向。

2) 确定安放位置(即相对投影面的位置)。一般选择自然位置安放组合体,尽量使其主要表面或主要轴线放置在与投影面平行或垂直的位置,以便使投影能得到实形。

3) 兼顾其他视图。为了使视图表达更清晰,应使视图中的虚线最少。

4）组合体的复杂程度决定了视图数量的多少。

3. 选比例、定图幅，匀称布局

视图确定后，要根据物体的复杂程度和尺寸大小，按照标准的规定选择适当的比例与图幅，考虑要留有足够的空间以便于标注尺寸和画标题栏等，并根据已确定的各视图每个方向的最大尺寸，匀称地将各视图布置在图幅上。

（二）画图方法与步骤

在具体画图时，可以按各个部分的相对位置，逐个画出它们的投影以及它们之间的表面连接关系，综合起来即得到整个组合体的视图。

1）画出各个视图的作图基准线（主要中心线和基线）。

2）从主要形体入手，按照各块的主次、外内、曲直和相对位置关系，逐个画出它们的投影。

注意

① 画每一个基本形体时，应先从反映形状特征的视图入手，并配合其他两个视图一起画。

② 为保证三视图之间长对正、高平齐、宽相等，提高画图速度，减少投影作图错误，应尽可能把同一形体的三个视图联系起来作图，并依次完成各组成部分的三面投影。不要孤立地先完成一个视图，再画另一个视图。

③ 先画主要形体，后画次要形体；先画各形体的主要部分，后画次要部分；先画可见部分，后画不可见部分。

3）分析及正确表示各部分形体之间的表面过渡关系。这一步很关键，它是将组合体从分（解）再到（组）合的一步，所以应考虑到组合体是各个部分组合起来的一个整体，作图时要正确处理各形体之间的表面连接关系。

4）检查核对、描粗加深。

完成各基本形体的三视图后，尤其要检查形体间表面连接处的投影是否正确。

具体实例请参见后面的任务实施。

二、组合体的尺寸注法

一组视图只能表示物体的形状结构，不能确定物体的大小，组合体各部分的真实大小及相对位置由视图上所标注的尺寸确定。

（一）组合体尺寸标注的基本要求

组合体尺寸标注要求做到正确、齐全、清晰。

1. 尺寸正确

尺寸标注首先要严格遵守国家标准中尺寸注法的基本规定，同时尺寸的数值及单位也必须正确。

2. 尺寸齐全

标注尺寸要齐全，即要标注出能完全确定组合体各部分形状大小及相对位置的尺寸，既不遗漏、不多注，也不重复。通常按形体分析法将组合体分解为若干基本形体，首先注出各基本形体的定形尺寸，再注出确定它们之间相对位置的定位尺寸，最后根据组合体的结构特点注出其长、宽、高三个方向的总体尺寸。

(1) 定形尺寸

确定各基本形体形状大小的尺寸。

如图4-45(a)中的50、34、10、$R8$等尺寸确定了底板的形状。而$R14$、$\phi16$、18等是竖板的定形尺寸。特别注意,相同的圆角$R8$不注数量,两者都不必重复标注,但相同圆孔要注写数量,如图4-47所示的平板上的圆孔,如$4\times\phi$。

(2) 定位尺寸

确定各基本形体之间相对位置的尺寸。

标注定位尺寸时,必须在长、宽、高三个方向分别选定尺寸基准,每个方向至少应有一个尺寸基准,以便确定各部分在各方向上的相对位置。在选择基准时,每个方向除一个主要基准外,根据情况还可以有几个辅助基准,且主辅基准或辅助基准之间必须有尺寸联系。基准选定后,各方向的主要尺寸(尤其是定位尺寸)就应从相应的尺寸基准进行标注。

通常选用组合体的底面、对称平面、端面或回转轴线等作为尺寸基准。当各基本形体的相互位置对称时,可以省略一些定位尺寸。

如图4-45(b)和(f)所示,组合体的左、右对称平面作为长度方向尺寸基准,其中底板的后端面作为宽度方向尺寸基准,底板的底面作为高度方向尺寸基准。

如图4-45(b)所示,因为竖板处在左右对称的位置上,所以在长度方向上,其定位尺寸不注;由宽度方向尺寸基准注出竖板后端面到底板后端面的定位尺寸8;由高度方向尺寸基准注出竖板上圆孔与底面的定位尺寸32(它是由竖板的定位尺寸10和竖板上圆孔的定位尺寸22

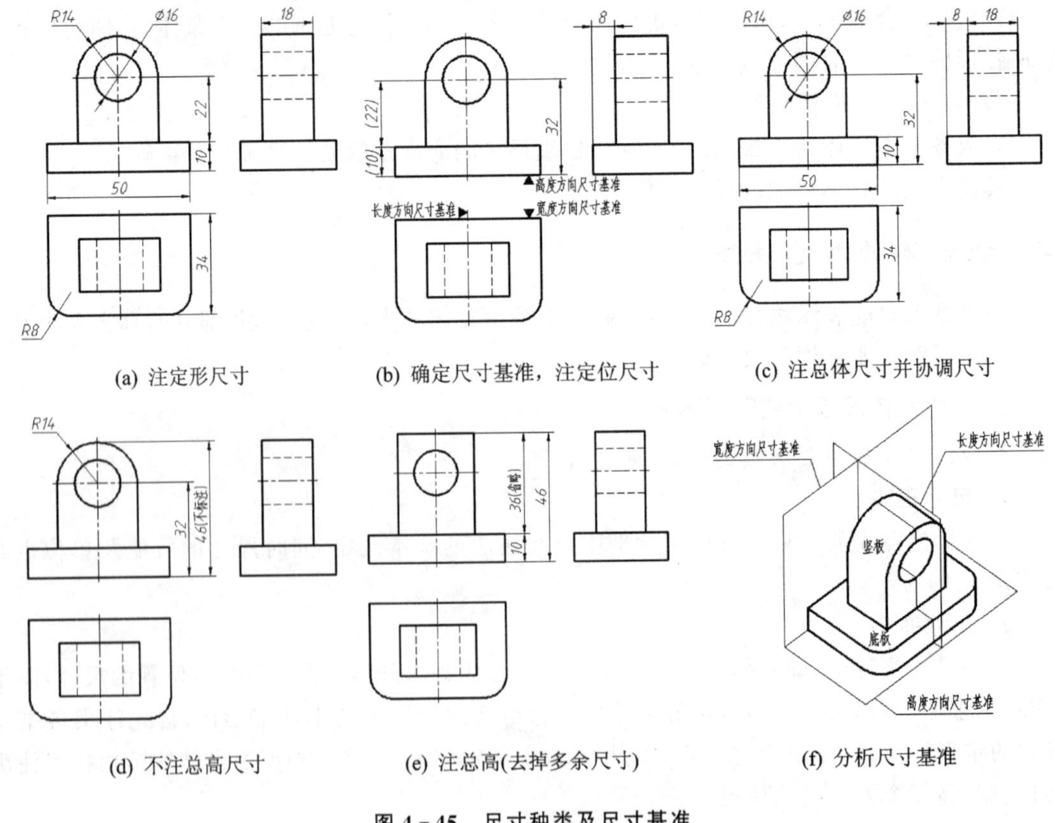

(a) 注定形尺寸　(b) 确定尺寸基准,注定位尺寸　(c) 注总体尺寸并协调尺寸

(d) 不注总高尺寸　(e) 注总高(去掉多余尺寸)　(f) 分析尺寸基准

图4-45　尺寸种类及尺寸基准

确定的，一般不分开标注，直接从基准出发标注）。

（3）总体尺寸

确定组合体外形总长、总宽、总高的尺寸，有时兼为定形尺寸或定位尺寸的最大尺寸。

有时总体尺寸和定形尺寸重合，如图 4－45(c)中的总长 50 和总宽 34 同时也是底板的定形尺寸，不再重复标注。对于组合体一端为同心圆孔的回转体时，通常只注圆孔的定位尺寸和外端圆柱面的半径，而不注总体尺寸，如图 4－45(d)中总高可由 32 和 $R14$ 确定，此时不再标注总高。当标注总体尺寸后，而定形尺寸和定位尺寸也已全部注出，则可能会出现尺寸多余，这时可考虑省略该方向上的某些定形尺寸或定位尺寸。如图 4－45(e)中总高 46 由定形尺寸 10、36 确定，尺寸出现多余，此时可根据情况将此二者之一省略。

3. 尺寸清晰

标注尺寸不仅要求正确、齐全，还要求尺寸标注在最能反映物体特征的位置上，且尺寸的布局要恰当、整齐、清晰，以方便读图和查找相关尺寸，并便于理解，不致发生误解和混淆。为此，在严格遵守机械制图国家标准的前提下，还应注意以下几点：

（1）突出特征

尺寸应尽量标注在反映形体特征最明显的视图上。如图 4－46(d)所示，轴承座底板下部开槽宽度 24 和高度 5，标注在反映实形的主视图上较好。直径尺寸应尽量标注在投影为非圆的视图上，而圆弧的半径应标注在投影为圆的视图上。其中圆筒的外径 $\phi32$ 标注在其投影为非圆的左视图上，底板的圆角半径 $R8$ 标注在其投影为圆的俯视图上。

（2）相对集中

组合体上同一基本形体的定形尺寸和确定其位置的定位尺寸，应尽可能集中标注在特征视图上。如图 4－46(d)中将两个 $\phi8$ 圆孔的定形尺寸 $2\times\phi8$ 和定位尺寸 34、26 集中标注在俯视图上，这样便于在读图时寻找尺寸。

（3）布局整齐

1）尺寸尽量布置在两视图之间，便于对照，并尽量配置在视图的外面，以避免尺寸线与轮廓线交错重叠，保持图形清晰。

2）同一视图上同方向的几个连续尺寸应尽量放在同一条线上，平行尺寸，应按“小尺寸在内，大尺寸在外”的原则来排列，且尺寸线与轮廓线、尺寸线与尺寸线之间的间距要适当。

3）尽量避免在虚线上标注尺寸。如图 4－46(d)中将圆筒的孔径 $\phi16$ 标注在主视图上，而不是标注在俯、左视图上，因为 $\phi16$ 孔在这两个视图上的投影都是虚线。

（二）组合体尺寸标注的方法和步骤

标注尺寸的基本方法也与画图、读图一样，如图 4－46 所示，首先应对组合体进行形体分析；标注尺寸时一般按选择尺寸基准→标注定形尺寸→标注定位尺寸→标注总体尺寸的顺序标注；最后检查、核对尺寸标注有无重复、遗漏，并进行修改和调整。

具体尺寸标注的方法与步骤参见后面的任务实施。

（三）常见组合体的尺寸注法

基本体及简单组合体的尺寸注法请参见前面学习情境 3 及任务 4.1、任务 4.2 的内容。

常见几种简单平板式组合体的尺寸法法，如图 4－47 所示。

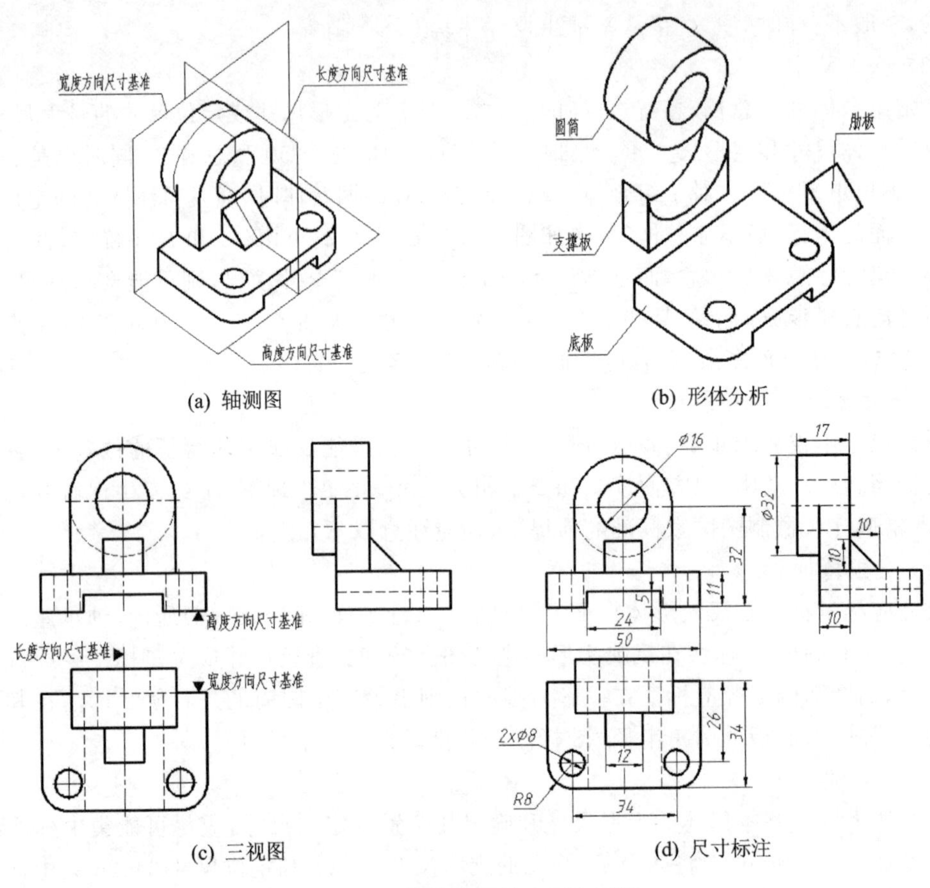

(a) 轴测图　(b) 形体分析　(c) 三视图　(d) 尺寸标注

图4-46　轴承座的尺寸标注示例

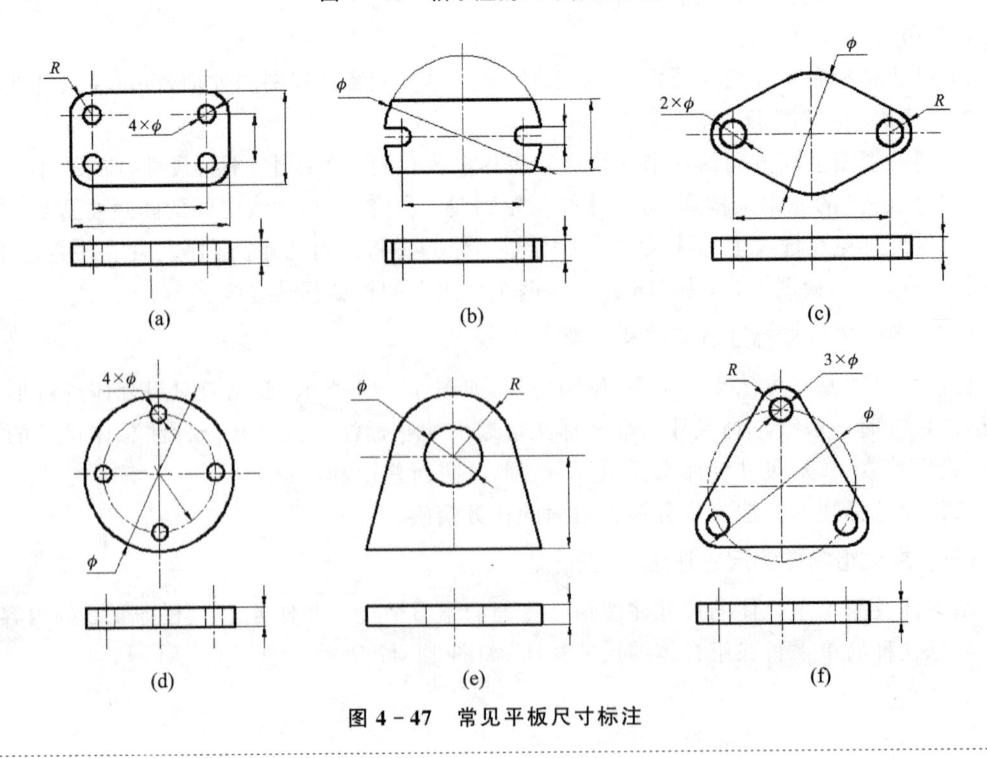

(a)　(b)　(c)　(d)　(e)　(f)

图4-47　常见平板尺寸标注

任务分析

按形体分析法(若有必要,辅之线面分析法)先完成三视图的绘制,注意叠加型和切割型组合体的绘图顺序的异同;再标注尺寸,注意尺寸基准的选择。

任务4.4.1　绘制支座三视图

任务实施

一、画图前的准备工作

1. 形体分析

首先对支座进行形体分析,弄清它的形体特征和尺寸,这对于画图、尺寸标注都有很大帮助。

由图4-44(a)及图4-48可知,支座是叠加式组合体,它由大圆筒、凸台、底板、耳板和肋板组成,从图中可以看出底板与大圆筒接合,底板的底面与大圆筒底面共面,顶面与大圆筒圆柱面垂直相截,侧面与大圆筒的外圆柱面相切;肋板叠加在底板的上表面上,右侧与大圆筒相交,产生表面交线,其中肋板前后面与圆柱面相交产生截交线为直线,肋板斜面与圆柱面相交产生椭圆弧;凸台与大圆筒的轴线正交,两者相贯连成一体,因此两者的内外圆柱面相交处都有相贯线;耳板的顶面与大圆筒顶面共面,底面也与大圆筒圆柱面垂直相截。整体在三个方向上都不具有对称面。

有关轴测图(见图4-44(a))中的尺寸分析省略,请读者自行分析。

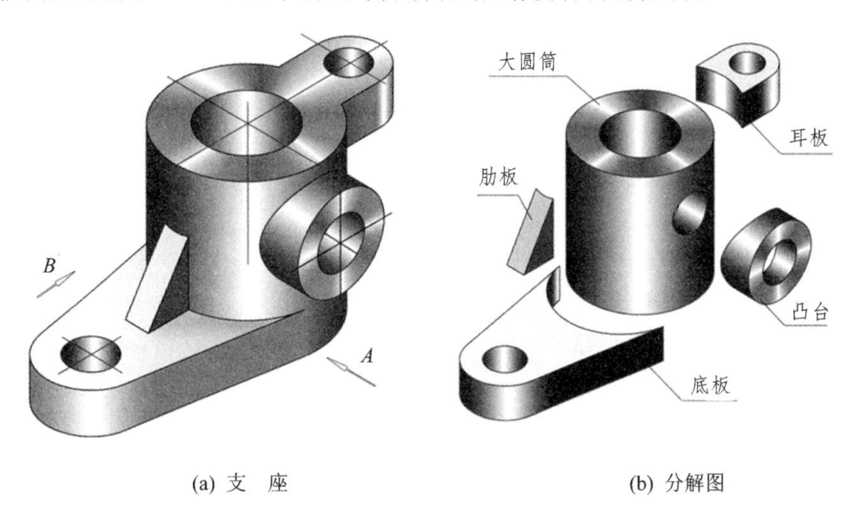

(a) 支　座　　(b) 分解图

图4-48　组合体的形体分析

2. 选择主视图

如图4-48所示,将支座按自然位置安放后,由前述方法比较箭头所指两个投射方向A、B,选择A向作为主视图投射方向较为合理,因为组成支座的基本形体及它们之间的相对位置关系在A向表达最清晰,能反映支座的结构形状特征。

3. 选比例、定图幅、匀称布局

注意　充分考虑留够标题栏、尺寸标注等内容的位置。

二、绘制支座三视图

支座三视图的作图方法与步骤如表4－21所列。

表4－21　支座三视图的绘制方法与步骤

1. 画作图基准线,布置视图	2. 画主要形体大圆筒
	先画俯视图,后画其他视图
3. 画凸台	4. 画底板
先画主视图,再画俯视图,最后画左视图。 **注意**　大圆筒与凸台相交,在左视图要画出内外圆柱面的相贯线	先画俯视图,后画其他视图。 **注意**　俯视图上底板前后面与大圆筒圆柱面相切,底板的顶面轮廓线在主、左视图应画到切点处,但俯视图上其被凸台遮住的部分应画虚线
5. 画肋板和耳板	6. 按轴测图检查,描深完成绘图步骤
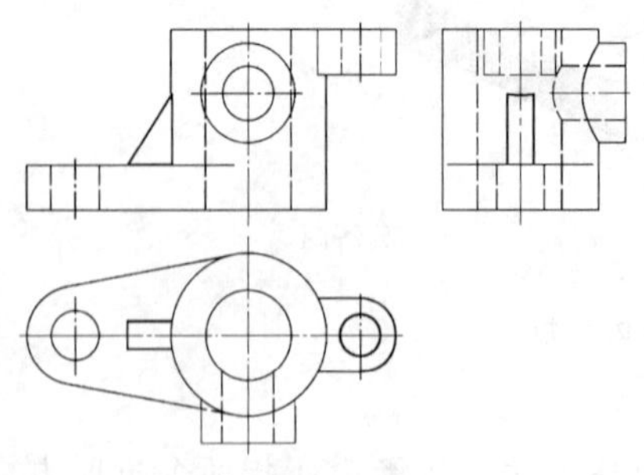 先画俯视图,再画其他视图。 **注意**　肋板、耳板前后侧面与大圆筒表面相交,在主视图上截交线应向圆筒中心收缩。左视图上肋板斜面与圆筒的交线是一段椭圆弧	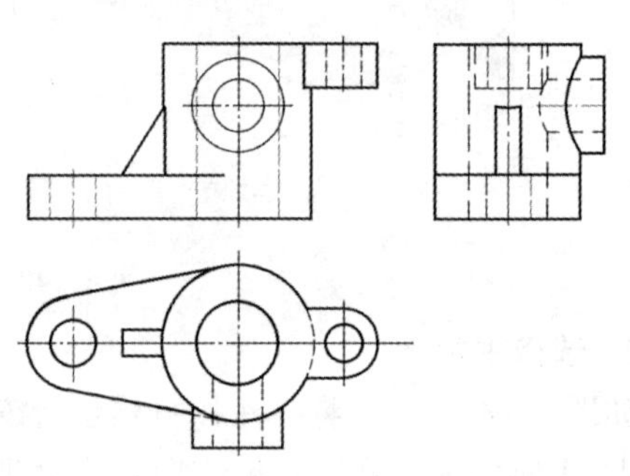 **注意**　由于耳板的顶面与大圆筒顶面共面,俯视图不画分界线,但应画出耳板底面与圆柱面的交线(虚线)

三、标注支座尺寸

支座标注尺寸的方法与步骤如表4-22所列。

注意

1）标注视图尺寸时，不能完全照搬轴测图上的尺寸标注，要重新考虑各视图的尺寸配置，避免多注或漏注尺寸。

2）实际标注尺寸时也可以每个基本形体的定形与定位尺寸一起标注，最后标注总体尺寸。

3）标注尺寸时，应先集中画出所有尺寸的尺寸界线和尺寸线，最后标注尺寸数字（此法请见任务知识扩展的模型测绘。为叙述方便，任务中的尺寸标注没有按此步骤完成）。

表4-22　支座尺寸的标注方法与步骤

1. 分析轴测图尺寸，标注定形尺寸

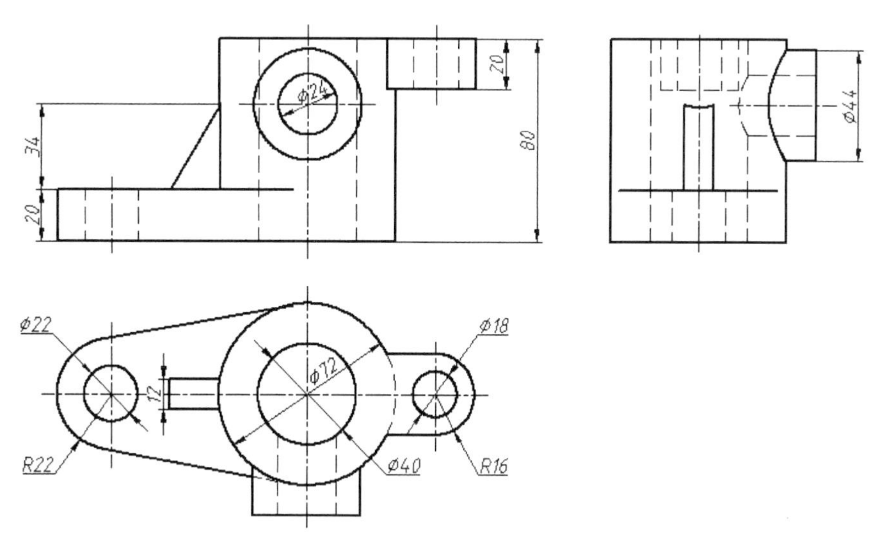

按形体分析，分别标注各基本形体的定形尺寸。标注在哪个视图上，要根据具体情况而定。例如大圆筒的尺寸80注在主视图上，因为ϕ72注在主视图上不清楚，所以ϕ72和ϕ40注在俯视图上。耳板的尺寸ϕ18和R16注在俯视图上合适，而厚度尺寸只能注在主视图上。其余各部分尺寸请读者自行分析。

2. 选择尺寸基准，标注定位尺寸

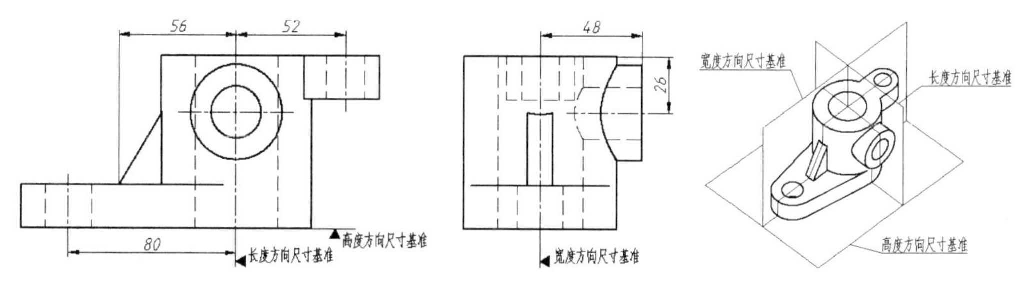

选定长、宽、高三个方向的尺寸基准。在长度方向上注出底板、肋板、耳板与大圆筒的相对位置尺寸80、56、52；在宽度和高度方向上注出凸台与大圆筒的定位尺寸48、26。

续表 4-22

3. 标注总体尺寸并协调尺寸，检查无误后按要求填写好标题栏(省略)，完成支座的绘制

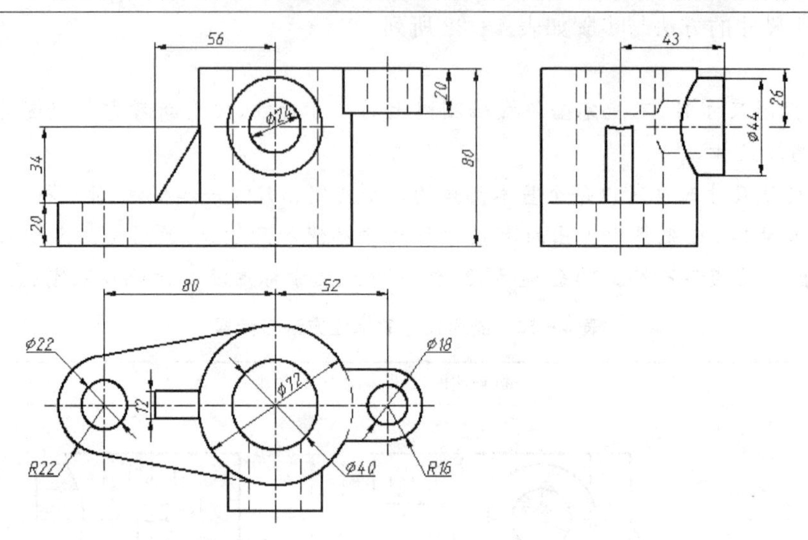

为了表示组合体外形的总长、总宽和总高，应标注相应的总体尺寸，支座的总高尺寸为 80，而总长和总宽尺寸则由于注出了定位尺寸而不独立，这时一般不再标注其总体尺寸。由俯视图可知，总长由圆弧半径尺寸 $R22$ 和 $R16$ 及定位尺寸 80 和 52 确定；左视图总宽由大圆筒的半径 $\phi72/2$ 及定位尺寸 48 确定。

任务 4.4.2　绘制定位块三视图

任务实施

一、画图前的准备工作

1. 形体分析

由图 4-44(b)及 4-53 可知，定位块是切割式组合体，它可看成是由等腰梯形棱柱切去基本体Ⅰ、Ⅱ、Ⅲ而形成的。切割式组合体视图的画法可在形体分析的基础上结合线面分析法来作图。

有关轴测图(见图 4-44(b))中的尺寸分析省略，请读者自行分析。

2. 选择主视图

如图 4-49 所示，将定位块按自然位置安放后，选择 A 向作为主视图投射方向较为合理，因为定位块的主要切割的相对位置关系在 A 向表达最清晰，能反映定位块的结构形状特征。

3. 选比例、定图幅、匀称布局

二、绘制定位块三视图

定位块的作图方法与步骤如图 4-49 所示。

三、标注定位块尺寸

定位块标注尺寸的方法与步骤如图 4-50 所示。

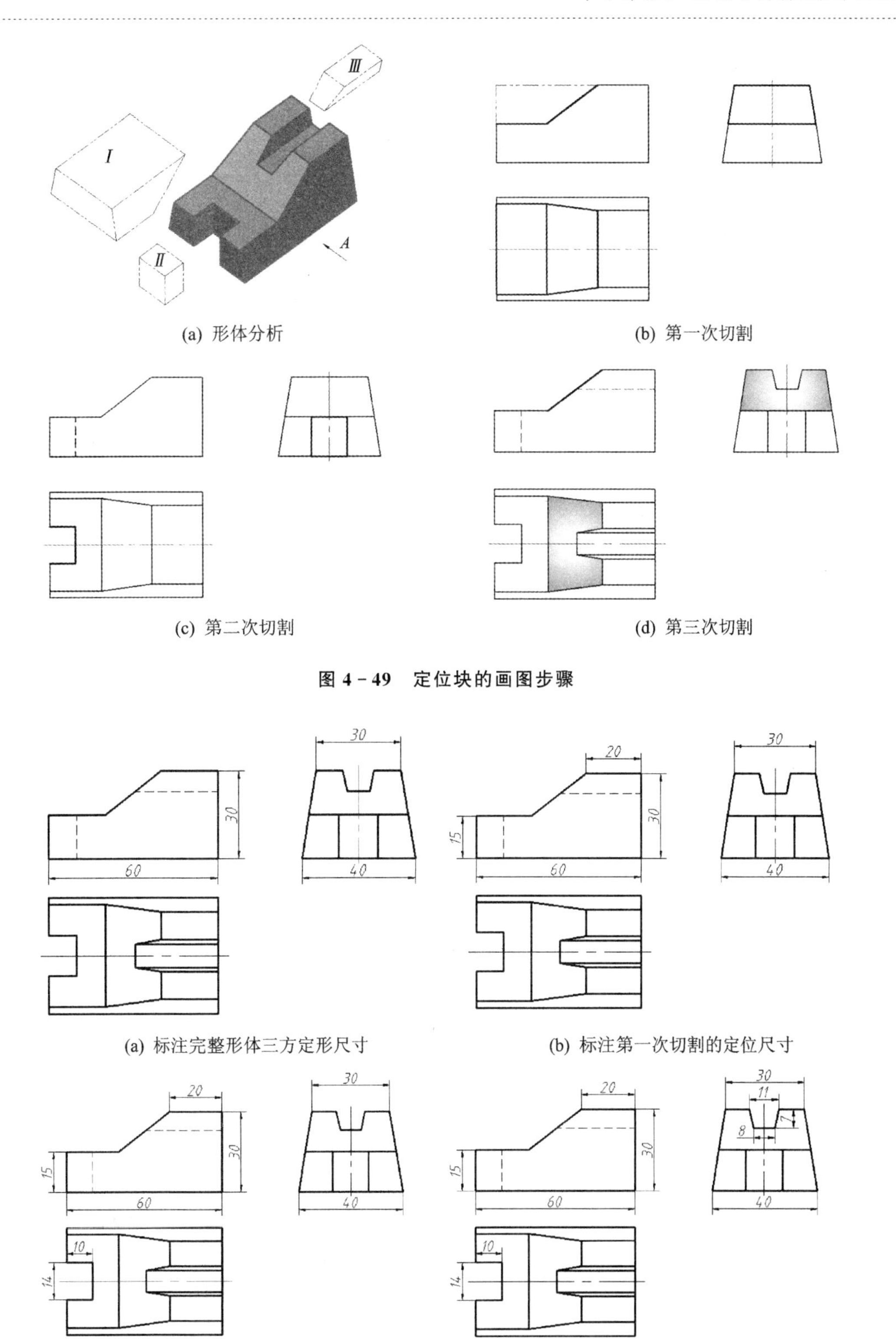

(a) 形体分析　(b) 第一次切割

(c) 第二次切割　(d) 第三次切割

图4-49　定位块的画图步骤

(a) 标注完整形体三方定形尺寸　(b) 标注第一次切割的定位尺寸

(c) 标注第二次切割的定位尺寸　(d) 标注第三次切割的定位尺寸，检查协调完成

图4-50　定位块的尺寸标注

任务知识扩展

模型测绘

已知组合模型或轴测图,徒手绘制组合体三视图,并标注尺寸(见图4-51)。

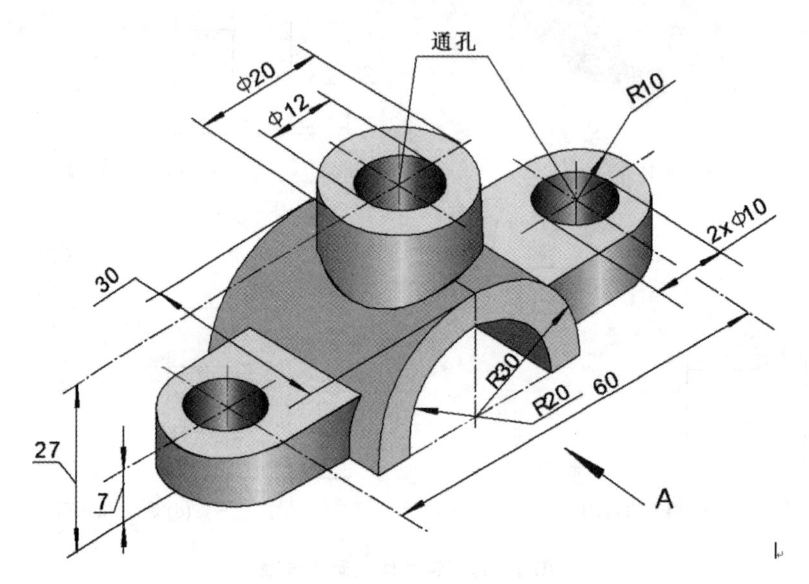

图4-51 组合体模型(轴测图)

作图步骤如图4-52所示。

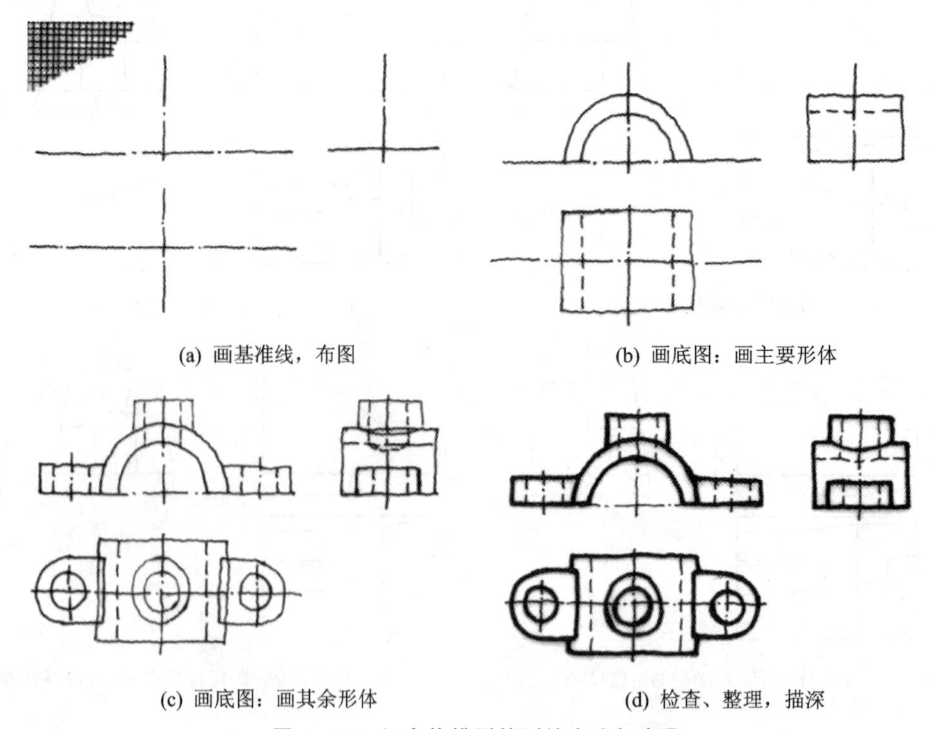

图4-52 组合体模型的测绘方法与步骤

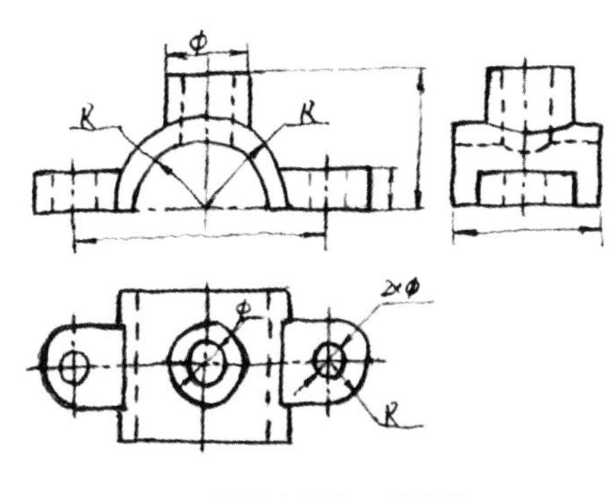

(e) 画尺寸界线、尺寸线

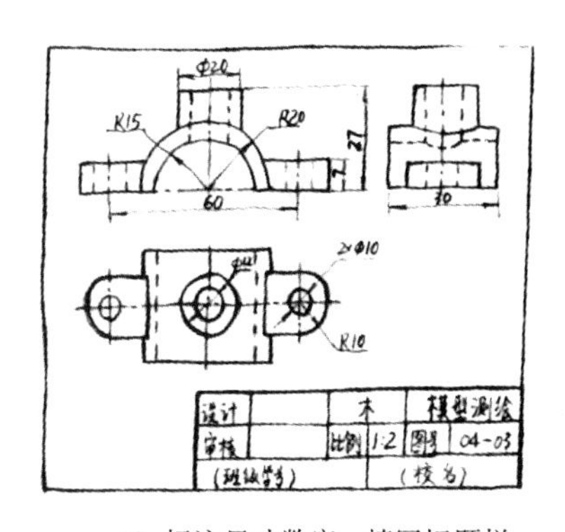

(f) 标注尺寸数字，填写标题栏

图 4-52　组合体模型的测绘方法与步骤(续)

任务巩固与练习

在A3图纸上完成中等复杂程度的组合体(轴测图或模型)的三视图(见图4-51和图4-53)，并标注尺寸，比例自定，要求先徒手绘制，再用仪器绘制。

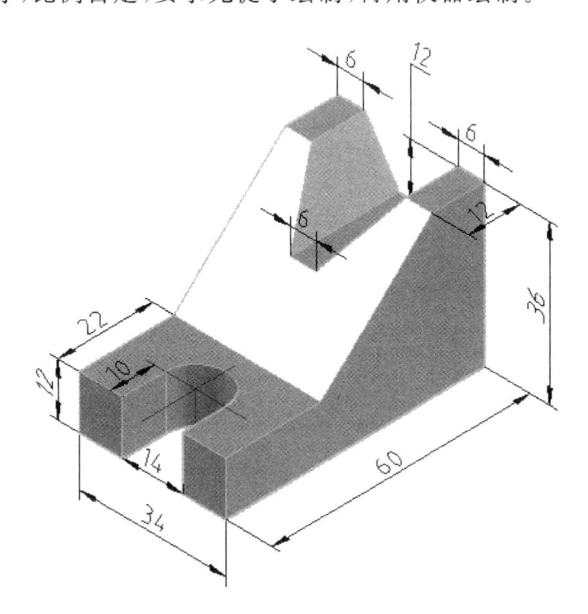

图 4-53　组合体轴测图

学习情境5

综合表达机件

任务5.1 根据轴测图(或模型)综合表达机件

任务目标

- 掌握各种视图、剖视图、断面图、局部放大图的定义、画法、标注规定、位置配置，了解各种基本表示法的适用范围；
- 掌握常用简化画法；
- 具有运用图样画法综合表达机件的能力；
- 在理解和掌握各种基本表示法的同时，通过练习，进一步提高空间想象能力和读绘机件的多面正投影的能力，从而为读绘零件图、装配图奠定较好的基础。

任务引入

根据图5-1所示支架轴测图，综合运用各种基本表示法表达机件，并标注尺寸，画在A3图纸上，比例自定。

任务知识准备

在工程实际中，机件(即机械零件和部件的简称)的结构形状是多种多样的，有些机件的外形和内部结构都较复杂，如果仅用三视图表达零件的内、外结构形状往往是不够的。为此，国家标准《技术制图》与《机械制图》规定了视图、剖视图、断面图、简化画法等基本表示法。画图时应根据机件的实际结构形状特点，灵活选用恰当的基本表示法来表达机件。

一、视　图

根据有关国家标准规定，用正投影法所绘制出的物体图形称为视图，它主要用于表达机件的外部结构形状，其不可见部分必要时才用细虚线画出。视图分为基本视图、向视图、局部视图和斜视图四种。

1. 基本视图

将物体向基本投影面投射所得的视图，称为基本视图。

为能把复杂机件的内、外结构形状正确、完整、清晰地表达出来，根据国标规定，在原有三个投影面的基础上，再增设三个互相垂直的投影面(顶面、前立面和左侧面)，构成一个正六面体，该正六面体的六个面称为基本投影面，如图5-2(a)所示。

把机件放置其中，用正投影法向六个基本投影面分别进行投射，就得到该机件的六个基本视图。除了学习情境二已经介绍过的主视图、俯视图、左视图外，还增加了右视图、仰视图、后视图，如图5-2(b)所示。

右视图——从右向左投射所得的视图；

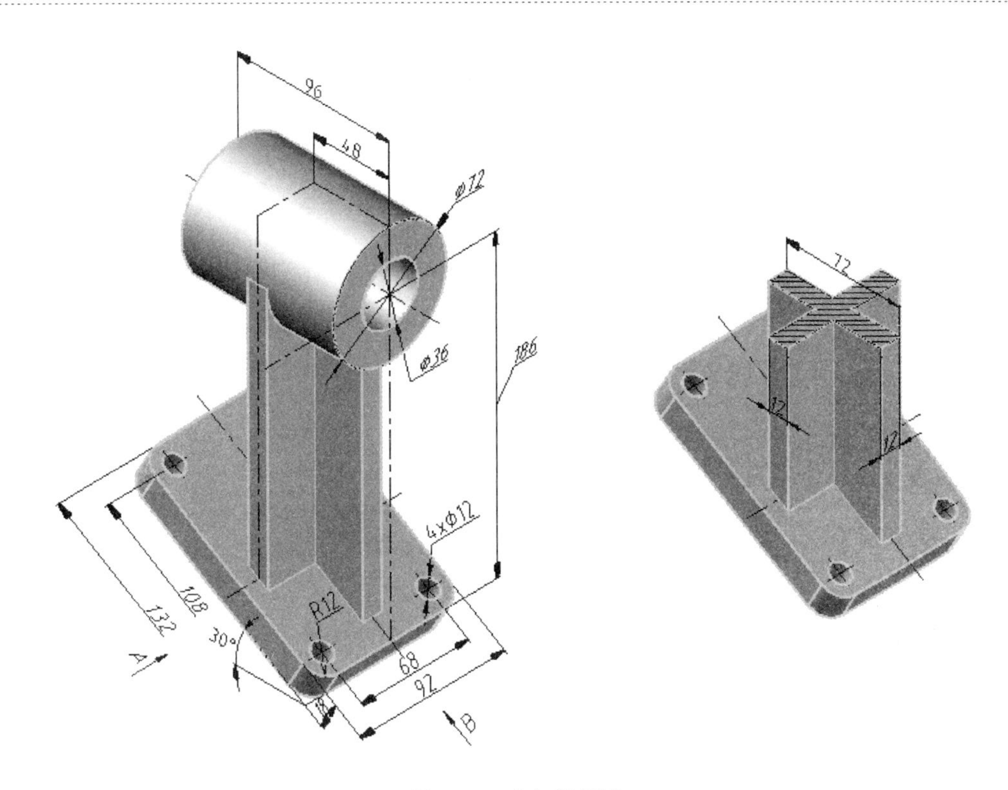

图 5－1　支架轴测图

仰视图——从下向上投射所得的视图；

后视图——从后向前投射所得的视图。

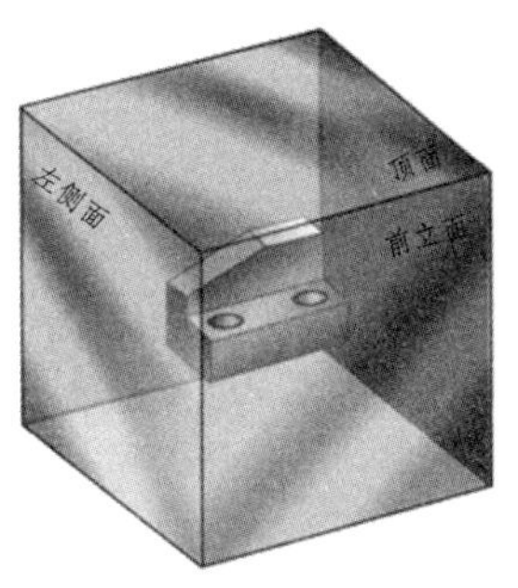

(a) 六个基本投影面

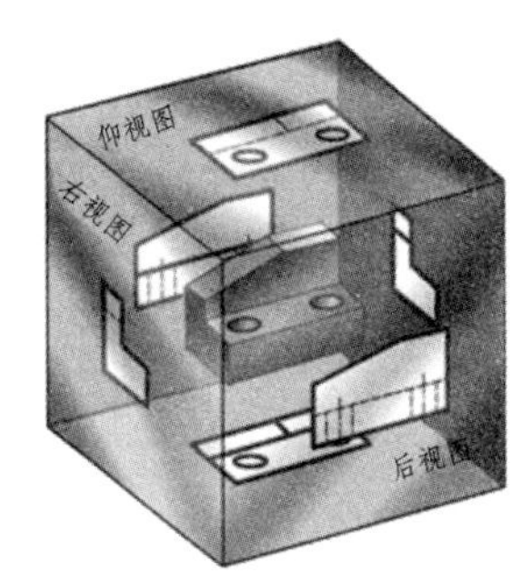

(b) 右、后、仰视图的形成

图 5－2　六个基本投影面及其增加的视图

投射后，为了得到同一平面上的六向基本视图，规定正立投影面不动，将六个基本投影面按如图 5－3 所示方法展开。机械图样中，各视图的名称和配置关系，如图 5－4 所示。在一张图纸内符合图 5－4 的配置规定时，一律不标注视图的名称。

六个基本视图之间仍保持“长对正、高平齐、宽相等”的投影关系。即主、俯、仰、后视图长对正；主、左、右、后视图高平齐；俯、左、仰、右视图宽相等。

注意　俯、左、仰、右视图靠近主视图的里侧均反映物体的后方，而远离主视图的外侧均反映物体的前方。

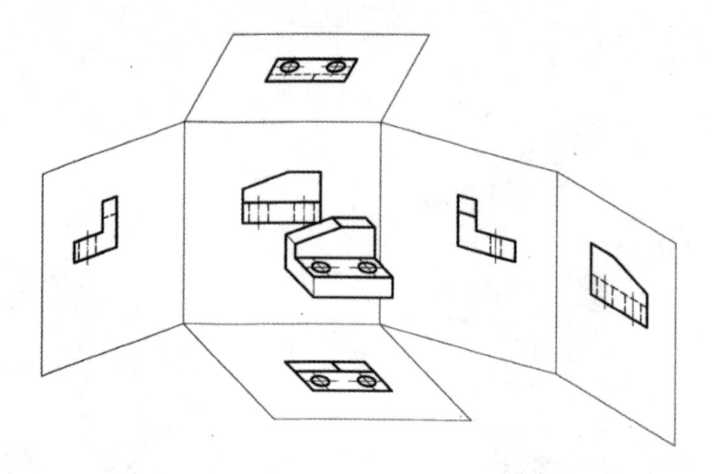

图5-3　六个基本视图的形成及其展开

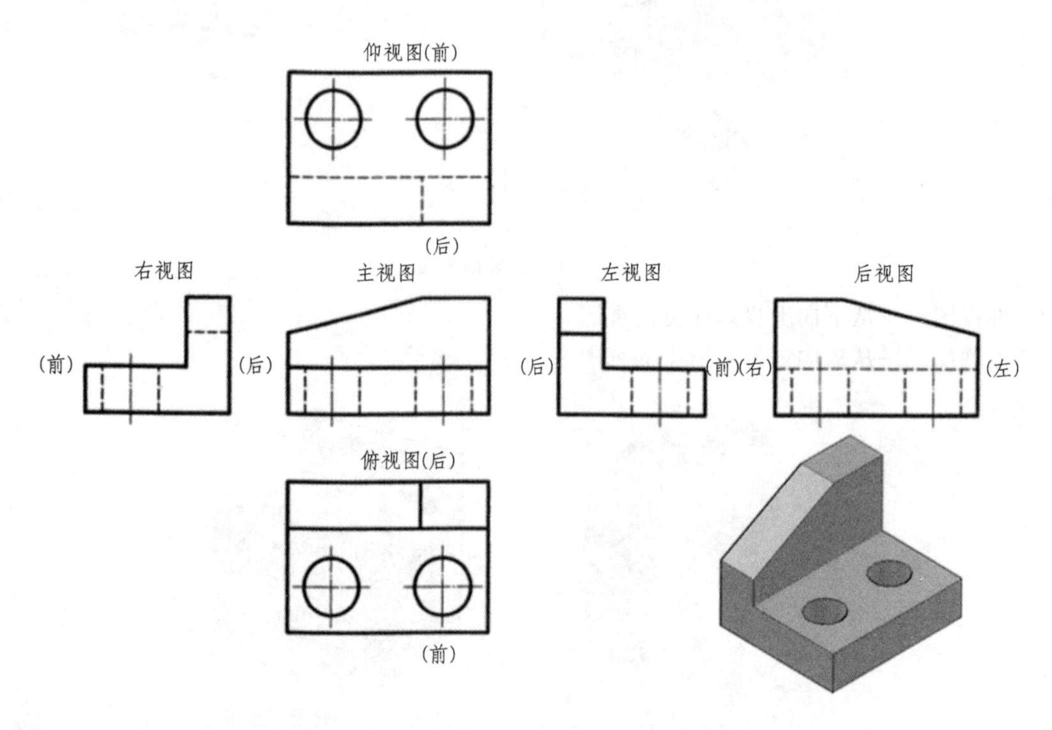

图5-4　六个基本视图的配置和方位对应关系

基本视图主要用于表达在基本投射方向上的外形。实际画图时，不需将六个基本视图全部画出，应根据机件的复杂程度和表达需要，选用其中必要的几个基本视图。若无特殊情况，优先选用主、俯、左视图。

2. 向视图

向视图是可自由配置的基本视图。当某视图不能按投影关系配置时，可按向视图绘制，如图5-5所示的向视图 A、B、C。为了便于识读和查找自由配置后的向视图，应在向视图的上方注出“×”(×为大写拉丁字母)，并在相应视图的附近用箭头指明投射方向，注上相同的字母，如图5-5所示。

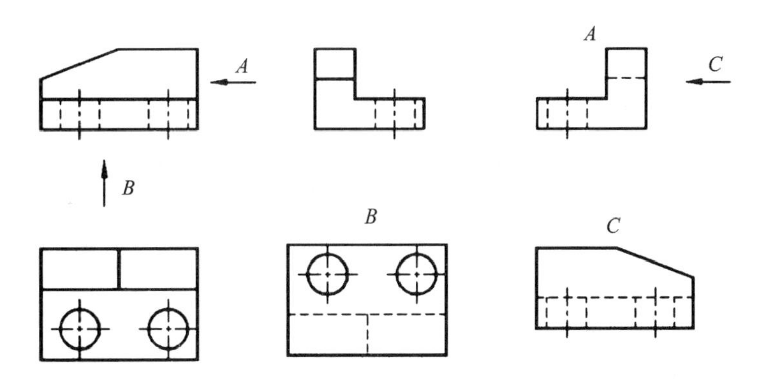

图 5-5　向视图

在实际应用时，要注意以下几点：

❶ 向视图是基本视图的另外一种表达形式，其主要区别在于视图的配置位置发生了变化，而视图之间的内在联系保持不变。所以，向视图中表示投射方向的箭头应四周正射地指向主视图上，以使所获得的视图与基本视图一致。而表示后视图的投射箭头应水平指向左视图或右视图。

❷ 向视图的字母名称和箭头旁的字母一律采用大写拉丁字母，且与读图方向一致。

❸ 向视图三个“不能”：投射的方向不能倾斜（必须是正射的）；不能只画出部分（必须是正射后的完整投影）；不能旋转配置（它是平移配置的基本视图）。

3. 局部视图

局部视图是将物体的某一部分向基本投影面投射所得的视图。它有如下两种情况：

1）用于表达机件的局部结构形状

局部视图是一个不完整的基本视图，当机件上的某一局部结构形状没有表达清楚，而又没有必要用一个完整的基本视图表达时，可单独将这一部分向基本投影面投射，从而避免了因表达局部结构而重复画出已在其他视图上表达清楚的结构，如图 5-6 所示，利用局部视图 A、B 表示左右两端凸缘结构形状，既简练又突出重点，并可以减少基本视图的数量。

局部视图的配置、画法与标注规定如下：

① 局部视图按基本视图的配置形式配置，中间若没有其他的图形隔开时可不必标注，如图 5-6 中的局部视图“A”，图中字母 A 和相应箭头均不必标注（如不注“A”，其他处标注的局部视图的字母，应按自然顺序重新调整）。

② 局部视图也可按向视图的配置形式配置和标注，如图 5-6 所示的局部视图 B。

③ 按第三角画法（详见任务知识拓展）配置在视图上需要表示的局部结构附近，并用细点画线将两者相连，无中心线的图形也可用细实线联系两图，此时不需另行标注，如图 5-7 所示。

④ 局部视图的断裂边界用波浪线或双折线表示，如图 5-6 中局部视图 A；当所表达的局部结构的外形轮廓是完整的封闭图形时，断裂边界线可省略不画，如图 5-6 中局部视图 B。画波浪线时应注意：波浪线不应与轮廓线重合或在其延长线上；波浪线不应超出机件的轮廓线，如图 5-8(b)所示；波浪线不应穿空而过，如图 5-8(b)所示。

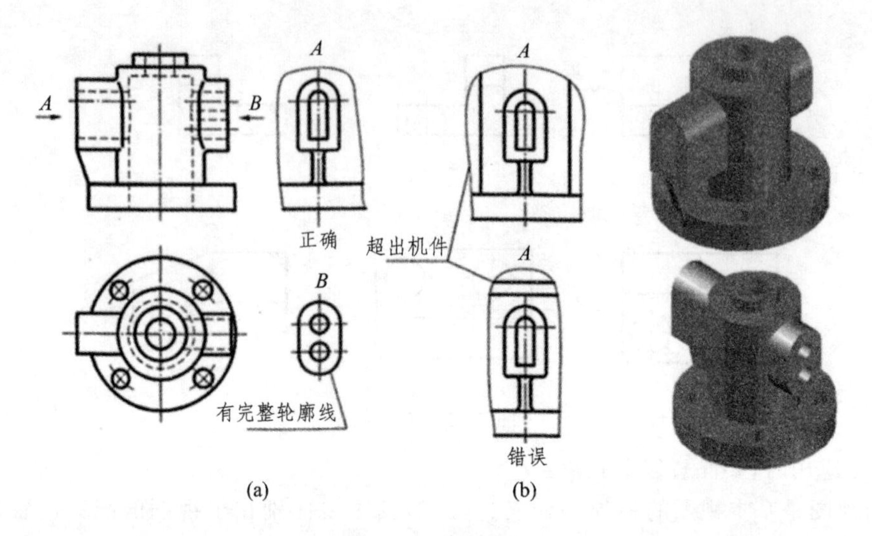

(a) (b)

图 5-6 局部视图

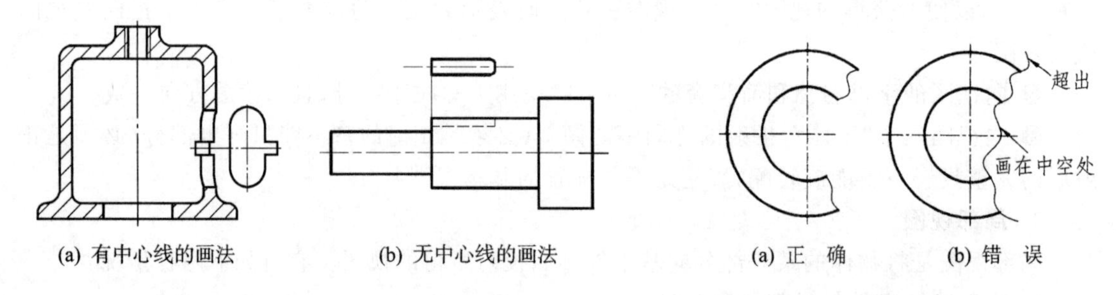

(a) 有中心线的画法 (b) 无中心线的画法

图 5-7 局部视图按第三角画法配置

(a) 正 确 (b) 错 误

图 5-8 波浪线的正误画法

2）对称机件的视图可只画一半或四分之一，并在对称中心线的两端画出两条与其垂直的平行细实线，如图 5-9(a)、(b)所示，或不画对称符号，而使轮廓线略超出对称中心线，如图 5-9(c)所示。这种以细点画线作为断裂边界线的简化画法，是局部视图的一种特殊画法。

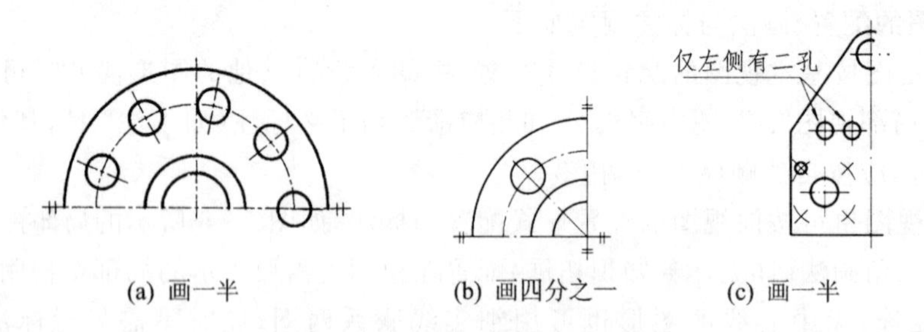

(a) 画一半 (b) 画四分之一 (c) 画一半

图 5-9 对称机件视图的简化画法

4. 斜视图

斜视图是物体向不平行于基本投影面的平面(通常是基本投影面的垂直面)投射所得的视图。

如图 5-10(a)所示，当机件上存在倾斜于基本投影面的结构时，其倾斜部分结构在基本视图上既不反映实形，也不便于标注尺寸。为此，可设置一个与物体倾斜部分平行并垂直于一个基本投影面的辅助投影面，将倾斜结构向该投影面投射，即可得到反映其实形的视图（即斜视图）。

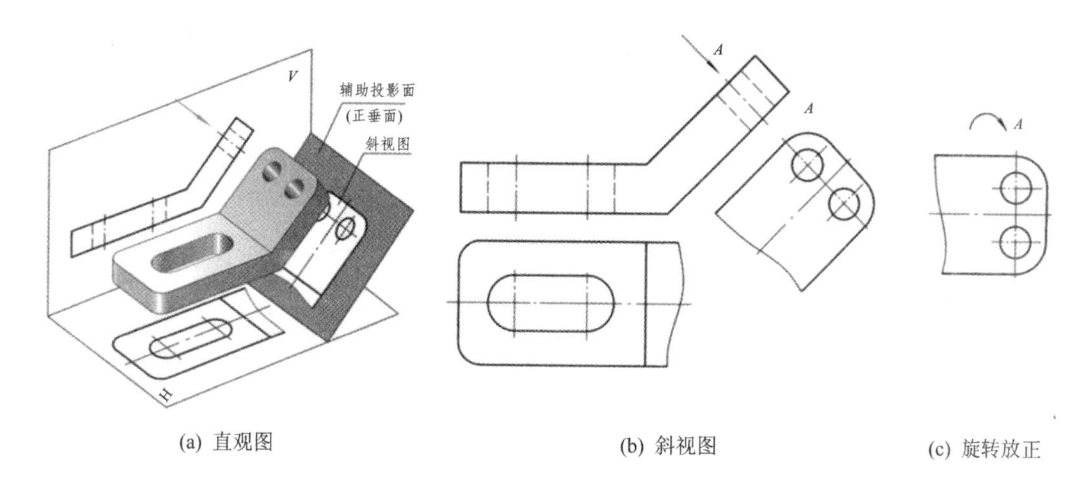

(a) 直观图　(b) 斜视图　(c) 旋转放正

图5－10　斜视图的形成

斜视图的画法、配置与标注：

1）斜视图常使用于表达机件上的倾斜部分，其余部分不必画出，其画法同局部视图，也有两种，一种是用波浪线或双折线表示断裂部分的边界，如图5－10(b)所示；另一种是当倾斜部分的结构表面轮廓是一个封闭、完整的图形时，则不画波浪线。

2）斜视图通常按向视图的规定配置并标注，即在斜视图的上方用字母水平标出视图的名称，并在相应的视图附近用带有同样字母（水平注写）的箭头指明投射方向，如图5－10(b)所示。

3）必要时，允许将斜视图旋转放正画出（使斜视图图形的主要轮廓线成水平或竖直位置，一般图形旋转的角度以不大于90°为宜），并加注旋转符号，如图5－10(c)所示。旋转符号为半圆弧，半径等于字体高度，如图5－11所示。表示该视图名称的字母应靠近旋转符号的箭头端，也允许在字母之后注出旋转的角度，如图5－12所示。

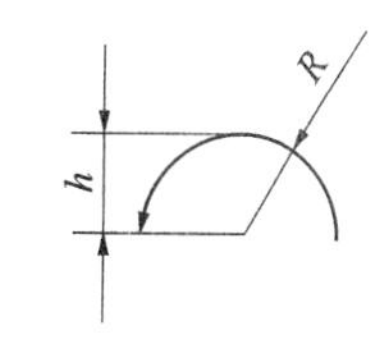

图5－11　旋转符号

二、剖视图

用视图表达机件形状时，对于机件上不可见的内部结构（如孔、槽等）和背面外部结构要用细虚线表示。但如果机件的内部结构比较复杂，图上会出现较多细虚线，有些甚至与外形轮廓重叠，既不便于读图，也不便于标注尺寸。为此，可按国家标准规定采用剖视图来表达机件的内部结构形状（GB/T 17452—1998，GB/T 4458.6—2002）。

1. 剖视图的概念、画法及标注

(1) 剖视图的概念

如图5－13所示，假想用剖切面剖开机件，将处在观察者与剖切面之间的部分移去，而将其余部分向投影面投射得到剖开后的图形称为剖视图（简称剖视），并在剖切面与机件接触的剖面区域内画上剖面符号。

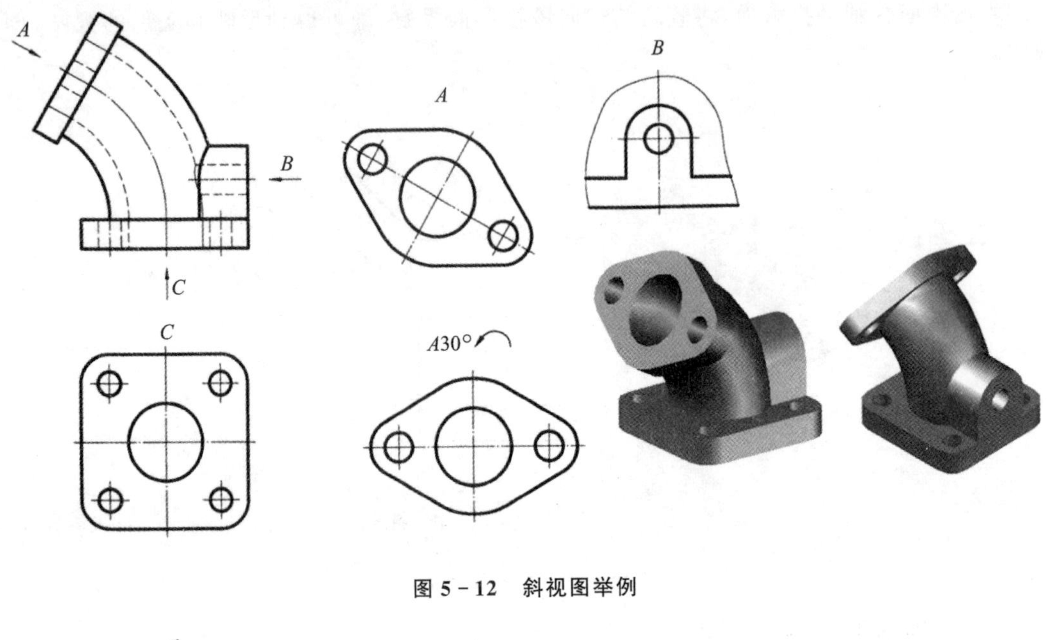

图5-12　斜视图举例

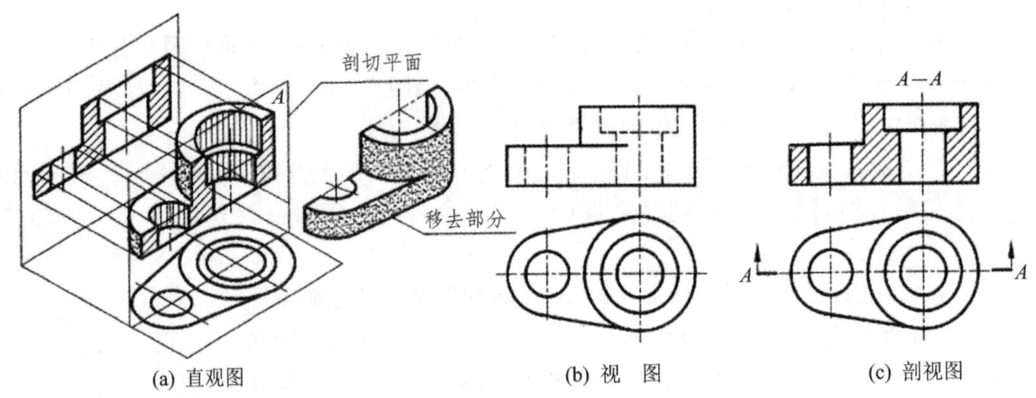

图5-13　剖视图的形成

(2) 剖视图的画法

1) 确定剖切面的位置。由于画剖视图的目的在于表达机件的内部结构,一般选择特殊位置,如让剖切面通过机件的对称面、轴线或中心线,并且被剖切到的实体其投影反映实形。

2) 画剖视图。先画作图基准线、外形轮廓线和剖切面上内孔形状的投影,再画剖切面后的可见轮廓线的投影,把剖面区域和剖切面后面的可见轮廓线画全,凡是已经表达清楚的结构,虚线应省略不画。

3) 画剖面符号。假想用剖切面剖开机件,剖切面与机件的接触部分称为剖面区域。

根据国家标准《技术制图》(GB/T17453—2005)中规定,剖面区域内要画出剖面符号,以区分所用材料的不同。如表5-1所示为各种材料的剖面符号。

在机械设计中,金属材料使用较多,所以下面详细介绍画金属材料剖面符号时,应遵守的规定:

金属材料的剖面符号又称剖面线,剖面线一般是与图形主要轮廓线或剖面区域的对称线成45°角(向左、右倾斜均可),如图5-14(a)所示,间隔相等,互相平行的细实线。其间隔应按剖面区域的大小确定。同一机械图样中同一零件的剖面线的方向应相同，间隔也应相等。

表 5－1　各种材料的剖面符号(GB/T 4457.5—1984)

金属材料(已有规定剖面符号者除外)		线圈绕组元件		转子、电枢、变压器和迭钢片	
非金属材料(已有规定剖面符号者除外)		型砂、填砂、粉末冶金、砂轮、陶瓷刀片、硬质合金		基础周围的泥土	
木质胶合板(不分层数)		玻璃及供观察用的其他透明材料		格网(筛网、过滤网)	
混凝土		钢筋混凝土		砖	
木材(纵剖面)		木材(横剖面)		液体	

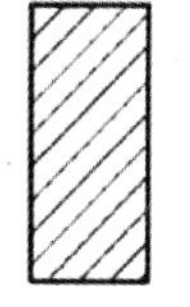
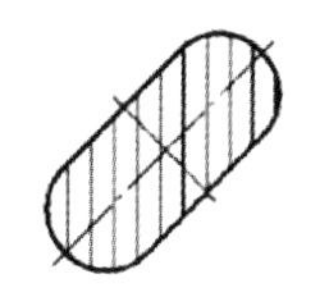
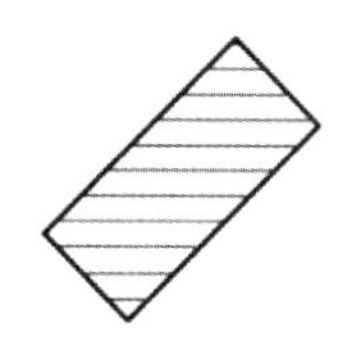
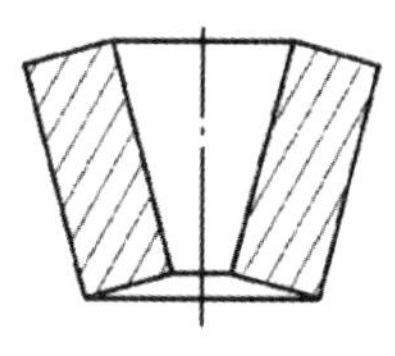
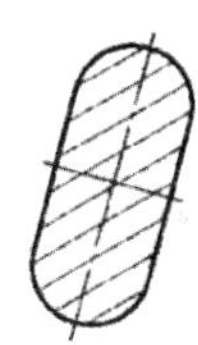

(a) 剖面线的方向

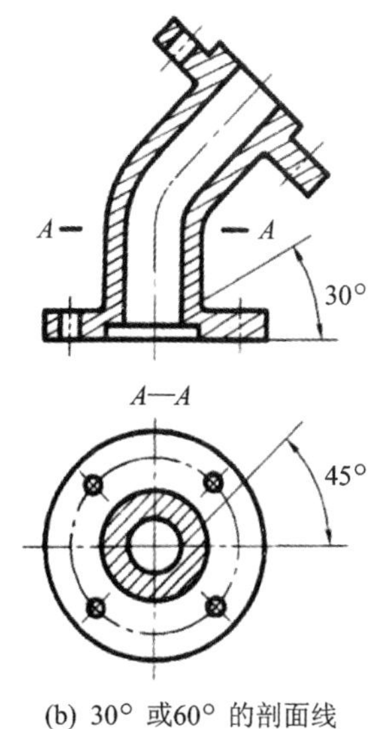

(b) 30° 或60° 的剖面线

图 5－14　画金属材料剖面符号的规定

如图 5－14(b)所示,当图形的主要轮廓线与水平线成 45°或接近 45°时,则该图形的剖面线应改画成与水平方向成 30°或 60°的平行线,但倾斜方向和间隔仍应与同一机件其他剖视图的剖面线一致。

4）画剖视图时应注意的几个问题:

❶ 剖切机件的剖切面必须平行或垂直于某一基本投影面。

❷ 由于剖切是假想的,因此,当机件的某一个视图画成剖视图后,其他视图仍应完整地画出。图 5－15 中的俯视图只画了一半是错误的画法。

❸ 在剖视图中,一般应尽量省略细虚线不画。对于没有表达清楚的结构,在不影响剖视图清晰,同时可以减少一个视图的情况下,可画少量虚线。如图 5－16 所示,用虚线表示机件底板的厚度及两圆筒表面相交的交线。

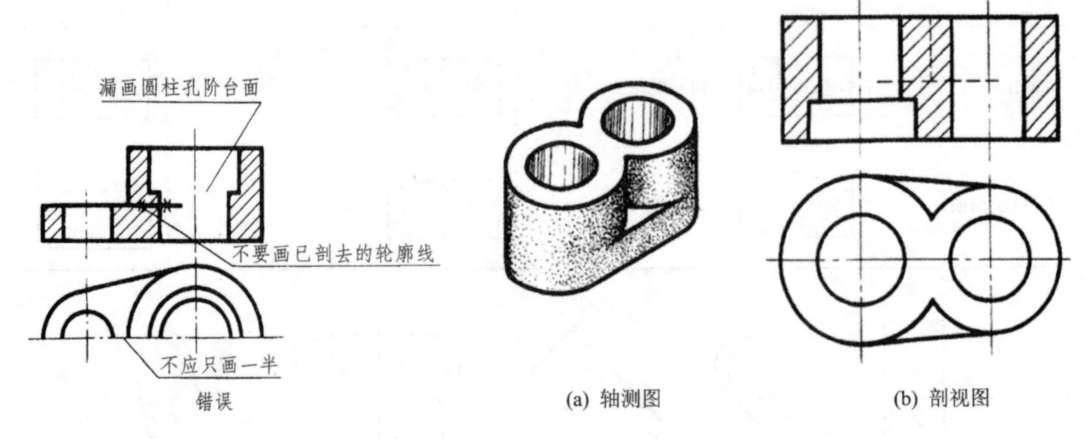

图 5－15　画剖视图时注意(一)　　图 5－16　画剖视图时注意(二)

❹ 剖切平面后的可见轮廓应全部画出,不得漏画,如图 5－15 和图 5－17 所示剖视图中阶梯孔的台阶线。剖切平面前方在已剖去部分上的可见轮廓线不应多画出。如图 5－15 中的主视图上多画了已剖去的部分。

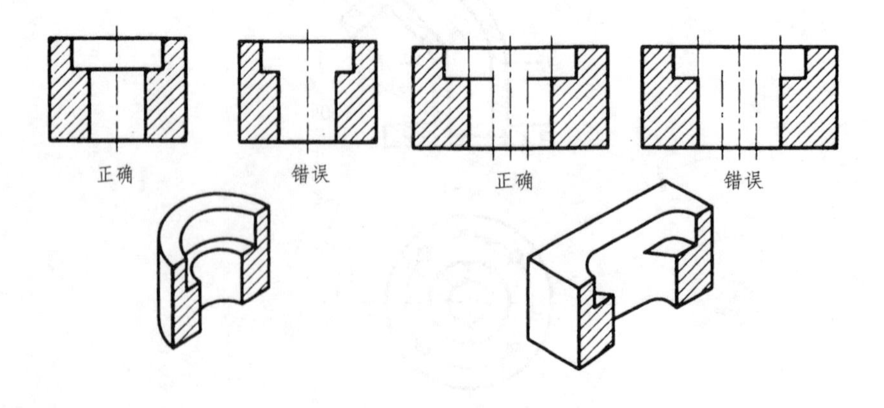

图 5－17　孔的剖视图画法

❺ 根据需要可同时将几个视图画成剖视图,它们之间相互独立,各有所用,互不影响,如图 5－14 中主、俯视图都画成剖视图。

（3）剖视图的配置与标注

1）剖视图的配置。剖视图首先考虑配置在基本视图的方位，如图5-18中的$B—B$所示；当难以按基本视图的方位配置时，也可按投影关系配置在相应位置上，如图5-18中的$A—A$所示；必要时才考虑配置在其他适当位置。

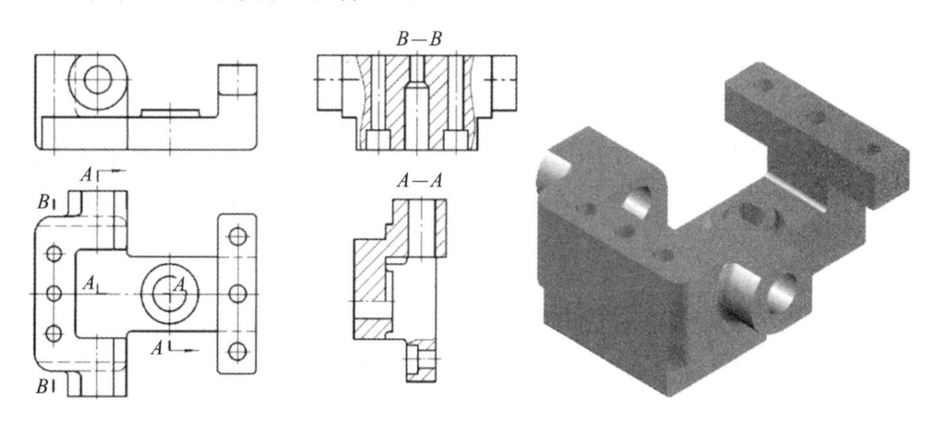

图5-18　剖视图的配置与标注

2）剖视图的标注。剖视图标注有三要素：剖切线、剖切符号和字母。

剖视图标注的目的，在于表明剖切面的位置以及投射方向。一般应在剖视图上方用大写拉丁字母标出剖视图的名称“×—×”，在相应视图上用剖切线指示剖切面位置（用细点画线表示，一般省略不画），剖切符号表示剖切面起、迄和转折位置（用粗短画表示，线宽1 d～1.5 d，长5～10 mm）和投射方向（用箭头表示），并注上同样的字母“×”，如图5-13(c)所示。

剖切符号、剖切线和字母组合标注如图5-19(a)所示，剖切线可省略不画，如图5-19(b)所示。

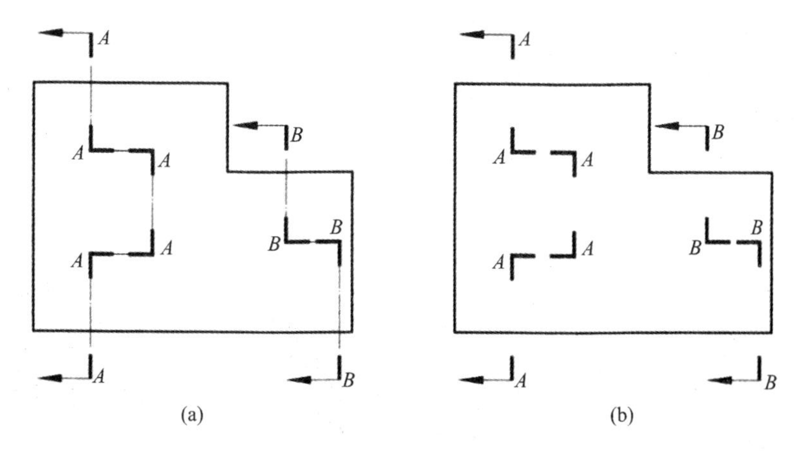

图5-19　剖切符号标注示例

注意　剖切符号在剖切面的起、迄和转折处均应画出，且尽可能不与图形轮廓线相交。箭头线应与剖切符号垂直。在其起、迄和转折处应标记相同的字母，当转折处地位有限且不致引起误解时，允许省略标注。不论剖切符号方向如何，字母一律水平书写。

3）剖视图的省略标注。当剖视图按投影关系配置，中间又没有其他图形隔开时，可省略箭头，如图5-14所示的俯视图。

当单一剖切平面通过物体的对称平面或基本对称平面,且剖视图按投影关系配置,中间又没有其他图形隔开时,可不必标注,如图 5-16(b)所示。

注意 剖视图完整地标注是基本规定,标注时可省略而未省略不作错论,但应提倡可省则省的简化注法。

2. 剖视图的种类

按剖切的范围来分,剖视图可分为全剖视图、半剖视图和局部剖视图三类。

(1) 全剖视图

用剖切面完全地剖开机件所得的剖视图称为全剖视图。全剖视图主要用于表达外形简单、内部复杂的机件或外形较复杂但已在其他视图上表达清楚的机件。图 5-13 和图 5-16 所示均为全剖视图。

(2) 半剖视图

当机件具有对称平面时,向垂直于对称平面的投影面上投射所得的图形,可以对称中心线为界,一半画成剖视图,一半画成视图,这样的图形称为半剖视图。

如图 5-20 所示的机件,在主视图上,其内部结构用虚线表达不够清楚(见 5-20(a)左图),如果主视图采用全剖视图,则机件前方的圆孔和凸台被剖去,外形无法表达(见 5-20(a)右图)。但这个机件左右对称,所以采用半剖视图(见 5-20(a)中图)。由于半剖视图是由视

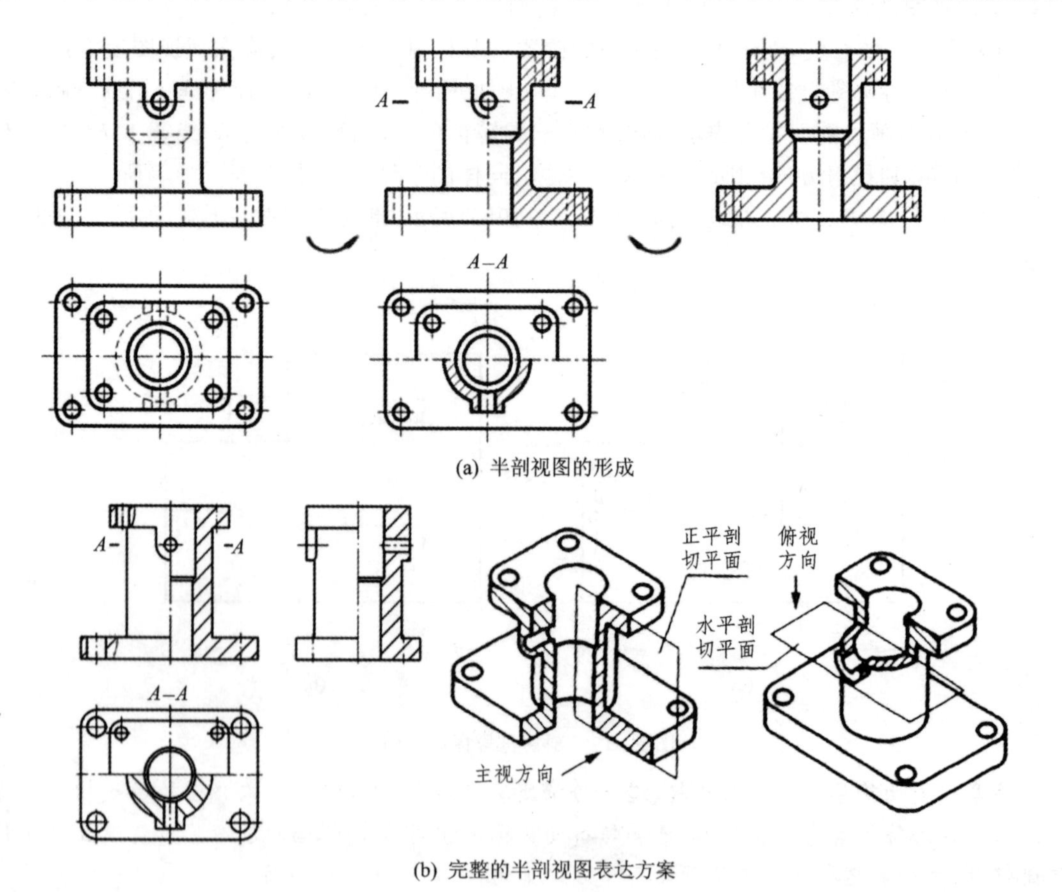

(a) 半剖视图的形成

(b) 完整的半剖视图表达方案

图 5-20 半剖视图(一)

图和剖视图各一半合并起来的，所以在同一个图形上清楚地表达了机件的内、外结构形状。半剖视图主要用于表达内外结构形状都比较复杂的对称或基本对称（不对称部分已另有视图表达清楚，如图 5 - 21 所示）的机件。

画半剖视图时应注意以下事项：

❶ 半个视图与半个剖视图的分界线应是细点画线，而不是粗实线。

❷ 因为图形对称，内部结构形状已在半个剖视图中表达清楚，一般在另外半个视图上不再画虚线。

❸ 半剖视图标注的方法及省略标注的情况与全剖视图完全相同。

❹ 半剖视图多半画在主、俯视图的右半边，俯、左视图的前半边，主、左视图的上半边。

（3）局部剖视图

用剖切面局部地剖开机件所得的剖视图，称为局部剖视图，如图 5 - 22 和图 5 - 23 所示。

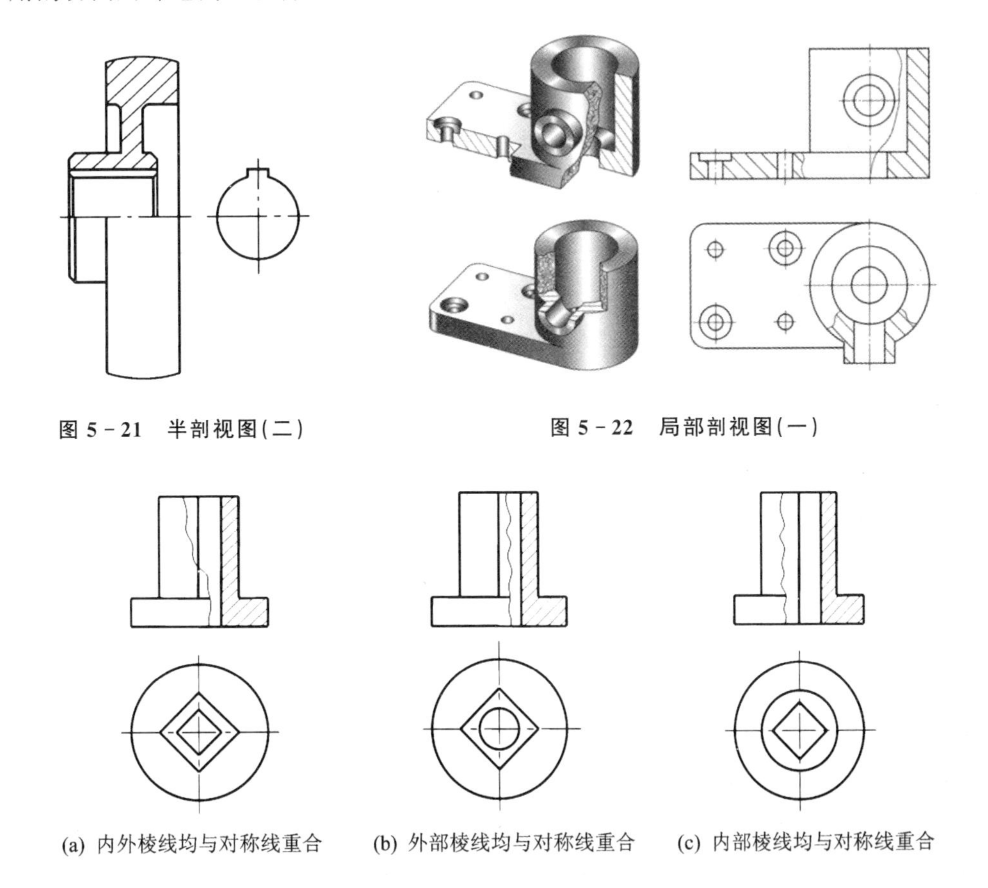

图 5 - 21　半剖视图（二）

图 5 - 22　局部剖视图（一）

(a) 内外棱线均与对称线重合　(b) 外部棱线均与对称线重合　(c) 内部棱线均与对称线重合

图 5 - 23　机件棱线与对称线重合时的局部剖视图的画法

局部剖视图主要用于当非对称机件的内、外结构均需要在同一视图上兼顾表达（见图 5 - 22）或对称机件不适合作半剖视（分界线是粗实线）时（见图 5 - 23），可采用局部剖视图表达。当实心零件上有孔、凹坑和键槽等局部结构时，也常用局部剖视图表达，如图 5 - 24(a)所示。

画局部剖视图应注意的问题：

❶ 局部剖视图中，剖视图部分与视图部分之间应以波浪线为分界线（也即机件断裂处的边界线），局部剖视图也可用双折线分界，如图 5 - 24(b)所示。

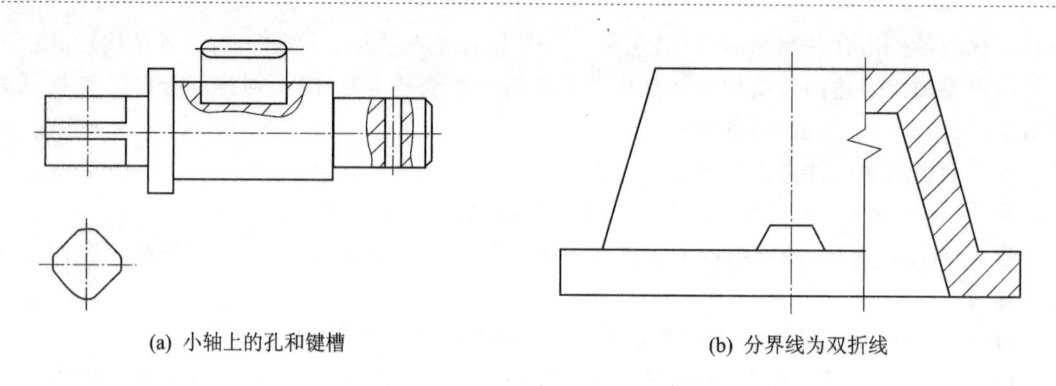

(a) 小轴上的孔和键槽　　(b) 分界线为双折线

图5-24　局部剖视图(二)

波浪线画法应注意:波浪线不应画在轮廓线的延长线上,也不能用轮廓线代替,也不允许和图样上的其他图线重合,如图5-25(a)所示;波浪线应画在机件的实体上,波浪线不能超出图形轮廓线;也不能穿空而过,如遇到孔、槽等结构时,波浪线必须断开。图5-25(a)中波浪线的画法是错误的。

❷ 当被剖切部位的局部结构为回转体时,允许将该结构的回转轴线作为局部剖视图与视图的分界线,如图5-25(b)所示。

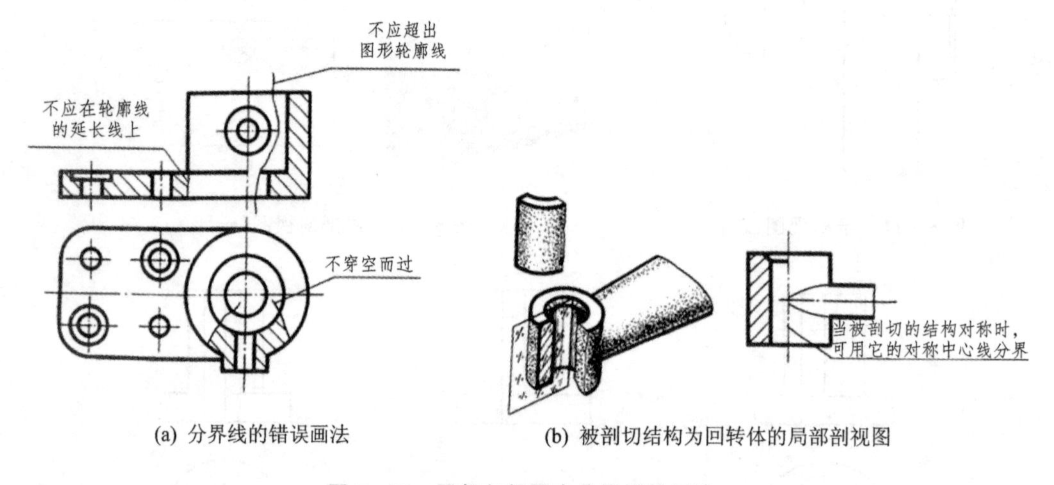

(a) 分界线的错误画法　　(b) 被剖切结构为回转体的局部剖视图

图5-25　局部剖视图中分界线的画法

❸ 单一剖切平面的剖切位置明显时,局部剖视图可不必标注,如图5-20(b)所示的主视图上的两个小孔,如图5-22所示的主视图上的左边阶梯孔与右边小孔。但当剖切位置不明显或局部剖视图未按投影关系配置时,则必须加以标注,如图5-18中左视图三个阶梯孔。

❹ 局部剖视图不受结构是否对称的限制,剖切位置和剖切范围应根据需要确定,其剖切范围可大可小,非常灵活,如运用恰当可使表达重点突出,简明清晰。但同一机件的同一视图上其剖切数量不宜太多,否则,会使表达过于凌乱,且会割断它们之间内部结构的联系;在不影响外形表达的情况下,可在较大范围内画成局部剖视,以减少局部剖视的数量。

3. 剖切面的种类

由于机件内部结构形状的多样性和复杂性,常需选用不同数量和位置的剖切面来剖开机件,才能把机件的内部结构形状表达清楚。国家标准规定,根据机件的结构特点,可选择下列剖切面剖开机件。

（1）单一剖切面

① 平行于基本投影面的单一剖切平面。用一个平行于基本投影面的平面剖切，前面所述的全剖视图、半剖视图和局部剖视图图例大多是这种情况。

② 不平行于任何基本投影面的单一斜剖切平面。用不平行于任何基本投影面的平面剖切，这种剖视图一般应画在箭头所指的方向，并与倾斜结构保持投影关系，但也可配置在其他位置上；必要时，允许将该剖视图旋转放正配置，但必须在剖视图上方注出旋转符号（同斜视图），剖视图名称应靠近旋转符号的箭头。其配置与标注如图 5－26 和图 5－27 所示。

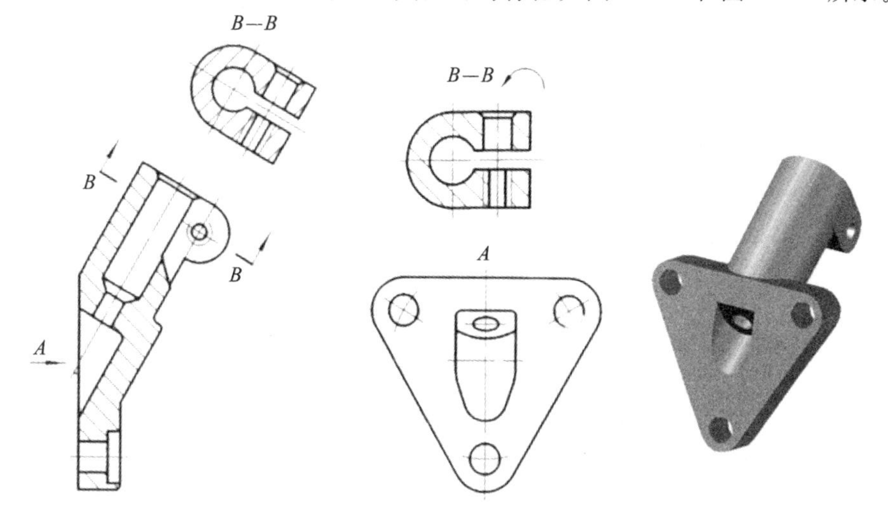

图 5－26　用单一斜剖切平面剖切时剖视图的画法（一）

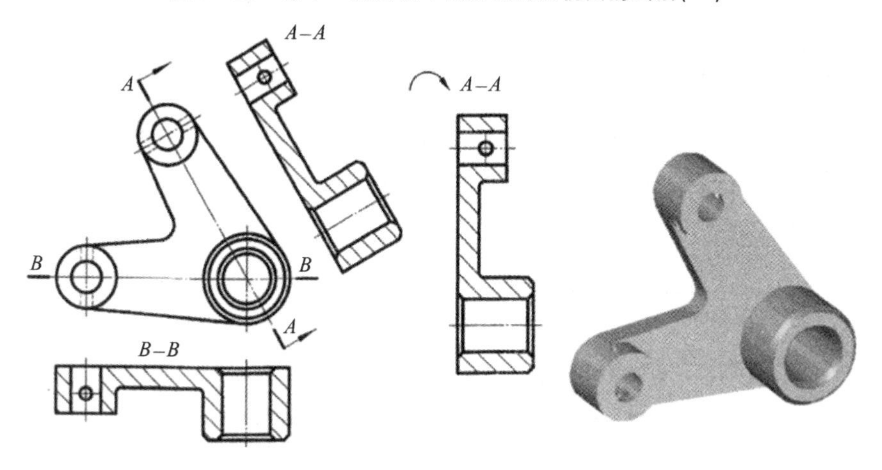

图 5－27　用单一斜剖切平面剖切时剖视图的画法（二）

单一斜剖切平面常用于当机件具有倾斜部分，同时这部分内形和外形都需表达的场合。

（2）几个平行的剖切平面

几个平行的剖切平面指两个或两个以上平行的剖切平面，并且要求各剖切平面的转折处必须是直角。它常用于机件的孔槽及空腔等内部结构较多、又不处于同一平面内、并且被表达结构无明显的回转中心的场合。

如图 5－28 所示的机件，为了同时将左边阶梯孔及右边的通孔表达清楚，采用两个平行的剖切平面将其剖开,主视图上得到A—A全剖视图。

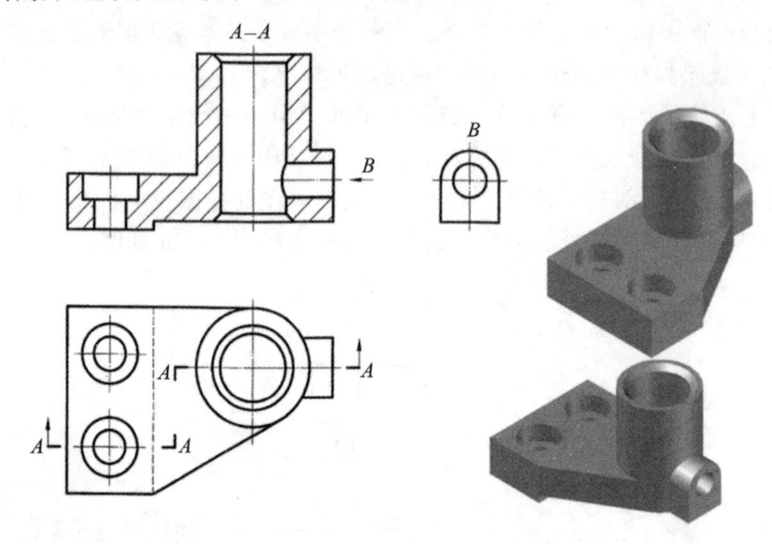

图5-28　几个平行剖切平面的剖切

用这类剖切面画剖视图应注意:

❶ 因为剖切平面是假想的,可以看作是一个剖切平面,所以不应画出剖切平面转折处的分界线,如图5-29(a)所示。

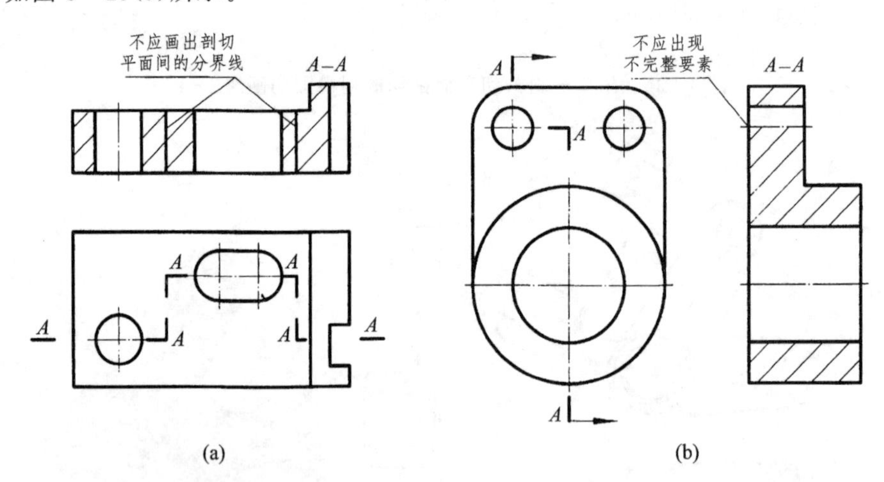

图5-29　几个平行剖切平面的剖视的注意画法(一)

❷ 为了清晰起见,各剖切平面的转折处不应重合在图形的实线或虚线上,如图5-30所示。

❸ 剖视图中不允许出现不完整的结构要素,如半个孔,不完整肋板等,如图5-29(b)所示。仅当两个要素在图形上具有公共的对称中心线或轴线时,可以各画一半,此时应以对称中心线或轴线为界,如图5-31所示。

❹ 标注时,必须在相应视图上用剖切符号标出剖切位置,在剖切平面的起讫和转折处标出相同字母,在起、讫处画出箭头指明投影方向,在剖视图上方用大写拉丁字母注出剖视图名称。

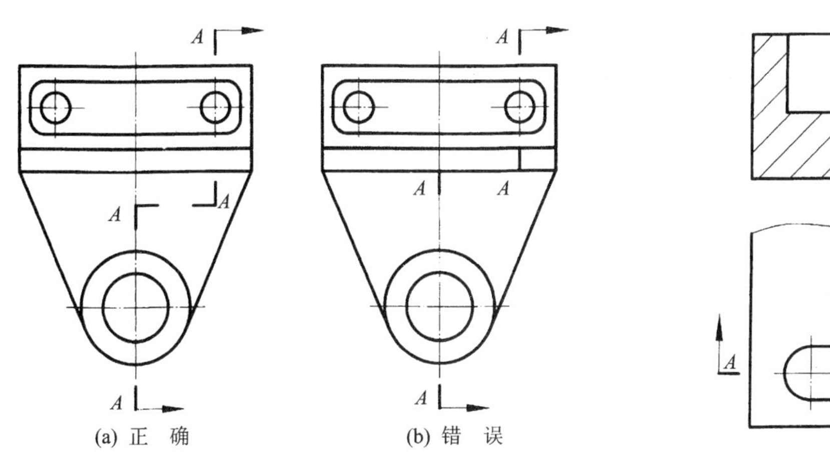

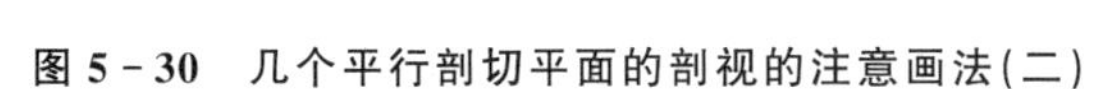
图5-30　几个平行剖切平面的剖视的注意画法(二)

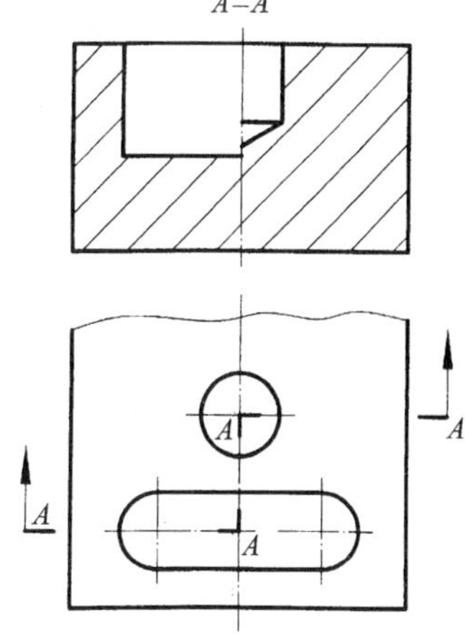

图5-31　具有公共对称线要素的剖视图

(3) 几个相交的剖切面

几个相交的剖切面是指两个或两个以上相交的剖切平面。两个相交剖切平面的剖切常用于表达相交平面内机件的内部结构且该机件具有明显的回转轴线,如盘盖类机件,如图5-32和图5-33所示。两个以上相交剖切平面的剖切常用于机件具有若干形状、大小不一、分布复杂的孔和槽等的内部结构,如图5-34和图5-35所示。

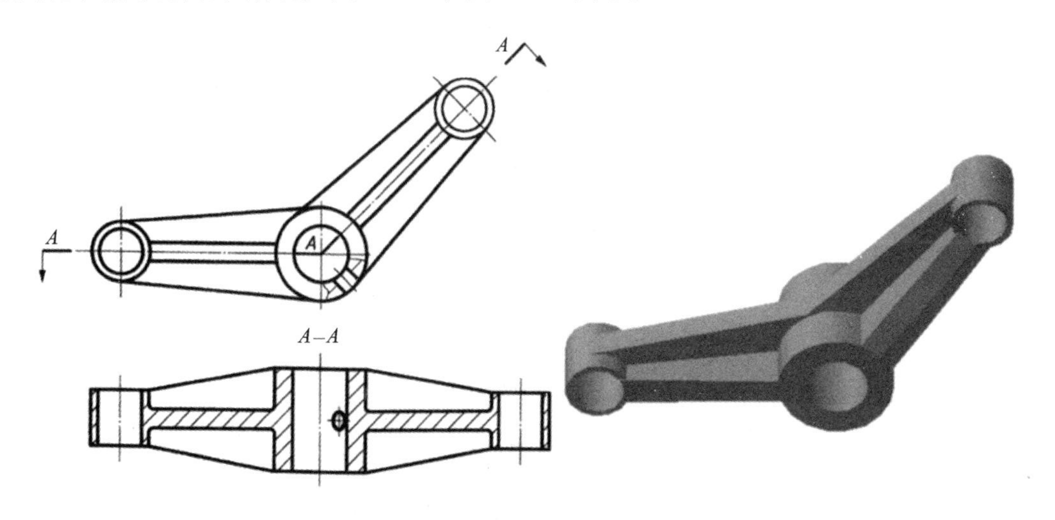

图5-32　两个相交剖切平面的剖切画法(一)

用这类剖切面画剖视图时应注意以下问题:

❶ 若用两个相交的剖切平面进行剖切,则两剖切平面的交线一般应与机件的轴线重合,也即应垂直于某一投影面。

❷ 画剖视图时,一般假想先按剖切位置剖开机件,然后将被剖切平面剖开的结构及其有关部分旋转到与选定的投影面平行,再进行投射,这种用几个相交的剖切平面获得的剖视图旋转到一个投影面上的画法又称为旋转画法,如图5-32和图5-33所示。此时旋转部分的某些结构与原图形不再保持投影关系,如图5-32中的倾斜结构;在剖切平面后未剖到的其他结

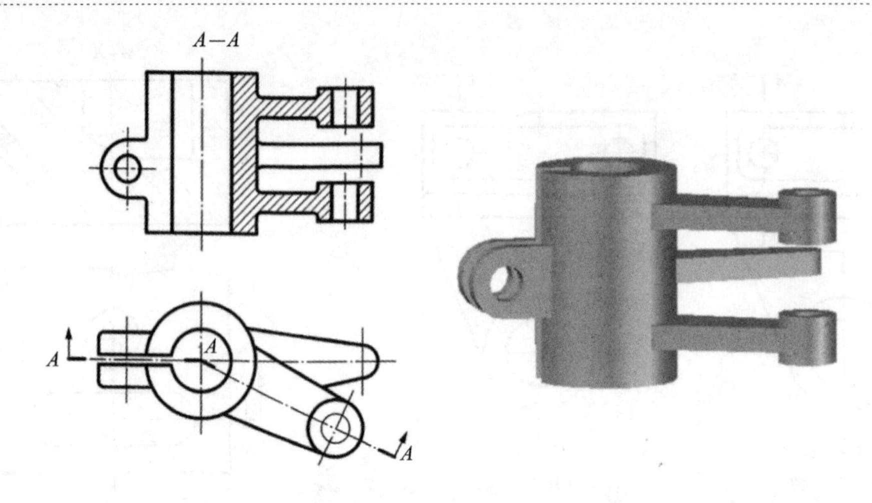

图 5-33　两个相交剖切平面的剖切画法(二)

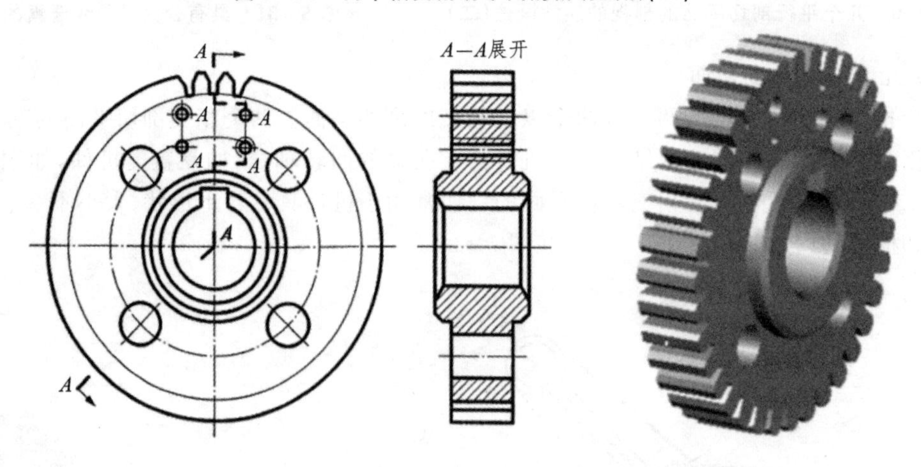

图 5-34　几个相交剖切平面的剖切画法(三)

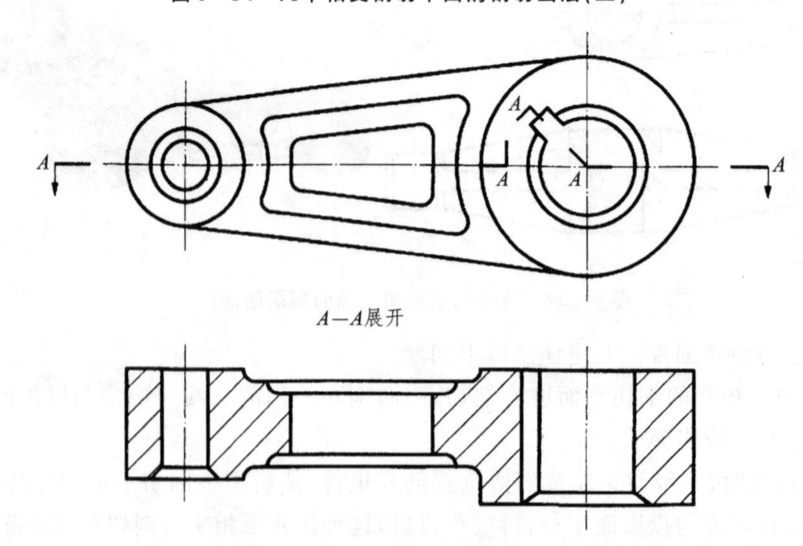

图 5-35　几个相交剖切平面的剖切(四)

构一般仍按原位置投影,如图 5 - 32 中的油孔所示。当剖切后产生不完整要素时,应将此部分按不剖绘制,如图 5 - 33 中的臂所示。

❸ 采用几个相交剖切面所得剖视图也可用展开画法,标注时用“×—×展开”,如图 5 - 34 和图 5 - 35 所示。

❹ 采用这种剖切面剖切后,应对剖视图加以标注,其标注与几个平行的剖切平面剖切的剖视图的标注相同:剖切符号的起讫及转折处用相同字母标出,但当转折处空间狭小又不致引起误解时,转折处允许省略字母。但特别要注意的是标注中的箭头所指方向是与剖切平面垂直的投射方向,而不是旋转方向。

注意　上述三种剖切面可以根据机件内形特征的表达需要供三种剖视图任意选用。

三、断面图

1. 基本概念

假想用剖切面将机件的某处切断,只画出该剖切面与机件接触部分的图形,这种图形称为断面图,简称断面。国家标准 GB/T 17452—1998 和 GB/T 4458.6—2002 规定了断面图的画法。如图 5 - 36(c)所示的轴,为了表示左端键槽的深度和宽度,假想在键槽处用垂直于轴线的剖切平面将轴切断,只画出断面的形状,并在断面上画出剖面线,如图 5 - 36(a)所示。

断面图与剖视图是两种不同的表示法,两者都是先假想剖开机件后再投射,其区别在于断面图只画出机件被切处的断面形状,如图 5 - 36(a)所示,而剖视图不仅要画出断面形状,还要画出断面之后的所有可见轮廓投影,如图 5 - 36(b)所示。

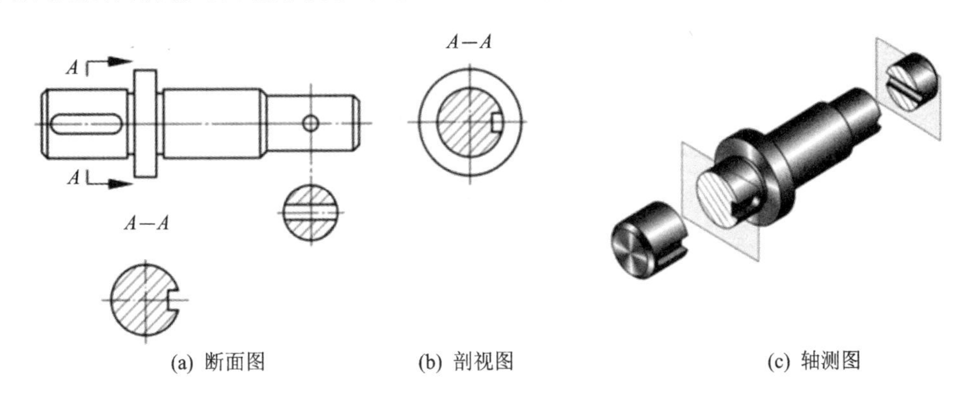

(a) 断面图　　(b) 剖视图　　(c) 轴测图

图 5 - 36　断面图及其剖视图的区别

断面图通常用来表示物体上某一局部的断面形状,例如机件上的肋板、轮辐,轴上的键槽、孔、凹坑及各种型材的断面形状等。它对视图常起补充说明作用,有时还节省视图。

2. 断面的种类

断面图按其在图样中配置的位置不同,分为移出断面和重合断面两种。

(1) 移出断面图

画在视图轮廓之外的断面图,称为移出断面图,如图 5 - 37 所示。

1) 移出断面图的画法。通常移出断面的轮廓线用粗实线画出,在断面上画剖面符号。当剖切平面通过由回转面形成的孔和凹坑的轴线,如图 5 - 37 中 *B*—*B* 所示),或当剖切平面通过非圆孔,会导致出现完全分离的两个断面,如图 5 - 37(a)所示,这些结构均按剖视图绘制。

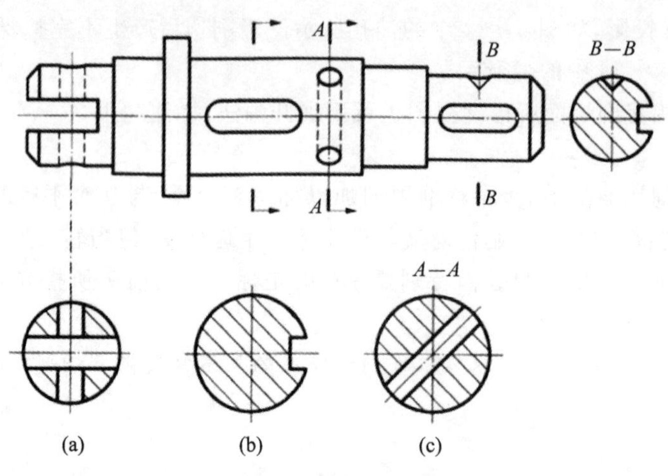

图5-37　移出断面图的画法

2)移出断面图的配置和标注。画出移出断面图后应按国标规定进行标注,剖视图标注三要素同样适用于移出断面图。如图5-36(a)和5-37(c)所示的 $A—A$ 移出断面,应完整标注剖切符号(含箭头)和字母。

① 移出断面的配置。为了看图方便,尽量配置在剖切线或剖切符号的延长线上,如图5-37(a)和(b)所示。必要时,也可画在其他适当的位置,在不引起误解时,允许将图形旋转放正,在断面的名称旁标注旋转符号,其标注形式如图5-38(a)中的 $B—B$ ↶、↷ $D—D$。断面图形对称时,也可画在视图中断处,如图5-38(b)所示。

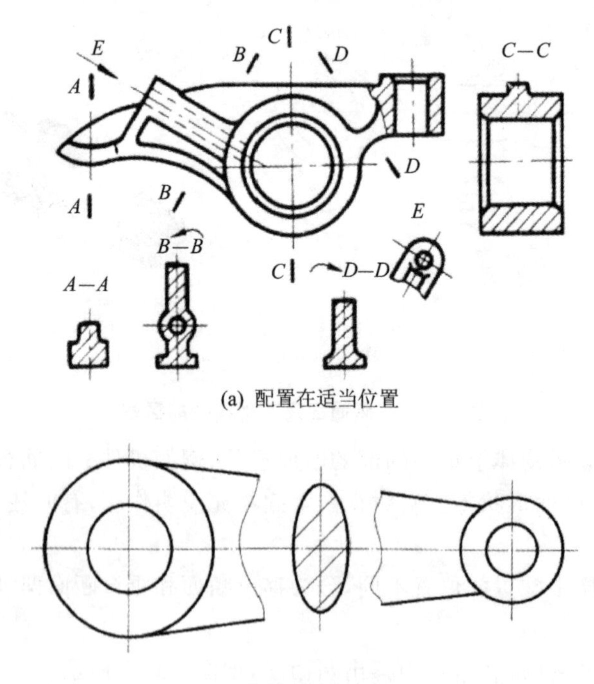

(a) 配置在适当位置

(b) 配置在视图中断处

图5-38　各种配置的移出断面图

② 移出断面的省略标注。配置在剖切符号延长线上的不对称移出断面,可不必标注字

母，如图 5－37(b)所示；配置在剖切线延长线上或配置在视图中断处的对称移出断面，前者不必标注字母和剖切符号，如图 5－37(a)所示；后者可不必标注，如图 5－38(b)所示；未配置在剖切符号延长线上的对称移出断面，如图 5－39 中 $A—A$ 所示，以及按投影关系配置的对称、不对称移出断面图(见图 5－37 和图 5－39 中 $B—B$)，均不必标注箭头。

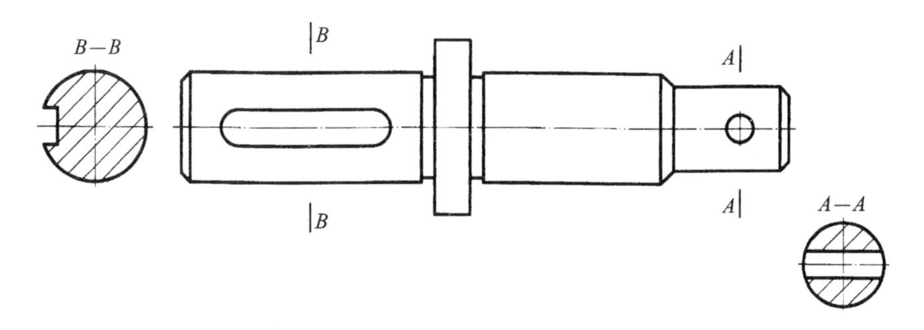

图 5－39　移出断面

3) 移出断面的剖切位置。移出断面的剖切平面应垂直于所表达结构的主要轮廓线，如图 5－38(a)中的 $B—B$ ⌒、⌒ $D—D$ 的剖切位置均为法向(与曲轮廓线垂直的线为法线)剖切。采用两个或多个相交的剖切平面剖开机件得出的移出断面，中间一般用波浪线断开，如图 5－40 所示。

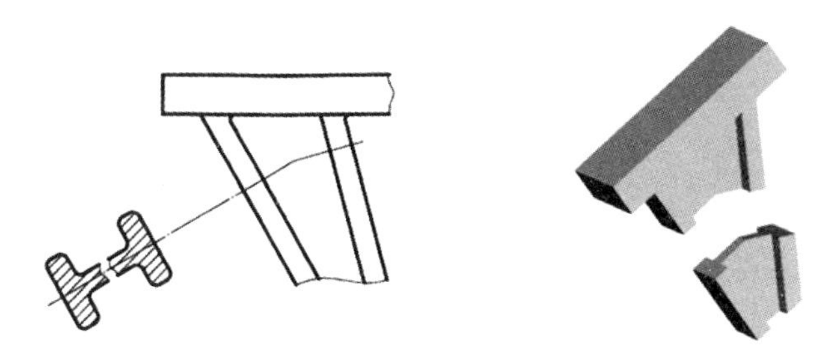

图 5－40　用两个相交的剖切平面获得的移出断面

(2) 重合断面图

画在机件被切断处的投影轮廓内的断面，称为重合断面，如图 5－41 所示。

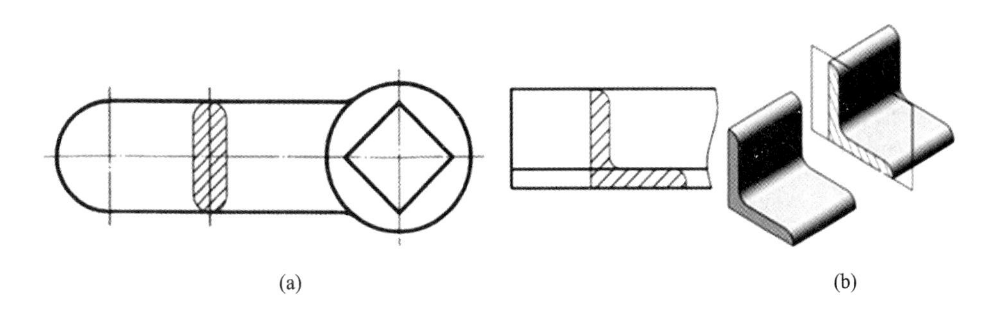

图 5－41　重合断面的画法及标注

1) 重合断面图的画法。重合断面的轮廓线用细实线绘制。当视图中的轮廓线与重合断面的图形重叠时，视图中的轮廓线仍应连续画出，不可间断，如图 5－41(b)所示。

2) 重合断面图的标注。对称的重合断面可省略标注,如图5-41(a)所示。不对称重合断面在不致引起误解时可省略标注,如图5-41(b)所示。

注意 前述三种剖切面仍可用于各种断面图。

四、其他基本表示法

(一) 局部放大图(GB/T 4458.1—2002)

将机件的部分结构用大于原图所采用的比例画出的图形,称为局部放大图,如图5-42所示。当机件上的某些细小结构在原图中表达的不清楚,或不便于标注尺寸时,就可采用局部放大图。

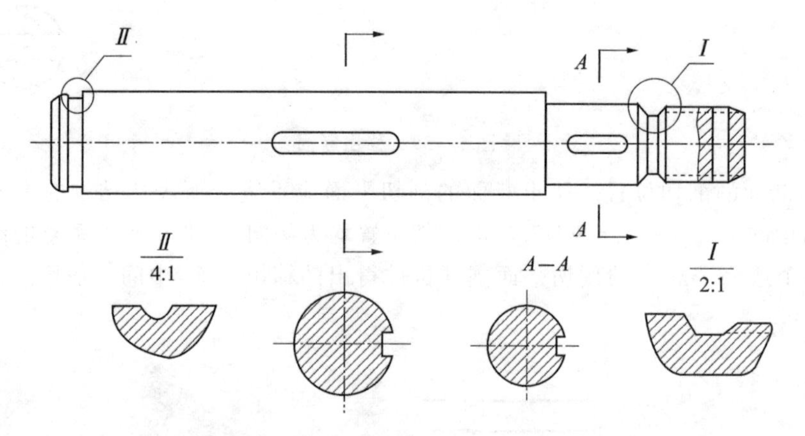

图5-42 局部放大图示例(一)

画局部放大图应注意的问题:

❶ 局部放大图可画成视图、剖视图或断面图,与原视图被放大部分的表达方式无关(见图5-42中Ⅰ、Ⅱ)。局部放大图尽量配置在被放大部位的附近。局部放大图的投射方向应与被放大部位的投射方向一致;与整体联系的部分用波浪线画出,剖面线方向与间隔与原图一致。

❷ 局部放大图中所标注的比例应根据结构需要而定,与原图所采用的比例无关,仅表示放大图中的图形尺寸与实物尺寸之比。

❸ 绘制局部放大图时,除螺纹牙型、齿轮和链轮的齿形外,应将被放大部分用细实线圈出。若在同一机件上有几处被放大时,应用罗马数字标明放大部位的顺序,并在相应局部放大图的上方标出相应的罗马数字及所用比例,以便区别(见图5-42)。若机件上只有一处需要放大时,只需在局部放大图的上方注明所采用的比例,如图5-43所示。

❹ 同一机件上不同部位的局部放大图,当其图形相同或对称时,只需画出其中的一个(见图5-44),并在几个被放大的部位标注同一罗马数字。

❺ 必要时可用几个视图表达同一个被放大部位的结构(见图5-45)。

(二) 简化画法(GB/T 16675.1—1996)

1. 剖视图中的简化画法

(1) 机件上的肋、轮辐及薄壁结构在剖视图中的规定画法

画剖视图时,对于机件上的肋、轮辐及薄壁等,如按纵向剖切,这些结构均不画剖面符号,

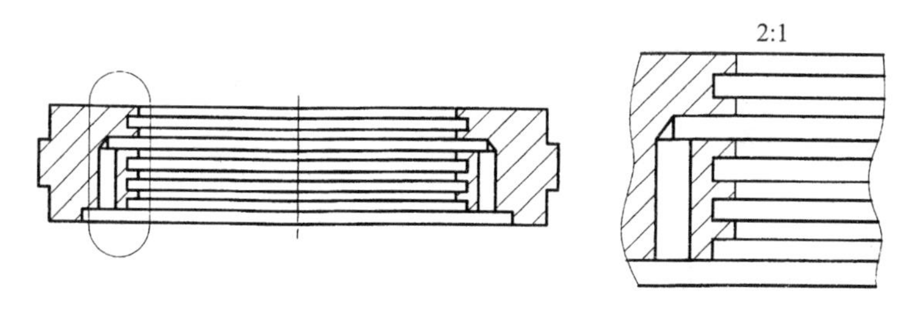

图 5-43　局部放大图示例(二)

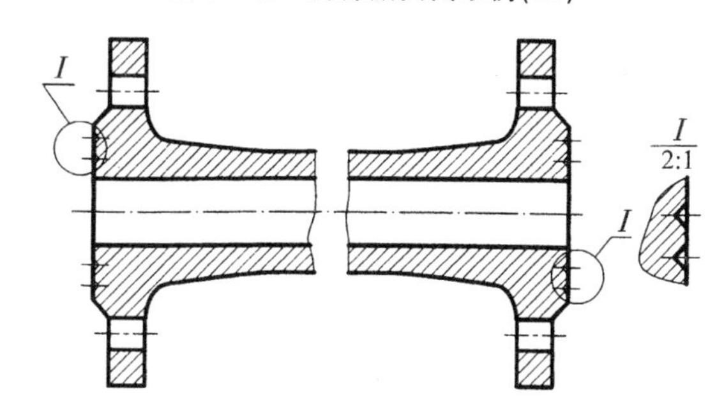

图 5-44　局部放大图示例(三)

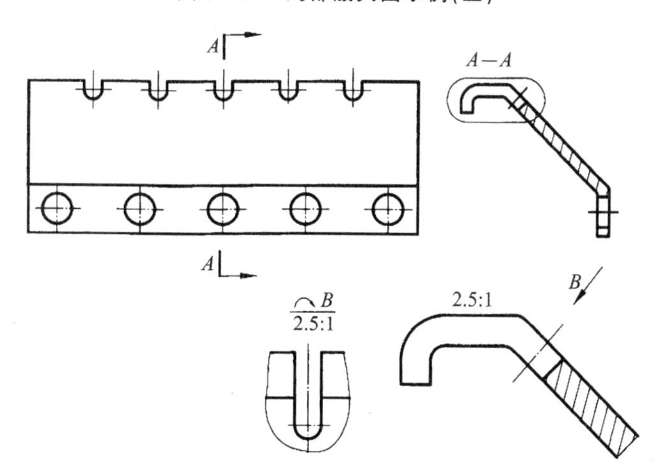

图 5-45　局部放大图示例(四)

并用粗实线将它与其他结构分开;如横向剖切,仍应画出剖面符号,如图 5-46 所示。

(2) 回转体上均匀分布的孔、肋、轮辐结构在剖视图中的规定画法

当回转体上均匀分布的孔、肋、轮辐等结构不处于剖切平面上时,可将这些结构沿回转轴旋转到剖切平面上画出,不需要作任何标注,如图 5-46 所示。

2. 机件上相同结构的简化画法

1) 当机件上具有若干个相同结构(如齿、槽等),并按一定规律分布时,应尽可能减少相同结构的重复绘制,只需画出几个完整的结构,其余的用细实线连接表示出位置,但必须注明该结构的总数,如图 5-47 所示。

2) 当机件上具有若干直径相同且成规律分布的孔,可仅画出一个或几个孔,其余的用细点画线表示其中心位置,并在图中注明孔的总数即可,如图 5-48 所示。

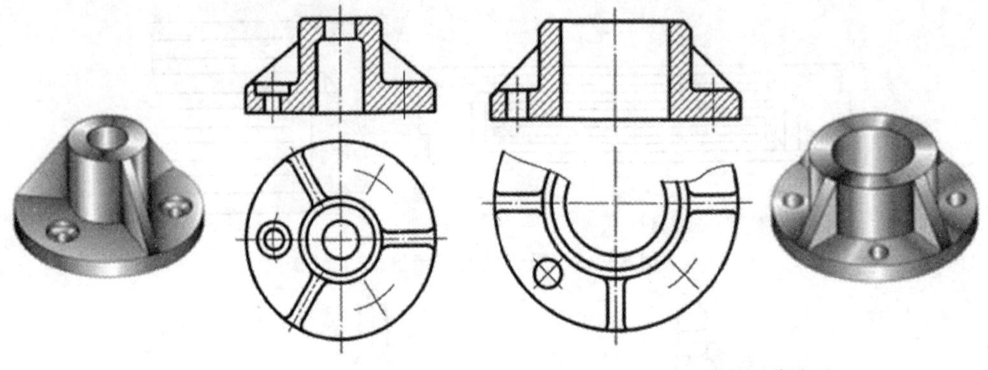

图 5-46 剖视图中均布肋和孔的简化画法

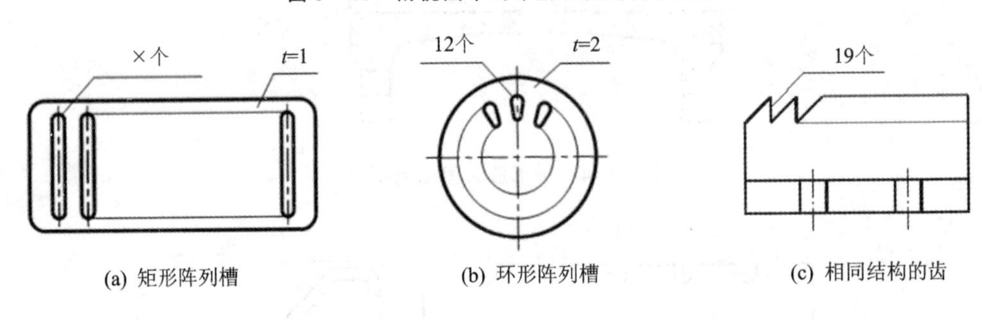

图 5-47 均布槽的简化画法

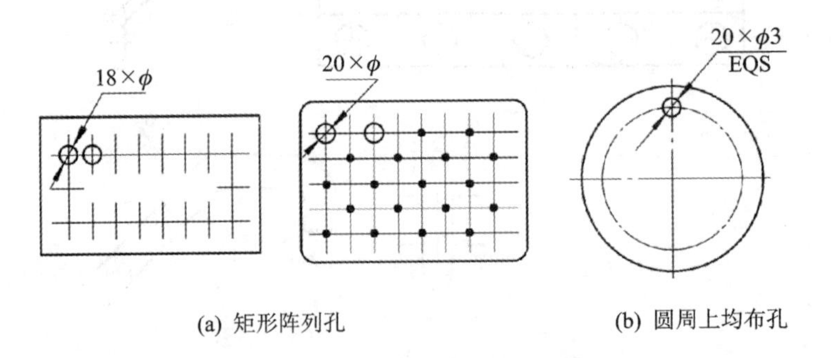

图 5-48 按规律分布孔的简化画法

3）圆柱形法兰和类似零件上均匀分布的孔，可按图 5-49 所示的方法表示(由机件外向该法兰端面方向投射)。

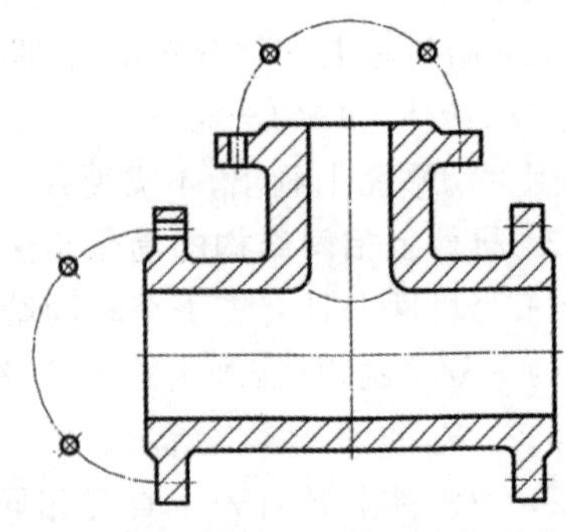

图 5-49 圆柱形法兰上均匀分布的孔的简化画法

3. 折断画法

较长的机件如沿长度方向的形状一致或按一定规律变化时，可断开后缩短绘制，如图 5-50 所示。

4. 某些结构的示意画法

1）对于网状物、编织物或物体上的滚花部分，可以在轮廓线附近用细实线示意画出，并在图上或技术要求中注明这些结构的具体要求，如图 5-51(a)所示。

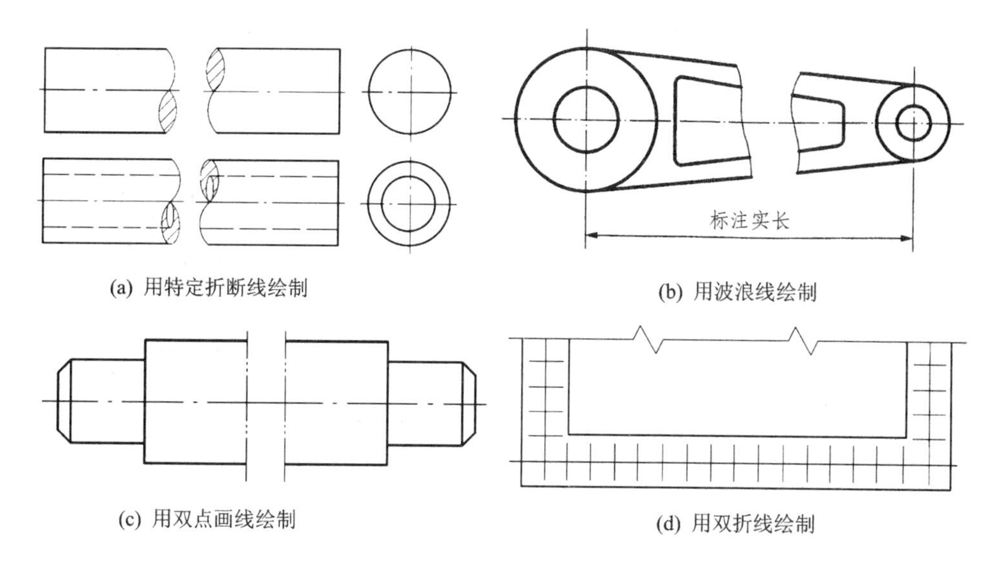

(a) 用特定折断线绘制

(b) 用波浪线绘制

(c) 用双点画线绘制

(d) 用双折线绘制

图 5-50　较长机件的简化画法

2）当图形不能充分表达平面时，可用平面符号（两条相交的细实线）表示，如图 5-51(b)所示。

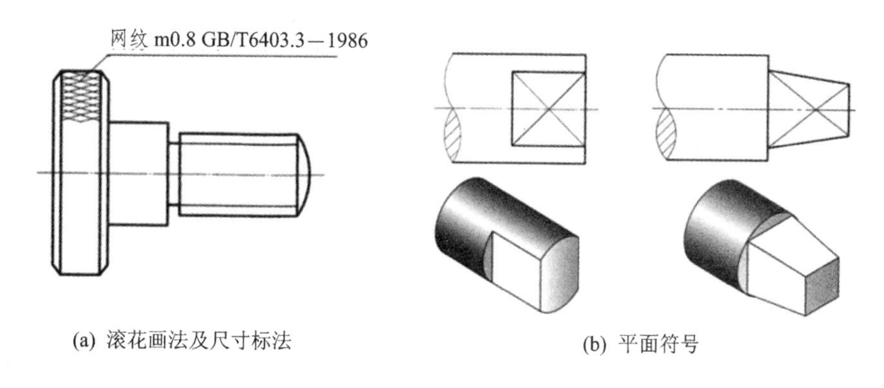

(a) 滚花画法及尺寸标法

(b) 平面符号

图 5-51　示意画法

3）机件上斜度不大的结构，如在一个图形中已表达清楚，其他图形可按小端画出，如图 5-52(a)所示。

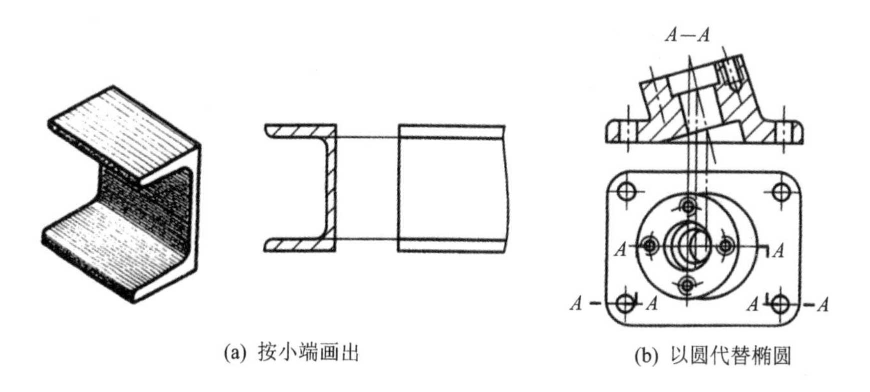

(a) 按小端画出

(b) 以圆代替椭圆

图 5-52　斜度不大的结构简化画法

4）与投影面倾斜角度小于或等于30°的圆或圆弧，其投影可用圆或圆弧代替，圆心位置按投影关系确定，如图5－52(b)所示。

5）在不致引起误解时，机件上较小的结构(如相贯线、截交线)，可以用圆弧或直线代替，如图5－53所示。

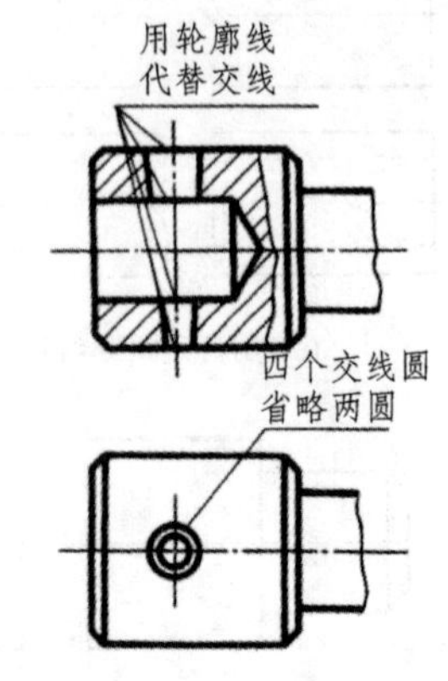

图5－53　较小结构交线的简化画法

任务分析

物体的表达同语言、文字表达一样，都是人类进行交流的方式。要表达一个物体，首先必须完整、准确地理解这个物体，在理解的基础上运用各种表示法将物体的全部信息完整、准确地表达出来。因此，在绘制机件图样表达物体时，应首先考虑看图方便，在完整、清晰地表达机件各部分形状的前提下，力求制图简便。这就要求在考虑物体的表达方案时，尽可能针对物体的结构特点，用形体分析法进行内外结构分析，确定主视图和其他视图，并恰当地选用各种表示法。

同一机件可以有多种表达方案，各种表达方案必各有其优缺点，很难绝对地说某种方案为最佳，只有多看生产图纸，并细心琢磨，才能正确、灵活地运用各种表示法，把机件表达得符合前述要求。所以机件表达方案的优化选择是个难点，多定几个方案，比较后选择一个较佳方案。

任务实施

请结合并参照情境4任务4.4的任务实施的方法与步骤来完成。

一、画图前的准备工作

1. 结构分析

由图5－1可知，支架由圆筒、斜板及十字肋三部分组成，圆筒和斜板由十字肋连接，斜板上均布有四个安装用的小通孔，并带四个圆角。

2. 选择主视图

如图5－1所示，将支架按自然位置安放后，比较箭头所指两个投射方向，选择A向作为主视图投射方向较为合理，因为组成支架的基本形体及它们之间的相对位置关系在A向表达最清晰，能反映支座的结构形状特征，而其他两面视图斜板的投影均不反映实形。

3. 选择其他视图，确定表达方案

如图5－54所示，主视图采用局部剖视，它既表达了肋、圆筒和斜板的外部结构形状，又表达了上部圆筒的通孔以及下部斜板上的四个小通孔的内部形状。为了表达清楚上部圆筒与十字肋的相对位置关系，采用了一个局部视图；为了表达十字肋的截断面形状，采用了移出断面图；为了表达斜板的实形及其与十字肋的相对位置，采用一斜视图A(见图5－55)。

4. 选比例、定图幅，匀称布局

注意　充分预留标题栏、尺寸标注、画法标等内容的位置。

二、绘制支架

1. 绘底稿图

绘制支架底稿图如图5－54所示。

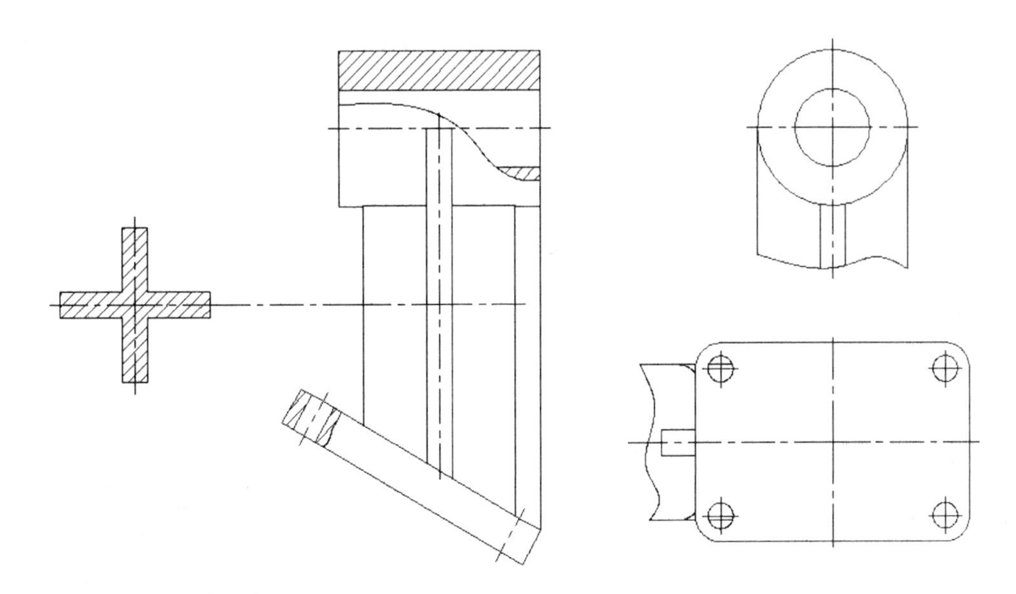

图 5-54 支架底稿图

2. 绘工作图

经仔细校核后，描粗加深图线，并标注剖视图及机件尺寸，按要求填写标题栏。完成后的支架工作图如图 5-55 所示。

注意 标注尺寸时应重新调整和布局，再先集中画出所有尺寸的尺寸界线和尺寸线，最后标注尺寸数字。

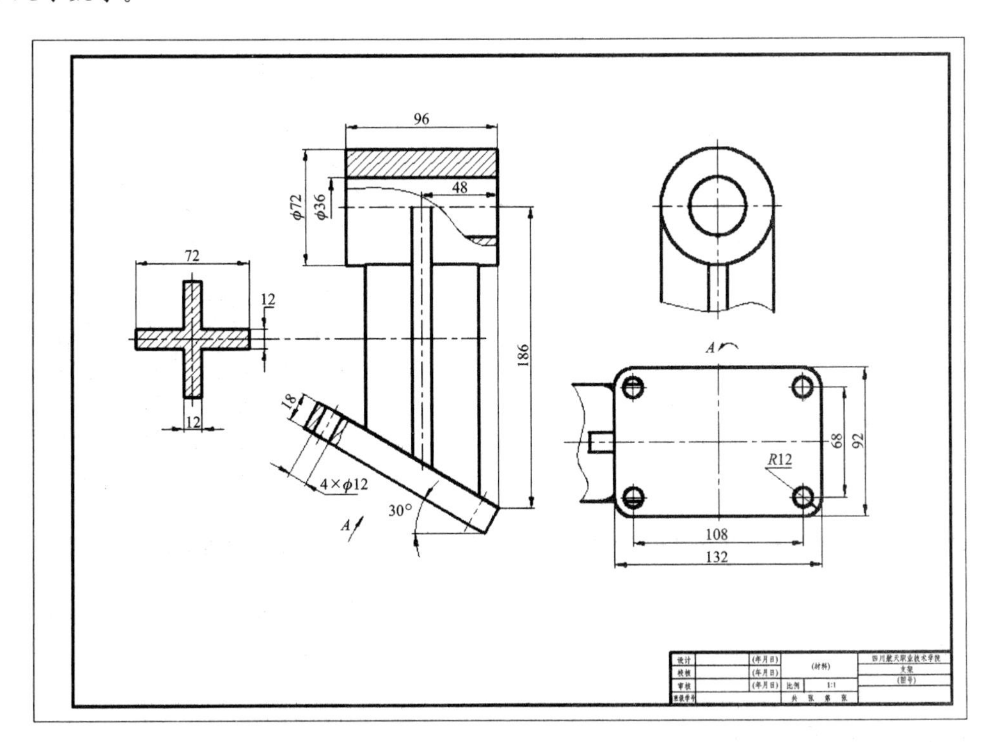

图 5-55 支架工作图

三、讨论确定表达方案的几个问题

① 视图(包括剖视、断面)选择的原则。

② 物体的内、外形表达问题。

③ 集中与分散表达的问题。

所谓集中与分散,是指将物体的各部分形状集中于少数几个视图来表达,还是分散在若干单独的图形上表达。

④ 虚线的使用问题。

⑤ 视图(包括剖视、断面)的标注省略问题。

⑥ 剖视图中尺寸标注的问题。

任务知识扩展

剖视图的尺寸标注

1) 在半剖视图或局部剖视图上标注内部结构尺寸(如直径)时,其一端的尺寸线应略过对称线、回转轴线、波浪线(均为图上的分界线),并只在尺寸线的另一端画出箭头,如图 5 - 56和图 5 - 57 所注出的尺寸。

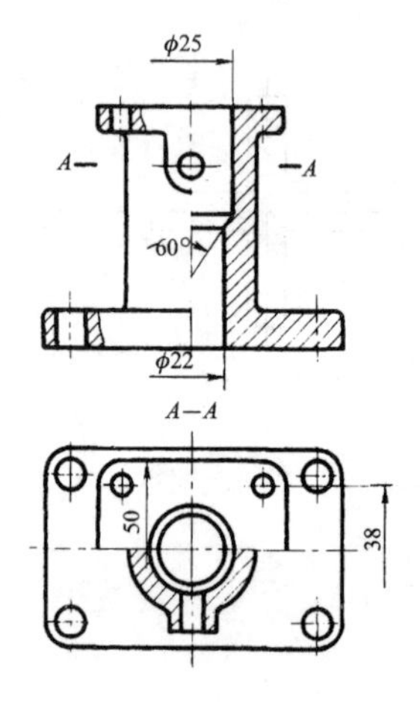

图 5 - 56 半剖视图上机件内部结构尺寸的注法

2) 剖视图上内、外尺寸应该分开标注,如图 5 - 58 所示的画成全剖视图的主视图中的内、外尺寸分别注在图的左、右两侧,这样标注比较清晰,便于看图和查找尺寸。

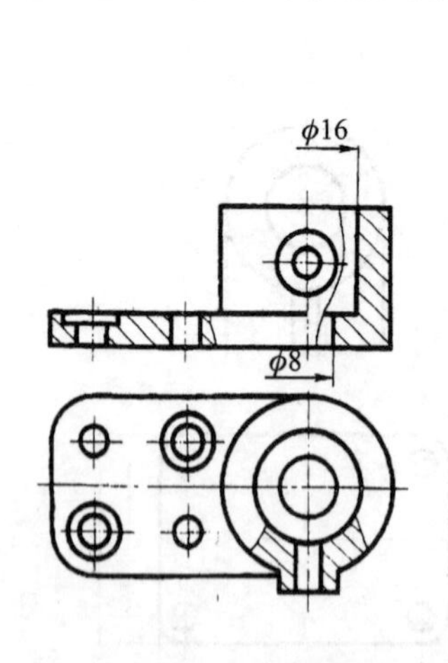

图 5 - 57 局部剖视图上机件内部结构尺寸的注法

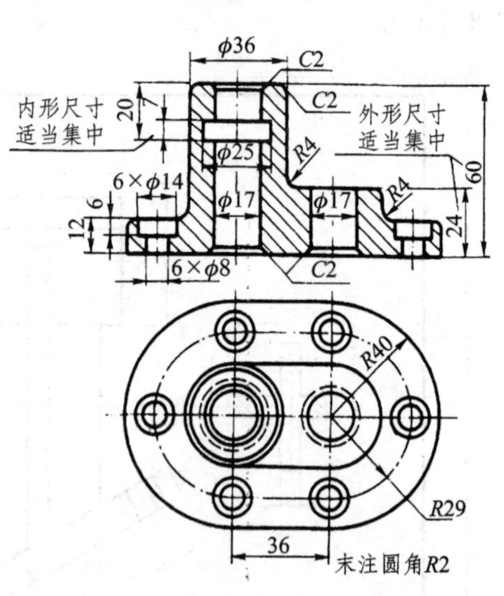

图 5 - 58 全剖视图上的尺寸标注

3) 机件上同一轴线的回转体,其直径的大小尺寸应尽量配置在非圆的剖视图上,如图 5 - 58 所示的画成全剖视图的主视图上的各个直径尺寸,应避免在投影为圆的俯视图上注成放射状尺寸,不但不清晰,还容易出错。

4) 肋板、连接板的横断面尺寸应注在断面图上。

任务巩固与练习

根据如图 5-59 所示机件轴测图,综合应用各种表示法表达机件,并标注尺寸。

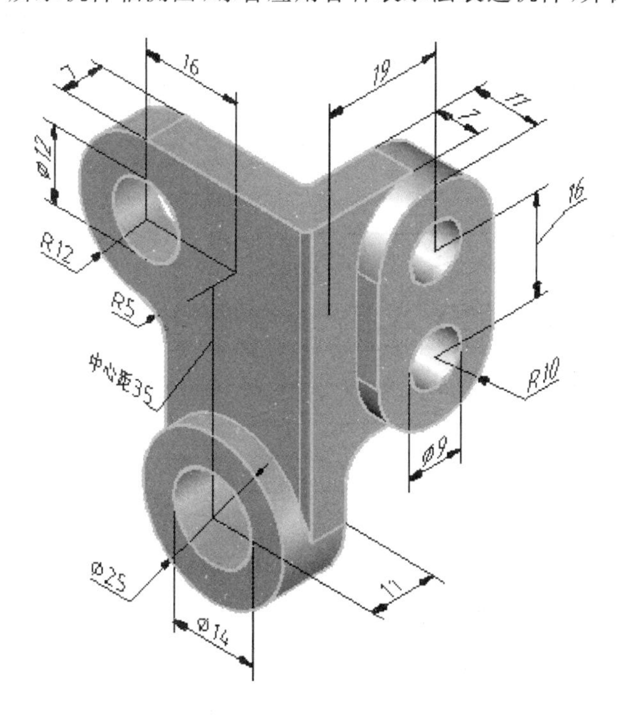

图 5-59　根据轴测图表达机件

任务 5.2　根据视图重新表达机件

任务目标

➢ 同任务 5.1。同时进一步熟练掌握读三视图的方法,提高绘、读三视图的能力。

任务引入

根据如图 5-60 所示的视图,综合应用各种表示法重新表达机件,并标注尺寸(尺寸数值按 2∶1量取,取整数),画在 A3 图纸上。

任务分析

此任务在重新选择表达方案前,要先看懂所给视图,想象出机件的内外结构形状,然后运用任务 1 的方法来表达机件,所以此任务的关键是读懂视图,其次是表达方案的确定。

根据机件的视图,画剖视、断面图,应具有读图及表达两方面的知识,它是训练读图及训练选择表达方案的很好的方式之一,在考虑正确的表达方案之前,必须把机件的结构形状真正想清楚,切不可就图论图地在视图上改画,以致出现多线或漏线的错误。

任务实施

请结合并参照情境 4 任务 4.4 的任务实施的方法与步骤来完成。

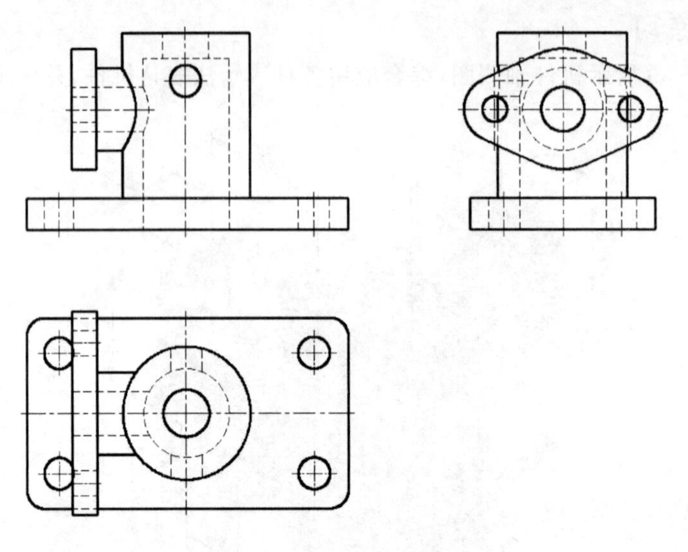

图 5-60 支座三视图

一、画图前的准备工作

1. 读懂已知视图,进行结构分析

由图 5-60 可知,支座由方形底板、圆筒、左端菱形凸缘三部分组成,圆筒上有前后的通孔和上小下大的阶梯孔(与底板上的孔相通),圆筒和左端菱形凸缘有孔相通,它处在底板的前后、左右对称的位置上;左端菱形凸缘也有两个连接用的通孔,它处于底板前后对称的位置上;方形底板上均布有四个连接用的通孔并带四个圆角。

2. 重新选择表达方案

首先分析第一种方案,由图 5-60 可知,为清楚反映圆筒的阶梯孔内形及其与菱形凸缘孔相通的情况,还有底板上四个小孔的内形,其主视图可沿前后对称平面及其平行的并过右前方的小孔轴线的平面进行剖切得到全剖视图。

俯视图的图形是前后对称的,所以可采用两个平行的剖切平面将其画成半剖视图,既反映圆筒上前后通孔的内形,又进一步反映了圆筒与菱形凸缘孔相通的情况,同时还反映了底板的形状及底板上四孔的分布情况。

因为机件大部分结构形状已表达清楚,所以左视图省略,而用一个左视方向的局部视图表达菱形凸缘的外形,按投影关系配置,不标注。

另外一种方案是若主视采用单一剖切平面(前后过对称平面)剖切的全剖,那么底板上四个小孔可在主视图上再作局部剖,这种当机件剖切后,仍有内部结构未表达完全,而又不宜采用其他方法表达时,允许在剖视图中再作一次局部剖视图的画法俗称为“剖中剖”。注意,这种画法两者的剖面线方向、间隔仍然相同,但要错开,并用引出线注其“×—×”,当剖切位置明显时也可省略标注,如图 5-61 所示的 B—B 局部剖。

比较上述两种方案,最后选择第一种,如图 5-63 所示。关于方案的选择与确定,请读者自行再进行分析,多定几个方案,以进行比较。

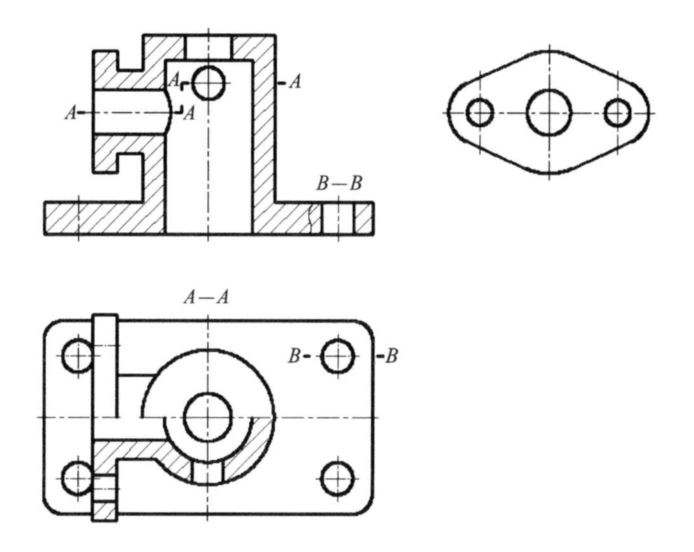

图5－61　在剖视图中再作局部剖

3. 选比例、定图幅，匀称布局

二、绘制机件

1. 绘底稿图

绘制机件底稿图如图5－62所示。

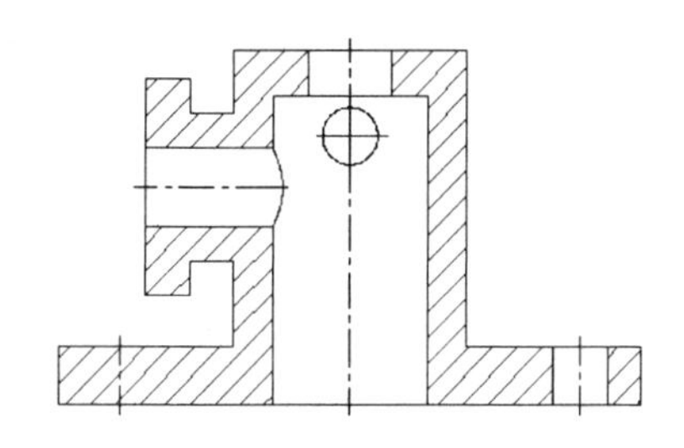

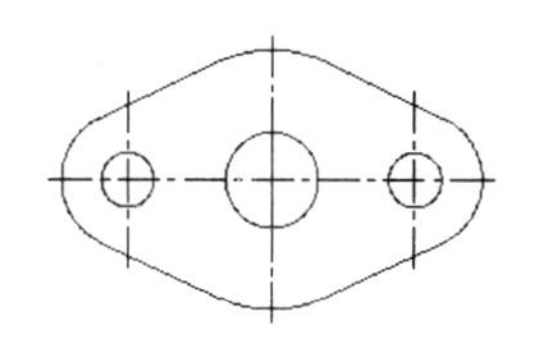

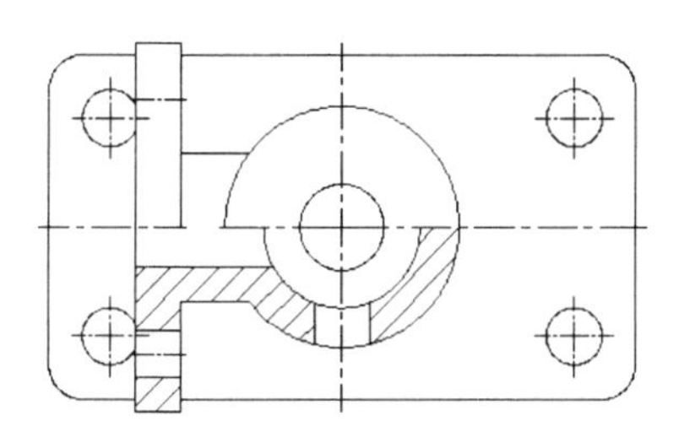

图5－62　支座底稿图

2. 绘工作图

经仔细校核后，加深图线，并标注剖视图及机件尺寸，按要求填写标题栏（省略）。完成机件工作图如图 5 - 63 所示。

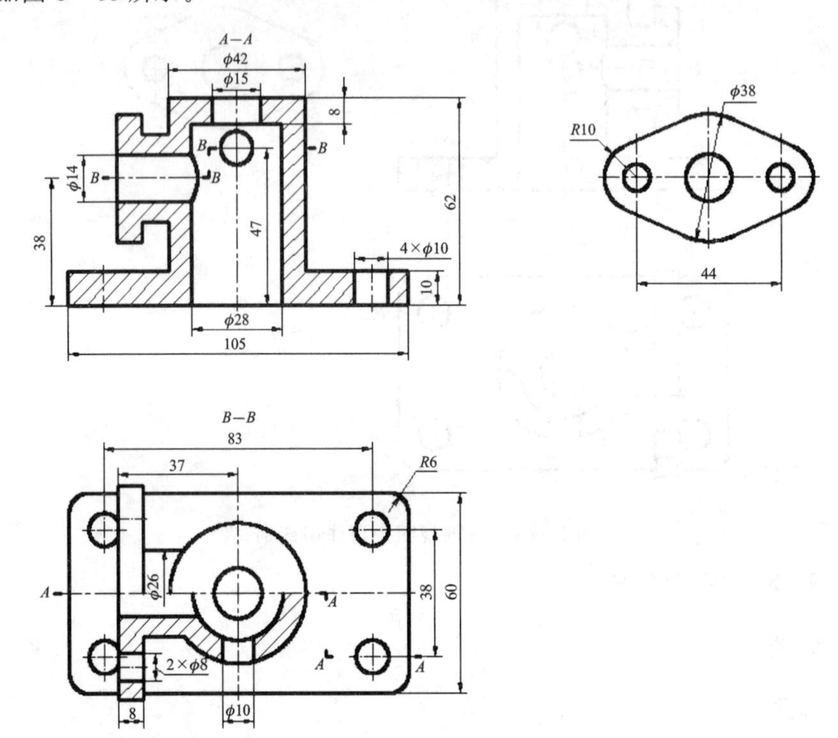

图 5 - 63　支座工作图

任务知识扩展

第三角投影(第三角画法)

国家标准《技术制图　图样画法　视图》(GB/T 17451—1998)规定,技术图样应采用正投影法绘制,并优先采用第一角画法。但有些国家(如美国、日本、加拿大等国)采用第三角画法,为了更好地进行国际技术交流,我国《技术制图　投影法》(GB/T 14692—2008)规定,必要时(如按合同规定等),允许使用第三角画法。

1. 第三角画法的概念

图 5 - 64 所示为三个互相垂直的投影面将空间分为八个部分,每一部分为一分角,依次为Ⅰ～Ⅷ分角。将物体放在第三分角中,假想投影面是透明的,按人(观察者)→面(投影面)→物(机件)的位置关系作正投影,这种方法即第三角画法。

2. 第三角画法中三视图的形成

第三角画法是假想将物体放在三个互相垂直的透明投影面所组成的投影体系中,投射时就像把里面的物体分别映在一个投影面上,在三个投影面上将得到三个视图,如图 5 - 65(a)所示。

三视图的名称和配置如下。

主视图:从前向后观察物体,在 V 面上得到的视图。

俯视图:从上向下观察物体,在 H 面上得到的视图。

右视图:从右向左观察物体,在 W 面上得到的视图。

规定V面不动，H面绕其与V面的交线向上旋转90°，W面绕其与V面交线向右旋转90°，与V面展成同一平面，得到机件的三视图，其配置如图5-65(b)所示。三视图投影规律：主、俯视图长对正；主、右视图高平齐；俯、右视图宽相等。

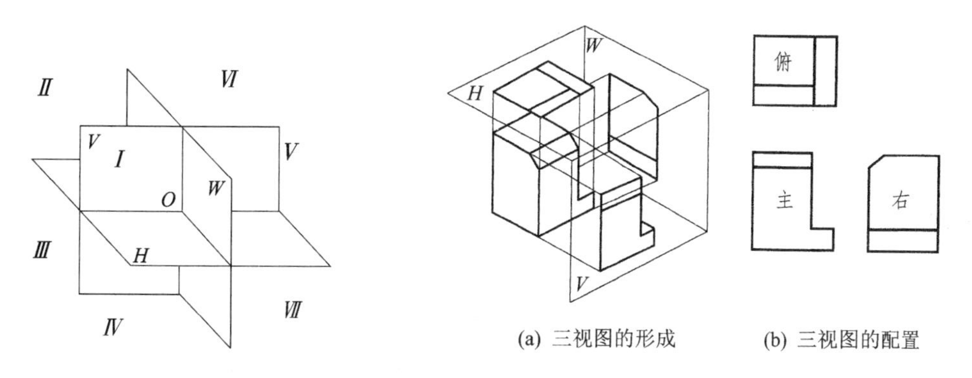

(a) 三视图的形成　　(b) 三视图的配置

图5-64　八个分角的位置　　图5-65　第三角画法中三视图的形成

3. 第三角画法中的基本视图

在第三角画法中，同样也有六个基本投影面，可以得到六个基本视图，它们分别是主视图(A)、俯视图(B)、右视图(D)、左视图(C)、仰视图(E)和后视图(F)，其展开方法如图5-66(a)所示，且按如图5-66(b)的规定配置时一律不必注出各视图的名称。

第三角画法与第一角画法一样，表达机件时除了六个基本视图外，也有局部视图、斜视图，以及断裂画法、局部放大图等。表达机件的内部结构时，也有各种剖视与断面，以适应表达各种机件内外结构的需要。

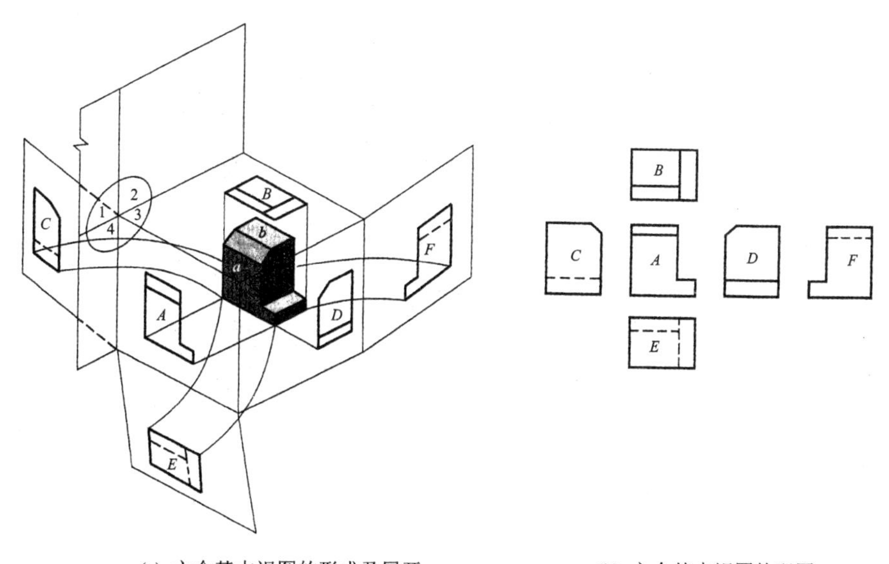

(a) 六个基本视图的形成及展开　　(b) 六个基本视图的配置

图5-66　第三角画法的六个基本视图的形成及配置

4. 第一角、第三角画法的识别符号

采用第三角画法时，必须在图样中的标题栏中专门设置的格栏内用规定的识别符号表示，即画出第三角画法的识别符号,如图5-67所示。图5-68为第一角画法的识别符号。

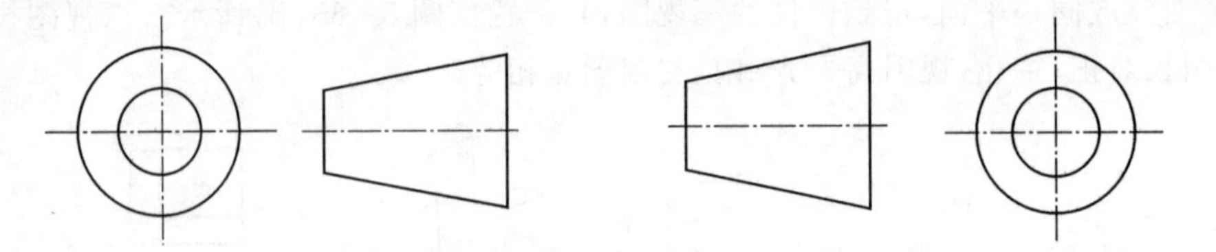

图5-67 第三角画法的识别符号　　图5-68 第一角画法的识别符号

任务巩固与练习

根据所给视图,综合应用各种表示法重新表达机件,并标注尺寸,如图5-69所示。

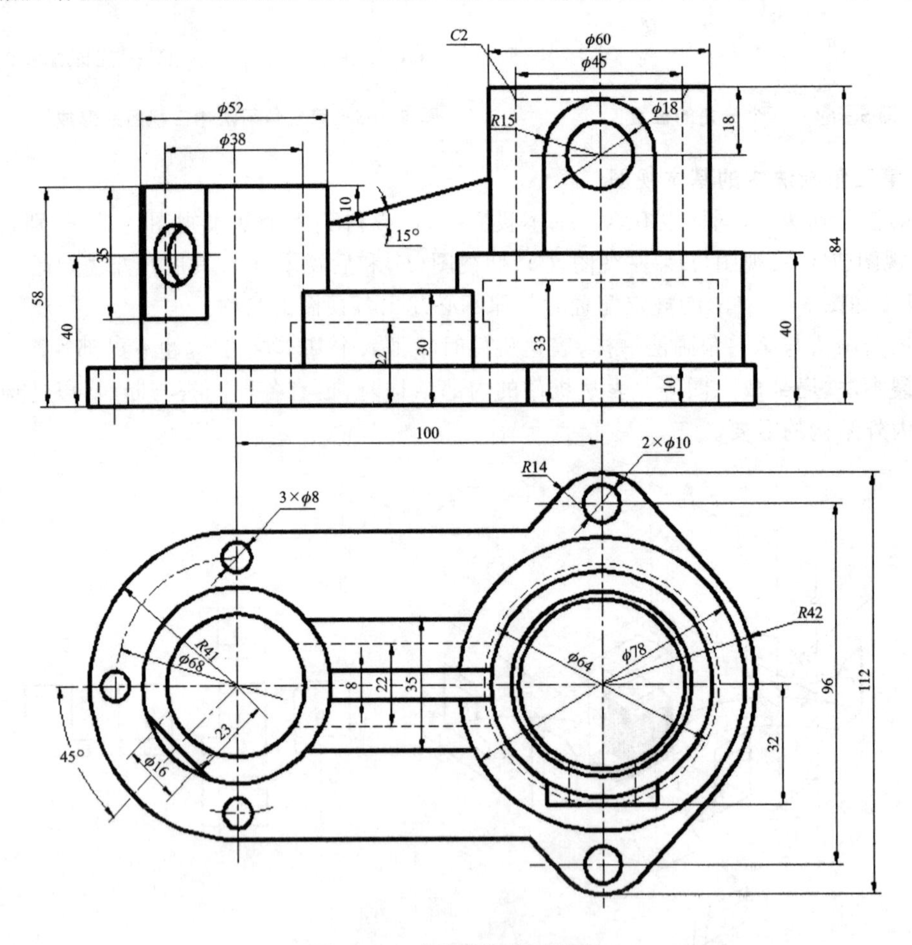

图5-69 根据视图表达机件

学习情境 6

绘制标准件与常用件

任务 6.1　绘制连接板装配图

任务目标

➤ 熟练掌握螺纹的画法规定。

➤ 熟悉螺纹标记的含义，掌握其标注规定。

➤ 熟练掌握螺纹紧固件的连接画法，了解常用螺纹紧固件的种类和标记。

➤ 掌握常用标准件的画法、查表和标注规定。

➤ 初步理解简单装配图[①]的画法。

任务引入

根据图 6-1 所示已知尺寸，选择适当的螺纹紧固件，连接上、下板，画连接板装配图，标注主要尺寸(d、t_1、t_2、t、l、b_m的数值)，并对螺纹紧固件作规定标记。用 A3 图纸，比例 1∶1。

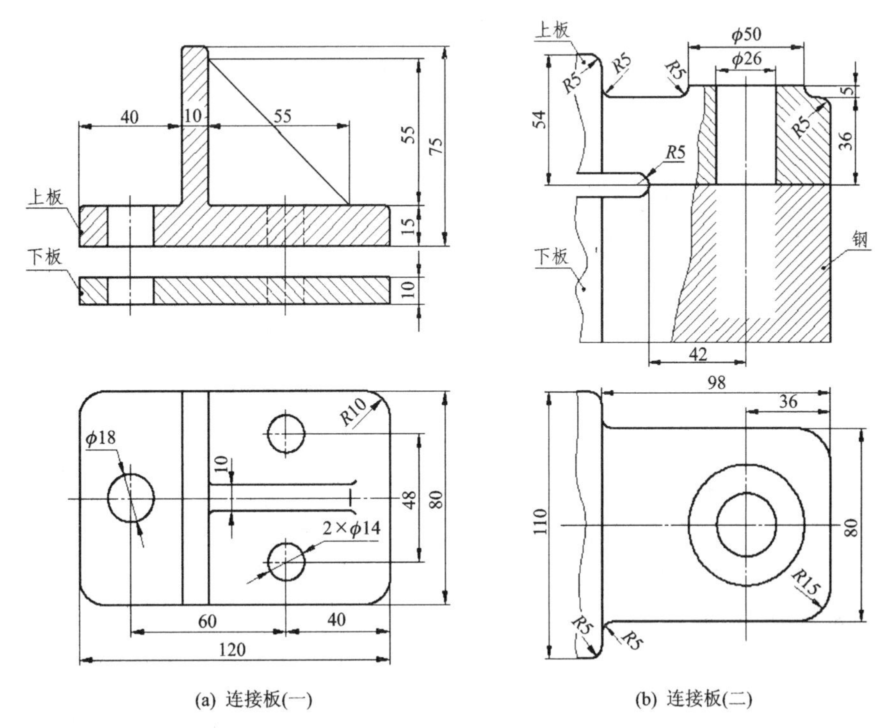

(a) 连接板(一)　　(b) 连接板(二)

图 6-1　连接板上、下板图形及尺寸

① 有关装配图内容见学习情境 8。

任务知识准备

在组成部件或机器的零件中,结构、规格尺寸和技术要求已经标准化的零件(或部件)称为常用标准件(简称标准件),如螺栓、双头螺柱、螺钉、螺母、垫圈、键、销以及轴承等。部分结构要素和参数实行了标准化的零件称为常用非标准件(简称常用件),如齿轮、弹簧和花键等。这两类常用机件在工程中应用十分广泛,一般由专门工厂成批生产。

为了减少设计和绘图工作量,国家标准对上述标准件、常用件以及某些多次重复出现的结构要素(如紧固件上的螺纹或齿轮上的轮齿,若按真实投影绘制将会非常烦琐)规定了简化的特殊表示法。

一、螺　纹

(一) 螺纹的形成

在圆柱或圆锥表面上,沿着螺旋线所形成的具有规定牙型(或相同剖面)的连续凸起和沟槽称为螺纹。在圆柱或圆锥外表面上加工的螺纹称为外螺纹,如图 6－2(a)所示,在圆柱或圆锥内表面加工的螺纹称为内螺纹,如图 6－2(b)所示。

螺纹是根据螺旋线的形成原理加工而成的,其加工方法很多。如图 6－2(a)和(b)所示,在车床上车螺纹,当固定在车床卡盘上的工件作等速旋转时,刀具沿机件轴向作等速直线移动,其合成运动使切入工件的刀尖在机件表面加工成螺纹,由于刀尖的形状不同,加工出的螺纹形状也不同。在箱体、底座等零件上制出的内螺纹(螺孔),一般先用钻头钻底孔,再用丝锥攻出螺纹,如图 6－3 所示,图中加工的是不穿通螺孔(常称为盲孔),由于钻头顶角约为 120°,钻孔时钻头顶部形成一个锥坑,其锥顶角应按 120°画出。

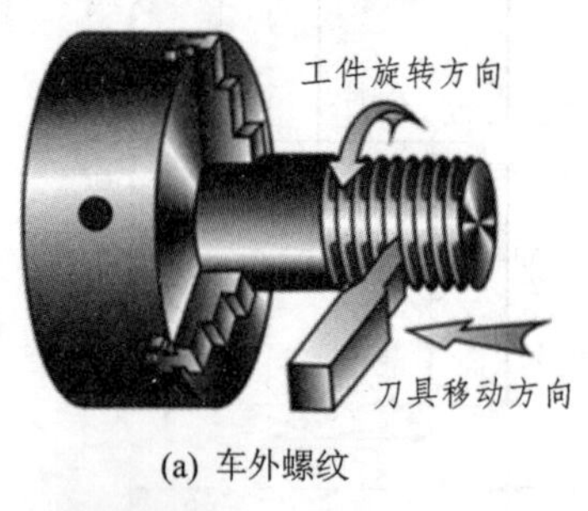

(a) 车外螺纹

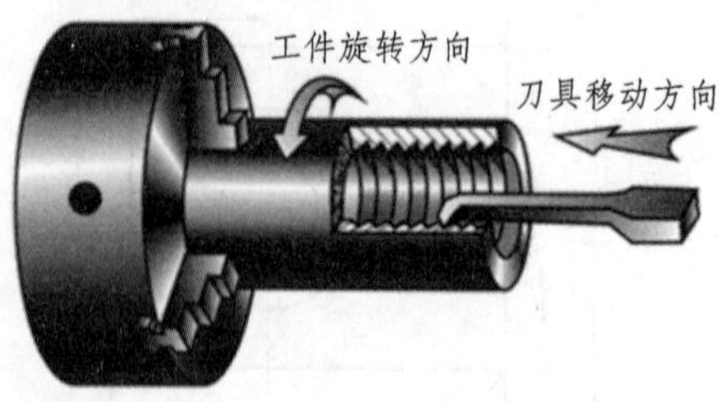

(b) 车内螺纹

图 6－2　在车床上加工内、外螺纹

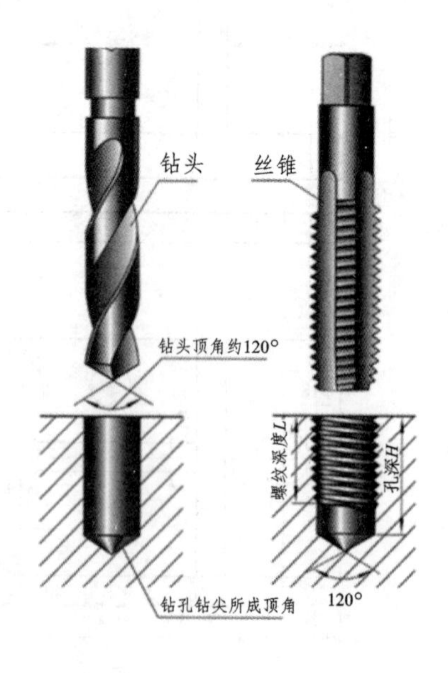

图 6－3　用丝锥攻制内螺纹

(二) 螺纹的结构要素

螺纹由五个要素(即牙型、公称直径、螺距、线数和旋向)确定,它总是成对(内、外螺纹)使用的，只有这五个要素都相同的内、外螺纹才能正常旋合。

1. 牙型

沿螺纹轴线剖切的断面轮廓形状称为牙型。图 6-4 所示为三角形牙型的内、外螺纹。此外，还有梯形、锯齿形和矩形等牙型。其中，矩形螺纹没有标准化。

2. 直径

螺纹直径有大径(d、D)、中径(d_2、D_2)和小径(d_1、D_1)之分，如图 6-4 所示。其中，外螺纹大径 d 和内螺纹小径 D_1 也称顶径，外螺纹小径 d_1 和内螺纹大径 D 也称底径。

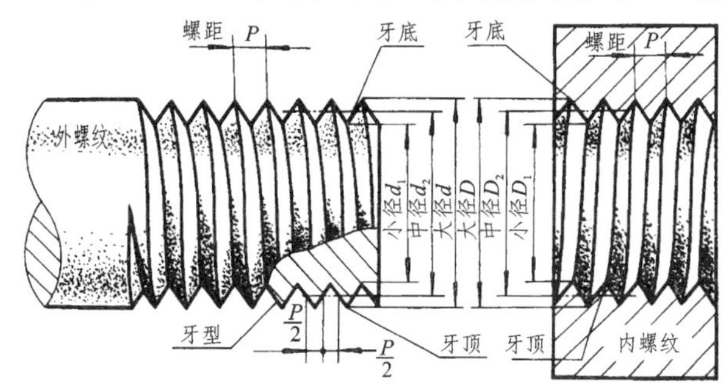

图 6-4　内、外螺纹各部分的名称和代号

大径是指与外螺纹牙顶或内螺纹牙底相切的假想圆柱或圆锥的直径(即螺纹的最大直径)，大径的公称尺寸是螺纹的公称直径。

小径是指与外螺纹牙底或内螺纹牙顶相切的假想圆柱或圆锥的直径。

中径是指母线通过牙型上沟槽和凸起宽度相等处的假想圆柱或圆锥的直径。

3. 线数(n)

螺纹有单线和多线之分，沿一条螺旋线所形成的螺纹称单线螺纹；沿两条及以上螺旋线所形成的螺纹称多线螺纹，多线螺纹在垂直于轴线和剖面内是均匀分布的，如图 6-5 所示。

4. 螺距(P)与导程(P_h)

螺距是指相邻两牙在中径线上对应两点间的轴向距离。导程是指在同一条螺旋线上，相邻两牙在中径线上对应两点的轴向距离，如图 6-5 所示。导程、螺距、线数三者之间的关系式：导程等于线数乘以螺距，即 $P_h = nP$。

5. 旋向

螺纹有右旋与左旋两种。沿轴向方向看，顺时针旋入的螺纹，称右旋螺纹；逆时针旋入的螺纹，称左旋螺纹。旋向也可按图 6-6 所示的方法判断：将外螺纹垂直放置，螺纹的可见部分是左低右高时为右旋螺纹，左高右低时为左旋螺纹。工程上常用右旋螺纹。

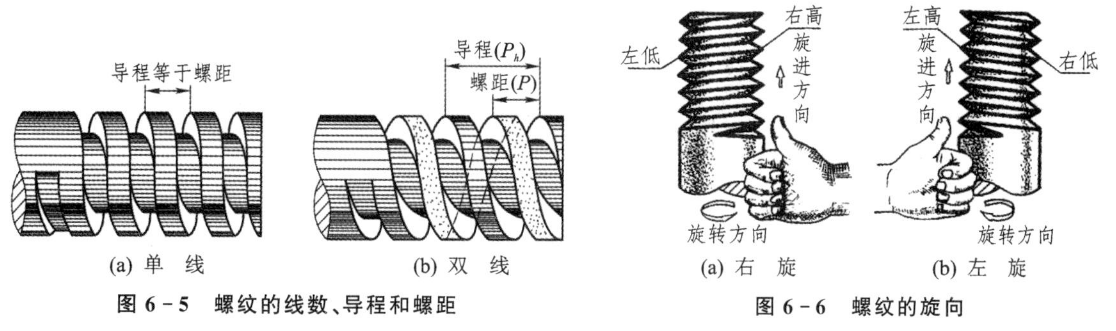

(a) 单　线　　(b) 双　线

图 6-5　螺纹的线数、导程和螺距

(a) 右　旋　　(b) 左　旋

图 6-6　螺纹的旋向

(三) 螺纹的分类

1）按是否符合国家标准来分，螺纹可分为标准螺纹和非标准螺纹。标准螺纹是指螺纹五个要素中的牙型、公称直径和螺距符合国家标准的螺纹。非标准螺纹是指螺纹五个要素中的牙型不符合国家标准的螺纹。

常用标准螺纹的牙型、特征代号及有关应用说明如表 6-1 所列。

表 6-1　常用标准螺纹的特征代号、牙型及应用

种类			特征代号	牙型放大图	应用说明
连接螺纹	普通螺纹	粗牙	M	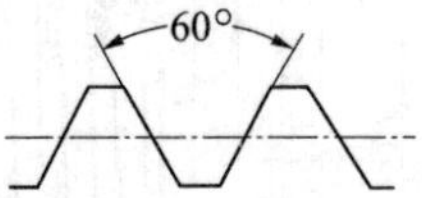 60°	是最常用的连接螺纹，一般连接多用粗牙。在相同的大径下，细牙螺纹的螺距较粗牙小，切深较浅，多用于薄壁或紧密连接用的零件
		细牙			
	管螺纹	55°密封管螺纹	R R_c R_p	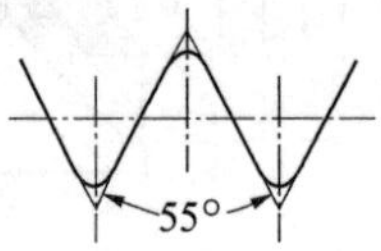 55°	包括圆锥外螺纹 R 与圆锥内螺纹 R_c、圆锥外螺纹 R 与圆柱内螺纹 R_p 两种连接形式。具有密封性，适用于管子、管接头、旋塞、阀门等
		55°非密封管螺纹	G	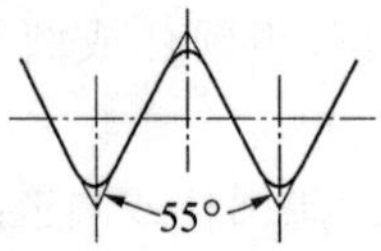 55°	螺纹本身不具有密封性，内外螺纹是圆柱管螺纹，适用于管接头、旋塞、阀门等
传动螺纹	梯形螺纹		Tr	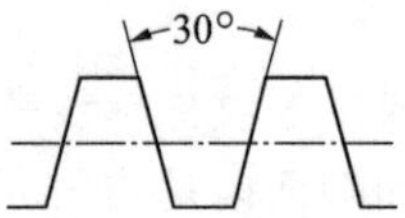 30°	用于传递运动和动力，如机床丝杠、尾架丝杠等
	锯齿形螺纹		B	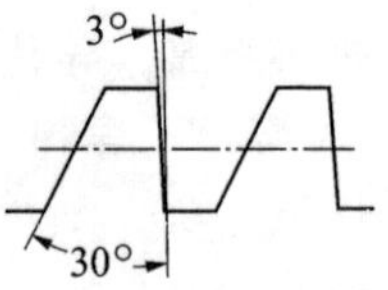 3° 30°	只用于传递单向压力，如千斤顶螺杆、螺旋压力机的传动丝杠

2）按用途不同来分，螺纹可分为连接螺纹和传动螺纹。如表 6-1 所列。连接螺纹是指用来连接两个及以上的零件的螺纹，常用三角形螺纹。传动螺纹是指由内、外螺纹组成的螺旋副来传递运动和动力的螺纹，常用梯形螺纹和锯齿形螺纹。

二、螺纹的画法规定

国家标准《机械制图　螺纹及螺纹紧固件表示法》(GB/T4459.1—1995)中规定了螺纹的画法，如表 6-2 所列。

表 6-2　螺纹的画法规定

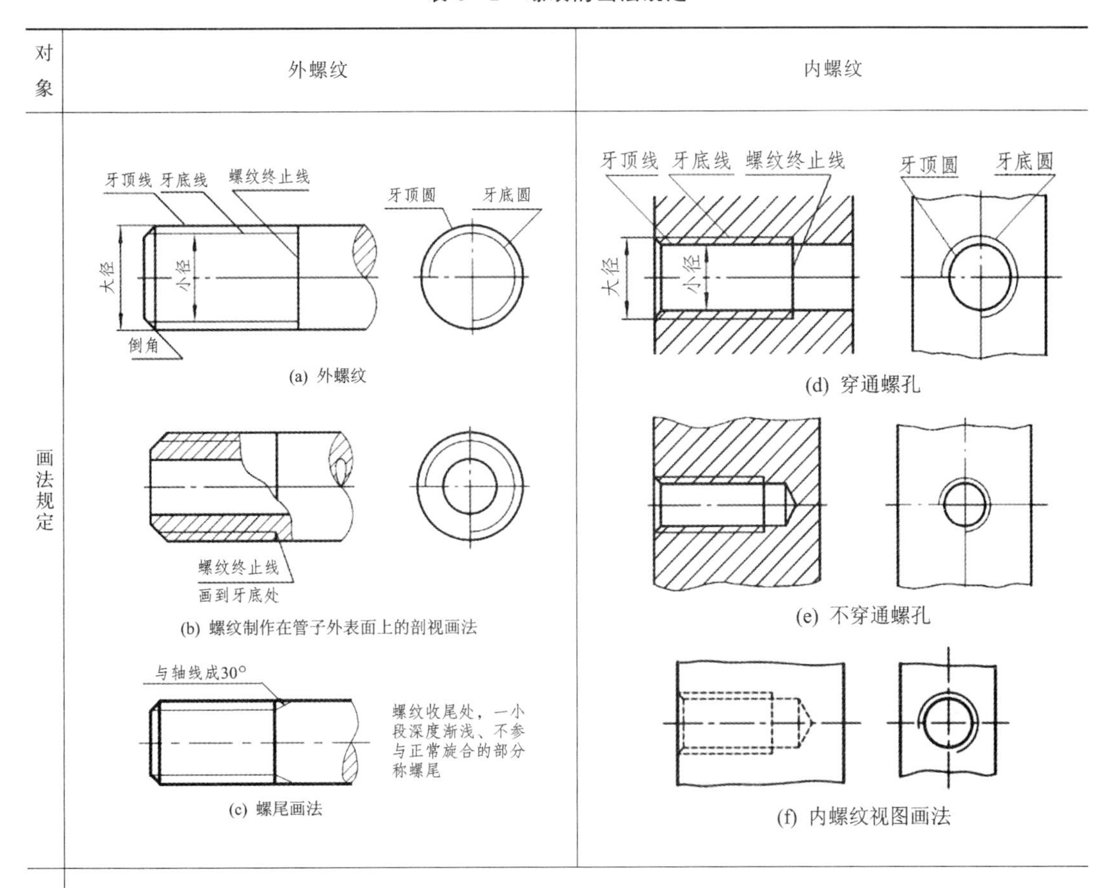

(a) 外螺纹

(b) 螺纹制作在管子外表面上的剖视画法

(c) 螺尾画法

(d) 穿通螺孔

(e) 不穿通螺孔

(f) 内螺纹视图画法

说明

1) 在平行于螺纹轴线的投影面的视图：

牙顶线用粗实线表示(外螺纹的大径线，内螺纹的小径线)；

牙底线用细实线表示(外螺纹的小径线，内螺纹的大径线)；

螺杆的倒角或倒圆部分也应画出，牙底线画入倒角(见图(a))；

小径≈0.85 大径

2) 在垂直于螺纹轴线的投影面的视图：

牙顶圆用粗实线表示；

牙底圆用约 3/4 圈(空出约 1/4 圈的位置不作规定)的细实线表示；

螺杆或螺孔上的倒角圆投影不画

3) 有效螺纹的终止界线(简称螺纹终止线)用粗实线表示

4) 无论是外螺纹或内螺纹，在剖视或断面图中的剖面线都应画到粗实线

5) 螺尾部分一般不必画出，当需要表示螺尾时，该部分用与轴线成 30°的细实线画出(见图 c)

6) 绘制不穿通的螺孔时，一般应将钻孔深度与螺纹部分的深度分别画出(见图 e)

注意

外螺纹一般用基本视图表达(见图(a))；

内螺纹一般用剖视图表达(见图(d)、(e))，当用视图表达时，不可见螺纹的所有图线用虚线绘制(见图(f))

续表 6-2

对象	螺纹牙型	螺纹旋合
画法规定	(a) 局部剖视　(b) 重合画法　(c) 局部放大图	(a) 与实心螺杆连接的画法　(b) 与非实心螺杆连接的画法
说明	螺纹牙型一般在图形中不表示 当需要表示螺纹牙型时，可用局部剖视或局部放大图表示，如上图的形式绘制	以剖视图表示内外螺纹的连接时，大径、小径要对齐；旋合部分应按外螺纹的画法绘制，其余部分仍按各自螺纹的画法表示。在剖切平面通过螺纹的剖视图中实心螺杆按不剖绘制，如图(a)所示。

三、螺纹的图样标注

由于各种螺纹的画法都是相同的，螺纹的要素和制造精度等无法在图中表示出来，因此国家标准规定标准螺纹必须用规定的标记在图样上标注。螺纹的标注包括螺纹标记的标注、螺纹长度的标注和螺纹副的标注。

(一) 常用标准螺纹的标记格式

1) 普通螺纹应用最广，它的完整标记由螺纹特征代号、尺寸代号、公差带代号[①]、旋合长度代号和旋向代号五部分组成。细牙普通螺纹的标记格式为：

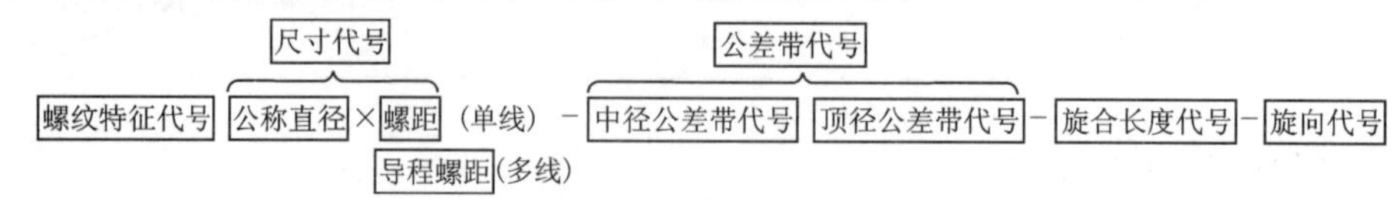

2) 梯形螺纹和锯齿形螺纹的完整标记由螺纹代号、公差带代号及旋合长度代号三部分组成，其标记格式为：

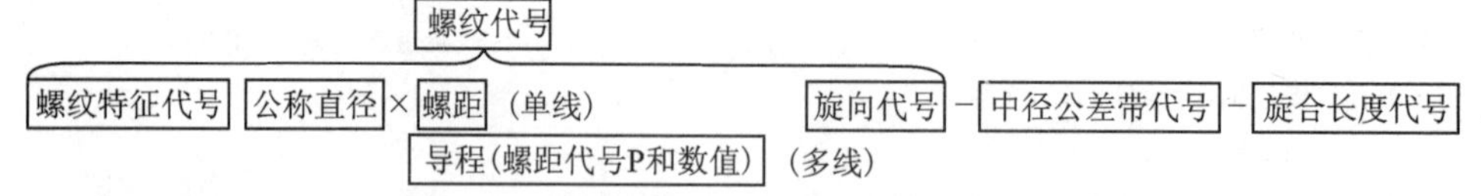

3) 管螺纹分55°密封管螺纹和55°非密封管螺纹。它们的标记格式如下：

55°密封管螺纹：螺纹特征代号　尺寸代号　旋向代号

55°非密封管螺纹：

外管螺纹：螺纹特征代号　尺寸代号　公差等级代号 - 旋向代号

内管螺纹：螺纹特征代号　尺寸代号　旋向代号

(二) 常用标准螺纹、螺纹副标记及其图样标注方法

常用标准螺纹、螺纹副标记及其图样标注方法，如表6-3所列。

---

① 有关公差带的概念见学习情境7的任务7.1。

例如，标记 M20×1.5—5g6g—S—LH，其含义为：

普通螺纹(M)，公称直径为 20 mm，螺距为 1.5 mm 是细牙；中径公差带代号为 5 g，顶径公差带代号为 6 g；短旋合长度(S)左旋(LH)。

表 6-3　常用螺纹、螺纹副标记及其图样标注方法　　mm

序号	螺纹种类	螺纹标记或其图样标注示例	螺纹副标记或其图样标注示例	标记及其标注说明
1	普通螺纹	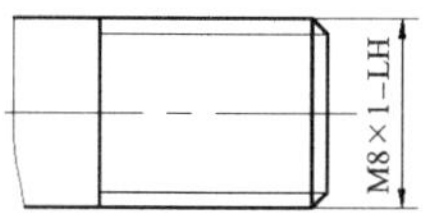 M8×1-LH	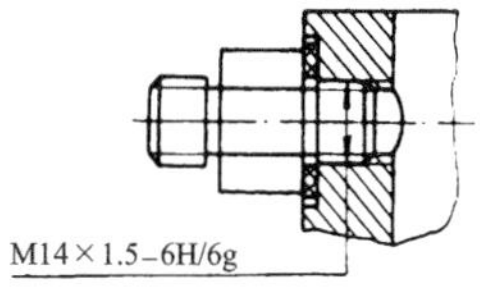 M14×1.5-6H/6g	标记说明： 1）粗牙螺纹不注螺距。 细牙螺纹为单线时只注出螺距的数值，细牙螺纹为多线时注出：P_h 数值 P 数值。 2）中径和顶径公差带代号相同时只注一次(如 6H)；最常用的中等公差精度(如公称直径≤1.4 mm 的 5 H、6 h 和公称直径≥1.6 mm 的6 H、6 g)不注公差带代号。 3）旋合长度共分三组，即长(L)、短(S)和中等(N)，中等旋合长度可省略标注 N。 4）左旋时注 LH，右旋时不注旋向。 标记的标注说明： 1）国家标准规定标准螺纹用规定的标记标注，公称直径以 mm 为单位的螺纹，其标记应直接注在大径的尺寸线上或其引出线上，以区别不同种类的螺纹。 2）螺纹副标记的标注方法同螺纹标记的标注
		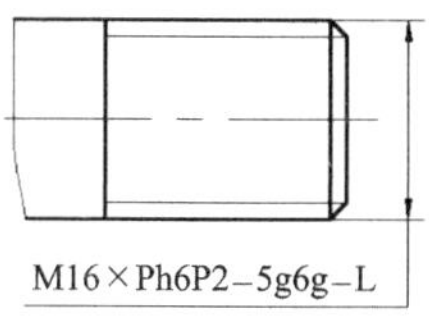 M16×Ph6P2-5g6g-L	M20-6H/5g6g (表示内外螺纹旋合时，内螺纹公差带代号在前，外螺纹的在后，中间用"/"分开)	
		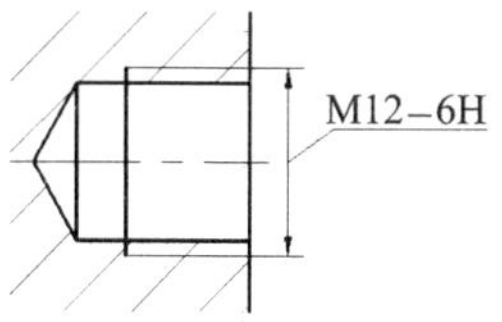 M12-6H	M6	
2	梯形螺纹	Tr40×7-7H Tr40×14(P7)LH-7e	Tr36×6-7H/7c	1）公称直径一律用螺纹大径的公称尺寸表示。 2）仅需给出中径公差带代号，顶径公差带代号只有一种(4H 或 4h)，国标规定省略标注。 3）无短旋合长度代号。 4）梯形螺纹、锯齿形螺纹及螺纹副标记的标注方法同普通螺纹，它们同属米制螺纹
3	锯齿形螺纹	B40×7-7a B40×14(P7)LH-8c-L	B40×7-7A/7c	
4	55°非密封管螺纹	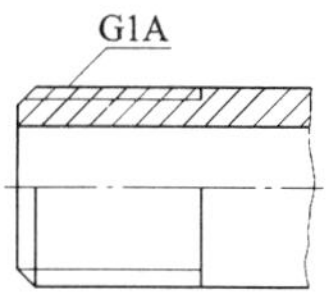 G1A G1/2-LH	G1½A	1）外螺纹需注出公差等级 A 或 B； 内螺纹公差等级只有一种，故不注。 2）表示螺纹副时，仅需标注外螺纹的标记。 3）其标注说明见序号 5 说明。 **注意**　管螺纹的尺寸代号(如 1/2)不是螺纹的大径，故不能称为公称直径，它相当于加工有管螺纹的管子的通径

续表 6-3

序号	螺纹种类	螺纹标记或其图样标注示例	螺纹副标记或其图样标注示例	标记及其标注说明
5	55°密封管螺纹	Rc1/2 R 3/4 R3;Rc1 ½−LH;Rp1/2	Rc/R 3/8	1)内、外螺纹均只有一种公差带,故不注。 2)表示螺纹副时,尺寸代号只注写一次。 标记的标注说明: 1)管螺纹的标记一律注在引出线上,引出线应由大径处引出,或由对称中心处引出。 2)螺纹副标记应由配合处的大径处引出标注
螺纹长度标注				国家标准规定图样中标注的螺纹长度均指不包括螺尾在内的有效螺纹长度 否则应另加说明或按实际需要标注

四、螺纹紧固件及其连接

(一)螺纹紧固件的种类和标记

常用螺纹紧固件有螺栓、螺柱(也称双头螺柱)、螺钉、紧定螺钉、螺母和垫圈等,如图 6-7 所示。这类零件均已标准化,不需要单独画零件图,只需标明规定标记,就可依此在相应的标准中查出其结构、全部尺寸及有关技术数据;并且它们由标准件厂大量生产,使用时根据规定标记直接外购即可。

图 6-7 常用螺纹紧固件

螺纹紧固件的标记格式如下:

名称 标准代号 − 规格或公称尺寸 × 公称长度 − 产品型式 − 性能等级 − 产品等级 − 表面处理

例如：螺纹规格 d=M12、公称长度 l=80 mm、性能等级为10.9级、产品等级为A、表面氧化处理的六角头螺栓。

完整标记为：螺栓 GB/T 5782 — 2000 - M12×80 - 10.9 - A - O

简化标记为：螺栓 GB/T 5782　M12×80

常用螺纹紧固件的简化标记示例如表6-4所列。

表6-4　常用螺纹紧固件及其标记示例

名　称	图例及标记示例	名　称	图例及标记示例
六角头螺栓 A级和B级 GB/T 5782	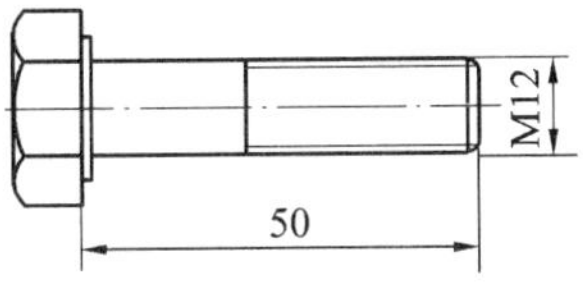 M12　50 螺栓 GB/T 5782 M12×50	双头螺柱 A级和B级 GB/T 897 GB/T898 GB/T 899 GB/T900	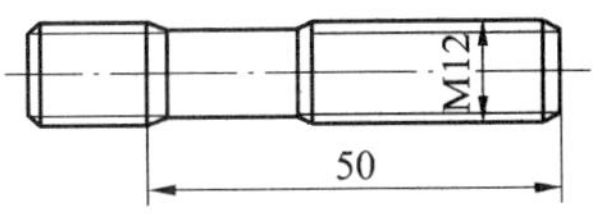 M12　50 螺柱 GB/T 897 M12×50
开槽沉头螺钉 GB/T68	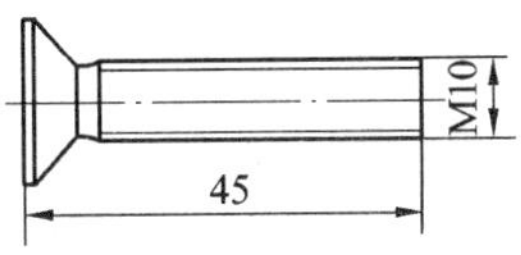 M10　45 螺钉 GB/T 68 M10×45	Ⅰ型六角头螺母 A级和B级 GB/T 6170	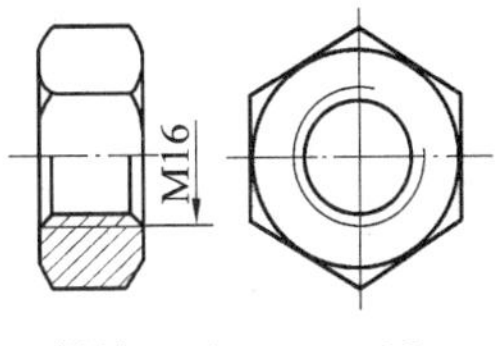 M16 螺母 GB/T 6170　M16
开槽圆柱头螺钉 GB/T 65	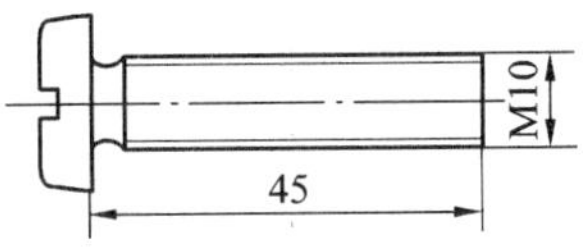 M10　45 螺钉 GB/T 65　M10×45	Ⅰ型开槽螺母	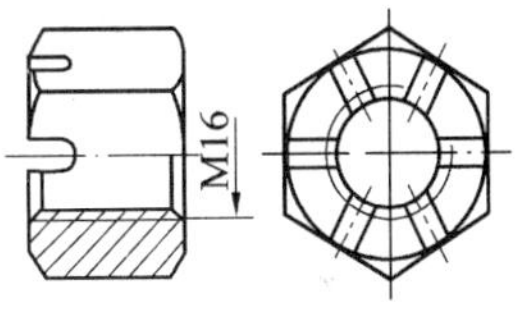 M16 螺母 GB/T 6178 M16
内六角圆柱头螺钉 GB/T 70	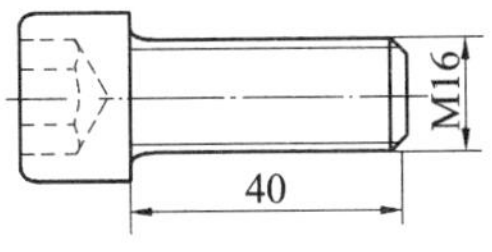 M16　40 螺钉 GB/T 70 M16×40	弹簧垫圈 GB/T 93	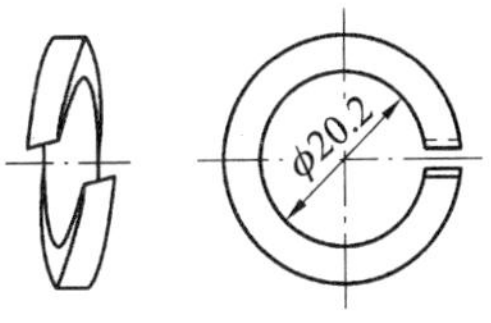 φ20.2 垫圈 GB/T 93 20
开槽锥端紧定螺钉 GB/T 71	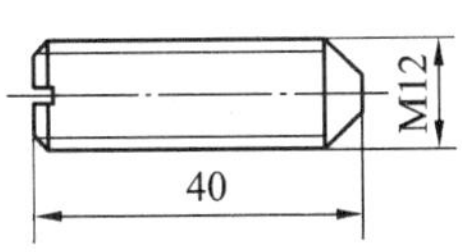 M12　40 螺钉 GB/T 71 M12×40	平垫圈 GB/T 97.1	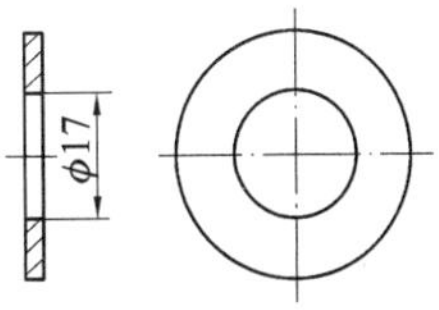 φ17 垫圈 GB/T 97.1　16-140HV

(二) 螺纹紧固件的连接画法

工程上常运用一组螺纹紧固件来连接紧固一些零部件，所以在装配图中经常画它们。由于装配图主要是表达零部件之间的装配关系，为了提高画图速度，在画装配图时，螺纹紧固件连接不仅可按表6-5所列装配图中螺纹紧固件的简化画法，而且常常采用比例画法，即螺纹紧固件的各有关尺寸都取成与螺纹公称直径 d、D 成一定比例，再按这些比例关系绘图。

最常用的连接形式有螺栓连接、螺柱连接和螺钉连接三种,下面分别介绍简化的比例画法。

表6-5 装配图中螺纹紧固件的简化画法

形　式	简化画法	形　式	简化画法
六角头 (螺栓)	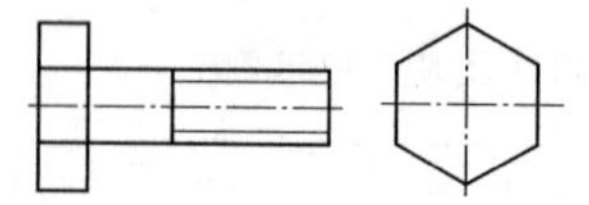	方头 (螺栓)	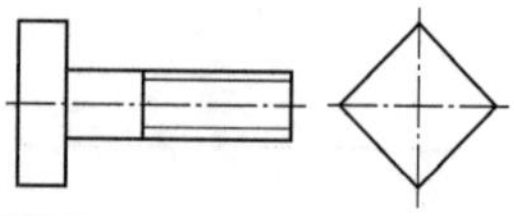
圆柱头内六角 (螺钉)	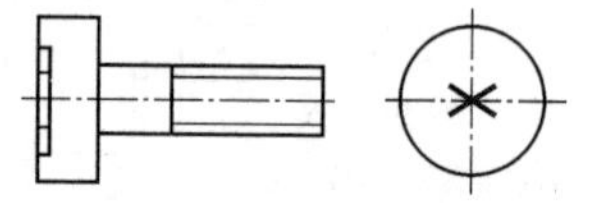	无头内六角 (螺钉)	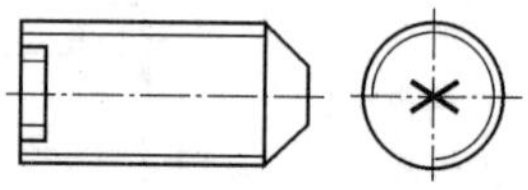
无头开槽 (螺钉)	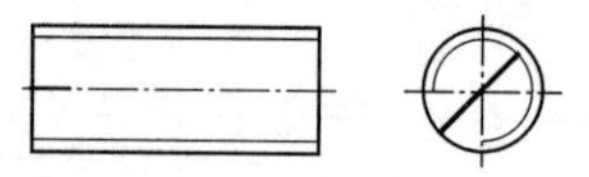	沉头开槽 (螺钉)	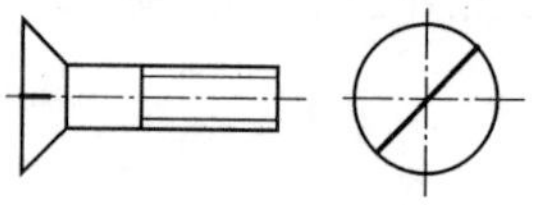
半沉头开槽 (螺钉)	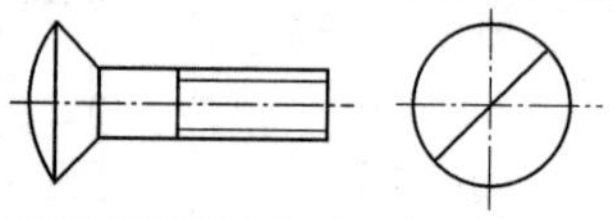	圆柱头开槽 (螺钉)	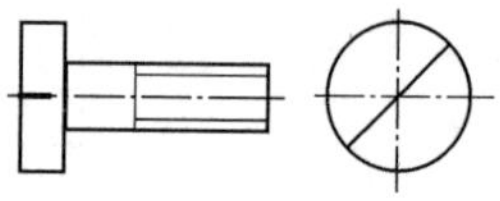
盘头开槽 (螺钉)	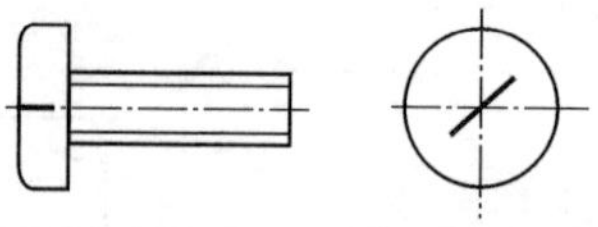	沉头开槽 (自攻螺钉)	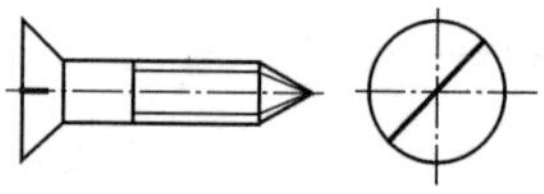
六角 (螺母)	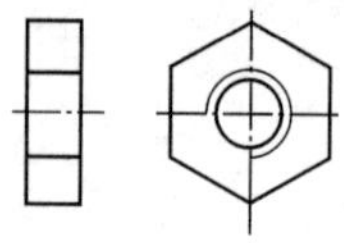	方头 (螺母)	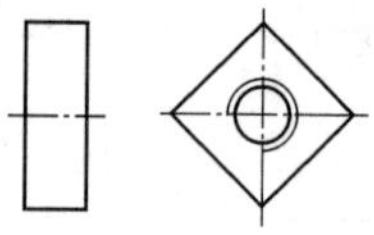
六角开槽 (螺母)	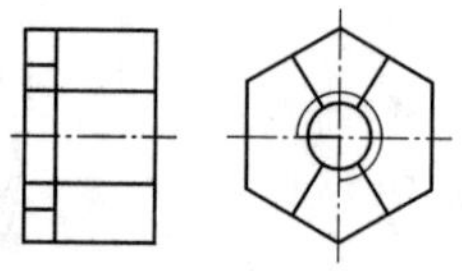	六角法兰面 (螺母)	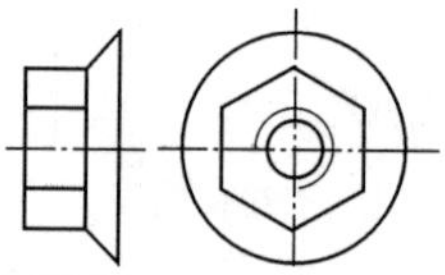
蝶形 (螺母)	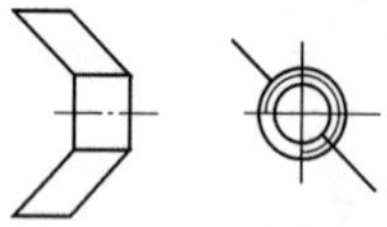	沉头十字槽 (螺钉)	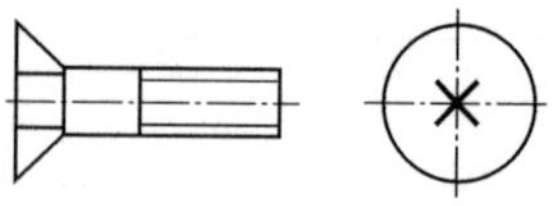
半沉头十字槽 (螺钉)	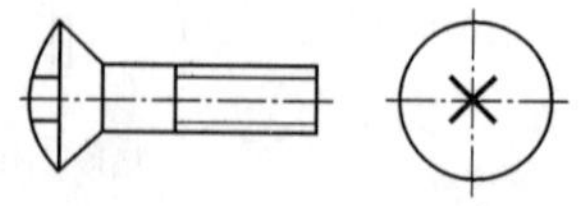		

1. 螺栓连接

螺栓连接所用的连接件有螺栓、螺母、垫圈等,如图6-8所示。螺栓连接适用于连接两个不太厚、能加工成通孔的零件和需要经常拆卸的场合。螺栓穿入两个零件的光孔,在制有螺纹的一端再套上垫圈,然后用螺母拧紧。垫圈的作用是防止损伤零件的表面,并能增加支承面积,使其受力均匀,保证连接的紧密性、紧固性和可靠性。

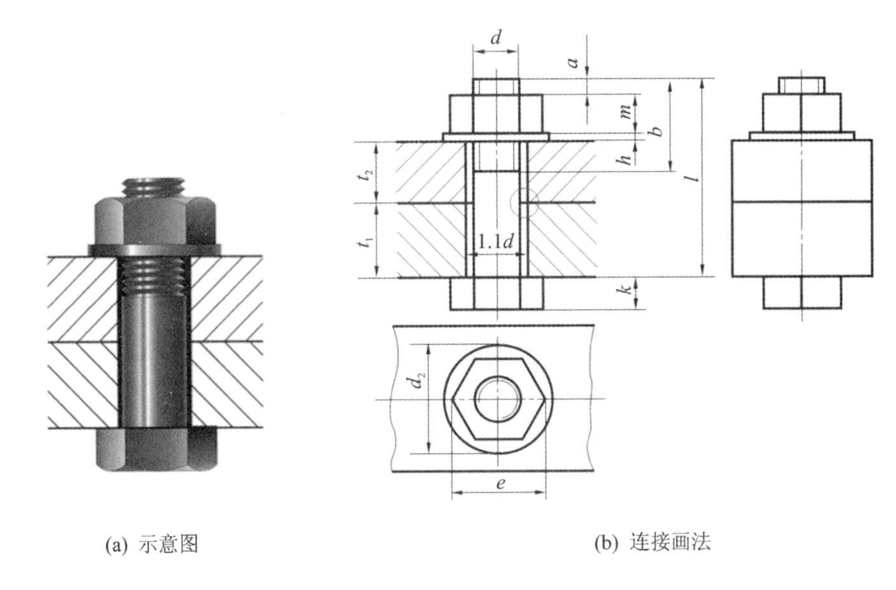

(a) 示意图 (b) 连接画法

图 6-8 螺栓连接的简化画法

画螺栓连接图时,应注意以下几点:

❶ 螺栓公称长度 l 应按下式估算:$l \geqslant t_1 + t_2 + h + m + \alpha$(计算后查表取最短的标准长度)。式中 t_1、t_2 为被连接零件的厚度;h 为垫圈的厚度;m 为螺母的厚度;α 为螺栓伸出螺母的长度。根据螺纹公称直径 d 按下列比例作图:

$b = 2d, h = 0.15d, m = 0.8d, a = (0.2 \sim 0.3)d, k = 0.7d, e = 2d, d_2 = 2.2d$

❷ 了解装配图中相关的规定画法。

当剖切平面通过螺杆的轴线时,对于螺柱、螺栓、螺钉、螺母及垫圈等均按视图绘制。当剖切平面垂直于螺杆轴线时,应按剖视图绘制。

剖视图上,两个被连接零件的接触面只画一条线;两个零件相邻但不接触,无论间隙多小,仍画成两条线。

在剖视图中,相邻不同零件的剖面线必须以方向不同或方向相同、间隔不同画出。同一零件的各个剖面区域,其剖面线画法应一致。

螺纹紧固件的工艺结构,如六角头螺栓头部和六角螺母上的截交线以及倒角、退刀槽、缩颈、凸肩等均可省略不画。

❸ 螺栓连接的合理性:

为了保证装配工艺合理,被连接件的光孔直径(其大小根据装配精度的不同,查阅机械设计手册确定,此处按 1.1d 画)应比螺纹大径大些,所以它们之间有两条轮廓线,零件接触面轮廓线在此之间应画出,如图 6-8(b)圆圈所圈出部分。

螺栓伸出过长或不足为不合理;螺纹终止线应画出(即螺纹的有效长度应画得低于光孔顶面,使 $l - b < t_1 + t_2$)以便于螺母调整、拧紧,使连接可靠。

2. 双头螺柱连接

双头螺柱连接由双头螺柱、螺母、垫圈组成,如图 6-9 所示。双头螺柱连接多用于被连接件之一较厚,加工通孔困难而难于采用螺栓连接;或者因拆装频繁,又不宜采用螺钉连接的场合。双头螺柱两头都制有螺纹。连接前先在较厚的零件上加工出螺孔,在另一较薄的零件上加工出通孔(孔径≈1.1d)。连接时,将双头螺柱的一端(旋入端)旋入被连接件的螺孔中,并使另一端(紧固端)穿过较薄零件的通孔,再套上垫圈用螺母拧紧。

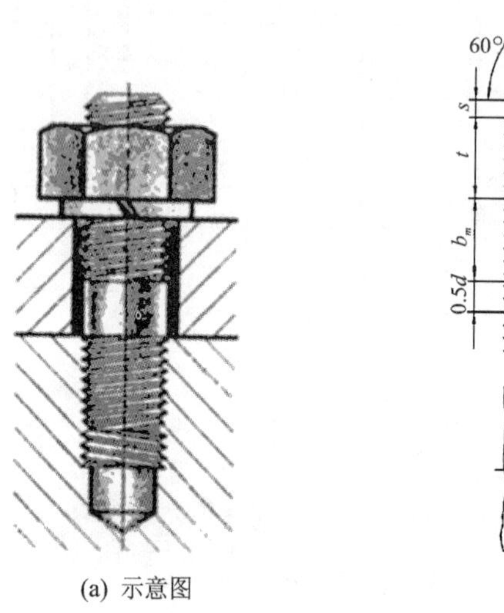

(a) 示意图

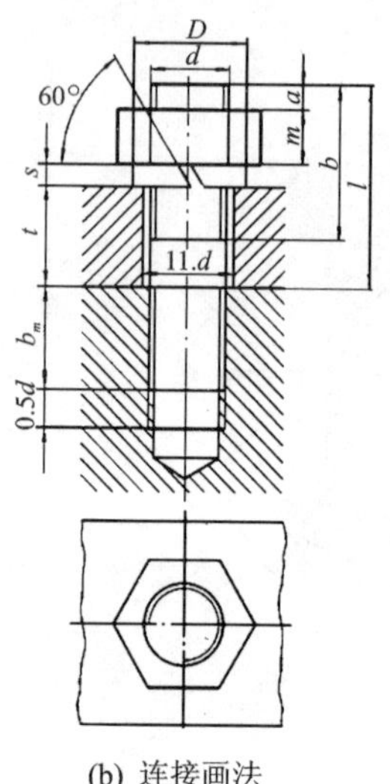

(b) 连接画法

图6-9 双头螺柱连接的简化画法

画双头螺柱连接图时,应注意以下几点:

❶ 确定螺柱连接的相关尺寸　双头螺柱的公称长度L应按下式估算:$l \geqslant t+s+m+\alpha$(计算后查附表2-2取最短的标准长度)。式中t为被连接通孔零件的厚度,s为弹簧垫圈的厚度;其余同螺栓连接。

双头螺柱的旋入端长度(b_m)与带螺孔的被连接件材料有关,选取时可参考下述条件:

对于钢或青铜:$b_m=d$。

对于铸铁:$b_m=1.25d$,$b_m=1.5d$。

对于铝:$b_m=2d$。

❷ 螺柱连接的合理性　旋入端的螺纹终止线应与结合面平齐,表示旋入端已全部地旋入螺孔内并足够地拧紧。

被连接件螺孔的螺纹深度应大于旋入端的螺纹长度b_m,一般螺孔的螺纹深度按$b_m+0.5d$画出。在装配图中,不穿通的螺纹孔可不画出钻孔深度,仅按有效螺纹部分的深度画出。

图6-9(b)所示垫圈为弹簧垫圈,外径比普通垫圈小,以保证紧压在螺母底面范围之内。弹簧垫圈开槽的方向为阻止螺母松动的方向起防松的作用,画成与水平线成60°角向左上斜的两条平行粗实线,或一条加粗线(线宽为粗实线线宽的2倍)。按比例画图时,取$s=0.2d$,$D=1.5d$。

❸ 其余部分的画法与螺栓连接画法相同。

3. 螺钉连接的画法

螺钉按用途可分为连接螺钉和紧定螺钉两种。前者用于连接零件,后者用于固定零件。

(1) 连接螺钉(见图6-10)

连接螺钉适用于受力不大而又不经常拆装的零件连接。连接前,上面的零件钻通孔,其直径比螺钉大径略大,另一零件加工成螺孔。连接时,不用螺母,而将螺钉直接穿过被连接零件上的通孔,再拧入被连接件的螺孔里,用螺钉头压紧被连接件。螺钉的螺纹部分要有一定的长度，以保证连接的可靠性。

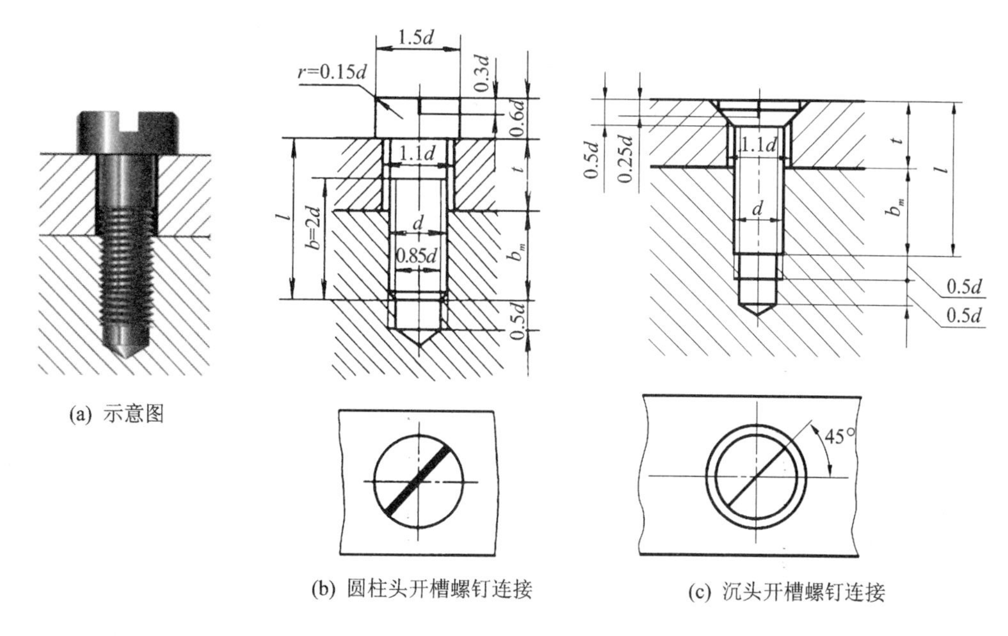

(a) 示意图

(b) 圆柱头开槽螺钉连接

(c) 沉头开槽螺钉连接

图6-10　螺钉连接的简化画法

画图时应注意以下几点：

❶ 螺钉的公称长度L可按下式估算：$l \geqslant t+b_m$（计算后查表取最短的标准长度）。式中，b_m与螺柱连接相同。

❷ 螺纹终止线应伸出螺纹孔端面，以表示螺钉尚有拧紧的余地，而被连接件已被压紧。

❸ 螺钉头的槽口的画法。

如图6-10(b)所示，在平行于螺钉轴线的视图中，槽口被放正绘制；在垂直于螺钉轴线的视图中，螺钉头部的一字槽要按与水平方向右斜45°画出，不和非圆视图保持投影关系。当槽口的宽度小于2 mm时，槽口投影可涂黑，并采用简化的粗线（线宽为粗实线线宽的2倍）画出。

(2) 紧定螺钉

紧定螺钉用来固定两个零件的相对位置，使它们不产生相对运动。如图6-11中的轴和齿轮（图中齿轮仅画出轮毂部分），用一个开槽锥端紧定螺钉旋入轮毂的螺孔，使螺钉端部的90°锥顶与轴上的90°锥坑压紧，从而限制轮和轴的相对位置。

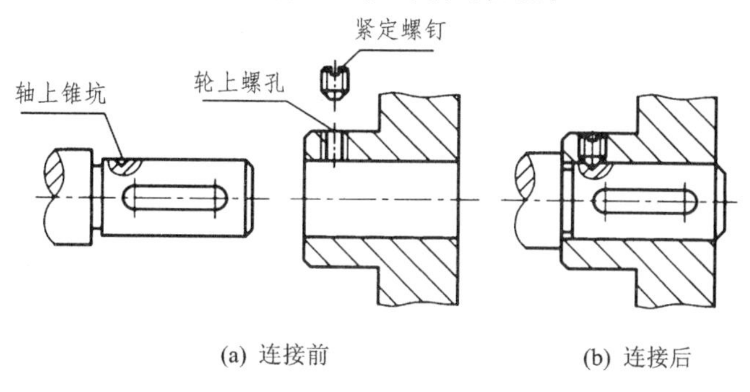

(a) 连接前

(b) 连接后

图6-11　紧定螺钉连接画法

任务分析

螺纹紧固件属常用标准件,其上的常用结构“螺纹”应采用规定画法。弄清螺纹紧固件与被连接零件之间的连接关系,注意装配图的规定画法及螺纹旋合处的规定画法。螺纹紧固件连接一般采用比例简化画法,比如螺栓连接可按装配过程(上板、下板→螺栓→垫圈→螺母)完成装配图,并理解螺纹紧固件连接的作用。

任务实施

以下重点分析图6-1(a)所示的连接板(一)装配图的完成过程,螺纹紧固件各尺寸采用比例画法确定。

一、画图前的准备工作

1. 选择螺纹紧固件

由图6-1知,连接板中上、下板都不太厚且钻有通孔,所以选用三组螺栓连接。从螺纹正确旋合的条件知道,相互旋合的螺栓、螺母、垫圈的公称直径应相等,首先确定螺栓的公称尺寸。

1) 初定螺栓公称直径 d,由孔径=1.1d计算并查附表2-1,孔 $\Phi 18$ 选M16,由孔 $\Phi 14$ 选M12。

2) 确定螺栓公称长度 l,由图6-8可知:

对于M16的螺栓:

$$b=2d=32,\quad h=0.15d=2.4,\quad m=0.8d=12.8,\quad a=0.3d=4.8$$

$$k=0.7d=11.2,\quad e=2d=32,\quad d_2=2.2d=35.2$$

则 $l \geqslant t_1+t_2+h+m+\alpha=10+15+2.4+12.8+4.8=45$,查附表2-1确定 $l=45$。

同理,对于M12的螺栓:

$$b=2d=24,\quad h=0.15d=1.8,\quad m=0.8d=9.6,\quad a=0.3d=3.6$$

$$k=0.7d=8.4,\quad e=2d=24,\quad d_2=2.2d=26.4$$

则 $l \geqslant t_1+t_2+h+m+\alpha=40$,查附表2-1确定 $l=40$。

3) 由上可选用两种规格尺寸、三组螺纹紧固件:六角头螺栓,Ⅰ型六角螺母,平垫圈,均为A级,其标记如图6-12(e)所示。

2. 确定装配图表达方案

如图6-12所示,将连接板水平放置,主视图是通过M16的螺栓轴线作全剖(也即通过上、下板前后对称面并过 $\phi 18$ 孔轴线),表达了各螺纹紧固件与上、下板的连接装配关系,而M12的螺栓组不再剖开表达,只画外形即可。俯视图采用视图,主要表达连接板上三组螺栓连接的分布情况及上板零件的外形。左视图也采用视图,进一步从外形上表达了螺栓连接的情况。

3. 选比例、定图幅,匀称布局

注意 充分考虑能够明细栏①、标题栏、标注尺寸等内容的位置。

二、绘制连接板(一)

如图6-12所示,为叙述方便,以下作图中的剖面线直接画出,实际作图应在各底稿图形完成,检查核对,加粗描深之后再画。因为螺栓连接中螺栓有一部分被垫圈、螺母遮住,所以没有完全按照装配顺序,而是将螺栓放到最后来绘制的。

① 有关明细栏详见学习情境8。

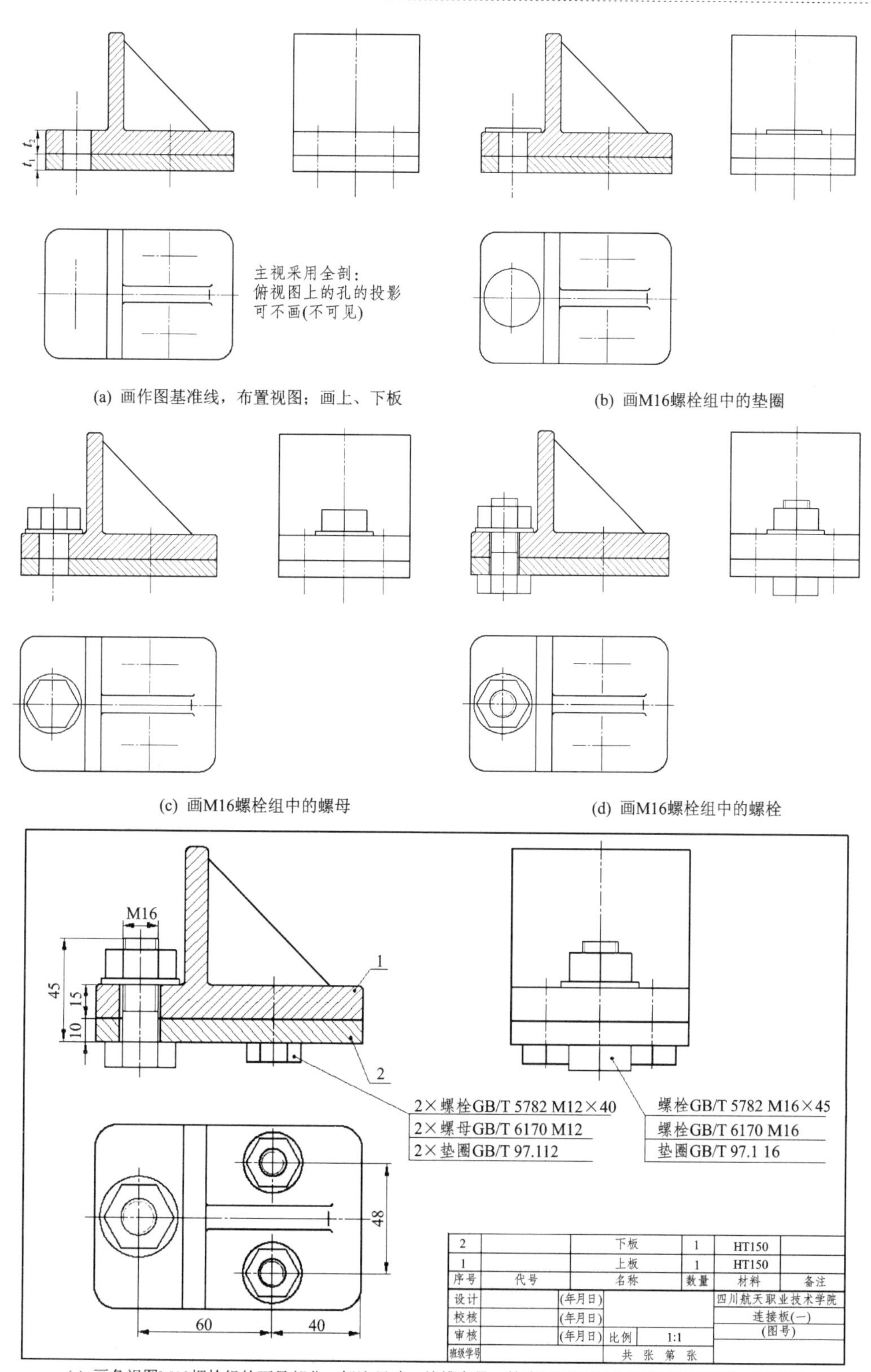

(a) 画作图基准线，布置视图；画上、下板

(b) 画M16螺栓组中的垫圈

(c) 画M16螺栓组中的螺母

(d) 画M16螺栓组中的螺栓

(e) 画各视图M12螺栓组的可见部分；标注尺寸，编排序号；检查无误后按要求填写好明细栏、标题栏

图 6-12　连接板(一)装配图的绘制方法与步骤

三、思考与练习

如果采用查表画法,如何确定各螺纹紧固件的相关尺寸?请读者自行分析。

任务巩固与练习

请参照任务实施中的方法与步骤按装配过程完成如图 6－1(b)所示连接板(二)装配图,只画主俯视图,其中主视图作全剖。

任务 6.2 绘制直齿轮啮合图

任务目标

- 掌握直齿圆柱齿轮尺寸计算、规定画法及其啮合画法。
- 熟悉键、键槽的尺寸查表及键连接画法。
- 了解销连接、滚动轴承、弹簧的画法规定及图示特点。
- 进一步理解装配图的画法。

任务引入

根据已知齿轮参数作必要的尺寸计算,画直齿圆柱齿轮的啮合图,并配轴、配键。标注主

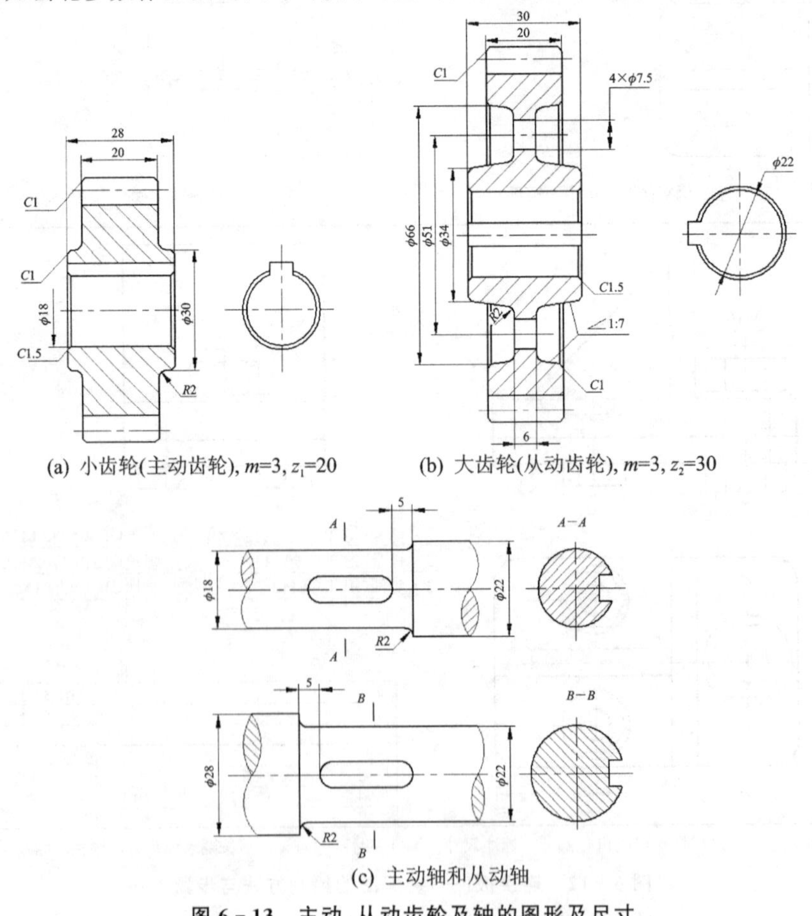

(a) 小齿轮(主动齿轮), m=3, z_1=20　　(b) 大齿轮(从动齿轮), m=3, z_2=30

(c) 主动轴和从动轴

图 6－13　主动、从动齿轮及轴的图形及尺寸

要尺寸(d、d_a、a 的数值)，在齿轮啮合图右上方画一参数栏，注明两齿轮的基本参数(如模数 m、齿数 z_1、z_2，啮合角 α、传动比 i)的大小。A3图纸，横放，比例1∶1。

任务知识准备

一、齿　轮

齿轮常用于机器中传递运动和动力、改变转速及转动方向，是应用最广泛的传动零件。根据两啮合齿轮轴线在空间的相对位置不同，常见的齿轮传动有以下三种形式：图6-14(a)、(b)所示为平行轴齿轮传动；图6-14(c)所示为相交轴齿轮传动；图6-14(d)所示为交叉轴齿轮传动。下面主要介绍渐开线标准直齿圆柱齿轮(圆柱齿轮的轮齿有直齿、斜齿、人字齿)的有关知识和规定画法。

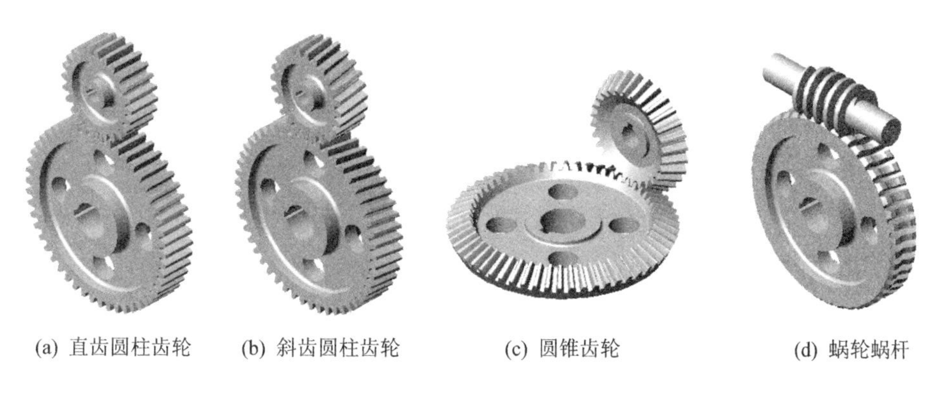

(a) 直齿圆柱齿轮　(b) 斜齿圆柱齿轮　(c) 圆锥齿轮　(d) 蜗轮蜗杆

图6-14　常见的齿轮传动

(一) 直齿圆柱齿轮各部分的名称、代号(见图6-15(a)、(b))

① 齿顶圆(直径 d_a)。轮齿顶部所在假想圆柱体与端平面(垂直于齿轮轴线的平面)相交的圆。

② 齿根圆(直径 d_f)。轮齿根部所在假想圆柱体与端平面相交的圆。

③ 分度圆(直径 d)。齿轮设计和加工时计算尺寸的基准圆，它是一个假想的圆，直径用 d 表示。在一对标准齿轮标准安装互相啮合时，两齿轮的分度圆应相切，如图6-15(c)所示。

④ 齿距 p。相邻两齿同侧齿廓间的分度圆弧长。

⑤ 齿厚 s。一个轮齿的两侧齿廓间的分度圆弧长。

⑥ 槽宽 e。一个齿槽的两侧齿廓间的分度圆弧长。在标准齿轮中，齿厚等于齿槽宽，即 $s=e=p/2$，$p=s+e$。

⑦ 齿顶高 h_a。分度圆与齿顶圆之间的径向距离。

⑧ 齿根高 h_f。分度圆与齿根圆之间的径向距离。

⑨ 齿高 h。齿顶圆与齿根圆之间的径向距离。$h=h_a+h_f$。

⑩ 齿宽 b。沿齿轮轴线方向测量的轮齿宽度。

(二) 标准直齿圆柱齿轮的参数与齿轮各部分的尺寸关系

1. 主参数

直齿圆柱齿轮的主参数有齿数、模数和压力角，其中模数和压力角已标准化。

① 齿数(z)：齿轮的轮齿个数，用 z 表示。

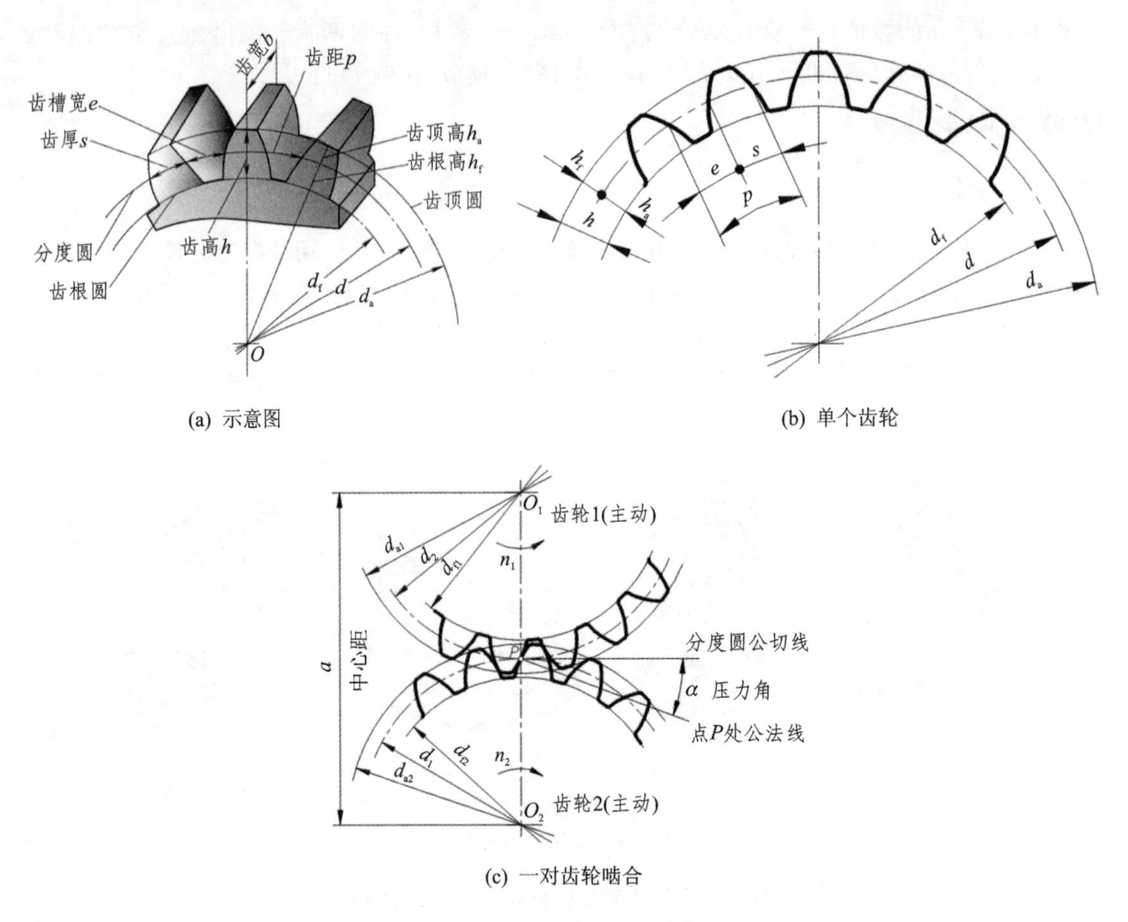

(a) 示意图

(b) 单个齿轮

(c) 一对齿轮啮合

图 6-15 直齿圆柱齿轮各部分的名称和代号

② 模数(m):当齿轮的齿数为 z 时,分度圆的周长为 $\pi d = zp$。令 $m = p/\pi$,则 $d = mz$,m 即为齿轮的模数(工程上规定齿距 p 与 π 的比值为有理数或整数,将其称为模数)。模数是设计、制造齿轮的主参数。模数越大,轮齿的齿根厚度增大,轮齿抗弯曲的能力增强。不同模数的齿轮要用不同模数的刀具来制造。为了便于设计和加工,模数已经标准化,我国规定的标准模数数值如表 6-6 所列。

表 6-6 标准模数(圆柱齿轮摘自 GB/T 1357—2008) mm

第一系列	1,1.25,1.5,2,2.5,3,4,5,6,8,10,12,16,20,25,32,40,50
第二系列	1.125,1.375,1.75,2.25,2.75,3.5,4.5,5.5,(6.5),7,9,11,14,18,22,28,36,45

注:选用时,优先采用第一系列,括号内的模数尽可能不用。

③ 压力角、齿形角 α。

如图 6-15(c)所示,轮齿在分度圆啮合点(即相啮合的轮齿齿廓的接触点)P 处的受力方向(即渐开线齿廓曲线在点 P 处的公法线方向)与该点瞬时运动方向(即分度圆公切线方向)之间所夹的锐角。我国规定标准压力角为 $\alpha = 20°$。

加工齿轮用的基本齿条的法向压力角称为齿形角。故齿形角也为 $\alpha = 20°$。

2. 其他参数

① 传动比 i:主动齿轮转速(r/min,转/分)与从动齿轮转速之比。即由于转速与齿数成反

比，因此，传动比亦等于从动齿轮齿数与主动齿轮齿数之比，$i=n_1/n_2=z_2/z_1$

② 中心距 a：两啮合齿轮轴线之间的最短距离。在标准安装情况下，如图 6－15(c)所示及表 6－7 所列。

3. 齿轮各部分的尺寸关系

当齿轮的模数 m 确定后，并已知齿数 z，按照与 m 的比例关系，可计算出齿轮其他部分的基本尺寸，如表 6－7 所列。

表 6－7　标准直齿圆柱齿轮各部分尺寸关系

名称及代号	公　式	名称及代号	公　式
模数 m	$m=p/\pi=d/z$	齿根圆直径 d_f	$d_f=m(z-2.5)$
齿顶高 h_a	$h_a=m$	齿形角 α	$\alpha=20°$
齿根高 h_f	$h_f=1.25m$	齿距 p	$P=\pi m$
齿高 h	$h=h_a+h_f$	齿厚 s	$s=p/2=\pi m/2$
分度圆直径 d	$d=mz$	槽宽 e	$e=p/2=\pi m/2$
齿顶圆直径 d_a	$d_a=m(z+2)$	标准中心距 a	$a=(d_1+d_2)/2=m(Z_1+Z_2)/2$

（三）直齿圆柱齿轮的规定画法(GB/T 4459.2—2003)

1. 单个圆柱齿轮的画法

① 一般用两个视图(见图 6－16(a))，或者用一个视图和一个局部视图表示单个齿轮。

② 齿顶圆和齿顶线用粗实线绘制。

③ 分度圆和分度线用细点画线绘制，分度线超出投影轮廓 2～3 mm。

④ 齿根圆和齿根线用细实线绘制，也可省略不画；在剖视图中，齿根线用粗实线绘制，如图 6－16(a)所示。

⑤ 在剖视图中，当剖切平面通过齿轮的轴线时，轮齿一律按不剖处理。

⑥ 当需要表示齿线的特征时，可用三条与齿线方向一致的细实线表示(见图 6－16(b))，直齿则不需要表示。当需要表明齿形，可在图形中用粗实线画出一个或两个齿，如图 6－16(c)所示。

⑦ 齿轮轮齿部分以外的结构，均按其真实投影绘制。

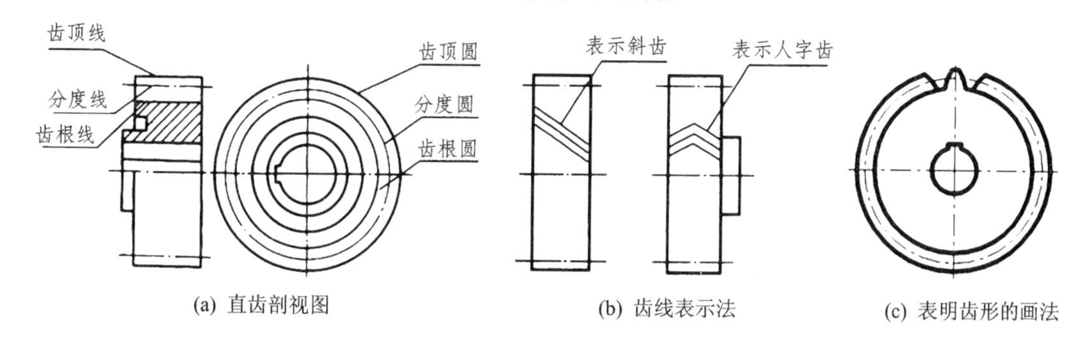

图 6－16　单个圆柱齿轮的画法

2. 圆柱齿轮啮合的画法

① 画啮合图时，一般可采用两个视图，在垂直于圆柱齿轮轴线的投影面的视图中，啮合区

内的齿顶圆均用粗实线绘制,节圆(以两轮回转中心为圆心,以它到节点 P 的长度为半径所作的两个相切的圆称为节圆。两个标准齿轮标准安装、相互啮合时,分度圆处于相切位置,此时分度圆与节圆重合)相切,如图 6-17(a)所示;也可用省略画法,如图 6-17(b)所示。

② 在圆柱齿轮啮合的剖视图中,当剖切平面通过两啮合齿轮的轴线时,在啮合区内,将一个齿轮的轮齿用粗实线绘制,另一个齿轮的轮齿被遮挡的部分用虚线绘制,如图 6-17(a)、图 6-18所示;也可省略不画被遮挡的轮齿。

注意 由图 6-18 可知,由于齿根高与齿顶高相差 0.25 m,因此,一个齿轮的齿顶线和另一个齿轮的齿根线间存在 0.25 m 的径向间隙。

③ 在平行于圆柱齿轮轴线的投影面的视图中,啮合区的齿顶线不需画出,分度圆相切处用粗实线绘制;其他处的分度线仍用细点画线绘制,如图 6-17(c)所示。

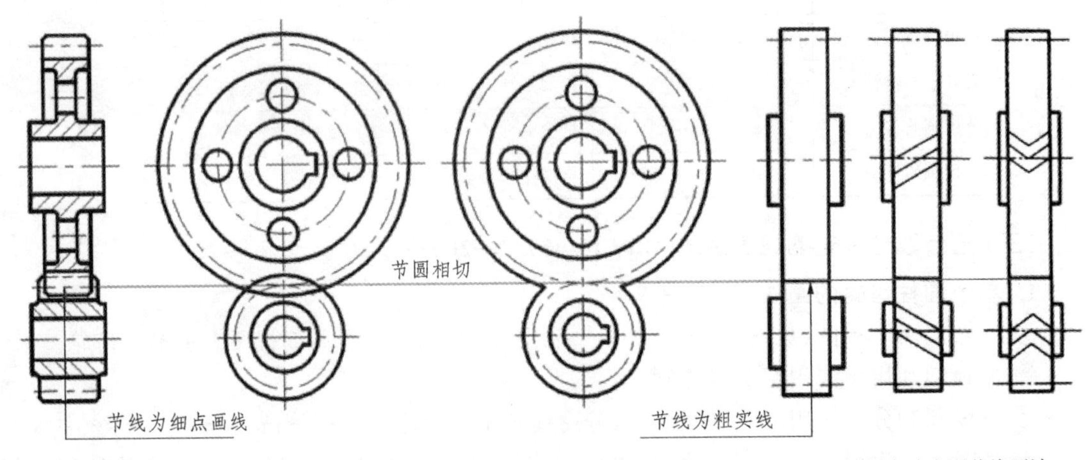

(a) 啮合区节线、节圆和齿顶圆画法　　(b) 啮合区齿顶圆省略不画　　(c) 视图中啮合区节线画法

图 6-17 圆柱齿轮啮合画法

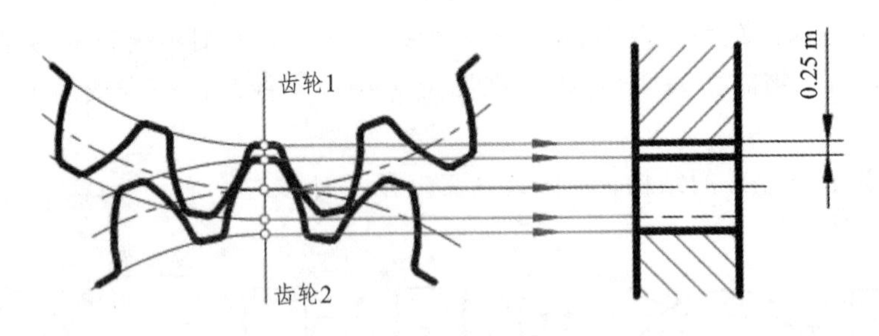

图 6-18 圆柱齿轮啮合区画法及其齿轮间隙

二、键连接

键通常用于连接轴和装在轴上的齿轮、带轮等传动零件,实现周向固定,使轴和轮一起转动,起传递运动和转矩的作用。如图 6-19 所示,先在轴和轮毂上加工出键槽,装配时,将键嵌入轴的键槽内,然后将带有键槽的轮装配到轴上。传动时,轴和轮通过键连接便可一起转动。

键是标准件,常用的键有普通平键、半圆键和钩头楔键等,普通平键又分为圆头普通平键(A 型)、平头普通平键(B 型)、单圆头普通平键(C 型),表 6-8 列出了常用键的种类、形式、规

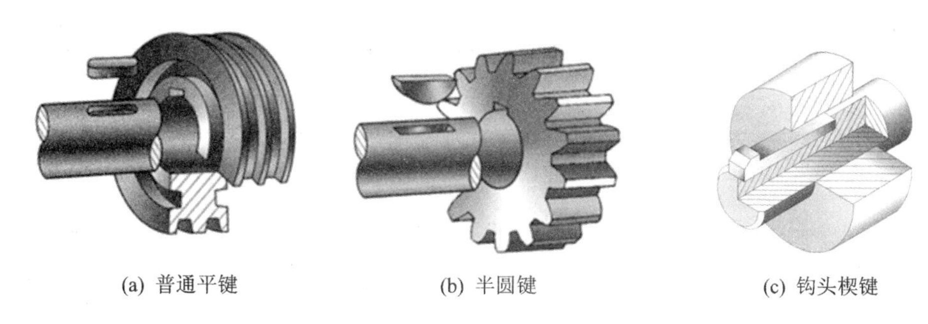

(a) 普通平键　　(b) 半圆键　　(c) 钩头楔键

图 6－19　键连接

定标记及连接画法(以下主要叙述应用最广泛的普通 A 型平键)。

表 6－8　常用键的种类、形式、规定标记及连接画法

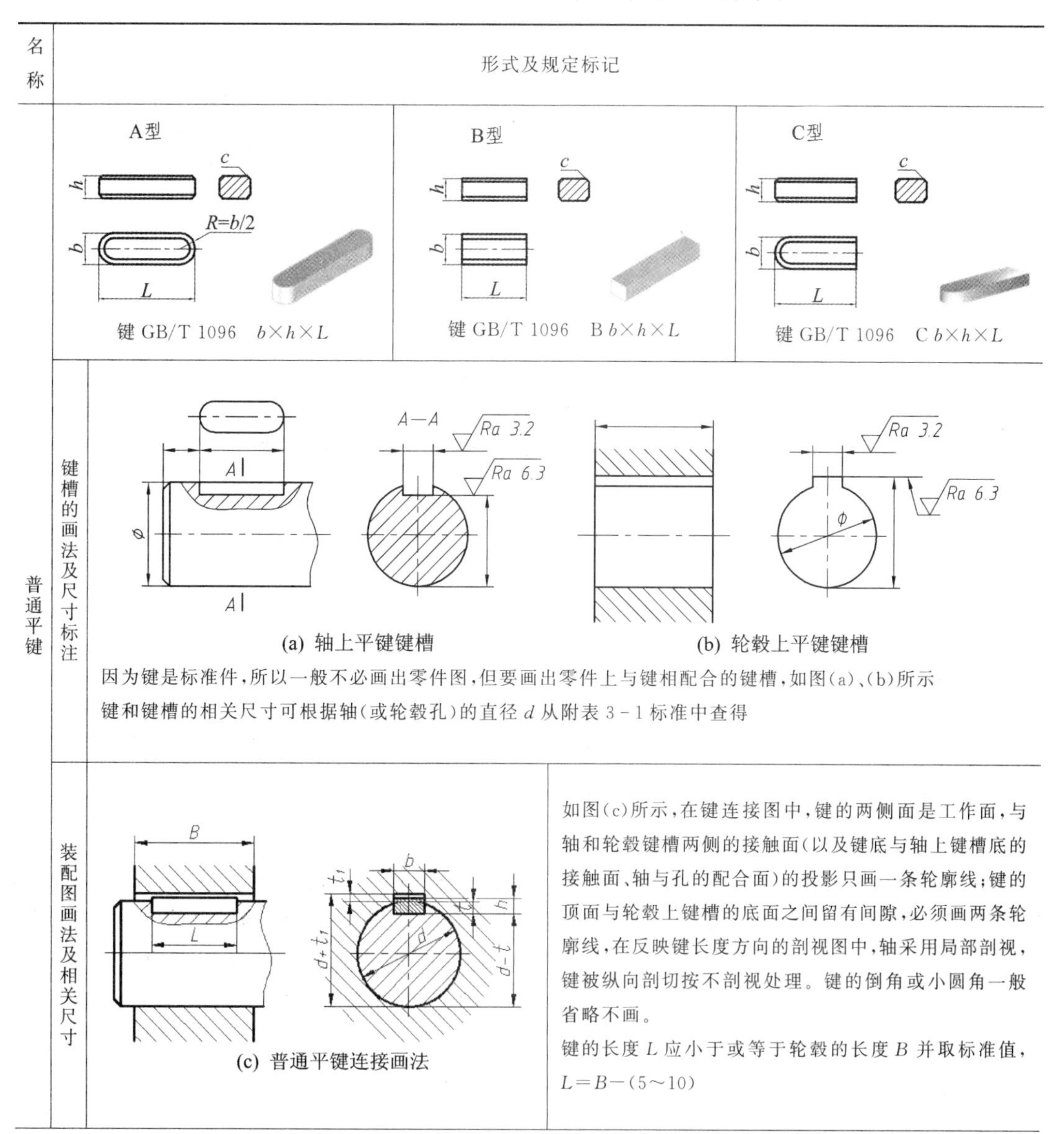

名称		形式及规定标记
普通平键		A型：键 GB/T 1096　$b\times h\times L$；B型：键 GB/T 1096　B $b\times h\times L$；C型：键 GB/T 1096　C $b\times h\times L$
	键槽的画法及尺寸标注	(a) 轴上平键键槽　(b) 轮毂上平键键槽 因为键是标准件，所以一般不必画出零件图，但要画出零件上与键相配合的键槽，如图(a)、(b)所示 键和键槽的相关尺寸可根据轴(或轮毂孔)的直径 d 从附表 3－1 标准中查得
	装配图画法及相关尺寸	(c) 普通平键连接画法 如图(c)所示，在键连接图中，键的两侧面是工作面，与轴和轮毂键槽两侧的接触面(以及键底与轴上键槽底的接触面、轴与孔的配合面)的投影只画一条轮廓线；键的顶面与轮毂上键槽的底面之间留有间隙，必须画两条轮廓线，在反映键长度方向的剖视图中，轴采用局部剖视，键被纵向剖切按不剖视处理。键的倒角或小圆角一般省略不画。 键的长度 L 应小于或等于轮毂的长度 B 并取标准值，$L=B-(5\sim10)$

续表 6-8

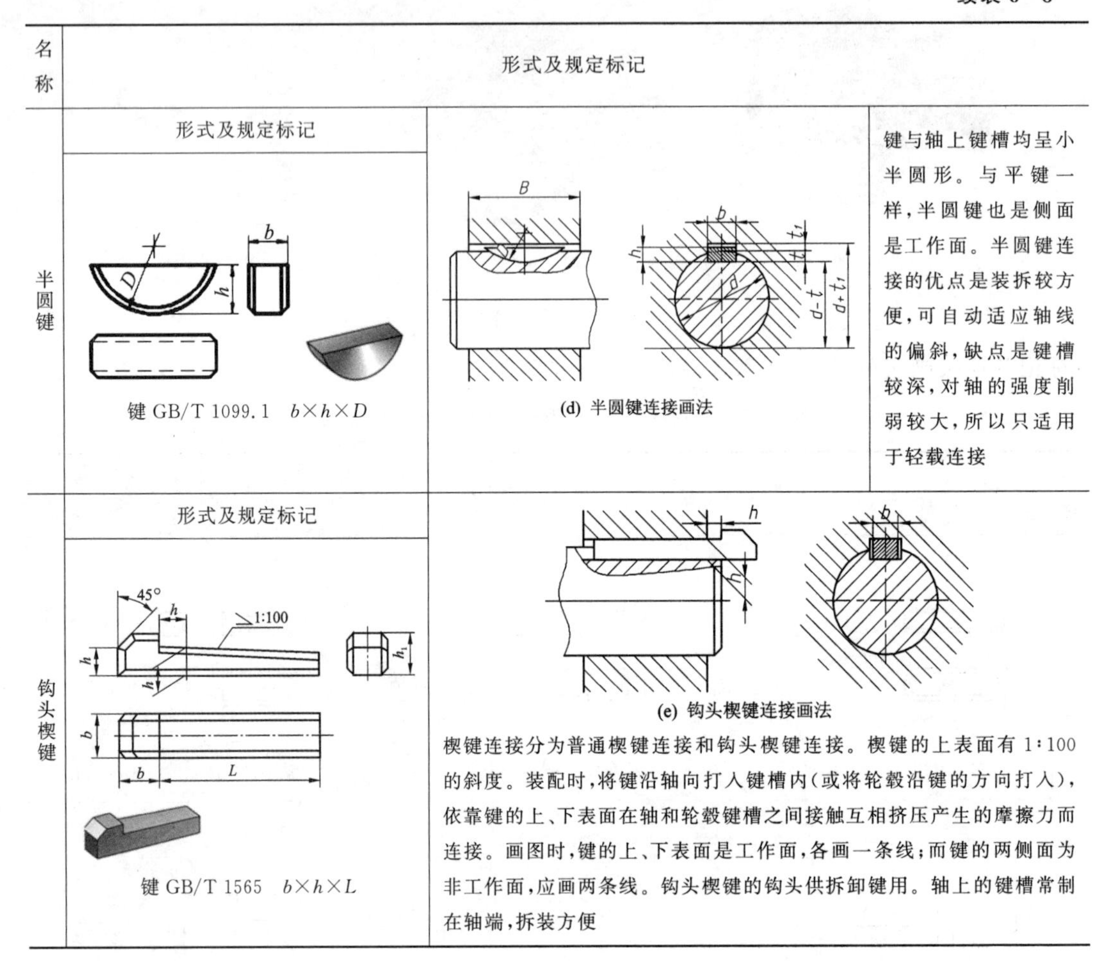

名称	形式及规定标记		
半圆键	形式及规定标记 键 GB/T 1099.1　$b \times h \times D$	(d) 半圆键连接画法	键与轴上键槽均呈小半圆形。与平键一样,半圆键也是侧面是工作面。半圆键连接的优点是装拆较方便,可自动适应轴线的偏斜,缺点是键槽较深,对轴的强度削弱较大,所以只适用于轻载连接
钩头楔键	形式及规定标记 键 GB/T 1565　$b \times h \times L$	(e) 钩头楔键连接画法 楔键连接分为普通楔键连接和钩头楔键连接。楔键的上表面有 1∶100 的斜度。装配时,将键沿轴向打入键槽内(或将轮毂沿键的方向打入),依靠键的上、下表面在轴和轮毂键槽之间接触互相挤压产生的摩擦力而连接。画图时,键的上、下表面是工作面,各画一条线;而键的两侧面为非工作面,应画两条线。钩头楔键的钩头供拆卸键用。轴上的键槽常制在轴端,拆装方便	

普通平键的标记示例

例如:b=18 mm,h=11 mm,L=100 mm 的圆头普通平键(A型),应标记为:

键 GB/T1 096　18×11×100(A型可不标注型号"A",但B型、C型要标注相应型号)。

三、销连接

销是标准件,通常用于零件之间的连接、定位和防松作用。常用的销有圆柱销、圆锥销和开口销等,如表 6-9 所列为销的形式、标记示例及连接画法。

任务分析

齿轮属常用非标准件,其上轮齿部分应采用规定画法,其余部分按投影关系绘制。齿轮啮合时,应注意啮合处和非啮合处的画法。画装配图时,可先由中心距画两轴轴线,主、左视图联系起来,画从动轴和大齿轮,再画主动轴和小齿轮,最后画键连接处;也可由中心距先画两啮合齿轮,再配画轴、键;或者按装配过程完成,并理解齿轮啮合传动的作用。

① 根据图 6-13 已知条件计算齿轮的主要几何尺寸。

② 根据轴径及轴上键槽结构形状选择键的类型及公称尺寸。

③ 按照《机械制图》国家标准有关规定绘出齿轮啮合图。

表6-9　销的形式、规定标记及连接画法

名称	形式及规定标记	连接画法及相关说明	
圆锥销	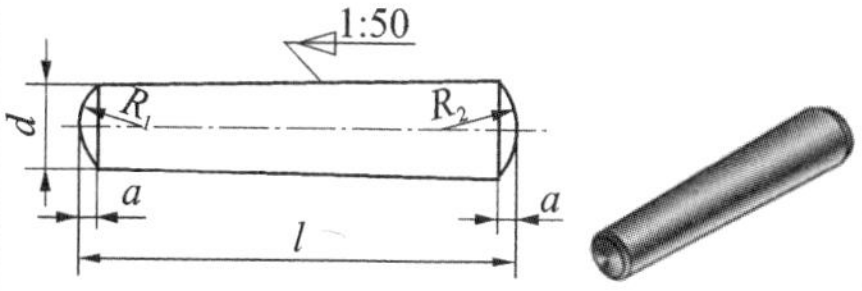 $R_1 \approx d$　$R_2 \approx d+(L-2a)/50$ 销　GB/T 117 $d \times l$ 圆锥销的公称尺寸是指小端直径	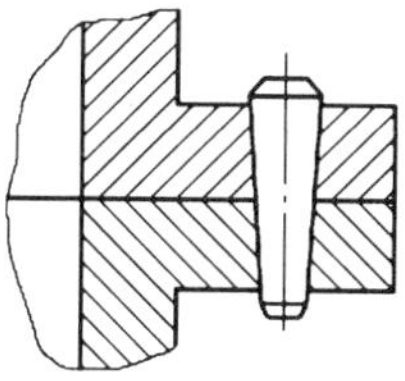 (a) 圆锥销连接	1）圆柱销和圆锥销可以连接零件，也可以起定位作用；圆柱销用于不经常拆卸的场合，圆锥销用于经常拆卸的场合（磨损后能自动补偿）； 2）绘图时，销的尺寸从附表标准中查找并选用。在剖视图中，当剖切平面通过销的回转轴线时，按不剖处理，如图(a)、(b)所示； 3）在销连接中，两零件的孔是在零件装配时一起配作的。因此，在零件图上标注销孔的尺寸时，应注明“配作”，如图(c)所示 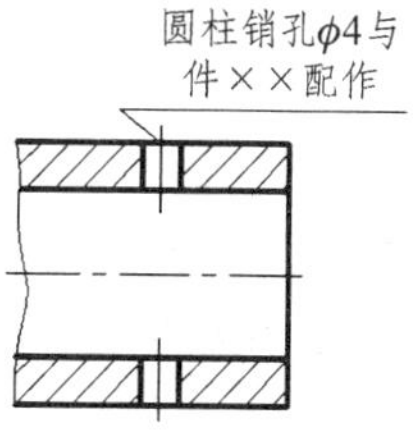 圆柱销孔ϕ4与件××配作 (c) 销孔的尺寸标注
圆柱销	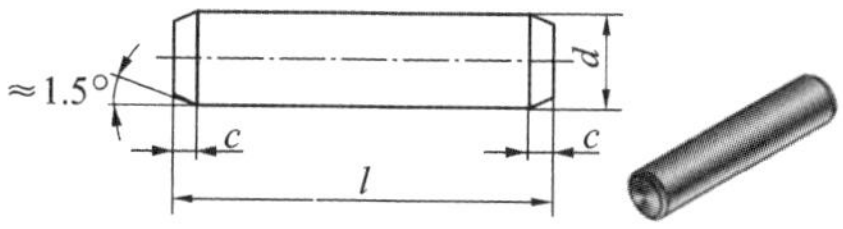 销 GB/T 119.1　$d \times l$ 例如：直径 $d=10$ mm，公差为 m6，长度 $L=80$ mm，材料为钢，不经表面处理，则标记为 销 GB/T 119.1 10m6×80	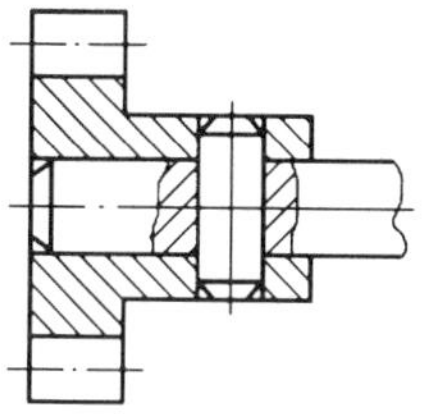 (b) 圆柱销连接	
开口销	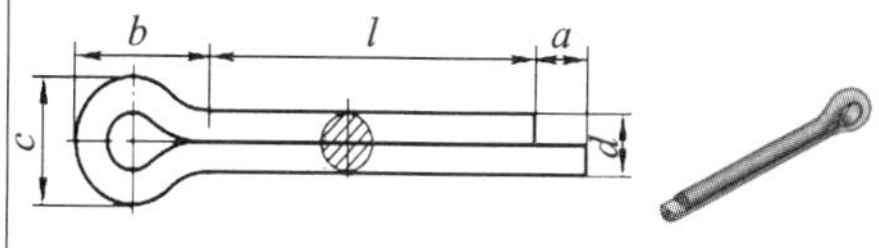 销 GB/T 91　$d \times l$ 例如：公称直径 $d=4$ mm，（指销孔直径），$L=20$ mm，材料为低碳钢不经表面处理，则标记为 销 GB/T 91 4×20	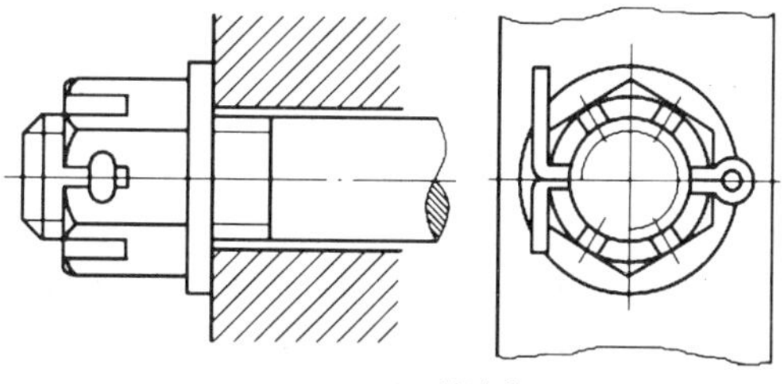 (d) 开口销连接 开口销常用在螺纹连接的装置中，以防止螺母的松动	

任务实施

一、画图前的准备工作

1. 计算齿轮的主要几何尺寸及传动比

分度圆直径：$d_1=mz=3\times20=60$，$d_2=mz=3\times30=90$。

齿顶圆直径：$d_{a1}=m(z+2)=3\times(20+2)=66$，

$d_{a2}=m(z+2)=3\times(30+2)=96$。

齿根圆直径：$d_{f1}=m(z-2.5)=3\times(20-2.5)=52.5$，

$d_{f2}=m(z-2.5)=3\times(30-2.5)=82.5$。

传动比：$i=n_1/n_2=z_2/z_1=30/20=1.5$。(取小数，保留1位小数)

中心距：$a=(d_1+d_2)/2=m(Z_1+Z_2)/2=(60+90)/2=75$。

注意 中心距、传动比数值不得随意圆整。

2. 确定键的类型及尺寸

(1) 键的类型选用圆头普通平键(A型)

(2) 确定键的标记

键的公称尺寸由图6-13轴径(或轴孔直径)分别为18和22查附表3-1得：$b\times h$为6×6。

键长L由$L=B-(5\sim10)$确定，且符合机械制图国家标准键的长度系列：

主动轴上键的长度$L=28-(5\sim10)=18\sim23$，查附表3-1长度系列取键长$L=20$。

从动轴上键的长度$L=30-(5\sim10)=20\sim25$，查附表3-1长度系列取键长$L=22$。

则键的标记为：键 GB/T 1096 6×6×20(A型可不标出A)(主动轴)。

键 GB/T 1096 6×6×22(从动轴)。

3. 确定装配图表达方案

如图6-20所示，小齿轮和主动轴(放下方)、大齿轮和从动轴(放上方)各用键作径向连接，两齿轮作啮合传动。轴水平放置，用两个基本视图(主、左视图)表达，将投影为非圆的视图作主视图(全剖)，从动齿轮、轴配的键在正上方，主动齿轮、轴配的键在正前方；左视图中不可见的部分可不画出。

4. 选比例、定图幅，匀称布局

二、绘制齿轮啮合图

请参照任务6.1的作图步骤完成齿轮啮合图，如图6-20所示。

任务知识拓展

一、滚动轴承

滚动轴承是用来支承轴的部件，它保证轴的旋转精度。由于它具有摩擦阻力小、起动轻快、结构紧凑等优点，在机器中被广泛应用。滚动轴承的类型、结构形式、尺寸大小均已标准化，由专门化的工厂进行生产，使用时可根据设计要求选择轴承的类型、尺寸大小及进行寿命计算或(和)静强度计算。

滚动轴承典型结构由外圈、内圈、滚动体和保持架四部分组成，如图6-21所示。其外圈装在机座的孔内，内圈套在转动的轴上。一般情况下，外圈固定不动，而内圈随轴转动。

(一) 滚动轴承的分类

1) 按承受载荷的方向不同，滚动轴承可分为以下三类：

向心轴承：主要承受径向载荷，如图6-21(a)所示的深沟球轴承。

推力轴承：承受纯轴向载荷，如图6-21(c)所示的推力球轴承。

向心推力轴承：同时承受径向载荷和轴向载荷，如图6-21(b)所示的圆锥滚子轴承。

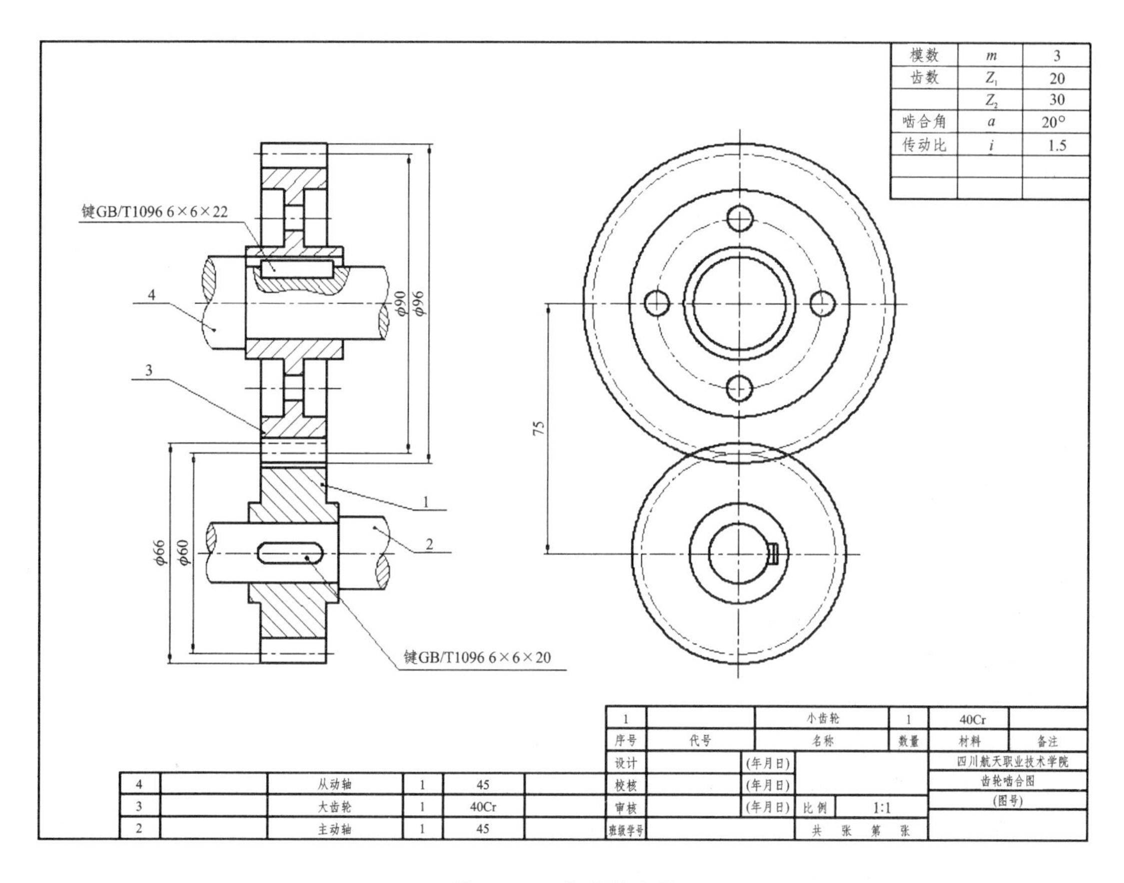

图 6-20　齿轮啮合图

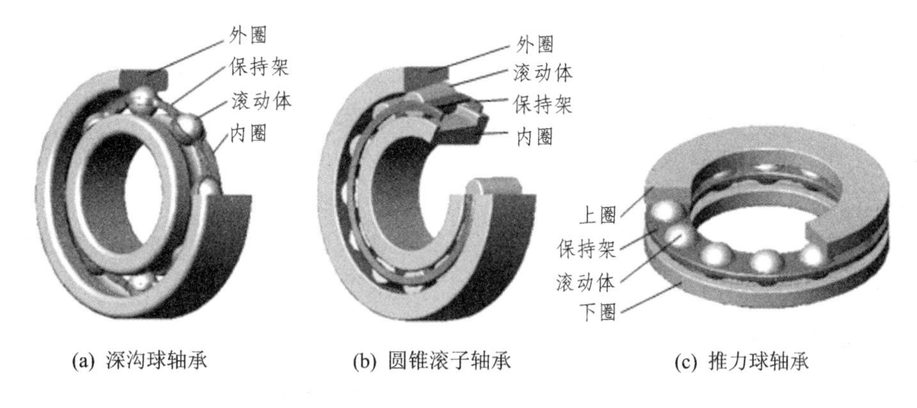

图 6-21　常用滚动轴承的结构

2）按滚动体的形状不同，滚动轴承可分为球轴承和滚子轴承两类，其中滚子包括圆柱滚子、圆锥滚子和滚针等。

（二）滚动轴承的代号

滚动轴承代号是用字母加数字表示滚动轴承的结构、尺寸、公差等级、技术性能等特征的产品识别符号。它由基本代号、前置代号和后置代号构成，一般把它打印在轴承的端面上。轴承代号中数字和字母的内涵和标注见 GB/T 272—1993。

基本代号表示滚动轴承的基本类型、结构和尺寸,是滚动轴承代号的基础。基本代号由轴承类型代号、尺寸系列代号、内径代号三部分组成。

1. 轴承类型代号

轴承类型代号用数字或字母表示,如表6-10所列。

表6-10 轴承类型代号(摘自GB/T 272—1993)

代号	0	1	2		3	4	5	6	7	8	N	U	QJ
轴承类型	双列角接触球轴承	调心球轴承	调心滚子轴承	推力调心滚子轴承	圆锥滚子轴承	双列深沟球轴承	推力球轴承	深沟球轴承	角接触球轴承	推力圆柱滚子轴承	圆柱滚子轴承	外球面球轴承	四点接触球轴承

2. 尺寸系列代号

由轴承宽(或高)度系列代号和直径系列代号组合而成,一般用两位数字表示。轴承宽(或高)度系列代号表示同类轴承内、外径相同而宽(或高)度不同,轴承直径系列代号表示同类轴承内径相同而外径和宽度不同。具体代号需查阅国家标准GB/T 272—1993。

3. 内径代号

表示轴承的公称直径,一般用两位数字表示。

① 代号数字为00,01,02,03时,分别表示内径为10 mm,12 mm,15 mm,17 mm。

② 代号数字为04~96时,代号数字乘以5,即得轴承内径。

③ 轴承公称内径为1~9 mm、22 mm、28 mm、32 mm、500 mm或大于500 mm时,用公称内径毫米数值直接表示,但与尺寸系列代号之间用"/"隔开,如"深沟球轴承62/22,$d=22$ mm"。

轴承基本代号示例:

例6-1 6208 08为内径代号,$d=40$ mm;2为尺寸系列代号(02),其中宽度系列代号0省略,直径系列代号为2;6为轴承类型代号,表示深沟球轴承。

例6-2 62/32 32为内径代号,$d=32$ mm; 2为尺寸系列代号(02),其中宽度系列代号0省略,直径系列代号为2;6为轴承类型代号,表示深沟球轴承。

例6-3 32314 14为内径代号,$d=70$ mm;23为尺寸系列代号(23),其中宽度系列代号为2,直径系列代号为3;3为轴承类型代号,表示圆锥滚子轴承。

(三) 滚动轴承的标记

根据各类轴承的相应标记规定,轴承的标记由三部分组成:

	轴承名称	轴承代号	标准编号
标记示例:	滚动轴承	6210	GB/T 276-1994

(四) 常用滚动轴承的表示法

由于保持架的形状复杂多变,滚动体的数量又较多,设计绘图时若用真实投影表示,则极不方便,所以国家标准规定了简化的表示法。如表6-11所列,滚动轴承的表示法有简化画法和规定画法两种,简化画法又包括通用画法和特征画法,但在同一图样中一般只采用一种画法。

表 6－11　常用滚动轴承的表示法

轴承类型	主要尺寸	通用画法	特征画法	规定画法
		均指滚动轴承在所属装配图的剖视图中的画法		
深沟球轴承 GB/T276—1994 6000	D d B		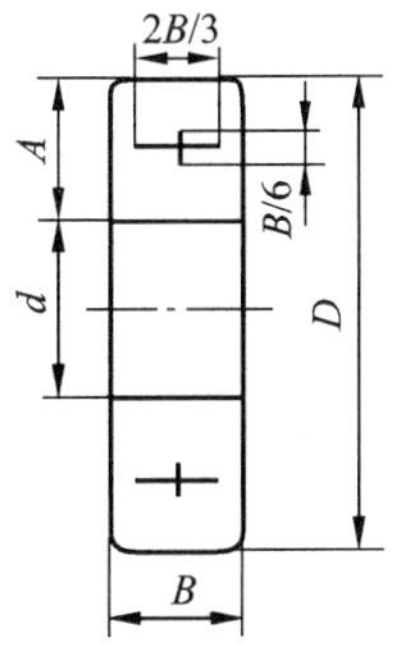	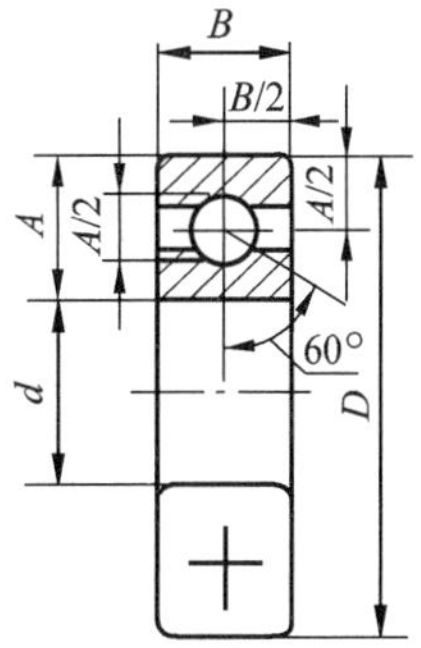
圆锥滚子轴承 GB/T297—1994 30000	D d T B C	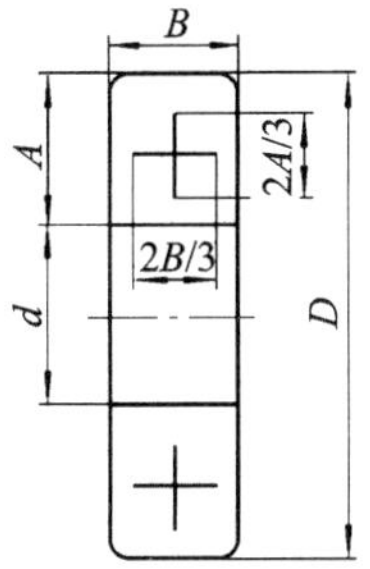	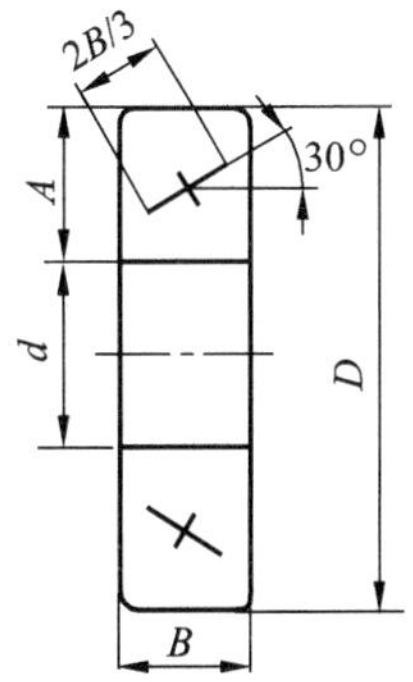	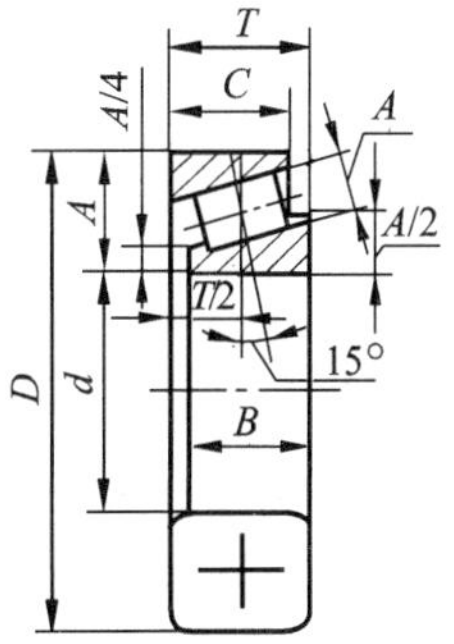
推力球轴承 GB/T301—1995 51000	D d T		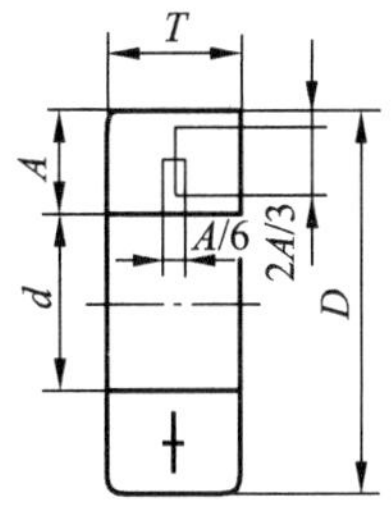	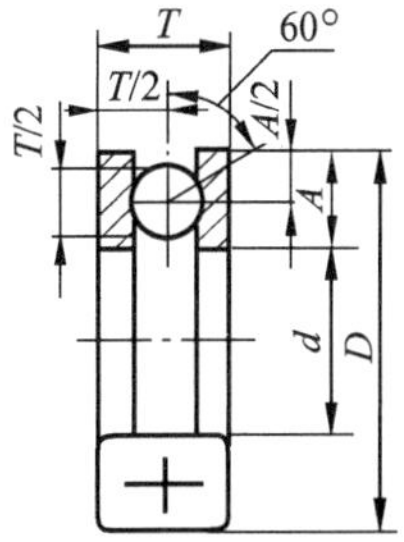
三种画法的选用及画法规定		在剖视图中，当不需要确切地表示滚动轴承的外形轮廓、载荷特性、结构特征时，可采用矩形线框及位于线框中央正立的十字形符号表示，十字符号不应与矩形线框接触	在剖视图中，如需表示滚动轴承的结构特征，可采用在矩形线框内画出其结构要素符号的方法表示	在滚动轴承的产品图样、产品样本及说明书等图样中，可采用 在装配图中，规定画法一般采用剖视图绘制在轴的一侧，另一侧按通用画法绘制。剖视图中，其滚动体不画剖面线，其内外套圈等可画成方向和间隔相同的剖面线；在不致引起误解时，也允许省略不画
		注意　1）各种符号、矩形线框和轮廓线均用粗实线绘制 2）矩形线框或外形轮廓的大小应与滚动轴承的外形尺寸一致		

二、弹　簧

弹簧的用途很广,它可以用来减震、夹紧、测力、储能等。其特点是在弹性变形范围内,外力去除后能立即恢复原状。弹簧的种类很多,有螺旋弹簧、碟形弹簧、平面涡卷弹簧、板弹簧及片弹簧等。常见的螺旋弹簧又有压缩弹簧、拉伸弹簧及扭力弹簧等等,如图6-22所示。

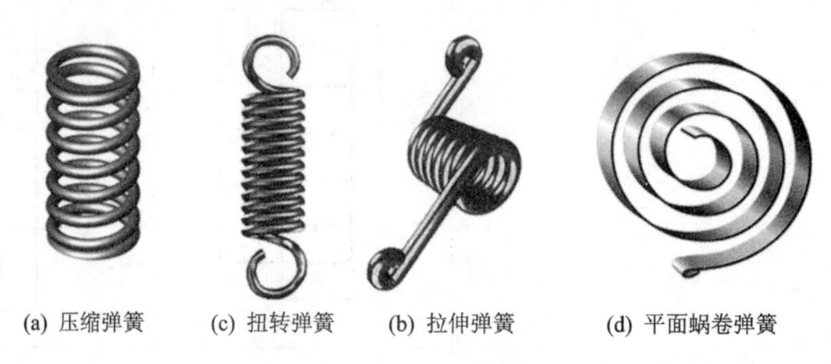

图6-22　常用弹簧

对于手工绘图我们只介绍圆柱螺旋压缩弹簧的画法。

弹簧的真实投影很复杂,GB 4459.4—2003规定了圆柱压缩弹簧的简化画法。

(一) 圆柱螺旋压缩弹簧各部分名称(图6-23)

① 簧丝直径 d:弹簧钢丝的直径。

② 弹簧外径 D_2:弹簧最大的直径。

弹簧内径 D_1:弹簧最小的直径,$D_1=D_2-2d$。

弹簧中径 D:弹簧内、外径的平均值,$D=(D_1+D_2)/2=D_1+d=D_2-d$。

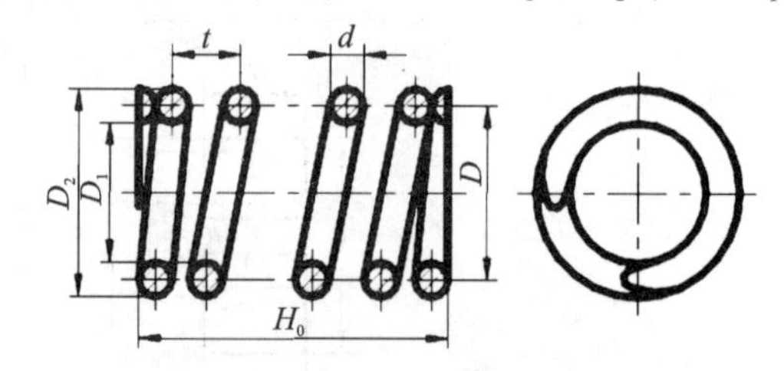

图6-23　圆柱螺旋压缩弹簧各部分名称

③ 支承圈数 n_2:为使弹簧受力均匀,保证中心轴线垂直于支承面,制造时需将两端并紧磨平,只起支承作用,称为支承圈。一般支承圈数为1.5圈、2圈和2.5圈三种,常用的是2.5圈。

有效圈数 n:除支承圈外,保持节距相等的圈数。

总圈数 n_1:支承圈数和有效圈数之和,即 $n_1=n_2+n$。

④ 节距 t:螺旋弹簧两相邻有效圈截面中心线的轴向距离。

⑤ 自由高度 H_0:弹簧在不受外力作用时的高度,即 $H_0=nt+(n_2-0.5)d$。

弹簧展开长度 L:制造时所需弹簧钢丝的长度,即 $L\approx n_1\sqrt{(\pi D_2)^2+t^2}$。

(二) 圆柱螺旋压缩弹簧的画法

圆柱螺旋压缩弹簧可以采用视图、剖视图和示意画法来进行表达,如图6-24所示。

① 在平行于弹簧轴线的视图中，各圈的轮廓线均应画成直线，如图 6－24(a)、(b)所示。

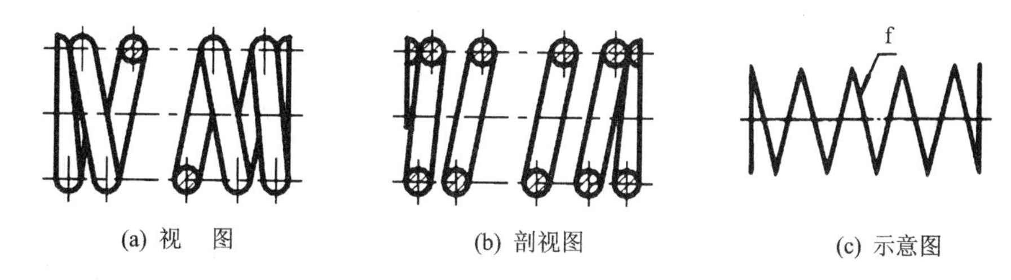

(a) 视　图　　(b) 剖视图　　(c) 示意图

图 6－24　弹簧的结构与画法

② 有效圈数在 4 圈以上的可以只画每一端的 1～2 圈(支撑圈除外)，中间用通过簧丝中心的点画线连接起来，且可以适当缩短图形的长度，但应注明弹簧设计要求的自由高度(图 6－23)。

③ 弹簧均可按右旋弹簧画图，对必须保证的旋向如左旋在“技术要求”中注明“LH”。

④ 螺旋压缩弹簧如要求两端并紧且磨平时，不论支撑圈数多少以及末端贴近情况如何，均按支撑圈为 2.5 圈画出。

⑤ 在装配图中，螺旋弹簧被剖切后，不论中间各圈是否省略，被弹簧挡住的结构一般不画，其可见部分应从弹簧的外轮廓线或弹簧钢丝剖面的中心线画起，如图 6－25(a)所示。

当簧丝直径在图上小于等于 2 mm 时，当弹簧被剖切时，断面可用涂黑表示，图 6－25(b)所示。簧丝直径小于 1 mm，螺旋弹簧允许用图 6－25(c)所示的示意画法表示。

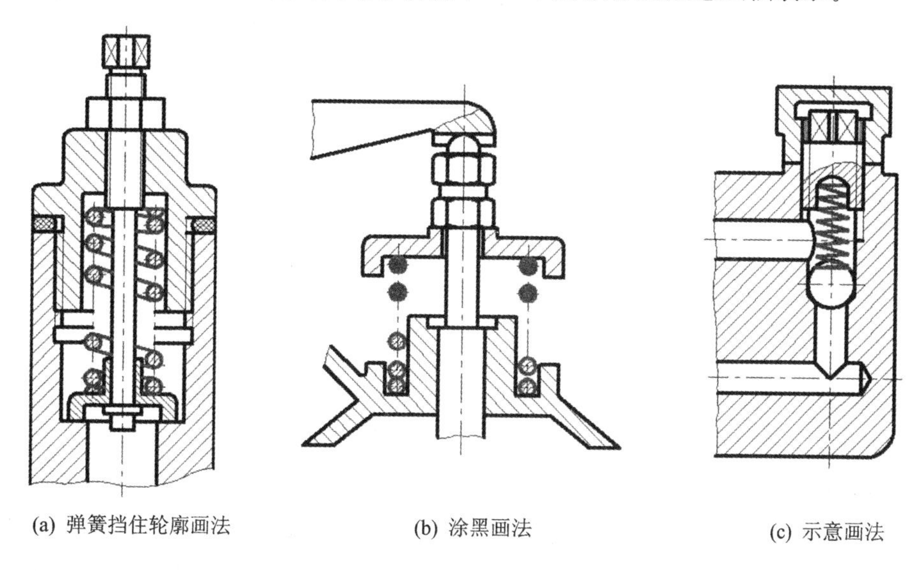

(a) 弹簧挡住轮廓画法　　(b) 涂黑画法　　(c) 示意画法

图 6－25　装配图中弹簧的画法

(三) 圆柱螺旋压缩弹簧画法示例

对于两端并紧且磨平的压缩弹簧，其作图步骤如图 6－26 所示。

三、花键连接

花键连接又称多槽键连接，由内花键和外花键连接而成，内、外花键均为多齿零件，在内圆柱表面上的花键为内花键，在外圆柱表面上的花键为外花键，如图 6－27 所示。其特点是键和

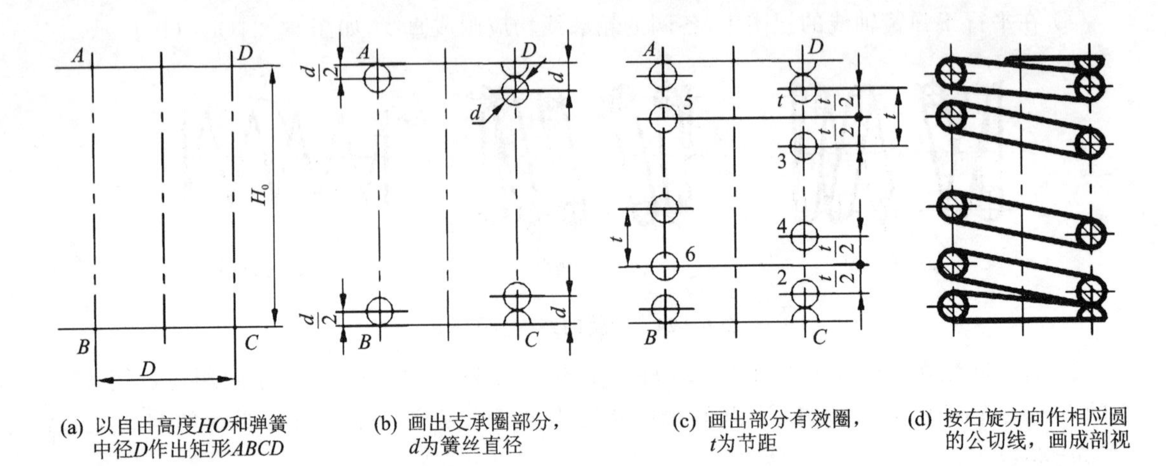

图 6-26 圆柱螺旋压缩弹簧的作图步骤

键槽的数量较多,轴和键制成一体(称为花键轴),具有良好的导向性与对中性。花键连接主要用于载荷较大和定心精度要求较高的连接。花键按其齿形不同,可分为矩形花键、渐开线花键和三角形花键。

由于花键的键齿作图比较烦琐,为提高制图效率,机械制图国家标准 GB/T 4459.3—2000 制定了花键的表示法。矩形花键应用较为广泛,其结构和尺寸已标准化,下面介绍矩形花键轴及孔的画法及尺寸标注。对于渐开线花键,画法基本上与矩形花键相同,但需用点画线画出其分度圆和分度线。

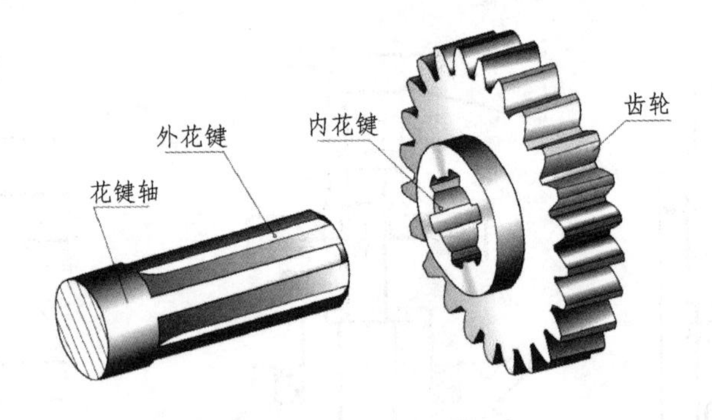

图 6-27 花键连接

(一) 外花键的画法

在平行于外花键轴线的投影面的视图中,如图 6-28 所示,大径用粗实线,小径用细实线绘制;并用断面图画出全部或一部分齿型,但要注明齿数;工作长度的终止端和尾部长度的末端均用细实线绘制,并与轴线垂直;尾部则画成与轴线成 30°的斜线;花键代号应写在大径上。

(二) 内花键的画法

在平行于花键投影的轴线上的剖视图中,大径及小径都用粗实线绘制;并用局部视图画出全部或一部分齿形,如图 6-29 所示。

(三) 花键连接的画法

用剖视表示花键连接时,其连接部分用花键轴的画法表示,如图 6-30 所示。

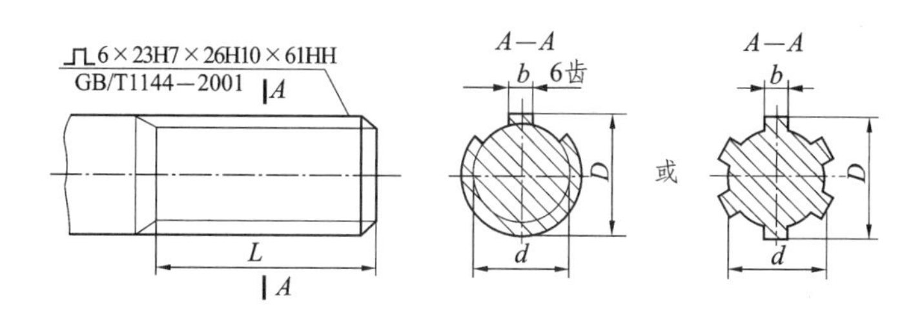

图 6-28　外花键画法

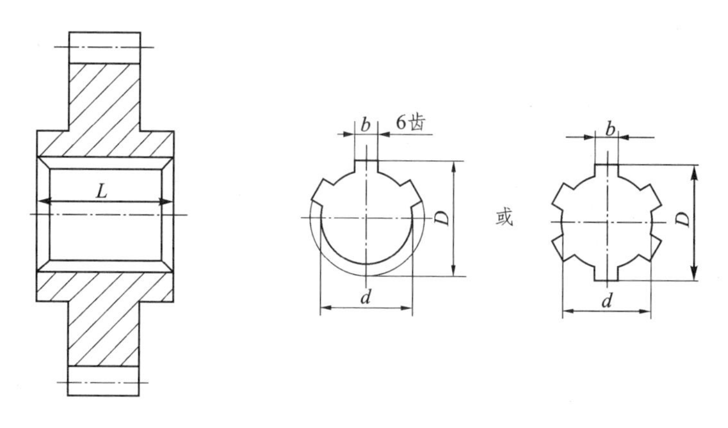

图 6-29　内花键画法

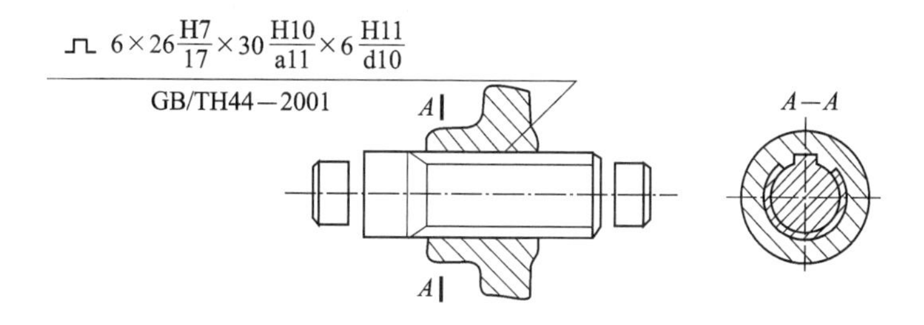

图 6-30　花键连接画法

(四) 花键的标注

花键标注的方法有两种：一种是在图上直接标出公称尺寸 D(大径)，d(小径)，b(键宽)和 z(齿数)等(见图 6-28 和图 6-29)；另一种是花键用代号标记(见表 6-12)标注：$z\times d\times D\times b$，如图 6-30 所示。两种标注形式都需要标出花键的工作长度(L)。

表 6-12　矩形花键代号标记示例

矩形花键规格	Z(齿数)×d(小径)×D(大径)×b(宽度) 例：6×23×26×6	
内花键	⎍ 6×23H7×26H10×6H11	GB/T1144—2001
外花键	⎍ 6×23f7×26a11×6d10	GB/T 1144—2001
花键副	⎍ 6×23H7/f7×26H10/a11×6H11/d10	GB/T 1144—2001

注：1) ⎍ 为矩形花键的图形符号。2) H7/f7、H10/a11、H11/d10 分别表示小径、大径、键宽的配合类别，详见学习情境 7。

任务巩固与练习

根据图6-31中所注尺寸及标准件的名称、国家标准,选择适当规格的标准件,完成安装上标准件之后的联轴器的装配图,并在标准件名称后标上标准件的规格。

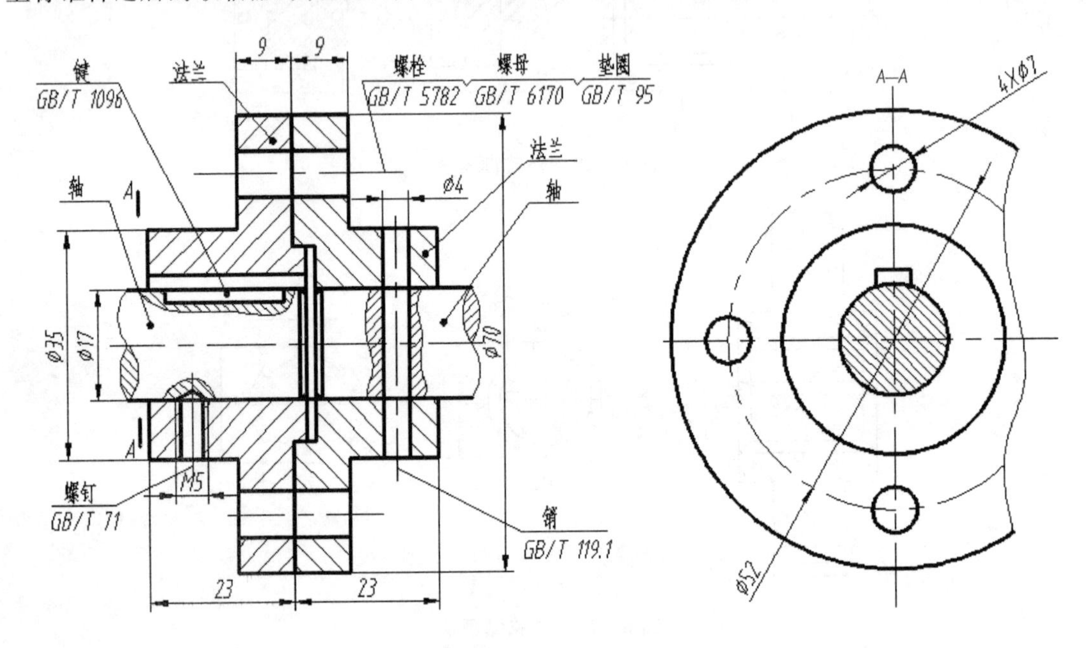

图6-31 联轴器装配图(未安装标准件)

学习情境 7

绘制与阅读零件图

任务 7.1　绘制典型零件图

任务目标

- 了解零件图作用和内容;各类典型零件的结构特点和表达特点;零件上常见工艺结构的用途。
- 能综合运用投影法原理和图样表示法绘制简单零件图。
- 初步掌握正确、完整、清晰并较合理地标注零件图的尺寸。
- 能较正确地标注零件图上的尺寸公差、几何公差和表面结构等技术要求。

任务引入

测绘机用虎钳上的螺杆和固定钳身两个典型零件,绘制其零件工作图。

任务 7.1.1:测绘螺杆,如图 7-1(a)所示。

任务 7.1.2:测绘固定钳身,如图 7-1(b)所示。

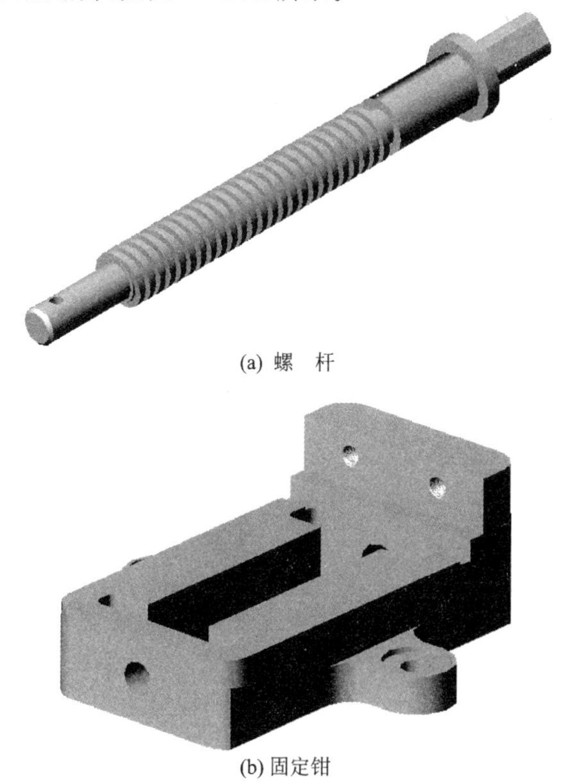

(a) 螺　杆

(b) 固定钳

图 7-1　测绘典型零件

任务知识准备

一、零件图的作用与内容

(一) 零件图的作用

每一台机器或部件都是由零件按一定的装配关系和技术要求装配而成的。如图 7 - 2 所示的铣刀头,是由 16 种零件装配而成的。因此,制造机器必须首先制造零件。

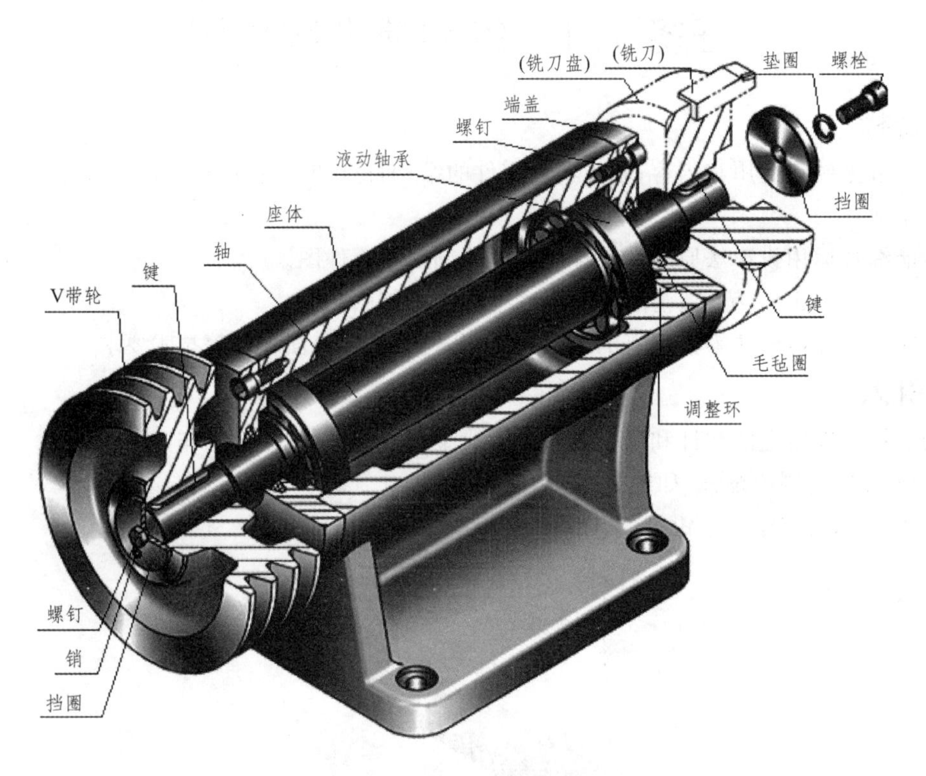

图 7 - 2 铣刀头轴测装配图

零件是机器、部件的制造单元,零件的结构、精度是否合理,直接影响机器或部件的使用性能与制造成本。表示零件结构、形状、大小和技术要求的图样称为零件图,它反映了设计者的设计意图,表达了对零件的设计和制造要求(包括对零件的结构要求和制造工艺的可能性、合理性要求等),是制造、检验零件的主要依据,也是直接指导、组织生产的重要技术文件。

(二) 零件图的内容

一张完整的零件图一般应包括以下四个方面的内容,如图 7 - 3 所示。

1. 一组图形

用一组图形(包括视图、剖视图、断面图等各种表示法)正确、完整、清晰地表达出零件的内、外结构形状。如图 7 - 3 所示的铣刀头上的轴的零件图,用一个基本视图、两个局部视图、两个移出断面图和一个局部放大图表达了该零件的结构形状。

2. 全部尺寸

正确、完整、清晰、合理地标注确定零件各部分结构、形状的大小及相对位置尺寸，即提供制造和检验零件所需的全部尺寸。如图 7-3 所示，标注了各类尺寸 29 个，满足了制造和检验该零件的尺寸需要。

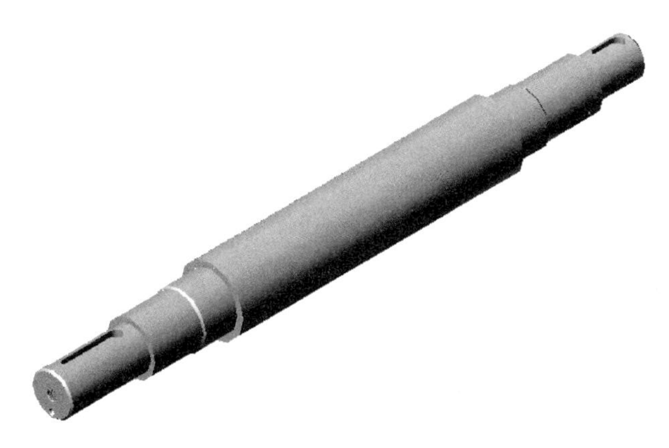

(a) 轴的轴测图

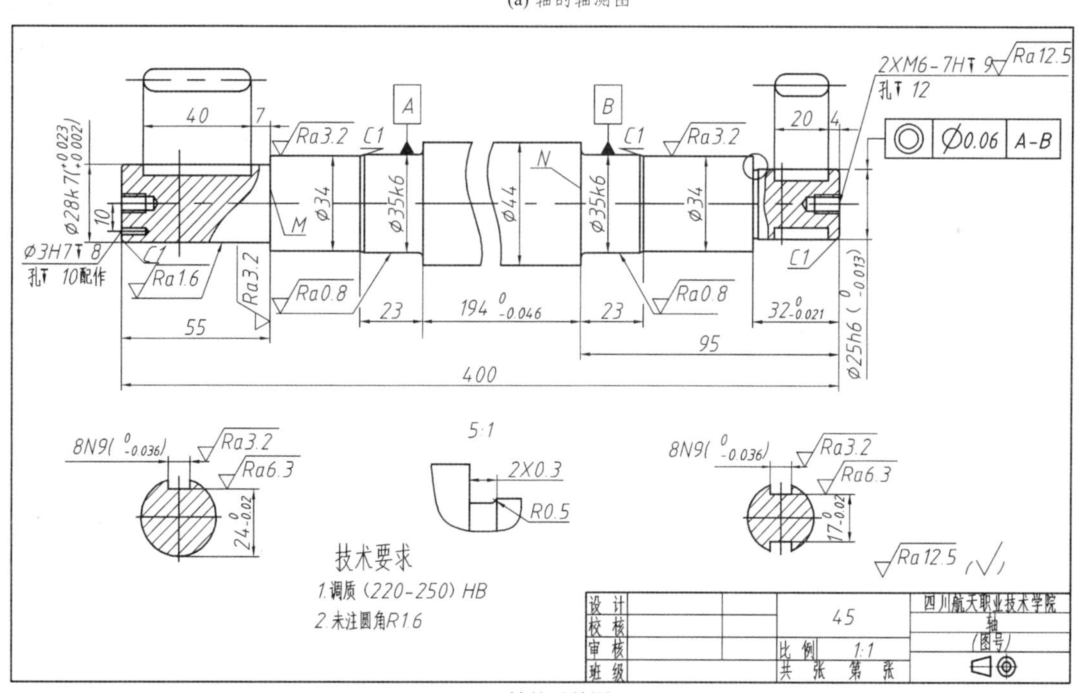

(b) 轴的零件图

图 7-3　轴的轴测图及零件图

3. 技术要求

用规定的符号、代号、数字和文字简明地表示出在制造和检验零件时在技术上应达到的要求。如图 7-3 所示，标注了尺寸公差、形位公差、表面粗糙度、热处理等各项技术要求，满足了该零件的加工质量要求。

4. 标题栏

标题栏位于图样的右下角,应尽量按学习情境1所述的国家标准推荐格式画出,用以填写零件的名称、材料、数量、比例、图样代号以及设计、审核、批准人员的签名和日期等。

填写标题栏时,应注意以下几点:

❶ 零件名称　标题栏中的零件名称要精练,如“轴”“齿轮”“泵盖”等,不必体现零件在机器中的具体作用。

❷ 图样代号　图样代号可按隶属编号和分类编号进行编制。机械图样一般采用隶属编号。图样编号要有利于图纸的检索。

❸ 零件材料　零件材料要用规定的牌号表示,不能用自编的文字或代号表示。

二、零件的视图选择

(一) 零件视图的选择

零件视图的选择包括对零件进行结构分析,选择主视图,选择其他视图,从而确定表达方案。

1. 分析零件结构形状

零件的结构形状是由它在机器中的作用、与其他零件的装配关系和相应的制造方法等因素决定的。在选择零件视图之前,应先对零件进行形体分析和结构分析,要分清主要形体和次要形体,并尽可能分析清楚零件的结构与功能的关系以及零件的加工制作方法,从而弄清零件的工作位置及加工位置,以便于进一步确切地表达零件的结构形状,反映零件的设计要求和工艺要求。

2. 选择主视图

主视图是零件图中的核心图形,通常画图、看图都从主视图开始。主视图的选择是否恰当,将直接影响零件结构形状表达是否清晰以及其他视图的数量、图样表示法的选择等整个表达方案是否合理,并关系到画图、读图是否方便。GB/T 17451—1998中指出,表示零件信息量最多的那个视图应作为主视图,其安放位置通常是零件的工作位置或加工位置或安装位置。

(1) 选择主视图的投射方向

应反映零件信息量最多,即符合“形状特征性原则”或“大信息量原则”。

对于轴套类和轮盘类零件,主视图的投射方向一般应垂直于其轴线;对于叉架类、箱壳类零件,反映零件的功能结构、形体特点和组成零件的各形体之间的相互位置关系最多、最明显的那个方向作为主视图的投射方向。

如图7-4(a)所示的轴和如图7-4(b)所示的尾架体,按A投射方向与按B投射方向所得的视图相比较,A投射方向所反映的信息量多,形状特征明显。因此,应以A投射方向所得的视图作为主视图。

(2) 选择零件的安放位置

主视图投射方向确定后,而主视图的位置仍没有完全被确定,例如图7-4(a)所示的轴,在不改变A投射方向为主视图投射方向这一原则之下,该零件还有多种安放位置,所以需要进一步明确主视图的安放位置。主视图的安放位置,依据不同类型零件及其图幅合理的利用、画图方便、读图清晰(虚线少)而定,一般应符合“加工位置原则”或“工作位置原则”(同时考虑形体稳定)。

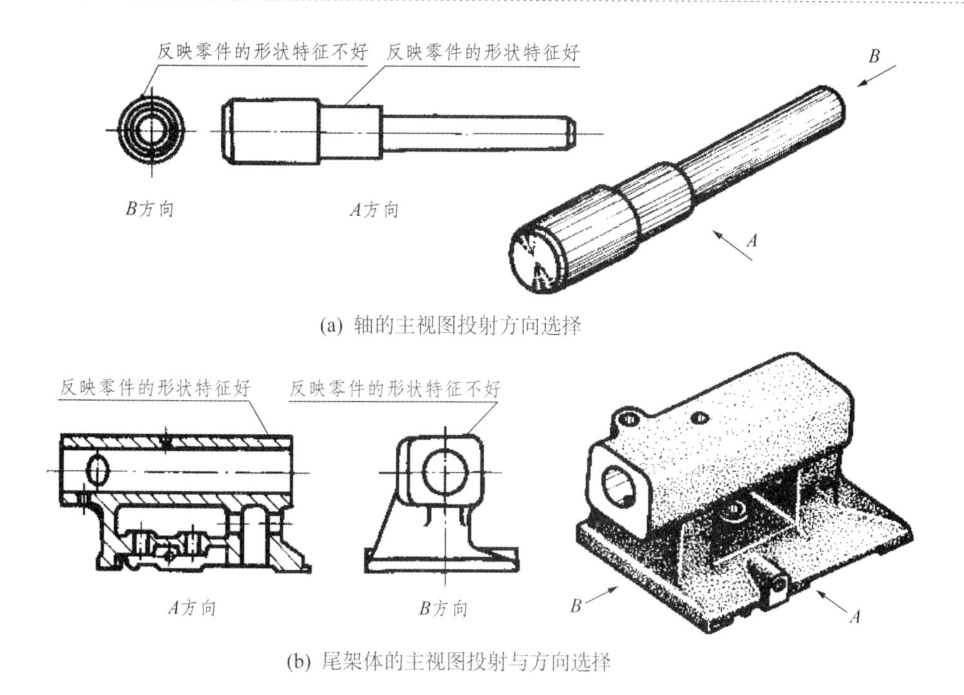

(a) 轴的主视图投射方向选择

(b) 尾架体的主视图投射与方向选择

图7-4 考虑零件投射方向选择主视图

1）零件的加工位置。零件在机械加工时必须固定并夹紧在一定的位置，选择主视图时应尽量与零件的主要加工位置一致，以便加工时看图和检测尺寸。比如轴套类和轮盘类零件，其主要加工过程是在车床和磨床上进行的，因此，零件的主视图应选择其轴线水平放置，如图7-5(b)所示的轴作为主视图，其安放位置是符合如图7-5(a)所示在车床上的加工位置的。

2）零件的工作（或安装）位置。零件在机器或部件中工作（或安装）的位置。对于叉架类、箱壳类等非回转体零件，由于结构复杂，制造时需要在不同的机床上加工，而且加工时零件的装夹位置亦不相同，所以此类零件主视图的安放位置一般与零件在机器上的工作位置一致，便于与装配图对照，将零件和机器联系起来想象其工作情况，也有利于机器的装配。如图7-5(c)所示的尾架体的主视图，其安放位置是符合如图7-5(a)所示在车床上的工作（或安装）位置的。

3）零件的其他位置。对于一些工作位置不固定的运动零件，以及有些在机器上处于倾斜位置的零件，一般将这些零件按自然摆放平稳的位置即正放绘制，并使零件上尽量多的表面或主要安装孔的轴线与某一基本投影面处于特殊（平行或垂直）的位置。

(3) 确定零件的主视图

主视图上述两方面的选择原则，对于有些零件来说是可以同时满足的；但对于某些零件来说就难以同时满足。因此，选择主视图时应首先选好其投射方向，再考虑零件的类型并兼顾其他视图的匹配、图幅的利用等具体因素来决定其安放位置；同时确定主视图的表达方案（即采用视图、剖视图、断面图等各种表示法最大限度地表达清楚零件的内、外结构形状）。

3. 选择其他视图

根据主视图对零件表达的程度，按正确、完整、清晰、简洁的原则，对于结构复杂的零件，主视图中没有表达清楚的部分，必须选择其他视图（也包括剖视、断面、局部放大图和简化画法

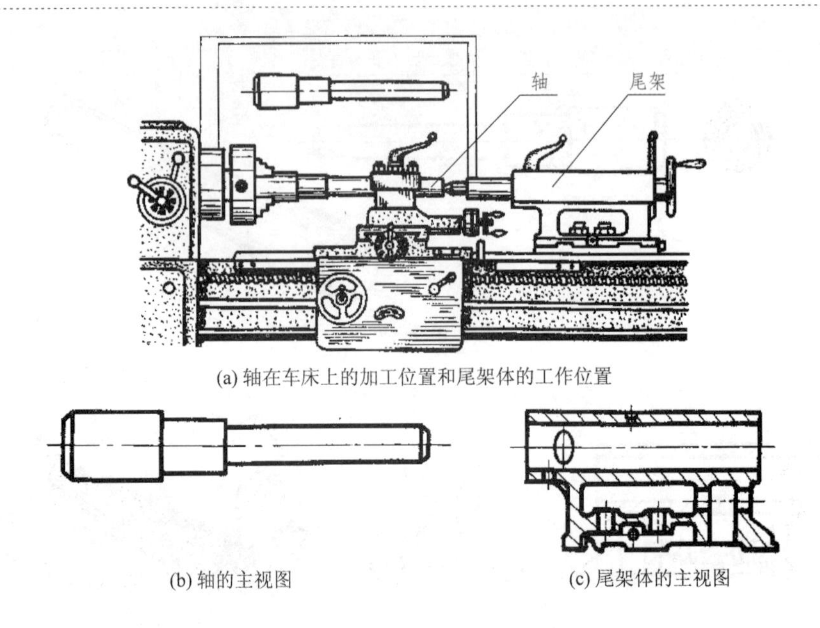

(a) 轴在车床上的加工位置和尾架体的工作位置

(b) 轴的主视图

(c) 尾架体的主视图

图7-5　考虑零件安放位置选择主视图

等)。GB/T 17451—1998中指出选择其他视图时的原则如下。

① 在明确表示零件的前提下,使视图(包括剖视图和断面图)的数量为最少;

② 尽量避免使用虚线表达零件的轮廓及棱线;

③ 避免不必要的细节重复。

一般情况下可优先选用基本视图(优选左视图和俯视图)及在基本视图上作剖视,再根据需要选择别的视图,并使每一个所选的图形都有其表达的重点,不重复表达也不遗漏表达。在完整、清晰地表达零件的前提下,应尽量考虑使视图的数量最少,力求制图简便。视图的配置首先应考虑读图方便,还应考虑画图方便及图幅的合理使用。

4. 确定零件的表达方案

对于表达同一内容的视图,应初步列出几种表达方案进行检查、比较、调整和修改,以确定一种较好的表达方案。首先检查零件的结构、形状、位置表达是否完全、清晰、合理,检查零件的投影关系、标注、国家标准等是否正确。其次比较分析几个方案,主次关系的处理是否得当,每个方案的优缺点是什么,形成一个最佳的方案。然后经调整、修改后形成最后方案。

综上所述,一个好的表达方案,应该是表达正确、完整,图形简明、清晰。由于表达方法选择的灵活性较大,初学者应首先致力于表达得正确、完整,并在看、画图的不断实践中,逐步提高零件图的表达能力与技巧。

(二) 各类典型零件的视图选择

零件的结构形状千差万别,种类很多。为了便于掌握绘制和阅读零件图的一般规律,通常按零件的用途、结构形状及制造工艺等特点,零件一般分为轴套、轮盘、叉架、箱壳等四类典型零件。各类典型零件在用途、结构特点和视图选择等方面,都具有各自的基本规律。

1. 轴套类零件

(1) 用　途

轴套类零件包括各种用途的轴、丝杠和套筒、衬套等,其毛坯多为锻件或圆钢、铸钢棒料。

轴主要用来支承传动零件(如齿轮、带轮等)和传递运动和转矩,轴套一般是装在轴上或机体孔中,用来定位、支承、导向或保护传动零件。

(2) 结构特点

轴套类零件的主要形体特征比较简单,通常由直径、长度大小不同的同轴回转体(如圆柱、圆锥等)组成,轴向尺寸一般大于径向尺寸。轴有直轴和曲轴,光轴和阶梯轴,实心轴和空心轴之分。阶梯轴上直径不等所形成的台阶称为轴肩,可供安装在轴上的零件轴向定位、固定用。轴套类零件上常见的结构有倒角、倒圆、退刀槽、砂轮越程槽、轴用弹性挡圈槽、键槽、销孔、中心孔、螺纹等,这些结构都是由设计要求和加工工艺要求所决定的,多数已标准化,如图7-6所示。

图7-6　轴套类零件

(3) 视图选择

轴套类零件主要在车床或磨床上加工,主视图应按轴线水平放置(加工位置)确定,一般将轴的大头朝左,小头朝右;轴上键槽、孔可朝前或朝上,以表示其形状和位置明显。

一般采用一个基本视图(主视图):主体结构中空的套类零件,一般用各种剖视图表达;实心轴上个别内部结构形状,可用局部剖视图表达;形状简单且较长的零件,可采用折断画法;轴的两端中心孔的结构、尺寸等已标准化,不必作局部剖视,而用标准规定代号表示。根据需要对基本视图尚未表达清楚的局部结构形状(如键槽、退刀槽、孔等)画一些局部视图、断面图和局部放大图等围绕主视图补充表达。

(4) 轴类零件视图选择举例

1) 结构分析。如图7-3(a)所示的轴是铣刀头中的主要零件。参照图7-2所示的铣刀头轴测装配图可看出,铣刀头动力由V带轮输入,通过单个普通平键(轴的左端)连接传递给轴,再通过两个普通平键(右端)连接传递给铣刀(如图7-2中的细双点画线)。所以,轴的左端轴段制有一个键槽,右端轴段制有两个对称的键槽。轴由轴承支承,通常轴承又成对使用,又需要支承处尺寸一致,故该轴有两个同径轴段(常称为轴颈),用来安装圆锥滚子轴承。两头的轴段分别制有带螺纹的中心孔,左端还制有销孔,以便安装销进行定位。此外,轴上还有加工和装配时必需的工艺结构,如倒角、越程槽等。由此可见,轴上各结构都是由它在部件中所起的作用决定的。

2) 视图选择。该轴的安放位置符合加工位置原则,即轴线水平放置,大端在左、小端在右,这样便于操作者看图,考虑右边对称键槽的结构特殊性,选择如图7-3(b)所示的投影方向,清晰表达了键槽为对称结构。采用一个主视图和若干个辅助视图表达。轴的两端用局部剖视图表示键槽和螺孔、销孔。截面相同的较长轴段采用折断画法。用两个移出断面图分别表示轴的键槽的宽度和深度,用两个局部视图表示键槽的形状。用局部放大图表示砂轮越程槽的结构。

2. 轮盘类零件

(1) 用　途

轮盘类零件包括各种手轮、齿轮、带轮和法兰盘、端盖、压盖等,其毛坯多为铸件或锻件。轮类零件一般用键、销与轴连接,用以传递运动和扭矩。盘盖类零件可起支承、定位和密封等作用。

(2) 结构特点

轮盘类零件的基本形状是扁平的盘状,主体部分多系回转体,一般径向尺寸大于轴向尺寸。常具有倒角、键槽、销孔、凸缘、均布孔、轮辐、螺纹退刀槽、砂轮越程槽等结构。轮类零件一般由轮毂、轮缘、轮辐三部分组成,如图 7-7 所示。轮毂部分是中空的圆柱体或圆锥体,孔内一般加工有键槽,用于与轴、键组成键连接并传递运动和转矩;轮缘部分加工有轮槽或轮齿等结构,与其他零件相啮合传递运动和动力;轮辐是连接轮毂与轮缘的部分,轮辐可以制成辐条、辐板两种形式,为了减轻重量和便于装卸,在辐板上常带有孔。

图 7-7　轮盘类零件

(3) 视图选择

轮盘类零件一般在车床上加工,在选择主视图时与轴套类零件相同,即也按加工位置将其轴线水平放置画主视图。

一般需两个基本视图。主视图通常选投影为非圆的视图,一般都采用剖视,多用全剖视图或半剖视图表达内、外部结构。根据其形状特点再配合画出左视图或右视图为表达轮盘的外形轮廓和其上孔、肋、轮辐、凸缘、凸台等结构的数目及分布情况等,有时也可用局部视图表达。基本视图未能表达清楚的其他结构形状,可补充断面图(如肋、轮辐)、局部视图或局部放大图表达。注意均布肋、轮辐的规定画法。

(4) 轮盘类零件视图选择举例

1) 结构分析。如图 7-8(a)所示的端盖。端盖的轴孔制有密封槽,槽内放入毛毡可防漏防尘起密封作用。端盖的周边有 6 个均布的沉孔,用螺钉将其与座体连接,并实现轴向的定位和固定。

2) 视图选择。如图 7-8(b)所示端盖的视图表达方案.其主体结构形状是带轴孔的同轴回转体,主视图采用全剖视图,表达了轴孔、密封槽和周边沉孔的形状。左视图采用局部视图,画图形的一半,中心线上下各两条水平细实线是对称符号,表达了端盖上的沉孔的分布情况。为了清晰地标注密封槽的尺寸,采用了局部放大图表达。

3. 叉架类零件

(1) 用　途

叉架类零件包括各种拨叉、连杆和支架、支座、曲柄、手柄等。叉杆零件多为运动件,通常起传动、连接、操纵(调节或制动)等作用;支架类零件在机器中主要起连接、支承作用。其毛坯

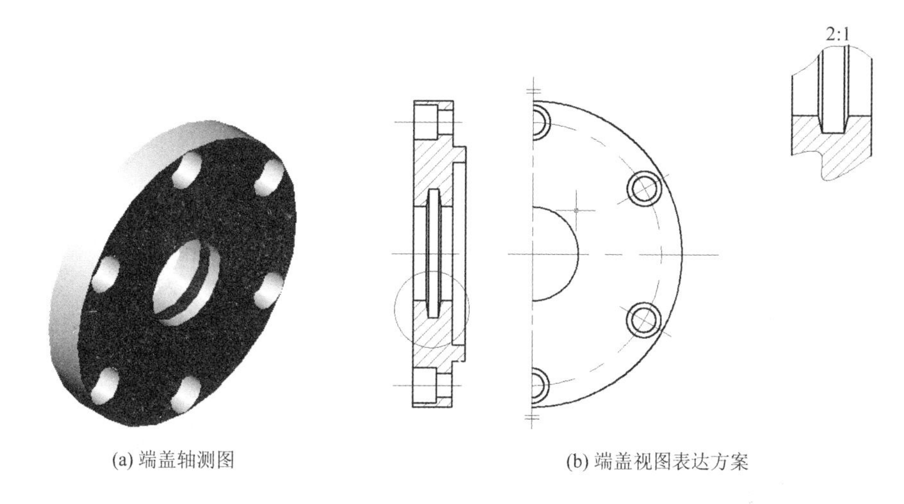

(a) 端盖轴测图　　(b) 端盖视图表达方案

图 7-8 轮盘类零件轴测图和视图选择举例(端盖)

多为铸件或锻件。

(2) 结构特点

叉架类零件结构形状较复杂,但其结构一般都由支承(安装)部分、工作部分和连接部分构成,多数为非对称零件,常有倾斜或弯曲的不规则结构。其上常有肋板、轴孔、耳板、底板等结构,局部结构常有油槽、油孔、螺孔、凸台、沉孔等。表面常有铸造圆角和拔模斜度,如图 7-9 所示。

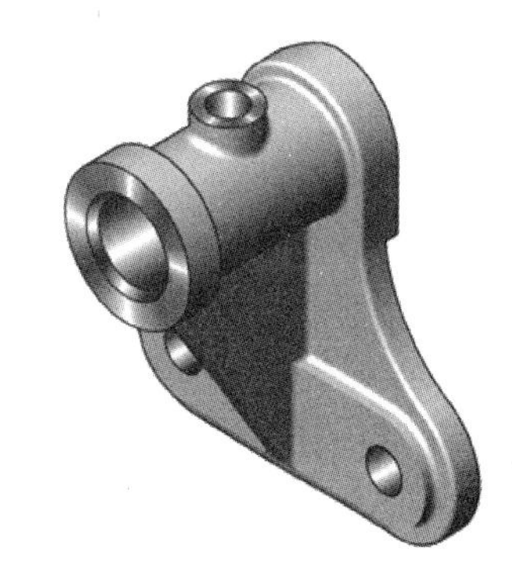

图 7-9 叉架类零件

(3) 视图选择

叉架类零件的形状结构一般比较复杂,加工方法和加工位置不止一个,所以主视图一般按结构形状特征原则和工作位置或自然安放位置来选择,将零件的安装部分或支承部分放正画出。

一般采用 2～3 个基本视图,主视图常用剖视图(形状不规则时采用局部剖视)表达主体外形和局部内形。再根据需要配置其他辅助视图:对于零件上的弯曲或倾斜结构,可选用斜视图、单一斜剖切面剖切的全剖视图和断面图等表达;肋板、杆体的断面形状多用移出断面图表达;零件上的凹坑、凸台等常用局部视图、局部剖视图表达。注意肋板剖切时应采用规定画法;应仔细分析表面的过渡线,并正确图示。

(4) 叉架类零件视图选择举例

1) 结构分析。如图 7-10 所示的拨叉,是叉架类零件。它由下部的安装孔、上部的叉口和中间的连接板三大结构部分组成。下部安装孔处有斜向凸台,内有相互垂直相交的大、小孔相通,用于连接。安装孔内有键槽,以便与转轴相连接。中部连接板断面为十字形,因为是铸件,故表面有铸造圆角和过渡线。

2) 视图选择。如图 7-10 所示,拨叉的主视图主要表达外部轮廓,下部的安装孔处采用了局部剖视;左视图侧重表达端面外形,其上部叉口处和下部斜向凸台孔处分别用了局部剖视;除主、左视图之外,斜视图 A 表达下方斜向凸台的端面外形;断面图 $B—B$ 反映连接板的断面形状。这样一组图形就形成了拨叉较好的表达方案。注意主视图的局部剖视涉及肋板的规定画法。

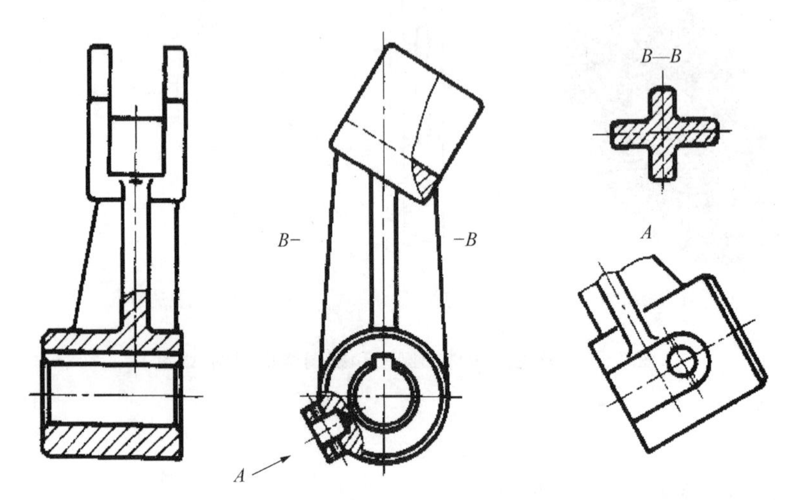

图7-10 叉架类零件的视图选择举例(拨叉)

4. 箱壳类零件

(1) 用 途

箱壳类零件包括箱体、泵体、阀体、壳体、机座等,此类零件在机器中的作用主要是容纳和支承传动件,又是保护机器中其他零件的外壳,利于安全生产。其毛坯多为铸件。

(2) 结构特点

箱壳类零件的体积较大,结构形状复杂,零件内部为内腔。主体一般由外壳部分(箱壁)和安装部分组成,箱体上通常有轴承孔、油孔、安装端盖的均布螺孔、安装其他零件的螺孔、加强零件刚度用的肋板等局部结构。箱体表面过渡线较多。

(3) 视图选择

箱壳类零件的内、外结构形状一般比较复杂,加工工序较多,主要加工方法有刨削、铣削、钻削和镗削等,其他零件和它有装配关系,因此,主视图一般按工作位置绘制,并以反映形状特征和各部分相对位置最明显的方向作为主视图的投射方向。

一般需要三个或三个以上的基本视图及其他辅助视图,各基本视图多以适当的剖视兼顾表达主体内、外结构形状,且各视图之间应保持直接的投影关系,没表达清楚的结构再采用局部视图、局部剖视图、断面图等表达。注意认真分析加工表面的截交线、相贯线和非加工表面的过渡线,并正确图示。

(4) 箱壳类零件视图选择举例

1) 结构分析。如图7-11(a)所示的座体,属于箱体零件。座体是铣刀头(见图7-2)的主要零件,它在铣刀头部件中起支承轴、V带轮和铣刀盘以及包容轴的功用。座体的结构形状可分为两部分:上部是圆筒,两端的轴孔支承滚动轴承,其轴孔直径与轴承的外径一致,两侧外端面有与端盖连接的螺孔,座体中间部分孔的直径大于两端孔的直径(直接铸造不加工),是为了保证装配时零件间接触良好,减少零件上加工的面积,降低加工费用以及减轻座体的重量。

座体下部是带圆角的方形底板，有四个安装孔，将铣刀头安装在铣床上，为了接触平稳和减少加工面积，底板下面的中间部分做成通槽。座体的上、下两部分用支承板和肋板连接。

2）视图选择。从图7－11(b)可以看出，座体的主视图按工作位置放置，采用全剖视图，可以较好地表达座体的形体特征和内部的空腔结构。左视图采用局部剖视图，表示底板和肋板的厚度，以及底板上沉孔和通槽的形状。在圆筒端面上表示了六个螺纹孔的位置。由于座体的前后对称，俯视图采用A向局部视图，表示底板的圆角和安装孔的位置。这样就形成了座体的较好表达方案。

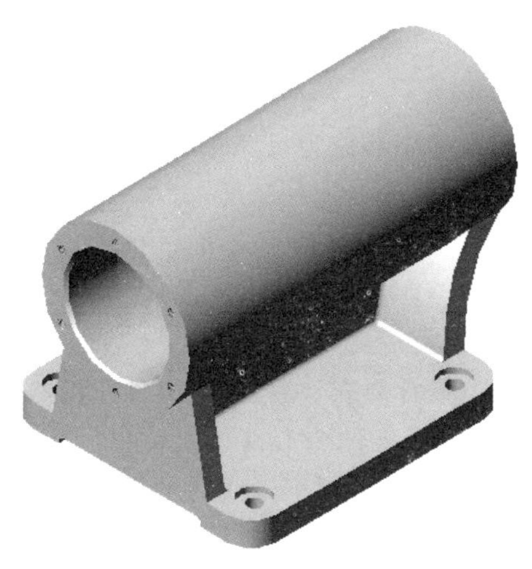

(a) 座体的轴测图

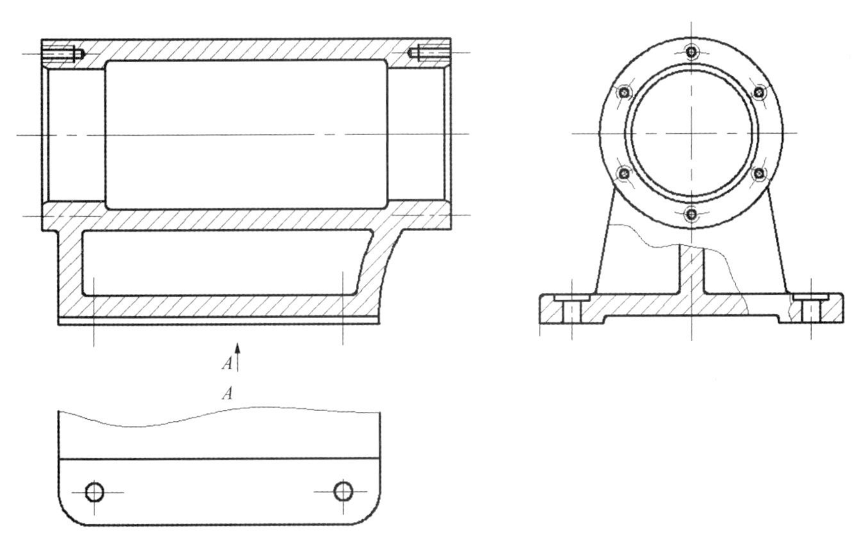

(b) 座体的表达方案

图7－11　座体的轴测图及表达方案

三、零件图的尺寸标注

零件图中的尺寸是加工和检验零件的重要依据，是零件图的重要内容之一，是图样中指令性最强的部分。

零件图尺寸标注的基本要求是:正确、完整、清晰、合理。关于前三项要求,有关涉及尺寸标注的在学习情境1、3和4中已叙述过,本学习情境着重讨论如何合理标注零件图的尺寸问题。

合理标注尺寸是指标注的尺寸既要满足设计要求,保证机器的使用性能,又要符合加工工艺要求,便于加工、测量和检验,并有利于装配。为此,必须具备必要的设计和工艺知识,这有待于在今后的专业课学习和工作实践中逐步掌握。这里仅就标注尺寸的合理性作初步介绍。

(一)正确选择尺寸基准

1. 尺寸基准的分类

如图7-12所示,尺寸基准可以按如下几种形式分类。

(1) 按尺寸基准几何形式分

点基准:是以球心、顶点等几何中心作为尺寸基准。

线基准:是以轴或孔的回转轴线作为尺寸基准。

面基准:是以底板的安装面、重要的端面、支承面、主要加工面、装配结合面、对称平面等作为尺寸基准。

(2) 按尺寸基准性质分

设计基准:根据机器的结构、设计要求,用以确定零件在机器中工作位置的基准,称为设计基准。如图7-12(a)所示,标注轴承孔的中心高 H_0,应以轴承座底面为高度方向基准注出,因为一根轴要用两个轴承座来支承,为了保证轴线的水平位置,两个轴孔的中心应在同一轴线上;标注底板两螺钉孔的定位尺寸 L,应以左右对称面为长度方向的基准,以保证两螺钉孔与轴孔的对称关系。因此,底面(安装面)和左右对称面是设计基准。图7-12(b)中的轴线也是设计基准。

工艺基准:根据零件加工制造、测量和检验等工艺要求所选定的基准,称为工艺基准。如图7-12(a)轴承座凸台顶面的辅助基准,即是为便于测量沉孔的深度而设置的工艺基准。

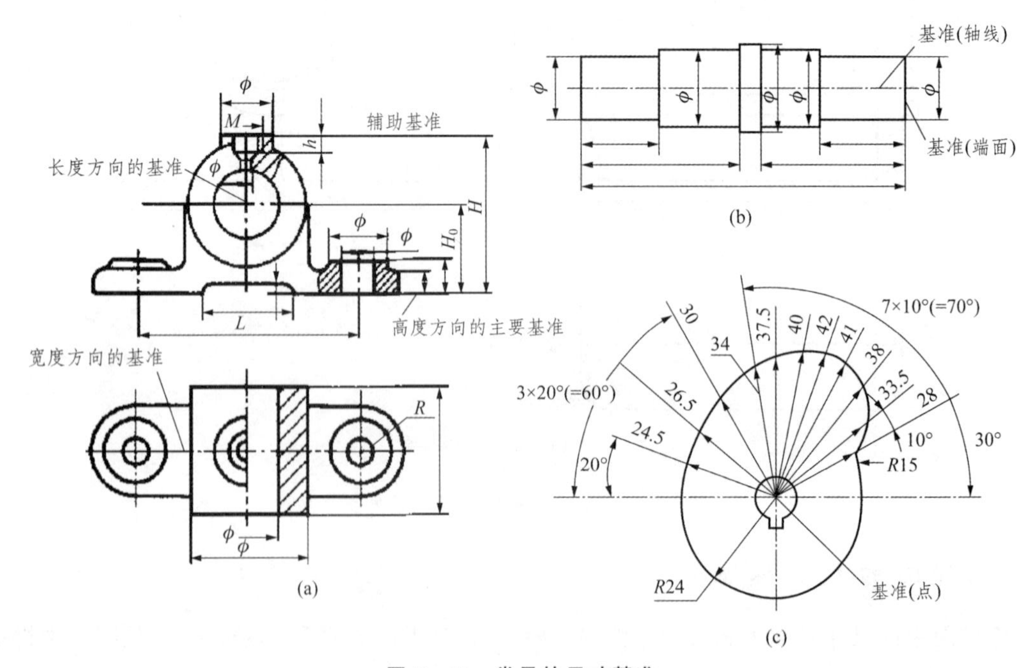

图7-12 常见的尺寸基准

(3) 按尺寸基准重要性分

主要基准:决定零件主要尺寸的基准。

辅助基准:为便于加工和测量而附加的基准。

2. 选择尺寸基准

尺寸基准的选择是否正确,关系到整个零件尺寸标注的合理性。任何一个零件都有长、宽、高三个方向(或轴向、径向两个方向)的尺寸,每个方向至少应有一个尺寸基准。同一方向上有多个尺寸基准时,尺寸基准之间一定要有尺寸联系,如图7-12(a)轴承座高度方向的主、辅尺寸基准之间的联系尺寸 H。设计基准应尽可能和工艺基准重合,这样既能满足设计要求,又便于加工和测量,满足工艺要求。当设计基准和工艺基准不能统一时,主要尺寸应优先从设计基准出发标注。

(二) 尺寸标注的形式

1. 链状式

零件同一方向的几个尺寸依次首尾相连,称为链状式,如图7-13(a)所示。链状式可保证所注各段尺寸的精度要求,但由于基准依次推移,使各段尺寸的位置误差受到影响。因此,该注法适用于阶梯状零件对总长精度要求不高而对各段长度的尺寸精度要求较高的尺寸,或零件中各孔中心距的尺寸精度要求较高的尺寸。

2. 坐标式

零件同一方向的几个尺寸由同一基准出发进行标注,称为坐标式,如图7-13(b)所示。坐标式所注各段尺寸其精度只取决于本段尺寸加工误差,这样既可保证所注各段尺寸的精度要求,又因各段尺寸精度互不影响,故又不产生位置误差累加。因此,这种尺寸注法适用于需要从同一基准定出一组精确的尺寸。

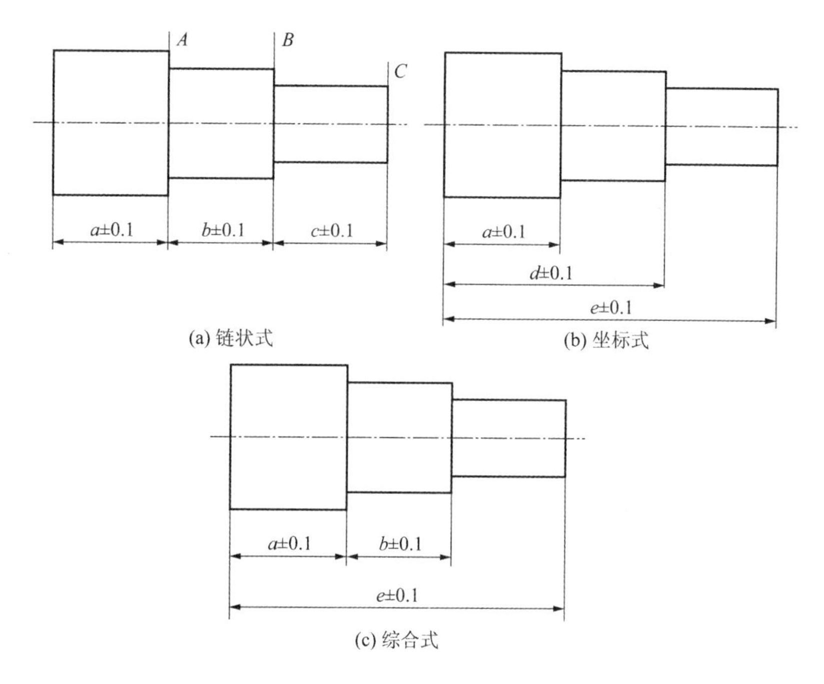

图7-13　尺寸标注的形式

3. 综合式

零件的同方向尺寸既有链状式又有坐标式标注的,称为综合式,如图7-13(c)所示。综合式具有链状式和坐标式的优点,既能保证零件一些部位的尺寸精度,又能减少各部位的尺寸位置误差积累。因此,综合式注法应用较多,如图7-14所示主动齿轮轴中的尺寸注法。

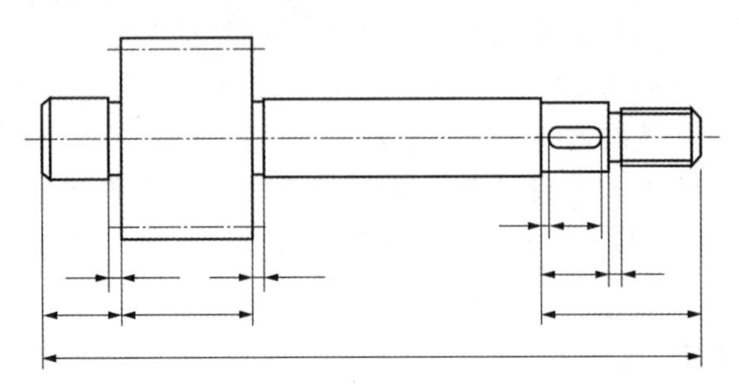

图7-14　综合式尺寸注法举例

(三)合理标注尺寸注意事项

1. 明确零件尺寸的分类和不同要求

充分认识零件各类尺寸的不同要求,分清尺寸的主、次,是满足设计要求和工艺要求,合理标注尺寸的首要条件。

1)从功能方面,零件尺寸可分为功能尺寸和一般尺寸。前者直接影响零件质量,要求加工精度高,后者对零件质量影响不大,要求加工精度较低。

2)从是否需要机械加工方面,零件尺寸可分为毛坯(非加工)尺寸和加工尺寸。前者要求的制造精度一般较低,后者要求的加工精度有高有低。功能尺寸大都为加工尺寸,精度要求高;而加工尺寸中的一般尺寸,精度要求应较低,这样经济合理。

3)从基准之间或尺寸之间的关系上,零件尺寸又可分为联系尺寸和过渡尺寸。零件同一方向上主要基准(或辅助基准)与辅助基准之间应有联系尺寸(线性尺寸或角度尺寸),它是非常重要的尺寸。零件加工第一个加工面时,需以毛面为基准,而联系加工面(第一个)和毛面间的尺寸,通常称为过渡尺寸。标注尺寸时,应合理地处理好。

2. 重要尺寸(也称性能尺寸或功能尺寸)要从主要基准直接注出

零件上的配合尺寸、安装尺寸、特性尺寸等,即影响零件在机器中的工作性能和装配精度等要求的尺寸为重要尺寸,如图7-15中的尺寸a和k。

3. 避免标注出现封闭尺寸链

图7-16(a)所示的尺寸标注是正确的,选择一个不重要的尺寸不标注,称为开口环,使所有的尺寸误差都累积在这一段。图7-16(b)所示的封闭尺寸链中的各段尺寸b、c、d的累积误差会使总长尺寸a的尺寸精度得不到保证。

4. 关联零件间的尺寸应协调且符合设计要求

图7-17(a)所示为两零件装配在一起的情况,设计要求两零件左右方向不能松动,而且必须保证右端面平齐。正确的标注如图7-17(b)所示,两个零件上的凸台与凹槽的定位尺寸10、定形尺寸8、5(6)必须协调一致,也即尺寸基准、尺寸标注形式及内容等协调一致,以利于装配,满足设计要求。否则如图7-17(c)所示,尺寸累积误差会影响它们的装配精度。

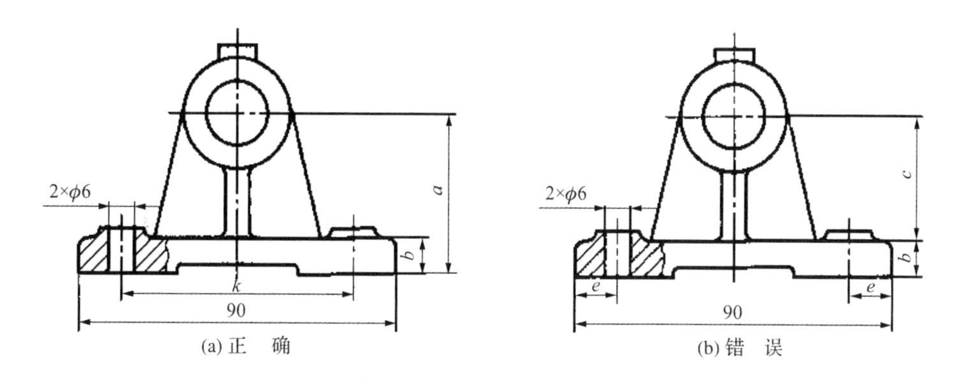

图 7-15　重要尺寸要直接标出

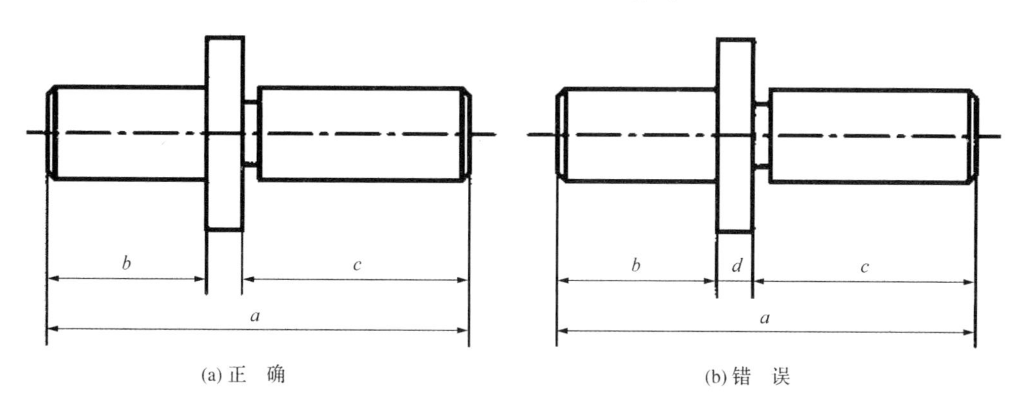

图 7-16　避免出现封闭的尺寸链

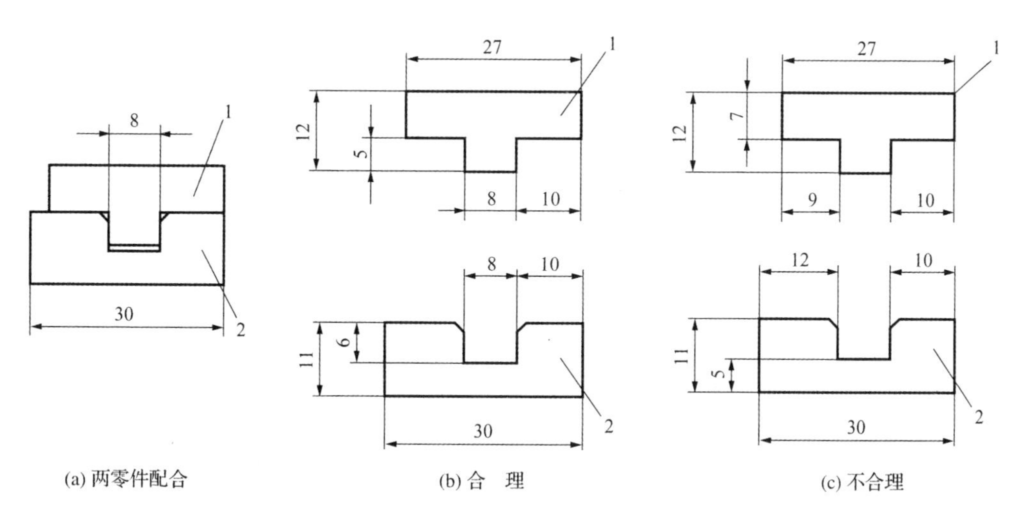

图 7-17　关联零件间尺寸应协调

5. 标注尺寸要符合加工工艺要求

符合加工工艺要求尽可能要符合机械加工工序，便于加工和测量，在满足设计要求的前提下，所注尺寸应尽量做到使用通用量具、量仪就能测量，以减少专用量具的设计和制造，降低成本。如图 7-18 中按加工顺序标注尺寸，方便工人看图、加工和测量。图 7-19(a)中阶梯孔的加工顺序一般是先钻小孔,再加工大孔,因此轴向尺寸应从端面注出大孔的深度,便于测量。图 7-19(b)中表示轴上铣平面的位置尺寸及轴或轮毂上键槽的深度尺寸以圆柱面轮廓素线为基准标注,以方便测量。图 7-19(c)中轴套类零件上的退刀槽或砂轮越程槽等工艺结构,标注尺寸时应单独注出(尺寸 2),且包括在相应的某一段长度内(尺寸 13),因为加工时一般先粗车外圆至长度 13,再由切刀切槽,所以此种标注符合工艺要求,便于加工测量。

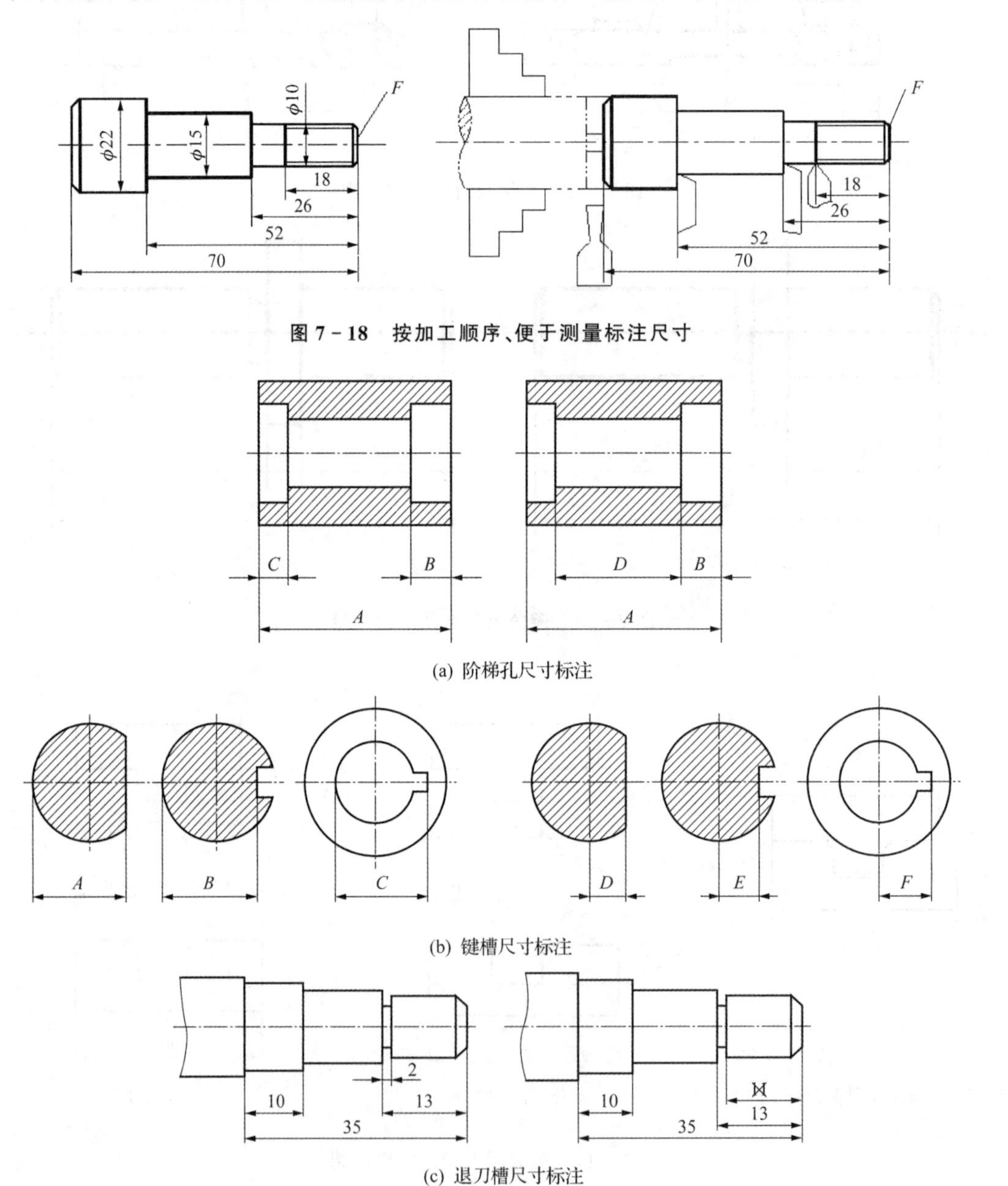

图 7-18 按加工顺序、便于测量标注尺寸

图 7-19 尺寸标注便于测量

6. 不同工种加工的尺寸应尽量分开标注

图 7-20 所示的主动齿轮轴上的键槽是在铣床上加工的,标注键槽尺寸应与其他的车削

加工尺寸分开，有利于看图。图中将键槽长度尺寸及其定位尺寸注在主视图上方，车削加工的各段长度尺寸注在下方，键槽的宽度和深度集中标注在断面图上，这样配置尺寸，清晰易找，加工时看图方便。

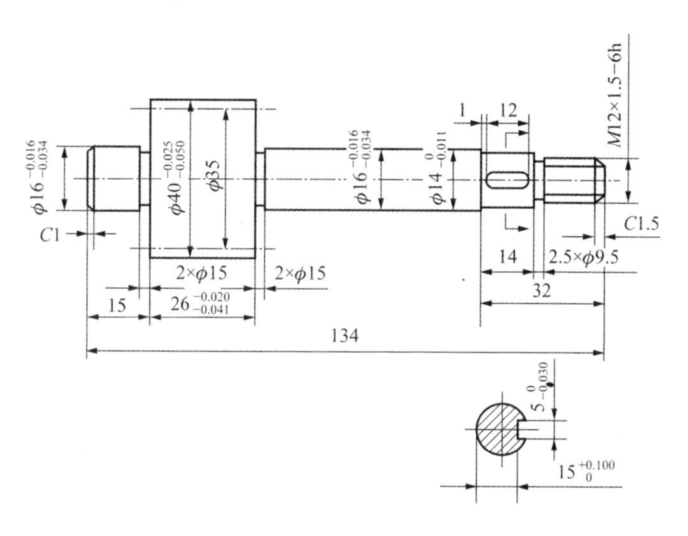

图 7 - 20　齿轮轴的尺寸标注

7. 标注尺寸应考虑加工方法和特点

如图 7 - 21(a)所示，轴承盖的半圆柱孔的尺寸应标注直径，因为轴承盖的半圆柱孔是与轴承座的半圆柱孔合在一起之后加工出来的，为了保证装配后的同轴度，不标注半径以方便加工和测量，同理图 7 - 21(c)中也应标注直径。又如图 7 - 21(b)所示，轴上的半圆键键槽是用盘铣刀加工出来的，除应注出键槽的有关尺寸之外，由刀具保证的尺寸，即铣刀直径也应注出(铣刀用细双点画线画出)，以便选用合适的刀具。标注尺寸有时还要考虑检测方法上的某些需要。

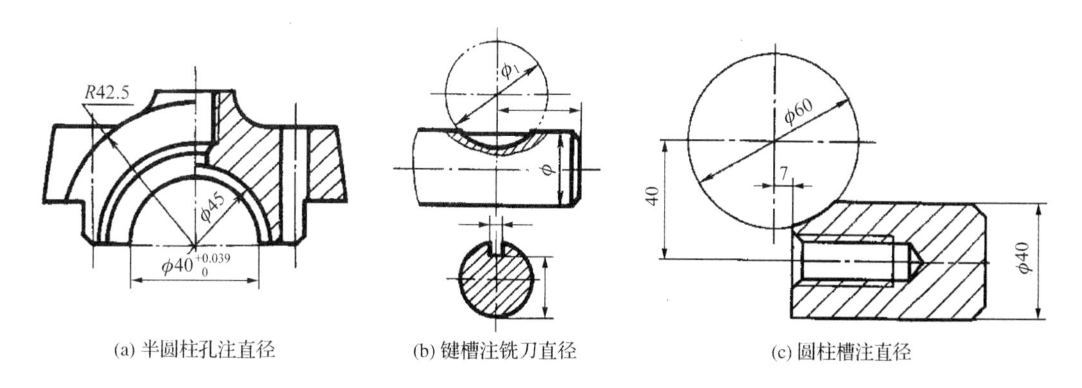

(a) 半圆柱孔注直径　(b) 键槽注铣刀直径　(c) 圆柱槽注直径

图 7 - 21　考虑加工工艺特点注尺寸

8. 铸件毛面相关尺寸的标注

铸件上始终不进行加工的表面俗称毛面。标注零件上有关毛面的尺寸时，在同一方向上一般应只有一个毛面(基准毛面)与加工面联系，其他毛面尺寸按形体结构标注，只与基准毛面端联系，以利于保证毛面尺寸的精度，如图 7 - 22 所示。

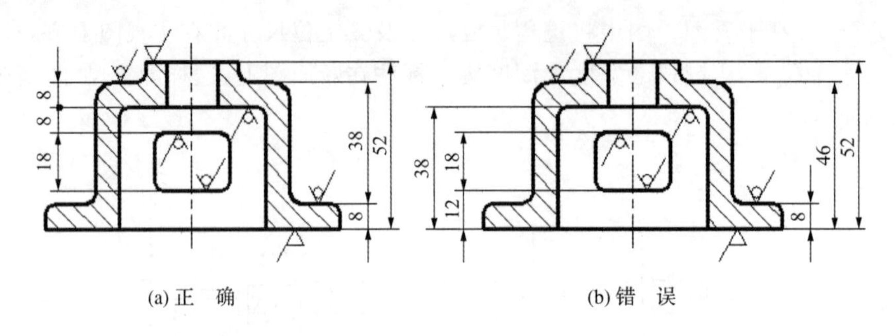

(a) 正　确　　　(b) 错　误

图 7-22　铸件毛面的尺寸标注

(四) 零件上常见结构的尺寸标注

零件上各种常见孔的简化尺寸注法如表 7-1 所列。

(五) 合理标注零件尺寸的方法与步骤

零件图尺寸标注的一般步骤为:分析零件的结构形状,了解零件的工作性能和加工测量方法;选择基准;标注功能尺寸;标注其余尺寸;检查调整。

表 7-1　零件上常见孔的简化尺寸注法　　mm

结构类型		简化注法	一般注法	说　明
螺孔	通孔	2×M6-6H 2×M6-6H	2×M6-6H	表示两个公称直径为 6,中径、顶径公差带为 6H 的普通螺纹的螺孔
螺孔	不通孔	2×M6-6H↧10 孔↧12 2×M6-6H↧10 孔↧12	2×M6-6H 10 12	一般需注出螺孔深度(深 10),若要标注钻孔深度时,应明确标注孔深尺寸
光孔	一般孔	$4\times\phi4$↧10 $4\times\phi4$↧10	$4\times\phi4$ 10	$4\times\phi4$ 表示四个直径为 4 的光孔,孔深可与孔径连注
光孔	精加工孔	$4\times\phi4$H7↧10 孔↧12 $4\times\phi4$H7↧10 孔↧12	$4\times\phi4$H7 10 12	钻孔深为 12,钻孔后需精加工至 $\phi4$H7,深度为 10
光孔	锥销孔	锥销孔$\phi4$ 配作 锥销孔$\phi4$ 配作	锥销孔$\phi4$ 配作	$\phi4$ 为与锥销孔相配的圆锥销小头的直径(公称直径)。锥销孔通常是将两零件装在一起后进行加工,故应注明“配作”

续表 7-1

结构类型		简化注法	一般注法	说　明
沉孔	锥形沉孔	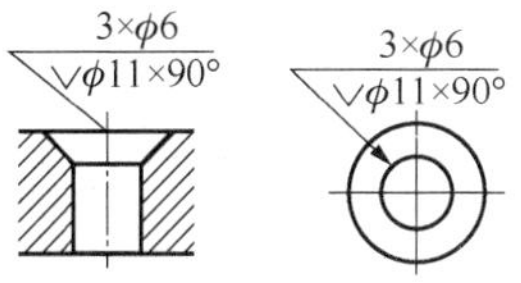 3×φ6 ⌵φ11×90°　3×φ6 ⌵φ11×90°	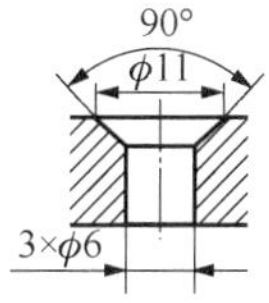 90° φ11 3×φ6	3×φ6 表示三个直径为 6 的孔，沉孔的直径为 φ11，锥角为 90°
	柱形沉孔	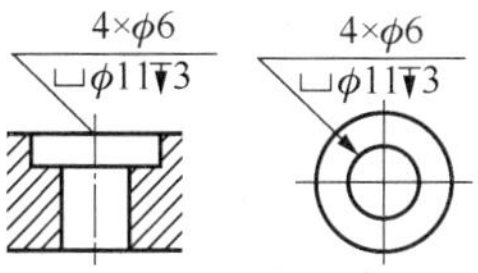 4×φ6 ⌴φ11↧3　4×φ6 ⌴φ11↧3	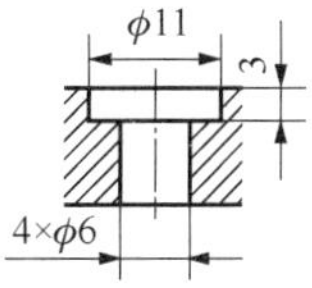 φ11 3 4×φ6	柱形沉孔的直径为 φ11，深度为 3
	锪平沉孔	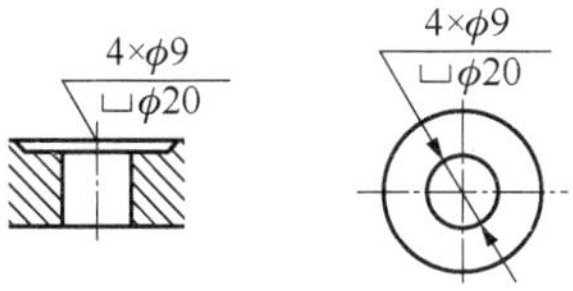 4×φ9 ⌴φ20　4×φ9 ⌴φ20	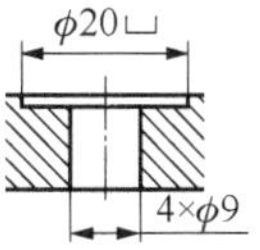 φ20⌴ 4×φ9	锪平面 φ20 的深度不需标注，一般锪平到不出现毛面见光为止

例 7-1　参照铣刀头的轴测装配图（见图 7-2）及其轴零件图（见图 7-3），试分析该零件的尺寸标注步骤。

如图 7-3 所示，尺寸标注具体步骤如下：

1）零件的结构分析。按照已知的几个相关图，分析该轴的结构形状和作用，弄清它与其他零件之间的联系及其加工方法。

轴套类零件的所有表面，一般均为加工面，即无毛坯尺寸和过渡尺寸。

2）选择基准。如图 7-3 所示，图中以水平轴线为径向尺寸的主要基准，以中间最大直径轴段的右端面为轴向尺寸的主要基准，因为该右端面在装配体里起轴向定位作用。

3）标注功能尺寸。优先将认定的功能尺寸注出。从径向尺寸基准直接注出安装 V 带轮、轴承和铣刀盘用的、有配合要求的轴段尺寸：$\phi28\text{k}7\left(^{+0.023}_{+0.002}\right)$、$\phi35\text{k}6$、$\phi25\text{h}6\left(^{\ 0}_{-0.013}\right)$。由轴向尺寸基准注出 $194^{\ 0}_{-0.046}$、23 和 95。再标注以轴的左、右端面为辅助基准与轴向主要基准之间的联系尺寸。轴向尺寸不能注成封闭尺寸链，选择不重要的轴段 φ34 为开口环，不注写轴向尺寸。

4）标注其余尺寸。将其余的一般尺寸依次（按定位、定形、总体尺寸先后顺序）注全。

5）检查调整。检查调整，补遗删多，完成尺寸标注。

例 7-2　参照铣刀头的轴测装配图（见图 7-2）和座体表达方案（见图 7-11），试分析座体零件尺寸的标注步骤。

如图 7-23 所示，其尺寸标注步骤如下。

1）零件结构分析。在箱体类零件视图选择举例中，已对铣刀头座体作了结构分析。座体是铣刀头部件中起支承轴、V 带轮和铣刀盘作用的箱体零件，应按结构要求、设计要求和制造工艺要求合理标注尺寸。

2）选择基准。如图 7-23 所示，选择座体的底面为高度方向作为主要基准，圆筒的左或右端面为长度方向作为主要基准，前后对称平面为宽度方向作为主要基准。

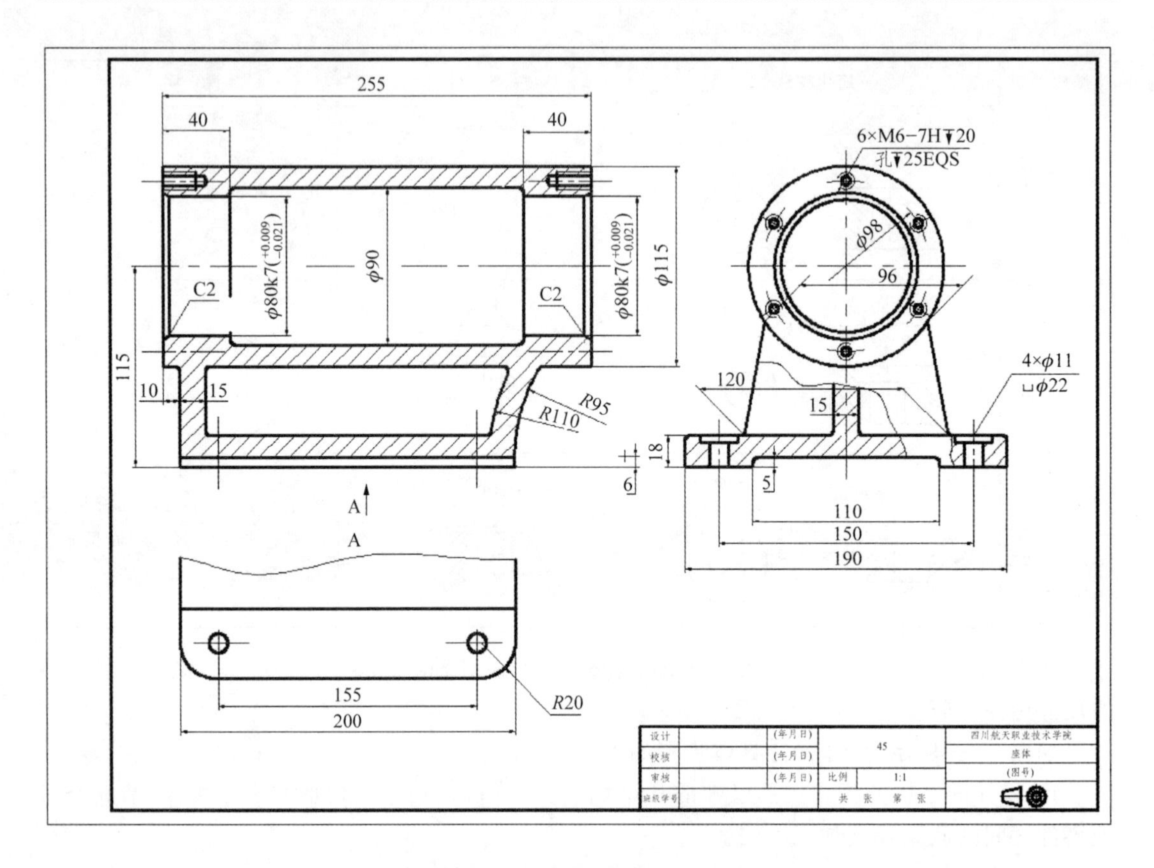

图 7-23　座体零件图的尺寸标注

3）标注功能尺寸。直接注出设计要求的结构尺寸和有配合要求的尺寸，如主视图中的尺寸 115 是确定圆筒轴线位置的尺寸，φ80k7 是与轴承配合的尺寸，40 是两端轴孔长度方向的定形尺寸。左视图和 *A* 向局部视图中的尺寸 150 和 155 是四个安装孔的定位尺寸。

4）标注其余尺寸。按工艺要求标注其余尺寸(如图中未注尺寸数值的尺寸)。其中非加工尺寸按形体分析法标注。注意同一方向的主要基准与辅助基准之间的联系尺寸应直接注出。

5）检查调整。检查调整，补遗删多，完成尺寸标注。

注意　这里需要说明的是，箱体类零件因多为铸件，其上除功能尺寸之外的一般尺寸通常包括过渡尺寸、毛坯尺寸和加工尺寸中要求精度较低的一些尺寸。故也可在结构分析和确定各方向主要设计基准和辅助设计基准的基础上，按下列顺序标注尺寸：先标注过渡尺寸和毛坯尺寸，再标注功能尺寸，最后标注其余的一般尺寸，检查调整。

四、零件图的技术要求及其标注方法

零件图上的技术要求主要包括以下内容：表面结构要求、尺寸公差、几何公差、材料及其热处理等。

(一) 表面结构的图样表示法

1. 表面结构的基本概念

(1) 概　述

为了保证零件的使用性能，在机械图样中需要对零件的表面结构给出要求。表面结构就是由粗糙度轮廓、波纹度轮廓和原始轮廓构成的零件表面特征。

零件经过机械加工后的表面会留有许多高低不平的凸峰和凹谷，零件加工表面上具有较小间距和峰谷所组成的微观几何形状特性称为表面粗糙度。

在机械加工过程中，由于机床、工件和刀具系统的振动，在工件表面所形成的间距比粗糙度大得多的表面不平度称为波纹度。

(2) 表面结构的评定参数

评定零件表面结构的参数有轮廓参数、图形参数和支承率曲线参数。其中轮廓参数是我国机械图样中目前最常用的评定参数，它分为三种：*R* 轮廓(粗糙度参数)、*W* 轮廓(波纹度参数)和 *P* 轮廓(原始轮廓参数)。机械图样中，常用表面粗糙度参数 *Ra* 和 *Rz* 作为评定表面结构的参数，如图 7－24 所示。

1) 轮廓算术平均偏差 *Ra*。它是在取样长度 *lr* 内，纵坐标 *z*(*x*)(被测轮廓上的各点至基准线 x 的距离)绝对值的算术平均值。

2) 轮廓最大高度 *Rz*。它是在一个取样长度内，最大轮廓峰高与最大轮廓谷深之和，如图 7－24 所示。

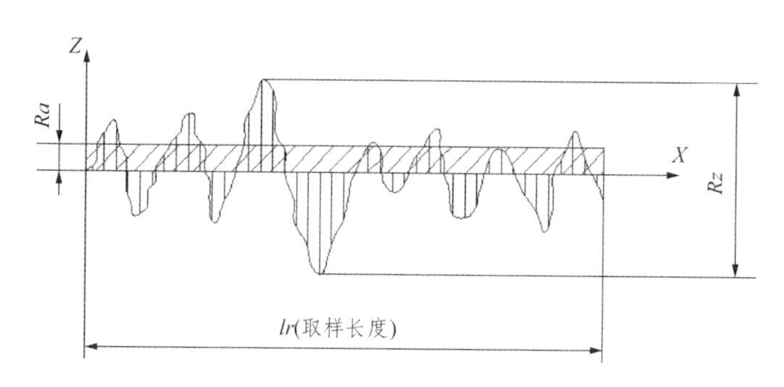

图 7－24　*Ra*、*Rz* 参数示意图

国家标准 GB/T 1031—2009 给出的 *Ra* 和 *Rz* 系列值如表 7－2 所列。

表 7－2　*Ra*、*Rz* 系列值

μm

Ra	0.012	0.025	0.05	0.1	0.2	0.4	0.8	1.6	3.2	6.3	12.5	25	50	100				
Rz		0.025	0.05	0.1	0.2	0.4	0.8	1.6	3.2	6.3	12.5	25	50	100	200	400	800	1 600

2. 标注表面结构的图形符号

(1) 图形符号及其含义

在图样中，可以用不同的图形符号来表示对零件表面结构的不同要求。标注表面结构的图形符号及其含义如表 7－3 所列。

表7-3　表面结构图形符号及其含义

符号名称	符号样式	含义及说明
基本图形符号		未指定工艺方法的表面;基本图形符号仅用于简化代号标注,当通过一个注释解释时可单独使用,没有补充说明时不能单独使用
扩展图形符号		用去除材料的方法获得表面,如通过车、铣、刨、磨等机械加工的表面;仅当其含义是“被加工表面”时可单独使用
		用不去除材料的方法获得表面,如铸、锻等;也可用于保持上道工序形成的表面,不管这种状况是通过去除材料或不去除材料形成的
完整图形符号		在基本图形符号或扩展图形符号的长边上加一横线,用于标注表面结构特征的补充信息
工件轮廓各表面图形符号		当在某个视图上组成封闭轮廓的各表面有相同的表面结构要求时,应在完整图形符号上加一圆圈,标注在图样中工件的封闭轮廓线上,如下图所示 1 2 3 4 (5) (6) 注:图示的表面结构符号是指对图形中封闭轮廓的六个面的共同要求(不包括前后面)

(2) 图形符号的画法及尺寸

图形符号的画法如图7-25所示,表7-4列出了图形符号的尺寸。

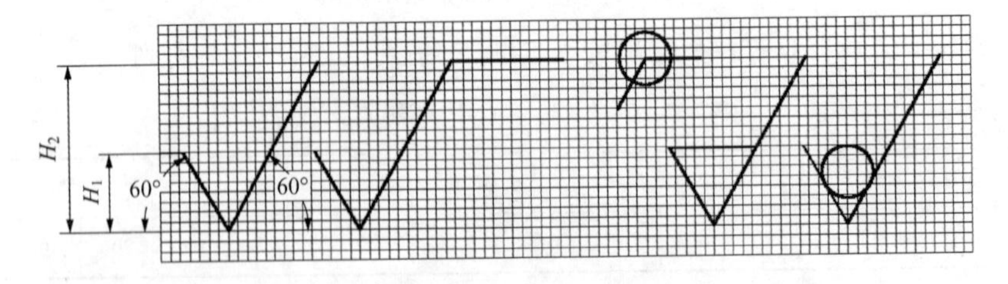

图7-25　图形符号的画法

3. 表面结构要求在图形符号中的注写位置

为了明确表面结构要求,除了标注表面结构参数和数值外,必要时应标注补充要求,包括传输带、取样长度、加工工艺、表面纹理及方向、加工余量等。这些要求在图形符号中的注写位置如图7-26所示。

表 7-4　图形符号的尺寸　　　mm

数字与字母的高度 h	2.5	3.5	5	7	10	14	20
高度 H_1	3.5	5	7	10	14	20	28
高度 H_2(最小值)	7.5	10.5	15	21	30	42	60

注:H_2取决于标注内容。

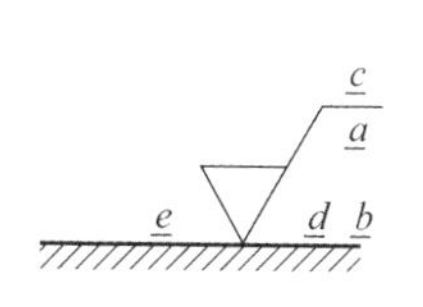

位置a　注写表面结构的单一要求

位置a和b < a注写第一表面结构要求；b注写第二表面结构要求

位置c　注写加工方法，如“车”“磨”“镀”等

位置d　注写表面纹理方向，“=”“×”“M”

位置e　注写加工余量

图 7-26　补充要求的注写位置(a~e)

4. 表面结构代号

标注表面结构参数时应使用完整图形符号;在完整图形符号中注写了参数代号、极限值等要求后,称为表面结构代号。为避免误解,在参数代号及极限值之间插入空格。表面结构代号示例如表 7-5 所列。

表 7-5　表面结构代号示例

代　号	含义/说明
Ra 1.6	表示去除材料,单向上限值,默认传输带,R 轮廓,粗糙度算术平均偏差 1.6 μm,评定长度为 5 个取样长度(默认),“16%规则”(默认)
Rz max 0.2	表示不允许去除材料,单向上限值,默认传输带,R 轮廓,粗糙度最大高度的最大值 0.2 μm,评定长度为 5 个取样长度(默认),“最大规则”
U Ra max 3.2 L Ra 0.8	表示不允许去除材料,双向极限值,两极限值均使用默认传输带,R 轮廓,上限值:算术平均偏差 3.2 μm,评定长度为 5 个取样长度(默认),“最大规则”,下限值:算术平均偏差 0.8 μm,评定长度为 5 个取样长度(默认),“16%规则”(默认)
铣 -0.8/Ra3 6.3 ⊥	表示去除材料,单向上限值,默认传输带:根据 GB/T 6062,取样长度 0.8 mm,R 轮廓,算术平均偏差极限值 6.3 μm,评定长度包含 3 个取样长度,“16%规则”(默认),加工方法:铣削,纹理垂直于视图所在的投影面

5. 表面结构要求在图样中的标注

表面结构要求在图样中的标注实例如表 7-6 所列。

表 7-6　表面结构要求在图样中的标注实例

说　明	实　例
基本规则	(1) 表面结构要求对每一表面一般只注一次,并尽可能注在相应的尺寸及其公差的同一视图上 (2) 除非另有说明,所标注的表面结构要求是对完工零件表面的要求 (3) 表面结构符号、代号的注写和读取方向与尺寸的注写和读取方向一致

续表 7-6

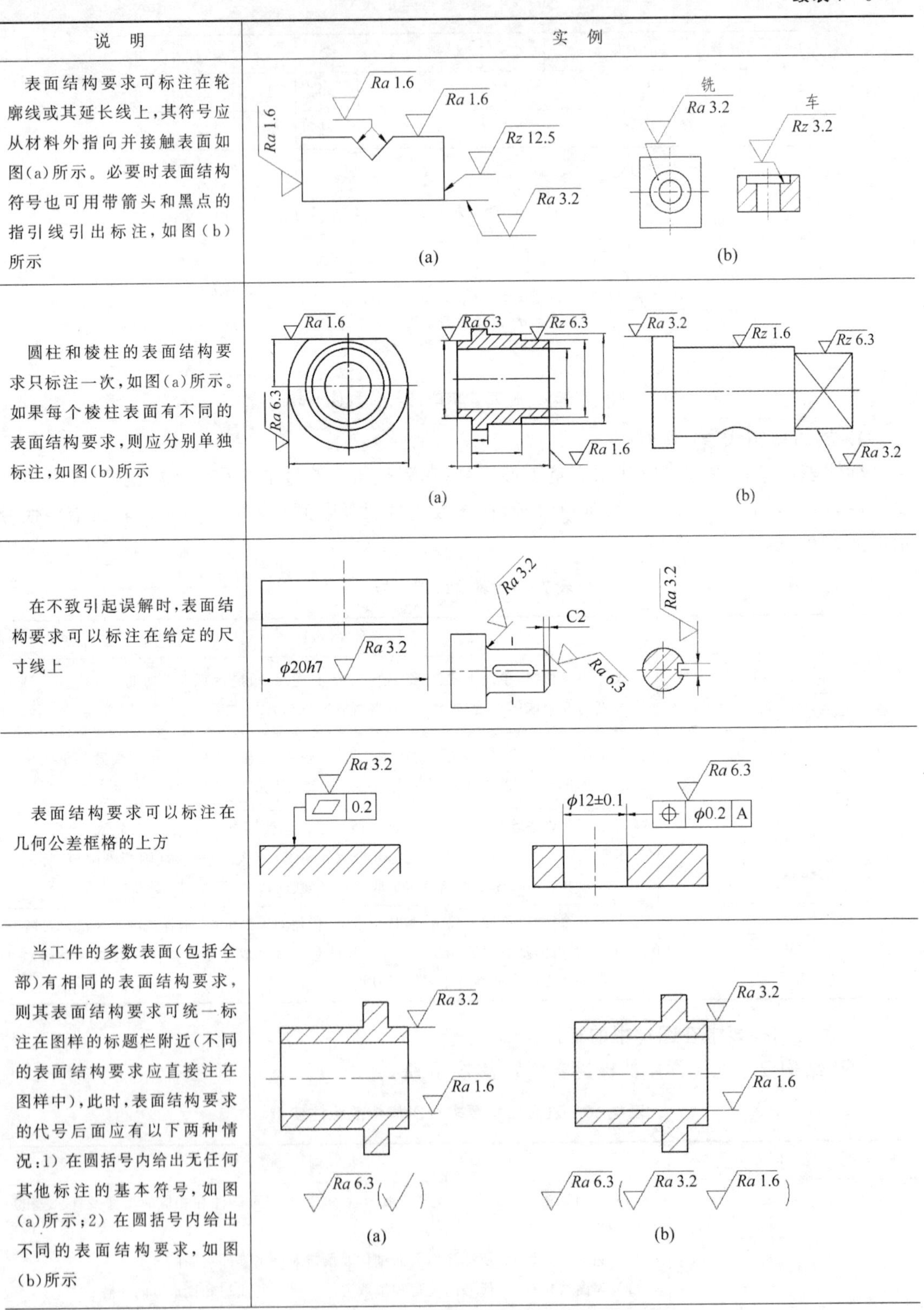

说　明	实　例
表面结构要求可标注在轮廓线或其延长线上，其符号应从材料外指向并接触表面如图(a)所示。必要时表面结构符号也可用带箭头和黑点的指引线引出标注，如图(b)所示	(a)　(b)
圆柱和棱柱的表面结构要求只标注一次，如图(a)所示。如果每个棱柱表面有不同的表面结构要求，则应分别单独标注，如图(b)所示	(a)　(b)
在不致引起误解时，表面结构要求可以标注在给定的尺寸线上	
表面结构要求可以标注在几何公差框格的上方	
当工件的多数表面(包括全部)有相同的表面结构要求，则其表面结构要求可统一标注在图样的标题栏附近(不同的表面结构要求应直接注在图样中)，此时，表面结构要求的代号后面应有以下两种情况：1) 在圆括号内给出无任何其他标注的基本符号，如图(a)所示；2) 在圆括号内给出不同的表面结构要求，如图(b)所示	(a)　(b)

续表 7－6

说　明	实　例
当多个表面有相同的表面结构要求或图纸空间有限时，可以采用简化注法。 1）用带字母的完整图形符号，以等式的形式，在图形或标题栏附近，对有相同表面结构要求的表面进行简化标注（见图(a)） 2）用基本图形符号或扩展图形符号，以等式的形式给出对多个表面共同的表面结构要求（见图(b)）	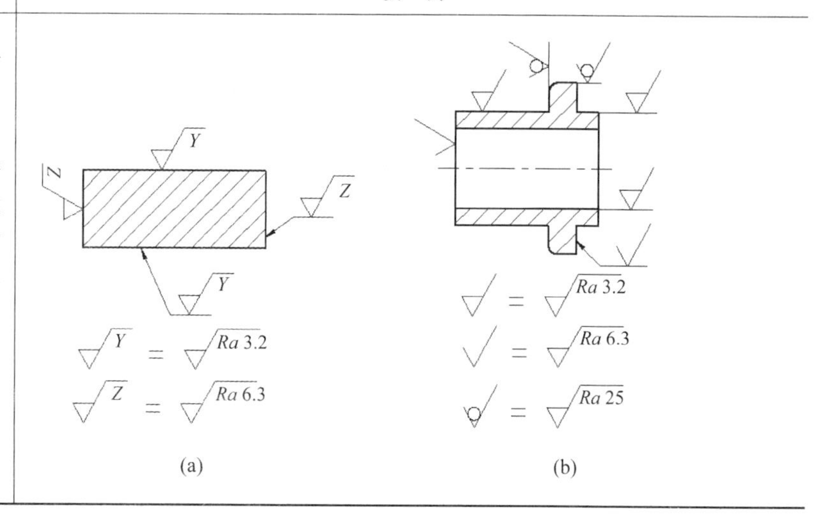

（二）极限与配合及其标注

1. 极限与配合的概念

（1）零件的互换性

在成批或大量生产中，按同一零件图加工出来的一批零件，不经任何选择或修配，能够彼此相互替换而顺利地装配到机器上，并能达到规定的技术性能，零件的这种性质称为互换性。

零件具有互换性，便于组织高效率、大规模的专业化协作生产，提高产品质量，降低成本，便于制造、装配和维修。国家标准《极限与配合》为零件的互换性提供了必要的技术保证。机械图样上有关极限与配合的注写，必须要严格执行国家标准《机械制图 尺寸公差与配合注法》(GB/T 4458.5—2003)的规定。

（2）极限的名词术语

1）公称尺寸：设计确定的尺寸，如图 7－27 中轴、孔的直径 ϕ50 mm。

2）实际尺寸：通过测量得到的尺寸。它不表示零件的真值。

3）极限尺寸：允许尺寸变动的两个极限值，如图 7－27(c)所示。

上极限尺寸：尺寸要素允许的最大尺寸。

下极限尺寸：尺寸要素允许的最小尺寸。

4）尺寸偏差[①]：某一尺寸减其公称尺寸所得的代数差，如图 7－27(c)所示。

① 实际偏差：实际尺寸减其公称尺寸所得的代数差。

② 极限偏差：极限尺寸减其公称尺寸所得的代数差，它分为上偏差和下偏差。

上偏差（ES 或 es）：最大极限尺寸减公称尺寸所得的代数差。

下偏差（EI 或 ei）：最小极限尺寸减公称尺寸所得的代数差。

尺寸偏差可以是正值、负值或零。

5）尺寸公差（T）：允许的尺寸变动量，简称公差，它是一个没有正负号的绝对值。如

① 尺寸偏差，孔用大写字母 ES、EI，轴用小写字母 es，ei

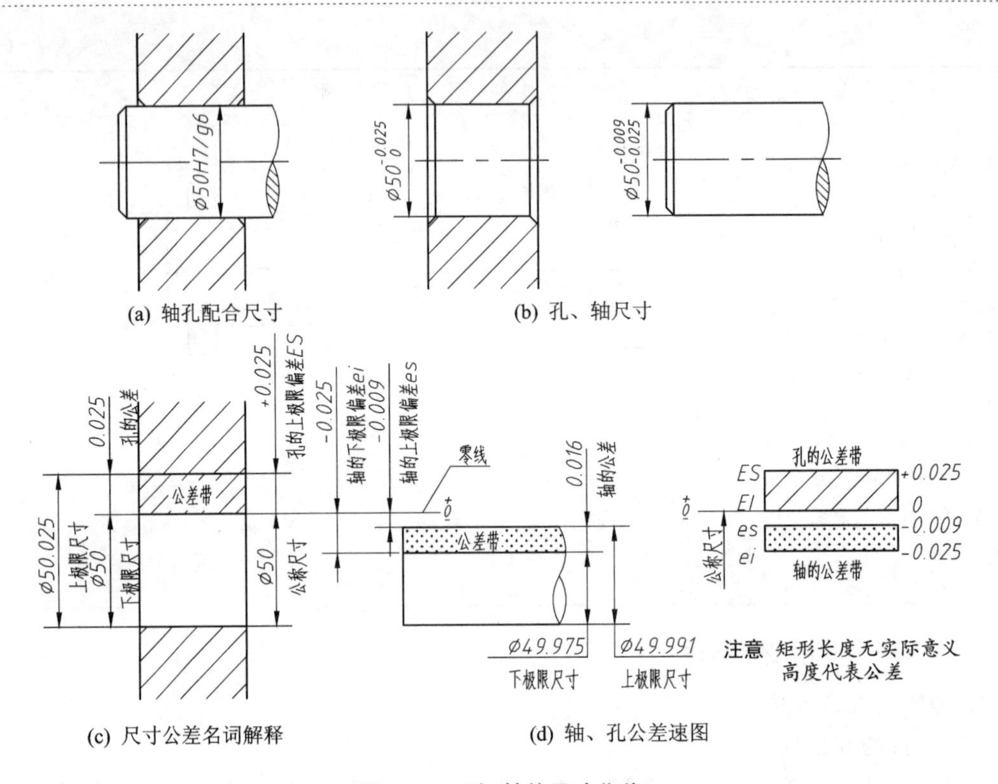

图7-27 孔、轴的尺寸公差

图7-27(c)所示,孔的直径允许在50.0~50.025 mm变动,轴的直径允许在49.975~49.991 mm变动。

尺寸公差=上极限尺寸-下极限尺寸=上极限偏差-下极限偏差

注意 尺寸公差一定为大于零的绝对值。尺寸偏差与公差的区别。

6)零线:零线是指公称尺寸端点所在位置的一条直线,也代表零偏差。

7)公差带:公差带指在公差带图解中,由代表上偏差和下偏差或最大极限尺寸和最小极限尺寸的两条直线所限定的一个区域,如图7-27(d)所示。

8)标准公差与基本偏差。国家标准规定,公差带是由标准公差和基本偏差组成的,标准公差决定公差带的高度,基本偏差决定公差带相对零线的位置。

标准公差:国家标准中规定的用以确定公差带大小的任一公差。其大小由两个因素决定,一个是公差等级,一个是公称尺寸。如附表7-1所列,公称尺寸在500 mm以内,规定有20个公差等级:IT01,IT0,IT1,…,IT18,IT01精度最高,IT18精度最低。公称尺寸相同时,公差等级越高(数值越小),标准公差越小;公差等级相同时,公称尺寸越大,标准公差越大。

基本偏差:确定公差带相对于零线位置的上偏差或下偏差,一般为靠近零线的那个偏差,当公差带关于零线对称时,基本偏差为上偏差或下偏差,如JS(js),基本偏差有正号和负号。国家标准规定孔和轴的每一公称尺寸有28种基本偏差,构成基本偏差系列,如图7-28所示。它的代号用拉丁字母或字母组合表示,大写表示孔的基本偏差,小写表示轴的基本偏差。

基本偏差与公差的关系:

孔:$ES=EI+T, EI=ES-T$

轴:$es=ei+T, ei=es-T$

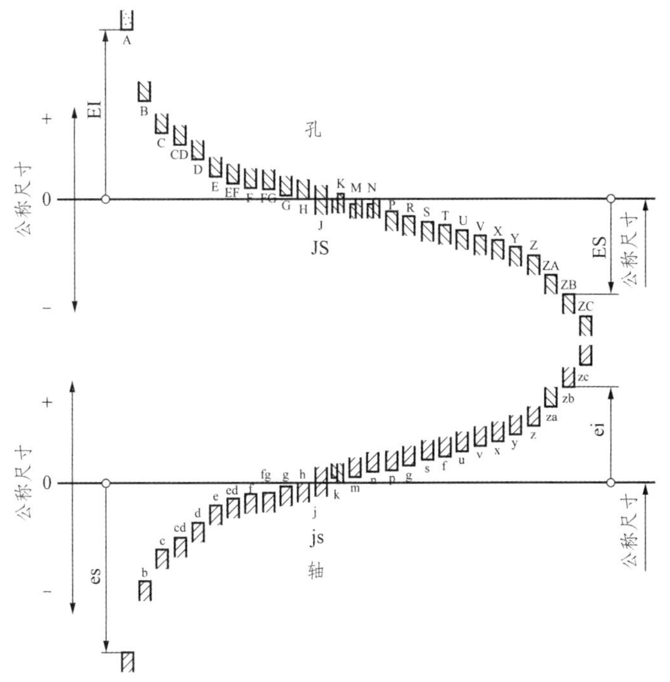

注意　公称尺寸相同的轴和孔若基本偏差代号相同，则基本偏差值一般情况下为相反数；公差带不封口。

图 7－28　基本偏差系列

9）孔、轴的公差带代号：公差带代号由基本偏差代号和公差等级代号组成，并用同一号字体书写。

例 7－3　说明 ϕ50H8 的含义。

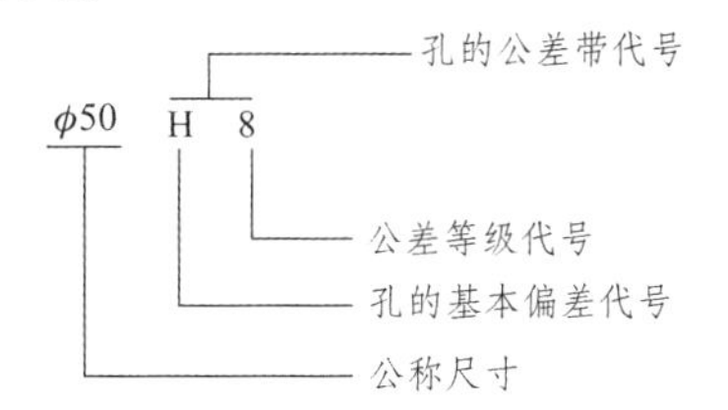

此公差带代号含义是：公称尺寸为 ϕ50，公差等级为 8 级，H 为孔的基本偏差代号。

例 7－4　说明 ϕ50f7 的含义

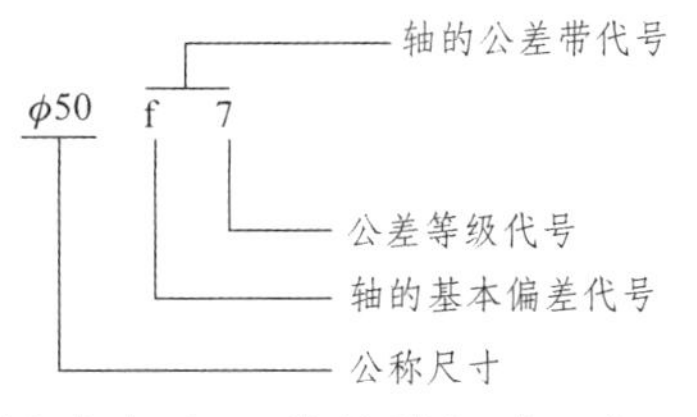

此公差带代号含义是：公称尺寸为 ϕ50，公差等级为 8 级，f 为轴的基本偏差代号。

（3）配合的名词术语

① 配合：公称尺寸相同的，相互结合的孔和轴公差带之间的关系称为配合。根据使用要求，孔和轴之间的配合有松有紧，国家标准将配合分为三类：

间隙[1]配合:任取其中一对孔和轴相配都保证具有间隙(包括最小间隙等于零)的配合,此时孔的公差带完全在轴的公差带之上,如图 7-29(a)所示。

过盈[2]配合:任取其中一对孔和轴相配都保证具有过盈(包括最小过盈等于零)的配合。此时孔的公差带完全在轴的公差带之下,如图 7-29(b)所示。

过渡配合:任取其中一对孔和轴相配,可能具有间隙,也可能具有过盈的配合。孔和轴的公差带相互交叠,如图 7-29(c)所示。

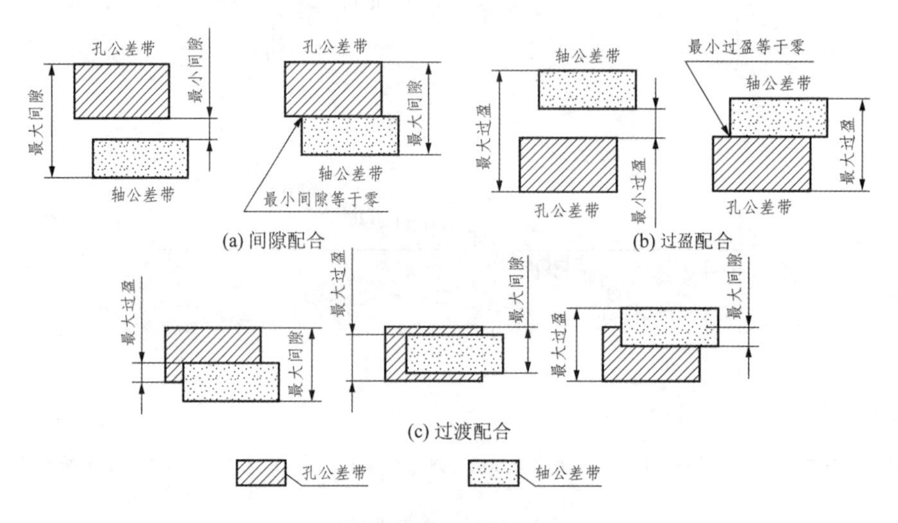

图 7-29　三类配合

② 配合制:在制造互相配合的零件时,使其中一种零件作为基准件,它的基本偏差固定,通过改变另一种非基准件的基本偏差来获得各种不同性质的配合制度称为配合制。根据生产实际需要,国家标准规定了两种配合制,即基孔制和基轴制。

基孔制:基本偏差为一定的孔的公差带,与不同基本偏差的轴的公差带构成各种配合的一种制度称为基孔制。如图 7-30(a)所示。这种制度在同一公称尺寸的配合中,是将孔的公差带位置固定,通过变换轴的公差带位置,得到各种不同的配合。

基孔制的孔称为基准孔。国家标准规定基准孔的下极限偏差为零,"H"为基准孔的基本偏差代号。

基轴制:基本偏差为一定的轴的公差带,与不同基本偏差的孔的公差带构成各种配合的一种制度称为基轴制。如图 7-30(b)所示。这种制度在同一公称尺寸的配合中,是将轴的公差带位置固定,通过变换孔的公差带位置,得到各种不同的配合。

基轴制的轴称为基准轴。国家标准规定基准轴的上极限偏差为零,"h"为基准轴的基本偏差代号。

从基本偏差系列(图 7-32)中可以看出,基本偏差系列与配合类别的分布有如下关系:

在基孔制中,基准孔 H 与轴配合,a~h(共 11 种)用于间隙配合;j~n(共 5 种)主要用于过渡配合;(n、p、r 可能为过渡配合或过盈配合);p~zc(共 12 种)主要用于过盈配合。

---

① 间隙是孔的尺寸减去相配合的轴的尺寸之差为正。

② 过盈是孔的尺寸减去相配合的轴的尺寸之差为负。

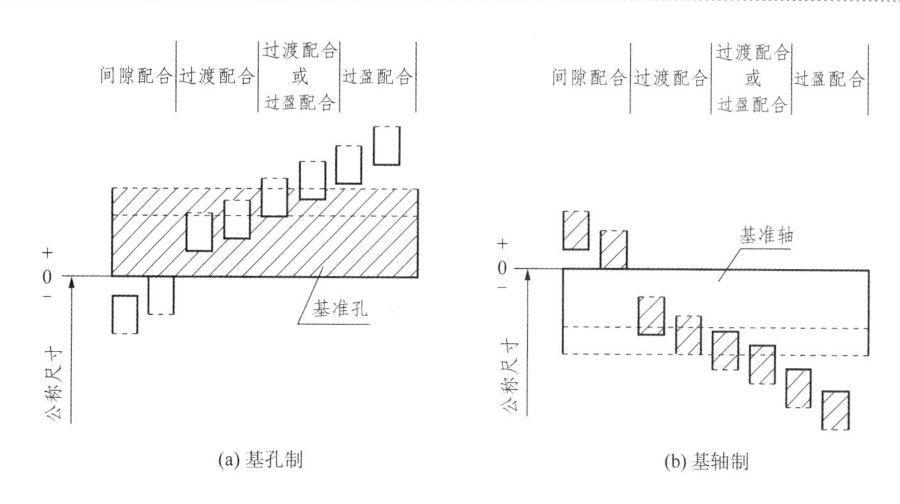

(a) 基孔制　　(b) 基轴制

图7-30　配合制度

在基轴制中，基准轴h与孔配合，A～H(共11种)用于间隙配合；J～N(共5种)主要用于过渡配合；(N、P、R可能为过渡配合或过盈配合)；P～ZC(共12种)主要用于过盈配合。

2. 极限与配合的选用

极限与配合的选用包括基准制、配合类别和公差等级三项内容。

(1) 基准制的选择

国家标准中规定优先选用基孔制，通常加工孔比加工轴困难，采用基孔制可以限制和减少加工孔所需用的定尺寸刀具、量具的规格数量，从而获得较好的经济效益。

在设计零件与标准件配合时，应按标准件所用的基准制来确定，如滚动轴承的内圈与轴的配合为基孔制；而外圈与机体孔的配合则为基轴制。

由于零件结构需要及原材料要求，有时也采用基轴制。

(2) 配合的选择

国家标准规定了优先、常用和一般用途的孔、轴公差带。应根据配合特性和使用功能，尽量选用优先和常用配合。当零件之间具有相对转动或移动时，必须选择间隙配合；当零件之间无键、销等紧固件，只依靠结合面之间的过盈来实现传动时，必须选择过盈配合；当零件之间不要求有相对运动，同轴度要求较高，且不是依靠该配合传递动力时，通常选择过渡配合。表7-7列举了优先配合的特性及应用说明，可供选择时参考。

(3) 标准公差等级的选择

在保证零件使用要求的条件下，应尽量选择比较低的标准公差等级，即标准公差等级数较大，公差值较大，以减少零件的制造成本。一般来说，由于加工孔比轴要困难，故当标准公差高于IT8时，在公称尺寸至500 mm的配合中，应选择孔的标准公差等级比轴低一级(如轴为7级，孔为8级)来加工孔。因为公差等级愈高，加工愈困难。当标准公差等级低于IT8级时，轴、孔的配合可选相同的标准公差等级。当标准公差等级等于IT8级时，轴、孔的配合可选相同的标准公差等级；或选轴比孔高一级的标准公差等级。

通常IT01～IT4用于块规和量规；IT5～IT12用于配合尺寸；IT12～IT18用于非配合尺寸。表7-8列举了IT5～IT12公差等级的应用说明，可供选择时参考。

表 7-7　优先配合的特性及应用

基孔制	基轴制	配合特性及应用
$\frac{H11}{c11}$	$\frac{C11}{h11}$	间隙非常大,用于很松的、转动很慢的间隙配合;要求大公差与大间隙的外露组建;要求装配方便的、很松的配合
$\frac{H9}{d9}$	$\frac{D9}{h}$	间隙很多的资源转动配合。用于精度非主要要求时。适用于有大的温度变动、高转速或大的轴颈压力时的配合
$\frac{H8}{f7}$	$\frac{F8}{h7}$	间隙不大的转动配合。用于中等转速与中的轴颈压力大精确转动;也用于装配较易的中等精度定位配合
$\frac{H7}{g6}$	$\frac{C7}{h6}$	间隙很小的滑动配合。用于不希望的自由旋转,但可自由移动和转动并精确定位时;也可用于要求明确的定位配合
$\frac{H7}{h6}$ $\frac{H8}{h7}$ $\frac{H9}{h9}$ $\frac{h11}{h11}$	$\frac{H7}{h6}$ $\frac{H8}{h7}$ $\frac{H9}{h9}$ $\frac{H11}{h11}$	均为间隙定位配合,零件可自由装卸,而工作室一般相对静止不动。最小间隙为零
$\frac{H7}{k6}$	$\frac{K7}{h6}$	过渡配合,用于精密定位
$\frac{H7}{n6}$	$\frac{N7}{h6}$	过渡配合,要求有较大过盈的更精确的定位配合之用
$\frac{H7}{p6}$	$\frac{P7}{h6}$	过盈定位配合,属于小过盈配合。用于定位精确特别重要时,能以最好的定位精度达到部件的刚性及对中性要求,而对内孔承受压力无特殊要求,不依靠配合的紧固性来传递摩擦负荷
$\frac{H7}{s6}$	$\frac{S7}{h6}$	中等压入配合,适用于一般钢件或用于薄壁件的冷缩配合;用于铸铁件可获得最紧的配合
$\frac{H7}{u6}$	$\frac{U7}{h6}$	压入配合,适用于承受大压入力度零件或不宜承受大压入力的冷缩配合

当零件的配合基准制、配合类别和标准公差等级确定后,一定的公称尺寸所对应的标准公差值(或上、下极限偏差),可从有关标准中查到。

表 7-8　公差等级的应用

公差等级	应用举例
IT5	用于发动机、仪器仪表、机床中特别重要的配合,如发动机中活塞与活塞销外径的配合;精密仪器中轴和轴承的配合了精密高速机械的轴颈和机床主轴与高精度滚动轴承的配合
IT6、IT7	广泛用于机械制造中的重要配合,如机床和减速器中齿轮和轴,带轮、凸轮和轴,与滚动轴承相配合的轴及座孔,通常轴颈选用IT6,与之相配的孔选用IT7
IT8、IT9	用于农业机械、矿山、冶金机械、运输机械的重要配合,精密机械中等次要配合。如机床中的操纵件和轴,轴套外径与孔,拖拉机中齿轮和轴
IT10	重型机械、农业机械的次要配合,如轴承端盖和座孔的配合
IT11	用于要求粗糙间隙较大的配合,如农业机械,机车车厢部件及冲压加工的配合零件
IT12	用于要求很粗糙间隙很大,基本上无配合要求的部位,如机床制造中扳手孔与扳手座的连接

3. 极限与配合的注法及查表

（1）在装配图中的配合注法

配合代号由相配的孔和轴的公差带代号组成，用分数形式表示，分子为孔的公差带代号；分母为轴的公差带代号（用斜分数线时，其斜分数线应与分子、分母中的代号高度平齐）。

例如：H8/r7 或 $\frac{H8}{r7}$，F7/h6 或 $\frac{F7}{h6}$，代号左边加公称尺寸后，其含义解释如下：

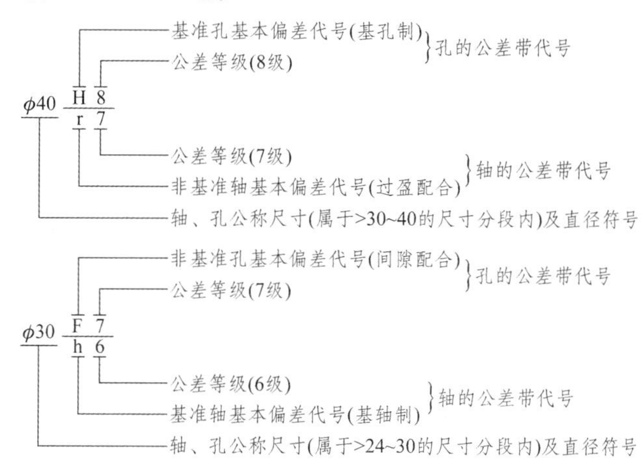

由上述分析中可知，在配合代号中，如果分子含有 H 的，则为基孔制配合；如果分母含有 h 的，则为基轴制配合。如果分子含有 H，同时分母也含有 h 时，则是基准孔与基准轴相配合，即最小间隙为零的间隙配合，一般可视为基孔制配合，也可视为基轴制配合。

在装配图中的配合注法，有以下三种形式：

1）标注孔、轴的配合代号，如图 7－27(a)和图 8－2 所示。这种注法应用最多。

2）零件与标准件或外购件配合时，装配图中可仅标注该零件的公差带代号。如图 8－23 中轴颈与滚动轴承内圈的配合，只注出轴颈 φ35k6；机座孔与滚动轴承外圈的配合，只注出机座孔 φ80K7。

3）标注孔、轴的极限偏差，如图 7－31 所示。这种注法主要用于非标准配合。

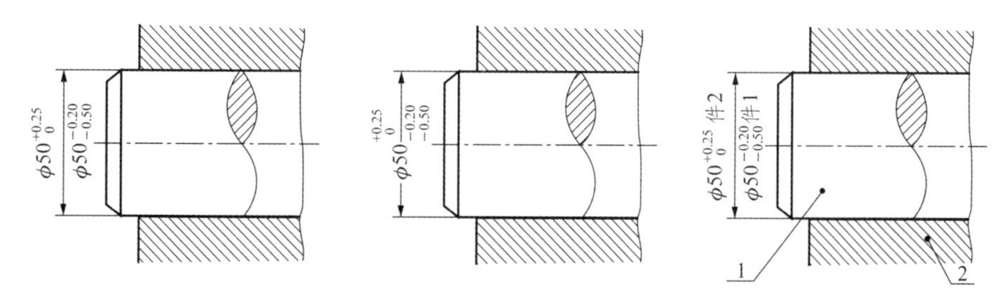

图 7－31　装配图中配合的注法

（2）在零件图中的公差注法

在零件图中的公差注法，有以下三种形式：

1）标注公差带代号

如图 7－32(a)所示注法常用于大批量生产的零件图中，由于与采用专业量具检验零件统一起来，故不需注出偏差值。

2) 标注极限偏差数值

如图7-32(b)和图7-27(b)所示的注法常用于小批量或单件生产的零件图中,以便加工检验时对照。标注极限偏差数值时应注意:

❶ 上、下极限偏差数值不同时,上极限偏差注在公称尺寸的右上方,下极限偏差注在右下方并与公称尺寸注在同一底线上。偏差数字应比公称尺寸数字小一号,小数点前的整数位对齐,后边的小数位数应相同,如图中$\phi18^{+0.029}_{+0.018}$等。

❷ 如果上极限偏差或下偏极限差为零时,应简写为"0",前面不注"+"、"-"号,后边不注小数点;另一偏差按原来的位置注写,其个位"0"对齐,如图中$\phi14h7(^{\ 0}_{-0.018})$。

❸ 如果上、下极限偏差数值绝对值相同,则在公称尺寸后加注"±"号,只填写一个偏差数值,其数字大小与公称尺寸数字大小相同,如$\phi80\pm0.017$。

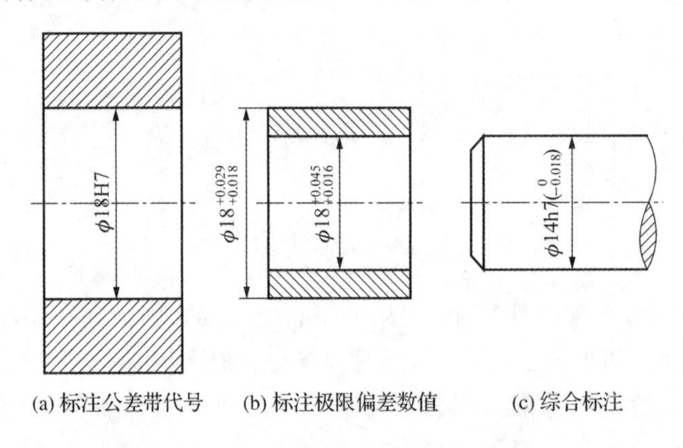

(a) 标注公差带代号　(b) 标注极限偏差数值　(c) 综合标注

图7-32　零件图中公差的注法

3) 同时标注公差带代号和偏差数值。

如图7-32(c)所示,偏差数值应该用圆括号括起来。这种标注形式集中了前两种标注形式的优点,常用于产品转产较频繁的生产中。

国家标准规定,同一张零件图上其公差只能选用一种标注形式。

(3) 极限偏差数值的查表

当孔或轴的公称尺寸、基本偏差代号和标准公差等级确定后,可由极限偏差表中直接查得孔或轴的上、下极限偏差(见附表7-4和7-5);对于基准件(基准孔和基准轴)也可以直接从标准公差表(附表7-1)中查得。

例7-5　查表写出$\phi30\ \dfrac{H7}{f6}$和$\phi18\ \dfrac{K8}{h7}$的轴、孔偏差数值。

1) 查$\phi30\ \dfrac{H7}{f6}$的轴、孔偏差数值

从该配合代号中可以看出:孔、轴的公称尺寸为$\phi30$,孔为基准孔,公差等级7级;相配的轴的基本偏差代号为f,公差等级6级,属基孔制间隙配合。

① 查$\phi30$H7基准孔。在附表7-5中由公称尺寸24~30的横行与H7的纵列相交处,查得上、下极限偏差为$^{+21}_{\ 0}$ μm(即$^{+0.021}_{\ 0}$ mm),所以$\phi30$H7可写成$\phi30^{+0.021}_{\ 0}$。0.021就是该基准孔的公差,因此,也可在标准公差表(附表7-1)中查得,在公称尺寸>18~30的横行与IT7的纵列相交处找到21 μm(即0.021 mm)。可知该基准孔的上极限偏差为+0.021,其下极限偏差

为“0”。

② 查 $\phi30f6$ 轴。在附表 7－4 中，由公称尺寸＞24～30 的横行与 f6 的纵列相交处，查得上、下极限偏差为$^{-20}_{-33}$ μm(即$^{-0.020}_{-0.033}$ mm)，所以 $\phi30f6$ 可以写成 $\phi30^{-0.020}_{-0.033}$。

2）查 $\phi18\dfrac{K8}{h7}$的轴、孔偏差值

用同样的方法可查得 $\phi18K8$ 孔的极限偏差为$^{+0.008}_{-0.019}$，故可写成 $\phi18K8(^{+0.008}_{-0.019})$；查得 $\phi18h7$ 基准轴的极限偏差为$^{0}_{-0.018}$，可写成 $\phi18h7(^{0}_{-0.018})$。

注意　查表时尺寸段的划分，如 $\phi18$ 划在 14～18 的尺寸段内，而不要划在 18～24 的尺寸段内。

(三) 几何公差及其注法

评定零件质量的指标是多方面的，除前述的表面粗糙度和尺寸公差要求外，对精度要求较高的零件，还必须有几何公差(即形状、方向、位置和跳动公差)要求。

1. 概　念

零件加工过程中，不仅会产生尺寸误差，也会出现形状、方向、位置和跳动的几何误差。为了满足使用要求，必须规定零件的几何公差来保证。

几何误差是零件上各要素的实际形状、方向和位置相对于理想形状、方向和位置的误差。

几何公差是零件上各要素的实际形状、方向和位置相对于理想形状、方向和位置的误差所允许的变动全量。

2. 几何公差代号

按几何公差国家标准(GB/T 1182—2008)的规定，在图样上标注几何公差时，应采用代号标注；无法采用代号标注时，允许在技术条件中用文字加以说明。

表 7－9　几何特征符号

公差类型	几何特征	符　号	有无基准
形状公差	直线度	—	无
	平面度	⏥	无
	圆度	○	无
	圆柱度	⌭	无
	线轮廓度	⌒	无
	面轮廓度	⌓	无
方向公差	平行度	//	有
	垂直度	⊥	有
	倾斜度	∠	有
	线轮廓度	⌒	有
	面轮廓度	⌓	有

公差类型	几何特征	符　号	有无基准
位置公差	位置度	⌖	有或无
	同心度 (用于中心点)	◎	有
	同轴度 (用于轴线)	◎	有
	对称度	⌯	有
	线轮廓度	⌒	有
	面轮廓度	⌓	有
跳动公差	圆跳动	↗	有
	全跳动	⌰	有

几何公差的代号由公差框格、指引线(带箭头)、几何特征符号(见表 7－9)、公差数值、基准字母及其附加符号构成，如图 7－33(a)所示。公差框格用细实线画出，可画成水平的或垂直的，框格高度是图样中尺寸数字高度 h 的二倍，它的长度根据需要而定。一般形状公差的框

格有两格(含几何特征符号和公差值,见图7-34和图7-35),方向、位置和跳动公差的框格有3～5格(见图7-37)。框格中的字高和符号应与零件图中尺寸数字等高。公差数值是以线性尺寸单位表示的量值,如果公差带为圆形或圆柱形,公差值前应加注符号“ϕ”;如果公差带为圆球形,公差值前应加注符号“$S\phi$”。关于“附加符号”参见有关国家标准。

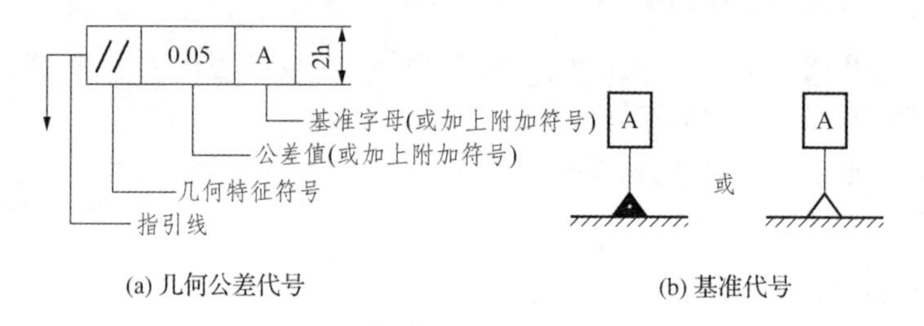

图7-33 几何公差代号及基准代号

3. 几何公差的标注

形状公差没有基准,只需标注被测要素,而方向、位置和跳动公差必须针对某一基准,因此,除了标注被测要素外,还需标出基准要素。

(1) 被测要素的标注

用带箭头的指引线(细实线)将框格与被测要素相连,指引线引自框格的任意一侧。

① 当被测要素公差涉及轮廓线或表面(即为组成要素)时,将箭头置于该要素的轮廓线或轮廓线的延长线上(但应与尺寸线明显地错开),如图7-34(a)和(b)所示。

② 当指向实际被测表面时,箭头可置于带点的引出线的水平线,引出线上的点指在该面上,如图7-34(c)所示。

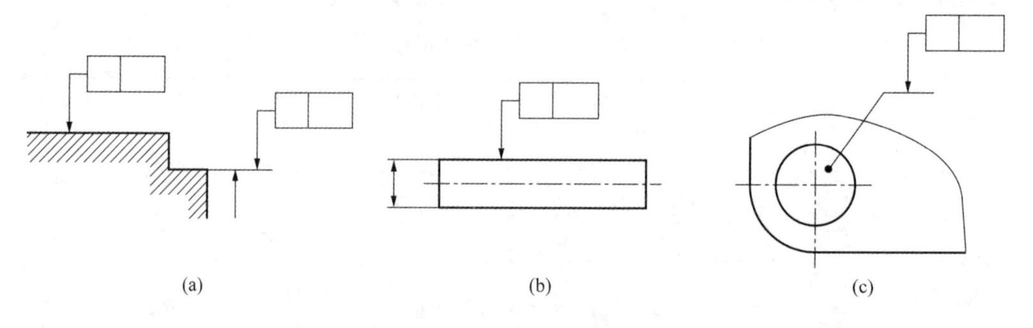

图7-34 被测要素的标注(一)

③ 当被测要素公差涉及要素的轴线、中心面或中心点(如球心)(即为导出要素)时,则箭头端应与尺寸线的延长线重合,如图7-35(a)～(c)所示。

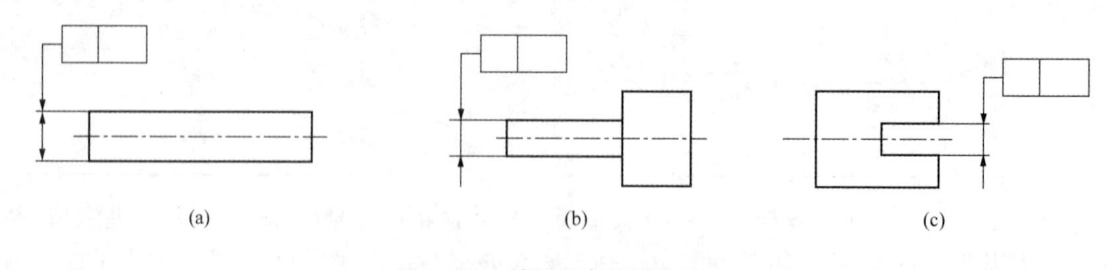

图7-35 被测要素的标注(二)

(2) 基准的标注

相对于被测要素的基准,由基准代号表示:带方框的基准字母(大写)用细实线与一个涂黑的或空白的三角形相连,如图 7 - 33(b)所示;表示基准的字母也对应注在公差框格内,如图 7 - 33(a)所示。

1) 带有基准字母的基准三角形应按如下规定放置:

① 当基准要素是轮廓线或表面(即为组成要素)时,如图 7 - 36(a)所示,基准三角形放置在要素的轮廓线上或它的延长线上(但应与尺寸线明显地错开),它还可置于用圆点指向实际基准表面的引出线的水平线上,如图 7 - 36(b)所示。

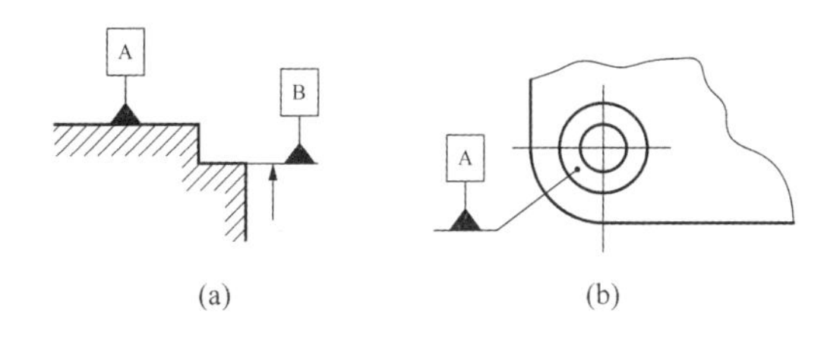

图 7 - 36 基准的标注(一)

② 当基准要素是尺寸要素确定的轴线、中心平面或中心点(即为导出要素)时,基准三角形应放置在尺寸线的延长线上,如图 7 - 37(a)～(c)所示。若尺寸线处安排不下两个箭头,则另一箭头可用基准三角形代替,如图 7 - 37(b)和(c)所示。

2) 任选基准的注法如图 7 - 37(d)所示。

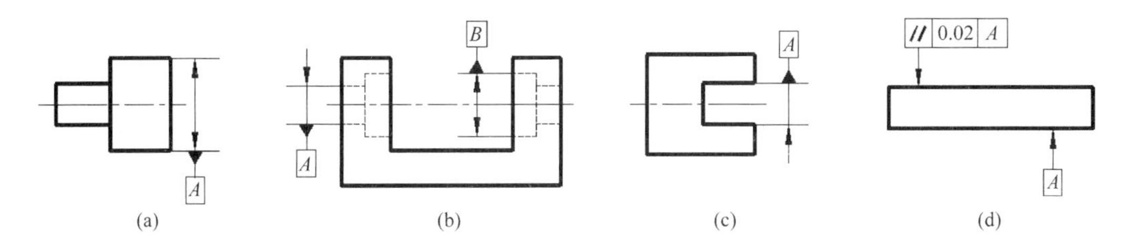

图 7 - 37 基准的标注(二)

3) 不同基准的注法:

① 单一基准要素用一个大写字母表示,如图 7 - 38(a)所示。

② 由两个要素组成的公共基准,用由横线隔开的两个大写字母表示,如图 7 - 38(b)所示。

③ 由两个或三个要素组成的基准体系,如多基准组合,表示基准的大写字母应按基准的优先次序从左至右分别置于各格中,如图 7 - 38(c)所示。

④ 为不致引起误解,字母 E、F、I、J、M、O、P、L、R 不采用。

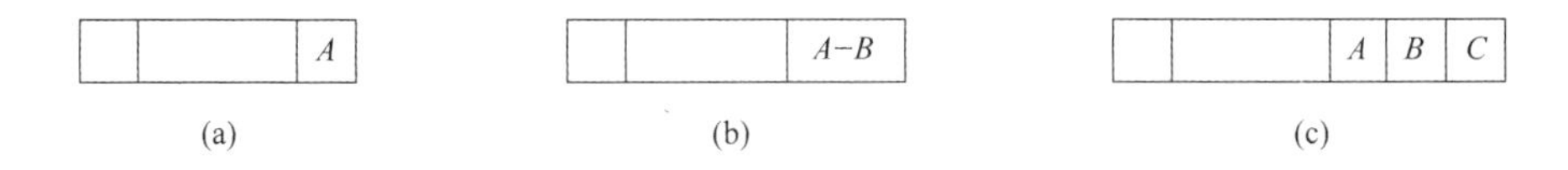

图 7 - 38 不同基准的注法

(3) 限定范围的注法

① 局部限制时公差数值的注法:一般情况下,几何特征的公差数值是指被测要素全长上

的公差值。若需要对整个被测要素上任意限定范围标注同样几何特征的公差时,可在公差值后加注限定范围的线性尺寸,并在两者间用斜线隔开(见图 7-39(a))。如果标注的是两项或两项以上同样几何特征的公差,可直接在整个要素公差框格的下方放置另一个公差框格(见图 7-39(b))。

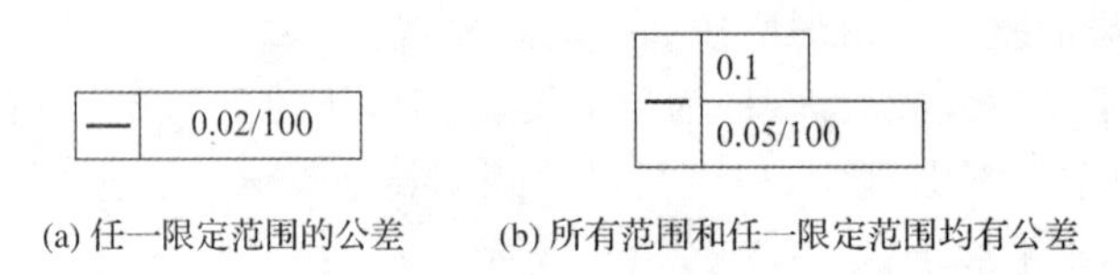

(a) 任一限定范围的公差　(b) 所有范围和任一限定范围均有公差

图 7-39　限定范围的注法(一)

② 如果只以要素的某一局部作基准(见图 7-40(a))或给出的公差仅适用于要素的某一指定局部(见图 7-40(b)),则应用粗点画线表示出该部分并加注尺寸。

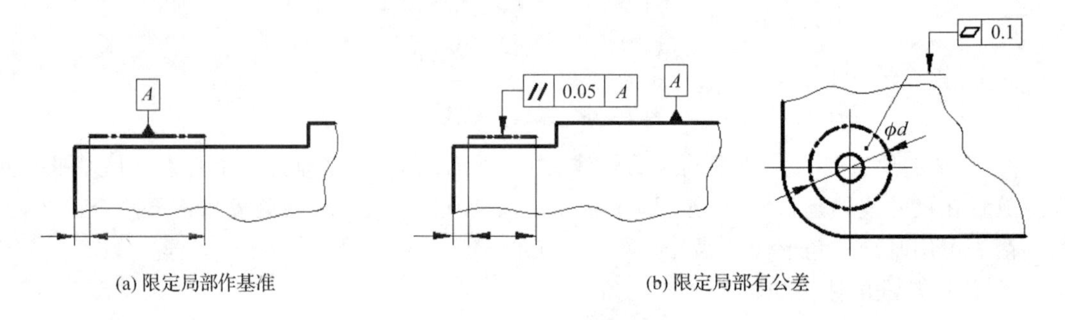

(a) 限定局部作基准　(b) 限定局部有公差

图 7-40　限定范围的注法(二)

(4) 其他规定注法

① 如果需要就某个要素给出几种几何特征的公差,可将一个公差框格放在另一个的下面,如图 7-41 所示。

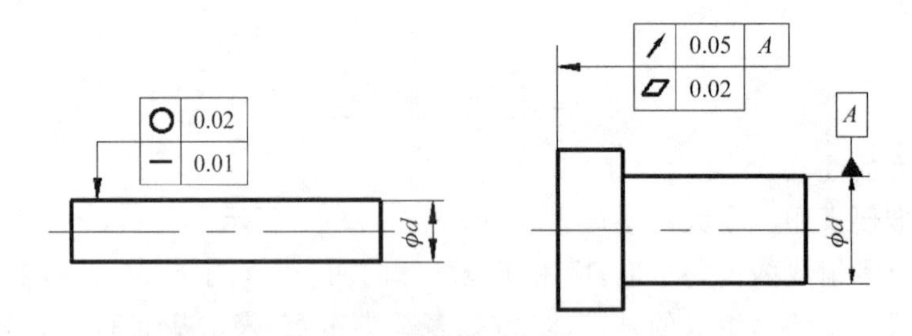

图 7-41　同一要素有多项公差要求的注法

② 当多个分离要素有相同的几何特征和公差值时,可用一个公差框格,自框格一端引出多根指引线指向被测要素,如图 7-42(a)所示;若要求各分离要素具有单一公差带,应在公差框格内公差值后加注公共公差带的符号 CZ(图 7-42(b))。

(5) 几何公差的标注实例

图 7-43 所示为气门阀杆,以此图为例,说明几何公差的标注方法。

图中各几何特征公差的含义:

| ⌭ | 0.005 | 表示该阀杆杆身 $\phi16$ 的圆柱度公差为 0.005 mm。

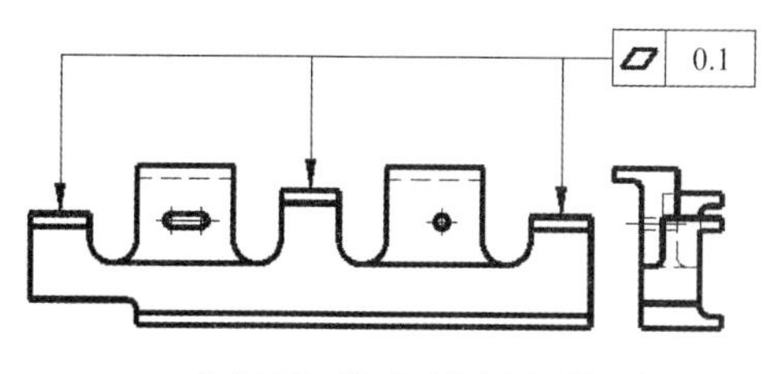

(a) 几个不共面的表面有相同公差要求

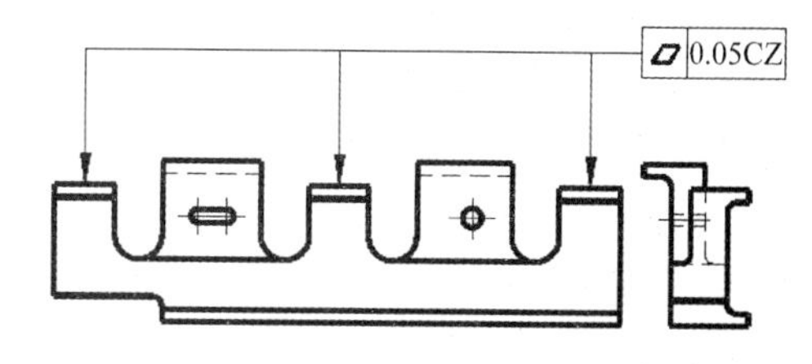

(b) 几个共面或共线的表面有相同公差带要求

图 7-42 分离要素的注法

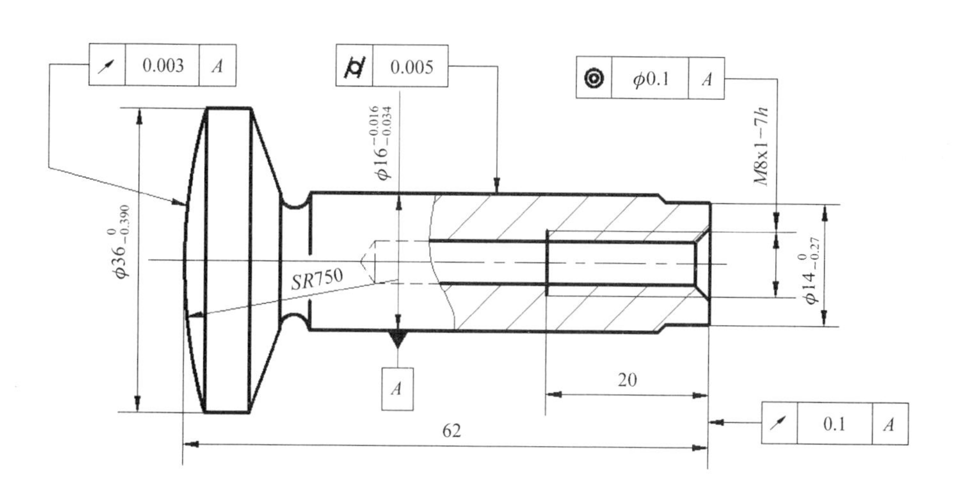

图 7-43 形位公差标注示例

◎ | φ0.1 | A 表示 M8×1 螺孔的轴线对于 $\phi16^{-0.016}_{-0.034}$ 轴线的同轴度公差为 φ0.1 mm。

↗ | 0.1 | A 表示阀杆右端面对于 $\phi16^{-0.016}_{-0.034}$ 轴线的圆跳动公差为 0.1 mm。

↗ | 0.003 | A 表示 SR750 的球面对于 $\phi16^{-0.016}_{-0.034}$ 轴线的圆跳动公差为 0.003 mm。

零件图上的技术要求，除介绍过的表面结构、尺寸公差、几何公差要求之外，还有对零件的材料、热处理及表面处理等要求，见附表 8-1～附表 8-5。

任务分析

零件表达方案的优化选择是个难点，多定几个方案，比较后选择一个较佳方案；尺寸和技术要求仿照类似零件图进行标注。

任务 7.1.1 测绘螺杆

任务实施

一、画图前准备

1. 了解分析零件

图 7-1(a)所示的螺杆是机用虎钳中的主要零件，先要了解螺杆的功用以及它在部件或机器中的位置和装配连接关系(见图 8-1)。螺杆材料为 45 号优质碳素结构钢。由于转动螺

杆从而带动与其连接的螺母块左右水平移动,所以螺杆上制有螺纹;为了使螺杆只能旋转不能轴向运动,所以在轴的左端制有销孔,轴的右端的轴肩处是为了安装垫圈时定位;为输入动力,故将轴的伸出端的配合接触面加工成铣方平面;为了避免螺尾的产生,在螺纹的末端加工了退刀槽。由此可见,轴上各结构都是由它在部件中应起的作用决定的。螺杆装在固定钳身中,为了使螺杆在固定钳身左、右两圆柱孔内转动灵活,螺杆两端轴颈与圆孔采用基孔制间隙配合。销孔需装配时配钻。螺杆端部应倒角便于安装。

2. 拟定表达方案

在绘制零件图之前,必须先恰当地确定表达方案。

根据轴类零件的结构特点,主要加工表面以车削为主,按加工位置将其轴线水平放置画主视图。左端的销孔采用局部剖视兼顾表达。可用局部放大图表达螺纹的相关要素。右端的铣方平面除了用平面符号表示平面外,还需用断面图表达结构形状。这样就形成了螺杆的较好表达方案,如图7-44所示。

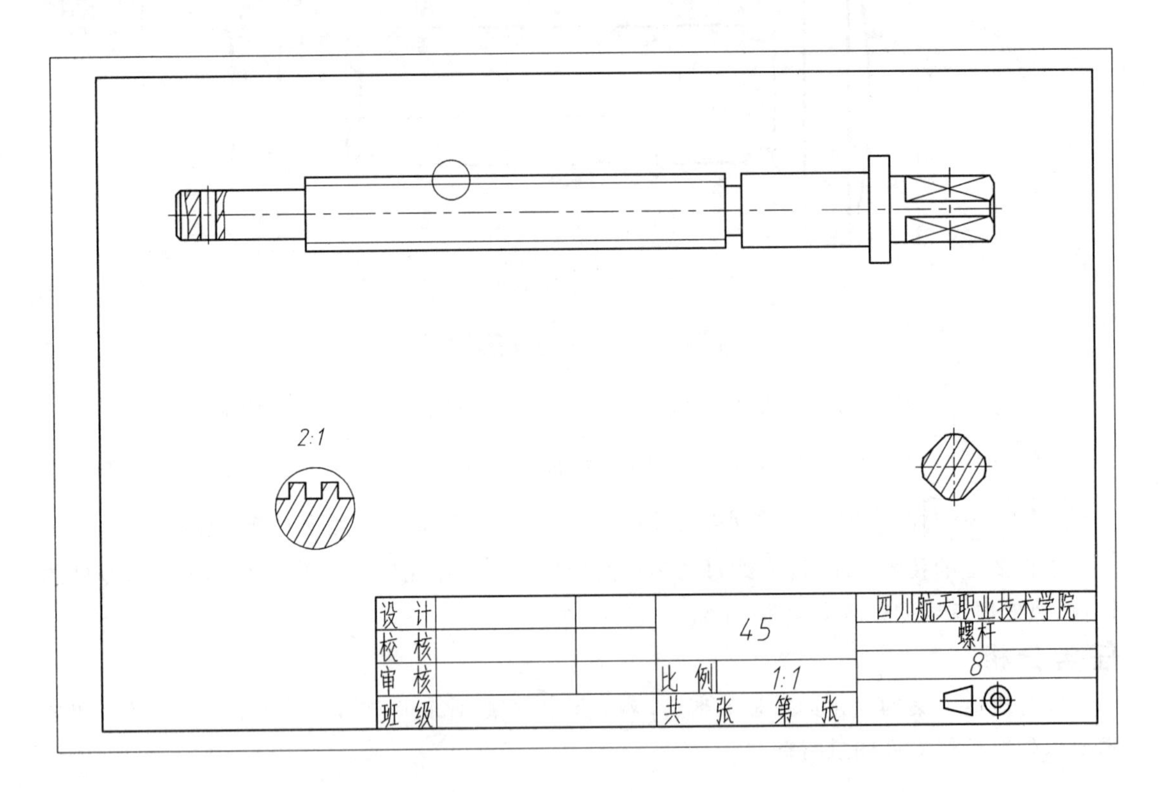

图7-44 螺杆的表达方案

3. 确定比例和图幅

画图前,应根据视图数量、零件大小确定绘图比例,一般尽量采用1∶1比例作图。待比例确定后,选择合适的图幅,注意考虑标注尺寸和补充视图的位置。

二、画图步骤

1）合理布置图面：画出图框、标题栏，画出各视图作图基准线，如图7-45(a)所示。

2）打底稿，用细实线先画零件主要轮廓，再画次要轮廓和细节，每部分的几个视图对应起来画，以对正投影关系，逐步画出零件的全部结构形状，如图7-45(b)所示。

3）仔细检查、校核，擦去多余图线；确定尺寸基准，依次画出所有尺寸界线、尺寸线和箭头，如图7-45(c)所示。

4）注写尺寸数值及注写尺寸公差、表面结构等技术要求，如图7-45(d)所示。

5）画剖面线、加深各种线型，填写标题栏和文字说明，校核全图，即完成零件工作图，如图7-45(e)所示。

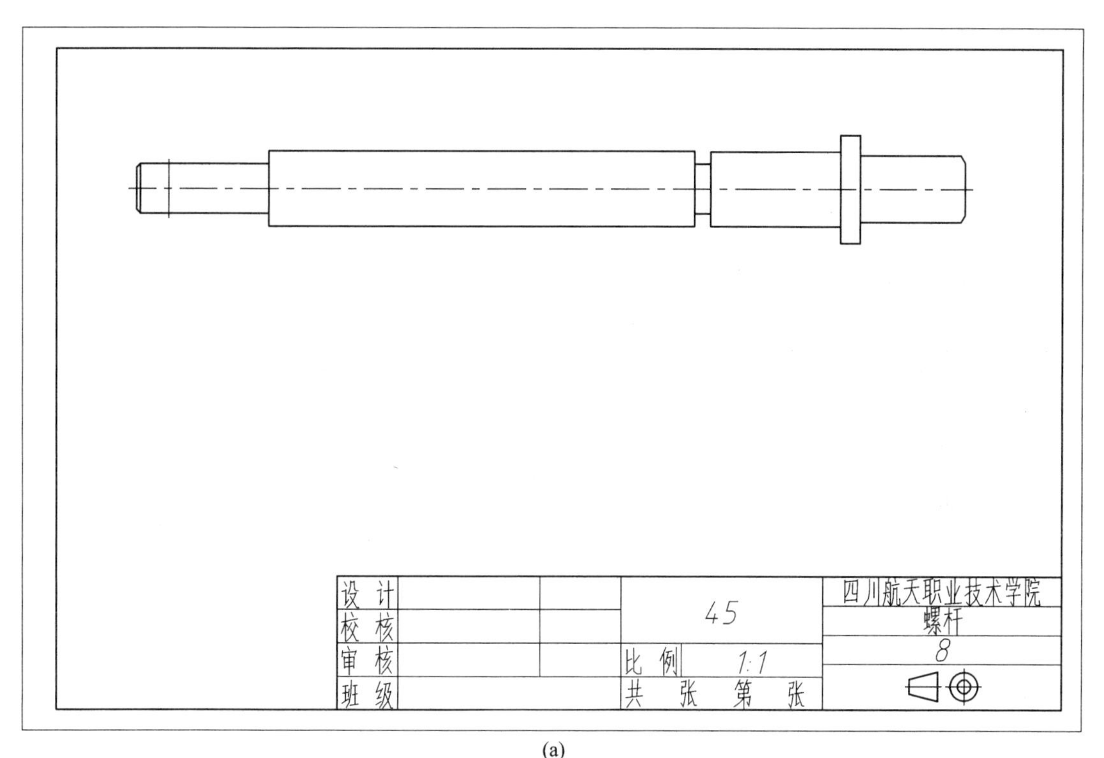

(a)

图7-45　螺杆的画图步骤

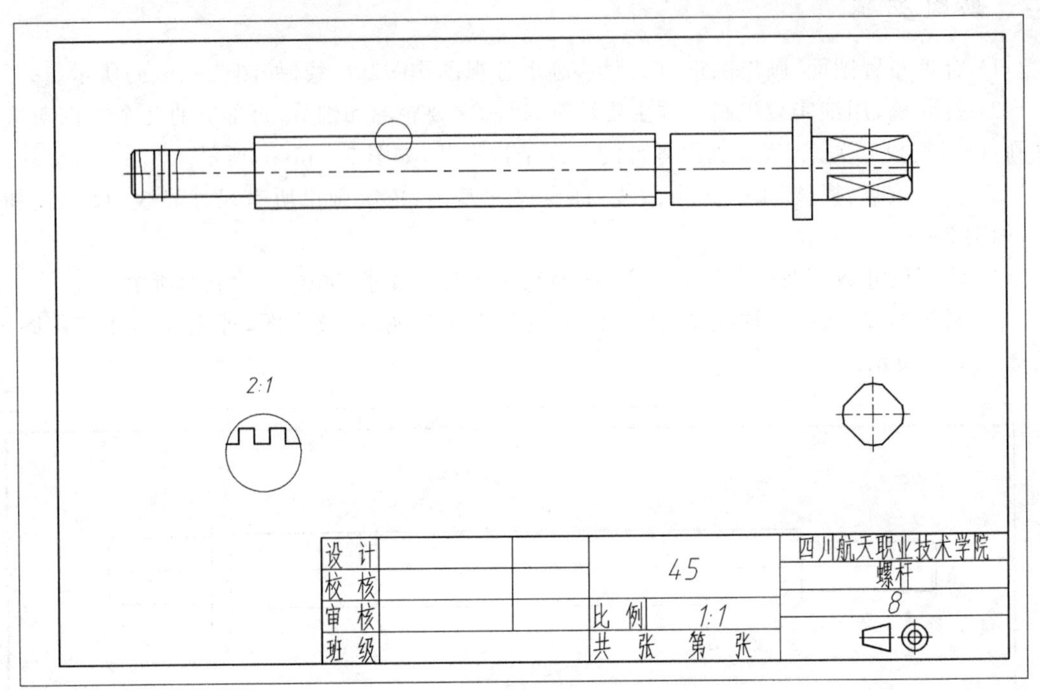

(b) 螺杆的大致结构

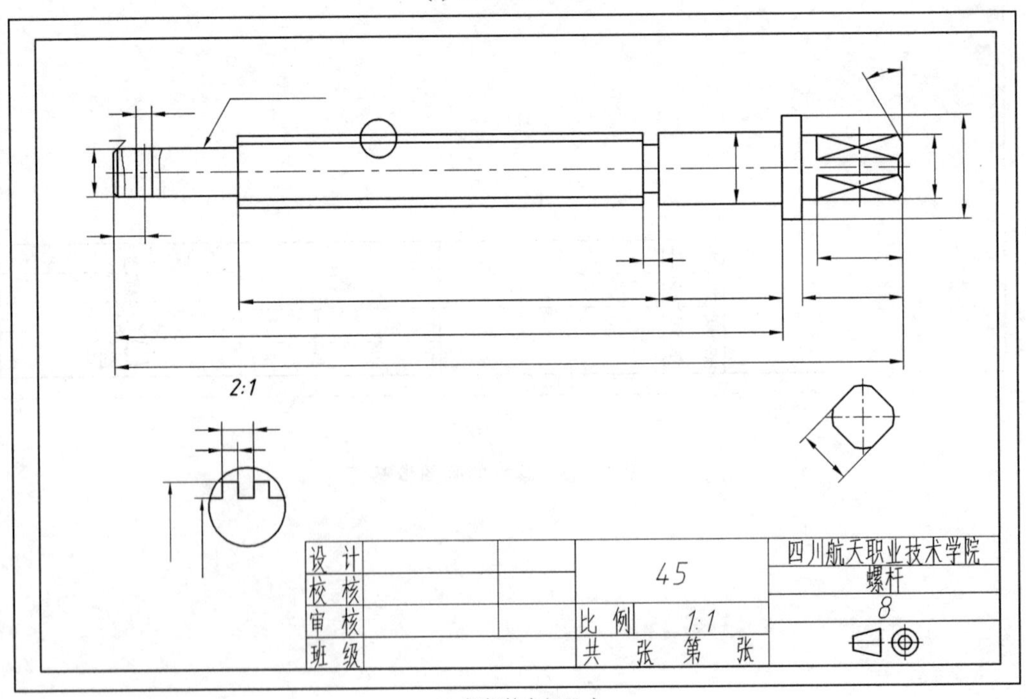

(c) 螺杆的全部尺寸

图 7-45　螺杆的画图步骤(续)

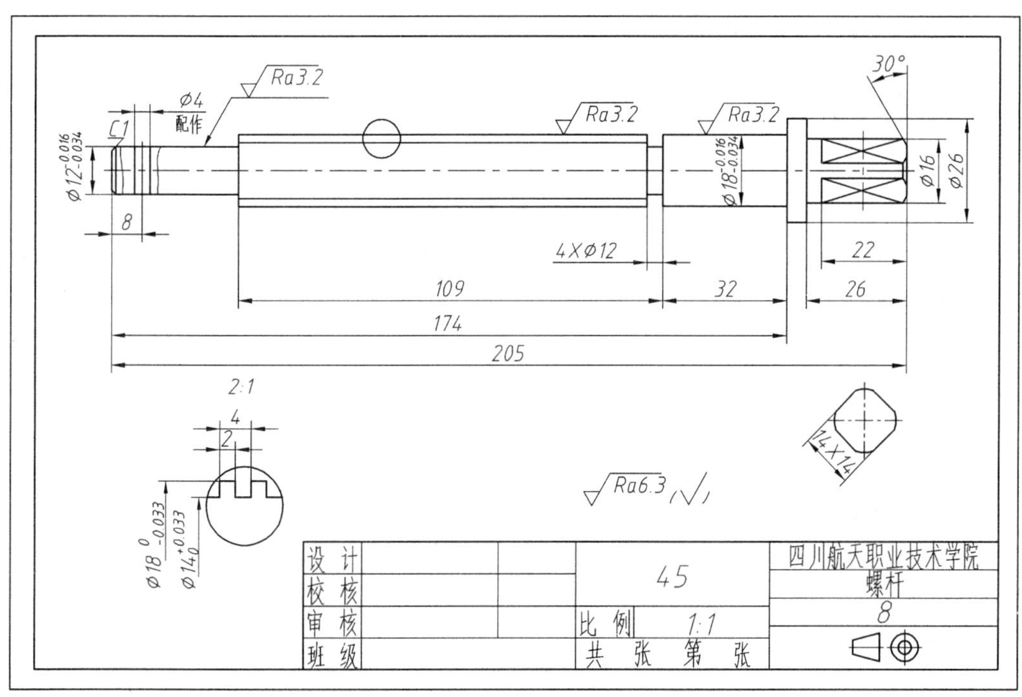

(d) 螺杆的技术要求

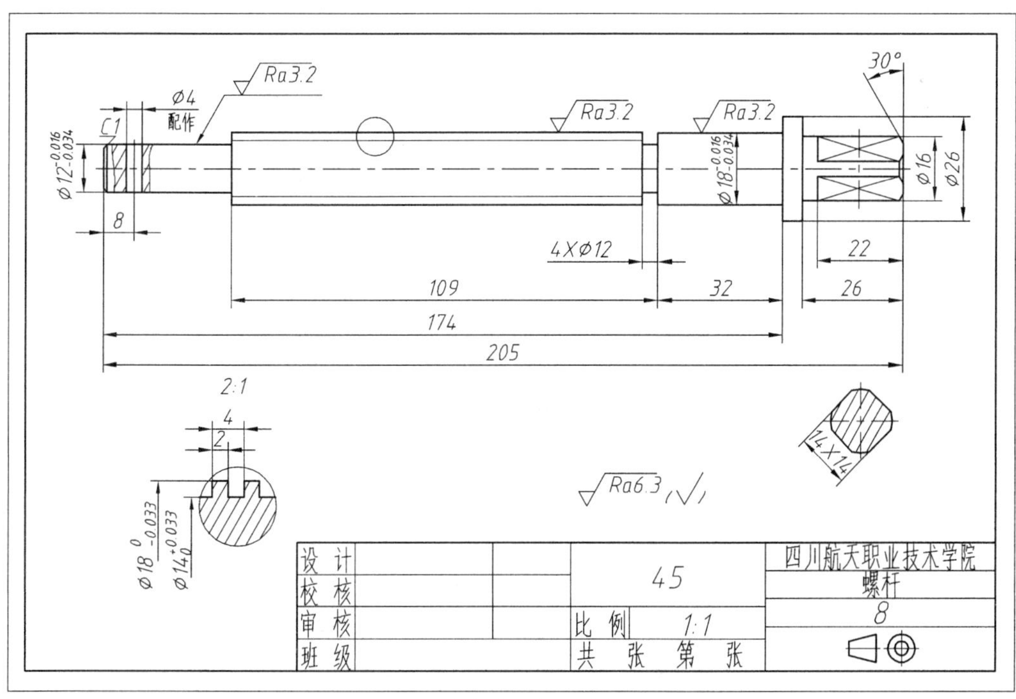

(e) 螺杆的零件工作图

图 7－45　螺杆的画图步骤(续)

任务7.1.2　测绘固定钳身

一、画图前准备

1. 了解分析零件

阅图8-1,如图7-1(b)所示的固定钳身属于箱体零件。它的内腔装有螺杆、螺母块和垫圈等零件。固定钳身的材料为铸铁HT200。为了用螺钉连接安装钳口板,固定钳身在钳口部位加工有两个螺纹孔。因为螺杆装配在固定钳身中,故固定钳身左、右各有两圆孔,螺杆需在固定钳身内灵活转动,故采用基孔制间隙配合。固定钳身下部空腔的工字形槽,是为了装入螺母块,并使螺母块带动活动钳身随着螺杆顺(逆)时针旋转时作水平方向左右移动,所以固定钳身工字形槽的上、下导面均有较高的表面结构要求,*Ra* 值为1.6 μm。固定钳身底部属于安装部分,所以加工有两个安装孔。

2. 拟定表达方案

从图7-1(b)固定钳身的立体图可以看出,固定钳身主视图所选的投射方向反映形状特征明显,并按工作位置安放主视图。主视图采用全剖可以较好地反映固定钳身的大致外形和主要内部结构形状。为了反映钳口部位螺孔的位置、安装螺母块的工字形槽的结构和安装孔的情况,左视图可采用半剖。俯视图可以反映固定钳身的结构形状,并且钳口部位的螺纹孔可通过局部剖视表达。这样就形成了固定钳身的较好表达方案,如图7-46所示。

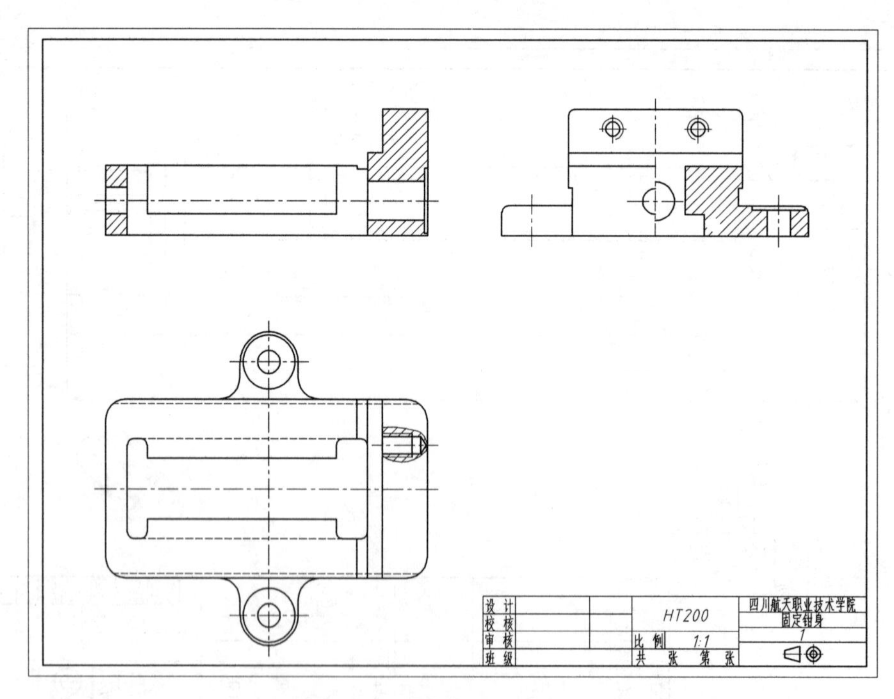

图7-46　固定钳身的表达方案

3. 确定比例和图幅

画图前,应根据视图数量、零件大小确定绘图比例,一般尽量采用1∶1比例作图。待比例确定后,选择合适的图幅,注意考虑标注尺寸和补充视图的位置。

二、画图方法与步骤

参照螺杆的绘图步骤完成固定钳身的零件图，如图 7－47 所示。

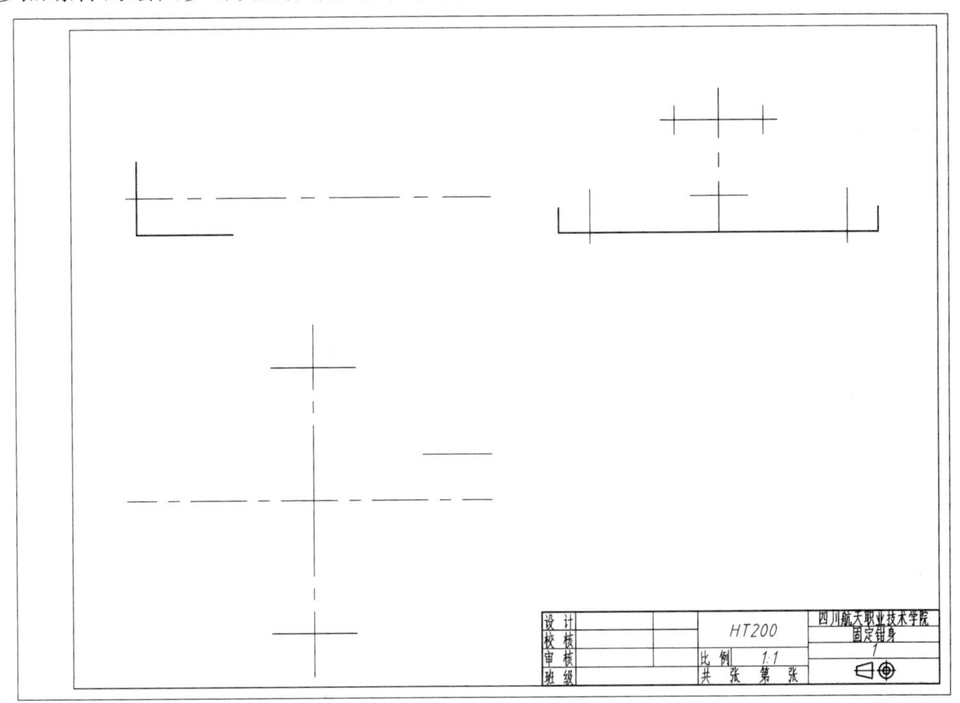

(a) 固定钳身的作图基准线

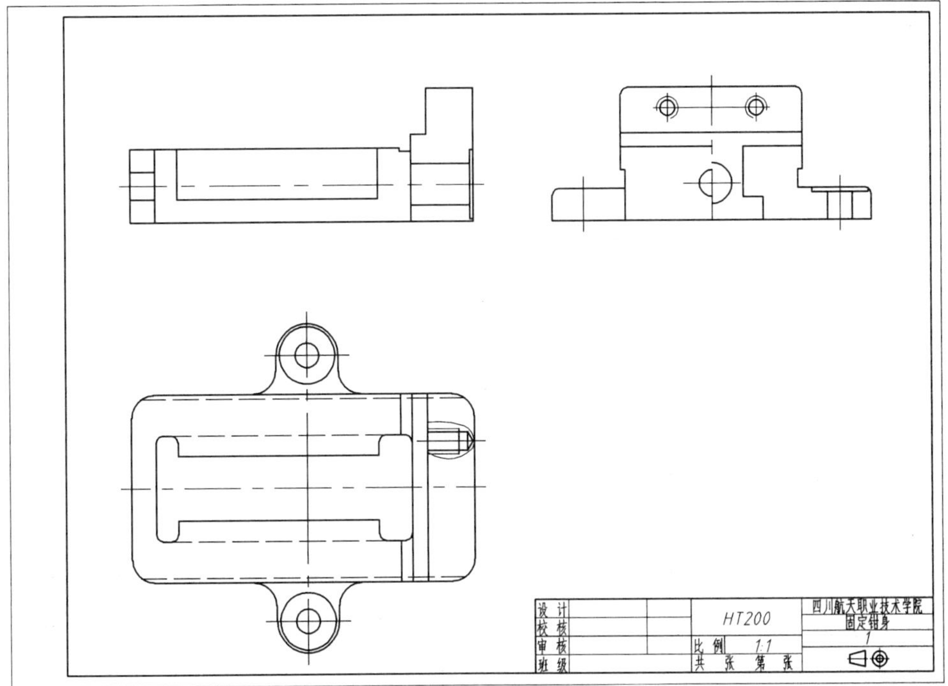

(b) 固定钳身的大致结构

图 7－47　固定钳身的绘图方法与步骤

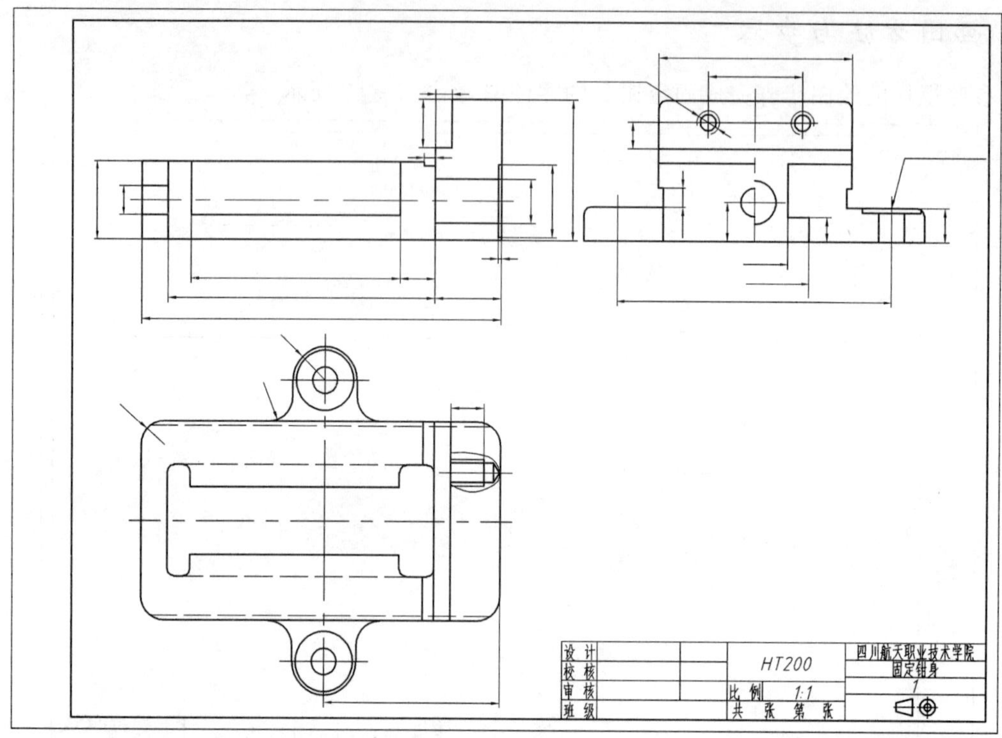

(c) 固定钳身的全部尺寸

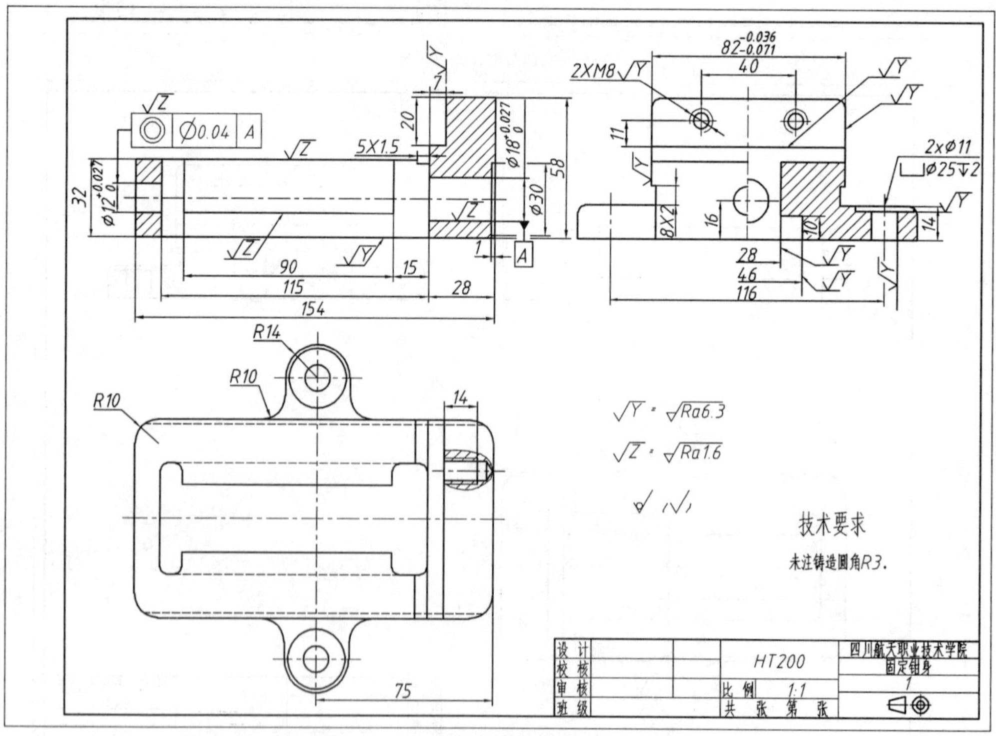

(d) 固定钳身的零件工作图

图 7-47 固定钳身的绘图方法与步骤(续)

任务知识扩展

零件上的工艺结构

零件的结构形状除了应满足设计要求外，同时既要考虑工业美学、造型学，更要考虑工艺的可能性、方便性，否则将使制造工艺复杂化，甚至无法制造或造成废品。因此必须使零件具有良好的结构工艺性。零件上的常见结构，多数是通过铸造（或锻造）和机械加工获得的，故称为工艺结构。掌握零件常见工艺结构的作用、画法、标注，是看、画零件图的基础。

（一）零件上的铸造工艺结构

1. 铸造圆角

在铸造零件毛坯时，为避免从砂型中起模时砂型转角处落砂及浇注时铁水将砂型转角处冲毁，防止冷却收缩过程中转角处产生裂纹、组织疏松和缩孔等铸造缺陷，故铸件上相邻表面的相交处应做成圆角，如图 7－48 和图 7－49 所示。对于压塑件，其圆角能保证原料充满压模，并便于将零件从压模中取出。

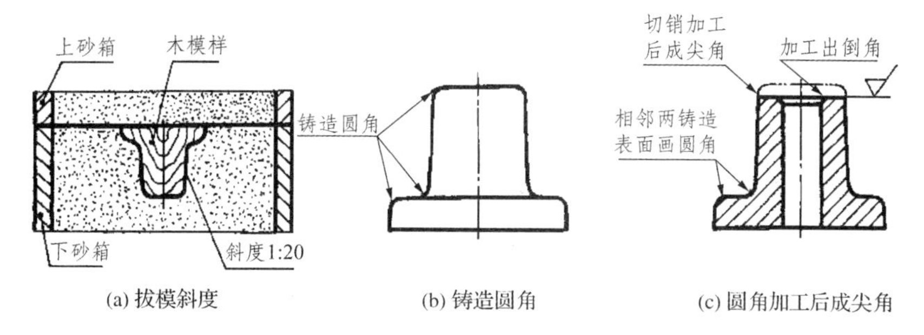

图 7－48　铸件的拔模斜度和铸造圆角

铸造圆角半径一般取 3～5 mm，或壁厚的 0.2～0.4 倍，可从有关标准中查出，集中标注在技术要求中，在图样中应画出。同一铸件的圆角半径大小应尽量相同或接近，如图 7－50 所示。

铸件经机械加工的表面，其毛坯上的圆角被切削掉，转角处呈尖角或加工出倒角，如图 7－48(c)和图 7－50 所示，故只有两个不加工的铸造表面相交处才有铸造圆角；当其中一个是加工面时，不应画圆角。

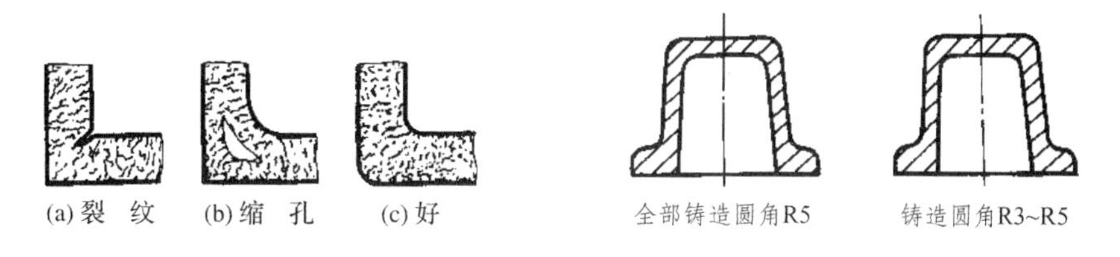

图 7－49　铸造圆角　　　　**图 7－50　铸造圆角半径尽量相同或接近**

由于铸造圆角的存在，在铸件表面转角处形成一个小圆环面或圆柱面的光滑过渡，致使零件上表面的交线变得不太明显，为了区分相邻不同形体的表面，图中交线仍要画出，这种不明显的交线称为过渡线（可见过渡线用细实线绘制）。过渡线的画法与没有圆角时的交线画法基本相同，只是在其端点处不与其他轮廓线相接触。画常见几种形式的过渡线时应注意：

❶ 两曲面相交时，过渡线不应与圆角轮廓线接触，要画到理论交点处为止，如图 7-51(a)所示，两曲面的轮廓线相切时，过渡线应在切点附近断开，如图 7-51(b)所示。

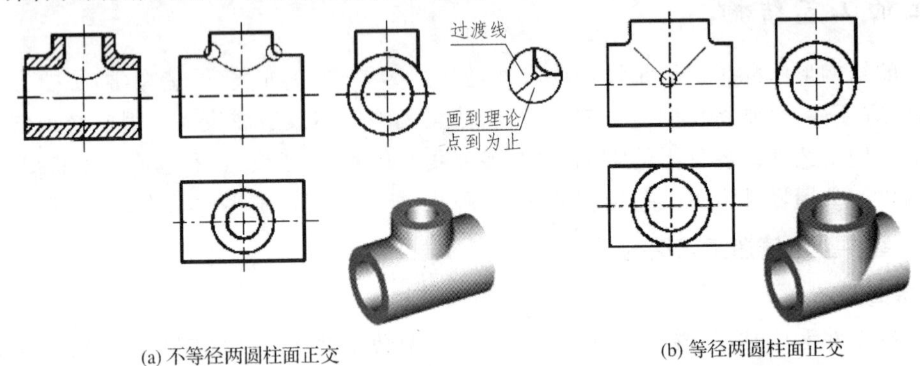

(a) 不等径两圆柱面正交　　(b) 等径两圆柱面正交

图 7-51　两曲面相交的过渡线画法

❷ 平面与平面或平面与曲面相交的过渡线，应在转角处断开，并加画小圆弧，其弯向与铸造圆角的弯向一致，如图 7-52(a)、(b)所示。

❸ 三个表面相交，三条过渡线汇集于一点时，在该点附近都应断开，如图 7-52(c)所示。

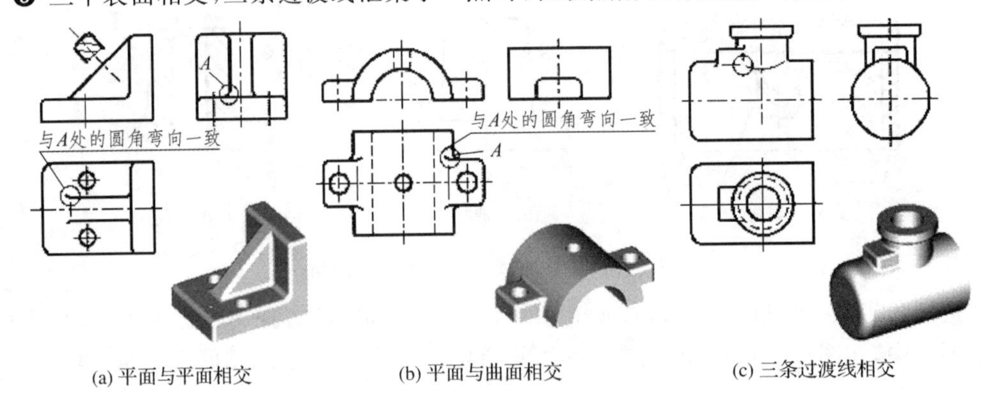

(a) 平面与平面相交　　(b) 平面与曲面相交　　(c) 三条过渡线相交

图 7-52　两表面或三个表面相交的过渡线画法

❹ 肋板与圆柱面相交的过渡线，其形状取决于肋板的断面形状及相切或相交的关系，如图 7-53 所示。

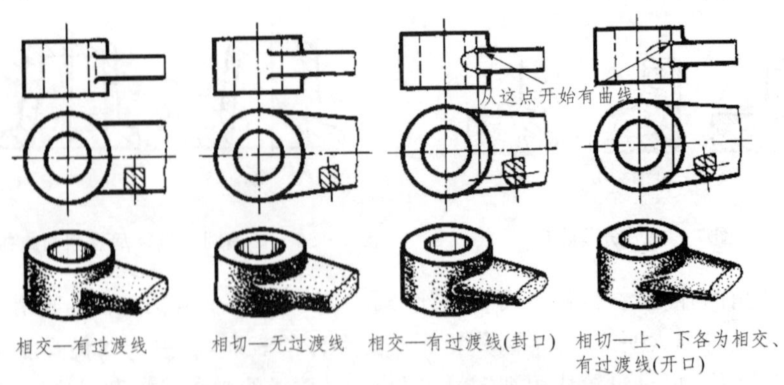

(a) 断面为长方形时　　(b) 断面为长圆形时

图 7-53　平面与平面、平面与曲面相交的过渡线的画法

2. 拔模斜度

在铸造零件毛坯时,为了便于将木模从砂型中取出,在铸件的内外壁上沿起模方向常设计出一定的斜度,称为拔模斜度(或起模斜度、铸造斜度),如图7-48(a)和图7-54所示。起模斜度的大小通常为1∶20～1∶10,用角度表示时,手工造型木模样为1°～3°,金属模样为1°～2°;机械造型金属模样为0.5°～1°。

起模斜度(如起模斜度不大于3°时),图中可不画出,也不加任何标注(见图7-54(a)),但应在技术要求中加以注明。当需要表示时,如在一个视图中起模斜度已表示清楚(见图7-54),则其他视图可只按小端画出,如图7-54(c)所示。

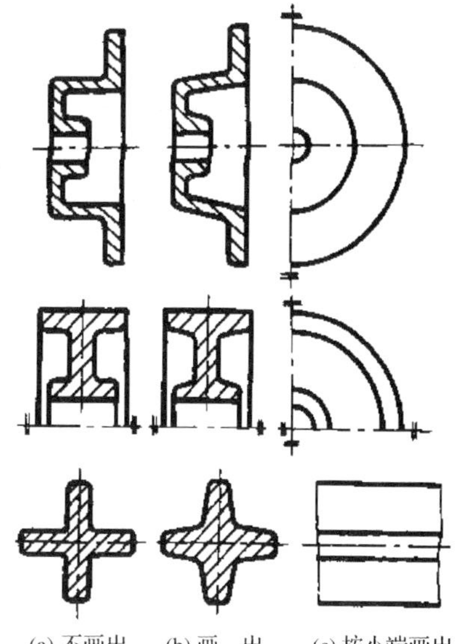

(a) 不画出　(b) 画　出　(c) 按小端画出

图7-54　拔模斜度

3. 铸件壁厚

为保证铸件的铸造质量,防止因壁厚不均冷却结晶速度不同,在肥厚处产生组织疏松以致缩孔,薄厚相间处产生裂纹(图7-55(b)不合理)等,应使铸件壁厚均匀或逐渐变化(壁厚变化不宜相差过大,为此可在两壁相交处设置过渡斜度,图7-55(a)合理),避免突然改变壁厚和局部肥大现象。有时图中可不注铸件壁厚,而在技术要求中注写,如"未注明壁厚为5 mm"。

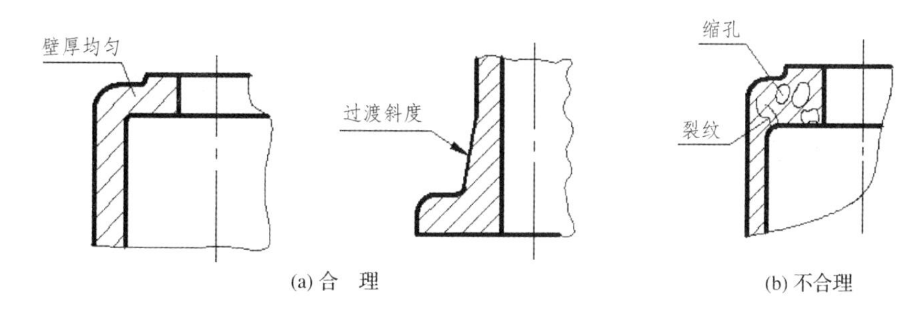

(a) 合　理　(b) 不合理

图7-55　铸件壁厚要均匀或逐渐变化

为便于制模、造型、清砂、去除浇冒口和机械加工,铸件形状应尽量简化,外形尽可能平直,内壁应减少凸凹结构,图7-56(b)所示结构合理,图7-56(a)所示结构不合理。

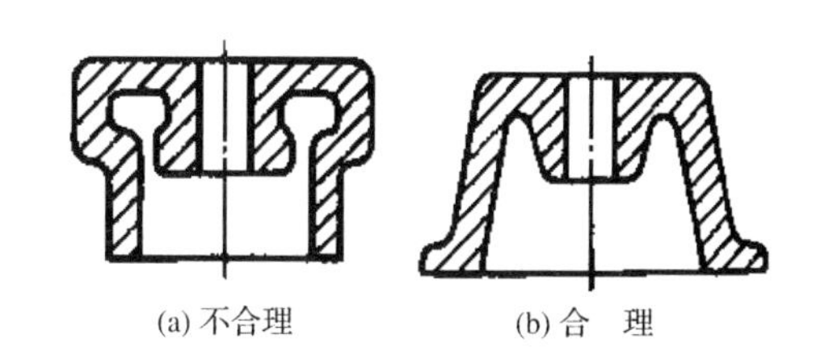

(a) 不合理　(b) 合　理

图7-56　铸件内外结构形状应简化

铸件厚度过厚易产生裂纹、缩孔等铸造缺陷,但厚度过薄又使铸件强度不够。为避免由于厚度减薄对强度的影响,可用加强肋来补偿,图7-57(b)所示结构合理,图7-57(a)所示结构不合理。

(二) 零件上的机械加工工艺结构

1. 倒角和倒圆

(1) 倒　角

为了去掉切削零件时产生的毛刺、锐边,使操作安全,保护装配面便于装配对中,常在轴或

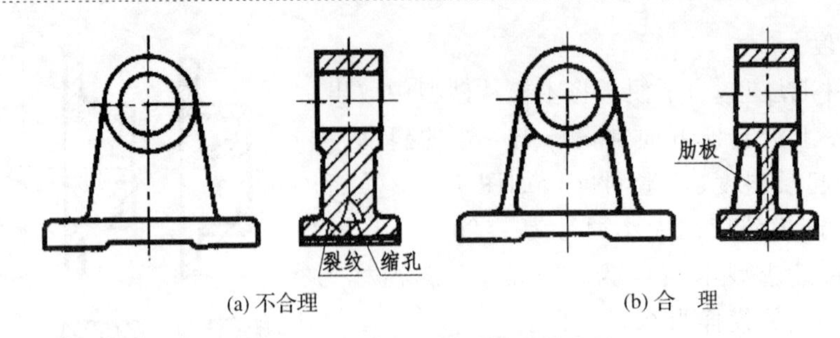

(a) 不合理　　(b) 合　理

图 7-57　铸件壁厚减薄时的补偿

孔的端部等处加工成圆台面，称倒角。倒角多为45°，也可制成30°或60°，倒角宽度的数值可根据轴径或孔径查有关标准确定。倒角的画法与尺寸注法如图7-58(a)、(b)所示。

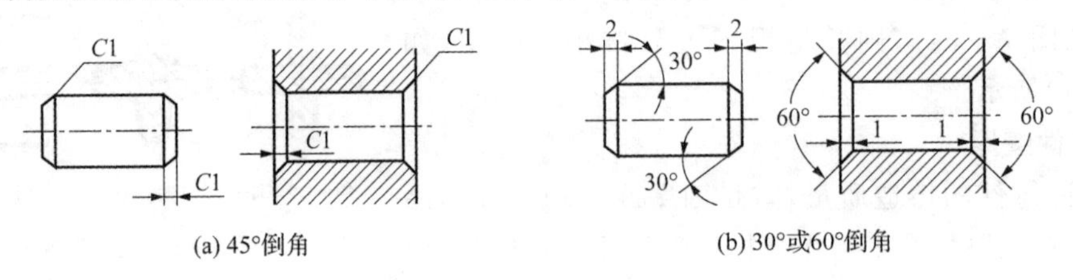

(a) 45°倒角　　(b) 30°或60°倒角

图 7-58　倒角画法和尺寸注法

(2) 倒　圆

为避免在零件的台肩等转折处由于应力集中而产生裂纹，常加工出环面过渡，称倒圆。圆角半径 R 数值可根据轴径或孔径查表确定。倒圆的画法与尺寸注法如图7-59所示。

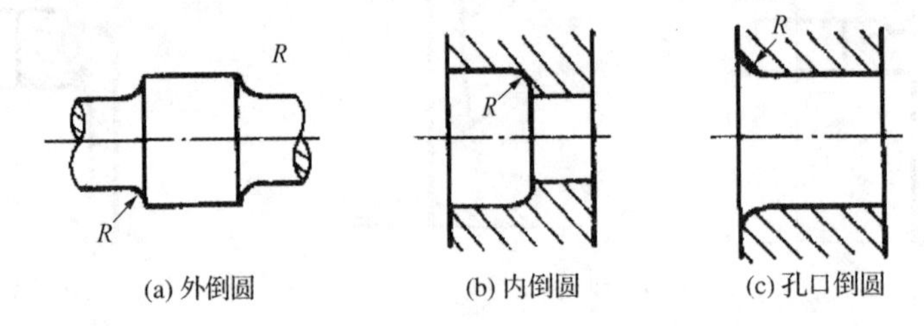

(a) 外倒圆　　(b) 内倒圆　　(c) 孔口倒圆

图 7-59　倒圆画法和尺寸注法

(3) 简化画法和标注

按图样的简化原则，GB/T 16675.1—1996 中指出，除确属需要表示的某些结构圆角外，其他圆角(即小铸造圆角、小倒角、小倒圆)在零件图中均可不画出，但必须注明尺寸，如图7-60所示，或在技术要求中加以注明(如"未注倒角 $C2$"、"锐角倒钝"、"全部倒角 $C3$"、"未注圆角 $R2$"等)。

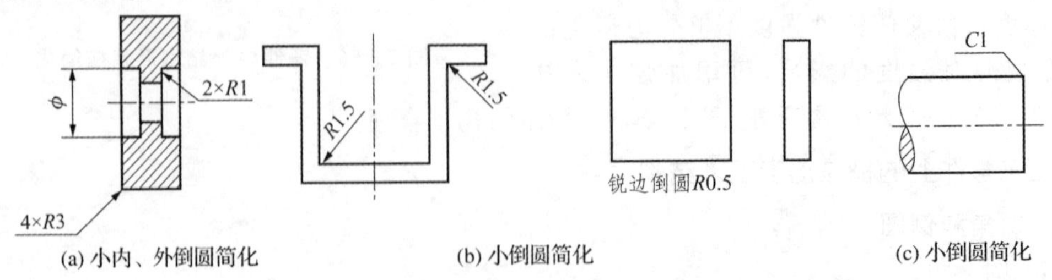

(a) 小内、外倒圆简化　　(b) 小倒圆简化　　(c) 小倒圆简化

图 7-60　小圆角、小倒圆、小倒角的简化画法和注法

2. 退刀槽和越程槽

为了在切削零件时(主要是车螺纹和磨削)容易退出刀具,保证加工质量及装配时易于与相关零件靠紧,常在零件待加工表面的轴肩处预先加工出退刀槽或越程槽。常见的有螺纹退刀槽、插齿空刀槽、砂轮越程槽、刨削越程槽等。图7-61中所示的该结构尺寸 a、b、h 等数值,可从标准中查取。

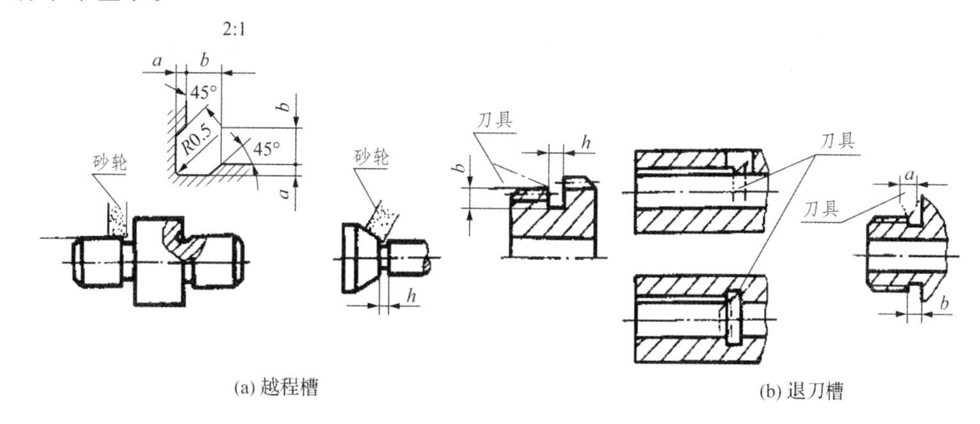

(a) 越程槽　　(b) 退刀槽

图7-61　退刀槽与越程槽画法和尺寸注法

退刀槽(或越程槽)的尺寸一般可按"槽宽×直径"或"槽宽×槽深"的形式标注,如图7-62所示。

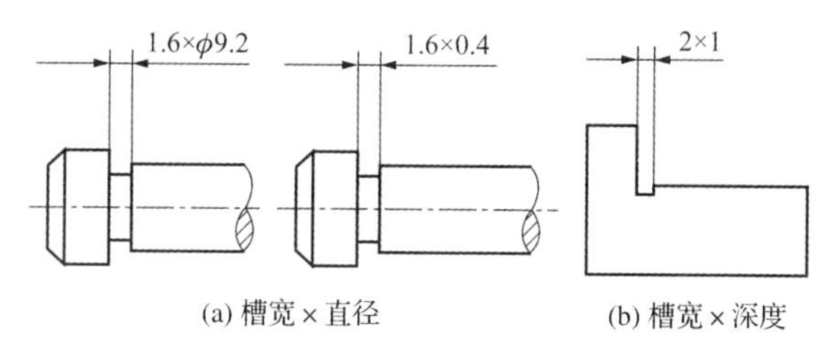

(a) 槽宽×直径　　(b) 槽宽×深度

图7-62　退刀槽及越程槽的尺寸注法

3. 凸台或凹坑

零件与零件接触的表面一般都要加工,为了降低加工费用,保证装配时零件间接触良好,在允许的情况下,应尽量减少机械加工面积和加工面的数量。设计铸件结构时常设置凸台和凹坑,比如与螺栓头部或螺母、垫圈接触的零件表面,常设置凸台(再加工)或加工出沉孔(鱼眼坑:用锪孔钻锪平见光即可),如图7-63(a)、(b)所示;或做成凹槽和凹腔,如图7-64所示。

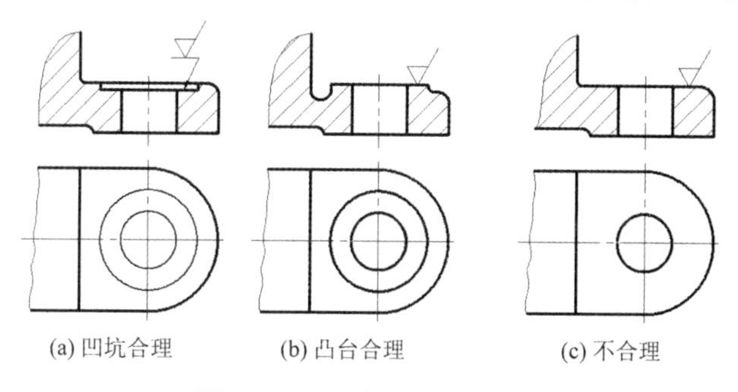
(a) 凹坑合理　　(b) 凸台合理　　(c) 不合理

图7-63　凸台和凹坑(沉孔)

凹槽或凹腔不需加工,只加工其相邻的表面。内凸台加工不方便,应尽量设计成外凸台(或凹坑)。对属于不连续的同一表面的凸台应同时加工,其尺寸只注一次。

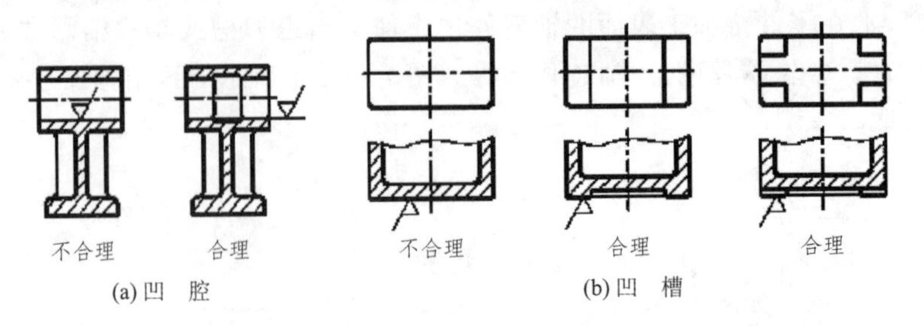

图7-64　凹槽、凹腔

4. 钻孔结构

用钻头钻孔时,钻阶梯孔和不通孔(盲孔)时,其孔的台阶处或底部应画成120°的锥台或锥坑,标注钻孔深度时,不包括锥坑深度,如图7-65(a)所示。

为避免钻头因单边受力产生偏斜或被折断,要求钻头尽量与被钻孔的端面垂直,所以应设置与孔轴线垂直的凸台和凹坑,如图7-65(b)所示。

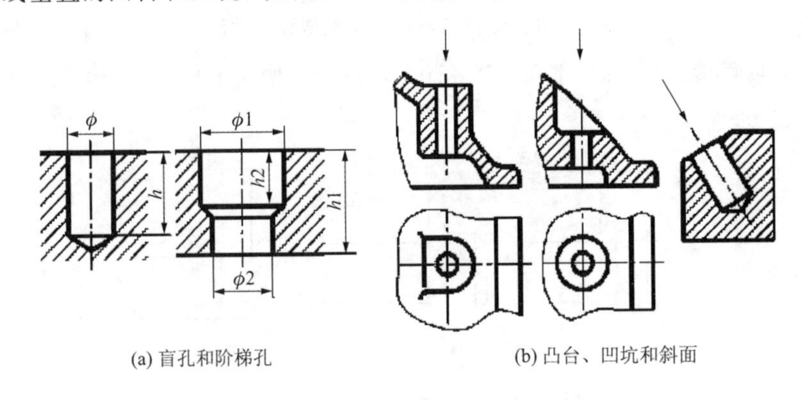

图7-65　钻孔结构

5. 中心孔

加工较长的轴类零件时,为了便于定位和装夹,常在轴的一端或两端加工出中心孔。中心孔的结构形式如图7-66所示,通常为标准结构要素,其尺寸数值可查有关标准,见附表9-1。

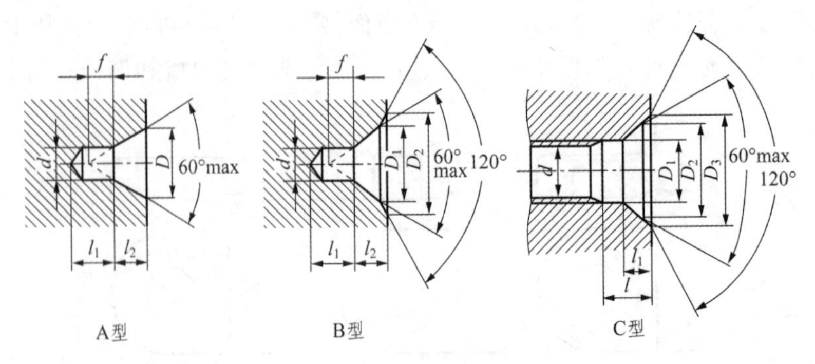

图7-66　中心孔的结构形式

标准中心孔在零件图中可不画出，GB/T 146—2001 规定只需用规定符号标注其标记以表达设计要求，见附表 9-2。

6. 滚花

在某些用手转动的手柄捏手、圆柱头调整螺钉头部等表面上常滚压出花纹(直纹或网纹)，这种结构称为滚花或压花，以防操作时打滑。塑料嵌接件的嵌接面有时也做出滚花，以增强嵌接的牢固性。滚花可在车床上加工。滚花有直纹、网纹两种形式，其普通画法及尺寸注法如图 5-51(a)、7-67 所示(滚压前的直径为 D，滚压后的直径为 $D+\Delta/2\times2=D+\Delta$，$\Delta$ 为滚压出的齿深。旁注法中的 0.8 为齿的节距 t)，滚花可只画出一部分或不画出只用标注说明(GB/T 16675.2—1996)，其结构尺寸可从有关标准中查出。

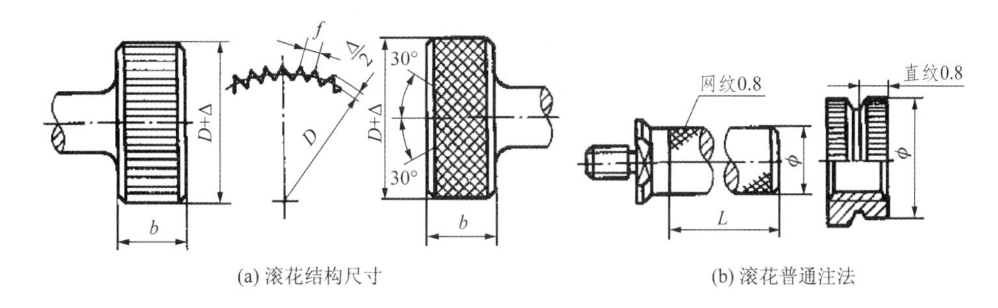

(a) 滚花结构尺寸　　(b) 滚花普通注法

图 7-67　滚花画法和普通注法

7. 铣扁或铣方

轴、杆或孔上用于两传动件间的配合接触面或连接处，常铣制成扁形或方形的平面，称为铣扁或铣方。其画法和尺寸注法(GB/T 16675.1—1996)如图 7-68 所示。

铣扁或铣方平面用平面符号(两条相交的细实线)表示，其结构特征可在边长尺寸前加注"□"符号。孔内铣方可用剖视表达，画法及尺寸注法与外铣方类同。

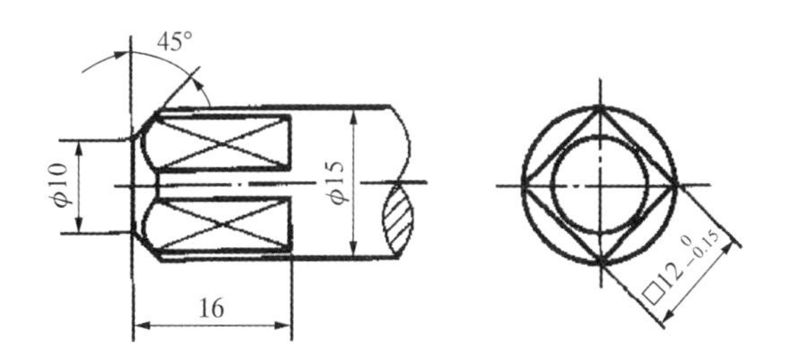

图 7-68　轴、杆上的平面画法及尺寸注法

任务巩固与练习

根据图 7-69 绘制零件图。

① 正确选择曲柄的视图表达方案，在图纸上用最简洁的方法画出曲柄各视图。

② 在画好的曲柄视图上标注尺寸。

③ 根据已知条件完整地标注各项技术要求。

④ 完整填写标题栏的各项内容。

技术要求：

① 表面粗糙度：三孔的各端面作切削加工，均为 $Ra6.3\ \mu m$；$\phi28$ mm、$\phi15$ mm 两孔内表面

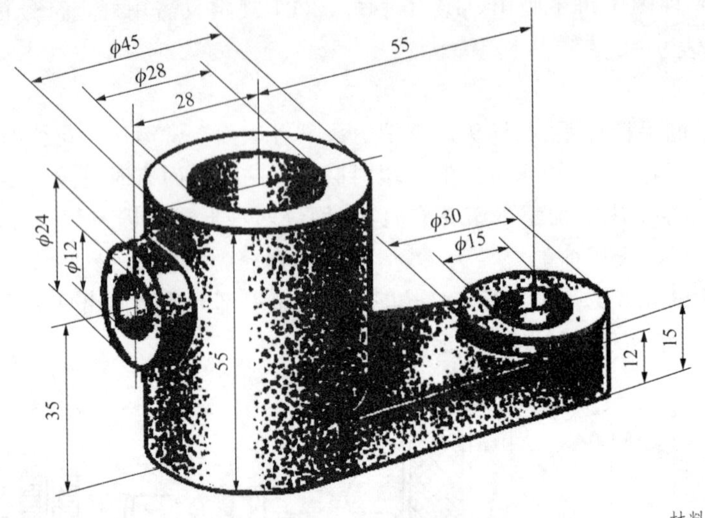

图 7-69　待绘制的零件图

的为 $Ra3.2\ \mu m$;其余表面保持毛坯供应状态。

② φ28 mm、φ15 mm 孔的公差带代号分别为 H7 和 N7,标出公差带代号和极限偏差。

③ φ15 mm 孔轴线对 φ28 mm 孔轴线的平行度公差为 φ0.01 mm。

④ 铸造圆角均为 R3～R5 mm。

⑤ 锐边倒钝。

任务 7.2　阅读典型零件图

任务目标

- 能综合运用投影法原理和图样表示法识读中等复杂程度的零件图。
- 能较正确地识读零件图的尺寸。
- 能较正确地识读零件图上的尺寸公差、几何公差和表面结构等技术要求。

任务引入

仔细阅读以下四类典型零件图,然后回答问题。

1) 读懂阀杆零件图 7-70,并填空。

① 该零件的名称为________,属于________类零件,材料选用________钢,钢材种类为________钢。零件图采用的比例为________。

② 零件的结构形状共用________个图形表达,其中主视图按________原则放置画出,右边的圆形图为________视图,表达________端的凸榫结构,另外还用一个________断面图表达________端的________体结构。

③ 阀杆的径向尺寸基准是________线,由此注出的________和________是重要径向尺寸,与其他零件有________关系。

④ 阀杆的长度方向(轴向)主要尺寸基准是________面,辅助基准分别是________面和________面。

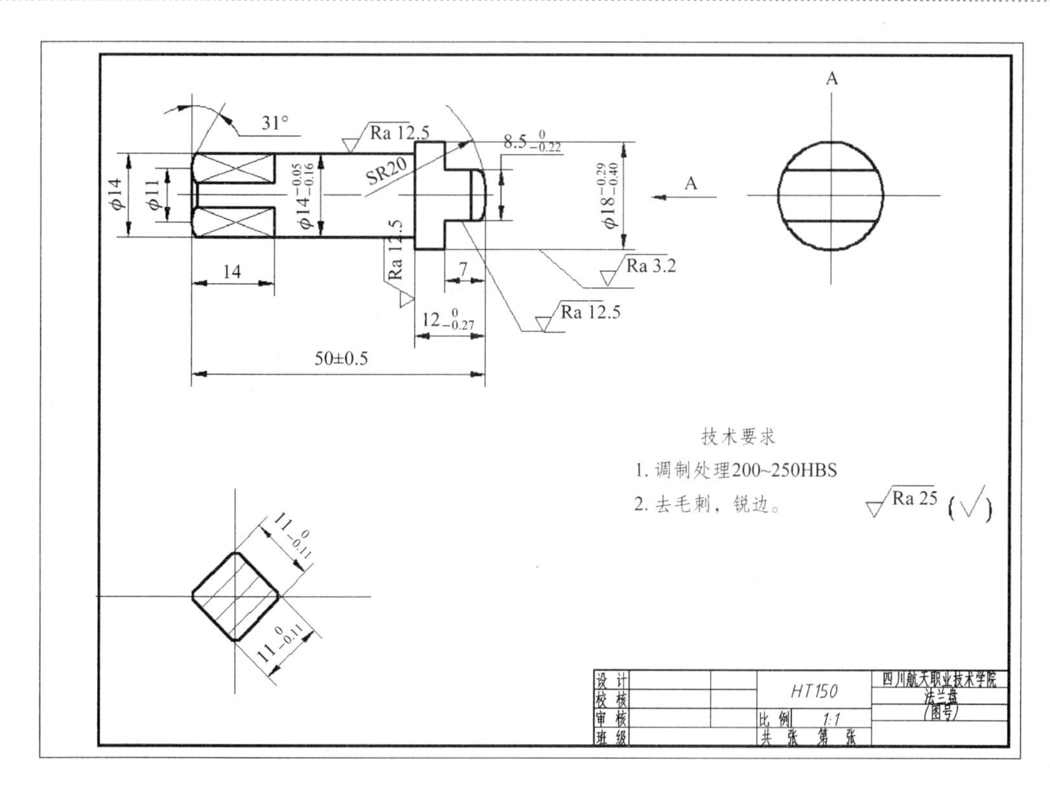

图 7－70　阀杆零件图

⑤ 尺寸 *SR*20 中的 *S* 表示该尺寸所指的表面为________面。

⑥ 零件上表面结构要求最高的是________，共有________处。左端面的表面结构为________。

⑦ $\phi18^{-0.29}_{-0.40}$为定________尺寸，表示基本尺寸为________，上偏差为________，下偏差为________，上极限尺寸为________，下极限尺寸为________，公差为________。

⑧ 阀杆应做的热处理是________处理，其目的是提高材料的________和________。

2）读懂法兰盘的零件图 7－71，并填空。

① 该零件的名称是________，材料选用________，零件图采用的比例为________。

② 零件图采用了________个图形，其中主视图采用了________图，主要目的是表达________。

③ 零件上带沉孔的 $\phi7$ 孔共有________个，其沉孔直径为________，定位尺寸为________、________。孔内表面结构为________。

④ 零件上表面结构要求最高的是________，右端面的表面结构为________。

⑤ $\phi55h6(^{0}_{-0.019})$为定________尺寸，表示基本尺寸为________，上偏差为________，下偏差为________，上极限尺寸为________，下极限尺寸为________，公差为________。

⑥ 图中几何公差的共标注了________处，其中右侧 | ◎ | φ0.02 | B | 的公差项目是________，被测要素是________，基准要素是________，公差值为________。

3）读懂拨叉零件图 7－72，并填空。

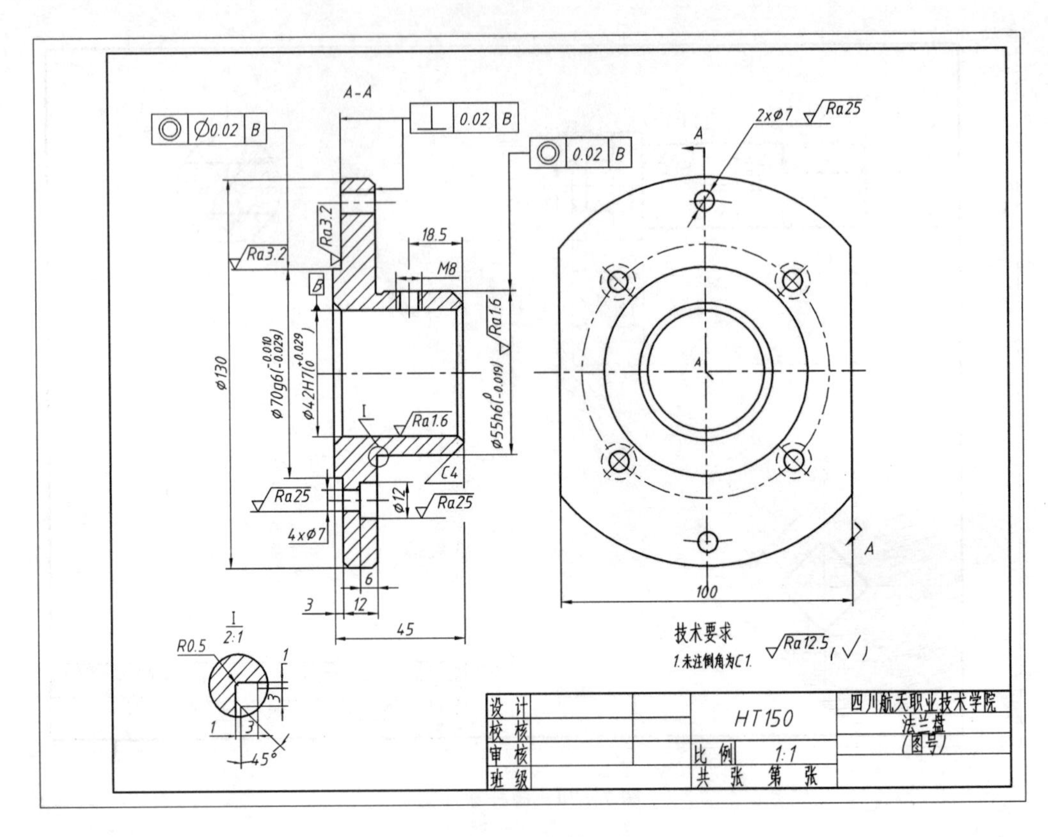

图 7-71　法兰盘零件图

① 该零件的名称是________,属于________类零件,材料选用________,绘图比例为________,即图形线性尺寸大小与实际机件________(比较大小)。

② 零件图采用了________个图形,其中基本视图有________个,主视图是________图,采用的剖切方法是________剖;左视图主要表达了拨叉的________。

③ B—B 视图是________视图,表明________上开有销孔;最左边的小图形是________图,表达了________断面形状。

④ 长度方向的主要尺寸基准是拨叉的________(填某某线或某某面,下同),高度方向的主要尺寸基准是________,宽度方向的主要尺寸基本是________。

⑤ 尺寸 $\phi 6$ 配作表示该销孔应在________时候加工。

⑥ 粗点画线表示________部位应作________处理,________度达到 45～50HRC。

⑦ 零件上表面结构要求最高为________,最低为________,圆台外表面的表面结构为________。

⑧ 87±0.5 为定________尺寸,其基本尺寸为________,上偏差为________,下偏差为________,上极限尺寸为________,下极限尺寸为________,公差为________。

⑨ 形位公差标有________处,其中[≡|0.5|C]表示方形叉口的________平面对圆台孔的________的________度公差为 0.5 mm。

4) 读懂阀体零件图 7-73,并填空。

① 该零件的名称是________,是球阀部件中的一个主要零件。属于________类零件,材

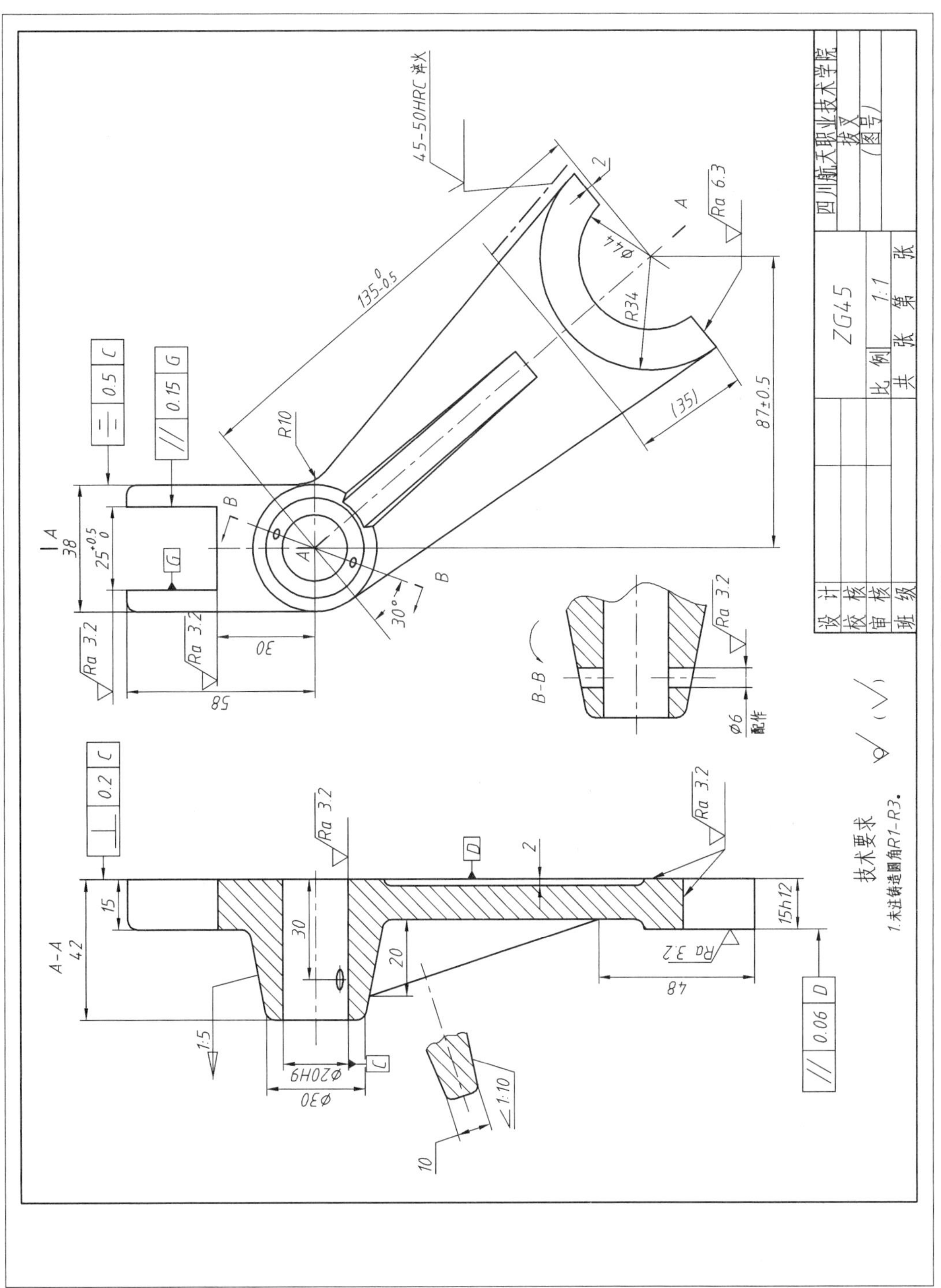

四川航天职业技术学院
拨叉
(图号)
ZG45
比例 1:1
共 张 第 张
设计
校核
审核
班级
45-50HRC淬火
A-A
B-B
Ø6 配作
技术要求
1.未注铸造圆角R1-R3.

图7-72　拨叉零件图

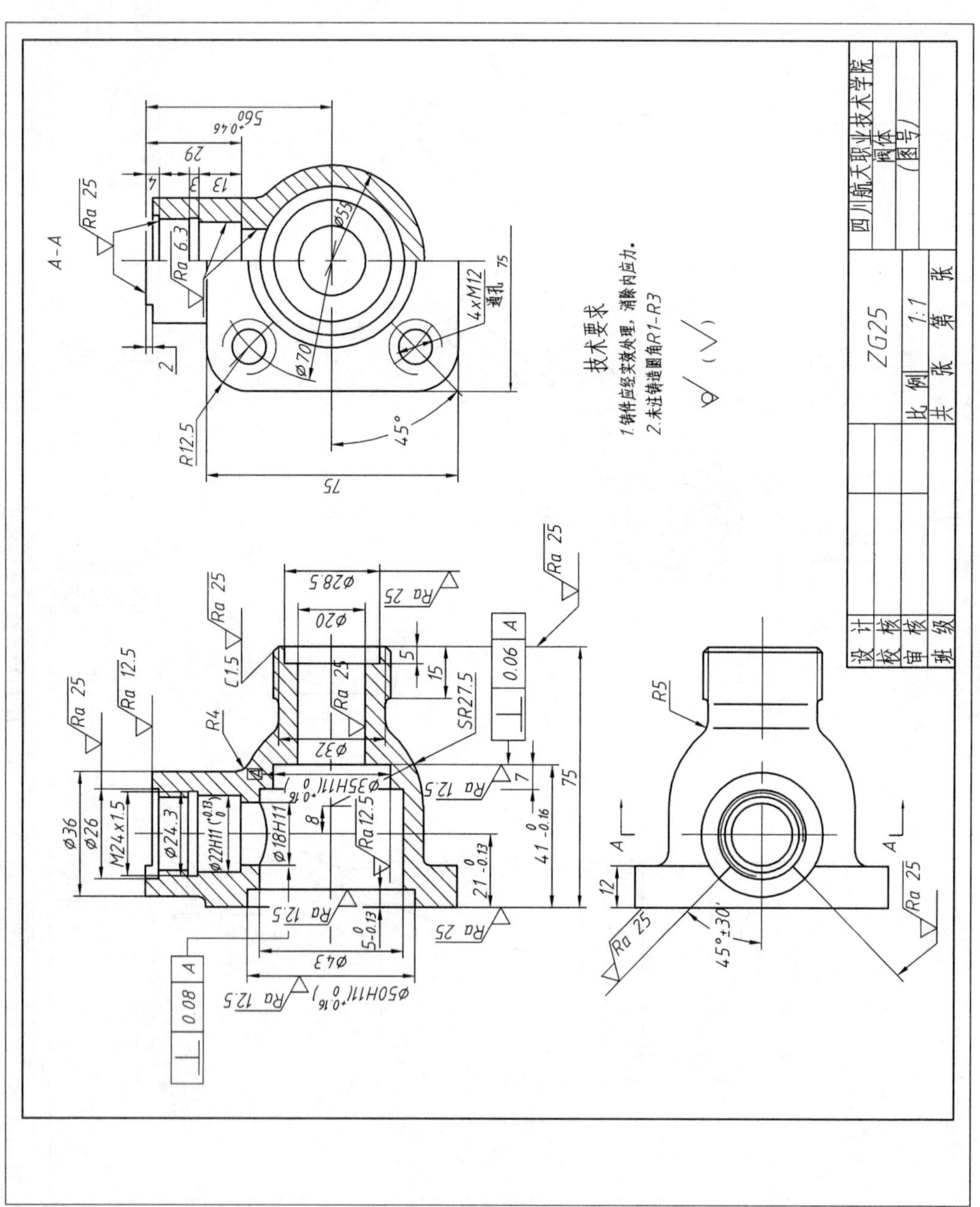
A-A
技术要求
1.铸件应经实效处理，消除内应力。
2.未注铸造圆角R1-R3
ZG25
四川航天职业技术学院
阀体
(图号)
比例 1:1
共 张 第 张
设计
校核
审核
班级
4xM12
通孔
R12.5
45°
75
Ø70
Ø55
29
13
SR27.5
Ø28.5
Ø20
Ø32
Ø36
Ø26
M24x1.5
Ø24.3
Ø18H11
Ø43
0.06 A
0.08 A
R5
45°±30'
Ra 25
Ra 12.5
Ra 6.3

图7-73 阀体零件图

料选用________。

② 零件图采用了________个图形，主视图是________图，主要表达内部结构形状；左视图采用________剖视，补充表达内部形状及连接板的形状；________视图表达外形。

③ 阀体的________是径向(高度方向)尺寸基准，阀体垂直孔的________是长度方向尺寸基准，阀体的________是宽度方向尺寸基准。

④ ⊥|0.08|A表示____。

任务知识准备

一、读零件图的方法与步骤

设计零件时，要研究分析零件的结构特点，参考同类型零件图，使所设计的零件结构更先进合理，需要读零件图；对设计的零件图进行校对、审核，需要读零件图；生产制造零件时，为制订适当的加工方法和检测手段，以确保零件加工质量，更需要读零件图；进行技术改造，研究改进设计，也需要读零件图。所以在设计、制造机器的实际工作中，读零件图是一项非常重要的工作。

(一) 读零件图的目的要求

了解零件的名称、用途、材料等；分析组成零件各部分结构的形状、特点、功用以及它们之间的相对位置；分析零件的各类尺寸；熟悉零件的各项技术要求；初步确定出零件的制造方法(在机械制图课程中可不作此要求)。

(二) 读零件图的一般方法与步骤

1. 概括了解

从标题栏内了解零件的名称(可知其在机器或部件中的功用)、比例(可估计其实际大小)、材料及数量(可知其重要性，并大致了解其加工方法)等，并浏览视图，结合典型零件的分类及已有的经验，初步得出零件的用途和形体概貌。

2. 详细分析

(1) 分析表达方案

分析视图布局，先找出主视图，再找其他基本视图和辅助视图。根据剖视、断面的剖切方法、位置，分析剖视、断面的表达目的和作用。

(2) 分析组成形体、想出零件的结构形状

先从主视图出发，联系其他视图进行分析。用形体分析法分析零件各部分的结构形状；而难于看懂的结构，运用线面分析法分析，最后想出整个零件的结构形状。分析视图的一般顺序是：先整体、后局部，先主体、后细节，先简单、后复杂。分析时最好能结合零件结构功能来进行，会使分析更加容易。

(3) 分析尺寸

零件图上的尺寸是制造、检验零件的重要依据。根据零件的结构特点、设计和制造工艺要求，先找出零件长、宽、高三个方向的尺寸基准，分清设计基准和工艺基准，然后从基准出发，明确尺寸种类和标注形式，找出主要尺寸。再用形体分析法找出各部分的定形尺寸和定位尺寸。在分析中要注意：检查是否有多余和遗漏的尺寸，影响性能的功能尺寸标注是否合理，尺寸是否符合设计和工艺要求，标准结构要素的尺寸标注是否符合要求；校核尺寸标注是否齐全等。

(4) 分析技术要求

零件图的技术要求是制造零件的质量指标。根据零件在机器中的作用,分析零件的技术要求是否能在低成本的前提下保证产品质量。主要分析零件的尺寸公差、几何公差、表面结构和其他技术要求(弄清哪些尺寸精度要求高,哪些尺寸精度要求低;哪些表面质量要求高,哪些表面质量要求低;哪些表面是加工表面,哪些表面是非加工表面),先弄清配合面或主要加工面的加工精度要求,了解其代号含义;再分析其余加工面和非加工面的相应要求,了解零件加工工艺特点和功能要求;然后了解分析零件的材料热处理、表面处理或修饰、检验等其他技术要求,以便根据现有加工条件,确定合理的加工工艺方法,保证这些技术要求的实现。其中,对于有些要求还可以参考其他专业教材《极限与配合》和《机械工程材料》等的相关内容,以对零件的质量要求作进一步了解。

3. 归纳总结

综合前面的分析,把图形、尺寸和技术要求等全面系统地联系起来思索,并参阅相关资料,可以得出零件的整体结构、尺寸大小、技术要求及零件的作用等较完整的概念。但还要注意综合分析零件的结构和工艺是否合理,表达方案是否恰当,以及检查有无看错或漏看等,以便对所看的零件图加深印象,彻底弄懂弄通。

必须指出,在读零件图的过程中,上述步骤不能机械地分开,往往是参差交叉进行的。另外,对于较复杂的零件图,往往要结合参考有关技术资料,如零件所在部件的装配图、相关其他零件图及技术说明书等,以便从中了解零件在机器或部件中的位置、功能及与其他零件的装配关系,这样读图才能完全看懂。对于有些表达不够理想的零件图,需要反复仔细地分析,才能看懂。

二、常见典型零件图例的读图分析

(一) 端　盖

1. 概括了解

如图7-74所示,从图样的标题栏可知:零件的名称为端盖,属盘盖类零件;制造零件的材料牌号为HT150,是灰铸铁;绘图比例为1∶1。

2. 详细分析

(1) 视图表达和结构形状分析

如图7-74所示,从两个视图可看出该零件的直径比轴向尺寸大,外形是短而粗的回转体,属于轮盘类零件。其主要加工工序在车床上完成,故主视图的轴线水平放置,符合零件的加工位置原则。主视图采用两个组合剖切面的全剖视图,清楚地表达了零件的内部结构。左视图的表达重点是反映六个安装孔和三个螺孔的分布情况。

(2) 尺寸和技术要求分析

如图7-74所示,零件的径向尺寸基准是零件中心轴线,其中$\phi16$、$\phi32$内孔和$\phi55$外圆注出了尺寸公差带代号和极限偏差值,说明是重要尺寸。轴向尺寸的主要基准是标有表面结构值为$Ra3.2$的右侧台阶面;图样还对$\phi55$圆柱体轴线和$\phi90$圆柱体的右端面分别提出了同轴度和垂直度要求,表明这两个表面是重要的安装基准面。此外,从技术要求第2条“铸件不得有砂眼、裂纹”可知,对零件的材质、密封性要求较高。

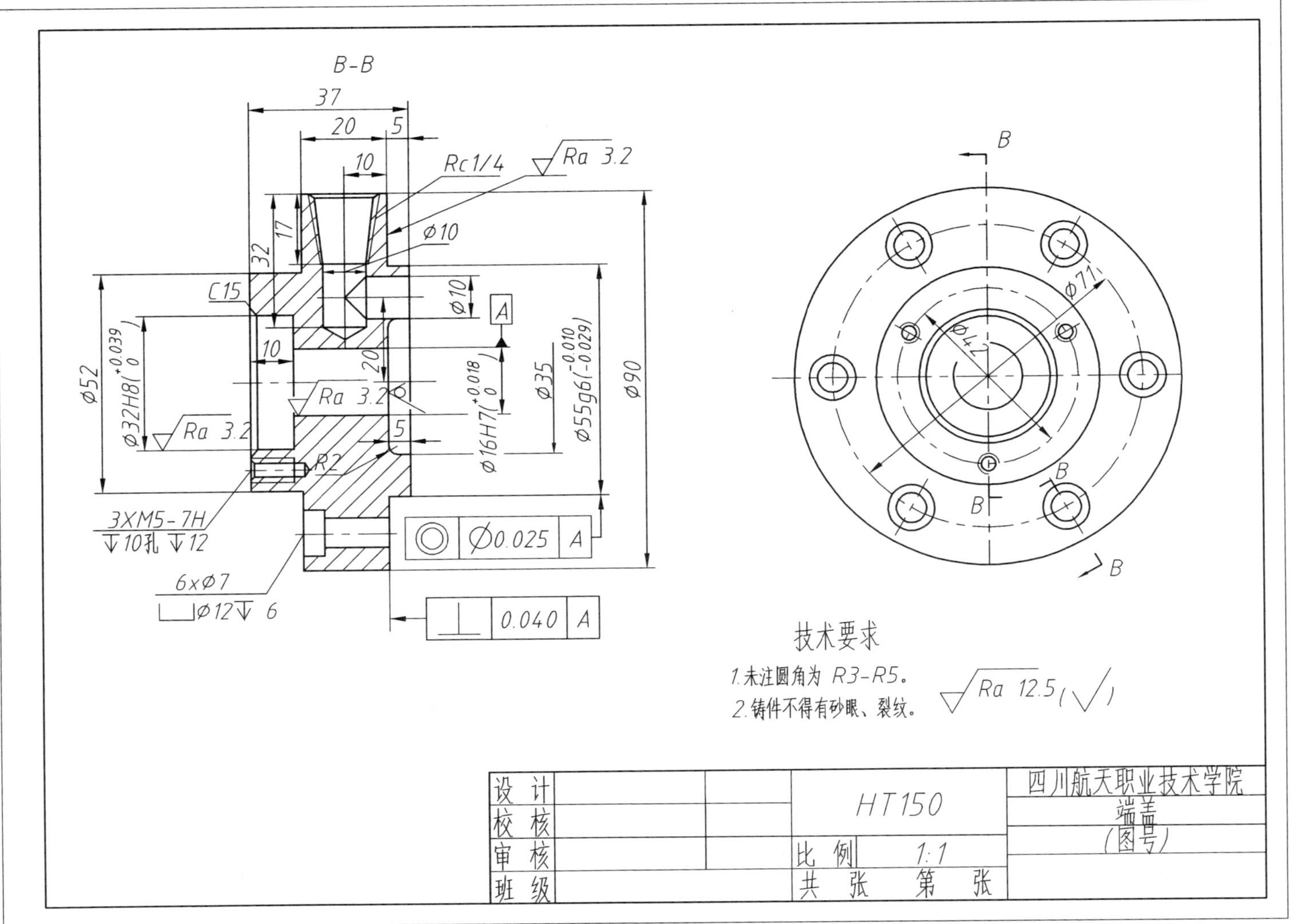
B-B
37
20
5
10
Rc1/4
Ra 3.2
17
32
Ø10
C15
Ø52
Ø32H8(+0.039 0)
Ra 3.2
Ra 3.2
R2
Ø16H7(+0.018 0)
Ø35
Ø55g6(-0.010 -0.029)
Ø90
A
3XM5-7H
▽10孔 ▽12
6xØ7
Ø12 ▽ 6
Ø0.025 A
⊥ 0.040 A
Ø71
Ø42
B
技术要求
1.未注圆角为 R3-R5。
2.铸件不得有砂眼、裂纹。
Ra 12.5
设计
校核
审核
班级
HT150
比例 1:1
共 张 第 张
四川航天职业技术学院
端盖
(图号)
图7-74　端盖零件图

3. 归纳总结

综合考虑零件的结构形状、尺寸和技术要求,可以认识到该零件的整体质量要求较高,生产加工中应引起重视,合理安排各加工工序。

(二) 传动箱

1. 概括了解

如图 7-75 所示,由标题栏可知,零件的名称是传动箱,属箱体类零件,材料是 HT200(灰铸铁),这个零件是铸件。

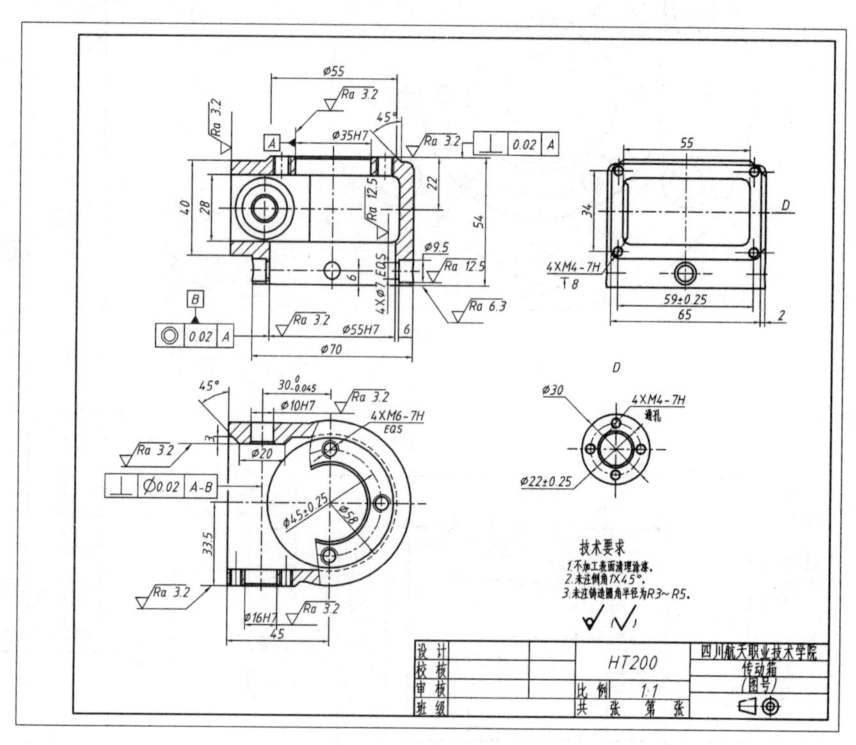

图 7-75 传动箱零件图

2. 详细分析

(1) 视图表达和结构形状分析

如图 7-75 所示,从零件图中看出箱体以垂直于大孔 φ55 轴线的方向为主视图的投影方向。考虑到该零件外形不是很复杂,主视图采用全剖视图表达;俯视图为了表达 φ10 和 φ16 两孔的内部结构及左端面的螺孔的分布位置,采用局部剖视图;左视图表达箱体左端的形状及螺纹孔的位置;D 向局部视图表达 φ16 的凸缘和螺纹孔的分布情况。

(2) 尺寸和技术要求分析

如图 7-75 所示,在尺寸标注方面:以大孔 φ55 的轴线为长度和宽度方向尺寸基准,以 28 的内腔上下对称面为高度方向的尺寸基准,标出各相应的尺寸。

在技术要求方面:直径分别为 φ35H7、φ55H7、φ16H7 等的圆孔与其他零件有配合要求,故这些表面的表面结构参数值较小,且有尺寸公差,还有几个平面与其他平面接触,其表面结构要求也较高;直径为 φ55H7 的圆柱轴线与直径为 φ35H7 的圆柱轴线有同轴度要求;上端面与 φ35H7 的轴线有垂直度要求等。

3. 归纳总结

综上所述,传动箱立体图如图7-76所示。

任务分析

零件图是表达零件设计意图的信息载体,是零件加工检验的依据,所以正确理解零件图上给出的技术要求及所有图线、符号和文字传递的信息是个关键。

识读零件图,看似简单,实则难度较大。要真正读懂零件图,理解其设计意图,必须全面掌握与绘制零件图相关的各方面知识内容。而这部分知识点内容多,范围广,难以全面记忆并掌握。因此,当在读图过程中遇到难点、遇到问题的时候,应当及时复习已经学过的知识内容,多看、多想、多问、多练、多实践。只有这样,才能逐步熟悉并掌握识读零件图的要领和技巧,才能真正掌握识读零件图的技能。

图7-76　传动箱立体图

任务实施

参照上述典型零件图的图例分析,可知图7-70～图7-73所示零件立体图分别如图7-77～图7-80,其余分析请读者自行完成。

图7-77　阀杆立体图

图7-78　法兰盘立体图

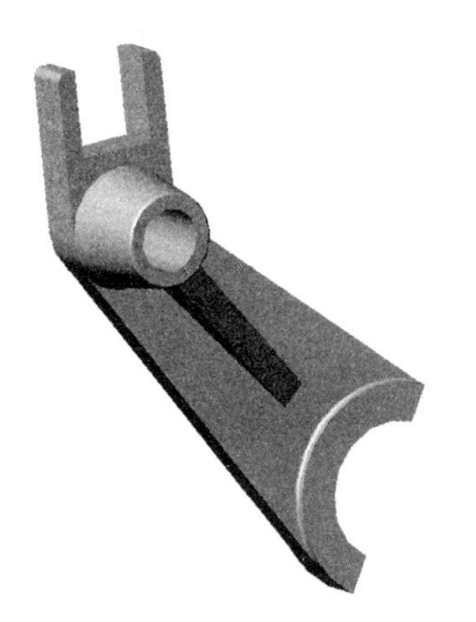

图7-79　拨叉立体图

图7-80　阀体立体图

任务巩固与练习

1) 识读图7-3的零件图,回答下列问题。

① 参照装轴测图可看出,铣刀头动力由V带轮传入,通过单个普通平键(轴的左端)连接传递给轴,在通过两个普通平键(右端)连接传递给铣刀(图中细双点画线)。所以,轴的左端轴段和右端轴段分别制有________个键槽和________个键槽。该轴有两个安装________的轴段,两头的轴段分别用来装配________和________。此外。轴上还有加工和装配时必需的工艺结构,如倒角、越程槽等。

② 按轴的加工位置将其轴线水平放置。采用一个________图和若干辅助视图表达。轴的两端用________表示键槽和螺孔、销孔。截面相同的较长轴段采用________画法。用两个断面图分别表示键槽的________度和________度,用两个________图表示键槽的形状。用局部放大图表示________的结构。

③ 以水平轴线为________尺寸的主要基准,由此直接注出安装V带轮、轴承和铣刀盘用的、有配合要求的轴段尺寸:________、________、________。以中间最大直径轴段的任意端面为________尺寸的主要基准,由此注出________、________、和________。再由轴的左、右端面为长度方向主要基准与辅助基准之间的联系尺寸。轴向尺寸不能注成封闭尺寸链,选择不重要的轴段$\phi34$为________,不注长度方向尺寸。

④ 凡注有公差带尺寸的轴段,均与其他零件有________要求,如注有$\phi28k7$、$\phi35k6$、$\phi25h6$的轴段,表面粗糙度要求较严,Ra上限值分别是________或________。安装铣刀头的轴段$\phi25h6$尺寸线的延长线上所指的形位公差代号,其含义为$\phi25h6$的轴线对公共基准轴线$A—B$的________公差________。

2) 识读图7-81的零件图,回答下列问题:

① 座体在铣刀头部件中起支撑轴、V带轮和铣刀盘的功用。座体的结构形状可分为两部分:上部是圆筒状,两端的轴孔支承滚动轴承,其轴孔直径与轴承的________一致,两侧外端面有与________连接的螺纹孔,座体中间部分孔的直径大于两端孔的直径,是为了________座体的重量;座体下部是带圆角的________形底板,有________个安装孔,将铣刀头安装在铣床上,为了接触平稳和减少________,底板下面的中间部分做成________。座体的上、下两部分用支承板和肋板连接。

② 座体的主视图按工作位置放置,采用________图,表达座体的形体特征和内部的空腔结构。左视图采用________图;表示底板和肋板的________。以及底板上沉孔和通槽的形状。在圆筒端面上表示了________的位置。由于座体的前后对称,俯视图采用A向________图,表示底板的圆角和________的位置。

③ 选择座体的________为高度方向主要基准,圆筒的左或右________为长度方向主要基准,前后________为宽度方向主要基准。直接注出设计要求的结构尺寸和有配合要求的尺寸,如主视图中的尺寸115是确定圆筒轴线________的尺寸,$\phi80k7$是与________配合的尺寸,40是两端轴孔长度方向的________尺寸。左视图和A向局部视图中的尺寸150和155是四个________的定位尺寸。

④ 解释"6×M6-7H↧20孔↧25EQS"中6是________,________是螺孔的标记,________对螺孔的要求,孔↧25是指________的要求,EQS是________。

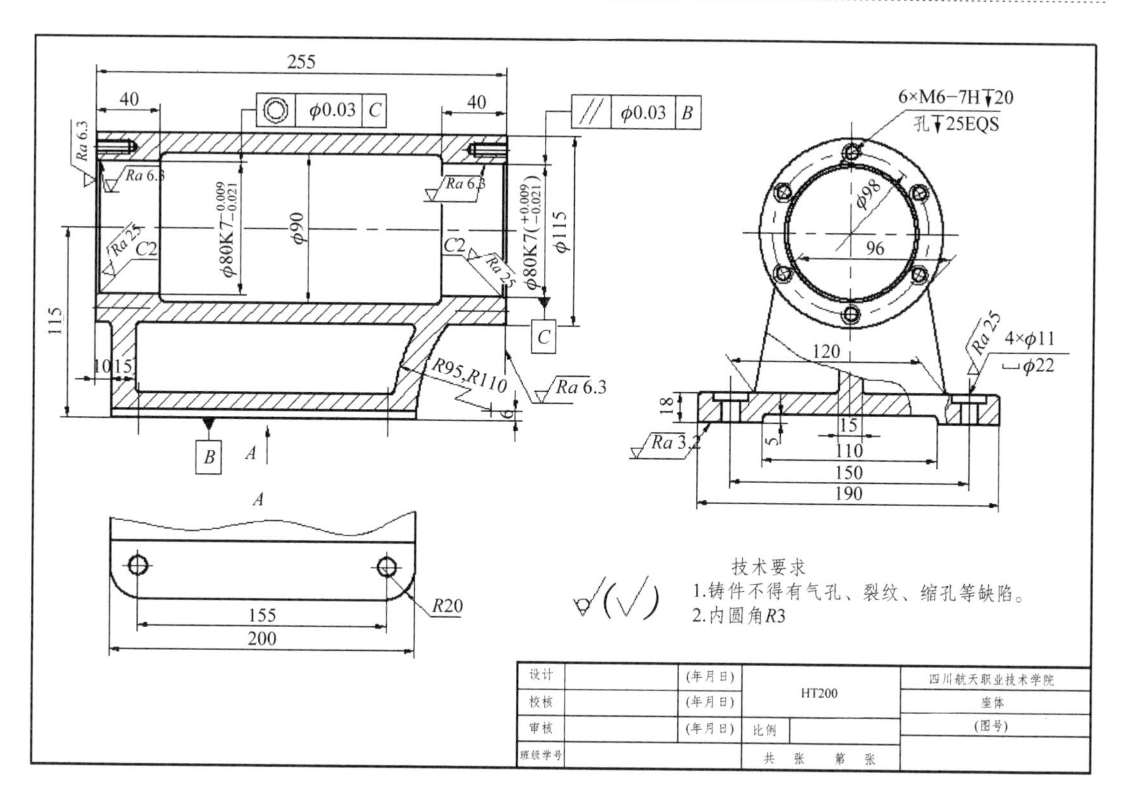
255
40
40
ϕ0.03 C
ϕ0.03 B
6×M6−7H↧20
孔↧25EQS
Ra 6.3
Ra 25
C2
ϕ80K7
ϕ90
ϕ80K7
ϕ115
ϕ98
96
115
10
15
R95,R110
6
B
A
C
120
Ra 25
4×ϕ11
ϕ22
18
5
15
110
150
190
Ra 3.2
A
155
200
R20
技术要求
1.铸件不得有气孔、裂纹、缩孔等缺陷。
2.内圆角R3
设计
(年月日)
校核
(年月日)
审核
(年月日)
班级学号
HT200
比例
共　张　第　张
四川航天职业技术学院
座体
(图号)

图 7－81　座体零件图

学习情境 8

绘制与阅读装配图

任务 8.1　绘制机用虎钳装配图

任务目标

- 了解装配图的作用及内容，掌握零部件序号及明细栏的相关内容。
- 掌握机器（或部件）的视图选择原则和方法，掌握装配图的规定画法、特殊画法和简化画法。
- 能准确绘制中等以上复杂程度的装配图，进一步提高空间思维能力和综合应用知识的能力。

任务引入

根据图 8－1 所示机用虎钳轴测图及其分解图、装配示意图①、成套零件图绘制装配图。

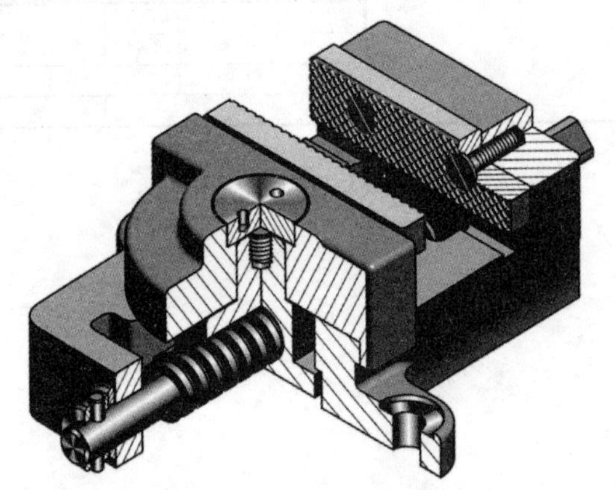

(a) 机用虎钳装配轴测图

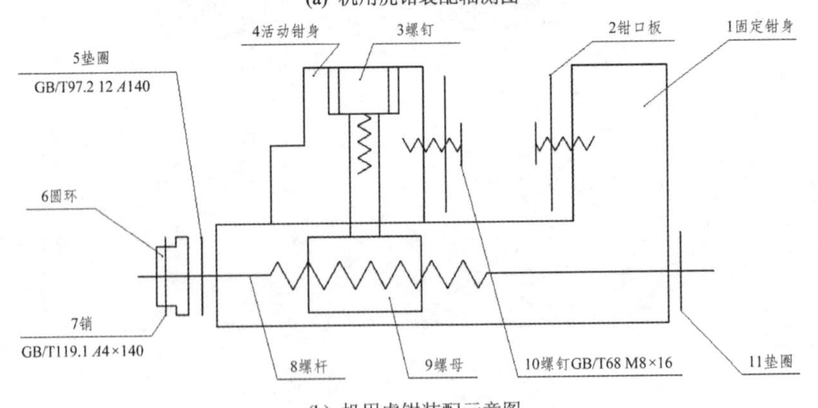

(b) 机用虎钳装配示意图

图 8－1　机用虎钳

① 装配示意图的内容参见学习情境 9。

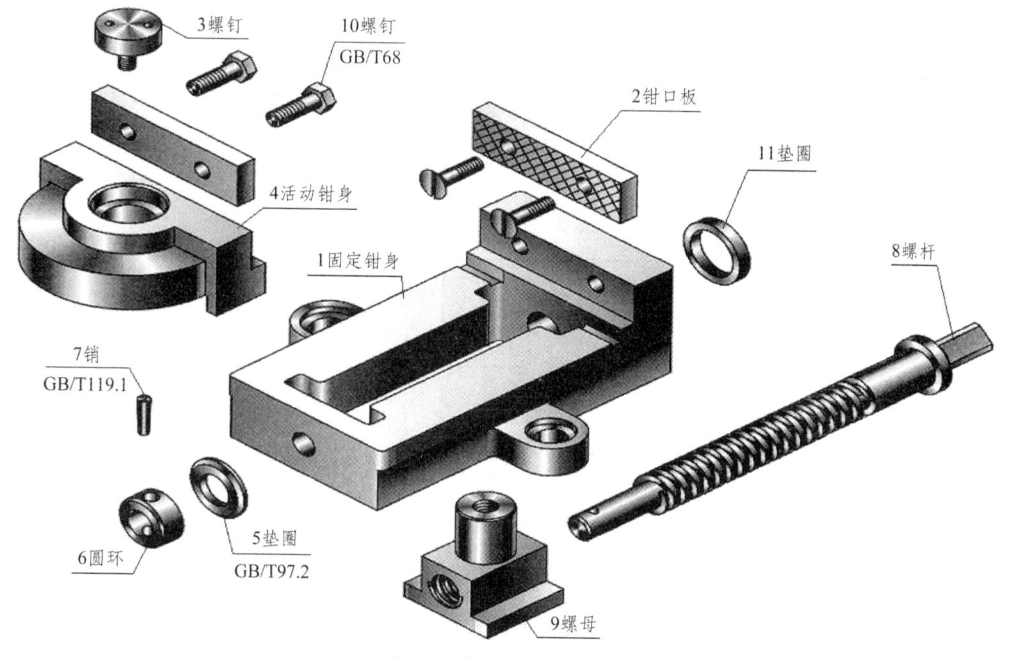

(c) 机用虎钳轴测分解图

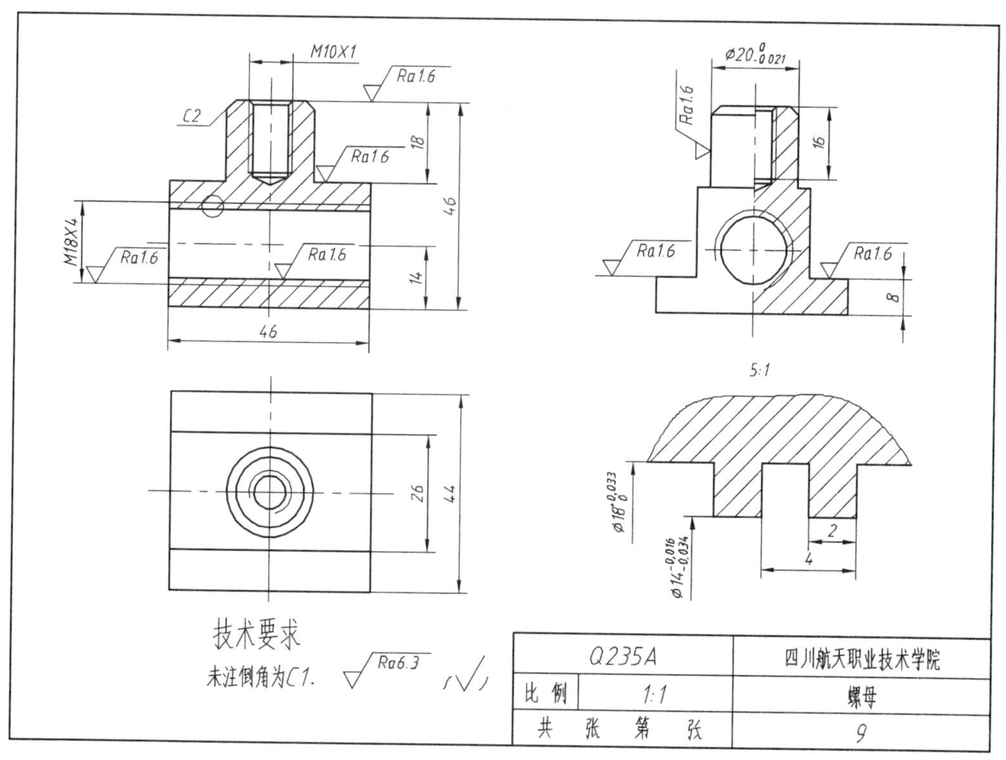

(d) 机用虎钳相关零件图(一)

图 8－1　机用虎钳(续)

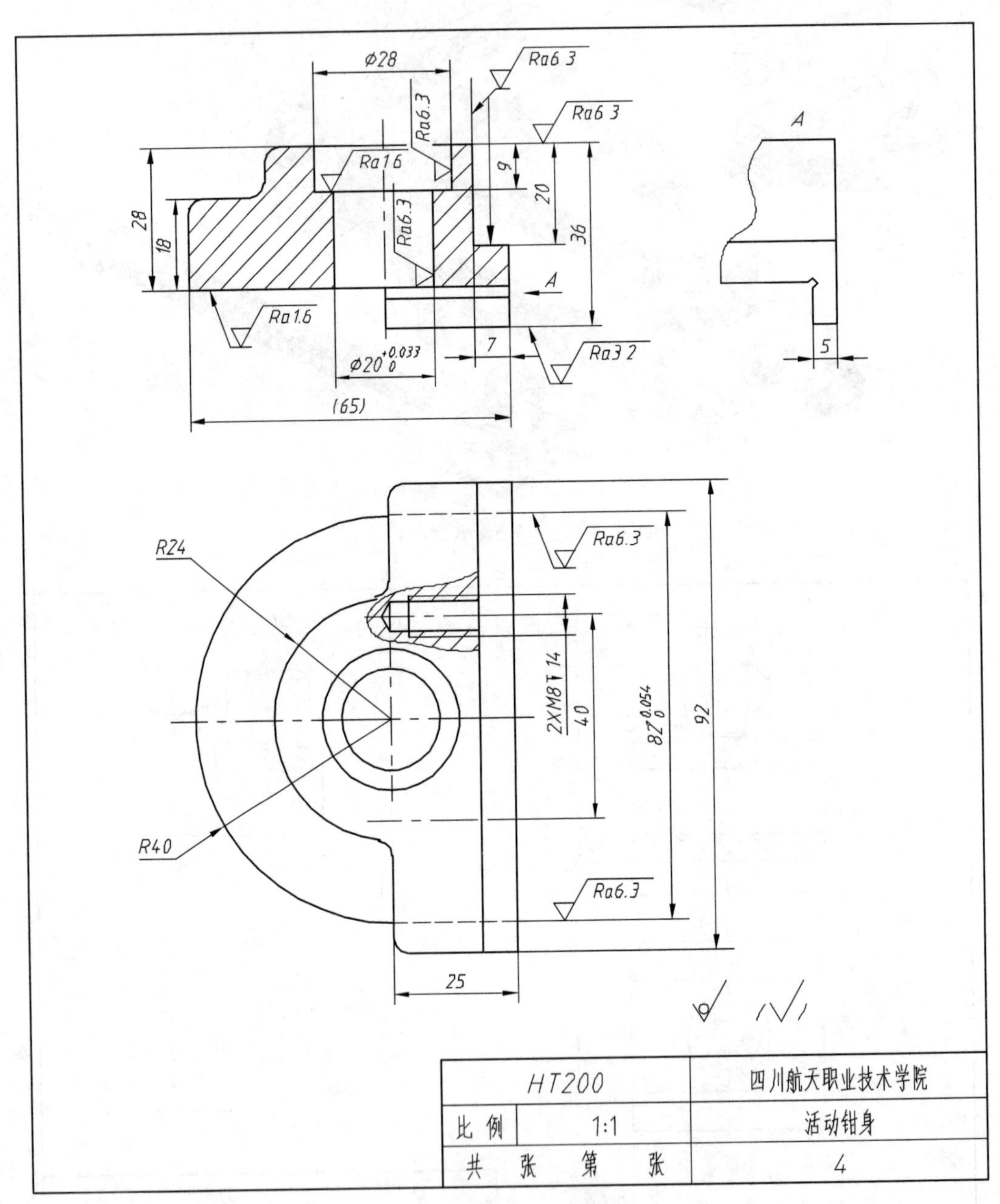

(e) 机用虎钳相关零件图(二)

图 8-1　机用虎钳(续)

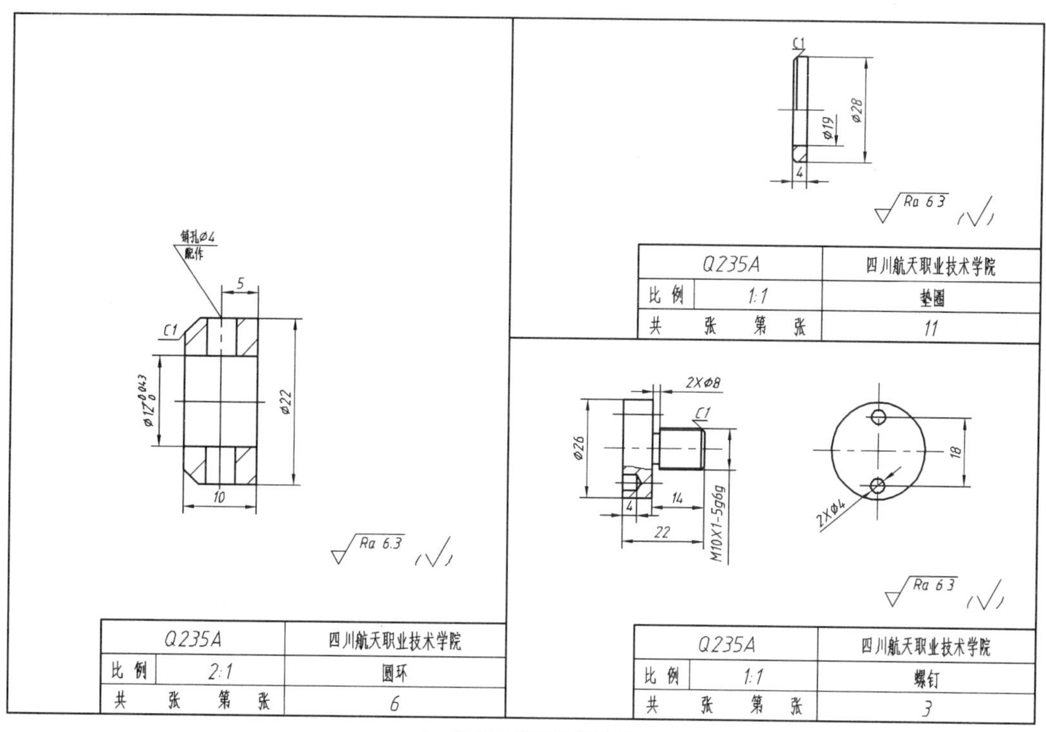

(f) 机用虎钳相关零件图(三)

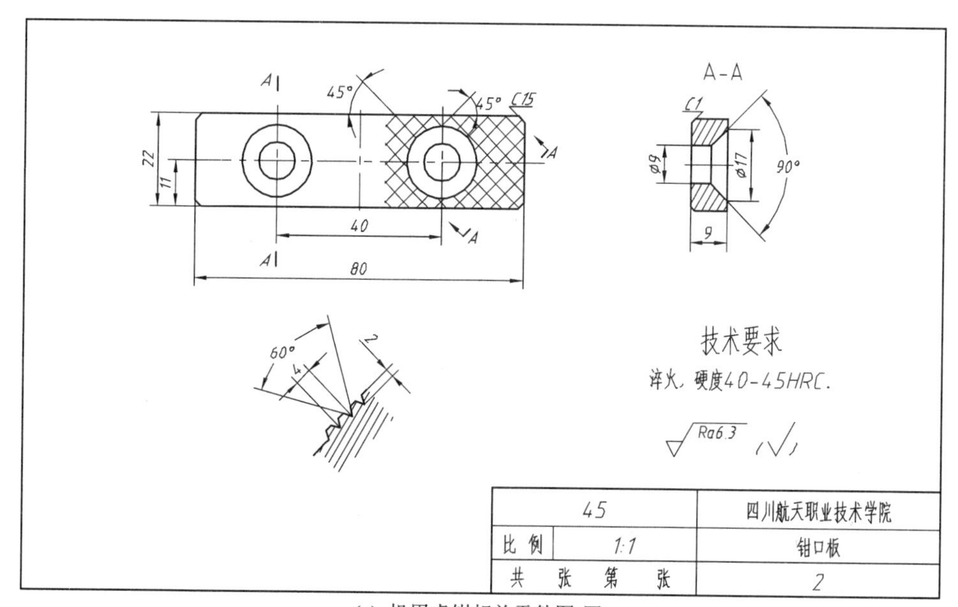

(g) 机用虎钳相关零件图(四)

图 8-1　机用虎钳(续)

任务知识准备

装配图是表示机器(或部件)的图样，它能够完整表达机器(或部件)的整体结构、工作原理和装配连接关系，以及各主要零件的结构形状和作用，并能够指导机器的装配、检验、调试和维修。表示一台完整机器的图样,称为总装配图,简称总装图;表示一个部件的图样,称为部件装配图,简称部装图。

一、装配图的作用

在设计过程中,一般是先画出装配图,然后据装配图拆画零件图;在生产过程中,先根据零件图进行零件加工,然后再依照装配图将零件装配成机器(或部件);在使用和维修中,根据装配图决定操作、保养、拆装和维修的方法。因此,装配图既是表达设计思想、指导生产和交流技术的技术文件,也是制订装配工艺规程,进行装配、检验、安装及维修的重要技术文件。

二、装配图的内容

图 8-2(a)是滑动轴承的装配轴测图,由图 8-2(b)滑动轴承的装配图可以看出,一张完整的装配图应具备以下内容:

1. 一组图形

选择一组图形,将机器(或部件)的工作原理、零件的装配关系、零件的连接关系和传动路线情况,以及各零件的主要结构形状表达清楚。图 8-2(b)滑动轴承装配图是通过一组三视图,主、左视图采用半剖视,俯视图是右半边拆去轴承盖等的半剖视画法,将机器(或部件)表达完整、清楚的。

2. 必要的尺寸

只标注出反映机器(或部件)的规格(性能)、总体大小、各零件间的配合关系、安装、检验等的尺寸。图 8-2(b)中注出了 14 个必要的尺寸。

(a) 滑动轴承装配轴测图

图 8-2 滑动轴承

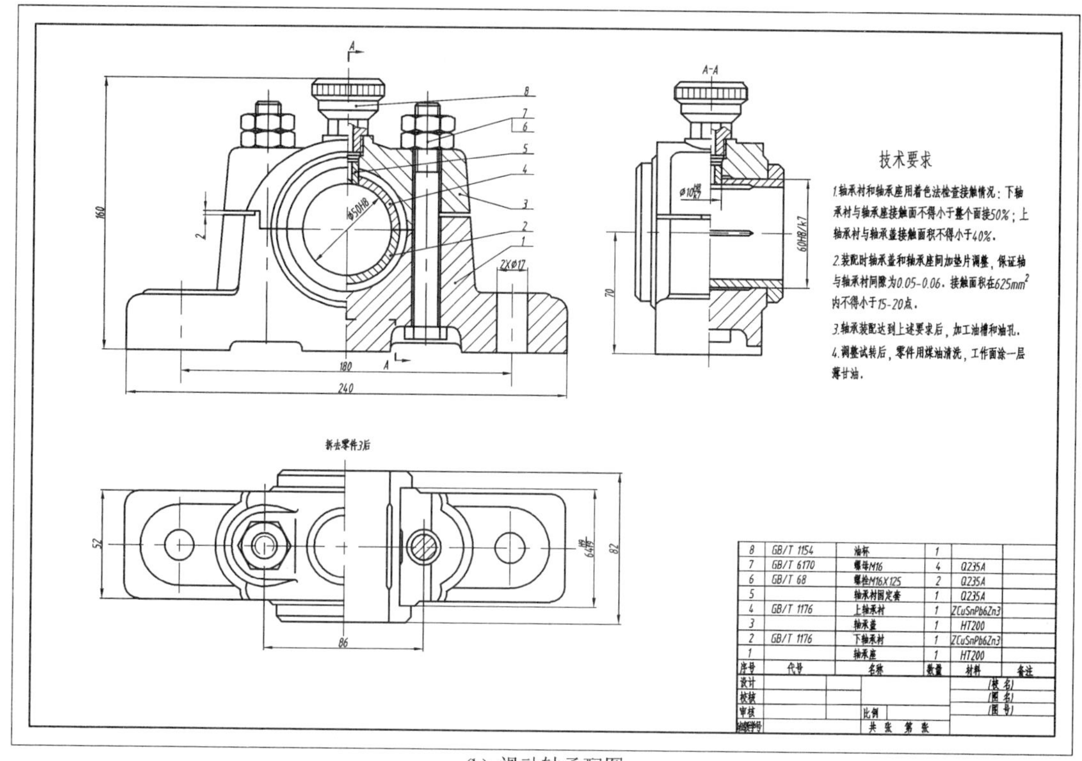

(b) 滑动轴承配图

图 8 - 2　滑动轴承(续)

3. 技术要求

用文字、符号或代号注写出机器(或部件)在装配、检验、调试、运输和安装等方面所需达到的技术要求。如图 8 - 2(b)所示，除图中五处注明配合要求外，还用文字说明了滑动轴承装配、检验、调试和使用的要求。

4. 标题栏、零件序号、明细栏

根据生产组织和管理的需要，在标题栏中写明机器(或部件)的名称、图号、绘图比例和责任者签字等；对每种零件必须标注序号并填写明细栏，依次写出各种零件的序号、名称、材料、数量、标准件的标准编号等。

三、装配图的表示法

前面所述图样的各种表示法对装配图同样适用，但由于表达的侧重点不同，国家标准对装配图还作了专门的规定。

(一) 装配图画法的基本规定

1. 相邻零件接触面(或配合面)和非接触面(或非配合面)的画法

相邻两零件的接触面或公称尺寸相同的配合面只画一条线，非接触面或非配合面即使间隙很小也应画两条线，如图 8 - 3 所示。

2. 相邻零件剖面线画法

在剖视图中，相邻两金属零件剖面线的倾斜方向应相反，或方向一致而间隔不等；三个或

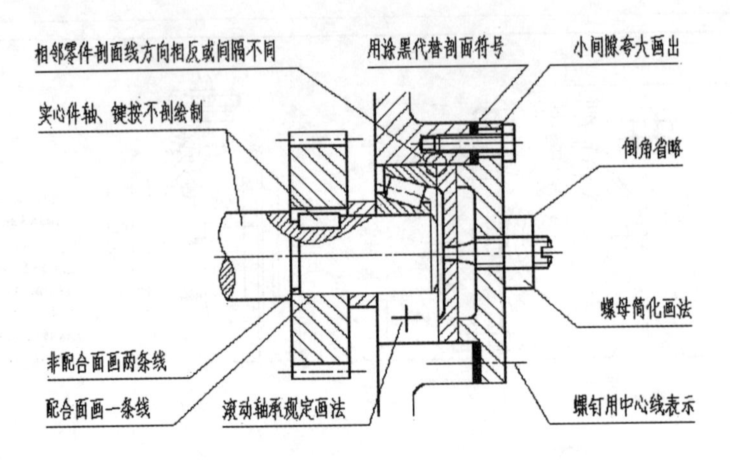

图8-3 装配图的规定画法和简化画法

三个以上零件相接触,除其中两个零件的剖面线方向倾斜方向不同外,第三个零件应采用不同的剖面线间隔或与同方向的剖面线位置错开。注意:在各剖视图或断面图中,同一零件的剖面线方向和间隔应相同,如图8-3所示。

3. 实心零件画法

在装配图中,对于螺纹紧固件、键、销等标准件和轴、连杆、球、钩子等实心零件,若按纵向剖切,且剖切平面通过其对称平面或轴线时,则这些零件均按不剖切绘制。如图8-3所示,若按横向剖切,则这些零件按剖视绘制,如图8-2(b)所示。如需要特别表明零件的局部结构,如凹槽、键槽、销孔等则可用局部剖视表示。

(二) 装配图的简化画法和特殊画法规定

1. 简化画法

1) 装配图中若干规格相同的零、部件组,可仅详细地画出一组,其余只需用细点画线表示出其位置,如图8-3中的螺钉。

2) 在装配图中,当剖切平面通过的某些部件为标准产品或该部件已由其他图形表示清楚时,可按不剖绘制,如图8-2(b)中的油杯所示。

3) 在装配图中,零件的工艺结构如倒角、圆角、退刀槽拔模斜度及其他细节等允许不画(见图8-3)。

4) 在装配图中可省略螺栓、螺母、销等紧固件的投影,而用细点画线和指引线指明它们的位置。此时,表示紧固件组的公共指引线应根据其不同类型从被连接件的某一端引出,如螺钉、螺柱、销连接从其装入端引出,螺栓连接从其装有螺母一端引出,如图8-4所示。

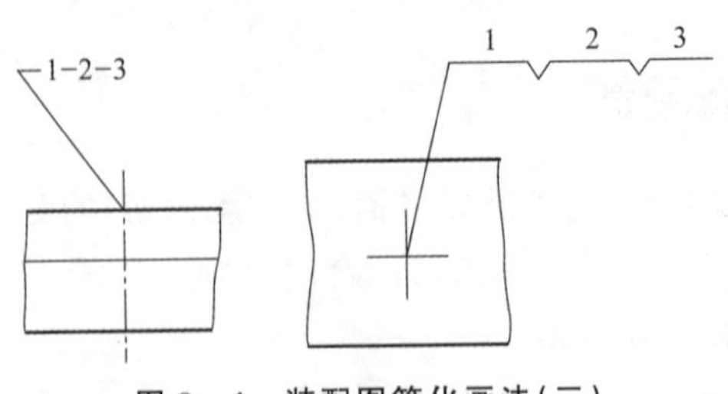

图8-4 装配图简化画法(三)

2. 特殊画法

（1）拆卸画法

在装配图中当某个或几个零件遮住了需要表达的其他结构或装配连接关系，可假想沿某些零件的结合面剖切或假想将某些零件拆卸后绘制，需要说明时可加标注“拆去××等”。如图8-2所示滑动轴承的俯视图，就是为了更清楚地表达轴承座与下轴承衬的配合关系，沿结合面剖切，拆去轴承盖和上轴承衬的右半部而绘制出的半剖视图，以拆卸代替剖视。结合面不画剖面线，但被剖到的螺栓则必须画出剖面线。如图8-5的*A*—*A*剖视图也是沿结合面剖切的拆卸画法。

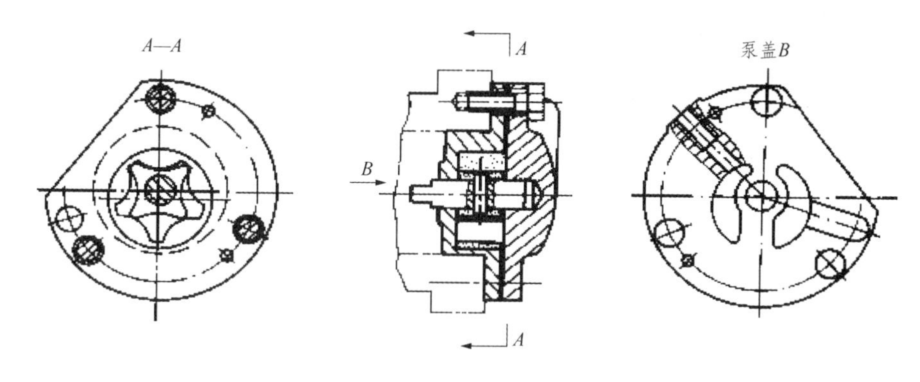

图8-5　转子泵装配图

（2）单独画出某零件的某个视图画法

装配图中，可以单独画出某一零件的视图，但必须标注清楚投射方向和名称并注上相同的字母，如图8-5所示*B*向视图中泵盖的画法，其标注方法如图8-5所示。

（3）夸大画法

薄片零件、细丝弹簧和微小间隙等的实际尺寸在装配图上很难画出或难以明确表示，此时可不按比例而采用夸大画法。如图8-3和图8-5中的垫片即采用了夸大画法。在断面图或剖视图中，若断面厚度在2 mm以下的图形允许以涂黑来代替剖面符号。

（4）假想画法

对部件中某些零件的运动范围和极限位置，可用细双点画线画出其轮廓。如图8-6所示主视图中手柄的工作（极限）位置*Ⅱ*和*Ⅲ*。当手柄到位置*Ⅰ*时，在齿轮2、3均不与齿轮4啮合；当手柄处于位置*Ⅱ*时，齿轮2与4啮合，传动路线为齿轮1→2→4；当手柄处于位置*Ⅲ*时，传动路线为齿轮1→2→3→4。由此可知，手柄的位置不同，齿轮4的转向和转速也不同。

对于与部件有关但不属于该部件的相邻零、部件，可用细双点画线画出局部外形，表示其与部件的连接关系，图8-6所示为左视图的床头箱。

（5）展开画法

为了表示传动机构的传动路线和零件间的装配关系，可假想按传动顺序沿轴线剖切，然后依次展开，使剖切面摊平并与选定的投影面平行，再画出它的剖视图。如图8-6所示为*A*—*A*展开图。

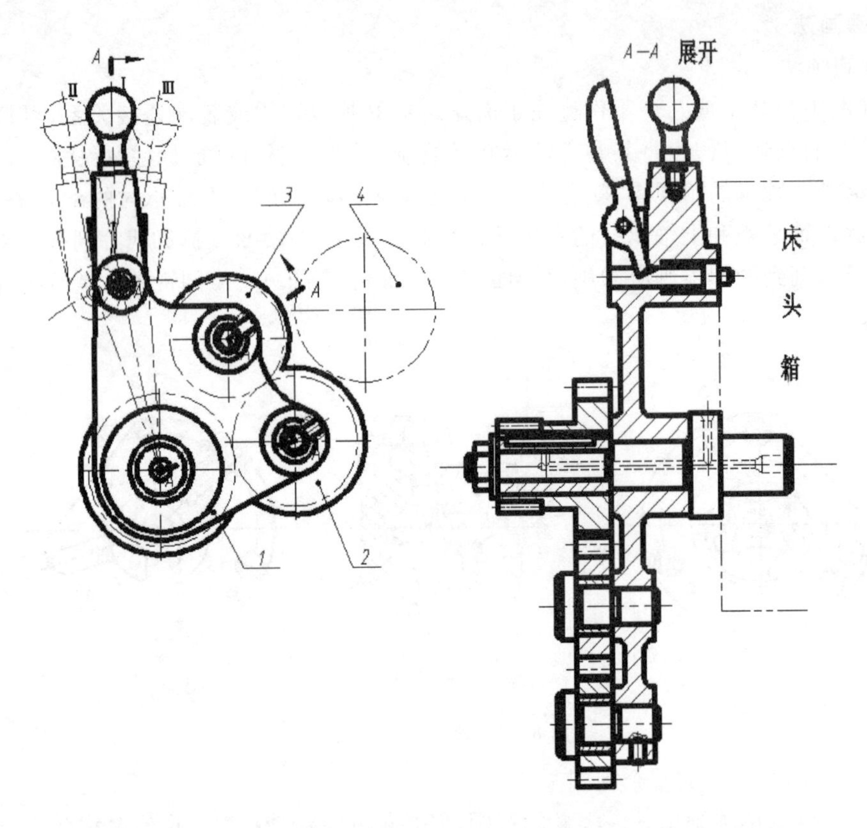

图8-6 三星齿轮传动机构装配图

四、装配图中的尺寸和技术要求

(一)装配图的尺寸标注

熟悉和掌握装配图的尺寸标注在制图中至关重要。装配图与零件图的作用不同,对尺寸标注的要求也不同。装配图是设计和装配机器(或部件)时使用的图样,因此不必把零件制造时所需要的全部尺寸都标注出来。

一般装配图应标注下面几类尺寸:

1. 性能(规格)尺寸

表示机器(或部件)的工作性能或产品规格的尺寸,是设计产品和选用产品的依据,如图8-2所示滑动轴承的轴孔尺寸 ϕ50H8,就反映了该部件所支承的轴的直径大小;如图8-23所示球阀的管口直径 ϕ20,表明了管路的通径;图8-11机用虎钳的钳口宽度60、钳口张开尺寸范围0~70。

2. 装配尺寸

用以保证机器(或部件)装配性能的尺寸,它有以下两种。

① 配合尺寸:零件间有配合性质要求的尺寸,如图8-2中的配合尺寸 ϕ92H8/h7 和 ϕ10H8/k7。

② 相对位置尺寸:表示机器(或部件)在装配时需要保证的零件间较重要的相对位置尺寸和间隙尺寸,如减速器中两啮合齿轮的中心距、主要轴线到基准面的定位尺寸等。

3. 安装尺寸

表示将部件安装到机器上或将机器安装到固定基座上所需要的对外安装时连接用的尺寸，如图 8-2 中的安装孔尺寸 $\phi17$ 和孔的定位尺寸 180 等。

4. 外形尺寸

表示机器（或部件）外形轮廓大小的尺寸，即总长、总宽和总高尺寸，如图 8-2 中的尺寸 240,82,160。它们可为包装、运输和安装使用时提供所需要占有空间的大小。

5. 其他重要尺寸

根据机器（或部件）的结构特点和需要，必须标注的其他重要尺寸，如运动件的极限位置尺寸、零件间的主要定位尺寸、设计计算尺寸等。图 8-6 中的主视图尺寸 $8°46'5''$，表示了手柄的转动范围。

总之，在装配图上标注尺寸要具体情况具体分析。上述五类尺寸并不是每张装配图都必须全部标出，而是按需要来标注。有时同一尺寸可能具有几种含义，分属于几类尺寸。

（二）装配图的技术要求

各类不同的机器（或部件），其性能不同，技术要求也各不相同。因此，在拟定机器（或部件）装配图的技术要求时，应作具体分析。在零件图中已经注明的技术要求，装配图中不再重复标注。技术要求一般填写在图纸下方的空白处。

具体的技术要求应包括以下几个方面（参看图 8-2 的技术要求）：

1. 装配要求

装配后必须保证的准确度（一般指位置公差），装配时的加工说明（如组合后加工），指定的装配方法和装配后的要求（如转动灵活、密封处不得漏油等）。

2. 检验要求

基本性能的检验方法和条件，装配后必须保证准确度的各种检验方法说明等。

3. 使用要求

对产品的基本性能、维护保养、操作等方面的要求。

五、装配图中的零部件序号和明细栏

为便于看图、管理图样和组织生产，装配图上需对每个不同的零、部件进行编号，这种编号称为序号，并按序号顺序填写明细栏。

（一）零部件序号的编排

1. 序号的编排形式

序号的编排有两种形式。

1）将装配图上所有的零件，包括标准件和专用件一起，依次统一编排序号。如图 8-2 所示，零件按逆时针方向编排序号。

2）将装配图上所有的标准件的标记直接注写在图形中的指引线上，而将专用件按顺序进行编号。如图 6-12(e)所示的连接板装配图中专用件按顺时针方向排列，标准件的标记直接注出，不编入序号。

2. 序号编排基本要求

① 装配图中所有的零、部件均应编号。

② 同一装配图中，每一种零部件(无论件数多少)，一般只编写一个序号，必要时多处出现的相同零部件允许重复采用相同的序号标注。标准化组件如油杯、滚动轴承、电动机等，可看作一个整体编一个序号。

③ 装配图中零、部件的序号应与明细栏中的序号一致。

3. 序号的编排方法

(1) 序号的表示方法

① 在指引线的水平基准(细实线)上或圆(细实线)内注写序号，序号字号比装配图中所标注尺寸数字的字号大一号，如图8-7(a)所示。

② 在指引线的水平基准(细实线)上或圆(细实线)内注写序号，序号字号比装配图中所标注尺寸数字的字号大一号或两号，如图8-7(b)所示。

③ 在指引线非零件端附近直接注写序号，序号字号比装配图中所标注尺寸数字的字号大一号或两号，如图8-7(c)所示。

注意 同一张装配图中编注序号的形式应一致。

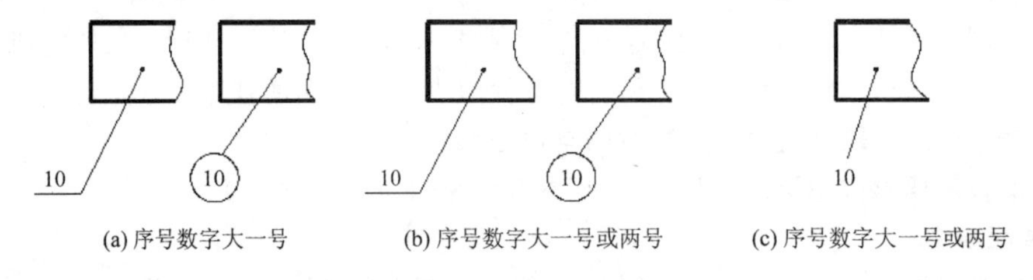

图8-7 序号表示法

(2) 序号指引线的画法

① 零件序号和所指零件之间用指引线连接，在所指零、部件的可见轮廓内画一圆点，自圆点画指引线(细实线)，指引线的另一端画出水平线或圆；若所指零件很薄或涂黑的剖面不便画圆点时，则可用箭头代替圆点并指向该部分轮廓，如图8-8(a)所示。

② 指引线相互不能相交(见图8-8(b))，不能与零件的剖面线平行(见图8-8(c))。一般

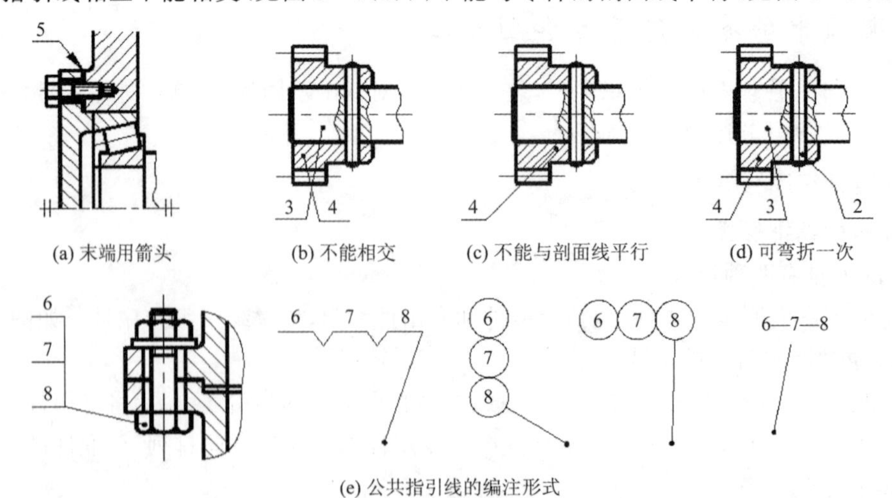

图8-8 指引线画法

指引线应画成直线，必要时允许曲折一次，如图 8-8(d)所示。

③ 对于一组紧固件以及装配关系清楚的零件组，允许采用公共指引线(见图 8-8(e))。

(3) 序号的编排方法

① 序号应编注在视图外围，按顺时针或逆时针方向顺次排列，在水平和铅垂方向应排列整齐。

② 在整个图上无法连续时，可只在某个图形周围的水平或铅垂方向顺序排列。

(二) 明细栏的编制

明细栏是所绘装配图中全部零件的详细目录，其内容和格式详见国家标准《明细栏》(GB/T 10609.2—1989)。如图 8-9 所示，明细栏一般放在装配图右下角标题栏的上方，并与标题栏对齐。栏内分格线为细实线，左边外框线为粗实线，最后一栏用细实线。

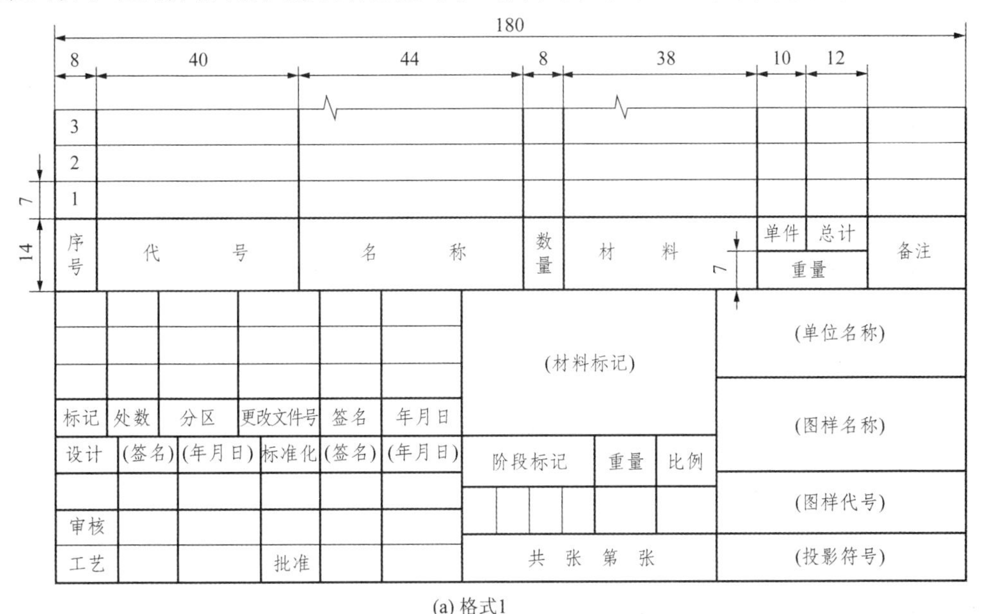

(a) 格式1

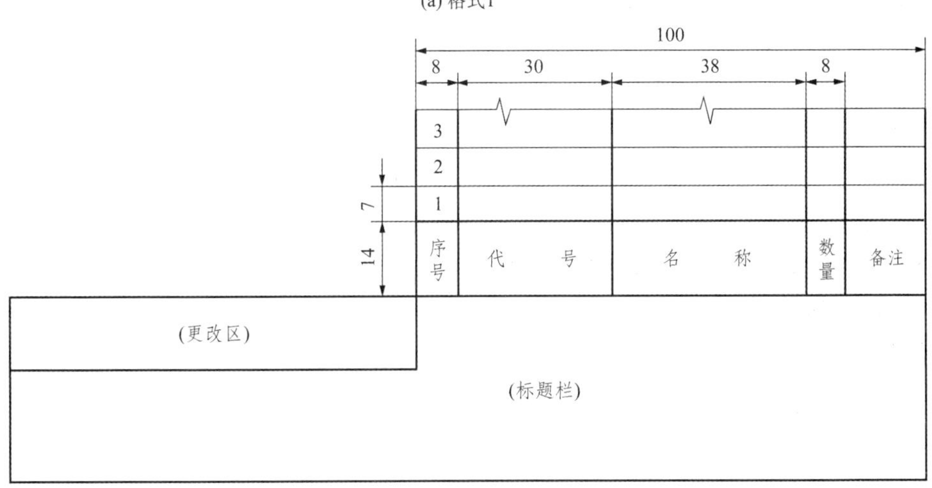

(b) 格式2

图 8-9　国家标准采用明细栏格式及尺寸

① 零件序号应由下向上排列，这样便于补充编排序号时被遗漏的零件。当标题栏上方位置不够时，可在标题栏左方继续列表由下向上接排。明细栏的内容如图8-2和图8-11(d)所示。实际生产中，对于较复杂的机器或部件，若不能在标题栏的上方配置明细栏，可作为装配图的续页按A4幅面单独给出，但其顺序应是由上而下填写。

② 代号——图样中每种零件的图样代号或标准编号。

③ 名称——图样中每种零件的名称(必要时可写出其形式尺寸)。

④ 数量——图样中同一种零件所需数量。

⑤ 材料——图样中制造零件的材料标记。

⑥ 备注——图样中必要的附加说明或其他有关重要内容，例如齿轮的齿数、模数等。

制图练习中建议采用如图8-10所示格式。

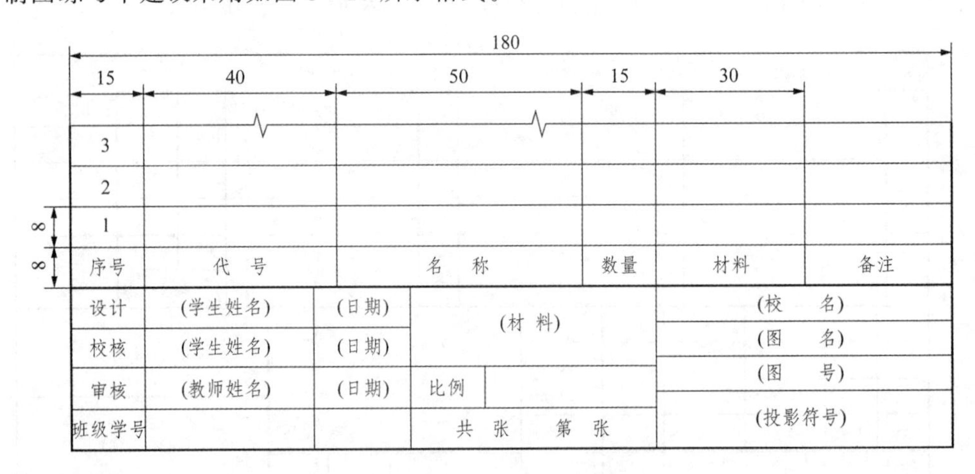

图8-10 制图练习用明细栏格式及尺寸

六、绘制装配图的方法与步骤

画装配图与画零件图的方法与步骤类似，但装配图要正确、清楚地表达部件的结构、工作原理及零件间的装配关系，并不要求把每个零件的各部分结构均完整地表达出来。具体画装配图的方法与步骤参见本任务实施。

任务分析

装配图同零件图一样，要以主视图的选择为中心来确定整个一组视图的表达方案。表达方案的确定依据是机器(或部件)的工作原理和零件之间的装配关系。

综合运用已学知识，分析机用虎钳的工作原理以及零件间的相对位置、配合性质、连接形式，并按正确的方法与步骤，绘制机用虎钳的装配图。

任务实施

一、画图前的准备

(一) 了解分析部件

一般可通过观察部件实物或装配轴测图、轴测分解图，并对照装配示意图及配套零件图，分析该部件的结构和工作情况，查阅有关说明书及资料，搞清该部件的用途、性能、工作原理、结构特点，各零件的形状、作用及零件间的装配关系，以及装拆顺序等。

由图 8－1 可知，机用虎钳是安装在铣床或钻床的工作台上，用它的钳口来定位、夹紧被加工零件，以便进行切削加工的一种通用夹具。它由 11 种零件组成，其中螺钉、销是标准件，其他是专用件。

机用虎钳的工作原理是：旋动螺杆 8，使螺母 9 带动活动钳身 4、钳口板 2 沿螺杆轴线作轴向直线运动，实现夹紧工件进行切削加工或完成切削加工后放松工件。此处只有一条传动路线。它的最大夹持厚度是 70 mm，可用细双点画线表示活动钳身的极限位置。

（二）拟定表达方案

在按画法规定绘制装配图之前，必须先恰当地确定表达方案。

1. 选择主视图

（1）选择投射方向

通常选择能反映机器（或部件）的总体结构特征、工作原理和主要装配干线（传动路线、装配关系等）的方向以及能尽量多地反映该装配体内部零件间的相对位置关系的方向作为主视图的投射方向。注意：根据机器或部件的种类、结构特点不同，有时也可能用其他视图来表达上述要求。

通常沿主要装配干线或主要传动路线的轴线剖切，以剖视图来反映工作原理、装配关系及其构造特征并考虑是否适宜采用特殊画法或简化画法。

（2）选择安放位置

一般按部件的工作位置来安放主视图，以便看图装配或检修。

如图 8－1 所示，根据上述原则，机用虎钳主视图按工作位置放置，是通过螺杆轴线（也即虎钳前后对称面）剖切画出全剖视图（见图 8－11(d)），表达了螺杆 8 装配干线上各零件的装配关系、连接方式和传动关系，同时也表达了螺钉 3、螺母 9 和活动钳身 4 的结构以及机用虎钳的工作原理。

同时主视图也反映了主要零件的装配关系：螺母块从固定钳身 1 的下方空腔装入工字形槽内，再装入螺杆，并用垫圈 11、垫圈 5 及圆环 6 和销 7 将螺杆轴向固定；通过螺钉 3 将活动钳身与螺母连接，最后用螺钉 10 将两块钳口板 2 分别与固定钳身和活动钳身连接。

2. 选择其他视图

为补充表达主视图上没有而又必须表达的内容，对其他尚未表达清楚的装配关系及零件形状等部位必须再选择相应的视图进一步说明。所选择的视图要重点突出，相互配合，避免重复。

结合图 8－1 可知，机用虎钳主视图确定后如图 8－11(d)所示，用俯视图主要反映机用虎钳的外形，并用局部剖视图表达了钳口板 2 和固定钳身 1 的连接方式。左视图采用 *A—A* 半剖视图，从主视图中可知剖切平面通过了两个安装孔，除了表达了固定钳身 1 的外形外，主要补充表达了螺母 9 与活动钳身 4 的连接关系。局部放大图反映了螺杆 8 的牙型。移出断面表达了螺杆头部与扳手（未画出）相接的形状。

综上所述，机用虎钳装配图共采用三个基本视图（主、俯、左）、一个表示单独零件的视图（2 号零件）、一个局部放大图和一个移出断面图来表达。

（三）确定比例和图幅

根据装配体的大小及复杂程度选定绘制装配图的合适比例。一般情况下，为便于看图，应尽量选用1∶1的比例画图。

比例确定后,再根据选好的视图,并考虑标注必要的尺寸、零件序号、标题栏、明细栏和技术要求等所需的图面位置,确定出图幅的大小。

(四) 画装配图应注意的事项

❶ 要正确确定各零件间的相对位置。运动件一般按其一个极限位置绘制,另一个极限位置需要表达时,可用双点画线画出其轮廓。螺纹连接件一般按将连接零件压紧的位置绘制。

❷ 一般从主视入手,并兼顾各视图的投影关系,几个基本视图结合起来画图。

❸ 围绕主要装配干线,由内向外,逐层画出零件图形。先画主要零件,后画次要零件;先画大体轮廓,后画局部细节;先画可见轮廓,被遮部分可不画出。

❹ 装配图中各零件的剖面线是看图时区分不同零件的重要依据之一,必须按前面所讲的有关规定绘制。剖面线的密度可按零件的大小来决定,不宜太稀或太密。

二、画图步骤

1) 合理布置图面:画出图框、标题栏和明细栏,从各装配干线入手,画出各视图主要基准线(以细点画线或细实线布置各视图位置),如图8-11(a)所示。

2) 打底稿,逐层画出各视图。一般先画大的主要零件,定出框架,如图8-11(b)所示。

3) 校核(进一步进行细节描述,防止遗漏),描深,画剖面线,如图8-11(c)所示。

4) 标注尺寸,注写序号,填写技术要求、标题栏和明细栏,完成作图,如图8-11(d)所示。

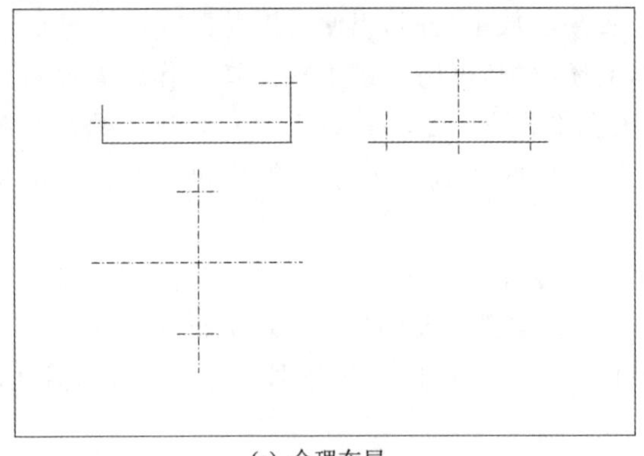

(a) 合理布局

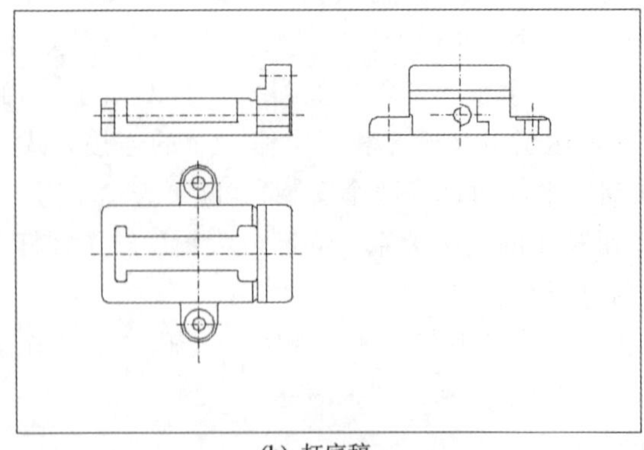

(b) 打底稿

图8-11 机用虎钳装配图的画图步骤

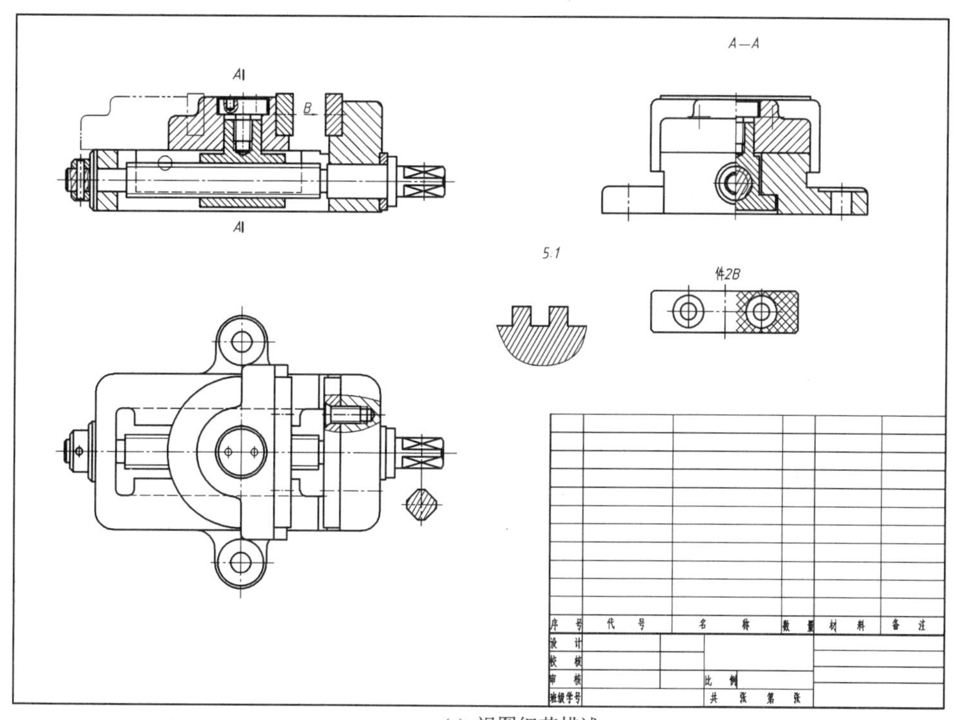

(c) 视图细节描述

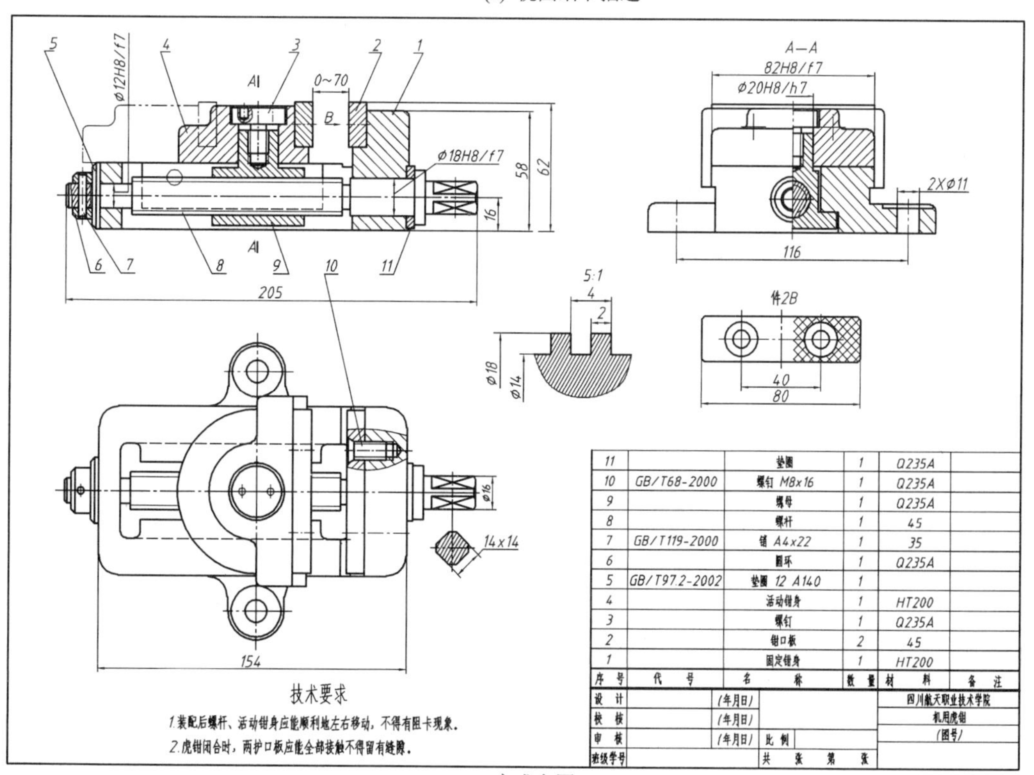

序号	代号	名称	数量	材料	备注
11		垫圈	1	Q235A	
10	GB/T68-2000	螺钉 M8x16	1	Q235A	
9		螺母	1	Q235A	
8		螺杆	1	45	
7	GB/T119-2000	销 A4x22	1	35	
6		圆环	1	Q235A	
5	GB/T97.2-2002	垫圈 12 A140	1		
4		活动钳身	1	HT200	
3		螺钉	1	Q235A	
2		钳口板	2	45	
1		固定钳身	1	HT200	

设计	(年月日)			四川航天职业技术学院
校核	(年月日)			机用虎钳
审核	(年月日)	比例		(图号)
班级学号		共 张 第 张		

(d) 完成全图

图 8-11 机用虎钳装配图的画图步骤(续)

任务知识拓展

一、常见装配工艺结构

机器(或部件)内的零件结构除了要达到设计要求,还必须考虑它的装配工艺的合理性,否则会使装卸困难,甚至达不到设计要求。

(一) 零件间接触面或配合面的合理结构

两个零件在同一方向上只能有一个接触面和配合面,如图8-12所示。为保证轴肩端面与孔端面接触,可在轴肩处加工出退刀槽,或在孔的端面加工出倒角,如图8-13所示。

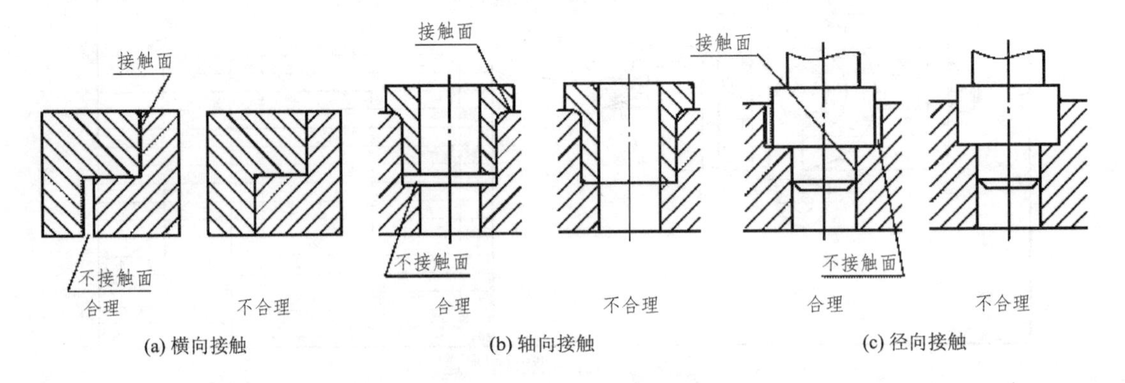

图8-12 接触面或配合面的接触面数量

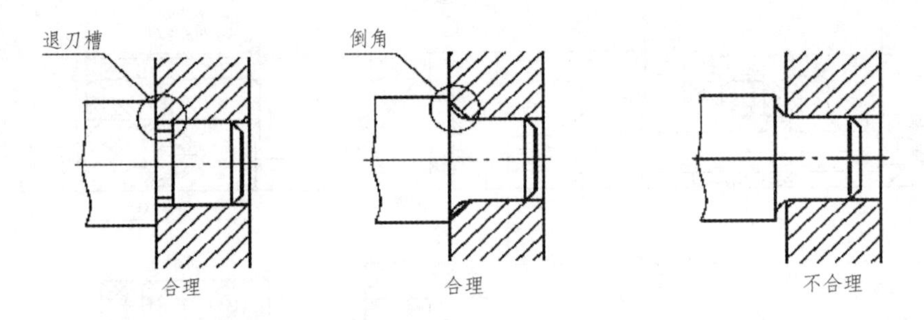

图8-13 轴颈和孔配合时转折处的合理结构

(二) 螺纹连接的合理结构

为了保证螺纹能顺利旋紧,如图8-14所示,可考虑在螺纹尾部加工退刀槽(见图(a))或在螺孔端口加工凹坑(见图(b))和倒角(见图(c))。

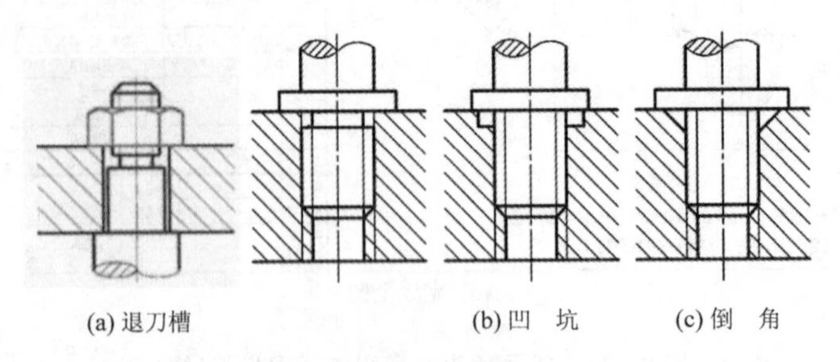

图8-14 利于螺纹旋紧的合理结构

为保证连接件与被连接件的良好接触，减少加工面积(见图 8－15)，应在被连接件上加工出沉孔(见图(a))或凸台(见图(b))，而图(c)是不正确的设计。被连接件通孔的直径应大于螺纹大径或螺杆直径，以便装配。

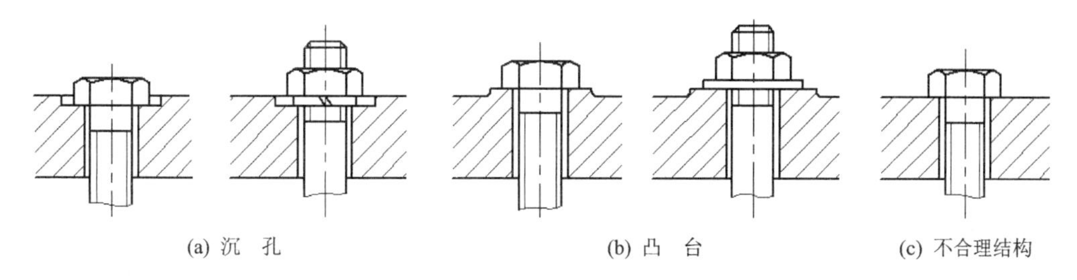

(a) 沉 孔　(b) 凸 台　(c) 不合理结构

图 8－15 保证良好接触的合理结构

(三) 密封装置

为防止机器内部的液体或气体向外渗漏，同时也防止外界的灰尘、水分、杂质等进入机器，常需采用密封装置。常用典型密封装置如图 8－16(a)、(b)所示。

滚动轴承需要进行密封，一方面是防止外部的灰尘和水分进入轴承，另外也要防止轴承的润滑剂渗漏，如图 8－16(c)所示。

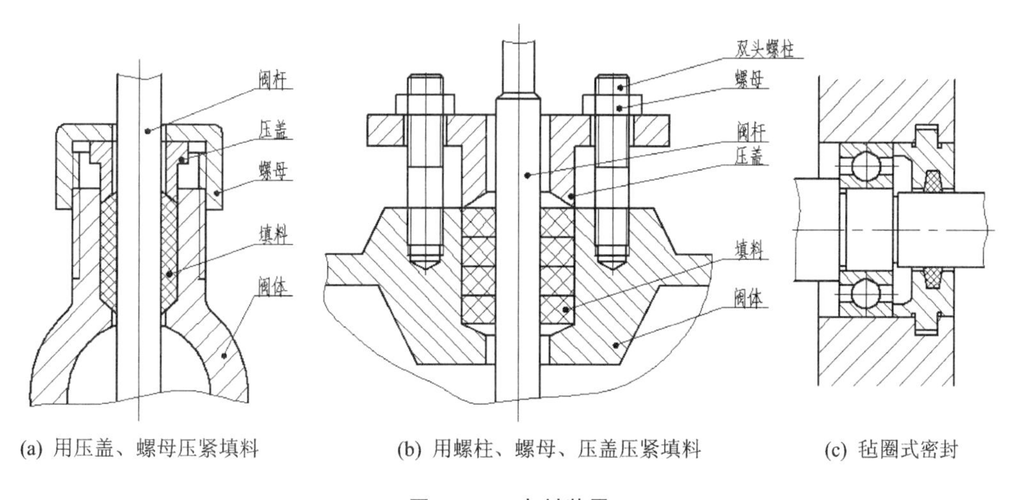

(a) 用压盖、螺母压紧填料　(b) 用螺柱、螺母、压盖压紧填料　(c) 毡圈式密封

图 8－16 密封装置

(四) 防松装置

为了避免紧固件由于机器工作时的冲击、振动或温度变化大而松开，常需采用螺纹防松装置。常用的防松装置如图 8－17 所示。

(五) 零件拆装的合理结构

1) 当零件用螺纹紧固件连接时，应考虑到拆装的方便与可能，既要留出扳手的转动空间，又要保证有足够的拆装空间，如图 8－18 所示。

2) 零件在用轴肩或孔肩定位时，应注意维修时拆装的方便与可能，如图 8－19 所示。

3) 为了保证两零件在装拆前后不致降低装配精度，通常有圆柱销或圆锥销将两零件定位，如图 8－20(a)所示。同时为了加工和拆卸方便，在可能的情况下，最好将销孔做成通孔，如图 8－20(b)所示。

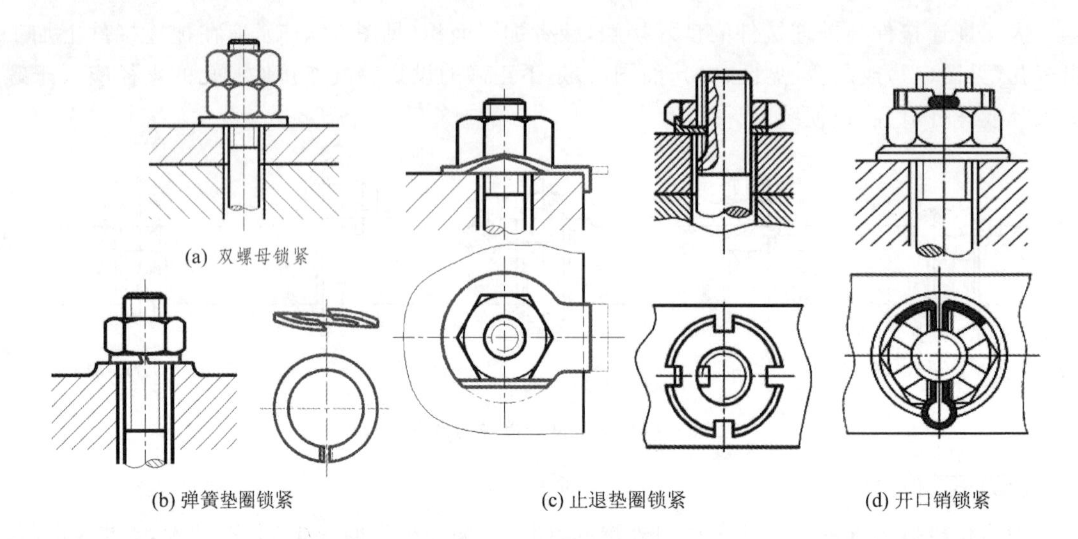

图 8-17 防松装置

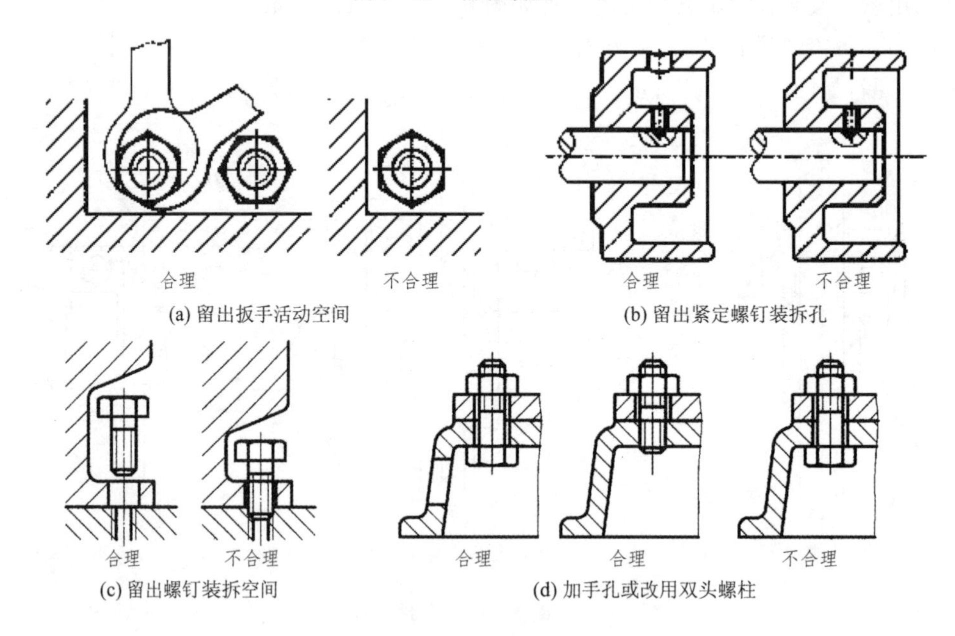

图 8-18 螺纹连接装拆合理结构

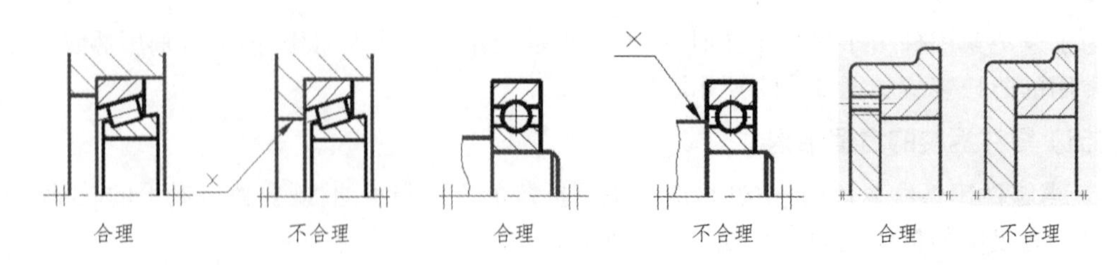

图 8-19 装配结构要便于拆卸

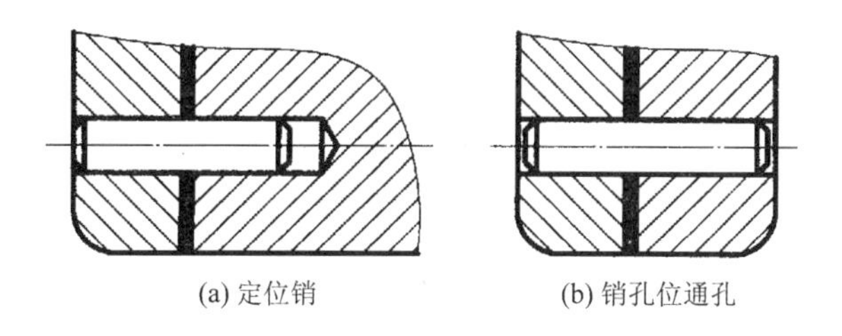

图 8－20　销定位装配结构

任务 8.2　阅读铣刀头装配图

任务目标

➢ 能准确阅读中等以上复杂程度的装配图，进一步提高空间思维能力和综合应用知识的能力。

任务引入

阅读铣刀头装配图，如图 8－21 所示。

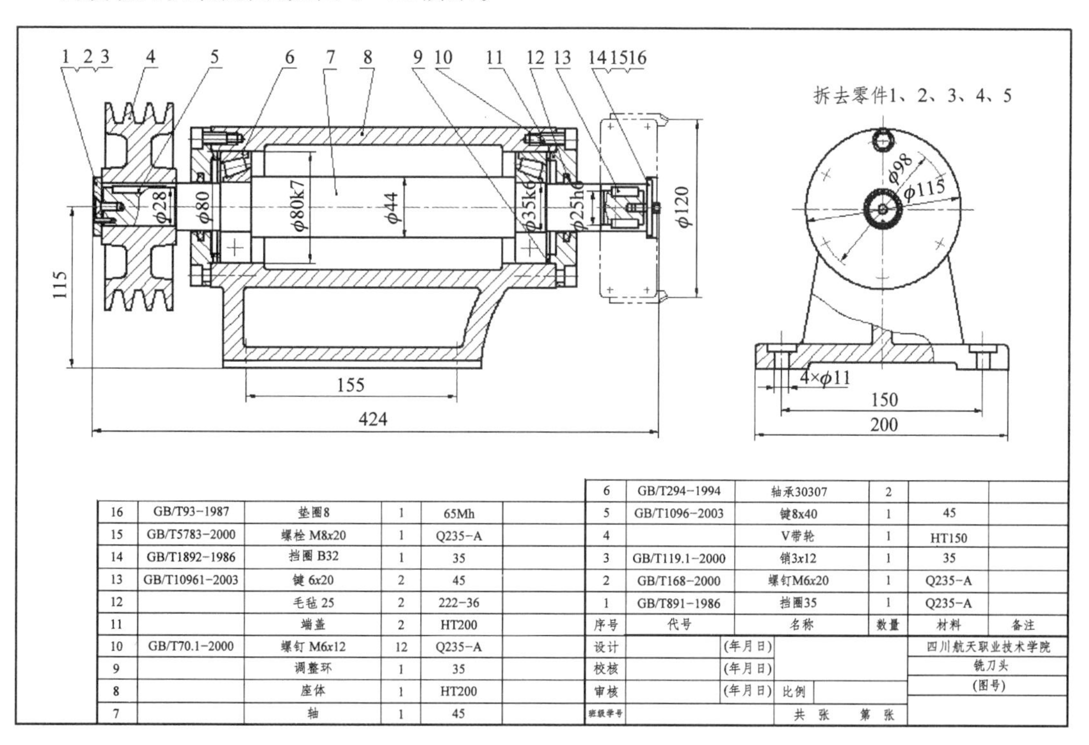

16	GB/T93-1987	垫圈8	1	65Mh	
15	GB/T5783-2000	螺栓 M8x20	1	Q235-A	
14	GB/T1892-1986	挡圈 B32	1	35	
13	GB/T10961-2003	键 6x20	2	45	
12		毛毡 25	2	222-36	
11		端盖	2	HT200	
10	GB/T70.1-2000	螺钉 M6x12	12	Q235-A	
9		调整环	1	35	
8		座体	1	HT200	
7		轴	1	45	

6	GB/T294-1994	轴承30307	2		
5	GB/T1096-2003	键8x40	1	45	
4		V带轮	1	HT150	
3	GB/T119.1-2000	销3x12	1	35	
2	GB/T168-2000	螺钉M6x20	1	Q235-A	
1	GB/T891-1986	挡圈35	1	Q235-A	
序号	代号	名称	数量	材料	备注

设计		(年月日)		四川航天职业技术学院
校核		(年月日)		铣刀头
审核		(年月日)	比例	(图号)
班级学号			共　张　　第　张	

图 8－21　铣刀头装配图

任务知识准备

在进行机械的设计、装配、检验、使用、维修和技术革新等各项生产活动中，都要读装配图。

一、读装配图的基本要求

1）了解机器或部件的名称、规格、性能、用途及工作原理；

2）了解各组成零件的相互位置、装配关系、连接方式及拆装顺序；

3）了解各主要零件的结构形状和在装配体中的作用。

二、读装配图的方法和步骤

(一) 概括了解

1）了解标题栏——从中可了解到机器(或部件)名称、比例和大致的用途。从名称联系生产实践知识，往往可以知道机器(或部件)的大致用途。例如：阀，一般是用来控制流量起开关作用的；虎钳，一般是用来夹持工件的；减速器则是在传动系统中起减速、变向及传力作用的；各种泵则是在气压、液压或润滑系统中产生一定压力和流量的装置。通过比例，即可大致确定装配体的大小。

2）了解明细栏——从中可了解到标准件和专用件的名称、数量以及专用件的材料等要求。并在视图中找出对应零件所在的位置，从而略知其大致的组成情况及复杂程度。

3）初步看视图——浏览一下所有视图、尺寸和技术要求，初步了解该装配图的表达方法及各视图间的大致对应关系，弄清各视图的表达重点，以便为进一步看图打下基础。

(二) 了解工作原理和装配关系

在一般了解的基础上，结合有关说明书仔细分析机器(或部件)的工作原理和装配关系，这是读装配图的一个重要环节，分析各装配干线或传动路线，弄清零件相互的配合、定位、连接方式。此外，对运动零件的润滑、密封形式等，也要有所了解。

(三) 分析视图，读懂零件的结构形状

分析视图，了解各视图、剖视图、断面图等的投影关系及表达意图。了解各零件的主要作用，帮助看懂零件结构。分析零件时，应从主要视图中的主要零件开始分析，可按“先简单，后复杂”的顺序进行。有些零件在装配图上不一定表达完全清楚，可配合零件图来读装配图。这是读装配图极其重要的方法。

常用的分析方法如下：

1）利用零件序号，对照明细栏顺序分析，以免遗漏。标准件、常用件比较容易看懂。轴套类、轮盘类和其他简单零件一般通过一个或两个视图就能看懂。较复杂的零件，根据零件序号指引线所指部位，分析该零件在该视图中的范围及外形，然后借助三角板、分规等工具对照投影关系，快速而准确地找出该零件在其他视图中的位置及外形，综合分析想出其结构形状。

2）利用剖面线的方向和间隔不同来分析。同一零件的剖面线，在各视图上方向一致、间隔相等。

3）利用零件间互相遮挡时的可见性规律来分析。

4）利用画法规定来分析。如实心件在装配中规定沿轴线方向剖切按不剖绘制，据此能很快地将丝杆、手柄、螺钉、键、销等零件区分出来。

5）按传动路线分析运动零件的运动情况(分析其运动方向、传动关系及运动范围)。

(四) 分析尺寸，了解技术要求

1）分析尺寸——找出装配图中的性能(规格)尺寸、装配尺寸、安装尺寸、外形尺寸和其他重要尺寸。其中装配尺寸与技术要求有密切关系，应仔细分析。

2）了解技术要求——一般是对机器(或部件)提出的装配要求、检验要求和使用要求等。

综上所述，读装配图只有按步骤对机器或部件进行全面了解、分析和总结全部资料，认真归纳，才能准确无误地看懂机器或部件。

任务分析

综合运用已学知识，按正确的方法与步骤，分清零件的图形轮廓，读懂零件间的相对位置、配合性质、连接形式等，理解铣刀头部件的工作原理。

任务实施

一、概括了解

从图8－21中标题栏和有关说明书中可知铣刀头由轴、V带轮、端盖、座体等16种不同的零件组成。它是铣床上安装铣刀盘的专用部件，动力通过V带轮带动轴转动，轴带动铣刀盘旋转，对工件进行平面切削加工。

铣刀头装配图共采用了两个基本视图。

二、了解工作原理和装配关系

通过学习情境七对铣刀头的轴、端盖和座体等主要零件的分析和阅读，对铣刀头各零件之间的装配关系和连接方式已比较清楚。以下从铣刀头的传动入手，按图8－21中主视图从左到右弄清传动关系，从而分析了该部件的工作原理。

铣刀头只有一条传动路线（也即装配干线），它的工作原理比较简单：铣刀装在铣刀盘上，铣刀盘通过两个键13与轴7连接。动力通过V带轮4经键5传递到轴7从而带动铣刀盘旋转，对零件进行铣削加工。由此可知，轴7是铣刀头运动传递的关键零件。

轴7由两个圆锥滚子轴承6及座体8支承，用两个端盖11及调整环9调节轴承的松紧和轴7的轴向位置；两端盖用螺钉10与座体8连接，端盖内装有毡圈12，紧贴轴7起密封防尘作用；带轮4轴向由挡圈1及螺钉2、销3来固定，周向由键5通过键连接固定在轴7上；铣刀盘与轴由挡圈14、垫圈I6及螺栓15固定。

三、分析视图，读懂零件的结构形状

从图8－21中可知装配图采用了主、俯两个基本视图。铣刀头按工作位置水平放置主视图是通过轴7轴线的全剖视图，并在轴两端作局部剖视，表达了铣刀头中各零件间的相互位置、主要的装配关系和工作原理；右端用了假想画法将铣刀盘画出，以反映铣刀头的主要功能。左视图采用拆去挡圈1、螺钉2、销3、V带轮4和键5的局部剖视图，以突出座体的主要形状特征，进一步表达清楚座体的外形以及座体底板与其他零件的安装孔情况。

利用投影关系并借助剖面线画法、相关制图工具识读座体零件结构，由主视图和左视图可知，座体上部是圆筒状，两端的轴孔支承滚动轴承，其轴孔直径与轴承的外径一致，两侧外端面制有与端盖连接的螺纹孔，座体中间部分孔的直径大于两端孔的直径，是为了减轻座体的重量，减少加工面积；座体下部是带圆角的长方形底板，有四个安装孔，将铣刀头安装在铣床上，为了接触平稳和减少加工面积，底板下面的中间部分做成通槽。座体的上、下两部分用支承板和肋板连接，如图7－23座体零件图所示。

其他零件如轴、端盖等均可以按上述方法逐一地加以分析，从上面各视图的分析中就能看

懂铣刀头上各零件的结构形状。请读者自行分析。

注意 有些零件结构在装配图上表达不清楚时,可配合提供的零件图来识读装配图。

四、分析尺寸

如图8-21所示,铣刀盘尺寸ϕ120是规格尺寸。配合尺寸有四处:ϕ28H8/k7是V带轮与轴的配合尺寸、ϕ80K7/f6是端盖凸缘与座体孔的配合尺寸,ϕ80K7和ϕ35K6分别是滚动轴承的外径与座体孔、内径与轴的配合尺寸。铣刀头座体上的四个沉孔的定形尺寸ϕ11和定位尺寸155、150是安装尺寸。424、200是外形尺寸,115既是高度方向的外形尺寸,也是重要的相对位置尺寸。

此外技术要求还包括部件在装配过程中或装配后必须达到的技术指标(如装配的工艺和精度要求),以及部件的工作性能、调试与试验方法、外观等的要求。

任务巩固与练习

装配图是表达机器或部件的图样,是表达设计思想、指导装配和进行技术交流的重要技术文件。一般在设计过程中用的装配图称为设计装配图,主要是表达机器和部件的结构形状、工作原理、零件间的相互位置和配合、连接、传动关系以及主要零件的基本形状;在产品生产过程中用的装配图称为装配工作图,主要是表达产品的结构、零件间的相对位置和配合、连接、传动关系。主要是用来把加工好的零件装配成整体,作为装配、调试和检验的依据。

本学习情境主要内容概括如下:

1)一张完整的装配图应包括四个方面内容一组视图,必要的尺寸,技术要求,序号、标题栏及明细栏。

2)装配图的表达方法要正确、清楚地表达装配体的结构、工作原理及零件间的装配关系。视图、剖视图、断面图等零件图的各种表示方法对装配图基本上都是适用的。但装配图表达方案的选择与零件图有所不同,装配图主要是依据机器(或部件)的工作原理和零件间的装配关系来确定主视图的投射方向,而零件图则是根据工作位置、加工位置以及形状特征来确定主视图的投射方向。装配图的简化画法也很重要,要逐步学习掌握。

3)装配图的尺寸和技术要求。装配图上一般只需要标注出说明机器(或部件)特征、装配安装、检验及总体尺寸等,比零件图尺寸简单。机器(或部件)的技术要求主要是装配、检验、使用时应达到和应注意的技术指标。

4)机器(或部件)的识读与测绘。识读装配图主要是了解构成机器(或部件)的各零件间的相互关系,即它们在机器(或部件)中的位置、作用、固定或连接方法、运动情况及装拆顺序等,从而进一步了解机器(或部件)的性能、工作原理及各零件的主要结构形状。归纳总结看装配图的要领有“四看四明”:看标题,明概况;看视图,明方案;看投射,明结构;看配合,明原理。

机器(或部件)的测绘,主要是对其各部件和零件的测量和画草图,并绘制装配图。测绘在实际生产中有很重要的意义。绘制装配图的步骤要领归结为“四定一审”:定数——选择必要的视图和剖切面,确定视图数量;定位——配置各视图的相对位置及需要的范围;定基——选定作图基准,通常以底面和中心线为基准;定号——图形画成后,将零件按一定的时针方向编排序号,完成标题栏、明细栏。审核认真负责,周到细致,整理加深。

任务8.3　由装配图拆画零件图

任务目标

➢ 掌握读装配图及由装配图拆画零件图的方法步骤，提高读、画图能力。

任务引入

根据任务8.2铣刀头装配图(见图8-21)拆画座体的零件工作图。

任务知识准备

由装配图拆画零件图，是将装配图中的非标准零件从装配图中分离出来画成零件图的过程，既是设计过程中的重要环节，也是维修过程中的必要环节，它是检验读装配图和画零件图能力的一种常用方法。拆画零件图应注意以下几个方面的问题：

一、拆画零件图的要求

画图前，必须认真阅读装配图，全面深入了解设计意图，弄清机器或部件的装配关系、工作原理及主要零件的结构形状。

画图时，不但要从设计方面考虑零件的作用和要求，还要考虑零件的制造工艺和装配工艺，使所画的零件符合设计要求和工艺要求。

二、对零件分类的处理

通常机器或部件中的零件可分为以下几类：

1）标准件大多数属外购件，因此不需画零件图，只需按规定标记代号列出汇总表。

2）借用零件是指借用定型产品中的零件。这些零件已有零件图，不必再画。

3）特殊零件是设计时经过特殊考虑和计算所确定的重要零件，这类零件应按给出的图样或数据资料拆画零件图。

4）一般零件是拆画的主要对象，是按照装配图所体现的形状、大小和有关技术要求来画图的。

三、对零件表达方案的处理

1）装配图上的表达方案主要是从表达装配关系、工作原理和机器(或部件)的总体情况来考虑的。因此，在拆画零件图时，应根据所拆画零件的内外形状及复杂程度来选择表达方案，而不能简单地照抄装配图中该零件的表达方案。

2）对于装配图中没有表达完全的零件结构，在拆画零件图时，应根据零件的功用及零件结构知识加以补充和完善，并在零件图上完整清晰地表达出来。

3）对于装配图中省略的工艺结构，如倒角、退刀槽等，也应根据工艺需要在零件图上表示清楚。

四、尺寸处理

1. 抄　注

装配图中已标注出的尺寸，往往是较重要的尺寸，是机器(或部件)设计的依据，自然也是零件设计的依据。在拆画零件图时,这些尺寸不能随意改动,要完全照抄。对于配合尺寸,应根据其配合代号,查出偏差数值,标注在零件图上。

2. 查　找

螺栓、螺母、螺钉、键、销等的规格尺寸和标准代号,一般在明细栏中已列出,详细尺寸可从相关标准中查得。

螺孔直径、螺孔深度、键槽、销孔等尺寸,应根据与其相结合的标准件尺寸来确定。

按标准规定的倒角、圆角、退刀槽等结构的尺寸,应查阅相应的标准来确定。

3. 计　算

某些尺寸数值,应根据装配图所给定的尺寸,通过计算确定。如齿轮轮齿部分的分度圆尺寸、齿顶圆尺寸等,应根据所给的模数、齿数及有关公式来计算。

4. 量　取

在装配图上没有标注出的其他尺寸,可从装配图中用比例尺量得。量取时,一般取整数。

5. 其　他

标注尺寸时应注意,有装配关系的尺寸应相互协调。如配合部分的轴、孔,其基本尺寸应相同。其他尺寸,也应相互适应,避免在零件装配时或运动时产生矛盾或产生干涉,咬卡现象。

还要注意尺寸基准的选择。

五、对技术要求的处理

对零件的形位公差、表面粗糙度及其他技术要求,可根据机器(或部件)的实际情况及零件在机器(或部件)的使用要求,用类比法参照同类产品的有关资料以及已有的生产经验综合确定。

任务分析

装配图是表达机器(或部件)的总体设计意图,而拆画零件图则是设计过程的补充和继续,所以是难点,首先要确定零件形状及表达方案,其次确定尺寸,最后确定技术要求。

任务实施

任务8.2中已经识读了铣刀头装配图,已经对该部件的装配关系和工作原理有了初步的了解,下面重点分析零件,并拆画零件图。

一、分离零件

读懂装配图,按照前述方法将座体从装配图中准确分离出来,如图8-22所示。由于装配图中座体的可见轮廓线可能被其他零件(如螺钉、轴等)遮挡,所以分离出来的图形可能是不完整的,必须补全(如图指引线所指线)。将主、左视图对照分析,想象座体的整体形状,如图7-11(a)所示。

二、重新确定零件的表达方案

由前述可知,装配图主视图反映了座体的支承轴孔及容纳空腔的内形。因此画零件图就以该方向作为座体主视图的投射方向,不需要另外考虑主视图。由于座体底板的外形还不确定，所以还要增加一个仰视方向的局部视图来表达。所有零件上的结构都要表达清楚。

三、零件图的尺寸标注

根据几方面的尺寸来源，配齐零件图上的尺寸。直接抄注的重要尺寸有端盖凸缘与座体孔的配合尺寸 ϕ80K7/f6，滚动轴承的外径与座体孔、内径与轴的配合尺寸 ϕ80K7 和 ϕ35K6，铣刀头座体上的四个沉孔的定形尺寸 ϕ11 和定位尺寸 155、150，外形尺寸 200、115。其余尺寸按尺寸处理的方法进行。

四、零件图的技术要求

根据座体的工作情况，注出相应的技术要求，其上的表面粗糙度、尺寸公差和几何公差等技术要求，可直接注在图上，其他技术要求可用文字注写在标题栏附近。

根据前述绘制零件图的方法与步骤完成座体零件图，如图 7－81 所示。

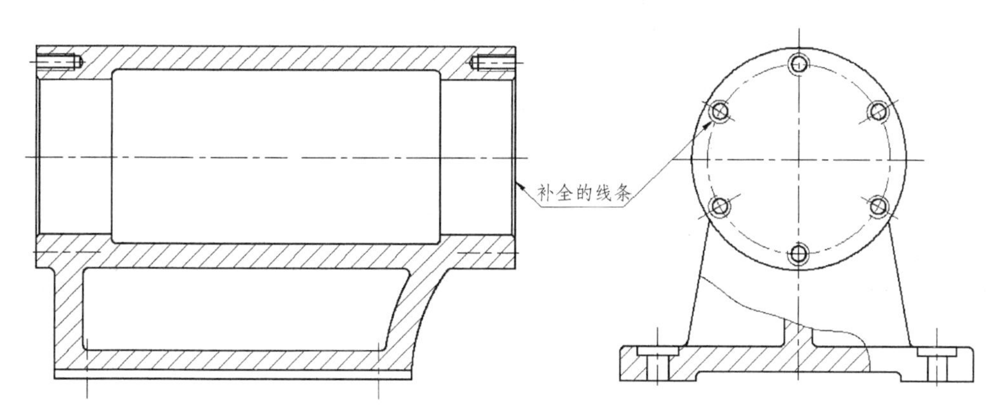

图 8－22　拆画座体

任务巩固与练习

读懂如图 8－23 所示球阀装配图，并拆画阀杆（或阀体、阀盖、阀芯）零件图。

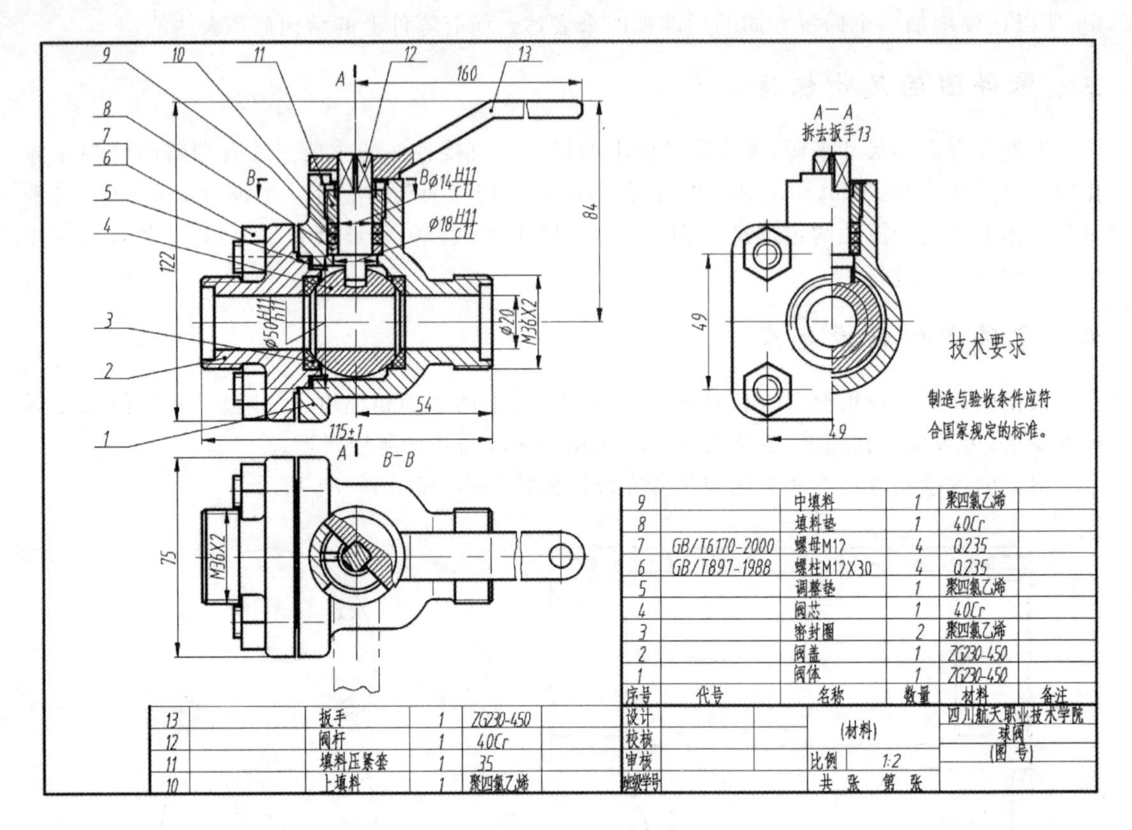
A—A
拆去扳手13
B—B
技术要求
制造与验收条件应符合国家规定的标准。
160
84
122
115±1
54
75
49
Φ14H11/c11
Φ18H11/c11
Φ50H11/h11
Φ20
M36X2
9 | | 中填料 | 1 | 聚四氟乙烯
8 | | 填料垫 | 1 | 40Cr
7 | GB/T6170-2000 | 螺母M12 | 4 | Q235
6 | GB/T897-1988 | 螺柱M12X30 | 4 | Q235
5 | | 调整垫 | 1 | 聚四氟乙烯
4 | | 阀芯 | 1 | 40Cr
3 | | 密封圈 | 2 | 聚四氟乙烯
2 | | 阀盖 | 1 | ZG230-450
1 | | 阀体 | 1 | ZG230-450
序号 | 代号 | 名称 | 数量 | 材料 | 备注
13 | | 扳手 | 1 | ZG230-450
12 | | 阀杆 | 1 | 40Cr
11 | | 填料压紧套 | 1 | 35
10 | | 上填料 | 1 | 聚四氟乙烯
设计
校核
审核
班级学号
(材料)
比例 1:2
共 张 第 张
四川航天职业技术学院
球阀
(图 号)

图 8-23 球阀装配图

学习情境 9

测绘减速器

任务 9.1　拆装减速器

任务目标

➢ 通过拆装减速器，了解齿轮减速器铸造箱体的结构、轴和齿轮的结构。

➢ 了解减速器轴上零件的定位和固定、齿轮和轴承的润滑、密封以及各附属零件的作用、结构和安装位置。

➢ 熟悉减速器的拆装和调整的方法。

任务引入

对图 9－1 所示的单级直齿圆柱齿轮减速器进行拆装。

图 9－1　单级直齿圆柱齿轮减速器

任务知识准备

一、认识减速器

(一) 减速器的组成和工作原理

减速器是由封闭在刚性箱体内的齿轮传动、蜗杆传动或齿轮—蜗杆传动所组成的独立部件。减速器由于结构紧凑、效率较高、传递运动准确可靠、使用维护简单，并可成批大量生产，故在现代机械工业中应用很广。

1. 减速器的主要类型

1）按传动级数,主要分为:单级减速器、二级减速器和多级减速器。

2）按传动件类型,主要分为:齿轮减速器、蜗杆减速器和齿轮—蜗杆减速器等。图9-1所示为单级直齿圆柱齿轮减速器。

2. 减速器的组成

(1) 认识减速器零件、附件及作用

如图9-1所示,组成减速器零、部件主要有:箱盖、箱座、主动轴、从动轴、齿轮、轴承、键、端盖、定位销、螺钉、螺栓、垫圈和螺母等。

零件分类:常用零件可分为箱体零件(箱盖、箱座)、轴类零件(主动轴、从动轴)、轮盘类零件(端盖、压盖等)、常用标准件(螺钉、螺母、垫圈、键、销、轴承等)、常用非标准件(齿轮)。下面简单介绍减速器有关零件及附件的作用,如表9-1所列。

表9-1 减速器有关零件及附件的作用

	零件名称	零件立体图	零件作用
1	螺塞		减速器工作一定时间后需要更换润滑油和清洗,为排放污油和清洗剂,在箱座底部油池最低的位置开设排油孔,用螺塞将排油孔堵住
2	启盖螺钉		为加强密封效果,通常在装配时在箱体的结合面上涂抹水玻璃或密封胶,当拆卸箱体时往往因胶结紧密难以开启,为此在箱盖连接凸缘适当的位置加工出一两个螺孔,旋入启盖螺钉,拆卸时,旋动启盖螺钉,靠螺钉拧紧产生的反力把上箱盖顶起
3	套筒		为了实现轴上零件的轴向定位、固定和改善轴的结构工艺性,通常采用套筒来代替台阶。常用于两零件之间距离较近的场合
4	定位销		为保证在箱体拆装后仍能保持轴承座孔制造加工时的精度,应在精加工轴承座孔以前在上箱盖和下箱座的连接凸缘上配装定位销,然后再加工轴承座孔。装配时保证箱盖与箱座的准确位置。定位销通常为圆锥销
5	油面指示器		为检查减速器内油池油面的高度,保持油池内有足够的润滑油,一般在箱体便于观察、油面较稳定的部位设置油面指示器。油面指示器可以是带透明玻璃的油孔或油标尺寸
6	通气罩		减速器工作时,箱体内温度升高,空气膨胀,压力增大,为使箱内的空气能自由排出,保持内外压力相等,不至于使润滑油沿分箱面或端盖处密封件等其他缝隙溢出,通常在上箱盖顶部设置通气罩
7	端盖		为固定轴承在轴上的轴向位置并承受轴向载荷,避免水分、灰尘、杂质进入箱体内部,轴承座孔两端用轴承端盖密封 ,它分为透盖和闷盖

续表 9-1

	零件名称	零件立体图	零件作用
8	轴(输入轴及输出轴)		
		输入轴	输入轴输入功率,承受一定的转矩和弯矩,若齿轮的主要几何尺寸过小,考虑到齿轮的强度、轴的强度和刚度,通常把齿轮和轴做成一体
		轴上键槽装上键,与轮毂上的键槽组成键连接实现周向固定 台阶实现轴向定位 输出轴	输出轴输出功率,承受较大的转矩和弯矩,轴上的零件用平键和台阶实现周向和轴向定位和固定

(2) 减速器的组成

绝大多数减速器的箱体是用中等强度的灰口铸铁材料铸造而成,重型减速器用高强度铸铁或铸钢。箱体通常由箱座和箱盖两部分组成,其结合面则通过传动的轴线。为了便于拆卸箱盖,在结合面处的箱盖凸缘上攻有一个螺孔,以便拧入螺钉(启盖螺钉)时能将箱盖顶起。连接箱座和箱盖的螺栓应合理布置,并注意留出扳手空间。在轴承座附近的螺栓直径宜稍大些并尽量靠近轴承。为保证箱座和箱盖位置的准确性,在结合面的凸缘上设有两个圆锥销定位。在箱盖上备有为观察齿轮啮合传动情况用的窥视孔,窥视孔盖用透明材料加工而成;有为排出箱内热空气用的通气器和为移动箱盖用的起重吊钩。在箱座上则常设有为移动整个减速器用的起重吊钩,为观察或测量油面高度用的油面指示器或测油孔,还有放油螺塞。在减速器中广泛采用滚动轴承来支承轴,只有在载荷很大、工作条件繁重和转速很高的减速器中才采用滑动轴承。

3. 减速器的工作原理

减速器安装在原动部分(如电动机)与工作部分(如带式输送机)之间,它是具有固定传动比的独立传动部件,它的功能是降低转速、实现变向并相应地增大转矩。运动由主动轴输入,通过齿轮的啮合传动,把高速轴的运动和动力传递给低速轴,以保证工作机的需要。

二、减速器的拆装

(一) 拆装方法与步骤

1) 观察减速器外部形状,判断其传动方式、级数、输入、输出轴等。

2) 拧开轴承盖螺钉,取下轴承盖;拧开箱盖与箱座连接螺栓及拔出定位销,旋动启盖螺钉,打开减速器箱盖。

3) 观察各零件间的相互位置及装配关系、轴系定位及固定方式、润滑密封方式、箱体附件(如通气器、油标、油塞、起盖螺钉、定位销等)的结构特点、作用和位置。

4) 据所拆减速器的种类,画出装配示意图,对所拆减速器的每个零件进行编号,贴标签,便于装配时取用和指导装配。测定减速器的主要参数(如 α、m、z_1、z_2 等),并记录下来。

5) 对零件进行必要的清洗后装配减速器,将装好的轴系部件装到箱座原位置上,不要盖上箱盖,作齿轮接触精度、齿侧间隙和轴承轴向间隙的测量。

6) 齿轮接触精度的测量

在主动齿轮的 3～4 个轮齿上均匀涂上一薄层红铅油,在轻微制动下运转(或用手转动),则从动齿轮轮齿面上将印出接触斑点,如图 9－2 所示。接触精度通常用接触斑点大小与齿面大小的百分比来表示。

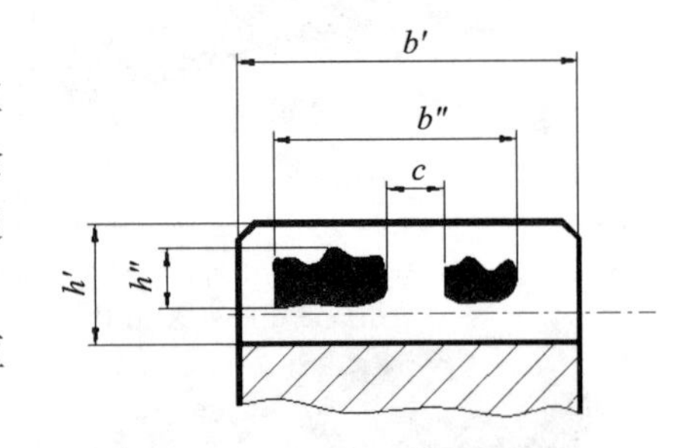

图 9－2　齿面接触痕迹斑点

沿齿长方向:接触痕迹的长度 b''(扣除超过模数值的断开部分 c)与工作长度 b'之比,即$\dfrac{b''-c}{b'}\times 100\%$。

沿齿高方向:接触痕迹的平均高度 h''与工作高度 h'之比,即$\dfrac{h''}{h'}\times 100\%$。

将测量值与国家标准要求进行比较,检验齿轮接触精度是否符合国家标准的要求。

7) 齿侧间隙的测量。将直径稍大于齿侧间隙的铅丝(或铅片)插入相互啮合的轮齿之间,转动齿轮,辗压轮齿间的铅丝,齿侧间隙等于铅丝变形部分最薄的厚度。用千分尺或游标卡尺测出其厚度,并与国家标准要求进行比较,检验齿侧间隙是否符合国家标准规定。

8) 轴承轴向间隙的测量。固定好百分表,用手推动轴系零件至另一端,百分表所指示的量即为轴承轴向间隙的大小。检查所得轴承间隙是否符合规范要求,若不符合,则应进行调整。分析有关减速器轴承间隙调整的结构形式并进行合理操作,以便得到所要求的轴向间隙。

(二) 拆卸过程的注意事项

❶ 拆卸前必须查看有关减速器装配图、要仔细观察零部件的结构及位置,考虑好合理的拆装顺序,拆下的零部件要编序号、贴标签,妥善放置,避免小零件如销、键、垫片、小弹簧等丢失和零件间原有的配合精度的损坏。

❷ 文明拆装、切忌盲目。禁止用铁器直接打击加工表面和配合表面。对于高精度的零件,要特别注意,不要碰伤或使其变形、损坏。

❸ 注意安全,轻拿轻放。爱护工具和设备,操作要认真,特别要注意安全。

任务分析

减速器是原动部分和工作部分之间的独立封闭传动装置,用来降低转速、实现变向和增大转矩以满足各种工作机械的要求。在完成拆装时应注意下面几点:

❶ 观察减速器内部结构;

❷ 观察轴的支承结构、齿轮齿面间的啮合间隙、齿轮与箱体内壁间的距离、轴承与箱体内壁间的距离;

❸ 逐级拆卸轴上的轴承、齿轮等零部件，观察轴的结构，了解轴的安装、拆卸、定位及固定方法，观察轴承在轴上的定位及固定方法。

任务实施

一、拆 卸

按照任务知识准备所介绍的拆卸方法及步骤进行拆卸，并参照图 9-3 所示减速器零、部件分解图。

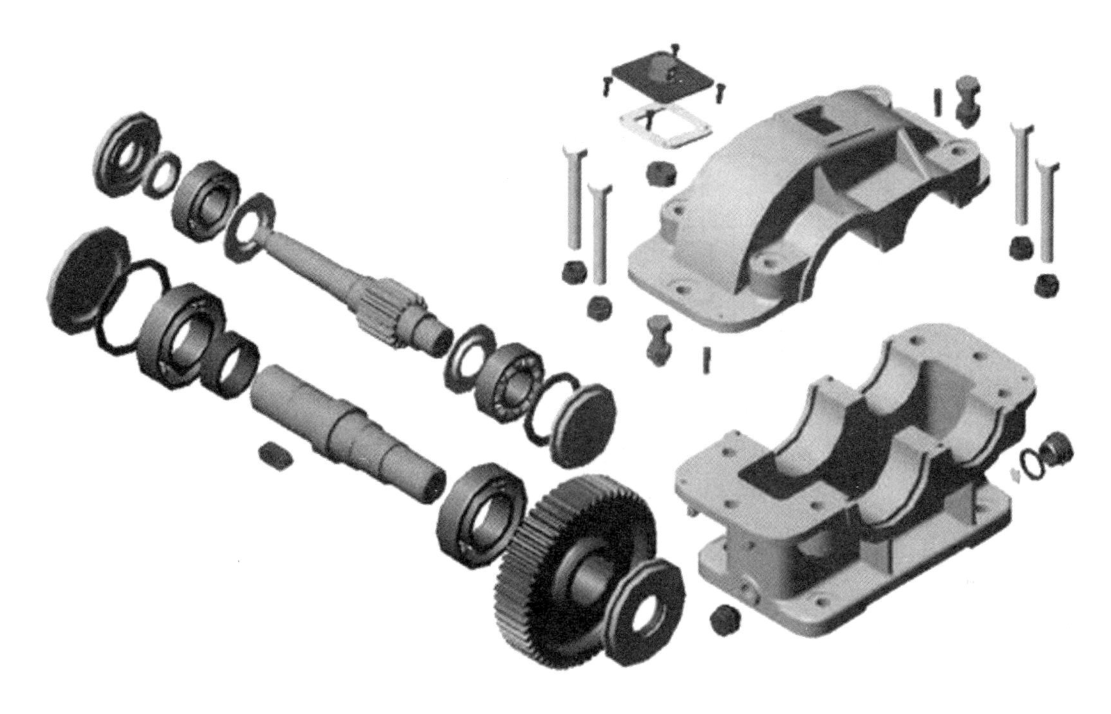

图 9-3 减速器零、部件分解图

二、画出装配示意图

减速器装配示意图如图 9-4 所示。

三、装 配

按减速器的装配示意图将减速器装配好。装配时先装轴系零件，按先内部后外部的合理顺序进行；装配轴套和滚动轴承时，应注意方向；应注意滚动轴承的合理拆装方法。做齿轮接触精度、齿侧间隙和轴承轴向间隙的测量，与技术要求进行比较，符合要求后，就可合上箱盖。装配箱盖、箱座之间的连接螺栓前应先安装好定位销。

1. 输入轴系的装配

输入轴系的装配如图 9-5 所示。

2. 输出轴系的装配

输出轴系的装配如图 9-6 所示。

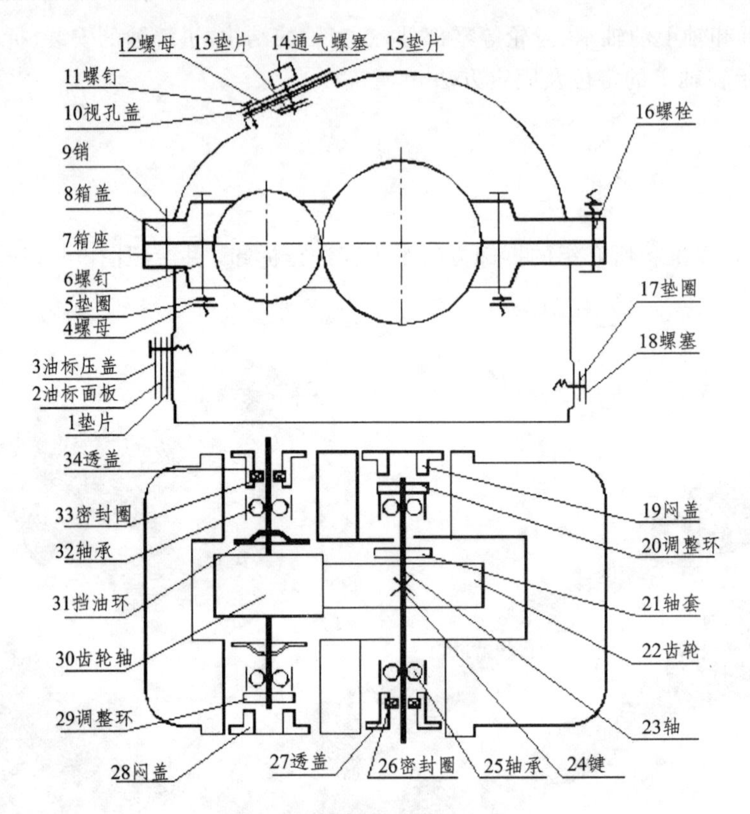

图9-4　减速器装配示意图

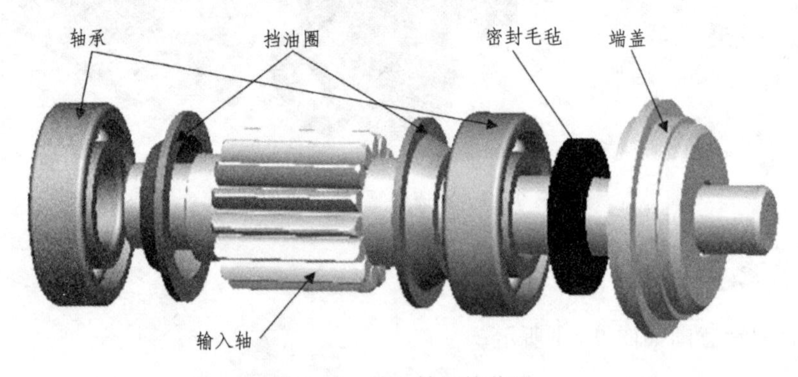

图9-5　输入轴系的装配

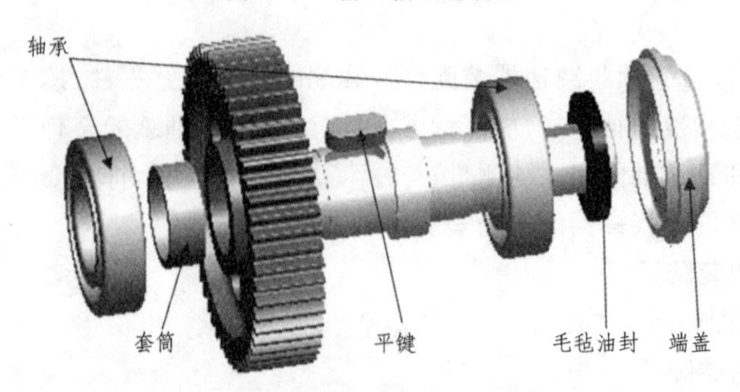

图9-6　输出轴系的装配

3. 装配结果

装配结果如图9-7所示。

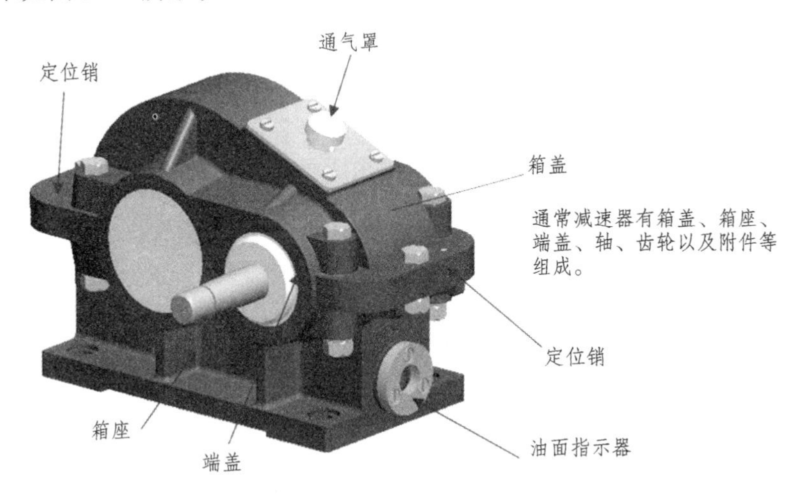

图9-7　减速器

任务9.2　测绘减速器

任务目标

➢ 熟悉零、部件测绘的一般过程，掌握测绘的基本方法、技能和步骤，掌握画部件装配图和零件图成套图样的能力。

➢ 通过测绘四类典型零件，掌握画零件草图和零件工作图的方法步骤，进一步提高零件图的表达能力和绘图的技能技巧；能正确、完整、清晰、合理地标注尺寸，合理编写零件图的技术要求（即合理标注尺寸公差、几何公差、表面粗糙度等）；能正确使用参考资料、手册、标准及规范等。

➢ 零、部件测绘是机械图样的识读与绘制教学体系中实训和检验绘制机械图样基本能力的重要实践性环节。对学生动手和创新能力的培养，独立分析和解决实际问题的能力、严谨细致的工作作风等工程素质的提高，具有不可替代的作用。

➢ 通过实际零、部件测绘，使学生能理论联系实际，深刻地理解机械图样的识读与绘制在机械设计与制造中的重要作用，进一步提高了学生的绘图能力，增强了学生对部件结构及组成零件形体的感性认识。对机械零部件图的识读与绘制的基础知识、基本技能和国家标准等有关知识进行全面的复习和综合运用，从而培养了学生的工程意识，贯彻、执行国家标准的意识。为后续的专业课学习、毕业设计及今后工作打下良好的基础。

任务引入

测绘如图9-1所示减速器，测绘部件中所有非标准件，画出零件草图（3张A4），装配草图（1张A4），装配工作图（1张A1）和零件工作图（2张A3，1张A2）。标准件测后定标记（不画其零件草图和零件工作图），可选2～3个主要零件箱盖（或箱座）、齿轮轴（或从动轴）和从动齿轮进行绘图。

任务知识准备

一、部件测绘

生产实际中,维修机器、技术革新在没有现成技术资料的情况下,常需要对现有机器或部件进行测绘,以获得相关资料。

对现有的部件(或机器)进行测量、计算,先画出零件草图,再绘制出装配图和零件工作图的过程称为部件测绘。

(一) 测绘准备工作

测绘之前,一般应根据部件(或机器)的复杂程度编制测绘计划,准备必要的拆卸工具、测量工具(如扳手、榔头、改刀、铜棒、钢皮尺、卡尺、细铅丝)等,还应准备好标签、绘图工具和用品以及相关资料、标准手册等。

(二) 分析研究测绘对象

测绘前,还要对被测绘的部件(或机器)进行必要的研究。一般可通过观察、分析该部件(或机器)的结构和工作情况,查阅有关说明书及资料,搞清其用途、性能、工作原理、结构及零件间的装配关系等。

(三) 拆卸零件并绘制装配示意图

1. 拆卸零件

在拆卸部件时,要把拆卸顺序搞清楚,并选用适当的工具。具体注意事项请参见任务9.1。

2. 绘制装配示意图

为了便于部件或机器被拆开后仍能顺利装配复原,对于较复杂的部件或机器,拆卸过程中应做好记录。最常用的方法是绘制出装配示意图(即在部件拆卸过程中所画的记录图样),如图9-4所示,必须边拆边画,用以记录各种零件的名称、数量及其在装配体中的相对位置及装配连接关系,同时也为绘制正式的装配图作好资料准备。条件允许,还可以用照相或录像等手段做记录。

装配示意图是将部件或机器看作透明体来画的,按其外形和结构特点形象地在画出外形轮廓的同时,又画出其内部结构,并尽量把所有零件都集中在一个视图上表达出来,必要时才画出第二个图(应与第一个视图保持投影关系)。通常从主要零件和较大的零件入手,按装配顺序和零件的位置逐个画出。

装配示意图画法没有严格规定,除机械传动部分可参照国家标准《机械制图 机构运动简图符号》(GB 4460—1984)绘制。对于国家标准中没有规定符号的零件,可用简单线条画出其大致轮廓。

特别注意,装配示意图上所编零件的序号、名称和数量必须与所拆下的零件的标签内容保持一致。

(四) 零件测绘

组成机器或部件的零件,标准件测量后只定标记,其余非标准件均应画出零件草图及零件工作图。

1. 零件测绘的过程和意义

根据已有的零件，不用或只用简单的绘图工具，用较快的速度，徒手目测画出零件的视图，测量并注上尺寸及技术要求，得到零件草图。然后参考有关资料整理绘制出供生产使用的零件工作图。这个过程称为零件测绘。

零件测绘对推广先进技术，改造现有设备，技术革新，修配零件等都有重要作用。

零件测绘常与所属的部件或机器的测绘协同进行，以便了解零件的功能、结构要求，协调视图、尺寸和技术要求。

2. 零件测绘的要求

测绘零件大多在车间现场进行，由于场地和时间限制，一般都不用或只用少数简单绘图工具，徒手目测绘出图形，其线型不可能像用直尺和仪器绘制的那样均匀挺拔，但绝不能马虎潦草，而应努力做到内容完整；图形（投影关系）正确、比例匀称、表达清楚；尺寸齐全清晰；线型分明、字迹工整。

3. 零件测绘的步骤

（1）分析零件

为了把被测零件准确完整地表达出来，应先对被测零件进行认真的分析，了解零件的类型，在机器中的作用，所使用的材料及大致的加工方法。

（2）确定零件的视图表达方案

关于零件的表达方案，前面已经讨论过。需要重申的是，一个零件，其表达方案并非是唯一的，可多考虑几种方案，选择最佳方案。

（3）绘制零件草图

零件的表达方案确定后，可结合参照学习情境 2 表 2－1 和学习情境 4 图 4－52 徒手绘图的方法与步骤。按下列步骤画出成套零件草图：

1）确定绘图比例并定位布局。粗略确定各视图应占的图纸面积，在图纸（或网格纸）上做出主要视图的作图基准线，中心线。注意留出标注尺寸和画其他补充视图的地方。

2）详细画出零件内外结构和形状，检查、加深有关图线（包括剖面线）。注意各部分结构之间的比例应协调。

3）画出全部尺寸界线、尺寸线→集中测量→注写各个尺寸数字。注意最好不要画一个、量一个、注写一个。这样不但费时，而且容易将某些尺寸遗漏或注错。

4）注写技术要求：确定表面粗糙度，确定零件的材料、尺寸公差、形位公差及热处理等要求。

5）最后检查、修改全图并填写标题栏，完成草图。

画零件草图的步骤基本与画零件工作图的步骤（具体参见学习情境 7）相同，但有时为了保持图面清洁，通常画零件工作图是在画完底稿后先画尺寸线，注写数字及技术要求，画剖面线，最后才加粗描深。

（4）测绘注意事项

❶ 测量尺寸时，应正确选择测量基准，以减少测量误差。零件上磨损部位的尺寸，应参考其配合的零件的相关尺寸，或参考有关的技术资料予以确定。

❷ 对于标准件要测出其规格尺寸，并根据其结构和外形，从有关标准中查出它的规定标记，把名称、代号、规格尺寸、数量等填入装配图的明细栏中，可不绘图。

❸ 专用零件的测绘。

a. 零件间相连接或相配合结构的基本尺寸必须一致。测绘时,只需测出其中一个零件的有关基本尺寸,即可分别标注在两个零件的对应部分上,以确保尺寸的协调;并应精确测量,查阅有关手册,确定配合性质并给出恰当的尺寸偏差。

b. 零件上的非配合尺寸,如果测得为小数,应圆整为整数(按四舍五入取整)标出。但特别要注意的是,通过计算得出且需保证特定装配关系的尺寸(如装有齿轮的两轴中心距)不能随便圆整。

c. 零件上的截交线和相贯线,不能机械地照实物绘制。因为它们常常由于制造上的缺陷而被歪曲。画图时要分析弄清它们是怎样形成的,然后用学过的相应方法画出。

d. 要重视零件上因制造、装配的需要而形成的工艺结构,如铸造圆角、倒角、倒圆、退刀槽、越程槽、凸台、凹坑等,都必须画出,不能忽略。

e. 对于螺纹、键槽、齿轮轮齿、中心孔等标准结构,在测得尺寸后,应参照相应的标准查出其标准值,采用标准结构尺寸注写在图样上,以利于加工制造。

f. 凡是经过切削加工的铸、锻件,应注出非标准拔模斜度以及表面相交处的角度。

g. 零件的直径、长度、锥度、倒角等尺寸,都有标准规定,实测后,应根据国家标准选用优先数系中的优先数。

h. 对于零件的制造缺陷,如铸造缩孔、砂眼、加工的疵点、刀痕,以及长期使用所造成的碰伤或磨损、加工错误的地方等,不应在图上画出。

❹ 零件的各项技术要求(尺寸公差、几何公差、表面粗糙度、材料、热处理及硬度等)应根据零件在部件或机器中的位置、作用等因素来确定。也可参考同类产品的图样,用类比法来确定。比如对于两个相互接触的零件表面,标注的表面粗糙度要求应该一致。

❺ 测量加工面的尺寸,一定要使用较精密的量具。

(五) 画装配图

画装配图的过程是一次检验、校对零件形状、尺寸的过程。草图中的形状和尺寸如有错误或不妥之处,应及时改正,保证使零件之间的装配关系能在装配图上正确地反映出来,以便顺利地拆画零件图。

画装配图的方法与步骤参见学习情境8。

(六) 绘制零件工作图

根据装配图和成套零件草图,整理绘制出一套零件工作图,这是整个测绘的最后工作。

零件草图画完后,不能直接画零件工作图,必须在装配草图、装配图画完之后,再画零件图。由于绘制零件草图时,往往受某些条件的限制,有些问题如结构、尺寸和技术要求可能处理得不够完善,一般应结合画好的装配图,才能完全清楚地将零件草图整理、修改好,然后画成正式的零件工作图,经批准后才能投入生产。在画零件工作图时,要对草图进一步检查和校对,用仪器或计算机画出零件工作图。

画零件工作图的方法与步骤参见学习情境7。

(七) 整理、装订

完成部件的全部测绘工作之后,应将全套图纸(包括草图)加以整理,审查各图中是否还有问题,是否还存在矛盾和不协调之处。审查的重点是部件装配图和几个主要的零件图。然后按装配图、主要零件图、其他零件图；装配草图、主要零件草图、其他零件草图的先后顺序，根据图样装订原则和要求装订成册。

装订顺序还可以按照装配图的零件序号从1开始依次递增装订（装配图的图号为JSQ－000，其他零件按零件序号顺序图号依次为JSQ－001，JSQ－002……）。

装订成册的成套图样的封面应统一格式要求，并加封底。

二、零件尺寸的测量

测量尺寸是零件测绘过程中的一个重要环节，测量尺寸时，应根据对尺寸精度的要求，选用不同的测量工具。

（一）测量工具

1. 一般测绘工作使用的量具

简易量具：有塞尺、钢直尺、卷尺和卡钳等，用于测量精度要求不高的尺寸。

游标量具：有游标卡尺、高度游标卡尺、深度游标卡尺、齿厚游标卡尺和公法线游标卡尺等，用于测量精密度要求较高的尺寸。

千分量具：有内径千分尺、外径千分尺和深度千分尺等，用于测量高精度要求的尺寸。

平行度量具：水平仪，用于平行度测量。

角度量具：有直角尺、角度尺和正弦尺等，用于角度测量。

2. 常用测量工具及其使用方法

下面简单介绍钢直尺、卡钳、游标卡尺的使用方法。

图9－8所示为几种常用的测量工具。

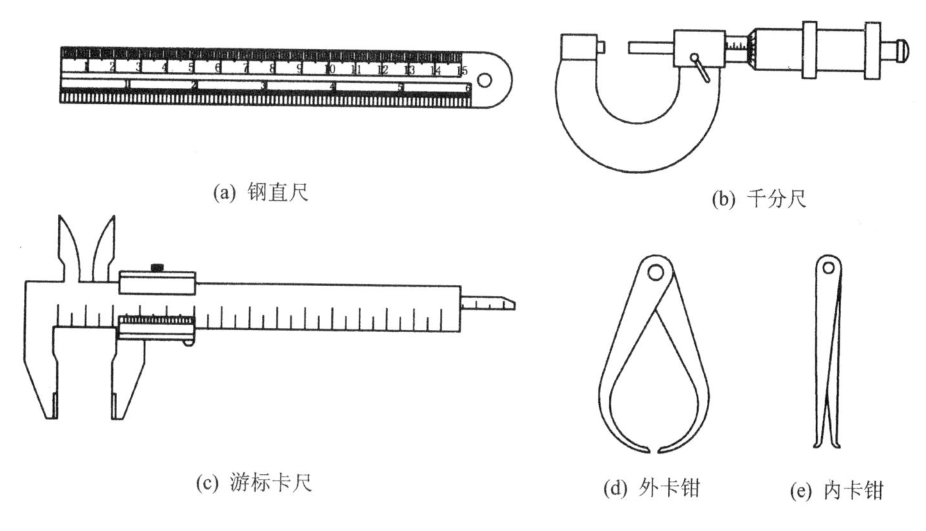

(a) 钢直尺　(b) 千分尺　(c) 游标卡尺　(d) 外卡钳　(e) 内卡钳

图9－8　常用测量工具

（1）钢直尺

使用钢直尺时，应以左端的零刻度线为测量基准，这样不仅便于找正测量基准，而且便于读数。测量时，尺要放正，不得前后左右歪斜。否则，从直尺上读出的数据会比被测的实际尺寸大。

用钢直尺测圆截面直径时，被测面应平，使尺的左端与被测面的边缘相切，摆动尺子找出最大尺寸,即为所测直径。

(2) 卡　钳

凡不适于用游标卡尺测量的,用钢直尺、卷尺也无法测量的尺寸,均可用卡钳进行测量。

卡钳结构简单,使用方便。按用途不同,卡钳分为内卡钳和外卡钳两种:内卡钳用于测量内部尺寸,外卡钳用于测量外部尺寸。按结构不同,卡钳又分为紧轴式卡钳和弹簧式卡钳两种。

卡钳常与钢直尺,游标卡尺或千分尺联合使用。测量时操作卡钳的方法对测量结果影响很大。正确的操作方法是:用内卡钳时,用拇指和食指轻轻捏住卡钳的销轴两侧,将卡钳送入孔或槽内。用外卡钳时,右手的中指挑起卡钳,用拇指和食指撑住卡钳的销轴两边,使卡钳在自身的重量下两量爪滑过被测表面。卡钳与被测表面的接触情况,凭手的感觉。手有轻微感觉即可,不宜过松,也不要用力使劲卡卡钳。

使用大卡钳时,要用两只手操作,右手握住卡钳的销轴,左手扶住一只量爪进行测量。

测量轴类零件的外径时,须使卡钳的两只量爪垂直于轴心线,即在被测件的径向平面内测量。测量孔径时,应使一只量爪于孔壁的一边接触,另一量爪在径向平面内左右摆动找最大值。

校好尺寸后的卡钳轻拿轻放,防止尺寸变化。把量得的卡钳放在钢直尺、游标卡尺或千分尺上量取尺寸。测量精度要求高的用千分尺,一般用游标卡尺,测量毛坯之类的用钢直尺校对卡钳即可。

(3) 游标卡尺

游标卡尺在使用前应检查卡尺外观,轻轻推、拉尺框检查各部位的相互作用、两测量面的光洁程度。移动游标,使两量爪测量面闭合,观察两量爪测量面的间隙(精度为0.02 mm卡尺的间隙应小于0.006 mm;精度为0.05 mm和0.1 mm卡尺的间隙应小于0.01 mm),然后校对“0”位。校对“0”位时,无论游标尺是否紧固,“0”位都应正确。当紧固或松开游标尺时,“0”位若发生变化,不要使用。

游标卡尺的正确使用方法:

① 测量外尺寸时,应先把量爪张开比被测尺寸稍大,如图9-9(a)、(b)所示;测量内尺寸时,把量爪张开得比被测尺寸略小,然后慢慢推或拉动游标,使量爪轻轻接触被测件表面,如图9-9(c)所示。测量内尺寸时,不要使劲转动卡尺,可以轻轻摆动找出最大值。

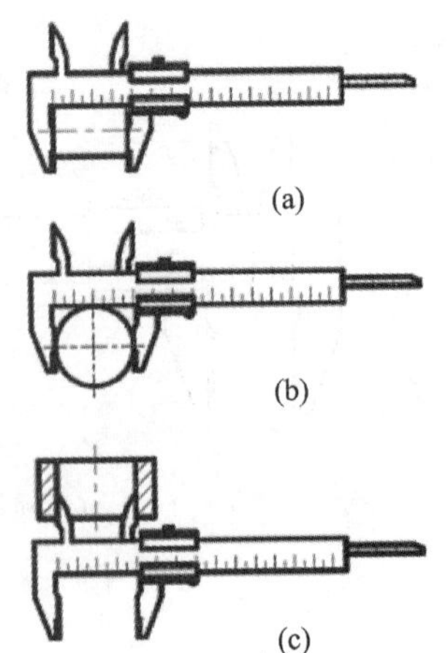

图9-9　游标卡尺测量的方法

② 当量爪与被测件表面接触后,不要用力太大;用力的大小,应该正好使两个量爪恰恰能够接触到被测件的表面。如果用力过大,尺框量爪会倾斜,这样容易引起较大的测量误差。所以在使用卡尺时,用力要适当,被测件应尽量靠近量爪测量面的根部。

③ 使用卡尺测量深度时,卡尺要垂直,不要前后左右倾斜。

(二)常用的测量方法

1. 测量线性尺寸

一般可用直尺或游标卡尺直接量得尺寸的大小,如图 9-10 所示。

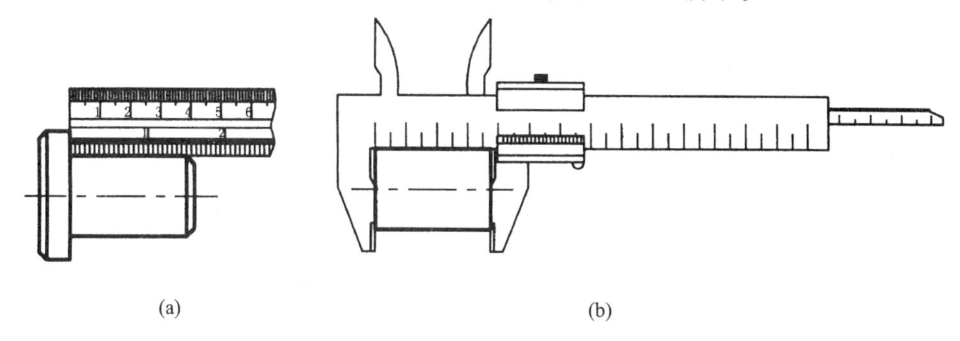

图 9-10 测量线性尺寸

2. 测量直径尺寸

一般可用游标卡尺或千分尺,如图 9-11 所示。

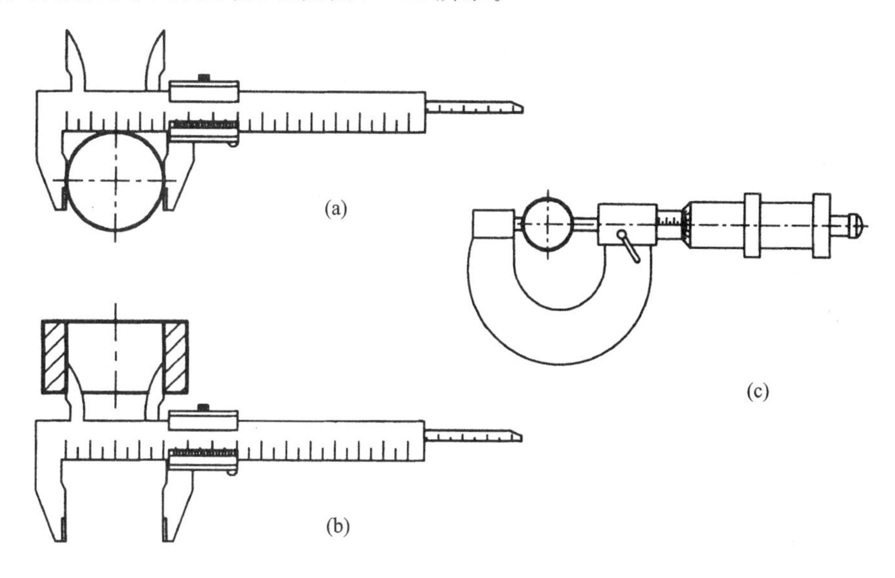

图 9-11 测量直径尺寸

在测量阶梯孔的直径时,会遇到外面孔小,里面孔大的情况,用游标卡尺就无法测量大孔的直径。这时,可用内卡钳测量,如图 9-12(a)所示。也可用特殊量具(内外同值卡),如图 9-12(b)所示。

3. 测量壁厚

一般可用直尺测量,如图 9-13(a)所示。若孔径较小时,可用带测量深度的游标卡尺测量,如图 9-13(b)。有时也会遇到用直尺或游标卡尺都无法测量的壁厚。这时则需用卡钳来测量,如图 9-13(c)、(d)所示。

4. 测量孔间距

可用游标卡尺、卡钳或直尺测量,如图 9-14 所示。

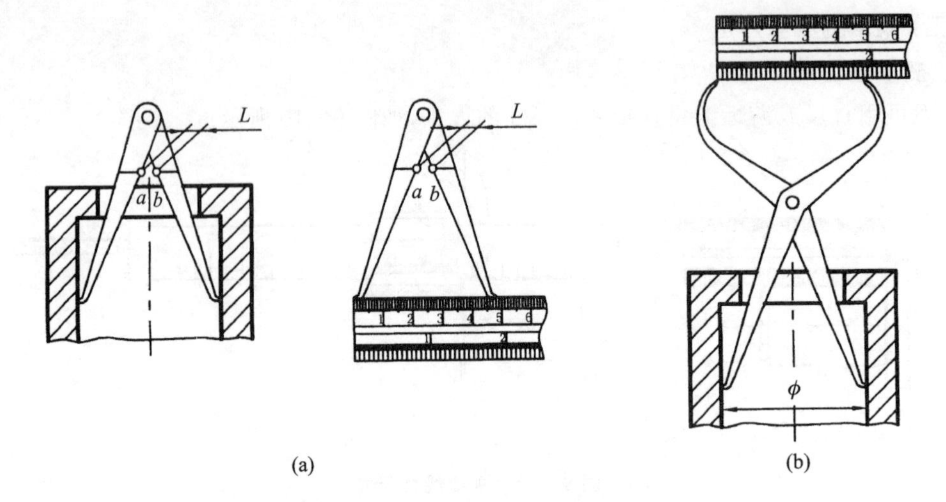

图 9-12 测量阶梯孔的直径

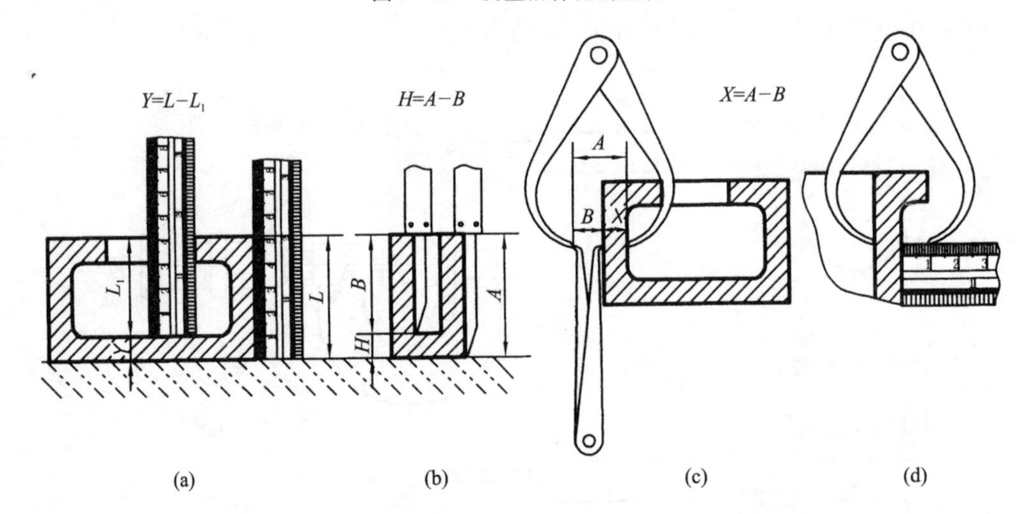

图 9-13 测量壁厚

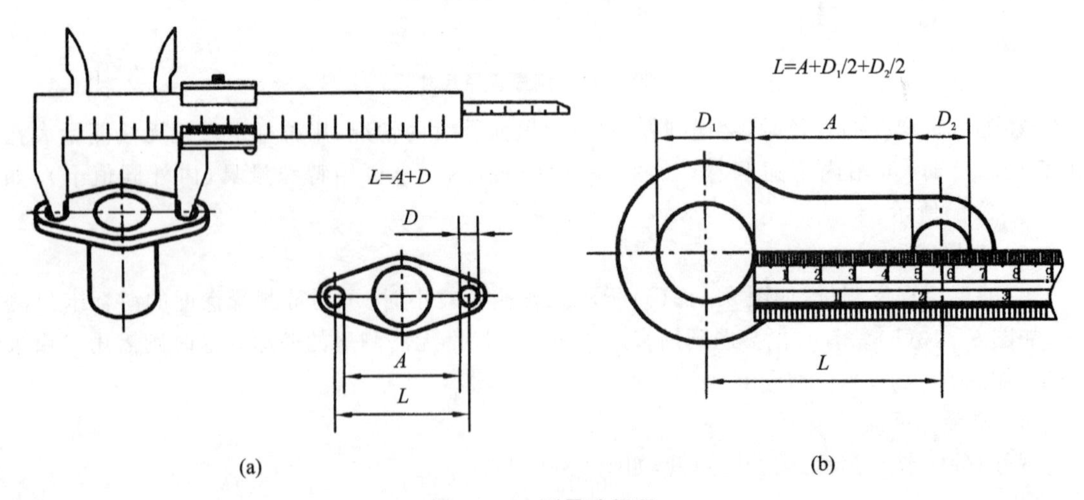

图 9-14 测量孔间距

5. 测量中心高

一般可用直尺、卡钳或游标卡尺测量，如图 9－15 所示。

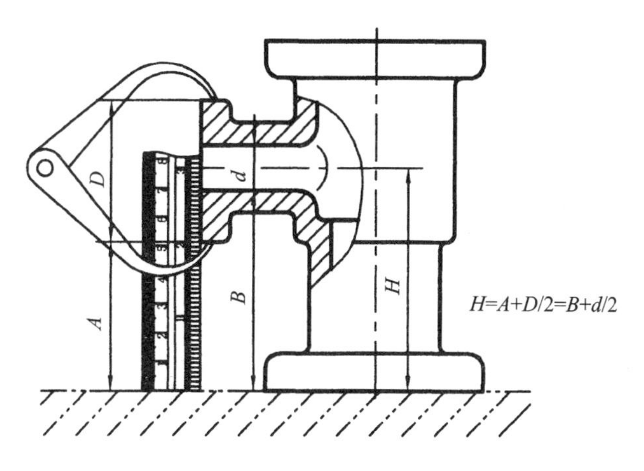

图 9－15 测量中心高

6. 测量圆角

一般用圆角规测量。每套圆角规有很多片，一半测量外圆角，一半测量内圆角，每片刻有圆角半径的大小。测量时，只要在圆角规中找到与被测部分完全吻合的一片，从该片上的数值可知圆角半径的大小，如图 9－16 所示。

7. 测量角度

可用量角规测量，如图 9－17 所示。

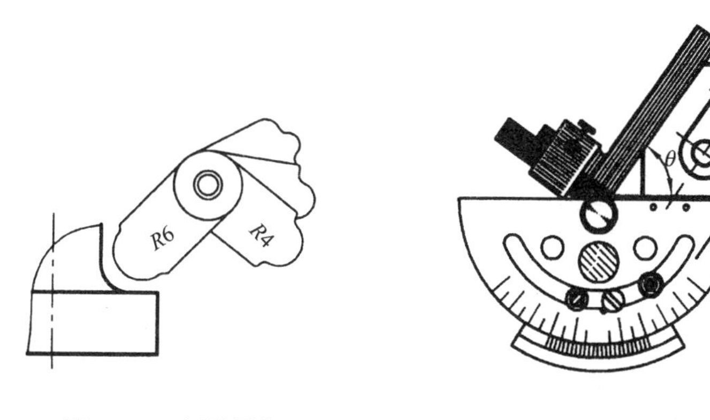

图 9－16 测量圆角

图 9－17 测量角度

8. 测量曲线或曲面

曲线和曲面要求测量很准确时，必须用专门量仪进行测量。要求不太准确时，常采用下面三种方法测量：

(1) 拓印法

对于柱面部分的曲率半径的测量，可用纸拓印其轮廓，得到如实的平面曲线，然后判定该曲线的圆弧连接情况，测量其半径，如图 9－18(a)所示。

(2) 铅丝法

对于曲线回转面零件的母线曲率半径的测量,可用铅丝弯成实形后,得到如实的平面曲线,然后判定曲线的圆弧连接情况,然后用中垂线法求得各段圆弧的中心,测量其半径,如图9-18(b)所示。

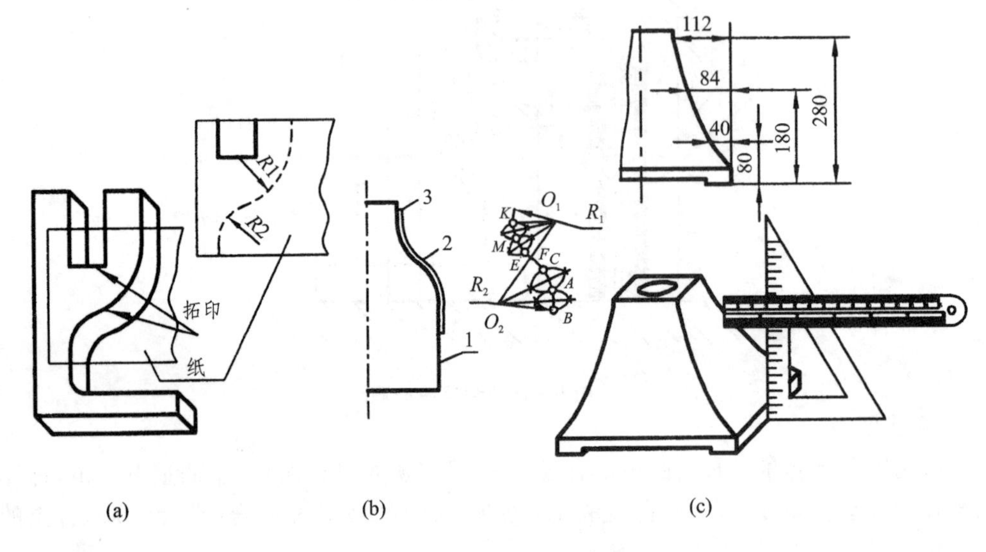

图9-18 测量曲线和曲面

(3) 坐标法

一般的曲面可用直尺和三角板定出曲面上各点的坐标,在图上画出曲线,或求出曲率半径,如图9-18(c)所示。

9. 测量螺纹螺距

螺纹的螺距可用螺纹规或直尺测得,如图9-19所示螺距$P=1.5$。

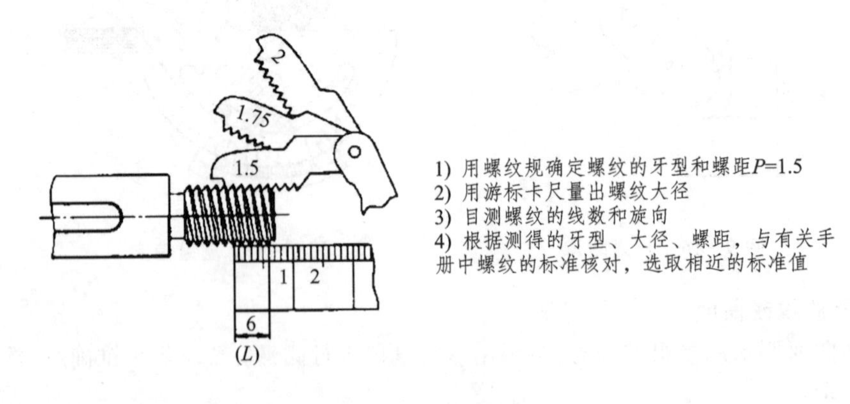

图9-19 测量螺距

10. 测量齿轮

对标准齿轮,其轮齿的模数,偶数齿可以测得d_a,再由$m=d_a/(z+2)$计算得到模数(取标准模数值);奇数齿的齿顶圆直径$d_a=2e+d$,如图9-20所示。

(1) 数出齿数z=16

(2) 用游标卡尺直接量出齿顶圆直径d_a=59.8，奇数齿齿轮不能直接测量，按右下图所示方法测得齿顶圆直径$d_a=2e+d$

(3) 初步计算模数$m'=\frac{d_a}{z+2}=\frac{59.8}{16+2}=3.32$(偶数齿)

(4) 修正模数。由于齿轮磨损或测量误差，当计算的模数不是标准值，应在标准模数表(表6-6)中选用与m'最接近的标准模数，则定模数m=3.5

(5) 按表6-7计算齿轮其余各部分尺寸

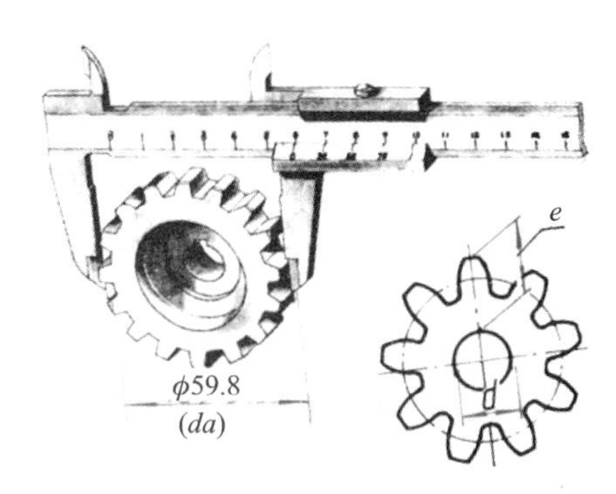

图 9-20　测量标准齿轮

任务分析

部件测绘的主要任务是：1）分析拆卸部件，画出主要零件的零件草图；2）根据零件草图、部件实物画出装配图；3）根据零件草图和装配图整理、画出主要零件的零件图，并装订成册。

任务实施

一、了解减速器的结构和工作原理

参见任务9.1。

二、拆卸减速器并画其装配示意图

参见任务9.1中图9-3和图9-4。

三、测绘减速器零件画成套零件草图（略）

绘制2～3个主要零件：箱盖（或箱座）、齿轮轴（或从动轴）和从动齿轮。

四、画减速器装配草图（略）

装配草图徒手绘制的要求与零件草图相同，其画图方法步骤与画装配图相同。

五、画减速器装配图

（一）拟定减速器表达方案

按部件的工作位置选择主视图，并尽量使主视图能够较多地反映部件的工作原理、传动路线、零件间的主要装配连接关系，然后确定视图数量和表达方法，可参考图9-21的表达方案。

（二）画减速器装配图的方法与步骤

1）根据表达方案画主要基准线，即画出两基本视图中主动齿轮轴和从动轴装配干线的轴线（俯视图中）和中心线（主视图中），主视图的底面和俯视图中的主要对称面的对称线。

2）可先从主视图画起，几个视图联系起来画。也可先画俯视图（剖视图），再画主视图和其他视图。在画出两轴后，画与主动齿轮轴啮合的大齿轮（注意：从动轴的轴间处距离主要对称面的对称线为大齿轮宽度的1/2），再将两轴上的其他零件依次由里向外逐个画出；然后画机体、机盖、密封盖（闷盖）和透盖。

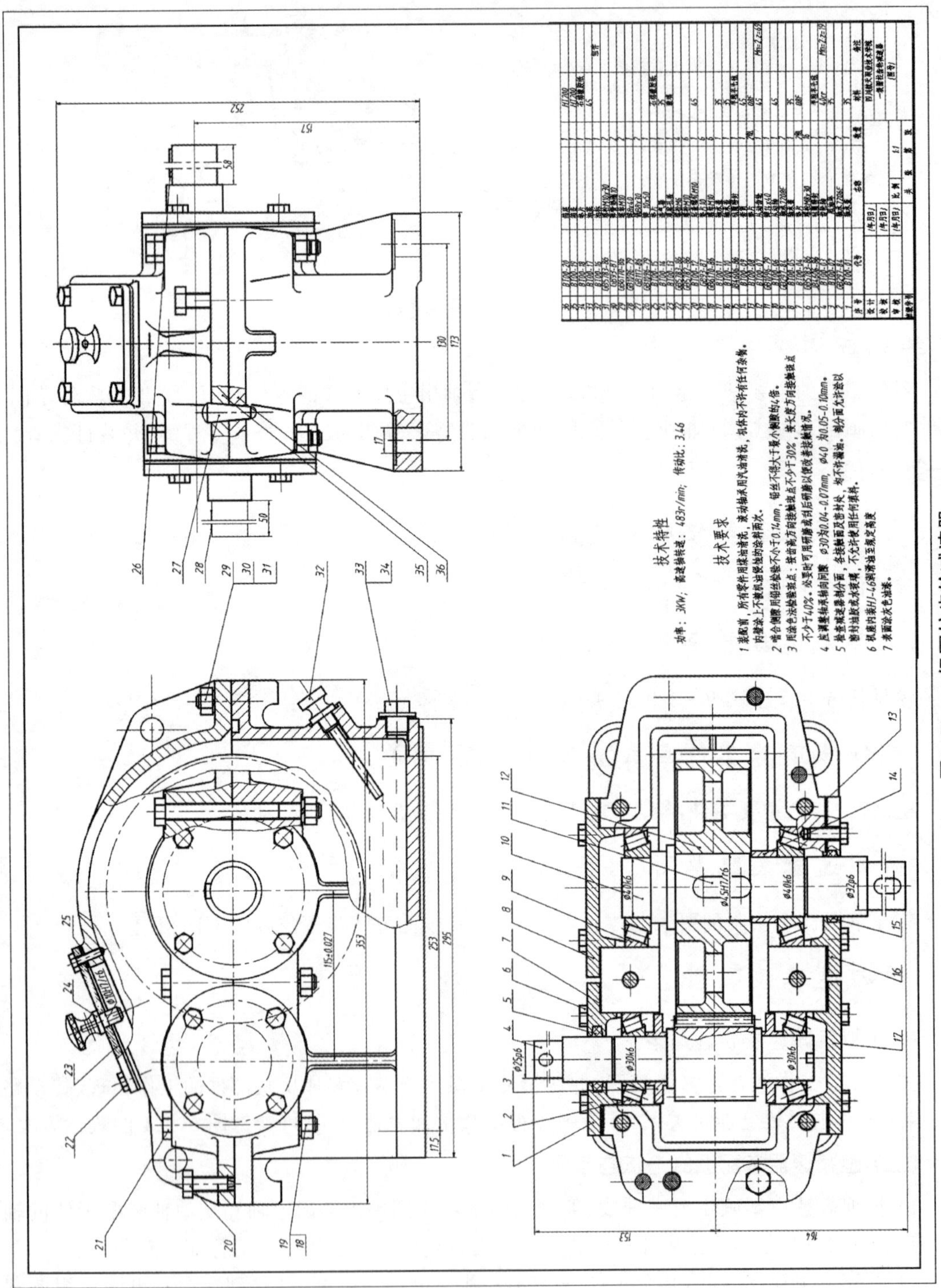

图9-21 一级圆柱齿轮减速器

3）完成主要装配干线后，再画其他零件（如箱盖和箱座连接件、窥视孔盖及其连接件、密封盖、透盖的连接件、油杯和放油塞等），直至部件的其他细节，一一画出。

4）检查、描深、注尺寸（按装配图的尺寸要求标注）。

5）编序号、填写明细栏、标题栏和技术要求。编序号时一定要细心，认真核对零件种类，不能出错。核对好后，再画零件序号的引线。

六、画零件工作图

根据零件草图和装配图画非标零件工作图。

七、完成全部测绘工作

整理、装订所有装配示意图、零件草图、装配草图、装配图、零件工作图，完成全部测绘工作。

学习情境 10

计算机绘制平面图形

任务 10.1　创建样板文件

任务 10.1.1　初识 AutoCAD

任务目标

➢ 熟悉 AutoCAD 的用户界面。

➢ 初步学习 AutoCAD 的基本操作。

任务引入

启动 AutoCAD 软件，认识“AutoCAD 经典”界面，然后退出 AutoCAD 软件。

任务知识准备

一、概述

AutoCAD 是 Autodesk 公司(美)推出的计算机辅助设计(Computer Aided Design，CAD)软件，是一个计算机辅助设计通用平台，具有强大的二维和三维图形绘制、定制与开发功能。例如 1998 年法国的世界杯足球场、波士顿的查尔斯河大桥、马来西亚的 Petronas 双塔，均是利用 CAD 的杰作。CAD 技术与传统的人工设计和绘图相比具有无可比拟的优势。据测算，CAD 技术能提高设计效率 8～12 倍。使用 CAD 技术可以方便地绘图，迅速地编辑、修改图形，成图质量更是令人工望尘莫及。计算机绘图是 CAD 的组成部分，也是 CAM 和 CAE 的工具。随着 CAD 的发展与普及，手工绘图中效率低、绘图准确度差、劳动强度大的问题得以解决。CAD 广泛应用于科研、电子、机械、建筑、航天等领域。本课程以应用为主，主要目的是让学生学会用 CAD 代替手工绘图。

二、AutoCAD 的主要功能

AutoCAD 具有完善的二维图形绘制、强大的图形编辑、打印图形、三维造型、图形渲染、提供数据和信息查询、尺寸标注和文字输入、协同设计、图纸管理等功能。

三、用户界面

AutoCAD 的绘图界面是主要的工作界面，是熟练使用 AutoCAD 所必须熟悉的。AutoCAD 2014 包括草图与注释、三维基础、三维建模和 AutoCAD 经典界面四种，可以通过工作空

间选择进行切换(单击[①]图 10－2 中状态托盘处切换工作空间按钮,弹出图 10－1(b)快捷菜单),启动 AutoCAD 2014 后的默认界面,如图 10－1 所示。这个界面是 AutoCAD 2014 出现以后的新界面风格,为了便于学习以及对传统用户来说,本书采用经典界面,如图 10－2 所示。

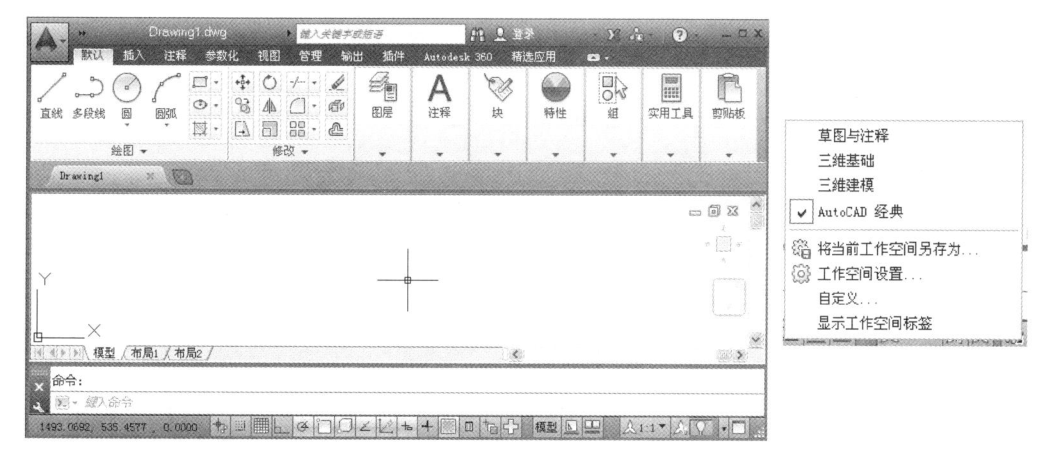

(a) “草图与注释”界面　　　　(b) 切换工作空间

图 10－1　用户界面

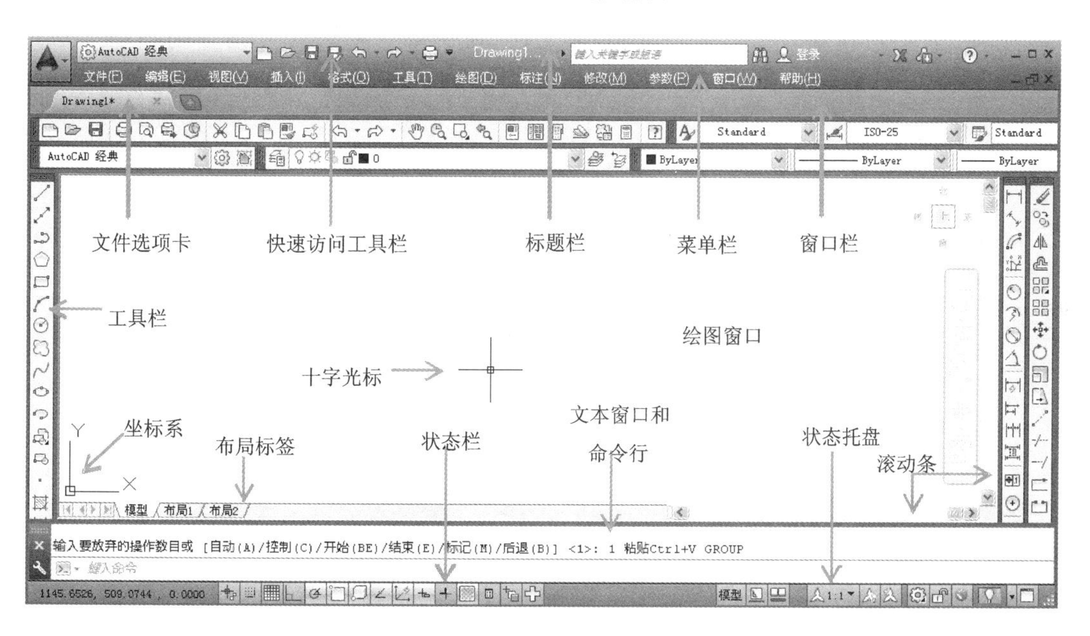

图 10－2　“AutoCAD 经典”界面

1. 标题栏

标题栏位于操作界面的顶部,用于显示当前正在运行的程序名及当前正在打开的图形文件名。

如图 10－3 所示,单击标题栏最左边的应用程序按钮,打开下拉菜单,可以执行相关命令。在用户第一次启动 AutoCAD 时,快速访问工具栏(其中可以自定义常用命令图标)后面显示

① 单击:单击鼠标左键。

的是 AutoCAD 2014 的应用程序名和当前文件名 Drawing1. dwg。

图 10 - 3　标题栏

2. 菜单栏

菜单栏位于标题栏的下方,它不但包含了系统必备的菜单项,而且绝大部分功能命令都可以在菜单中找到。

如图 10 - 4(a)所示,单击菜单栏中的任何一个菜单名称,都会弹出相应的下拉菜单,然后选择下拉菜单中的任一命令选项,即可执行与该项目对应的操作。菜单命令形式有以下三种:

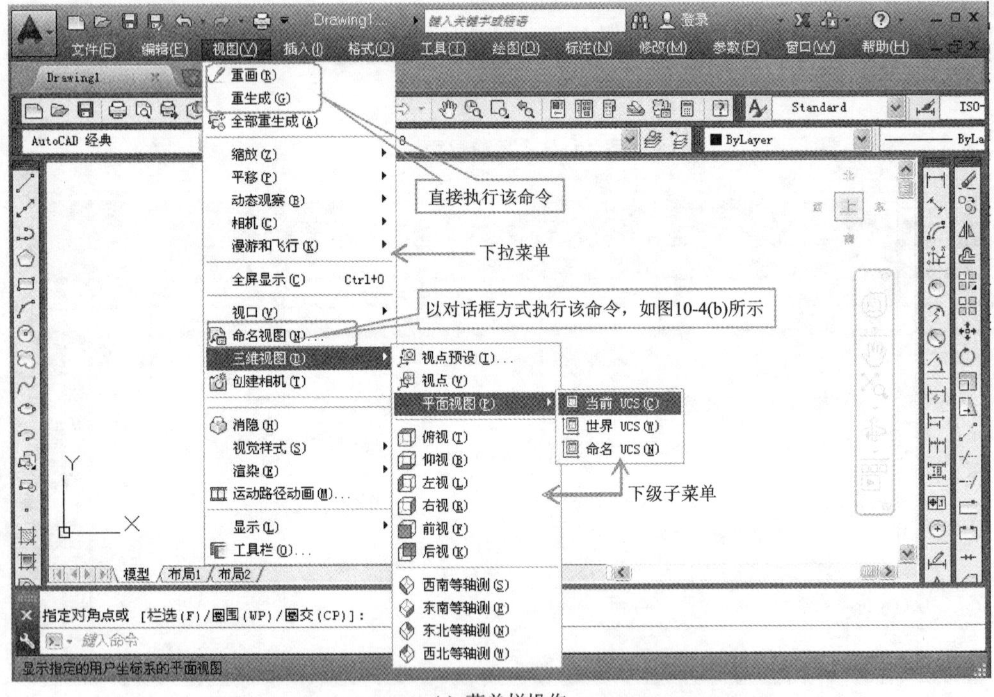

(a) 菜单栏操作

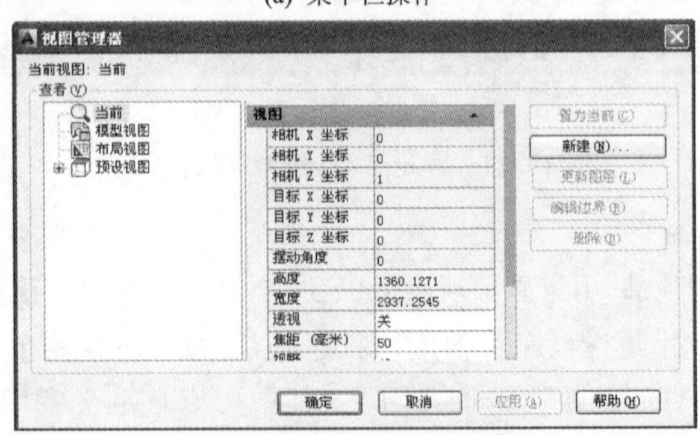

(b) “视图管理器”对话框

图 10 - 4　菜单栏

① 带小三角形的菜单命令:光标移动到该菜单命令后略作停顿,自动弹出下级子菜单。

② 带省略的菜单命令:单击后会弹出一个对话框,以对话框方式执行该命令。

③ 直接操作的菜单命令:直接单击以命令行方式进行相关绘图编辑或其他操作。

在不启动菜单栏的情况下为了快速高效地完成某些操作,可以使用快捷菜单(又称为上下文相关菜单)。如图 10－5 所示,在不同的区域右击[①],弹出不同的快捷菜单,该菜单中的命令与 AutoCAD 当前状态相关。

注意 默认工具栏标签中的勾选项正是如图10-6所示默认工具栏。

图 10－5　在不同的区域右击弹出不同的快捷菜单

3. 工具栏

工具栏是一组图标型工具的集合,通常显示在绘图区左右两侧和菜单栏下方,也可以放置

① 右击:单击鼠标右键。

在绘图窗口中。如图10－6所示,默认工具栏最左侧有“绘图”,最右侧有“修改”“绘图次序”,菜单栏下方有“标准”“样式”“工作空间”“图层”以及“特性”等工具栏。当光标移动到工具栏图标上时,稍停一会儿,则在一侧显示相应工具提示,同时显示其功能说明和命令名。工具栏可以根据需要重新定制。

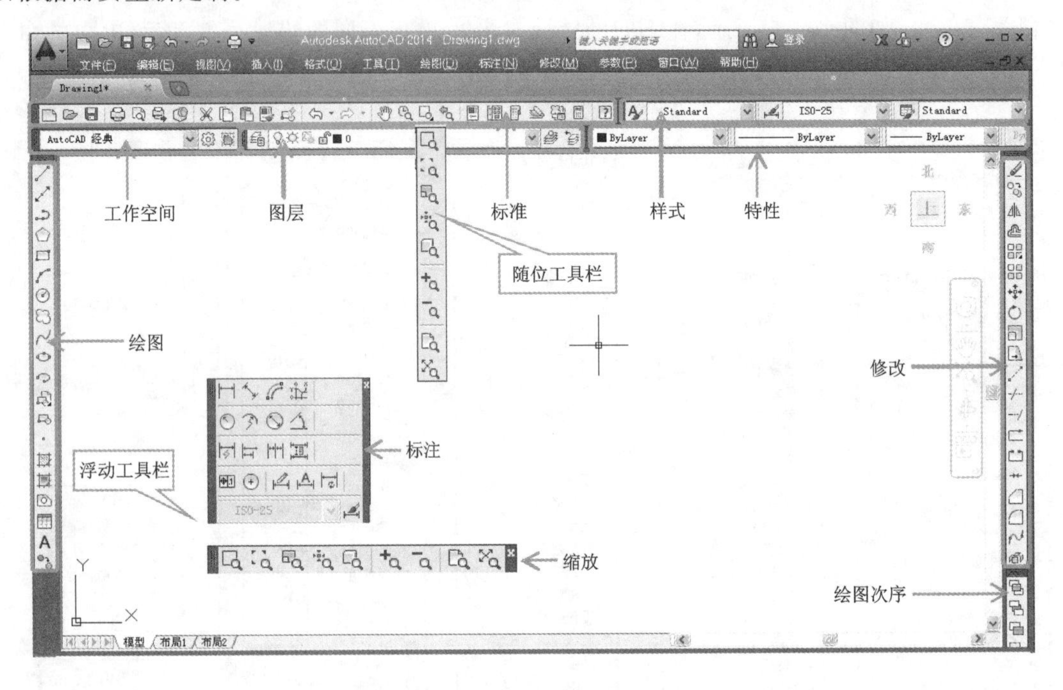

图10－6　工具栏

工具栏类型有以下三种,移动光标到工具栏边框上,按住鼠标左键并拖动,可以将工具栏拖到任意所需位置,并可以改变其形状。

① 固定工具栏:当将工具栏拖到绘图区左右两侧和菜单栏下方时,会自动变成长条状,并放置在靠边的位置。

② 浮动工具栏:将工具栏拖到绘图区中间某个位置,可以改变其外形和大小,并可以单击关闭按钮予以关闭。

③ 随位工具栏:附加在其他工具栏中,在工具按钮的右下角有一个三角形,该工具栏成为其他工具栏的子工具栏。如图10－6所示的“缩放”工具栏,当按住鼠标左键在该按钮上不动时,将弹出整个子工具栏,可以移动鼠标到需要的按钮上松开并执行该按钮的功能,同时该按钮在其他工具栏上成为当前默认按钮。随位工具栏还可以作为单独的工具栏打开,如图10－6所示的“缩放”浮动工具栏。

4. 绘图窗口

绘图窗口是位于屏幕中间无限大的三维电子绘图工作空间。如图10－2所示,显示为一个窗口,它是绘图环境下的图形文件窗口,菜单栏右侧有三个控制按钮(和标题栏控制按钮相同)控制绘图窗口,单击“最大化/还原”控制按钮,独立的图形文件窗口如图10－7所示。

① 必须在执行绘图、编辑命令时才能使用。

图 10－7　独立的图形文件窗口

绘图窗口包含下列重要的元素，如图 10－2 所示。

① 绘图区：是屏幕中间较大的空白区域，绘图与编辑工作在此空间完成。

② 光标：显示常有三种状态。当没有输入任何命令时，显示为十字加小方框“⌖”，称十字框光标（也叫待命光标）；输入命令，当用来定点绘图时，显示为“十”字，称十字光标（也叫绘图光标）；当用来拾取图形对象进行编辑修改时，显示为“□”，称拾取光标，其显示大小可以改变。

③ UCS 图标（即坐标系图标）：位于绘图区左下角，用来显示当前使用的坐标系和坐标轴方向，用于绘图时图形的参照定向与定位。在二维绘图界面中显示的是 X、Y 坐标，在三维建模界面中显示的是 X、Y、Z 坐标，并显示了坐标的正方向。

④ 布局标签：位于绘图区左下方，有“模型”和“布局”两种选项卡。单击选项卡，可以在两种绘图空间切换。一般情况下，在“模型空间”进行设计绘图，完成后切换到“布局空间”安排布局输出图纸。

5. 文本窗口和命令行

如图 10－2 所示，在绘图窗口的下方，有文本窗口和命令行，它是一个可浮动的窗口。

注意　*该窗口是人机交互的重要窗口，初学者尤应随时关注这里。*

① 命令行：由此行可输入命令或显示正在执行的命令及选项。在绘图的整个过程中，提示应按命令规定的顺序绘制与编辑，故又称为“命令提示行”，一般显示为一行。

② 文本窗口：位于命令行的上方，显示已执行过的历史命令及选项，记录 AutoCAD 的操作过程，便于查询。其包含的行数可以设定，一般显示为二行为佳。图 10－8 所示为独立的 AutoCAD 文本窗口。

6. 状态栏

状态栏位于操作界面最下方,如图10-2所示。

最左侧显示了光标的当前信息。当光标在绘图区时,显示其坐标数值(x,y,z);当光标在菜单命令选项上时,实现在线帮助——显示其功能说明。坐标右侧显示了绘图时的各种辅助绘图开关按钮,使用频繁,单击按钮,变亮为开,变暗为关;用于精确绘图中对对象上特定点的捕捉、定距离捕捉、捕捉某设定角度上的点、显示线宽及在模型空间和图纸空间转换等。

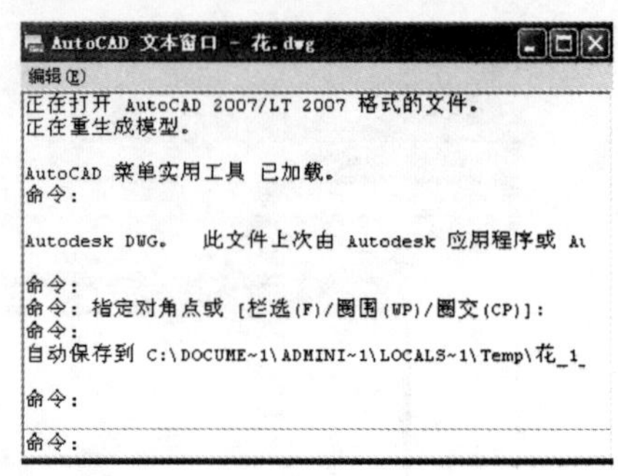

按【F2】键可打开或关闭一个独立的AutoCAD文本窗口,不影响原来的命令窗口。

图10-8 文本窗口

任务分析

AutoCAD 2000、2002、2004、2006、2007直至最新的2017在基本操作、主要功能等方面几乎相同,而新的版本更多的改进在于提高网络协作,修正BUG,增强系统安全性、稳定性等,2014版后增加了Windows8触屏操作、文件选项卡、文件格式与命令行的增强、地理位置等新特性。一般高版本都与低版本完全兼容。本书主要介绍运用AutoCAD 2014进行绘图。

通过用不同方法启动和退出AutoCAD软件,掌握最简单、最常用的方法;初步熟悉AutoCAD的经典界面,学会工具栏的放置、调用和定制;学习鼠标三键的操作。为以后熟练绘图打下基础。

任务实施

一、启动软件

采用下列方法启动AutoCAD软件。

① 依次单击"开始→所有程序→Autodesk→AutoCAD 2014-简体中文(Simplified Chinese)→AutoCAD 2014—简体中文(Simplified Chinese)"命令

② 双击[①]桌面上AutoCAD 2014快捷启动图标。

③ 双击资源管理器或我的电脑中相应目录下AutoCAD 2014快捷启动图标。

④ 双击任意一个已创建AutoCAD图形的文件。

二、认识AutoCAD经典界面

(1) 依次指出标题栏、菜单栏、工具栏、绘图窗口、文本窗口和命令行、状态栏的位置。

(2) 菜单栏操作

打开下拉菜单,认识带▸的菜单命令和带...的菜单命令。

① 双击:快速连续单击鼠标左键两次。

(3) 工具栏操作

① 依次指出“绘图”“修改”“绘图次序”“标准”“样式”“工作空间”“图层”以及“特性”等常用工具栏的位置。

② 放置工具栏

将“绘图”工具栏分别放在绘图区最左、最右侧和菜单栏下方,然后放在绘图区某个位置,并改变其外形和大小;最后放回原位。

操作步骤:移动光标到“绘图”工具栏边框上,按住鼠标左键并拖动到菜单栏下方,当其由竖向长条变成横向长条时,松开鼠标左键即可。将工具栏拖到绘图区某个位置,松开鼠标左键,移动光标到标题栏四周边框并变成双向箭头时任意拖动即可以改变其形状。其余位置请读者自行操作。

③ 调用及隐藏工具栏

调用“标注”工具栏,放在绘图区最右侧,然后关闭。

操作步骤:在任意一个工具栏上右击,弹出如图10-5所示的快捷菜单(默认工具栏标签),单击勾选“标注”,在绘图窗口出现如图10-6所示的“标注”工具栏。移动鼠标到工具栏边框上,按住鼠标左键并将其拖动到绘图窗口最右侧,当它由横向长条变成竖向长条时,松开鼠标左键即可。再次打开如图10-5所示的勾选“标注”工具栏标签,单击取消勾选“标注”,此时“标注”工具栏消失。

(4) 说明绘图窗口中有哪几个重要元素。

(5) 用快捷键F2打开和关闭AutoCAD文本窗口。

(6) 指出状态栏中常用辅助绘图按钮:捕捉模式、栅格显示、正交模式、极轴追踪、对象捕捉、对象捕捉追踪、动态输入、显示/隐藏线宽。

三、退出软件

采用以下方法退出AutoCAD。

① 单击标题栏中关闭图标 ✕ 。

② 组合键。在键盘上按下【Ctrl+Q】。

③ “文件”菜单。在菜单栏中依次单击“文件”→“退出”。

④ 键盘输入命令。在命令行输入Quit,然后按“回车”键。

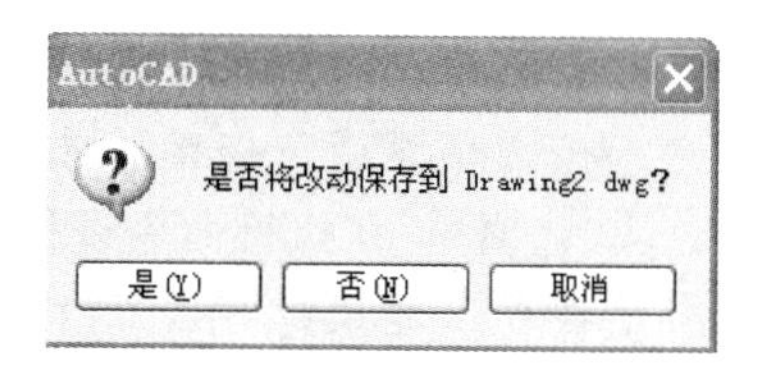

图10-9　“AutoCAD”的警示对话框

注意

❶ 如果文件已保存,则直接退出软件。

❷ 如果文件还未保存,则弹出如图10-9所示的AutoCAD的警示对话框,确定是否保存后退出软件:单击“是(Y)”按钮,系统将弹出“图形另存为”的对话框(见图10-24),用于对图形进行命名保存后退出软件;单击“否(N)”按钮,系统将放弃存盘,退出软件;单击“取消”按钮,系统将取消“退出”命令,返回到AutoCAD用户界面。

任务10.1.2 创建空图形文件——样板文件

任务目标

➢ 掌握 AutoCAD 的基本操作和图形文件管理

➢ 掌握 AutoCAD 的绘图环境设置

任务引入

创建一个样板文件 A3.dwt:图幅规格为 A3(横放);绘图单位:长度单位类型为“小数”,精度为两位小数,角度单位类型为“度/分/秒”,精度为“0d”;设置如表10-2所列的常用图层。

任务知识准备

一、命令的基本操作

1. 命令的调用方式

在绘图编辑中,要进行任何一项操作,都必须输入或选择 AutoCAD 命令,常用以下几种方式调用命令:

① 键盘输入命令:用于所有的命令(不分大、小写)。在命令行“键入命令”提示下输入英文命令名或命令别名,然后按回车键(Enter)[①]或空格键(Spacebar),如图10-10所示。

(a) 命令行待命状态

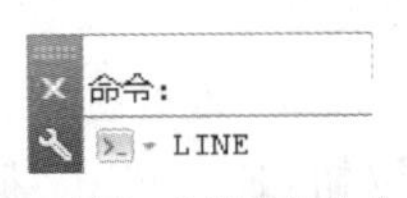

(b) 输入“直线”命令

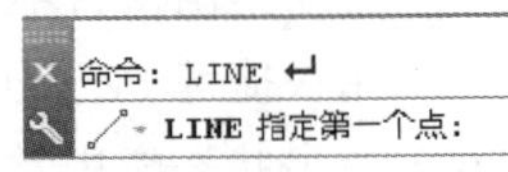

(c) 回车后准备执行下一步

图10-10 键盘输入命令

② 菜单选择命令:分为下拉菜单选择命令和快捷菜单(又叫右键菜单)选择命令。

③ 工具栏按钮选择命令:是命令选择常用的、最方便的方法,也是初学者常用的方式。

如果用菜单或工具栏按钮选择命令,AutoCAD 会自动终止正在执行的命令;如果用键盘输入命令,一定要保证命令行显示“键入命令”提示,否则应先按【Esc】键终止正在执行的操作,然后进入“键入命令”提示状态。

2. 命令的确认和终止

① 命令的确认:AutoCAD 的命令执行过程是交互式的。一般情况下,当用菜单或按钮输入命令时,可按鼠标左右键直接操作;当用键盘输入命令时,必须按回车键或空格键后才能继续执行命令(或者在绘图区右击,在弹出的快捷菜单中单击“确认”选项)。在执行命令过程中,输入数据后,同样也要按回车键或空格键后才能继续执行下一步操作。如果打开或新建一个图形文件没有执行任何操作,直接按回车键或空格键,系统则自动指定“帮助”命令。

② 命令的终止:如果要终止某个正在执行的命令、退出对话框或者感觉运行不畅时,可以按键盘上的【Esc】键;或者直接执行其他命令,在多数情况下可以退出当前命令并回到“键入命令”提示状态。

---

① “按回车键”用“↵”表示。

3. 命令的重复、撤销、重做

① 命令的重复:AutoCAD 命令执行结束或者取消,会自动回到“键入命令”提示状态,等待用户输入下一个命令。如果用户想重复使用同一个命令,只需在提示下直接按回车键或空格键,系统会自动执行前一次的命令(或者在绘图区右击,在弹出的快捷菜单中单击“重复命令”选项)。

② 命令的撤销(U、UNDO):需要放弃已进行的操作,可以通过“放弃”命令来执行。放弃有两个命令,即 U 和 UNDO。U 命令没有参数,每执行一次,自动放弃上一个操作,但像存盘、图形的重生成等操作是不可以放弃的。UNDO 命令有一些参数,功能较强。命令调用方式如表 10-1 所列。

表 10-1 撤销、重做的命令调用方式

命令调用 \ 命令	命令的撤销	命令的重做
命令	U、UNDO	REDO
菜单	编辑→放弃	编辑→放弃
按钮	标准→	标准→
快捷键	【Esc】键	
组合键	【Ctrl+Z】	

如果只是放弃刚刚完成的一步,可以单击“放弃”按钮实现。如果要同时撤销若干步,可以单击“放弃”按钮右侧的箭头,列表显示可以放弃的操作,选择到需要返回的位置,单击即可。

③ 命令的重做(REDO):已被撤销的命令还可以恢复重做,恢复撤销的最后一个命令。命令调用方式如表 10-1 所列。操作方式与命令的撤销相同。

4. 命令的类型

① 直接命令:可直接调用的命令,如绘图命令与编辑命令。

② 中间命令:不能单独调用的命令,如对象捕捉命令。

③ 透明命令:可直接调用或在绘图和编辑命令中用的命令,并不影响绘图和编辑命令的功能,执行完成后可继续进行原命令的操作,如“实时缩放”和“实时平移”等屏幕显示控制命令。

5. 命令别名

AutoCAD 为一些常用命令提供别名(即缩写名)。使用别名是为了减少敲击键盘次数,以便加快绘图速度。如表 10-2 列出的常用的命令别名,这些别名存储在 Support 子目录下的 ACAD.PGP 文件中,用户可以通过修改文件来定制自己的常用命令别名。

6. 命令的执行过程及命令提示说明

(1) 命令的执行过程

以任一方式调用命令→依次以提示的形式提供一系列选项或提示输入数据(点的坐标或某一数值)。根据选取的选项,可获得另一组选项组或者提示输入数据。

表 10－2　命令别名及用途

命　令	别　名	用　途	命　令	别　名	用　途	命　令	别　名	用　途
LINE	l	绘制直线	COPY	co、cp	复制对象	EXPLODE	x	将组合对象分解为对象组件
PLINE	pl	绘制多段线	MIRROR	mi	创建镜像对象	DDEDIT	ed	编辑修改文字注释
POLYGON	pol	绘制等边闭合多边形	OFFSET	o	偏移(创建同心圆、平行线或等距曲线)	PEDIT	pe	编辑多段线
RECTANG	rec	绘制矩形	ARRAY	ar	阵列(创建按指定格式排列的多重对象副本)	PAN	p	在当前视口移动视图
ARC	a	创建圆弧	MOVE	m	移动对象	ZOOM	z	放大或缩小当前视图中的对象
CIRCLE	c	创建圆	ROTATE	ro	按指定基点旋转对象		pu	从图形中删除未使用的块定义、图层等项目
ELLIPSE	el	创建椭圆	SCALE	sc	在 X、Y、Z 方向等比例放大或缩小对象	REDRAW	r	刷新图形
BLOCK	B	创建内部块	STRETCH	s	移动或拉伸对象	REDRAWALL	ra	刷新所有视口的显示
WBLOCK	w	写块文件	LENGTHEN	len	拉长对象	REGEN	re	从图形数据库重生成整个图形
INSERT	i	插入块	TRIM	tr	用其他对象定义的剪切边剪切对象	REGENALL	rea	重生成图形并刷新所有视口
POINT	po	创建点对象	EXTEND	ex	延伸对象到另一对象	AREA	aa	计算对象或定义区域的面积和周长
HATCH	h	用图案填充封闭区域	BREAK	br	部分删除对象或把对象分解为两部分	DIST	di	两点之间的距离、角度
MTEXT	t、mt	创建多行文字	CHAMFER	cha	给对象加倒角	LIST	li、ls	显示选定对象的数据库信息
ERASE	e	删除图形对象	FILLET	f	给对象加圆角	ID	id	显示点坐标

注意　使用命令过程中一定要严格按照提示进行操作。

(2) 命令提示说明

“[ ]”中内容为选项,当一个命令有多个选项时各选项用“/”隔开。

“＜ ＞”中选项为默认项(或默认值)。

在选择所需选项时,只需要键入对应选项的大写字母。

二、图形文件管理

图形文件的管理是设计过程中的重要环节,为了避免由于误操作导致图形文件的意外丢失,在设计过程中需要随时对文件进行保存。图形文件的操作包括图形文件的新建、保存、关闭和打开等,表 10－3 所列为各种图形文件管理命令的调用方式。

表 10－3　图形文件管理命令的调用方式

命令调用＼命令	新建文件	保存文件		关闭文件	打开文件
		保存新建或已有文件	更名保存文件		
命令	new，qnew	save，qsave	saveas	close	open
菜单	文件→新建	文件→保存	文件→另存为	文件→关闭	文件→打开
按钮	标准或快速访问→	标准或快速访问→	快速访问→	或菜单栏→	标准或快速访问→
组合键	无	【Ctrl+S】	【Ctrl+Shift+S】	无	【Ctrl+O】

注意　默认状态下，标准工具栏中只有新建、保存和打开三个图形文件管理按钮。

1. 新建文件

开始绘制一幅新图，首先应该新建图形文件。默认情况下，启动 AutoCAD 软件后，系统会自动新建一个名为 drawing1. dwg 的图形文件。或者如表 10－3 中新建文件，弹出“选择样板”对话框，如图 10－11 所示，根据需要选择相应的样板文件。AutoCAD 提供了多种标准的样板文件，保存在 AutoCAD 安装目录中的 Template 子文件夹中，其扩展名为 *. dwt。因为还没有符合机械制图国家标准的样板文件，单击“打开”按钮右侧的下拉按钮，选择计量标准“无样板打开-公制”进入新建文件，名为 drawing2. dwg。

图 10－11　“选择样板”对话框

2. 保存文件

完成图形编辑后，对图形文件必须进行保存，可以直接保存，也可以更改名称后保存为另一个文件。

① 如表 10－3 所列，对已有文件进行保存，所编辑文件已经命名，则不进行任何提示，系统直接将图形以当前文件名存盘。

② 如表 10－3 所列，对新建文件进行保存，所编辑文件未命名，则弹出如图 10－12 所示的

“图形另存为”对话框,将“Drawing”加上序号作为预设的文件名,该序号系统自动检测,在现有的最大序号上加1,以让用户确认文件后保存。在保存文件时,可以修改文件名称,AutoCAD支持中文命名,可以按需要选择文件存储路径。

注意 保存文件时在“文件类型”选项中可以选择多种类型。当以低版本如AutoCAD2004/LT2004图形(*.dwg)格式保存时,可以在此低版本如AutoCAD2004以上软件中读取。

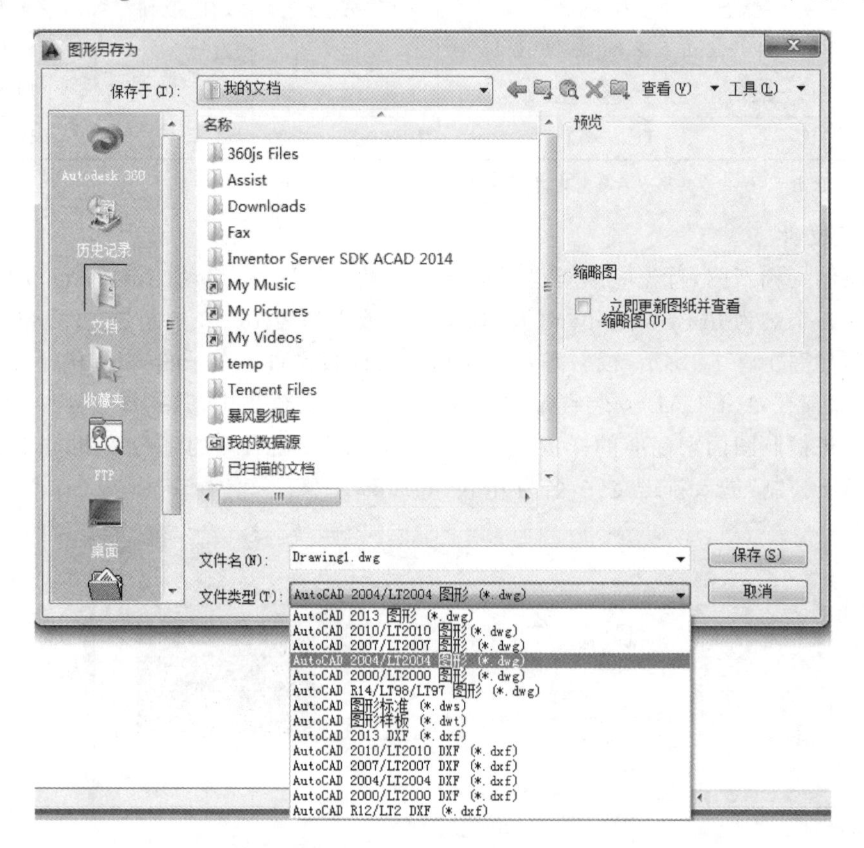

图10-12 “图形另存为”对话框

③ 先打开已有图形文件,如表10-3所列,对该文件进行更名保存,也会弹出如图10-12所示的“图形另存为”对话框,设置名称及其他选项后保存即可。

3. 关闭文件

当已经保存过的文件不再需要编辑修改时,可以关闭(见表10-3)。如果当前图形文件没有保存,系统会弹出如图10-9所示的对话框,提示是否保存图形文件。

注意 此操作只关闭文件,并不退出AutoCAD软件。

4. 打开文件

对已有的文件编辑或浏览,要先打开文件。

如表10-3所列,执行命令后,弹出如图10-13所示的“选择文件”对话框。在“查找范围”下拉列表中选择要打开的图形文件夹,在文件列表框中单击某个文件,此时在其右侧“预览”框中将显示该文件的预览图形,单击“打开”按钮,或者直接双击文件,即可打开选中文件。也可以单击“打开”按钮右侧的下拉按钮,在弹出的下拉列表中选择所需方式打开图形文件。

AutoCAD允许同时打开多个文件。按【Ctrl】键依次单击多个文件或按【Shift】键连续选

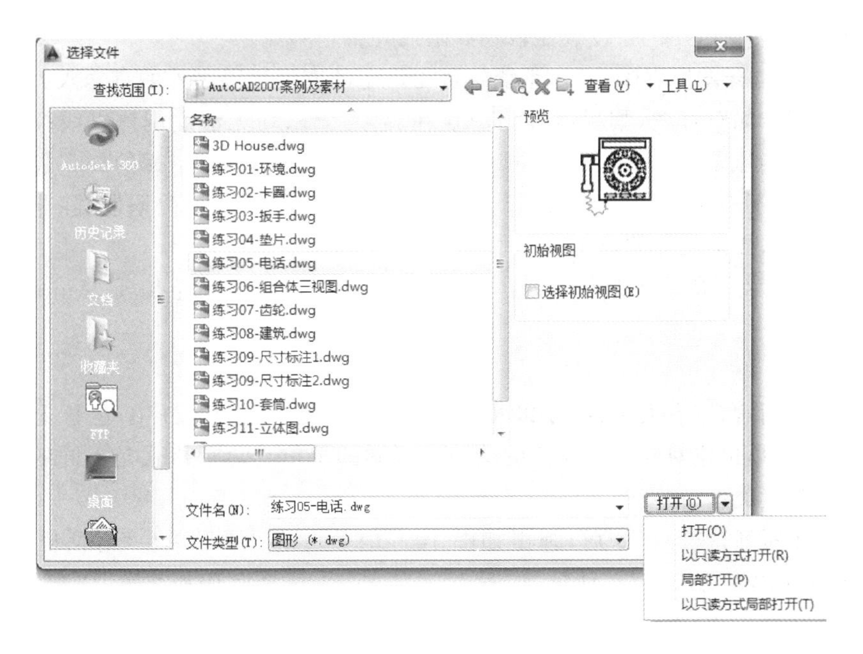

图 10－13　“选择文件”对话框

中多个文件,单击打开按钮即可。可打开的文件类型包括图形“dwg”、标准“dws”“dxf”和图形样板“dwt”。利用 AutoCAD 的多文档特性,用户可在打开的所有图形之间来回切换、绘图、修改,还可参照其他图形进行绘图、在图形之间复制和粘贴图形对象,或将对象从一个图形移动到另一个图形。

三、初始绘图环境

1. 图形界限

图形界限是绘图的范围,相当于手工绘图时图纸的大小。

如表 10－4 所列,执行命令后,操作及选项说明如下:

命令:'_limits

重新设置模型空间界限:

指定左下角点或[开(ON)/关(OFF)]＜当前值＞(默认为＜0,0＞):指定图形界限左下角坐标↵或直接↵

指定右上角点＜当前值＞(默认为＜420,297＞):指定图形界限右上角坐标↵或直接↵

表 10－4　初始绘图环境命令的调用方式

命令调用 \ 命令	图形界限	单　位	图　层
命令	limits	units	layer
菜单	格式→图形界限	格式→单位	格式→图层
按钮	可以自定义 *	可以自定义 *	图层→

选项[开(ON)/关(OFF)]设置能否在界限之外指定一点。

① 开(ON):打开图形界限检查,系统不接受设定的图形界限之外的点输入。但对不同情况检查方式不同。如对直线,如果有任何一点在界限之外,均无法绘制该直线;对圆、文字而言,只要圆心、起点在界限范围之内即可;甚至对于单行文字,只要定义的文字起点在界限之内,实际输入的文字不受限制。对于编辑命令,拾取图形对象的点不受限制,除非拾取点同时作为输入点,否则,界限之外的点无效。

② 关(OFF):关闭图形界限检查,可在界限之外绘制对象或指定点,是 AutoCAD 的默认状态。

2. 单　位

对任何图形而言,总有大小、精度以及采用的单位。在 AutoCAD 中,屏幕上显示的只是屏幕单位,但屏幕单位应对应一个真实的单位。不同的单位其显示格式是不同的。同样也可以设定或选择角度类型、精度和方向。

如表 10-4 所列,执行命令后,弹出如图 10-14 所示的“图形单位”对话框;单击“方向(D…)”按钮,弹出“方向控制”对话框,如图 10-15 所示,选择默认基准角度“东(E)”(即零度轴方向),水平向右,逆时针旋转角度为正,可以选择或输入其他角度为零度轴方向;单击“确定”,回到“图形单位”对话框,单击“确定”,单位设置完毕。

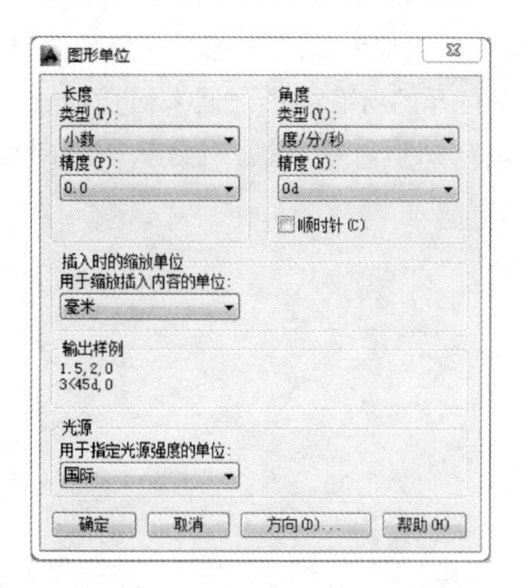

图 10-14 “图形单位”对话框

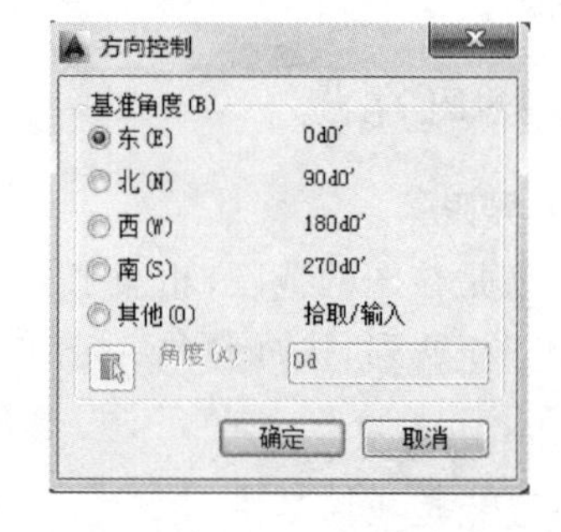

图 10-15 “方向控制”对话框

3. 图　层

图层用于按功能编组图形中的对象,以及用于执行颜色、线型、线宽和其他特性的标准。

图层相当于图纸绘图中使用过的重叠图纸。每个层可以视做一张透明的纸,可以在不同的“纸”上绘图;不同的层叠加在一起,形成最后的图形。通过创建图层,可以将类型相似的对象指定给同一图层以使其相关联。例如,设计一幢大楼,包含楼房的结构、水暖布置、电气布置等,它们有各自的设计图,而最终又是合在一起的。从逻辑意义上讲,结构图、水暖图、电气图都是在各层上。又如,在机械图样中,粗实线、细实线、点画线、虚线等不同线型表示了不同的含义,可以放在不同的层上;也可以将构造线、文字、尺寸标注和标题栏置于不同的图层上,如图 10-16 所示。还可以按功能组织对象以及将默认对象特性(包括颜色、线型和线宽)指定给每个图层。

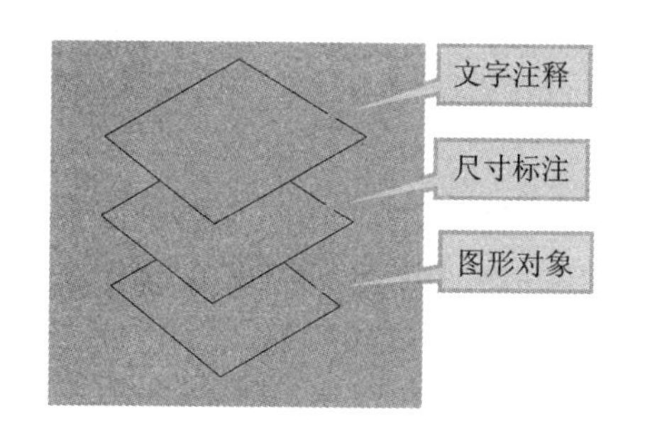

图 10-16　图层样例

图层是一种重要的组织工具，通过控制对象的显示或打印方式，它可以降低图形的视觉复杂程度，并提高显示性能。

图层有一些特殊的性质。例如，可以设定该层是否显示，是否允许编辑、是否输出等。如果要改变粗实线的颜色，可以将其他图层关闭，仅仅打开粗实线层，一次选定所有的图线进行修改。这样做显然比在大量的图线中去将粗实线挑选出来轻松得多。在图层中可以设定每层的颜色、线型、线宽。只要图线的相关特性设定成“随层 ”（即 ByLayer），图线就将具有所属层的特性。可见用图层来管理图形是十分有效的。

图 10-17 所示为图层工具栏和特性工具栏。

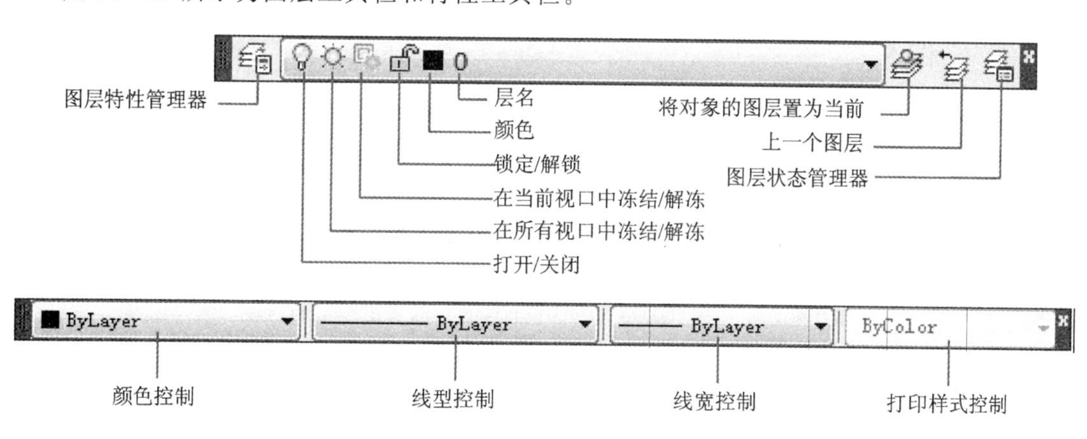

图 10-17　图层工具栏和特性工具栏

注意

❶ 每个图形均包含一个名为 0 的图层。默认情况下，“0”层是当前图层，无法删除或重命名，以便确保每个图形至少包括一个图层。其图层状态和图层特性如图 10-18 所示。

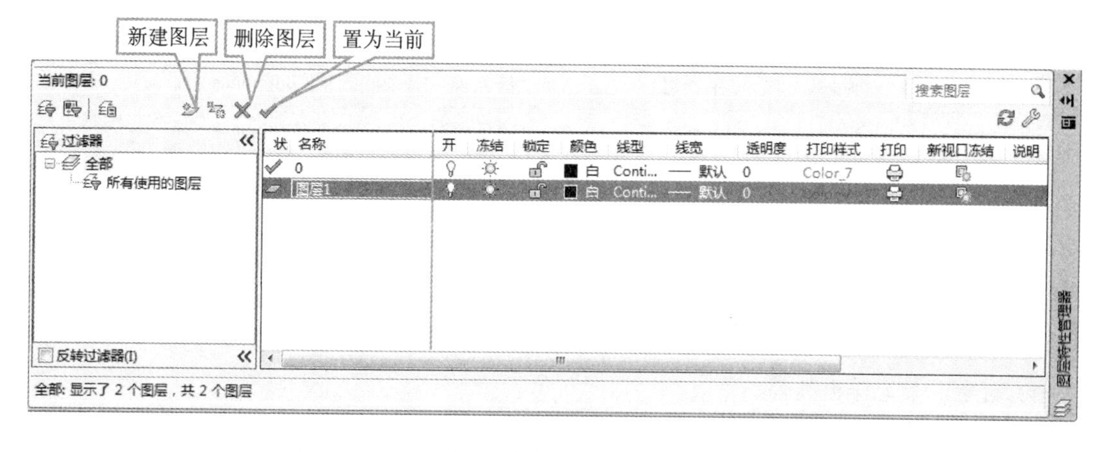

图 10-18　“图层特性管理器”对话框——新建图层

❷ 建议用户创建几个新图层来组织图形,而不是在图层0上创建整个图形。这些图层可以保存在图形样板(.dwt)文件中,以使它们在新图形中自动可用。

❸ 当前层可以关闭,但不能冻结或删除。

❹ 关闭图层和冻结图层,都可以使该层上的图线隐藏,不被输出和编辑,它们的区别在于冻结图层后,图形在重生成(REGEN)时不计算,而关闭图层时,图形在重生成中要计算。锁定图层的图形对象在屏幕上可见且能够被打印输出,还被保护不能被编辑与修改。

参照国家标准GB/T18229—2000CAD工程制图规则,设置常用图层的颜色、线宽及线型等特性如表10-5所列。

表10-5 常用图层

层 号	绘图线型	图层名称	颜 色	线 宽	线 型
01	粗实线	粗实线	白色	0.7	Continuous
02-1	细实线	细实线	绿色	0.35	Continuous
02-2	细波浪线	波浪线	绿色	0.35	Continuous
02-3	细双折线	双折线	绿色	0.35	Continuous
03	粗虚线	粗虚线	黄色	0.7	Dashed 或 Hidden
04	细虚线	细虚线	黄色	0.35	Dashed 或 Hidden
05	细点画线	中心线	红色	0.35	Center
06	粗点画线	粗点画线	棕色	0.7	Center
07	双点画线	双点画线	粉红色	0.35	Phantom
08	细实线	尺寸	绿色	0.35	Continuous
09-1	细实线	表面粗糙度	绿色	0.35	Continuous
09-2	细实线	几何公差	绿色	0.35	Continuous
10	细实线	剖面线	绿色	0.35	Continuous
11	细实线	技术要求(文本)	绿色	0.35	Continuous
12-1	细实线	图框	绿色	0.35	Continuous
12-2	细实线	标题栏	绿色	0.35	Continuous
12-3	细实线	明细栏	绿色	0.35	Continuous

注意 1) 此处设定的颜色是屏幕当前<也是默认>背景色为黑)

2) 相同类型的图线应采用同样的颜色。练习绘图时,常设置粗实线、粗点画线线宽为0.5,其余为默认线宽(0.25)。

四、创建样板文件的一般流程

1) 新建一个无样板文件。

2) 设置初始环境(图形界限、单位、图层)并设置辅助环境(显示栅格)。

3) 保存文件:可以是图形文件(*.dwg),也可以是样板文件(*.dwt)。

4) 关闭文件。

任务分析

在正确安装 AutoCAD 中文版之后，即可以运行并进行图形绘制了。但用户往往会发现单位精度、图形界限、尺寸、文字等不符合机械制图国家标准的要求，还有不能自动捕捉特殊点（如端点、交点等），也不能同时捕捉预定角度的极轴和 20°的极轴，不能将屏幕背景的默认颜色（黑色）更改为白色，怎么办呢？上述这些都和图形绘制的环境有关，所以要对相关绘图环境进行合理设置。

AutoCAD 为用户提供了使用样板设置方式。样板文件是一种包含有特定绘图环境设置的图形文件（扩展名为“.dwt”），通常在样板文件中的设置包括单位类型和精度、图形界限、图层组织（线型和线宽）、文字样式和尺寸标注样式、标题栏和图框等。如果使用样板来创建新的图形，则新的图形继承了样板中的所有设置，因此避免了大量的重复设置工作，简化了大量的调整、修改工作，而且也可以保证同一项目中所有图形文件的格式和标准的统一，便于图形的管理和使用。新的图形文件与所用的样板文件是相对独立的，因此新图形中的修改不会影响样板文件。

通过初步创建符合国家制图标准的样板文件，了解样板文件的作用和创建，学习新建文件、保存文件、关闭文件及打开文件等文件管理，熟悉命令的基本操作，学习图形界限、单位、图层的初始绘图环境设置，注意图层设置是难点。

任务实施

一、新建文件

新建一个“无样板－公制”文件。

二、设置初始环境

1. 设置图形界限

常用的机械图幅尺寸要求如表 1－1 所列，可知 A3 图幅的长、宽分别为 420 mm、297 mm。

(1) 设置图形界限

```
命令：'_limits
重新设置模型空间界限：
指定左下角点或［开(ON)/关(OFF)］<0.0000,0.0000>：↵
指定右上角点 <420.0000,297.0000>：↵或 420,297 ↵
```

思考　若是竖放 A4，如何输入坐标？

(2) 全屏显示：一般使整个图形界限显示在屏幕上。

```
命令：zoom↙
指定窗口角点，输入比例因子 (nX 或 nXP)，或［全部(A)/中心点(C)/动态(D)/范围(E)/上一个(P)/比例(S)/窗口(W)］<实时>：a ↵
正在重生成模型。(此时看不到横放 A3 的图形界限。)
```

(3) 显示栅格：即显示屏幕上的图形界限如图 10－19 所示。

在键盘上按【F7】键 或单击状态栏中栅格按钮：

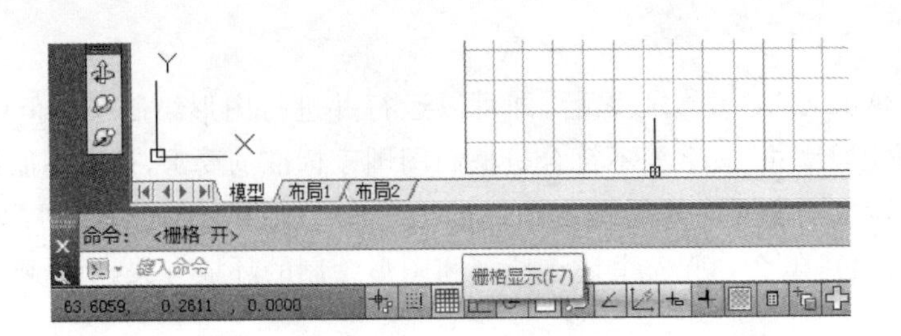

图 10-19 显示栅格

命令:<栅格 开>

再次在键盘上按【F7】键 或单击栅格按钮:

命令:<栅格 关>

2. 设置单位

设置单位如图 10-14、图 10-15 所示。

3. 设置图层

要使用层,应该首先新建层。

(1) 设置粗实线图层

如表 10-4 所列,执行命令后,弹出"图层特性管理器"对话框,如图 10-18 所示,单击"新建图层"按钮,在图层列表框中新添一个图层,默认"名称"为"图层 1",颜色为"白",线型为"Continuous",线宽为"—默认"。单击"图层 1"修改为"粗实线";再单击该图层对应的线宽,弹出"线宽"对话框,在线宽列表框中选择"0.5mm",单击"确定"按钮即可。设置粗实线如图 10-20所示。

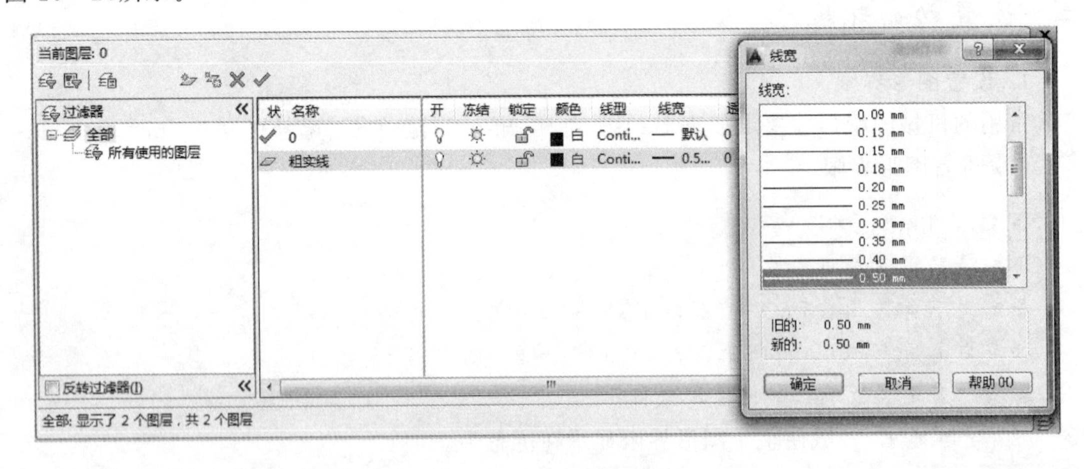

图 10-20 新建"粗实线"图层

(2) 设置细实线图层

设置细实线图层,线宽修改为"默认"。单击该图层对应的颜色,弹出如图 10-21 所示的"选择颜色"对话框,在"索引颜色"选项中选择"绿色",单击"确定"按钮即可。结果如图 10-22所示。

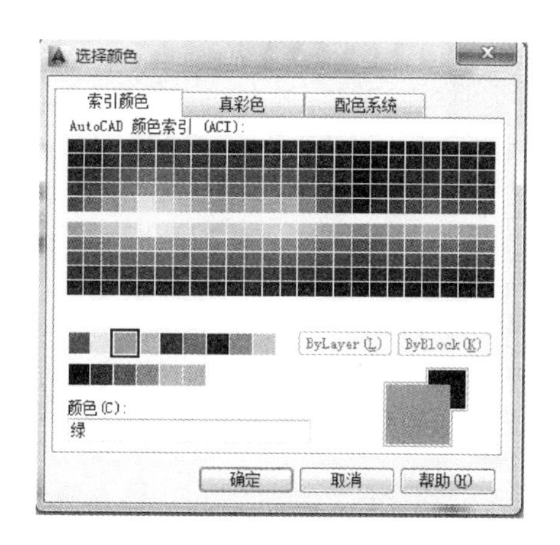

图 10－21　“选择颜色”对话框

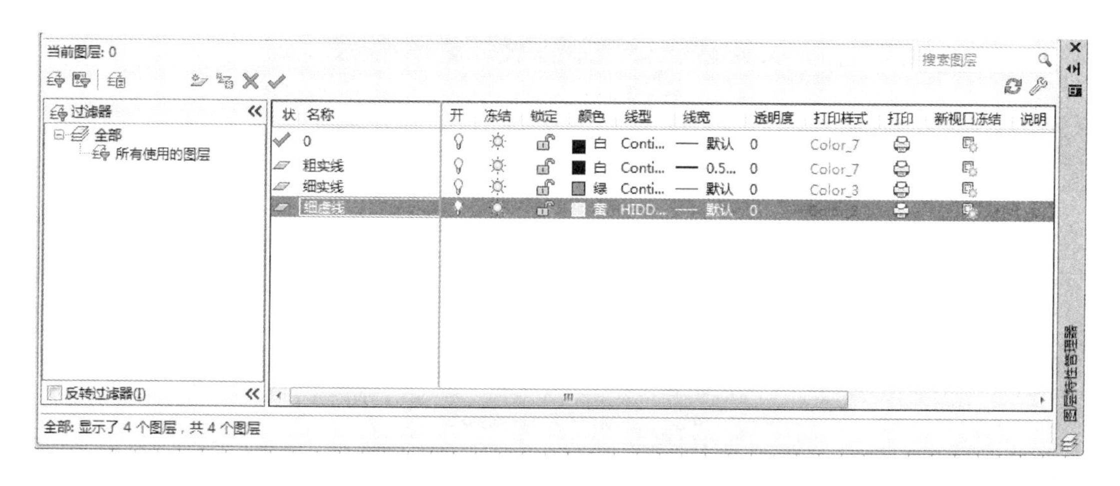

图 10－22　新建“细实线、细虚线”图层

(3) 设置细虚线图层

设置基本同细实线图层，线宽不修改，颜色选择“黄色”。单击该图层对应的线型，弹出如图 10－23(a)所示的“选择线型”对话框，在“已加载的线型”列表框中没有对应的线型，再单击“加载(L)”按钮，弹出如图 10－23(b)所示的“加载或重载线型”对话框，在“可用线型”列表框中选择“HIDDEN”，单击“确定”按钮返回如图 10－23(c)所示的“选择线型”对话框，单击“已加载的线型”列表框中添加的“HIDDEN”，单击“确定”按钮即可。结果如图 10－22 所示。

(4) 设置其余图层

设置方法同步骤(1)、(2)、(3)，设置如表 10－5 所列的常用图层。

单击“图层”工具栏“应用的过滤器”，其下拉列表框如图 10－24 所示。

三、保存文件

将上述绘图环境设置保存为样板，可以避免重复工作。

注意　保存的路径和位置，因为创建的是样板文件，所以在相应的路径下创建一个名为“样板文件”的文件夹。

① 可以保存名为 A3.dwg 的图形文件，如图 10－25(a)所示，单击“保存”按钮即可。

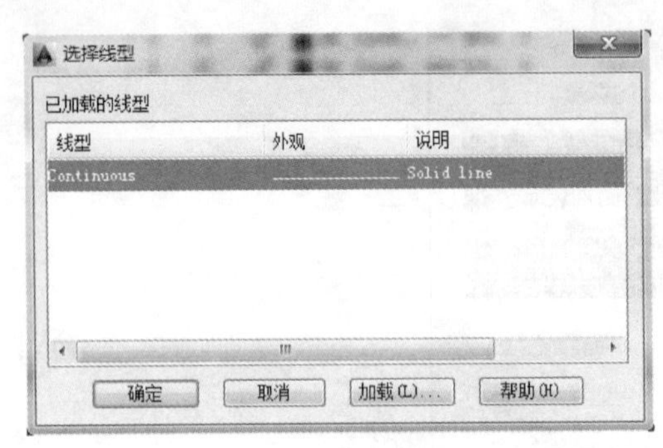

(a) 默认“选择线型”对话框

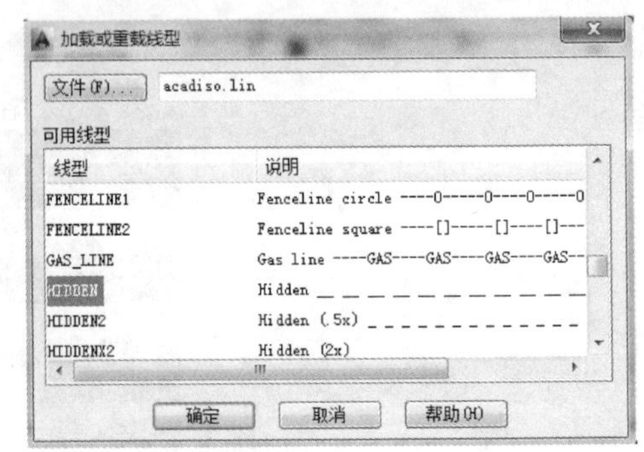

(b) “加载或重载线型”对话框

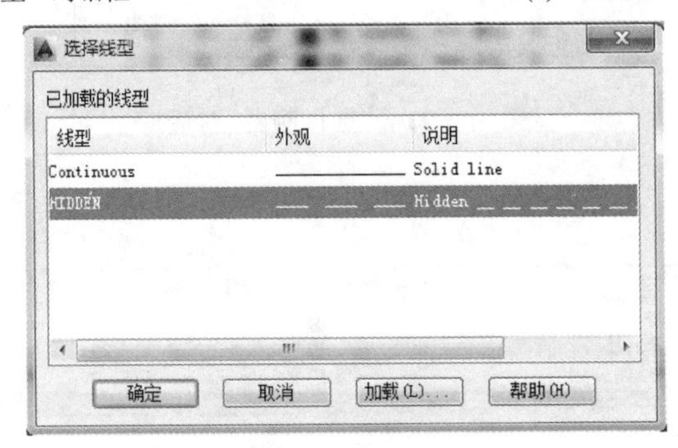

(c) 已加载的“选择线型”对话框

图 10-23 选择线型

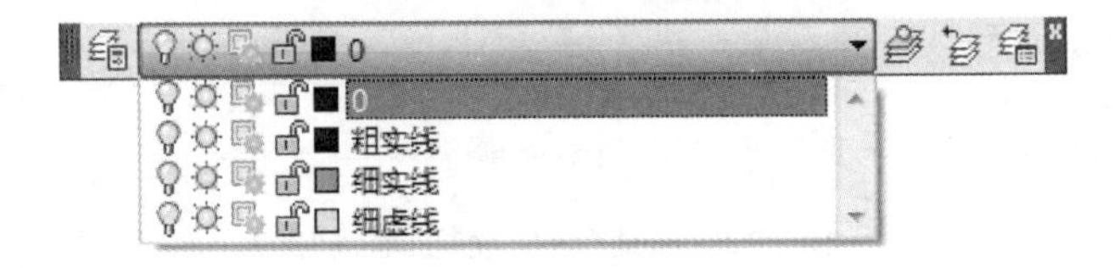

图 10-24 应用的过滤器

② 一般保存名为 A3.dwt 的样板文件,如图 10-25(b)所示,单击“保存”按钮,弹出“样板选项”的对话框,如图 10-26 所示。

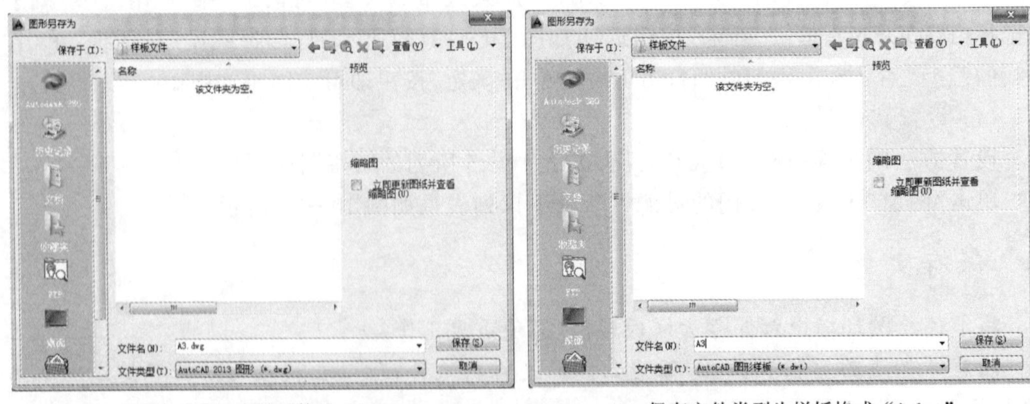

(a) 保存文件类型为图形格式“*.dwg”

(b) 保存文件类型为样板格式“*.dwt”

图 10-25 保存样板文件格式

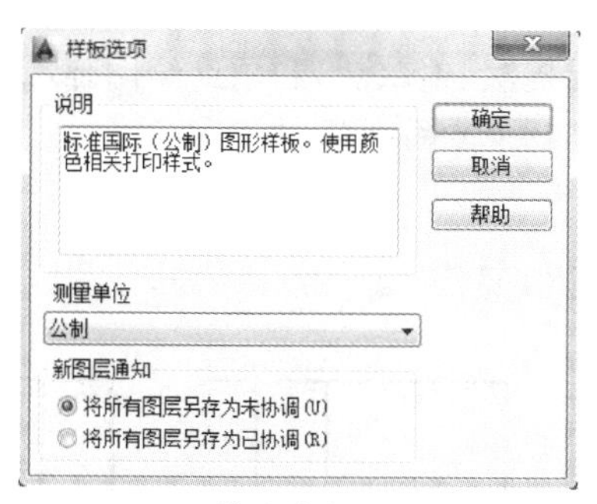

(a) 默认说明

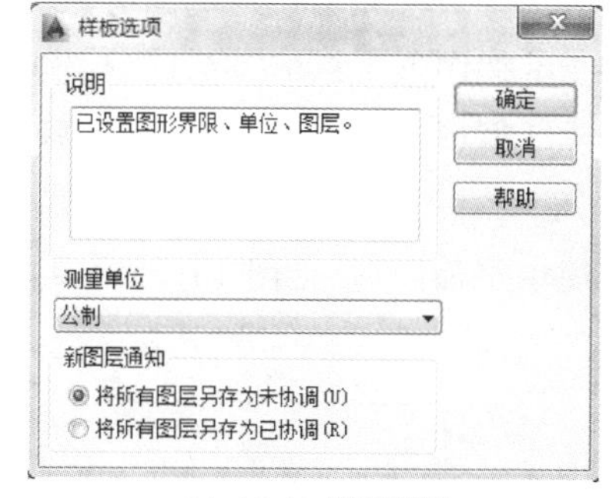

(b) A3.dwt样板说明

图 10－26　“样板选项”对话框

思考　如何设置自动保存和加密保存呢？

四、关闭文件

关闭刚保存的样板文件 A3. dwt 或者 A3. dwg。

五、打开文件

打开刚关闭的文件 A3. dwt 或者 A3. dwg，熟悉文件的名称、类型和打开方式。

任务知识扩展

一、使用“帮助”

① 按钮：标准→[?]

② 菜单：帮助→帮助

③ 命令：Help 或？

执行上述操作，均可以获得 AutoCAD 2014 中文版帮助信息，书中未详述的细节请参见 AutoCAD 的帮助信息。

二、使用“欢迎屏幕”

单击菜单“帮助”→“欢迎屏幕”，弹出“欢迎屏幕”对话框，可以进行新建、打开等文件管理工作，还可以进行学习和扩展。

任务巩固与练习

创建图幅规格为 A4 竖放的样板文件，环境设置包含图形界限、单位、常用图层，其中单位、常用图层设置与 A3 横放的样板文件相同。

任务 10.2　计算机绘制简单二维图形

任务目标

➢ 了解 AutoCAD 的一般绘图流程。

➢ 初步掌握图形绘制（各种绘图命令的使用）和编辑的方法（各种编辑命令的使用、图形对象的选择方法和夹点编辑的方法)。

- 初步掌握图形定点的方法(坐标输入法、对象捕捉法、追踪法)和辅助绘图环境的设置。
- 初步掌握屏幕显示控制命令(缩放ZOOM和平移PAN)的使用

任务引入

绘制简单平面图形(见图10-27(a))和简单三视图(见图10-27(b))。

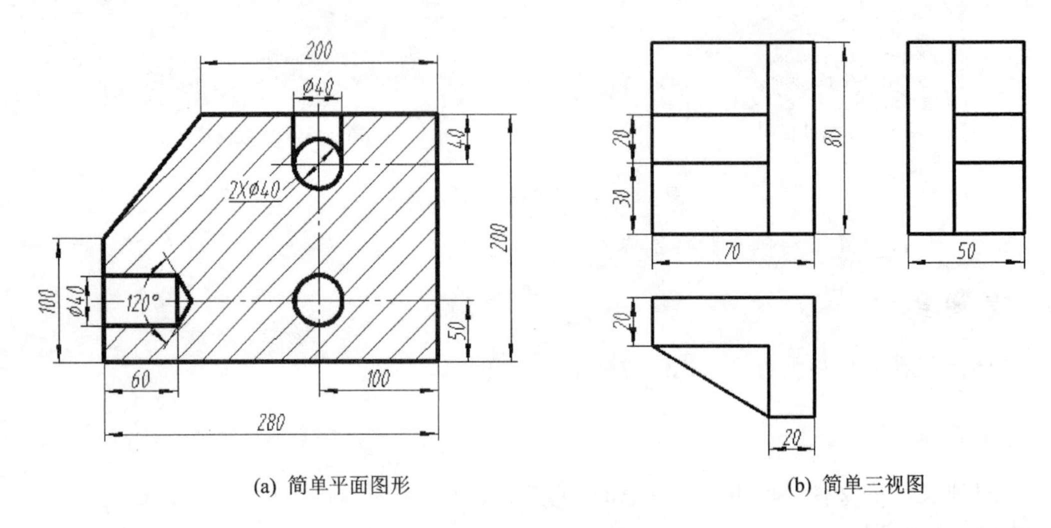

(a) 简单平面图形　　(b) 简单三视图

图10-27　简单平面图形

任务知识准备

一、AutoCAD中数据的输入方法

在绘制图形对象执行AutoCAD命令时,需要输入执行命令所必需的数据。常见的数据有:点的坐标(如线段端点、圆心等)和数值(距离或长度、直径或半径、角度、位移量、项目数等)。

1. 点的坐标输入

点的坐标输入方式如表10-6所列。

表10-6　点的坐标输入方式

方　式	键盘输入坐标(见图10-28)				用定标设备在屏幕上拾取点		
表示方法	绝对坐标		相对坐标		一般位置点	特殊位置点或具有某种几何特征的点	按设定方向定点
	直角坐标	极坐标	直角坐标	极坐标			
输入格式	x,y,z	$l<a$	$@x,y,z$	$@l<a$	直接拾取光标点	利用对象捕捉功能	利用极轴追踪、对象捕捉追踪和正交模式
说明	输入指定点位置的坐标数值x,y,z,在二维图形中省略z	l:表示点到坐标原点的距离 a:表示该点与坐标原点的连线与X轴之间的夹角	@:表示相对坐标,指当前点相对于前一个点的坐标增量		常用定标设备是鼠标,当不需精确定位时,移动鼠标使光标移动到所需位置,单击就将十字光标所在位置的点输入到电脑里。当需要精确定位时,需要用对象捕捉功能捕捉当前图中的特征点		

注意　必须在全英文状态下输入直角坐标。

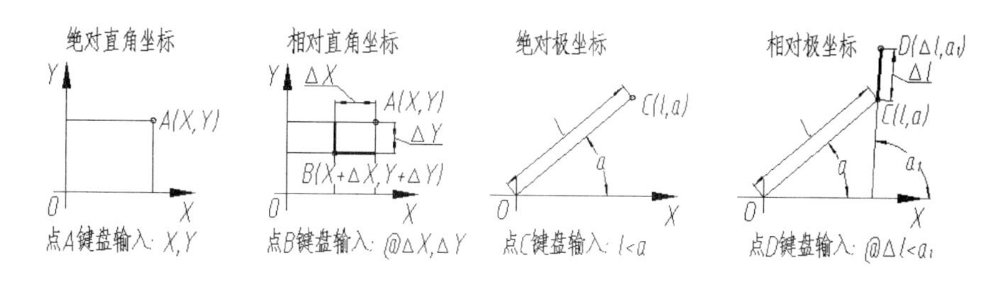

图 10－28　各种坐标输入

2. 数值的输入

当系统提示输入数值时，可通过键盘直接输入，也可以通过定标设备指定两点来输入。常见的数值输入方式如表 10－7 表所列。

表 10－7　常见数值输入方式

数值含义	长度或距离	角　度	位移量
系统提示符	长度/高度/宽度/半径（R）/直径（D）/列距/行距	角度（A）	位移量/基点或位移量
输入方式	用键盘直接输入距离数值 用定标设备指定两点输入距离 移动光标指定方向，再直接输入距离	用键盘直接输入角度数值 用定标设备指定两点输入角度	用键盘直接输入 用定标设备指定两点输入位移量 移动光标指定方向，再直接输入距离

3. 动态输入

动态输入在绘图区域中的光标附近提供命令界面，极大地方便了绘图。动态输入主要由指针（或光标）输入、标注输入和动态提示三部分组成。使用该功能可在光标位置处动态显示标注输入和输出命令提示等更新信息，当命令正在运行时，可以在工具提示文本框中指定选项和值。单击状态栏上的动态输入按钮或按【F12】键以打开和关闭动态输入。

（1）启用指针输入

在“动态输入”按钮上单击鼠标右键，然后单击“设置”，弹出“草图设置”对话框，如图 10－29 所示，在“草图设置”对话框的“动态输入”选项卡中，选中“启用指针输入（P）”复选框可以启用指针输入功能。在“指针输入”选项区中单击“设置（S）”按钮，弹出“指针输入设置”对话框，如图 10－30 所示，然后设置指针的格式和可见性。

如果指针输入启用且命令正在运行，十字光标的坐标位置将显示在光标附近的工具提示输入框中。可以在工具提示中输入坐标，通过按【Tab】键在字段之间切换，而不用在命令行上输入值。第二个点和后续点的默认设置为相对极坐标（对于 RECTANG 命令，为相对笛卡尔坐标），不需要输入“@”符号。如果需要使用绝对坐标，请使用“＃”符号前缀。例如，要将对象移到原点，请在提示输入第二个点时，输入“＃0,0”。

（2）启用标注输入

如图 10－29 所示，在“草图设置”对话框的“动态输入”选项卡中，选中“可能时启用标注输入（D）”复选框可以启用标注输入功能。在“标注输入”选项区中单击“设置（E）”按钮，弹出“标注输入设置”对话框，如图 10－31 所示，然后设置标注的可见性。

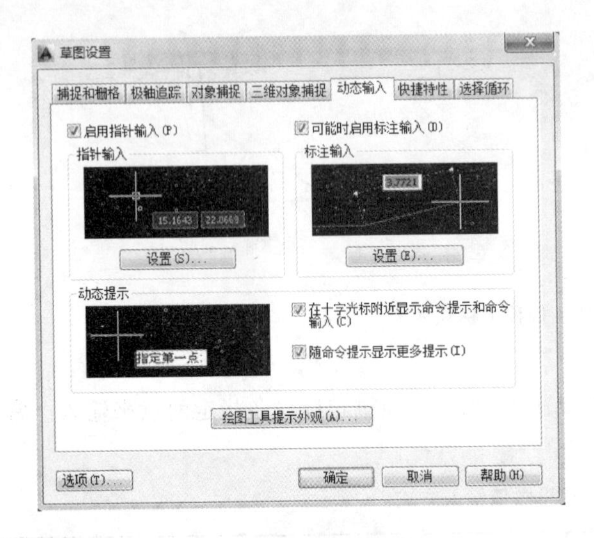

图 10-29 “动态输入”选项卡

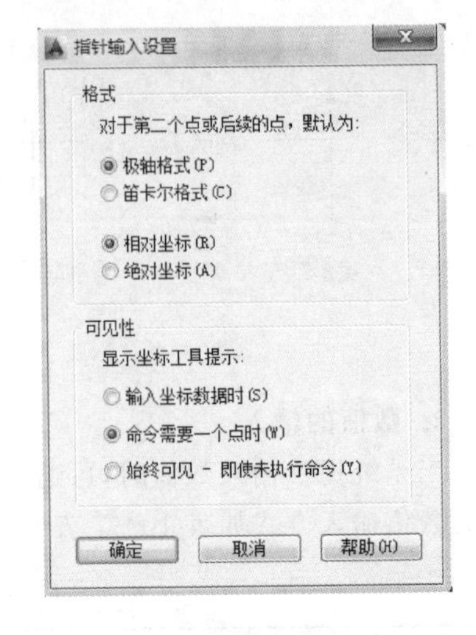

图 10-30 “指针输入设置”对话框

标注输入启用时，当命令提示用户输入第二个点或距离时，标注工具提示将显示距离值与角度值。标注工具提示中的值将随光标的移动而更改。可以在工具提示中输入值，而不用在命令行上输入值。按【TAB】键可以移动到要更改的值。

(3) 显示动态提示

如图 10-29 所示，在“草图设置”对话框的“动态输入”选项卡中，选中“动态提示”选项区中的“在十字光标附近显示命令提示和命令输入(C)” 复选框，可以在光标附近显示命令提示，如图 10-32 所示。

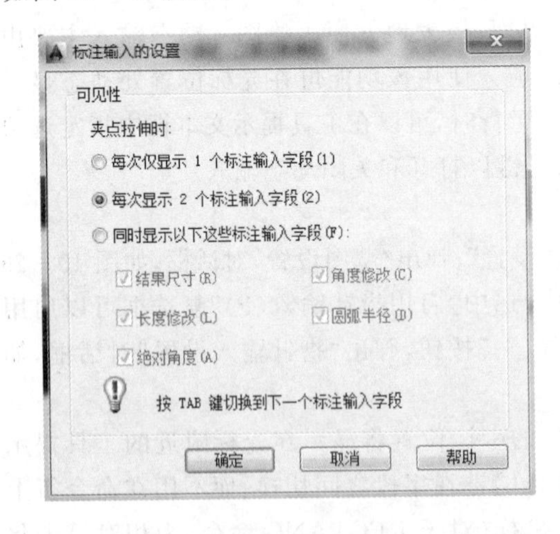

图 10-31 “标注输入设置”对话框

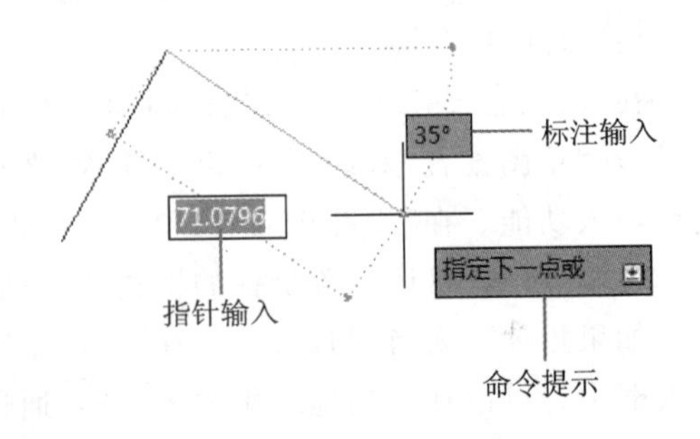

图 10-32 在光标附近动态显示命令提示

二、常用辅助绘图工具

为了精确定位绘图，常用状态栏中的辅助绘图工具按钮，其状态可以用鼠标单击或右击后选择“开/关”实现，也可以使用快捷键改变“开/关”状态，如图 10-33 所示。

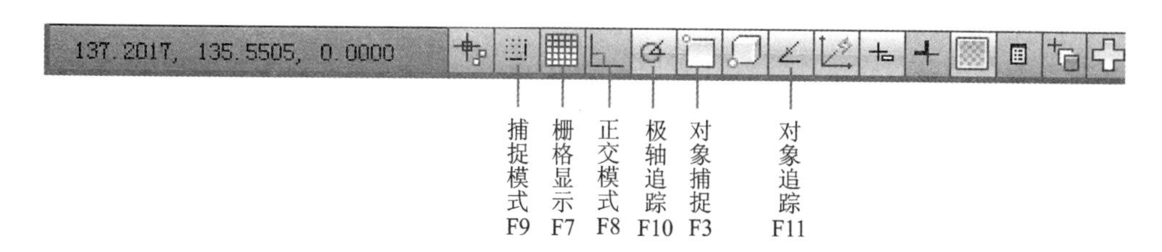

图 10－33 常用辅助绘图工具按钮及快捷键

1. 捕捉模式与栅格显示

(1) 捕捉模式

启用捕捉时，光标只能在 x 轴、y 轴或极轴方向移动固定距离的整数倍，该距离可以通过“工具→草图设置”菜单打开“草图设置”对话框进行设定，如图 10－34 所示。如果绘图的尺寸大部分都是设定值的整数倍，且容易分辨，可以设定该按钮为开，保证精确绘图。

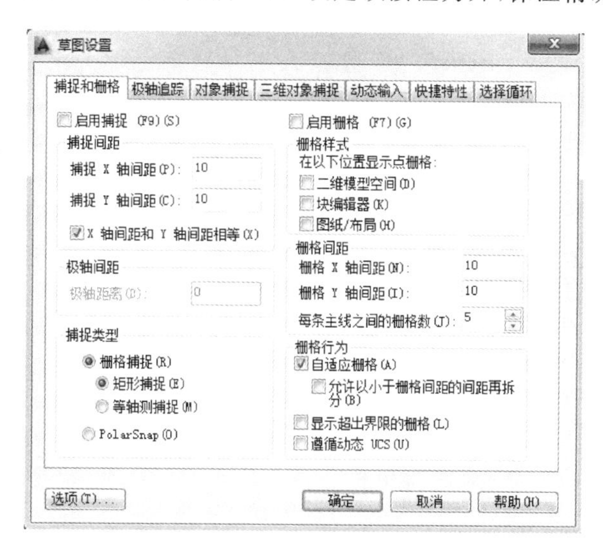

图 10－34 “捕捉和栅格”选项卡

(2) 栅格显示

栅格显示主要和捕捉配合使用。当用户启用栅格时，如果栅格不是很密，在屏幕上会出现很多间隔均匀的小点，其间隔同样可以在“草图设置”对话框中进行设定，如图 10－34 所示。一般将该间隔和捕捉的间隔设定成相同的，绘图时光标点将会捕捉显示出来的小点。

栅格是在屏幕上可以显示出来的具有指定间距的点，这些点只在绘图时提供一种参考作用，其本身不是图形的组成部分，也不会被输出。栅格设定太密时，在屏幕上显示不出来。可以设定捕捉点，即栅格点。

注意 绘图过程中可以通过显示栅格来观测绘图的位置。是否显示栅格仅和显示有关，而和图形无关，对绘制的图形没有任何影响。

2. 正 交

用于控制用户所绘制的线或移动时的位置保持水平或垂直的方向。当对象捕捉开关打开时，如果捕捉到对象上的指定点，则正交模式暂时失效。

3. 对象捕捉

通过对象捕捉可以精确地取得诸如直线的端点、中点、垂足，圆或圆弧的圆心、切点、象限点等，这是精确绘图所必需的。

(1) 自动对象捕捉

绘图中，若设定了相应的对象捕捉模式并启用对象捕捉，提示输入点时，当光标移到对象上，会显示系统自动捕捉的点。如果同时设定了多种捕捉功能，系统将首先显示离光标最近的捕捉点，此时移动光标到其他位置，系统将会显示其他捕捉的点。不同的提示形状表示了不同的捕捉点，详见“草图设置”对话框中的“对象捕捉”选项卡，如图 10－35 所示。虽然光标点在圆周上，但由于圆心捕捉功能打开了，所以绘制直线的终点在圆心上，如图 10－36 所示。

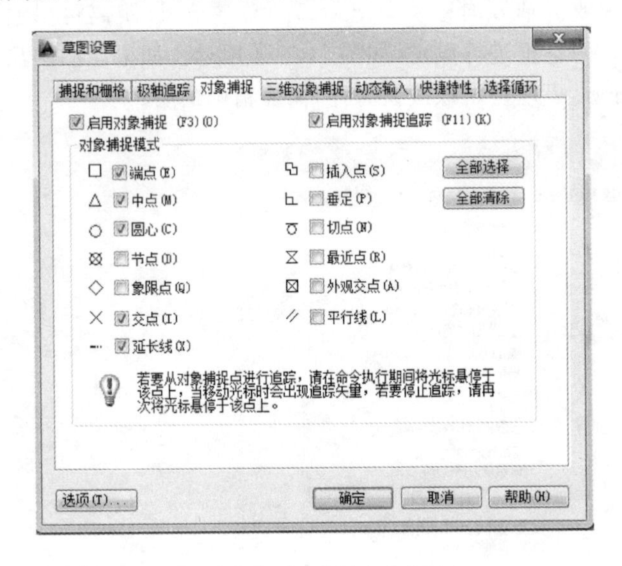

图 10－35 “对象捕捉”选项卡

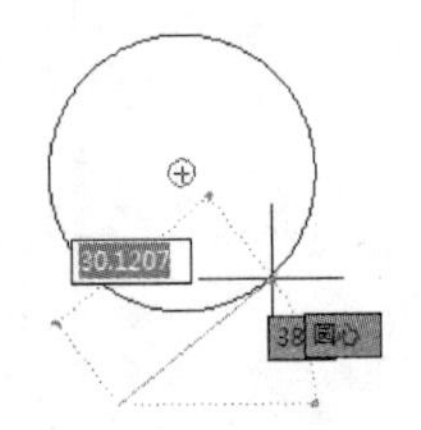

图 10－36 对象捕捉定位

(2) 临时对象捕捉

在绘图中，当启用了对象捕捉，而没有设定相应的对象捕捉模式，可用以下方式进行临时对象捕捉。

① 按钮：

② 快捷菜单：【Shift】＋鼠标右键，如图 10－5 所示。

③ 命令：键盘输入包含前 3 个字母的词，如图 10－5 所示。

4. 极轴追踪

极轴追踪提供了一种拾取特殊角度的点的方法。绘图中，极轴追踪可自动捕捉预先设定好的极轴角度，在该角度上自动显示一条跟踪线，在跟踪线上可以根据提示精确移动光标进行精确绘图。系统的默认极轴为 0°，90°，180°，270°，与正交相同。用户可以通过“草图设置”对话框中的“极轴追踪”选项卡，在“增量角”下拉列表中选择最小倍数角度，并选择“用所有极轴角设置追踪”，即可追踪包含该角度所有的倍数角。还可在“附加角”中新建其他角度，但不一定捕捉附加角的整数倍角度，如图 10－37 所示。启用极轴追踪绘图时，当光标移到极轴角度(60°)附近时，系统会自动捕捉极轴角度显示极轴 60°，同时显示光标当前位置的相对极坐标(63.8756 为光标点到前一点的距离)，此时按下鼠标左键，即输入提示点的坐标，如图 10－38

所示。

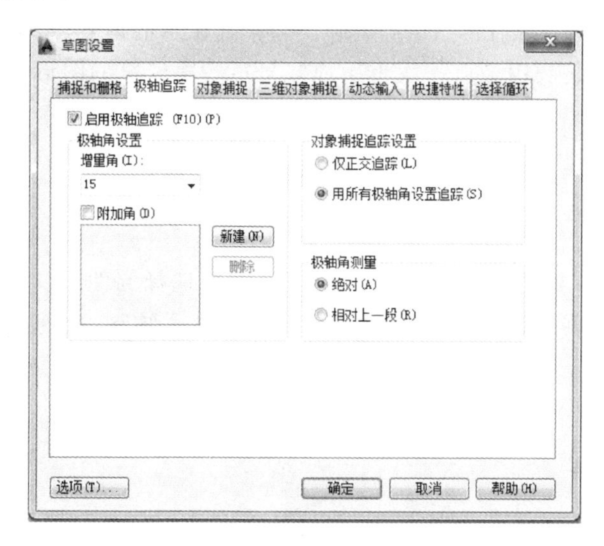

图 10-37 "极轴追踪"选项卡

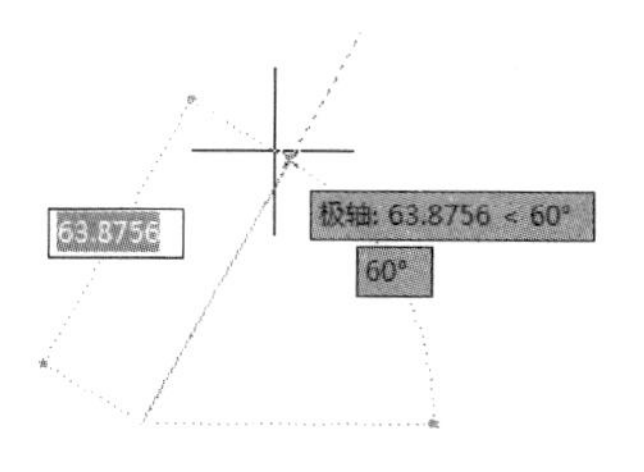

图 10-38 极轴追踪精确定位

注意

❶ 极轴追踪与正交两个按钮不能同时打开。打开正交的同时关闭极轴,反之亦然。但极轴追踪中包含了水平和垂直两个方向。

❷ 绘制轴测图时,可以设定45°或30°的极轴追踪模式,配合对象捕捉中的平行线捕捉方式,方便绘制Y方向和X方向的直线。

❸ 绘图中,如果希望鼠标在指定的方向上,则可以进行角度替代,临时输入"<XX"来设定。

思考 设置附加角和增量角后,绘图时有什么不同?

5. 对象捕捉追踪

【对象捕捉追踪】按钮处于打开状态时,用户可以通过捕捉对象上的关键点(不单击),然后沿正交方向或极轴方向拖动光标,系统将显示光标当前位置与捕捉点之间的关系。找到符合要求的点时,直接单击。图10-39所示为对象追踪精确定位,表示了捕捉圆心向右下(300°)28.5097单位的点。

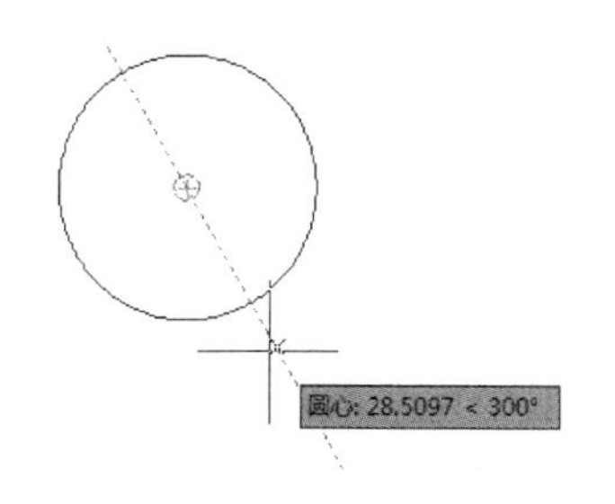

图 10-39 对象追踪精确定位

注意 应同时打开【对象捕捉】按钮。

三、屏幕显示控制命令

屏幕显示控制只改变图形在屏幕上的显示,而图形本身的绝对大小以及在世界坐标系中的位置不变。

1. 重画和重生成

(1) 重 画

① 命令:REDRAW 或 REDRAWALL

② 菜单:视图→重画

执行重画,可以消除在绘图或删除过程中屏幕上产生的“痕迹”,即杂乱显示的内容(杂散的像素),以正常观察图形。一般自动执行,是利用最后一次重生成或最后一次计算的图形数据重新绘制图形,故速度较快。

(2) 重生成

① 命令:REGEN 或 REGENALL

② 菜单:视图→重生成

重生成整个图形并重新计算所有对象的屏幕坐标,具有优化显示和对象选择的性能。和重画的区别是刷新的速度不同,重生成是重新计算图形数据后在屏幕上显示结果,故速度较慢。

2. 显示缩放

① 命令:ZOOM

② 菜单:视图→缩放

③ 按钮:标准→实时缩放、缩放上一个以及“缩放”随位工具栏;在“缩放”工具栏中,包含9种缩放工具按钮,如图10-6所示。

按下“实时缩放”按钮时光标变为放大镜状光标,单击图形中任意一点并向上拖曳放大镜状光标可放大图形,向下拖曳则缩小图形。使用鼠标滚轮控制图形放大或缩小。按【ESC】键或绘图区右键快捷菜单中选择退出或切换到其他操作,可退出缩放。

3. 实时平移

① 命令:PAN

② 菜单:视图→平移

③ 按钮:标准→实时平移

执行以上操作后,光标变为手状光标,单击任一位置并按下鼠标左键,便可实时平移图面。不执行命令,按下鼠标滚轮也可平移图面。按【ESC】键或绘图区右键快捷菜单中选择退出或切换到其他操作,可退出平移。

四、基本绘图命令

二维平面图形都是由点、直线、圆、圆弧以及稍复杂一些的曲线(如椭圆、样条曲线等)组成的。常用绘图命令都放在“绘图”工具栏中,其图标形象地显示了该命令的功能,如图10-40所示。常用基本绘图命令及功能用法如表10-8所列。

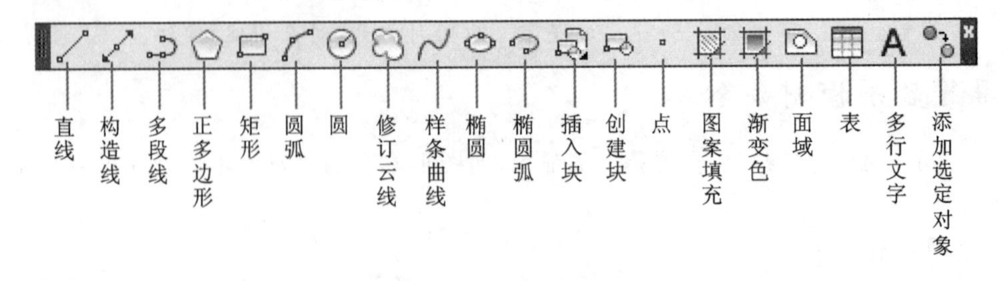

图10-40 “绘图”工具

表10－8　常用基本绘图命令及功能用法

命令调用	相关说明	图　例
直线 ① 命令:LINE ② 菜单:绘图→直线 ③ 按钮:绘图→	功能:画直线 命令提示及选项: 命令:_line 指定第一点:指定点1或按ENTER键从上一条绘制的直线或圆弧 继续绘制 指定下一点或[放弃(U)]:指定点2 指定下一点或[放弃(U)]:指定点3 指定下一点或[闭合(C)/放弃(U)]:c ↵ 选项说明: 继续:按ENTER键从上一条绘制的直线或圆弧端点作为新直线的起点绘制,新直线与该圆弧相切。 闭合:以第一条线段的起始点作为最后一条线段的端点,形成一个闭合的线段环。只有在绘制了一系列线段(两条或两条以上)之后,才可以使用"闭合"选项。 放弃:删除直线序列中最后绘制的线段	2(第二点) 1(起点)　3(第三点)
多段线 ① 命令:PLINE ② 菜单:绘图→多段线 ③ 按钮:绘图→	功能:画二维多段线,它是由具有宽度性质的直线段和圆弧段组成的单个对象。 命令提示及选项: 命令:_pline 指定起点:指定点 或输入 当前线宽为 0.0000 指定下一个点或[圆弧(A)/半宽(H)/长度(L)/放弃(U)/宽度(W)]:指定点 或输入选项 指定下一点或[圆弧(A)/闭合(C)/半宽(H)/长度(L)/放弃(U)/宽度(W)]:指定点 或输入选项,若输入a ↵,则系统显示提示: 指定圆弧的端点或[角度(A)/圆心(CE)/闭合(CL)/方向(D)/半宽(H)/直线(L)/半径(R)/第2个点(S)/放弃(U)/宽度(W)]: 选项说明: 圆弧:绘制圆弧多段线,同时提示转换为绘制圆弧的系列参数。 闭合:将多段线首尾相连封闭图形。 半宽:输入多段线一半的宽度。 长度:输入欲绘直线的长度,其方向与前一直线相同或与前一圆弧相切。 放弃:放弃最后绘制的一段多段线。 宽度:输入多段线的宽度。 **注意** ❶ 多段线的专用编辑命令为PEDIT①。 ❷ 多段线的宽度填充是否显示和FILLMODE变量的设置有关	7 5 4 6 3 1 2 D C A B 4 4 4 用多段线命令绘制的剖切符号 AB段线宽为1,BC段线宽为0,CD段线宽起点为1,终点为0

① 具体在编辑命令中介绍。

续表 10-8

命令调用	相关说明	图例
正多边形 ① 命令:POLYGON ② 菜单:绘图→正多边形 ③ 按钮:绘图→	功能:画正多边形(3—1024条) 命令提示及选项: 命令:_polygon 输入边的数目 ＜当前＞＞:输入正多边形边数或按 ENTER 键 指定正多边形的中心点或[边(E)]:指定点 或输入 *e* 输入选项[内接于圆(I)/外切于圆(C)]＜当前＞:输入 *i* 或 *c* 或按 ENTER 键 选项说明: 正多边形的中心点:定义正多边形中心点。 内接于圆(I):指定外接圆的半径,正多边形的所有顶点都在此圆周上。 外切于圆(C):指定从正多边形中心点到各边中点的距离。 边(E):通过指定第一条边的端点来定义正多边形	R R I方式 C方式 P_1 P_2 E方式
矩形 ① 命令:RECTANG ② 菜单:绘图→矩形 ③ 按钮:绘图→	功能:画矩形 命令提示及选项: 命令:_rectang 当前设置:旋转角度 = 0 指定第一个角点或[倒角(C)/标高(E)/圆角(F)/厚度(T)/宽度(W)]:指定点或输入选项 指定另一个角点或[面积(A)/尺寸(D)/旋转(R)]:指定点或输入选项 选项说明: 另一个角点:使用指定的点作为对角点创建矩形。 面积(A):使用面积与长度或宽度创建矩形。如果"倒角"或"圆角"选项被激活,则区域将包括倒角或圆角在矩形角点上产生的效果。 尺寸(D):输入长和宽创建矩形。 旋转(R):按指定的旋转角度创建矩形。 倒角(C):设定矩形的倒角距离。指定第1倒角距离和第2倒角距离 标高(E):指定矩形的标高。 圆角(F):设定矩形的圆角半径。 厚度(T):设定矩形的厚度。 宽度(W):为要绘制的矩形指定多段线的宽度。 **注意** ❶ 绘制的矩形是一多段线,编辑时一般是一个整体,可以通过分解命令使之分解成单个的线段,同时失去线宽性质。绘制的正多边形也是一多段线。 ❷ 线宽是否填充和 FILLMODE 变量的设置有关	第一个角点 第二个角点 倒角(C) 圆角(F) 宽度(W)

续表 10-8

命令调用	相关说明	图　例
圆弧 ① 命令:ARC ② 菜单:绘图→圆弧 ③ 按钮:绘图→	功能:画圆弧 命令提示及选项: 命令:_arc 指定圆弧的起点或[圆心(C)]:指定点、输入 c 或按 ENTER 键继续绘制与上一条直线、圆弧或多段线相切 指定圆弧的第二个点或[圆心(C)/端点(E)]: 选项说明: 起点(S):指定圆弧的起点。 第二个点:使用圆弧周线上的三个指定点绘制圆弧。第一个点1为起点。第三个点为终点3。第二个点2是圆弧周线上的一个点 圆心(C):指定圆弧的圆心。指定圆心后系统提示: 指定圆弧的端点或[角度(A)/弦长(L)]: 角度(A):从起点按指定包含角逆时针绘制圆弧。如果角度为负,将顺时针绘制圆弧。 弦长(L):基于起点和终点之间的直线距离绘制劣弧或优弧。如果弦长为正值,将从起点逆时针绘制劣弧。如果弦长为负值,将逆时针绘制优弧。 端点(E):指定圆弧终点。指定终点后系统提示: 指定圆弧的圆心或[角度(A)/方向(D)/半径(R)]: 方向(D):绘制圆弧在起点处与指定方向相切。这将绘制从起点1开始到终点2结束的任何圆弧,而不考虑是劣弧、优弧还是顺弧、逆弧。从起点确定该方向。 半径(R):从起点1向终点2逆时针绘制一条劣弧。如果半径为负,将绘制一条优弧	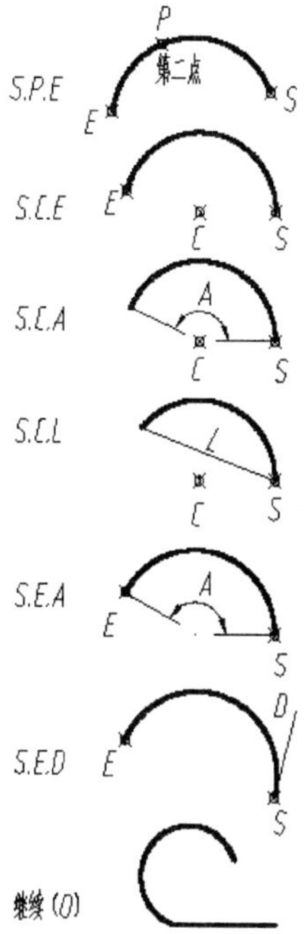 S.P.E S.C.E S.C.A S.C.L S.E.A S.E.D 继续(O)
圆 ① 命令:CIRCLE ② 菜单:绘图→圆 ③ 按钮:绘图→	功能:画圆 命令提示及选项: 命令:_circle 指定圆的圆心或[三点(3P)/两点(2P)/相切、相切、半径(T)]:指定圆心或输入选项↵ 指定圆的半径或[直径(D)]:指定点、输入值、输入 d 或(已有半径值或直径值)按 ENTER 键 选项说明: 默认项是指定圆心位置及圆的半径或直径画圆。 三点(3P):基于圆周上的三点绘制圆。 两点(2P):基于圆直径上的两个端点绘制圆。 相切、相切、半径(T):基于指定半径和两个相切对象绘制圆。半径值必须不小于两对象之间的最短距离。 **注意** ❶ 通过下拉菜单用"相切、相切、相切"可以画出与指定三对象(直线、圆或圆弧)相切的圆。 ❷ 切于直线时,不一定和直线有明显的切点,可以是直线延长后的切点。 ❸ 绘制圆一般先确定圆心,再确定半径或直径。同样可以先绘制圆,再通过尺寸标注来绘制中心线,或通过圆心捕捉方式绘制中心线	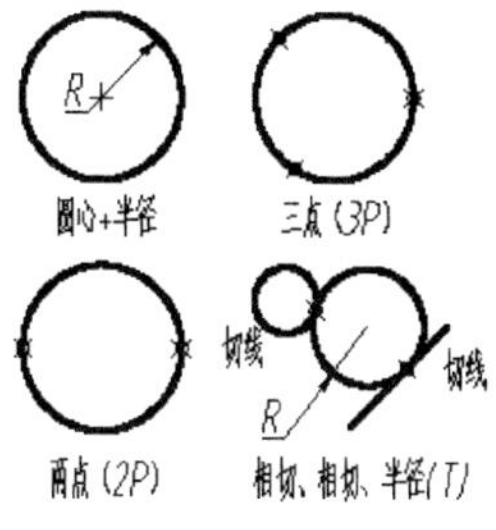 圆心+半径 三点(3P) 两点(2P) 相切、相切、半径(T)

续表 10-8

命令调用	相关说明	图例
点 ① 命令:POINT ② 菜单:绘图→点→单点(或多点) ③ 按钮:绘图→	功能:画指定样式和大小的点(已指定点样式,如右图) 命令提示及选项: 命令:_point 当前点模式: PDMODE=35 PDSIZE=1.50 指定点:指定点的位置 说明: 单击"绘图"菜单→"点"→定数等分(D)和定距等分(M)两个命令,或键入命令 DIVIDE 和 MEASURE,可以沿对象创建点。命令提示及选项如下: 命令:_point 命令:_divide 当前点模式:PDMODE=35 选择要定数等分的对象: PDSIZE=1.50 输入线段数目或[块(B)]: 指定点:指定点的位置 **注意** ❶ 点为连续绘制方式,一般用 ESC 键或启动其他命令终止命令。 ❷ 点对象可以作为捕捉对象的节点。可以指定某一点的二维和三维位置。 ❸ 使用命令 DDPTYPE 或"格式"菜单→点样式,弹出"点样式"对话框,可以指定点样式和大小	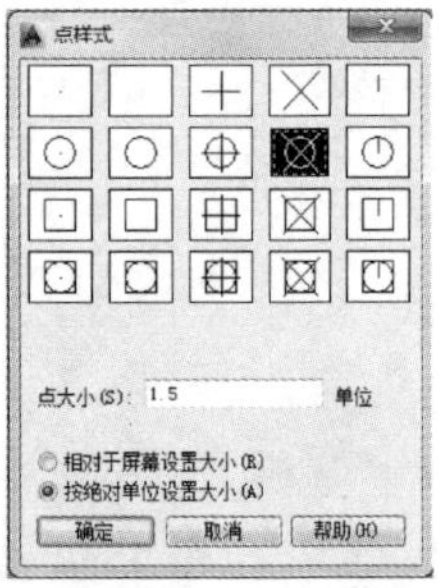 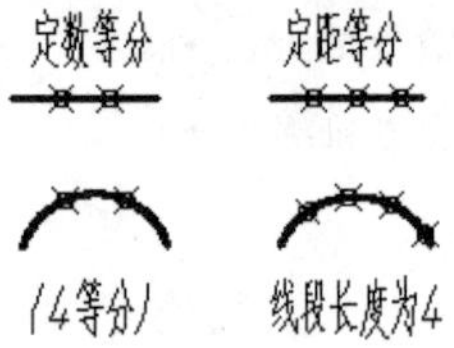 点样式 点大小(S): 1.5 单位 相对于屏幕设置大小(R) 按绝对单位设置大小(A) 确定 取消 帮助(H) 定数等分 定距等分 (4等分) 线段长度为4
图案填充 ① 命令:BHATCH ② 菜单:绘图→图案填充 ③ 按钮:绘图→	功能:定义图案填充和填充的边界、图案、填充特性和其他参数。 在大量的机械图、建筑图上,需要在剖视图、断面图上绘制填充图案。 说明: 执行命令后弹出如图 10-41 所示的"图案填充和渐变色"对话框。该对话框中,包含了"图案填充"和"渐变色"两个选项卡。 如果单击了图案右侧的按钮,则弹出如图 10-42 所示的"填充图案选项板"对话框。各选项卡可以切换到不同类别的图案集中。从中选择一种图案进行填充操作。机械图样中剖面线常选择"ANSI31"图案。 系统变量 HPISLANDDETECTION =0,可进行孤岛检测	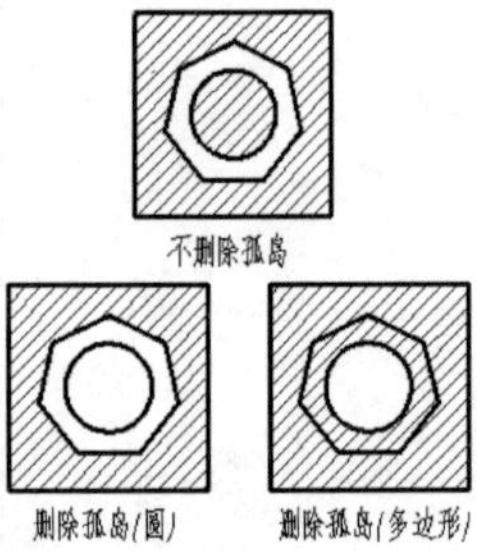 不删除孤岛 删除孤岛(圆) 删除孤岛(多边形)

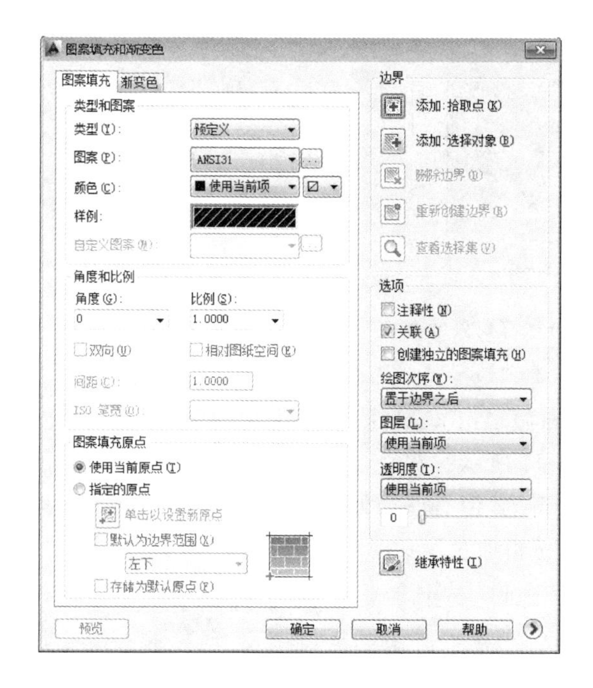

图10-41　“图案填充和渐变色”对话框

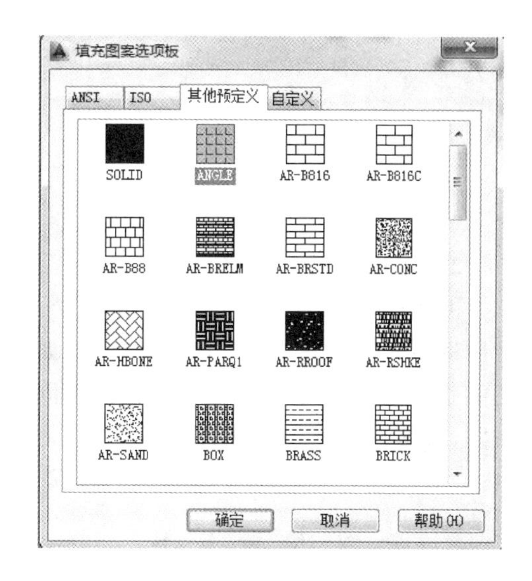

图10-42　“填充图案选项板”对话框

五、基本编辑命令

在绘制一幅图形时，仅仅通过前述绘图命令一般不能形成最终所需的图形，常常还要对图形进行编辑和修改。

1. 选择对象

对已有的图形进行编辑，提供了两种不同的编辑顺序：先执行编辑命令，再选择对象；或者先选择对象，再执行编辑命令。当AutoCAD提示选择对象时，光标一般会变成拾取光标“□”，单击对象后将以虚线显示，如图10-43(a)所示；当为待命光标“⊕”时选择对象，被选择的对象上将显示蓝色夹点，如图10-43(b)和(c)所示。不论采用何种方式，都必须选择对象。AutoCAD中选择对象的方式有多种，其中最常用的是以下两种。

(1) 点选

直接单击想要的单个图形对象，可连续选择多个对象（见图10-43(a)）。

(2) 指定选择矩形

窗口选择：从左到右拖动光标以选择完全封闭在实线选择矩形中的所有对象(见图10-43(b))。

窗交选择：从右到左拖动光标以选择由虚线选择矩形相交的所有对象(见图10-43(c))。

注意

❶ 按住Shift键同时点选或指定选择矩形，选择已选择对象以取消选择。

❷ 按【Enter】键或空格键或单击鼠标右键选择“确认”来结束对象选择，并继续编辑。

❸ 要取消或放弃误选对象，可连续按两次【Esc】键或单击“标准”工具栏中的“放弃”。

自学　在命令提示下输入SELECT和?，以查看选择选项的列表。

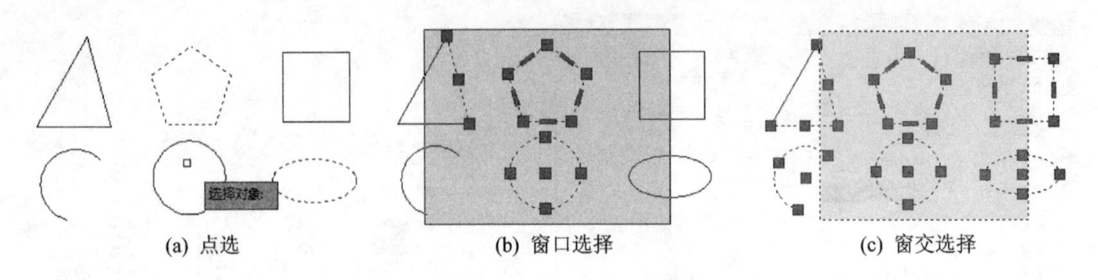

(a) 点选　(b) 窗口选择　(c) 窗交选择

图 10 - 43　AutoCAD 选择对象的方式

2. 常用基本编辑命令

图形编辑功能是计算机绘图的优势所在。新版 AutoCAD 提供了强大的图形编辑功能，常用编辑命令都放在“修改”工具栏中，如图 10 - 44 所示。在众多的编辑命令中，有些命令的功能是类似的，同一图形结果可以用不同的方法得到，但有些简便，有些烦琐。要快速准确地作图，应熟悉每一命令的功能及用法。常用基本编辑命令及功能用法如表 10 - 9 所列。

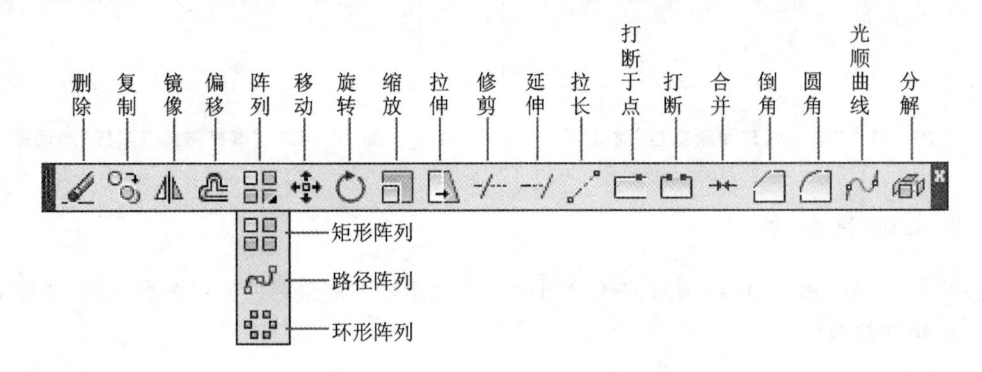

图 10 - 44　“修改”工具栏

表 10 - 9　常用基本编辑命令

命令调用	相关说明	图　例
删除 ① 命令:ERASE ② 菜单:修改→删除 ③ 按钮:修改→	功能:删除图形中选定的对象。 命令提示及选项: 命令:_erase 选择对象:使用对象选择方法并在完成选择后按 Enter 键,则删除选中对象 说明: 无须选择要删除的对象,而是可以输入一个选项,例如,输入 L 删除绘制的上一个对象,输入 p 删除前一个选择集,或者输入 ALL 删除所有对象。还可以输入 ? 以获得所有选项的列表	点选 框选

续表 10－9

命令调用	相关说明	图　例
复制 ① 命令:COPY ② 菜单:修改→复制 ③ 按钮:修改→	功能:在指定方向上按指定距离复制对象并得到相同的的对象 命令提示及选项: 命令: _copy 选择对象:使用对象选择方法并在完成选择后按回车 当前设置:复制模式 = 多个 指定基点或[位移(D)/模式(O)]<位移>:指定基点或输入选项 指定第二个点或[阵列(A)]<使用第一个点作为位移>:指定第二点或输入选项 选项说明: 基点:复制对象的参考点。 位移(D):原对象和目标对象之间的位移。 　　指定第2点:指定第2点来确定位移,第1点为基点。 　　使用第1点作为位移:在提示输入第2点时按【Enter】键,则以第1点的坐标作为位移。 模式(O):控制命令是否自动重复(COPYMODE 系统变量)。 系统显示: 输入复制模式选项[单个(S)/多个(M)]<当前>:输入选项 单个(S):创建选定对象的单个副本,并结束命令。 多个(M):在命令执行期间,将 COPY 命令设定为自动重复。 阵列:指定在线性阵列中排列的副本数量。 **注意**　默认状态下,复制模式为多个	
镜像 ① 命令:MIRROR ② 菜单:修改→镜像 ③ 按钮:	功能:将对称的图形的一半或1/4镜像复制。 命令提示及选项: 命令: _mirror 选择对象:使用对象选择方法并在完成选择后按回车 指定镜像线的第1点:指定点1 指定镜像线的第2点:指定点1 要删除源对象吗?[是(Y)/否(N)]<N>:输入选项或按回车保留原对象 选项说明: 是(Y):删除原对象。 否(N):不删除原对象。 对文字镜像:MIRRTEXT=1(默认)不对文字镜像:MIRRTEXT=0	

续表 10-9

命令调用	相关说明	图 例
偏移 ① 命令:OFFSET ② 菜单:修改→偏移 ③ 按钮:	功能:单一对象进行偏移复制产生等距对象(同心圆、平行线或等距曲线)。 命令提示及选项: 命令:_offset 当前设置:删除源=否　图层=源　OFFSETGAPTYPE=0 指定偏移距离或[通过(T)/删除(E)/图层(L)]＜通过＞:指定距离、输入选项或按回车 选择要偏移的对象,或[退出(E)/放弃(U)]＜退出＞:只能点选一个对象或按回车 指定要偏移的那一侧上的点,或[退出(E)/多个(M)/放弃(U)]＜退出＞:在所选偏移对象的某个方向指定点 选项说明: 指定偏移距离:该距离可以键入,也可以单击两点来定义。 通过(T):指偏移的对象将通过随后单击的点。 退出(E):退出偏移命令。 多个(M):使用同样的偏移距离重复进行偏移操作。也可指定通过的点。 放弃(U):恢复前一个偏移。 删除:偏移源对象后将其删除。随后可以确定是否删除源对象,输入Y为删除源对象,输入N为保留源对象。 图层(L):确定偏移复制的对象是创建在源对象层上还是当前层上。 **注意** 偏移常应用于根据尺寸绘制的规则图样中,尤其在多条平行直线或曲线间相互复制,并配合使用修剪和延伸。该命令比复制命令要求输入的数值少,使用比较简洁。 对于多段线的偏移。如果出现了圆弧无法偏移的情况(如图例中偏移中的向内凹的圆弧向外侧偏移),此时将忽略该圆弧。该过程一般不可逆。 一次只能偏移一个对象,可以将多条线连成多段线来偏移	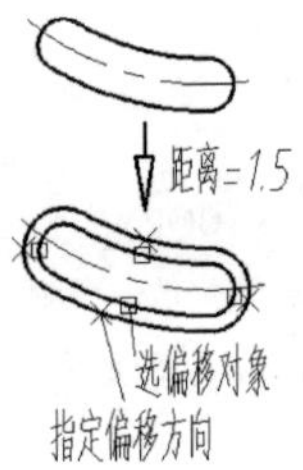 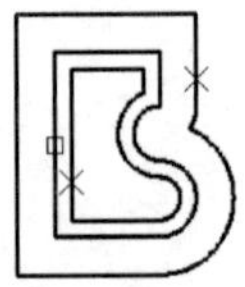 距离=1.5 选偏移对象 指定偏移方向 多段线偏移

续表 10－9

命令调用	相关说明	图　例
阵列 命令:ARRAY 1. 矩形阵列 ① 命令:ARRAYECT ② 菜单:修改→阵列→矩形阵列 ③ 按钮: 2. 路径阵列 ① 命令:ARRAYPATH ② 菜单:修改→阵列→路径阵列 ③ 按钮: 3. 环形阵列 ① 命令:ARRAYPOLAR ② 菜单:修改→阵列→环形阵列 ③ 按钮:	功能:通过矩形、线性或环形阵列复制快速产生规律分布的图形。 命令提示及选项: 命令:ARRAY 选择对象:使用对象选择方法完成选择后按回车 输入阵列类型[矩形(R)/路径(PA)/极轴(PO)]＜当前＞:输入选项或按回车 1. 输入选项 R 后显示矩形阵列 类型 ＝ 矩形　关联 ＝ 是 选择夹点以编辑阵列或[关联(AS)/基点(B)/计数(COU)/间距(S)/列数(COL)/行数(R)/层数(L)/退出(X)]＜退出＞:在阵列预览中,拖动(右上、左上或右下角)夹点以调整间距以及行数和列数或输入选项 2. 输入选项 PA ↵ 类型 ＝ 路径　关联 ＝ 是 选择路径曲线:选择已画曲线作为路径,显示路径阵列(选择点即为阵列路径距离) 选择夹点以编辑阵列或[关联(AS)/方法(M)/基点(B)/切向(T)/项目(I)/行(R)/层(L)/对齐项目(A)/Z 方向(Z)/退出(X)]＜退出＞:在阵列预览中,拖动夹点改变间距或输入选项 3. 输入选项 PO ↵ 类型 ＝ 极轴　关联 ＝ 是 指定阵列的中心点或[基点(B)/旋转轴(A)]:指定中心点,显示环形阵列 选择夹点以编辑阵列或[关联(AS)/基点(B)/项目(I)/项目间角度(A)/填充角度(F)/行(ROW)/层(L)/旋转项目(ROT)/退出(X)]＜退出＞:在阵列预览中,拖动夹点改变阵列角度、阵列项目数和阵列半径或输入选项 选项说明: 矩形:将选定对象的副本分布到行数、列数和层数的任意组合(与 ARRAYRECT 命令相同)。 路径:沿路径或部分路径均匀分布选定对象的副本(与 ARRAYPATH 命令相同)。路径可以是直线、多段线、三维多段线、样条曲线、螺旋、圆弧、圆或椭圆。 极轴:在绕中心点或旋转轴的环形阵列中均匀分布对象副本(与 ARRAYPOLAR 命令相同)	矩形阵列 路径阵列 环形阵列

续表 10-9

命令调用	相关说明	图　例
移动 ① 命令:MOVE ② 菜单:修改→移动 ③ 按钮:	功能:移动一组或一个对象从一个位置到另一个位置 命令提示及选项: 命令:_move 选择对象:使用对象选择方法完成选择后按回车 指定基点或［位移(D)］＜位移＞:指定移动的基点或直接输入位移。 指定第 2 个点或＜使用第 1 个点作为位移＞:指定第二点或按回车 **注意** 移动和复制需要进行的操作基本相同,但结果不同。复制在原位置保留了原对象,而移动在原位置并不保留原对象,等同于先复制再删除原对象	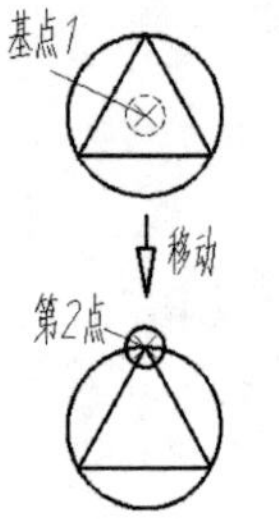
旋转 ① 命令:ROTATE ② 菜单:修改→旋转 ③ 按钮:	功能:将某一对象旋转一个指定角度或参照一个对象进行旋转。 命令提示及选项: 命令:_rotate UCS 当前的正角方向:　ANGDIR＝逆时针　ANGBASE＝0 选择对象:使用对象选择方法完成选择后按回车 指定基点:指定旋转的基点 指定旋转角度,或［复制(C)/参照(R)］＜0＞:输入旋转的角度或输入选项 选项说明: 输入选项 R 后,系统提示 指定参照角 ＜0＞: 指定新角度或［点(P)］＜0＞:定义新的角度或通过指定两点来确定角度	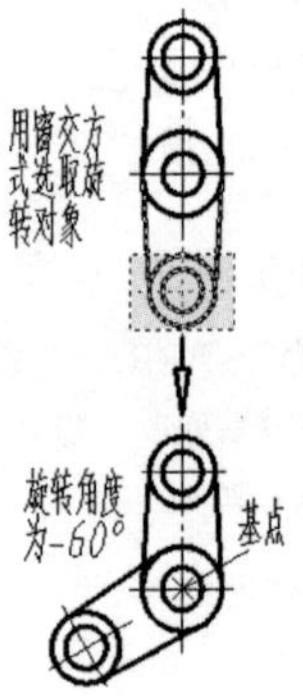
比例缩放 ① 命令:SCALE ② 菜单: ③ 修改→比例缩放 ④ 按钮:修改→	功能:按一定的比例或参照其他对象快速实现图形的放大或缩小。 命令提示及选项: 命令:_scale 选择对象:使用对象选择方法完成选择后按回车 指定基点:指定比例缩放的基点 指定比例因子或［复制(C)/参照(R)］＜1.0000＞:指定比例或输入选项 选项说明: 输入选项 R 后,系统提示: 指定参照长度 ＜1.0000＞:指定参考的长度,默认为 1 指定新的长度或［点(P)］＜1.0000＞:指定新的长度或通过定义两个点来定长度	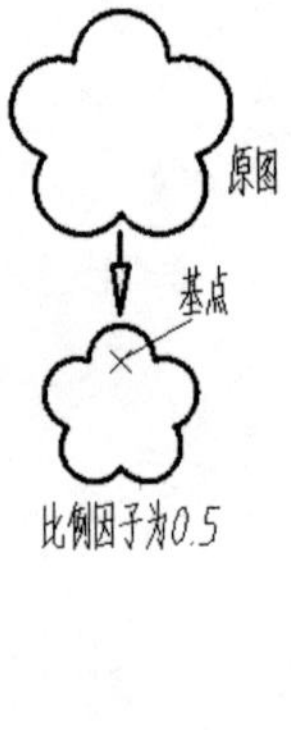

续表 10－9

命令调用	相关说明	图　例
拉伸 ① 命令：STRETCH ② 菜单： ③ 修改→拉伸 ④ 按钮：修改→	功能： 命令提示及选项： 命令：_stretch 以交叉窗口或交叉多边形选择要拉伸的对象... 选择对象： 指定基点或［位移(D)］＜位移＞： 指定第二个点或＜使用第一个点作为位移＞： **注意**　操作同复制、移动	用窗交方式选取拉伸对象 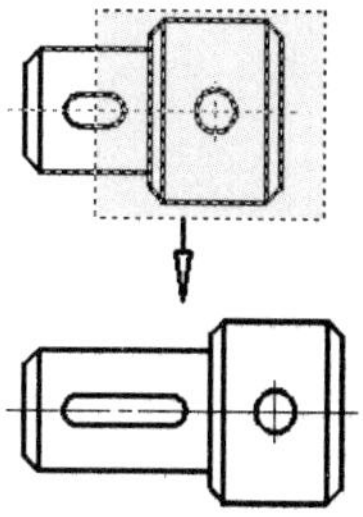
修剪 ① 命令：TRIM ② 菜单：修改→修剪 ③ 按钮：	功能：以选定的一个或多个对象作为裁剪边，将直线或圆弧等图形的超出部分剪掉，使被切对象在与剪切边交点处被切断并删除，以便使图形精确相交。 命令提示及选项： 令：_trim 当前设置：投影＝UCS，边＝无 选择剪切边...　　提示选择剪切边 选择对象或＜全部选择＞：选择对象作为剪切边界或按回车自动选所有对象 选择要修剪的对象，或按住 Shift 键选择要延伸的对象，或［栏选(F)/窗交(C)/投影(P)/边(E)/删除(R)/放弃(U)］： 选项说明： 按【Shift】键选择要延伸的对象：按住【Shift】键选择对象，此时为延伸。 栏选(F)：选择与选择栏相交的所有对象。将出现栏选提示。 窗交(C)：由两点确定矩形区域，区域内部或与之相交的对象。 边(E)：按边的模式剪切，选择该项后，系统提示： 输入隐含边延伸模式［延伸(E)/不延伸(N)］＜当前值＞：输入选项或按回车不延伸(N)，即剪切边界和要修剪的对象必须显式相交；延伸(E)，则剪切边界和要修剪的对象在延伸后有交点也可以。 删除(R)：删除选定的对象。此选项提供了一种用来删除不需要的对象的简便方法，而无须退出 TRIM 命令。在以前的版本中，最后一段图线无法修剪，只能退出后用删除命令删除，现在可以在修剪命令中删除。 放弃(U)：撤销由修剪命令所进行的最近一次修改。 **注意** ❶ 修剪对象首先选取修剪边界，若边界太多不好选取，可直接单击“回车键”，系统会自动寻找修剪边界。 ❷ 修剪图形时最后一段或单独的一段是无法剪掉的，可以用删除命令删除。 ❸ 修剪边界对象和被修剪对象可以是同一个对象	以圆为剪切边修剪直线 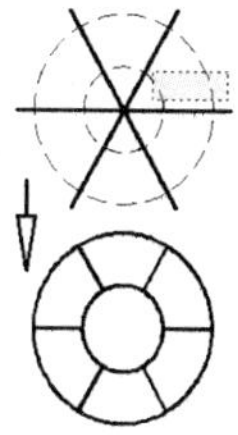 以直线为剪切边修剪圆 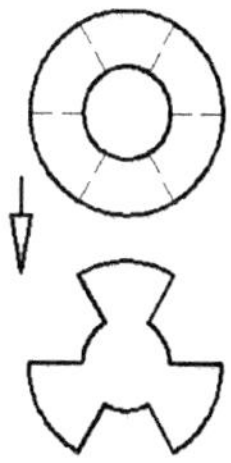

续表 10-9

命令调用	相关说明	图例
延伸 ① 命令:EXTEND ② 菜单:修改→延伸 ③ 按钮:--/	功能:延伸 命令提示及选项: 令:_extend 当前设置:投影=UCS,边=无 选择边界的边...　　提示选择延伸边 选择对象或 <全部选择>:选择对象作为延伸边界或按回车自动选所有对象 选择要延伸的对象,或按住 Shift 键选择要修剪的对象,或[栏选(F)/窗交(C)/投影(P)/边(E)/放弃(U)]: 选项说明: 按住 Shift 键选择要修剪的对象:按住【Shift】键选择对象,此时为修剪。 各选项含义与修剪命令类似	延伸边界
断开 ① 命令:BREAK ② 菜单:修改→打断 ③ 按钮:[□]	功能:可以将某对象一分为二或去掉其中一段减少其长度。 命令提示及选项: 命令:_break 选择对象: 指定第2个打断点或[第1点(F)]: 指定第2个点,系统将第1个断点(即选择对象时拾取点)与第2个点之间部分删除或输入F 选项说明: 指定第2个打断点:如果输入@指第2点和第1点相同,即将选择对象分成两段而总长度不变。 第1点(F):输入F重新定义第1点。 **注意** ❶ 如果需在同一点将一个对象一分为二,可以直接单击[□]"打断于点"。 ❷ 打断圆时单击点的顺序很重要,因为打断总是逆时针方向,所以图例中的圆如果希望保留左侧的圆弧,应先单击点1对应的圆上的位置,再单击点2对应的位置。 ❸ 一个完整的圆不可以在同一点被打断	选择线 第2点 断开后 以选择点作为第1个打断点 第1点 第2点 选择线 断开后 输入F后选择第1个打断点 2 1 2 1

续表 10－9

命令调用	相关说明	图　例
合并 ① 命令:JOIN ② 菜单:修改→合并 ③ 按钮:修改→	功能：合并线性和弯曲对象的端点，以创建单个对象。 命令提示及选项： 令：_join 选择源对象或要一次合并的多个对象：找到 1 个　　选择直线 1 选择要合并的对象：找到 1 个，总计 2 个　　选择直线 2 选择要合并的对象： 2 条直线已合并为 1 条直线 **注意** ❶ 源对象可以是直线、多段线、三维多段线、圆弧、椭圆弧、螺旋或样条曲线。对象不同，显示提示不同。 ❷ 构造线、射线和闭合的对象无法合并	
倒角 ① 命令:CHAMFER ② 菜单:修改→倒角 ③ 按钮:	功能：在两条不平行的直线间生成斜角。 命令提示及选项： 命令：_chamfer ("修剪"模式）当前倒角距离 1 ＝ xx，距离 2 ＝ xx 选择第 1 条直线或［放弃(U)/多段线(P)/距离(D)/角度(A)/修剪(T)/方式(E)/多个(M)］：点选倒角的第 1 条直线或输入选项 选择第 2 条直线，或按住【Shift】键选择要应用角点的直线：点选倒角的第 2 条直线。选择对象时可以按住【Shift】键，用 0 值替代当前的倒角距离。 选项说明： 放弃(U)：恢复在命令中执行的上一个操作。 多段线(P)：对多段线倒角。 距离(D)：设置倒角至选定边端点的距离。如果将两个距离均设定为零，CHAMFER 将延伸或修剪两条直线，以使它们终止于同一点。 角度(A)：用第一条线的倒角距离和第二条线的角度设定倒角大小。 修剪(T)：设定修剪模式。选择该项后，系统提示： 输入修剪模式选项［修剪(T)/不修剪(N)］＜修剪＞：　输入选项或按回车 修剪(T)，则倒角时自动将不足的补齐，超出的剪掉；不修剪(N)，则仅仅增加一倒角，原有图线不变。 方式(E)：设定修剪方法为距离或角度。 多个(M)：为多组对象的边倒角。将重复显示主提示和"选择第 2 个对象"的提示，直到用户按【Enter】键结束。 **注意** ❶ 倒角是机械零件图上常见的结构。 ❷ 将按用户选择对象的次序应用指定的距离和角度。 ❸ 可以倒角直线、多段线、射线和构造线	D1 是第 1 个倒角距离，应用于第 1 条边 D2 是第 2 个倒角距离，应用于第 2 条边 A2 是应用于第二条边的角度

续表 10-9

命令调用	相关说明	图例
圆角 ① 命令:FILLET ② 菜单:修改→圆角 ③ 按钮:	功能:用圆弧光滑连接两个对象。 命令提示及选项: 命令:_fillet 当前设置:模式 = 修剪,半径 = 0.0000 选择第1个对象或[放弃(U)/多段线(P)/半径(R)/修剪(T)/多个(M)]: 说明: 半径(R):设定圆角半径。 其余各选项含义与倒角命令相同。 **注意** ❶ 创建的圆弧与选定的两条直线均相切。直线被修剪到圆弧的两端。要创建一个锐角转角,请输入零作为半径。 ❷ 可以对圆弧、圆、椭圆、椭圆弧、直线、多段线、射线、样条曲线和构造线执行圆角操作。 ❸ FILLET 不修剪圆;圆角圆弧与圆平滑地相连。选择点位置决定了圆角创建的位置	不修剪 多段线 修剪 修剪
分解 ① 命令:EXPLODE ② 菜单:修改→分解 ③ 按钮:	功能:将复合对象分解为其组件对象。 命令提示: 命令:_explode 选择对象: **注意** ❶ 在希望单独修改复合对象的部件时,可分解复合对象。可以分解的对象包括块、多段线及面域等。 ❷ 任何分解对象的颜色、线型和线宽都可能会改变。其他结果将根据分解的复合对象类型的不同而有所不同	分解前 选择对象 分解后 选择对象

六、精确定点绘制图形

下面以直线命令操作为例说明精确定点绘制图形的几种辅助方法,同样也适用于其他命令。

1. 利用"正交"模式绘图

绘制如图10-45所示的图形。采用"正交"模式绘制直线,一般用来绘制水平或垂直的直线。在大量需要绘制水平和垂直线的图形中,采用这种模式能保证绘图的精度。

首先在状态栏中使"正交"按钮处于打开状态(或按【F8】键)然后执行下列命令。

```
命令:_line 指定第一点:   \\在屏幕中任意一点确定点A
指定下一点或[放弃(U)]:60 \\光标水平向右,键入60
指定下一点或[放弃(U)]:50             \\光标竖直向上,键入50
指定下一点或[闭合(C)/放弃(U)]:40   \\光标水平向左,键入60
指定下一点或[闭合(C)/放弃(U)]:c     \\按【C】键闭合图形
```

2. 利用"对象捕捉"模式绘图

绘制如图10-46所示的图形,其中C点为AB的中点。

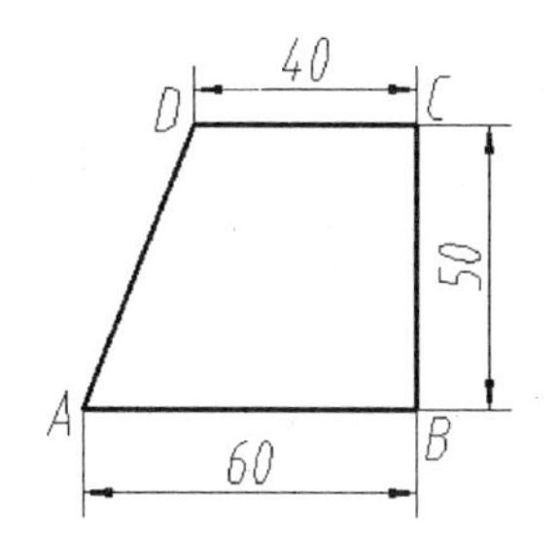

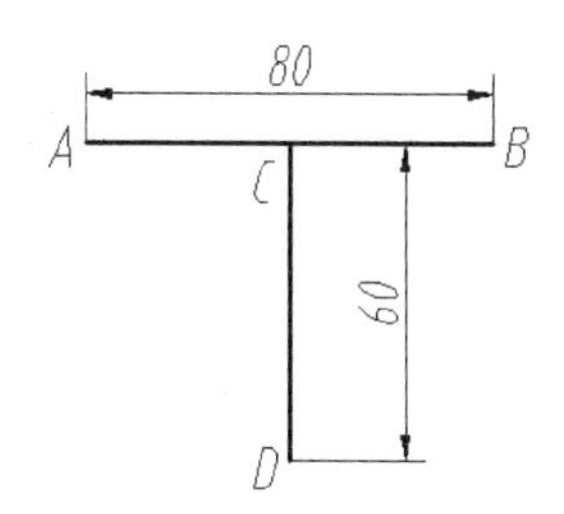

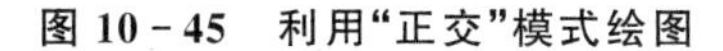
图 10－45　利用“正交”模式绘图　　　　图 10－46　利用“对象捕捉”模式绘图

右击状态栏“对象捕捉”，弹出如图 10－5 所示状态栏处的快捷菜单，单击“设置”，弹出“草图设置”对话框并单击“中点”捕捉复选框，如图 10－35 所示，单击“确定”，可实现自动捕捉。

直线 AB 的绘图方法仍然使用正交模式，直线 CD 的画法如下：

（1）自动捕捉

```
命令：_line 指定第一点：              \\自动捕捉 AB 中点 C
指定下一点或［放弃(U)］：60           \\正交，竖直向下，输入 60
指定下一点或［放弃(U)］：↵            \\按【回车】结束命令
```

（2）临时捕捉

```
命令：_line 指定第一点：              \\选择临时捕捉“中点”①
指定第一点：_mid 于                   \\临时捕捉 AB 中点 C
指定下一点或［放弃(U)］：60           \\正交，竖直向下，输入 60
指定下一点或［放弃(U)］：↵            \\按【回车】结束命令
```

任务分析

首先根据学习情境 1 的方法对本任务图形进行分析，明确画图顺序，并初步确定画图将要运用的绘图命令和编辑命令。为了快速而精确地绘图，需要熟练掌握设置辅助绘图环境。

通过绘制简单平面图形，了解 AutoCAD 的一般绘图流程，掌握图形定点绘图的几种方法。

绘制三视图，应利用电脑绘图的优势保证三等投影规律，并遵循三个视图同时绘制的原则，绘制其组成部分时应同时绘制该部分的三个视图，同理再绘制其他结构。

绘图过程中，为了观察图形的任何细小结构和任意复杂的整体图形，则要熟练掌握屏幕显示控制的使用。

任务实施

一、简单平面图形的绘制(见图 10－27(a))

（1）新建文件

以“样板”打开任务 10.1.2 中保存的样板文件“A3.dwt”。

① 单击“对象捕捉”，工具栏上【中点】按钮

② 在绘图区，按【Shift】键＋鼠标右键弹出快捷菜单，单击“中点”项。

③ 键入 mid

(2) 设置并完善环境

因为样板文件中已设置好初始的绘图环境,不需要更改,只设置辅助绘图环境。

由于要绘制水平线、垂直线,捕捉直线的端点、中点、交点、垂足,并显示线宽等,所以绘图前,应打开“正交”“对象捕捉”“线宽”“栅格”,并设置相应“对象捕捉模式”。

(3) 绘制平面图形并保存(见表10-10)

表10-10　绘制简单平面图形的方法与步骤

步骤	方　法	图　例
1. 绘制外轮廓线	设置当前图层为“粗实线图层”。绘制外轮廓线的方法有很多,在这里我们使用“直线”“正交”和“对象捕捉”等辅助功能进行绘制外轮廓线的绘制。按照字母顺序(ABCDEA)在正交模式的配合下,利用键盘输入每段线的长度,用鼠标来确定轮廓线的方向。 **注意**　封口时,自动捕捉端点A完成绘制外轮廓	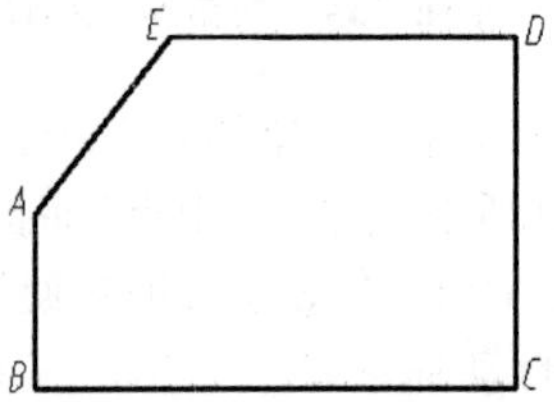 E D A B C
2. 绘制中心线	(1) 绘制水平中心线 ① 使用【偏移】命令,将底边“BC”向上偏移50。 ② 使用“夹点”编辑模式将中心线向左、右延长。 ③ 将该对象选中,单击图层工具栏上“应用的过滤器”下拉列表,重新定义到“中心线”图层上。 (2) 绘制上方中心线、垂直中心线 ① 将水平中心线向上偏移110,再次使用“夹点”编辑模式将中心线调整至合适的长度。 ② 同样的方式绘制垂直中心线	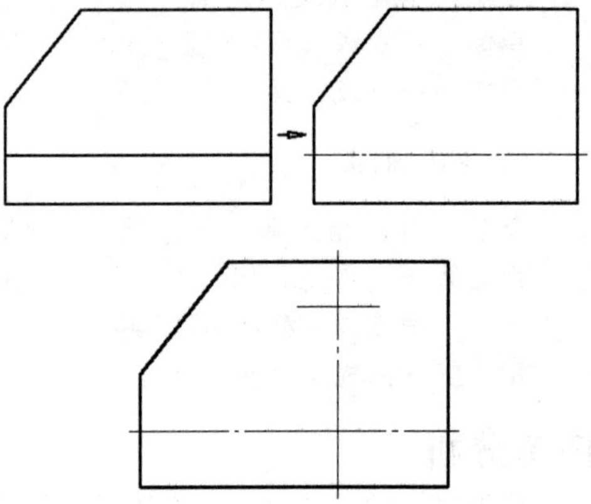
3. 绘制 $\phi40$ 的圆	① 当前图层不变,仍为“粗实线图层”。 ② 单击“圆”绘图按钮,自动捕捉水平中心线与垂直中心线的交点为圆心,输入半径“20”绘制圆。 ③ 同样方式绘制第二个圆。 **思考**　第二个圆还可以用什么方法完成? 如果“临时捕捉”交点,如何操作?	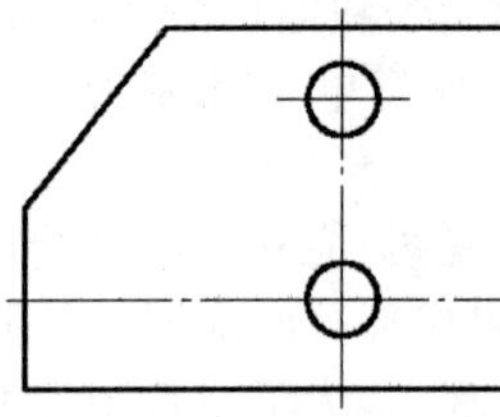
4. 绘制上方与圆相切的两条直线	① 单击“直线”绘图按钮。 ② 将光标移动到上方水平中心线与圆的左侧交点,稍加停顿,出现“交点”提示后单击。 ③ 移动光标到上方轮廓线,在提示“垂足”时单击,按【回车】键结束直线绘制。 ④ 使用同样方式绘制右侧垂直切线。 **思考**　右侧垂直切线还可以用什么方法完成?	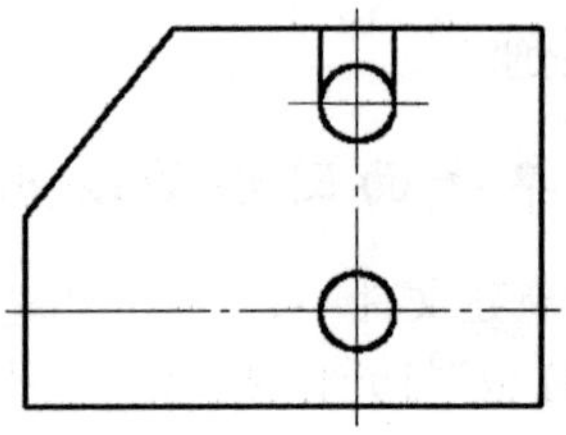

续表 10－10

步骤	方 法	图 例
5. 绘制左侧圆孔投影	(1) 绘制左侧圆孔投影直线 ① 以20为偏移距离，向上、下偏移复制水平中心线，将偏移对象选中，放置在“粗实线”图层上。 ② 以60为偏移距离，向右偏移复制左侧轮廓线。 ③ 单击“修剪”按钮，不选“剪切边界”(直接右击或按【回车键】，则所有对象定义为剪切边界)，将偏移后的水平、垂直线多余部分剪掉。 (2) 绘制角度为120°的锥角 ① 设置“极轴”增量角为30°，并在“草图设置”对话框中“极轴追踪”项中“对象捕捉追踪设置”中选择“用所有极轴角设置追踪”(默认为“仅正交追踪”)。 ② 单击“直线”绘图按钮，将光标移至左侧圆孔下方水平直线右侧端点，单击确定60°斜线起点。 ③ 配合“极轴追踪”和“对象捕捉”，沿60°方向找到与水平中心线的交点，单击完成斜线的绘制。 ④ 使用同样方式绘制上方300°斜线。 **思考** 为何绘制上方斜线时极轴追踪角度变成了300°	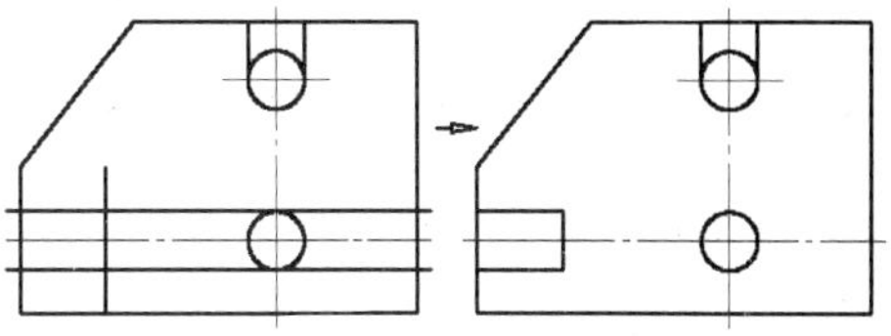 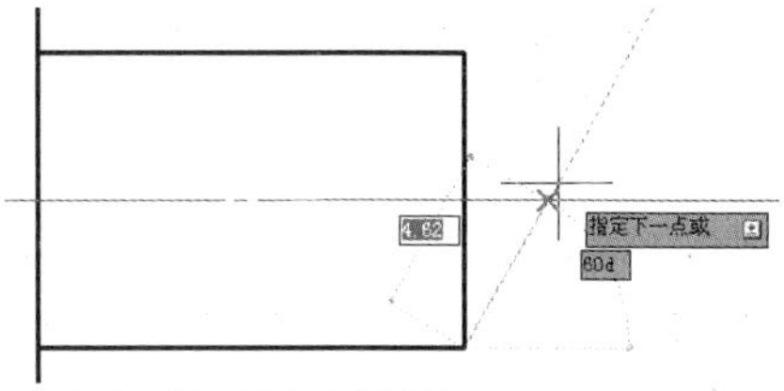 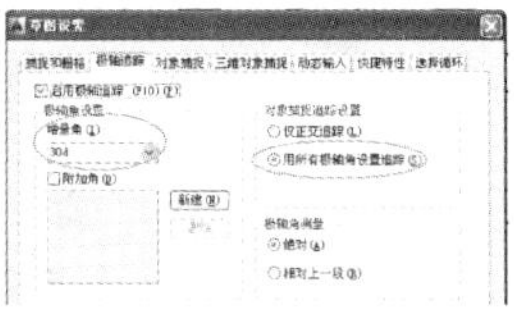 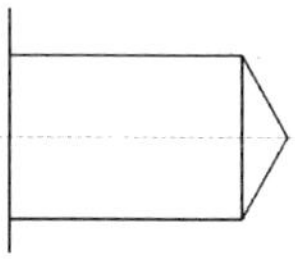
6. 填充剖面线	① 关闭“中心线层”，选择当前图层为“剖面线图层”。 ② 单击“图案填充”绘图按钮，弹出“边界图案填充”对话框，设置填充图案为“ANSI31”，填充比例为“3”。 ③ 单击“拾取点”按钮，系统将返回绘图屏幕，在图形中需要填充剖面线的区域内任取一点单击拾取填充边界，系统会自动找到封闭边界，并以虚线显示，按“回车”键确定填充边界。 **思考** 若此时右击，会出现什么呢？试一试。 ④ 此时又返回“图案填充”对话框，单击“预览”按钮，检查填充效果。如果填充结果正确，按“回车”键结束命令。 ⑤ 打开“中心线层”	 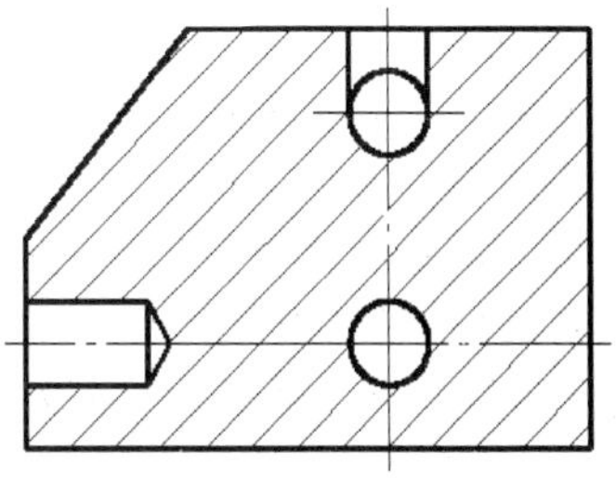

续表 10-10

步骤	方 法	图 例
7. 保存文件	① 单击标准工具栏“保存”按钮，弹出“图形另存为”对话框，输入文件名(如平面图形)，指定存储路径，单击“保存”按钮，系统将自动存档，其文件名为“平面图形.dwg”。 ② 为了防止断电、死机等意外事件，应该养成编辑一部分然后立即保存的习惯，同时可以通过设置，指定一个时间间隔，由计算机自动存盘。(方法：在绘图区域中右击，在快捷菜单中选择“选项”，在弹出对话框中选择“打开与保存”，进行参数设置或自定义，计算机将按设置时间自动存盘)	

思考 如果用坐标定点绘制外轮廓呢？请参照图10-27(a)所示尺寸，定义点A(80,160)，则其余各点坐标如图10-47所示。试一试用坐标定点绘制外轮廓，注意键盘输入坐标时，不要输入括号，并说出各点坐标的类型。

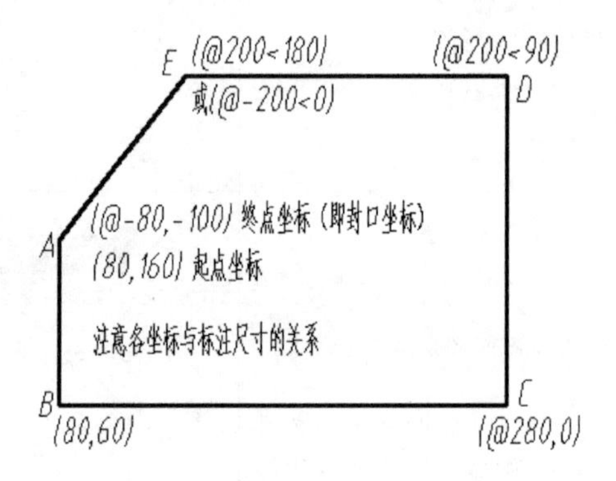

图 10-47 绘制外轮廓各点坐标

二、简单三视图的绘制(见图10-27(b))

(1) 新建文件

以“样板”打开任务10.1中保存的样板文件“A3.dwt”

(2) 环境设置

① 根据图形大小重设图形界限：设置为大小为A4，竖放的图形界限。

② 打开“极轴”“对象捕捉”“对象追踪”按钮，设置对象捕捉模式。绘制三视图时使用最多的捕捉模式是交点。通过“草图设置”对话框设置默认的捕捉模式为“交点”。

(3) 绘制简单三视图并保存(见图10-48)

(4) 保存文件

文件名为“三视图.dwg”。

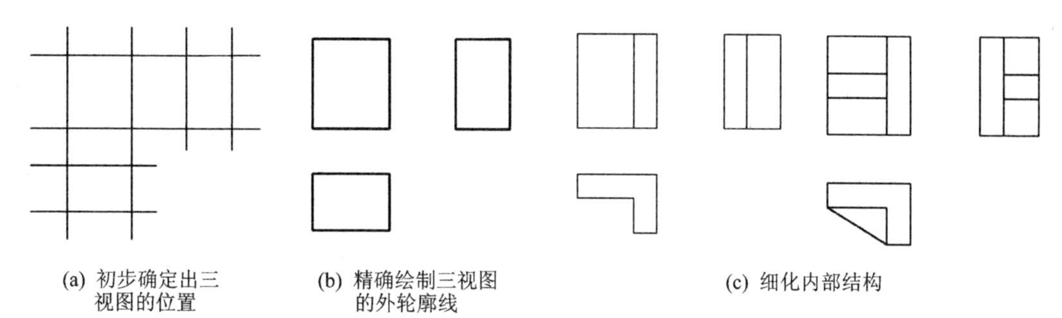

(a) 初步确定出三视图的位置　(b) 精确绘制三视图的外轮廓线　(c) 细化内部结构

步骤说明：(a) 设置当前图层为“粗实线”，利用“构造线”“偏移”“修剪”命令，初步确定出三视图轮廓线的位置。
(b) 再次利用“修剪”命令，精确定出三视图的外轮廓线。
(c) 对零件的内部结构进行细化，主要运用命令仍然是“偏移”“修剪”。

思考　请试一试用不同的绘图方法完成，比较优缺点，总结最简便的方法，并保证投影对正。

注意　在绘制时根据三视图的投影关系，三个视图应该同时完成。

图 10－48　绘制简单三视图的方法与步骤

任务扩展知识

一、计算机辅助绘图

（一）基本原则

① 先设定图形限、单位、图层后再进入图线绘制。

② 尽量采用 1∶1 的比例绘制，最后在布局中控制输出比例。

③ 注意命令提示信息，避免误操作。

④ 注意采用极轴、对象捕捉、对象追踪等辅助绘图工具进行精确绘图。

⑤ 图框不要和图形绘制在一起，应分层放置。在布局时采用插入来使用图框。

⑥ 常用的设置（如图层、文字样式、标注样式等）应保存成样板，新建图形时直接利用样板生成初始绘图环境。也可以通过“CAD 标准”来统一。

（二）一般绘图流程

1. 新建文件

一般以样板打开已自定义并保存的样板文件。

2. 设置并完善环境

① 必要时根据图形大小重新设置图形界限。

② 若有必要，重新设置其他环境：比如添加图层，更改单位精度等。

③ 设置辅助绘图环境

3. 绘制二维图形

① 绘制图形：先定位后定形；分层绘制，层层完成。

② 标注尺寸

4. 保存图形文件

5. 输出文件

二、夹点编辑

夹点是图形对象上可以控制对象位置、大小的关键点。对直线而言，其中心点可以控制位置，而两个端点可以控制其长度和位置，可见直线有3个夹点，如图10-50所示。当在命令提示状态下选择了图形对象时，会在图形对象上显示出角蓝色小方框表示的夹点。不同图形对象的夹点显示不同。

在选取了图形对象后。如果选中了某个或几个夹点，再单击鼠标右键，此时会弹出如图10-49所示的夹点编辑快捷菜单。在该菜单中，列出了可以进行的编辑项目，用户可以单击相应的菜单命令进行编辑。例如，利用夹点拉伸对象(见图10-50)，首先在命令提示行中出现如下提示：

```
* * 拉伸 * *
指定拉伸点或[基点(B)/复制(C)/放弃(U)/退出(X)]:
```

注意

❶ 夹点是可以编辑的点。如文字，通过夹点编辑只能改变其插入点，如要改变文字的大小、字体、颜色等，必须采用其他编辑命令。

❷ 夹点显示的大小、颜色、选中后的颜色等可以通过“选项”对话框中的“选择”选项卡来设置。

❸ 夹点编辑比较简洁、直观，当改变夹点到新的目标位置时，拾取点会受到环境设置的影响和控制，可以利用诸如“对象捕捉”“正交模式”等精确地进行夹点的编辑。

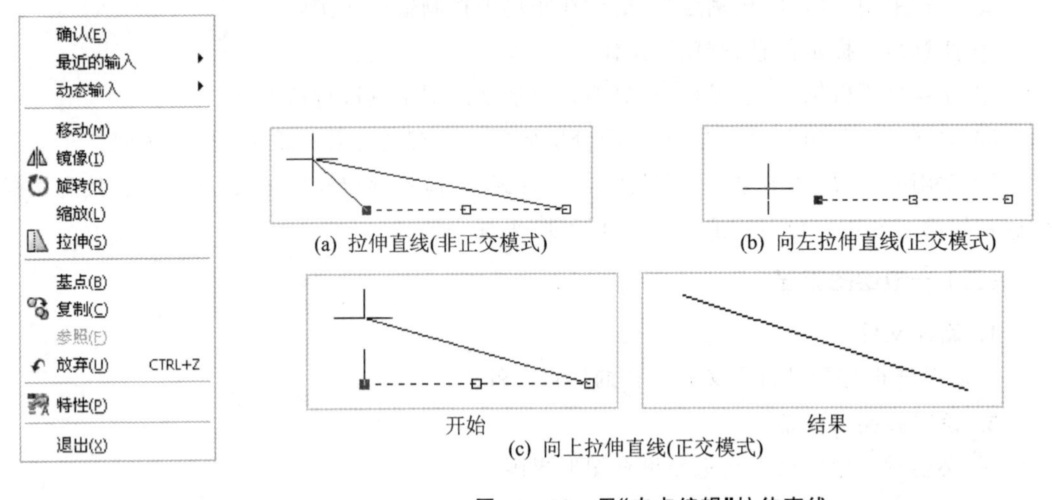

图10-49 夹点编辑快捷菜单

图10-50 用“夹点编辑”拉伸直线

任务巩固与练习

选择合适的绘图样板，综合运用各种辅助绘图功能绘制如图10-51和图10-52所示图形。

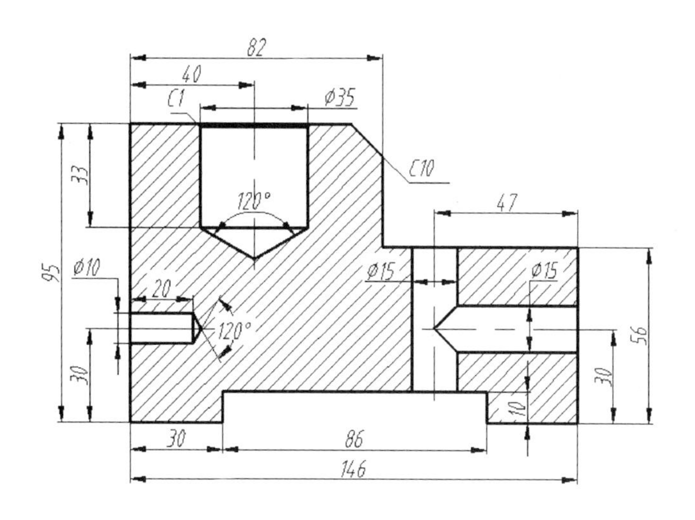

图 10－51　简单平面图形

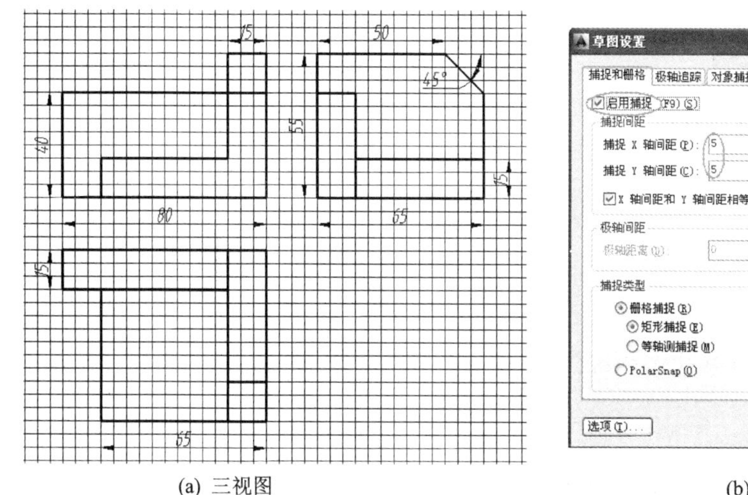

(a) 三视图

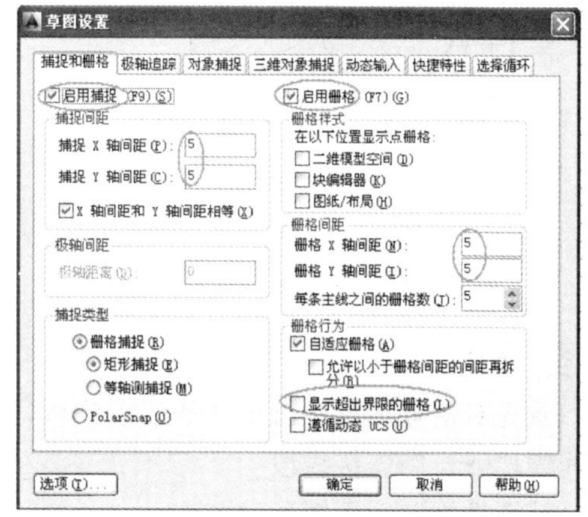

(b) 设置捕捉和栅格

绘图提示

利用栅格捕捉绘图。打开捕捉和栅格，根据尺寸标注进行如图10-52(b)所示的设置，先绘制外轮廓，再绘制内部细节结构。

图 10－52　简单三视图

任务 10.3　计算机绘制复杂二维图形

任务目标

- 进一步熟悉 AutoCAD 的绘图流程。
- 熟练掌握常用绘图命令和图形编辑命令的使用方法。
- 熟练掌握绘图编辑中图形对象的选择方法，对象特性编辑（特性匹配）和夹点编辑的方法。

➢ 熟练掌握图形定点的方法(坐标输入法、对象捕捉法、追踪法)和辅助绘图环境的设置。

➢ 进一步掌握各种屏幕显示控制命令的使用。

任务引入

绘制吊钩(见图10-53)和盖板(见图10-54)。

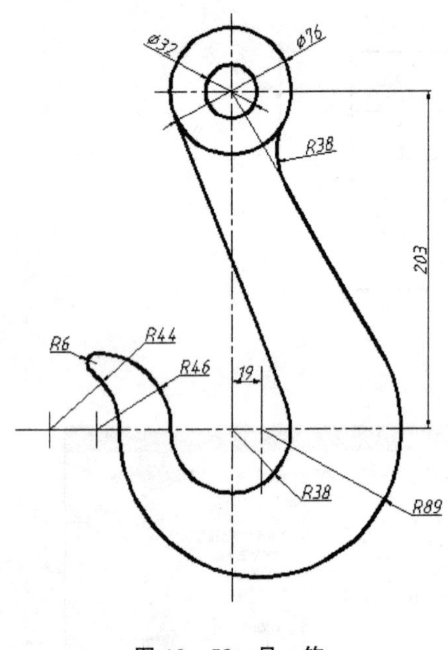

图10-53 吊 钩

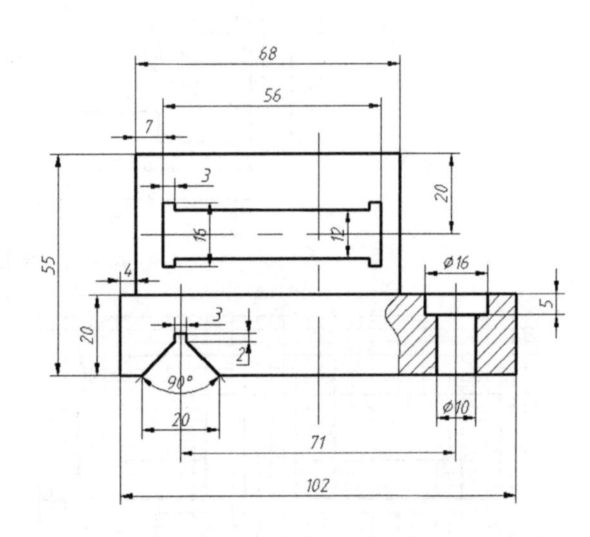

图10-54 垫 片

任务分析

首先对任务图形进行尺寸和线段分析,明确画图顺序:绘制基准线→绘制已知线段→绘制中间线段→绘制连接线段。

计算机绘制平面图形的要点:

① 根据约束条件按几何作图法绘直线段。

② 定点时,点的位置必须采用各种定点方法精确定位。

③ 画圆弧时,可以使用倒圆角来绘制相切圆弧,或者用圆来代替圆弧,再做修剪。

④ 绘制图形时,应边绘制边修改,保持图面整洁,避免出错。

⑤ 应该尽可能使用AutoCAD本身的命令功能绘制图形。

任务实施

一、绘制吊钩(见图10-53)

(1) 新建文件

以样板打开任务10.1中保存的样板文件“A3.dwt”。

(2) 设置并完善环境

① 根据图形大小重设图形界限,设置为大小为A3,竖放图幅。

② 设置辅助绘图环境:

由于要绘制水平线、垂直线、捕捉圆弧的端点、切点等，所以绘图前要先进行辅助绘图的方式设置。打开“极轴”“对象捕捉”“对象追踪”“线宽”“栅格”，并设置“对象捕捉模式”。

（3）绘制吊钩并保存（见表10－11）

表10－11　绘制吊钩的方法与步骤

1. 绘制基准线	2. 绘制已知线段
设置当前图层为“中心线”，使用“直线”“偏移”命令和“夹点编辑模式”绘制图形基准线 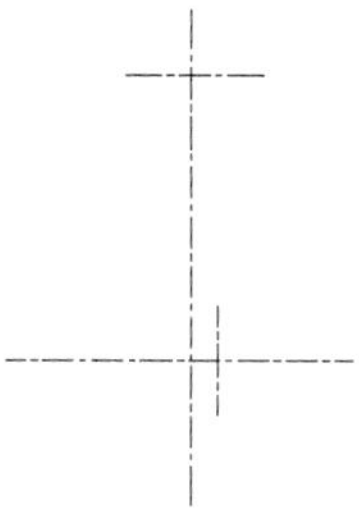	使用“圆”命令，利用对象捕捉确定各段圆弧的圆心位置，分别绘制 $\phi32$、$\phi76$、$R38$、$R89$ 圆。 **思考**　如何得到 $R38$、$R89$ 的圆弧 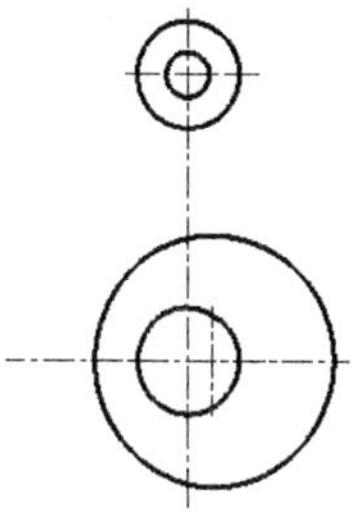
3. 绘制中间线段	
（1）绘制切线	（2）绘制“$R44$”的圆
① L1切线的绘制，自动捕捉 $\phi32$ 的圆心为起点，再捕捉 $R89$ 上的切点。 ② L2切线的绘制，需要打开对象捕捉工具栏，利用临时捕捉法分别去捕捉 $\phi76$、$R38$ 上的切点。（注意L2切线实际为连接线段） **思考**　试一试其他的临时捕捉法捕捉L2切线上的切点 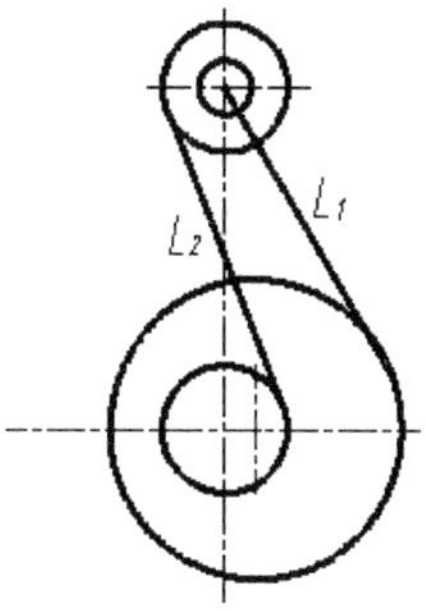	圆弧 $R44$ 的圆心在水平辅助线上，且与 $R89$ 的圆相切。将 $R89$ 的圆以44为偏移量向外偏移，与水平辅助线相交点即为圆心。 **思考**　还有其他的方法得到圆心吗？试一试，哪个更简便快捷 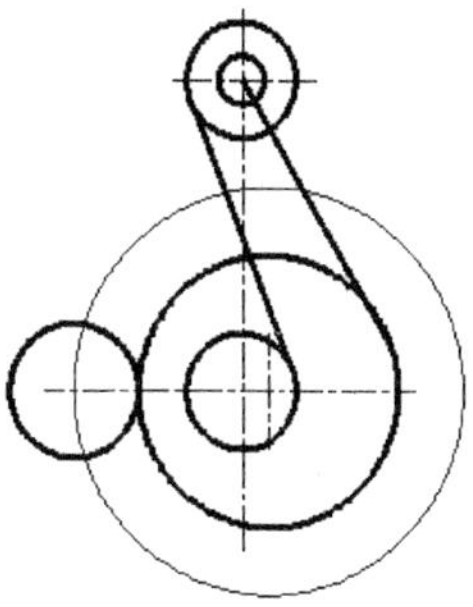
（3）绘制“$R46$”的圆	（4）修剪多余线段
圆弧 $R46$ 的画法和圆弧 $R44$ 的画法相同 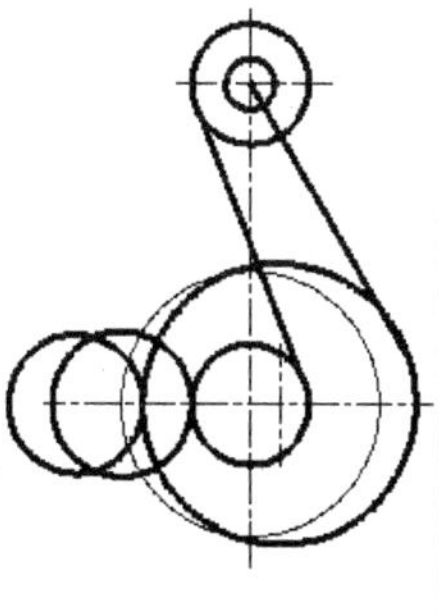	用“修剪”命令修剪多余线段，修剪时应特别注意修剪边界的选择。建议，可不选修剪边界，使用系统默认。 **思考**　对于绘制中间线段的四个步骤，比较“边绘制边修剪”的效果 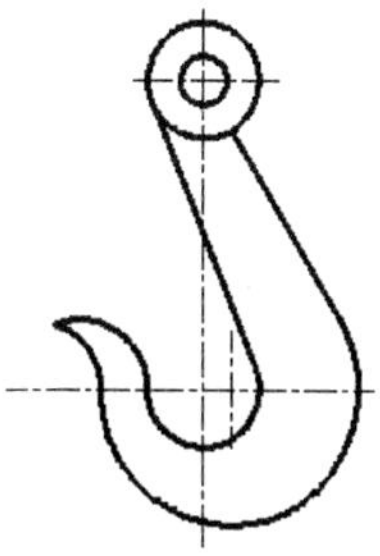

续表 10-11

4. 绘制连接线段	
(1) 绘制 R6 的圆弧	(2) 绘制 R38 的圆弧
使用"圆角"命令,设置"半径R=6,修剪模式",倒圆角边为 R44 和 R46 的圆弧。 **思考** 如果用手工绘图画连接圆弧的方法呢?试一试,哪个更简便快捷 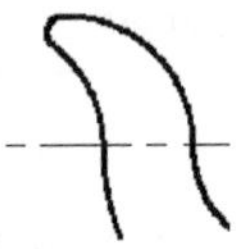	圆弧 R38 的画法和圆弧 R6 的画法相同 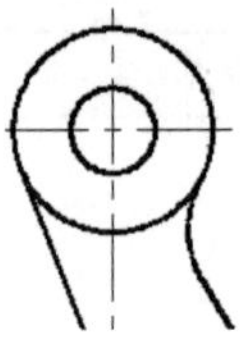
5. 保存文件:完成图形如图 10-53 所示;调整图形视图显示(全屏显示),保存文件名为"吊钩.dwg"。	

二、绘制垫片(见图 10-53)

对于复杂图形的绘制,应该从图形的整体开始,先将图形划分为几个区域,然后绘制图形的主要轮廓,再绘制局部细节。绘制局部细节时要充分利用常用图形编辑工具。

(1) 新建文件

(2) 设置并完善环境

图形界限更改为 A4,横放。

(3) 绘制垫片并保存(见表 10-12)

表 10-12 绘制垫片的方法与步骤

1. 绘制图形外轮廓和工字槽	2. 移动工字槽至标注位置
① 使用"直线"或"矩形"命令绘制图形外轮廓。 ② 工字槽为对称图形,可先绘制上半部分,再以水平辅助线为镜像轴,做镜像 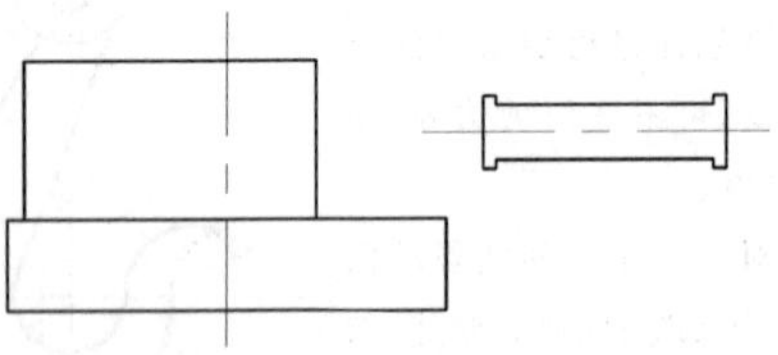	① 由图形中定位尺寸,使用"偏移"命令,确定出工字槽放置点 B。 ② 使用"移动"命令,选中工字槽,以 A 点为移动基点,相对于 B 点放置工字槽。结果如下图 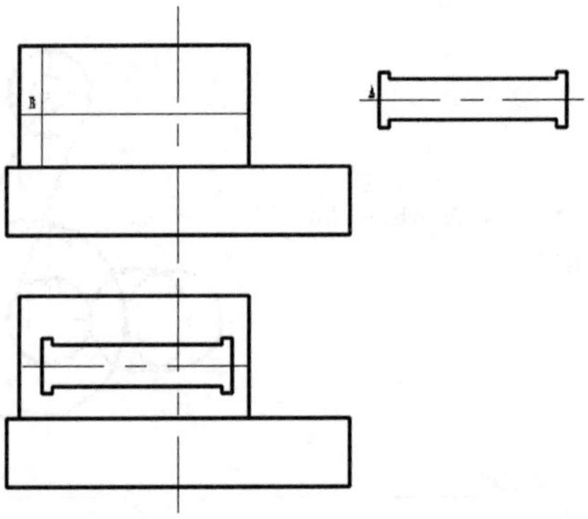

表 10－12　绘制垫片的方法与步骤

3. 绘制 V 型导轨	4. 绘制阶梯孔
① 绘制中心线。 ② 设置极轴增量角为 45°，并设置“用所有极轴角设置追踪”。 ③ 使用“直线”命令，在极轴追踪模式的配合下绘制 V 型导轨的一半。 ④ 使用“镜像”命令，复制导轨的另一半 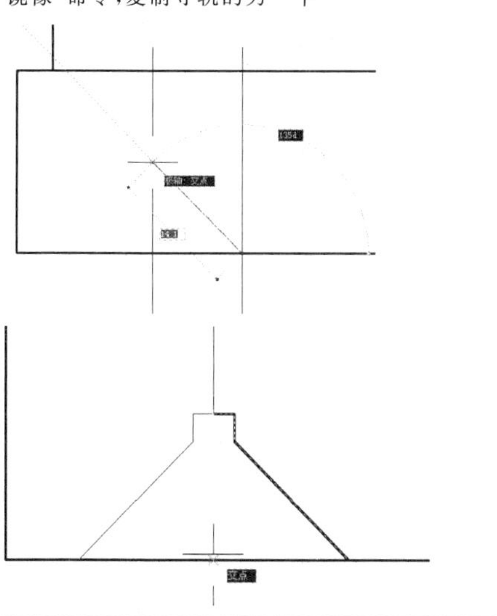	① 绘制孔中心线（见图(a)）。 ② 使用“偏移”“直线”“修剪”命令绘制孔的一半（见图(a)）。 ③ 使用“镜像”命令，复制孔的另一半（见图(b)）。 ④ 使用“样条曲线”绘制填充区域边界（见图(c)）。 ⑤ 填充剖面线（见图(d)） 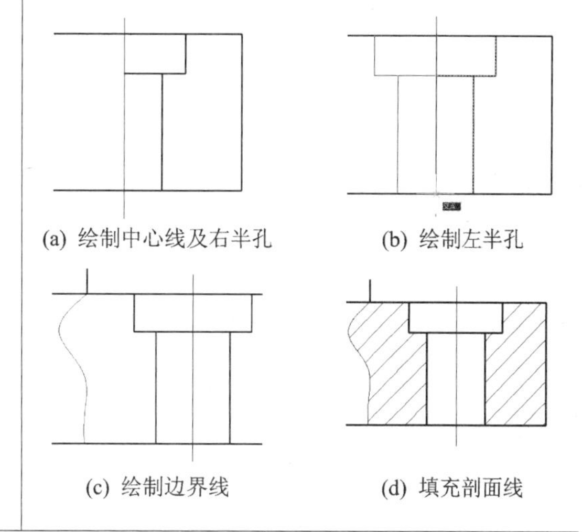 (a) 绘制中心线及右半孔　(b) 绘制左半孔 (c) 绘制边界线　(d) 填充剖面线
5. 保存文件：调整图形视图显示（全屏显示），保存文件	

任务巩固与练习

选择合适的绘图样板，综合运用辅助绘图功能完成如图 10－55 所示的图形绘制。

绘图步骤提示

1. 绘制基准线（直线；偏移）

2. 绘制底板

1）绘制主俯底板外轮廓（直线、矩形；倒角、修剪）。

2）绘制俯视底板沉孔，腰形槽

（圆、圆弧；复制、偏移、修剪、比例缩放、打断、旋转）。

3）绘制主视底板沉孔，腰形槽剖视投影

（直线、圆、样条曲线、图案填充；倒角、修剪）。

3. 绘制斜柱

1）绘制主视斜柱外轮廓和内孔

（直线；旋转、偏移、延伸、修剪、特性）。

2）绘制俯视斜柱外轮廓（直线、椭圆、点；拉长、夹点编辑）。

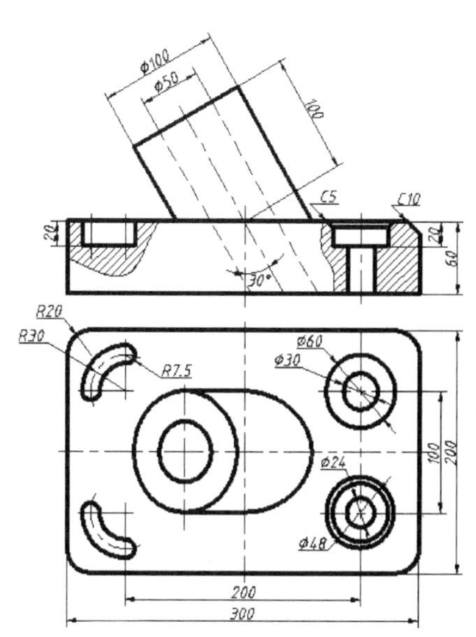

图 10－55　盖　板

学习情境 11

计算机绘制机械图样

任务 11.1 计算机绘制典型零件图

任务 11.1.1 完善样板文件

任务目标

➤ 进一步掌握 AutoCAD 的绘图环境设置(文字样式、尺寸标注样式)。

➤ 掌握常用符号块的创建。

任务引入

完善学习情境 10 中所创建的 A3 样板文件的环境设置,并在该文件中创建常用符号块。

任务知识准备

在一个完整的图形样板中,除了要设置任务 10.1 中的图形界限、单位、图层等初始绘图环境,还应设置符合制图标准的文字样式和尺寸标注样式,并将常用符号设置成块,从而完善绘图环境。

一、设置文字样式

文字样式决定文字字符的外观。在不同的场合会使用到不同的文字样式,所以文字注写前都要设置不同的文字样式。定义文字样式包括选择字体文件、设置字体高度、宽度比例等。当设置好文字样式后,可以利用该文字样式进行单行文字和多行文字①注写。

① 命令:STYLE

② 菜单:格式→文字样式

③ 按钮:样式→A

执行该命令后,弹出如图 11-1 所示的"文字样式"对话框,在该对话框中可以新建、修改或指定文字样式。

注意

❶ Standard 样式为默认的文字样 式,采用的字体为 TXT. SHX,该文字样式不可以删除,也不可以重命名。在图形中已经被使用过的文字样式也无法删除。

样式名前的 图标指示样式为注释性。

输入的文字样式名最好与随即选择的字体对应起来或和它的用途对应起来,以方便使用。

❷ 如果更改现有文字样式的方向或字体文件,当图形重生成时所有具有该样式的文字对

① 有关单行文字和多行文字输入详见任务 11.12。

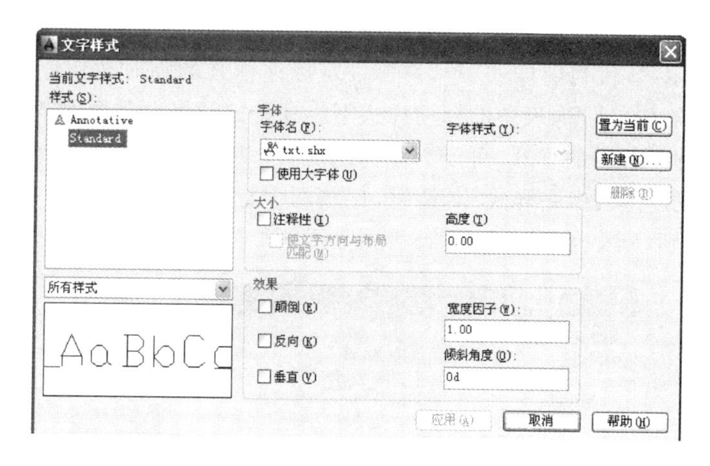

图 11－1　"文字样式"对话框

象都将使用新值。

系统中可使用的字体文件有普通字体(TrueType 字体文件)和 AutoCAD 特有的字体文件(.SHX)。只有 SHX 文件可以创建"大字体"。

❸ 如果设置默认值 0,则文字高度将默认为上次使用的文字高度,或使用存储在图形样板文件中的值,用户可以重新设置。输入大于 0 的高度将自动为此样式设置文字高度。

在相同的高度设置下,TrueType 字体显示的高度可能会小于 SHX 字体。

❹ 若字体名前有@,选择该类字体样式,则标注的文字向左旋转 90°。

❺ 在"效果"选项组中进行的颠倒和反向文字效果设置只限于单行文字输入。

二、设置尺寸标注样式

标注样式可以控制尺寸标注的格式和外观,建立和强制执行图形的绘图标准,以便可以对标注格式和用途作修改。在一张复杂的工程图中,通常有多种尺寸标注形式,首先应根据尺寸标注的实际情况设定好符合国家标准的基本尺寸标注样式,然后再进行尺寸标注。对不能满足基本标注要求的少数尺寸,可用替代的方式进行标注。

① 命令:DIMSTYLE,DDIM

② 菜单:格式→标注样式

　　　　标注→标注样式

③ 按钮:标注(或样式)→

执行该命令后,弹出如图 11－2 所示的"标注样式管理器"对话框,在该对话框中可以创建新样式、设定当前样式、修改样式、设定当前样式的替代以及比较样式。对话框中各项含义如下:

① 样式:列表显示了目前图形中定义的标注样式。

② 预览:图形显示设置的结果。

③ 列出:可以选择列出"所有样式"或只列出"正在使用的样式"。

④ "置为当前":将所选的样式置成当前的样式,在随后的标注中,将采用该样式标注尺寸。

⑤ "新建":显示"创建新标注样式"对话框,定义新的标注样式。

⑥ “修改”:显示“修改标注样式”对话框,修改标注样式。

⑦ “替代”:显示“替代当前样式”对话框,设定标注样式的临时替代值。替代将作为未保存的更改结果显示在“样式”列表中的标注样式下。在特殊的场合需要对某个细小的地方进行修改,而又不想创建一种新的样式,可以为该标注定义一替代样式,但需要置为当前,才能使用

⑧ “比较”:显示“比较标注样式”对话框,比较两个标注样式或列出一个标注样式的所有特性。如果没有区别,则显示尺寸变量值,否则显示两个样式之间变量的区别。

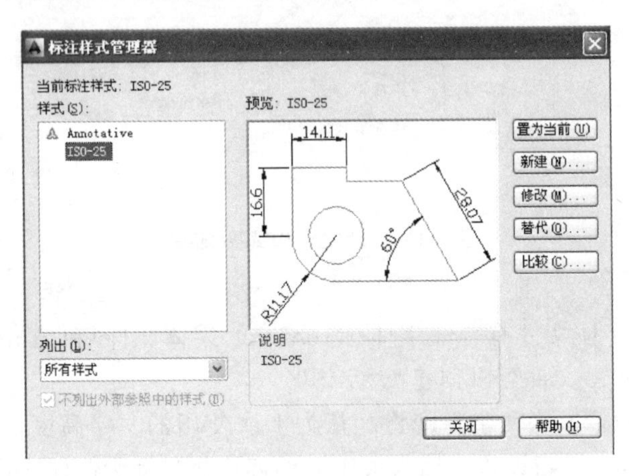

图 11-2 “标注样式管理器”对话框

注意

❶ 不能删除当前样式或当前图形中使用的样式。样式名前的图标指示样式为注释性。

❷ 虽然有新建、替代、修改等不同的设定形式,但对话框形式基本相同,操作方式也相同。

❸ 基础样式尽量不变,在副本上变标注形式。

三、块

(一) 块

1. 块的概念及作用

块是指一个或多个对象的集合,是一个整体,即单一的对象。

① 利用块可以简化绘图过程并可以系统地组织任务。如一张装配图,可以分成若干个块,由不同的人员分别绘制,最后再通过块的插入及更新形成装配图。

② 在图形中插入块是对块的引用,不论该块多么复杂,在图形中只保留块的引用信息和该块的定义,所以使用块可以减小图形的存储空间,尤其在一张图中多次引用同一块时十分明显。一幅图形本身可以作为一个块被引用。

③ 块可以减少不必要的重复劳动,如每张图上都有的表面结构代号、基准代号、标题栏等,可以制成一个块,在输出时插入,具有共享性。通过块的方式可以建立标准件图库,故块可使设计标准化、规范化与通用化。

④ 块可以附加属性,可以通过外部程序和指定的格式抽取图形中的数据,故块便于图形信息的统计。

2. 定义块

要使用块,首先必须定义块。定义块命令的调用方式如表 11-1 所列。

表11-1　定义块、插入块命令的调用方式

命令调用＼命令	创建块(即定义内部块)	写块(即定义外部块)	插入块
命令	block	wblock	INSERT
菜单	绘图→块→创建	无	插入→块
按钮	绘图→	无	绘图→

(1) 在图形中创建块(即创建块)

块在本质上是一种块定义,它包含块名、块几何图形、用于插入块时对齐块的基点位置和所有关联的属性数据。可以在“块定义”对话框中或通过使用“块编辑器”定义几何图形中的块。如果已创建块定义,用户可以在相同或不同的图形中参照它。

执行创建块命令后,弹出如图11-3所示的“块定义”对话框。该对话框中包含块名称、基点区、对象区、预览图标区以及插入单位、说明等。

(2) 创建用作块的图形文件(即写块)

可以创建图形文件,用于作为块插入到其他图形中。作为块定义源,单个图形文件容易创建和管理。符号集可作为单独的图形文件存储并编组到文件夹中。

执行写块命令后,弹出如图11-4所示的“写块”对话框。该对话框与“块定义”类似,唯一的不同就是有“目标”区域,以确定块的存储路径。

注意

❶ 内部块只能被定义该块的图形文件使用。

❷ 写块是对已经绘制的对象或以前定义过的内部块,定义为独立的图块(即作为一个图形文件单独存储在磁盘上),以便在其他图形文件中使用。它所建立的块本身即是一个图形文件,可以被其他图形引用,也可以单独被打开。

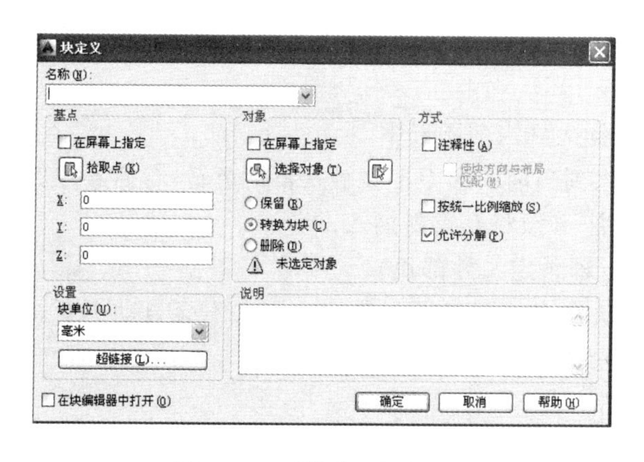

图11-3　“块定义”对话框

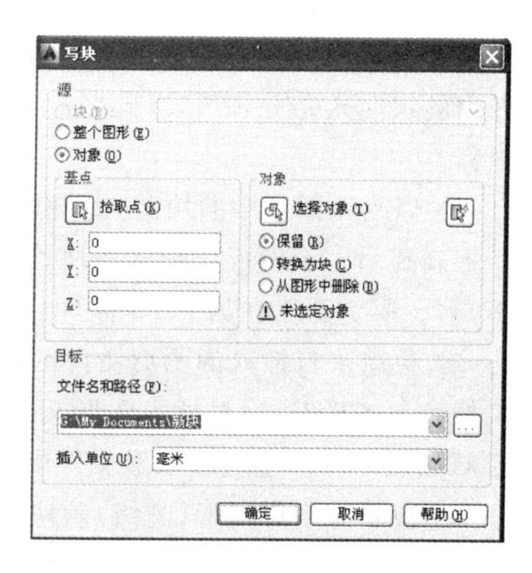

图11-4　“写块”对话框

3. 插入块

把在当前图形中定义的内部块或已定义的外部块插入到当前图形中。在插入块的同时,可以改变所插入图形的比例和旋转角度。

执行表11-1中的插入块命令后,将弹出如图11-5所示的“插入”对话框。

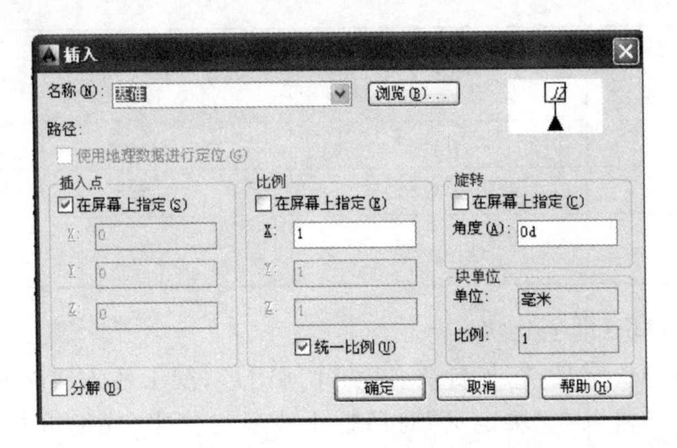

图11-5 “插入块”对话框

注意

❶ 建议插入块库中的块。块库可以是存储相关块定义的图形文件,也可以是包含相关图形文件(每个文件均可作为块插入)的文件夹。无论使用何种方式,块均可标准化并供多个用户访问。用户可以插入自己的块,也可以使用设计中心或工具选项板中提供的块。

❷ 插入块时要注意命令行中的提示:“指定插入点”可用光标配合“对象捕捉”和“对象追踪”来确定;“旋转角度”可以默认为0°;“输入属性值”可默认,也可以重新输入当前值。

4. 重定义块

AutoCAD提供了多种方法来重定义块定义,选择哪种方法取决于是仅在当前图形中进行更改还是同时在原图形中进行更改。

(1) 在当前图形中修改块定义(即重定义内部块)

块编辑器提供了在当前图形中修改块的最简单方法。在块编辑器中所做的和保存的更改将替换现有块定义,而且将立即更新此图形中该块的所有参照。

修改块定义的另一种方法是创建新的块定义,但要输入现有块定义的名称。将当前图形文件中的块插入并分解后,以同名定义并保存在同一保存位置,则该图形文件中的所有块将自动更新。

(2) 修改原图形中的块定义并将其重新插入到当前图形中

更新在另一个图形中创建的块,然后插入到当前图形中不会触发自动更新(与插入外部参照不同)。要更新已在另一个图形中更新的块,必须将其重新插入。

(3) 更新来自插入的图形文件的块定义(即重定义外部块)

修改原图形时,通过插入图形文件的方法在当前图形中创建的块定义不会自动更新。必须重新插入图形才能更新图形文件中的块定义。

(4) 更新来自库图形(高级)的块定义

使用设计中心插入块时,不会覆盖现有的块定义。例如,要插入已在块库中更新的块定义,请使用WBLOCK将该块保存为一个单独的图形。然后,插入图形来覆盖旧的块定义。

注意 使用INSERT时,说明块被分离了。使用剪贴板将显示在“块定义”对话框中的块说明从一个块定义复制并粘贴到另一块定义。

(二) 块的属性

1. 定义属性

属性是将数据附着到块上的标签或标记。属性中可能包含的数据包括零件编号、价格、注释和物主的名称等。属性是图块的文本对象,用于描述图块的某些特征信息,增加图块的附加说明。

在定义属性时,可以指定:标识属性的标记;在插入块时显示的提示,如果未在提示下输入变量值,将使用的默认值。由于标记被设置为变量,可以为每个插入的块参照添加有关每个实例的特定信息。

属性就像附在商品上面的标签一样,包含有该商品的各种信息,如商品的原材料、型号、制造商、价格等。定义属性,可方便图形输入,并且在图形中提取的属性信息可用于电子表格或数据库,以生成明细表或 BOM 表,方便在其他程序中应用这些数据,如数据库中计算设备的成本等。只要每个属性的标记都不相同,就可以将多个属性与块关联。

定义属性是创建存储属性特性的模板,然后将属性附着到块中。

① 命令:ATTDEF 或 DDATTDEF

② 菜单:绘图→块→定义属性

执行该命令后,弹出"属性定义"对话框,如图 11-25 所示。包括定义属性模式、属性标记、属性提示、属性值、插入点和属性的文字设置。

2. 属性编辑

修改某属性可以通过属性编辑来完成。在 AutoCAD 中,属性编辑命令分为单个对象属性修改和全局对象属性修改,也可以通过"块属性管理器"来修改属性。

(1) 单个属性编辑

可以执行表 1-12 所列的命令,或在绘图区中双击已定义过属性的块,则会弹出"增强属性编辑器"对话框。例如,需要修改粗糙度的属性值,双击粗糙度块之后弹出如图 11-6 所示的对话框,可修改属性值、文字选项、特性。

表 11-2 属性编辑命令调用方式

命令调用 \ 命令	单个属性编辑	全局属性编辑	块属性管理器
命令	eattedit	attedit	battman
菜单	修改→对象→属性→单个	修改→对象→属性→全局	修改→对象→属性→块属性管理器
按钮	修改Ⅱ→	修改Ⅱ→	修改Ⅱ→

(2) 块属性管理器

当编辑图形文件中多个块的属性定义时,执行表 11-2 中的命令,则会弹出"块属性管理器"对话框,如图 11-7 所示,使用块属性管理器可以重新设置属性定义的构成、文字特性、图形特性等属性。

(三) 定义块的一般流程

① 在 0 层绘制图形→定义属性(用字母表示)→定义带属性的块。

② 在 0 层绘制图形→定义不带属性的块。

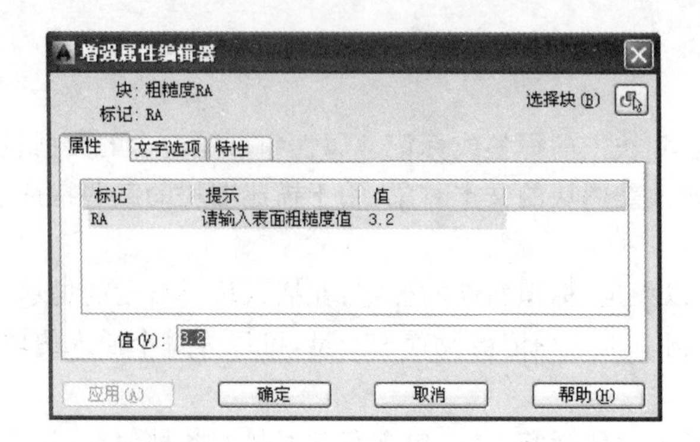

图 11-6 “增强属性编辑器”对话框

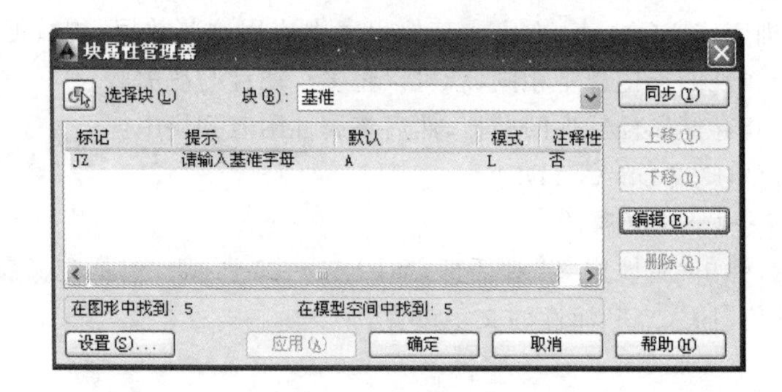

图 11-7 “块属性管理器”对话框

(四) 块中对象的特性

① 属性随层或随块,绘制在0层,按当前层显示。

② 属性随层,绘制在其他层:图形中有同名图层,按同名图层显示;图形中无同名图层,按原名图层显示,并增加该图层。

③ 属性随块,绘制在其他层:图形中有同名图层,按同名图层显示;图形中无同名图层,按当前图层显示

④ 显式特性:按原特性显示。

任务分析

文字和尺寸是机械图样中重要的组成部分,使用AutoCAD绘制机械图样时,要使图中的文字和尺寸符合制图标准,应首先根据实际情况设置所需要的文字样式和尺寸标注样式。机械图样中的标准件、表面结构代号等许多结构和符号经常重复出现,为了提高绘图效率,可以将这些结构和符号制作成块并保存,以便将来可以绘制零件图时直接调用,以及在绘制装配图的过程中直接插入标准件块。通过以上设置,进一步完善绘图样板。创建以“粗糙度RA”为代表的块,我们可以在绘图过程中慢慢积累常用符号的文件库和标准件库。

任务实施

一、打开文件

打开学习情境10任务10.1中保存的样板文件(A3.dwt)。

二、完善绘图环境

(一) 设置文字样式

1. 设置“工程数字”文字样式

“工程数字”文字样式用于控制工程图的尺寸数字和注写其他数字、字母。该文字样式所注数字、字母符合制图国标。

操作步骤：

① 单击“样式→”按钮，弹出如图11-1所示的“文字样式”对话框。

② 单击“新建”按钮，打开如图11-8所示“新建文字样”对话框，输入“工程数字”样式名后，单击“确定”按钮，返回文字样式对话框。

图11-8　“新建文字样式”对话框

③ 在“SHX字体”下拉列表中选择“gbeitc.shx”，勾选“使用大字体”复选框，在“大字体”下拉列表中选择“gbcbig.shx”。

④ 在“高度”文本框中设置默认高度值为“0”，“宽度比例”“倾斜角度”保持默认值不变。

⑤ 单击“应用”按钮，完成创建。具体设置参数如图11-9所示。

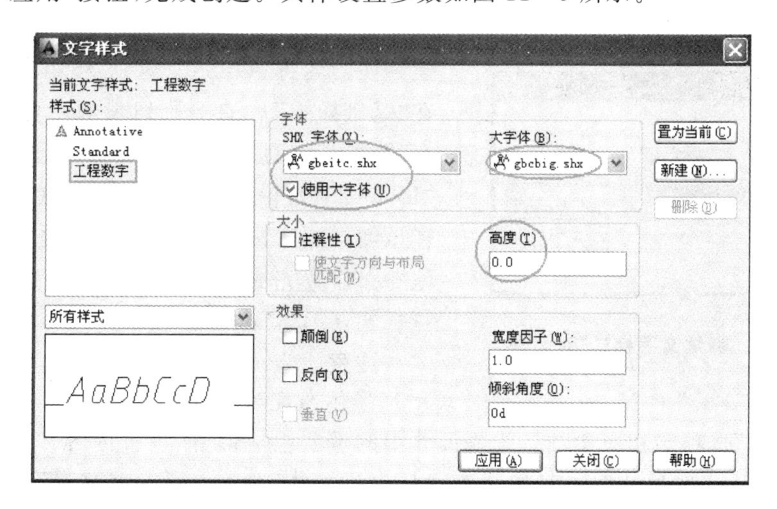

图11-9　设置“工程数字”文字样式

说明：“gbeitc.shx”相当于国标斜体样式(数字、字母斜体，汉字正体)；“gbenor.shx”相当于国标直体样式。

2. 设置“工程汉字”文字样式

“工程汉字”文字样式用于控制工程图的汉字，如文字技术要求和标题栏、明细栏中的文字。该文字样式所注汉字符合制图国标。

操作步骤与设置“工程数字”文字样式相同，具体设置参数如图11-10所示。

(二) 设置尺寸标注样式

设置常用的统一样式(GB35)及其子样式(角度、直径)、同级样式(线性径向尺寸)。

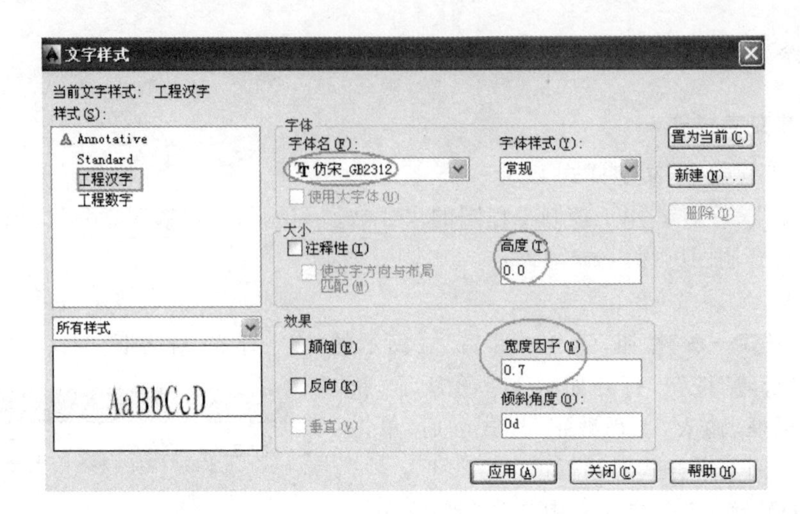

图 11-10　设置“工程汉字”文字样式

1. 创建统一样式——“GB35”标注样式

操作步骤:

① 单击“标注(或样式)→![]”按钮,弹出如图 11-2 所示的“标注样式管理器”对话框,单击“新建”按钮,弹出“创建新标注样式”对话框(见图 11-11),可在其中“新样式名”后输入创建标注的名称“GB35”(默认为“副本 ISO-25”);在“基础样式”后的下拉列表框中可以选择一种已有的样式作为该新样式的基础样式(选择默认“ISO-25”);单击“用于”后的下拉列表框,可以选择该新样式适用于的标注类型(选择默认“所有标注”)。设置完成后,单击“继续”按钮,弹出“新建标注样式:GB35”对话框,如图 11-12 所示。

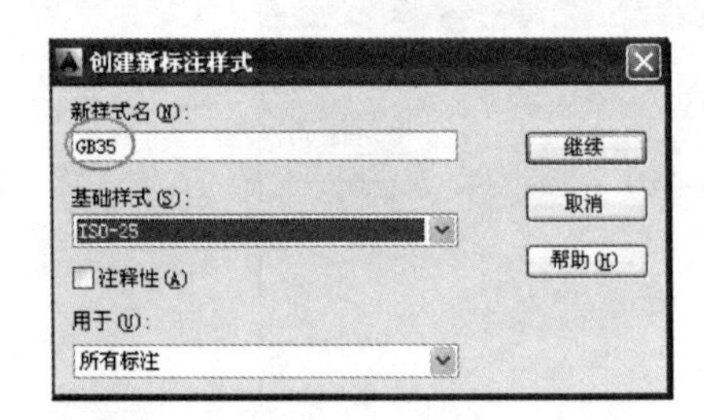

图 11-11　“新建文字样式”对话框

注意　基础样式尽量不变,在副本上变标注形式。“ISO-25、GB35”中 25、35 指标注样式所选字体高度为 2.5 mm、3.5 mm。

② 设置“线”选项卡相应参数。线是尺寸中的重要组成部分,设置内容:“基线间距”为 7,它是进行基线标注[①]时尺寸线之间的距离;“超出尺寸线”为 2;“起点偏移量”为 0。其余采用默认,如图 11-12 所示。

③ 设置“符号和箭头”选项卡相应参数。它和“线”选项卡一起控制尺寸标注的外观。设置内容:“箭头大小”为 3;“圆心标记”为 3;折弯角度取 45d。其余采用默认,如图 11-13 所示。

- 在 AutoCAD 中有 20 种不同的终端形式可供选择。一般情况下使用箭头、短斜线和小圆点居多。
- 半径标注折弯,控制折弯(Z 字形)半径标注的显示。当中心点位于图纸之外不便于直接标注时,往往采用折弯半径标注的方法。折弯角度是指在确定的折弯半径标注中,尺寸线横向线段的角度,一般取 45°(默认为 90°)。

④ 设置“文字”选项卡相应参数。文字设定决定了尺寸标注中尺寸数值的形式。设置内

① 基线标注功能详见表 11-6。

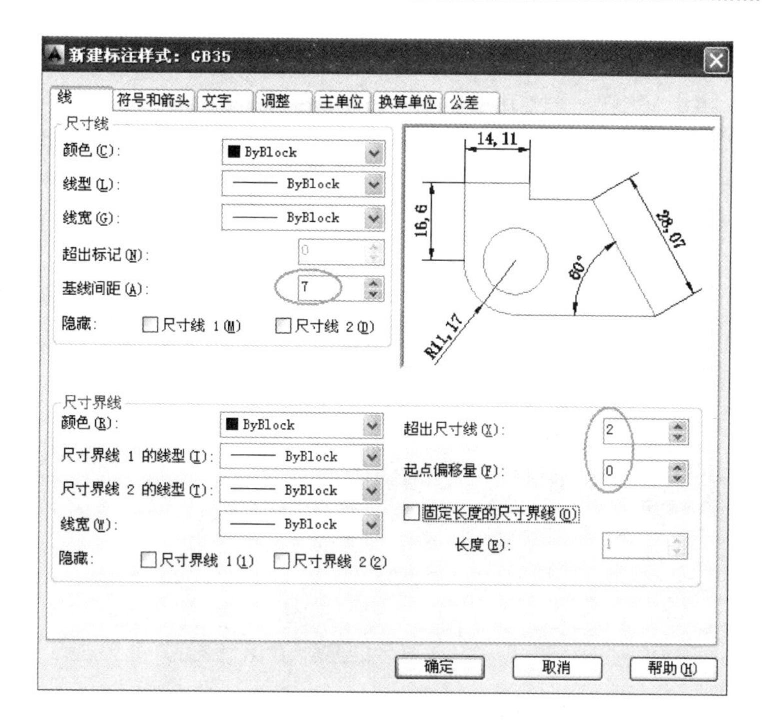

图 11－12　设置“线”选项卡

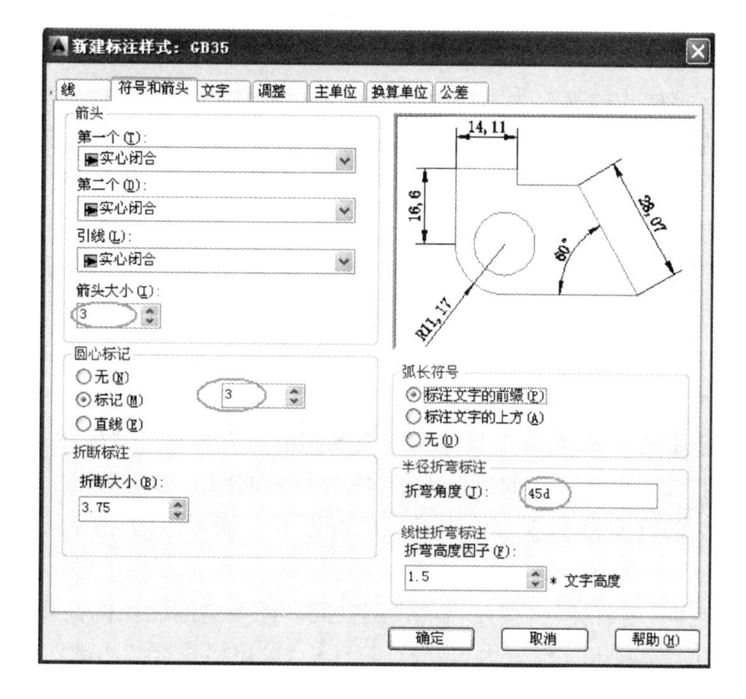

图 11－13　设置“符号和箭头”选项卡

容:“文字样式”为“工程数字”;因“工程数字”文字样式高度为 0,则一般设“文字高度”为 3.5;“从尺寸线偏移”为 0.5;“文字对齐”选“ISO 标准”。其余采用默认,如图 11－14 所示。

● 一般情况下,由于尺寸标注的特殊性,往往需要专门为尺寸标注设定专用的文字样式。

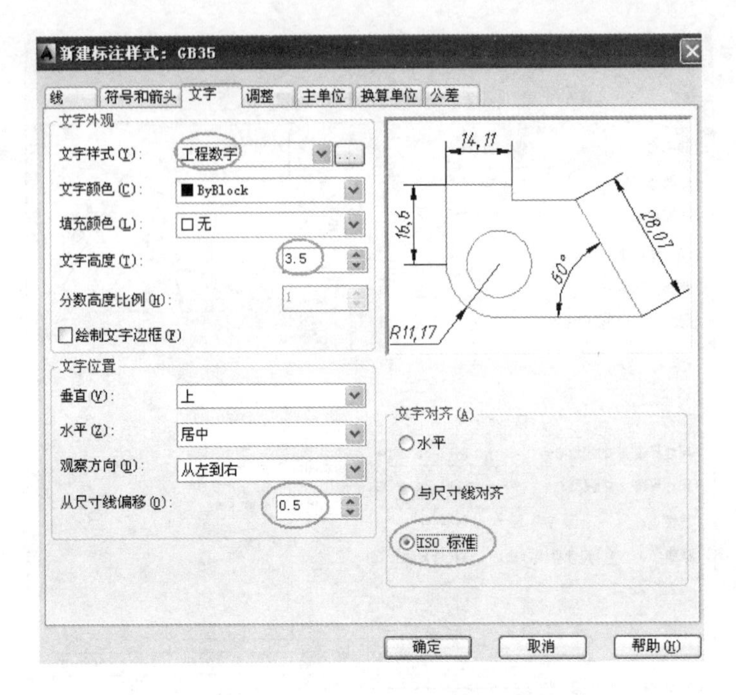

图 11-14　设置“文字”选项卡

文字样式区中,预先设定好文字样式,才会出现在下拉列表框中;如果未预先设定好,可以单击随后的按钮,弹出“文字样式”对话框进行设定。

- 如果所选文字样式的高度为 0,则可设任意尺寸标注的文字高度。如果所选文字样式的高度不为 0,则尺寸标注中的文字高度即是文字样式中设定的固定高度。
- ISO 标准:当文字在尺寸界线内时,文字与尺寸线对齐;当文字在尺寸线外时,文字成水平放置(见图 11-14 预览区中的尺寸 *R*11.17)。文字对齐效果如图 11-14 所示。

⑤ 设置“调整”选项卡中调整选项和优化。设置内容:“调整选项”区选择“文字”;“优化”区选择“手动放置文字”。其余采用默认,如图 11-15 所示。

- 标注尺寸时,由于尺寸线间的距离、文字大小、箭头大小的不同,因此标注尺寸的形式要适应各种情况,势必要进行适当的调整。
- 设定尺寸标注的比例,会影响尺寸文本高度和箭头大小等尺寸标注几何量的大小。

使用全局比例:设置尺寸元素的比例因子,使之与当前图形的比例因子相符。例如:绘图时设定了文字、箭头的高度为 5,要求输出时也严格等于 5,而输出的比例为 1∶2,则全局比例因子应设置成 2。

按布局(图纸空间)缩放标注:按照当前模型空间和图纸空间的比例设置比例因子。

⑥ 设置“主单位”选项卡。设置内容:线性标注中“单位格式”为“小数”;“精度”为 0,“小数分割符”为“句点”;角度标注中“单位格式”为“度/分/秒”;“精度”为“0d”。其余采用默认,如图 11-16 所示。

- 测量单位比例:设置单位比例并可以控制该比例是否仅应用到布局标注中。“比例因子”设定了除角度外的所有标注测量值的比例因子,是测量时对长度尺寸保证原值尺寸的控制因子,可满足按实际尺寸标注。如设定比例因子为 0.5,则 AutoCAD 在标注

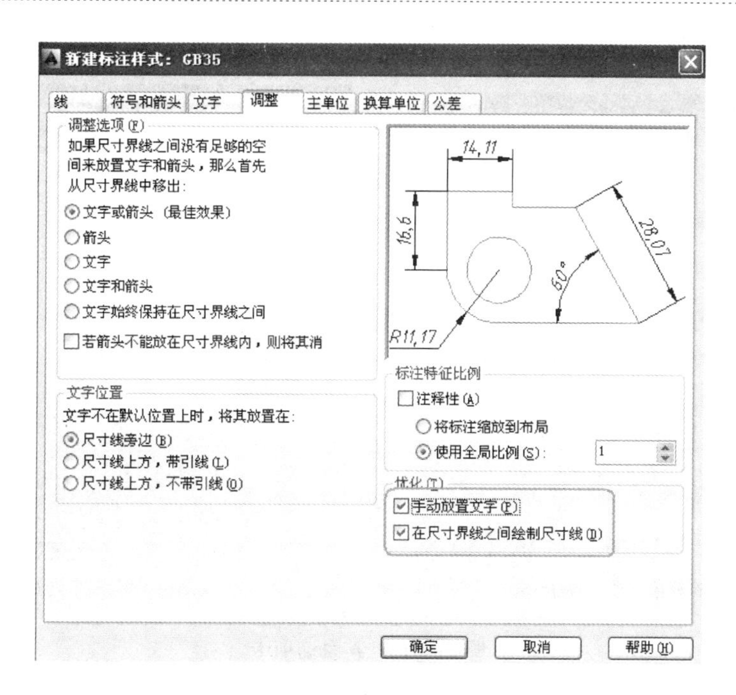

图 11－15 设置“调整”选项卡

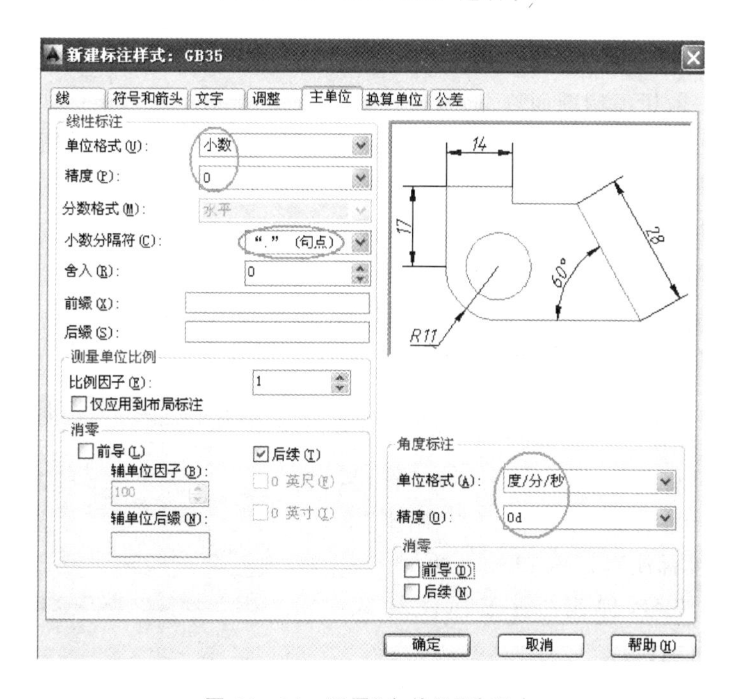

图 11－16 设置“主单位”选项卡

尺寸时，自动将测量的值乘上 0.5 标注。“仅应用到布局标注”设定了该比例因子仅在布局中创建的标注有效。

⑦ 其余选项卡采用默认设置，如图 11－17 所示。单击“确定”按钮，Auto CAD 存储新创建的“GB35”标注样式，返回“标注样式管理器对话框”，并在“样式”列表框中显示“GB35”标注

样式名称,将 GB35 样式"置为当前"。

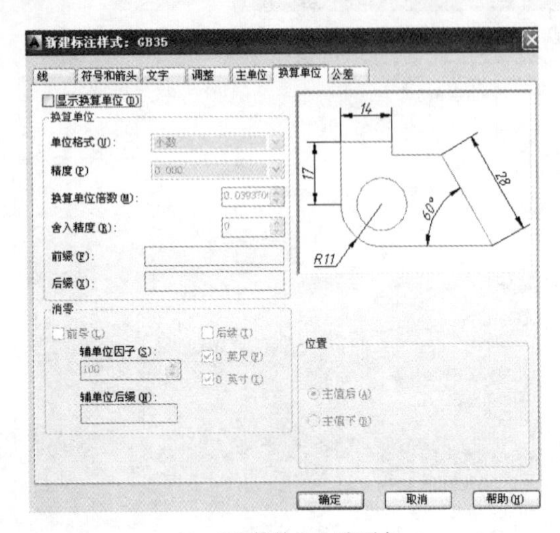

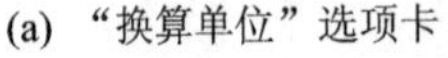

(a) "换算单位"选项卡

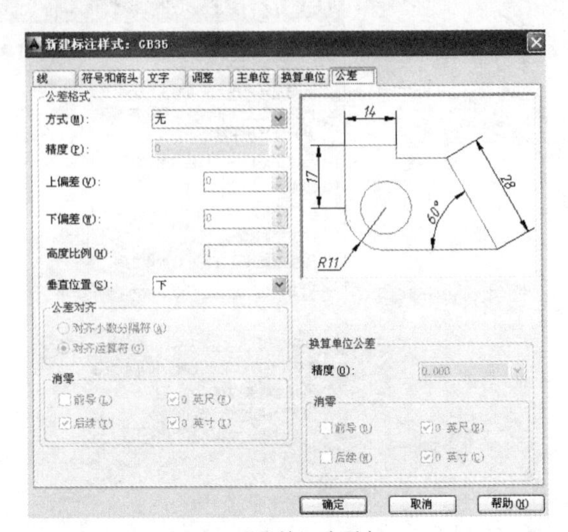

(b) "公差"选项卡

图 11-17 其余选项卡

- 换算单位设置。由于有不同的单位(如公制和英制等),常常需要进行换算。如果需要换算,对技术人员而言是比较麻烦的。AutoCAD 提供了在标注尺寸时同时提供不同单位的标注方式,可以同时适合使用公制和英制的用户。"换算单位"选项卡如图 11-17(a)所示。对一般机械制图而言,通常使用的都是公制单位,所以该选项卡不使用。
- 公差设置。尺寸公差是经常碰到的需要标注的内容,尤其在机械图样中,公差是必不可少的。要标注尺寸公差,首先应在"公差"选项卡中进行相应的设置。"公差"选项卡如图 11-17(b)所示,包含了公差格式和换算单位公差两个区。

2. 创建子样式——"角度"标注样式

在刚创建的"GB35"标注样式中,由"新建标注样式:GB35"对话框中的预览区可知,角度标注样式并不符合工程图制图标准。下面基于"GB35"样式来创建子样式"角度"标注样式。

操作步骤:

① 在"标注样式管理器"对话框中,在"样式"列表中选中"GB35"标注样式。单击"新建"按钮,在弹出的"创建新标注样式"对话框中的"用于"下拉菜单中选择"角度标注",如图 11-18 所示。

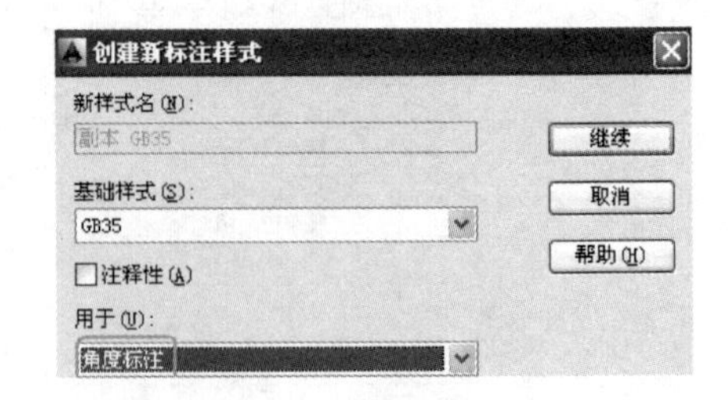

图 11-18 创建适用于角度标注的子样式

单击"继续"按钮,弹出"新建标注样式:GB35:角度标注"对话框。

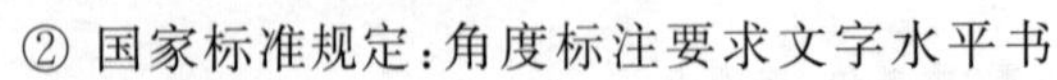

② 国家标准规定:角度标注要求文字水平书写。所以只需要将"文字"选项卡中的"文字对齐"选择为"水平"。其余采用默认,如图 11-19 所示。

③ 单击"确定"按钮,返回"标注样式管理器"对话框,即可看到基于"GB35"标注样式下的"角度"子样式,如图 11-20 所示。

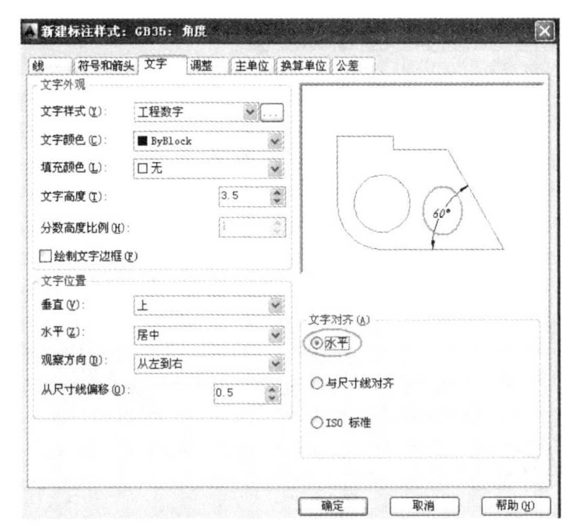

图 11-19　设置“角度”子样式

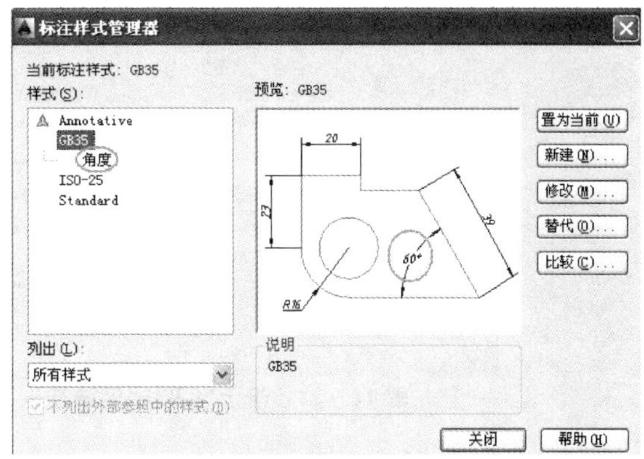

图 11-20　基于“GB35”标注样式下的子样式——“角度”

注意　用户可以根据实际的使用需求进一步设置“直径”“半径”等标注子样式。若统一样式中文字对齐区设为“ISO 标准”则可不创建半径子样式，只有当统一样式中文字对齐区设为“与尺寸线对齐”才创建。

子样式“半径”仅在“文字”选项卡中的“文字对齐”选择为“水平”。子样式“直径”仅在“调整”选项卡中的“调整选项”中选择为“文字和箭头”

3. 创建同级样式——“线性径向尺寸”标注样式

对于回转类零件，经常要标注线性径向尺寸。下面基于“GB35”样式来创建同级样式“线性径向尺寸”标注样式。

操作步骤：

在“创建新标注样式”对话框中，基于“GB35”样式下创建“新样式名”为“线性径向尺寸”，其余采用默认设置，单击“继续”按钮，弹出“新建标注样式：线性径向尺寸”对话框，如图 11-21所示。只在“主单位”选项卡线性标注区“前缀”框中输入直径特殊符号①“%%c”，单击“确定”，返回“创建新标注样式”对话框，将其置为当前，则在该样式下标注尺寸所有数值前加“ϕ”，如图 11-22 所示。

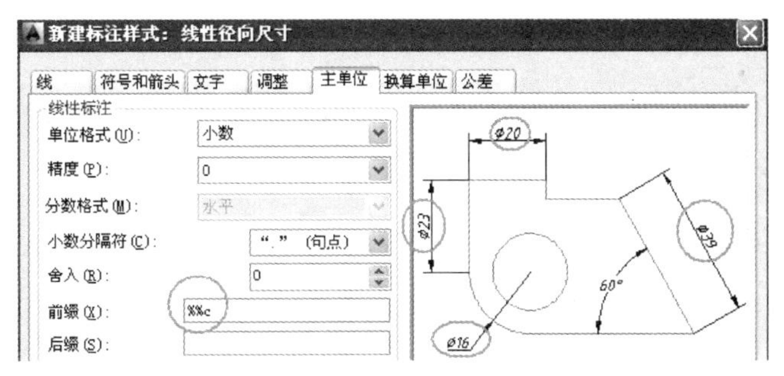

图 11-21　设置“线性径向尺寸”同级样式

① 直径特殊符号见本学习情境见表 11-5。

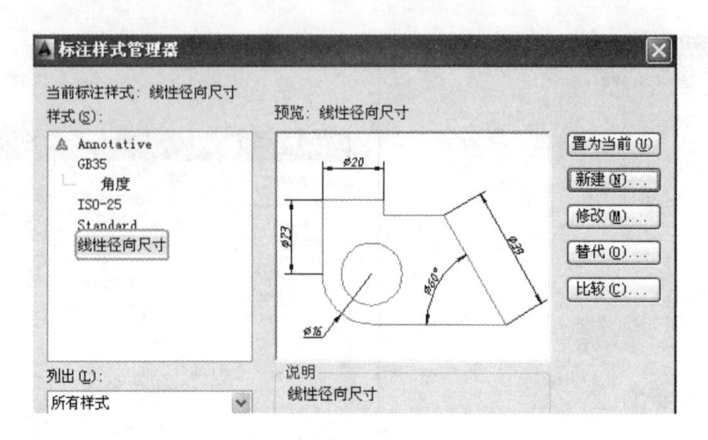

图 11－22　基于“GB35”标注样式下的同级样式——“线性径向尺寸”

(三) 定义表面结构代号块

在我国的《机械制图》国家标准中规定了如表 7－3 所列的九种表面结构符号。在 AutoCAD 中没有提供表面结构符号,因此可以采用定义块或定义带属性的块的方法来创建表面结构代号。

根据如图 11－23(a)所示的表面结构代号尺寸及要求,创建表面结构代号块步骤如下。

操作步骤:

① 在“0 层”上先绘制一个表面结构符号,如图 11－23(b)所示。

思考　为何要在“0 层”上绘制图形?

② 在“0 层”上用单行文字[①]输入固定文字 Ra,如图 11－23(c)所示。

```
命令:_text                                   \\单击菜单“绘图”→“文字”→“单行文字”
当前文字样式:“工程数字”文字高度:2.5  注释性:否  对正:左
指定文字的起点 或 [对正(J)/样式(S)]:4.5 ↵  \\自动捕捉端点不单击沿 270°方向输入 4.5(图 11－24(a))
指定高度 <2.5>:3.5 ↵                         \\输入文字高度为 3.5
指定文字的旋转角度 <0d>:↵                     \\直接回车
\\在表面结构符号直线下方输入文字“Ra”,如图 11－24(b)所示,连续两次回车完成
```

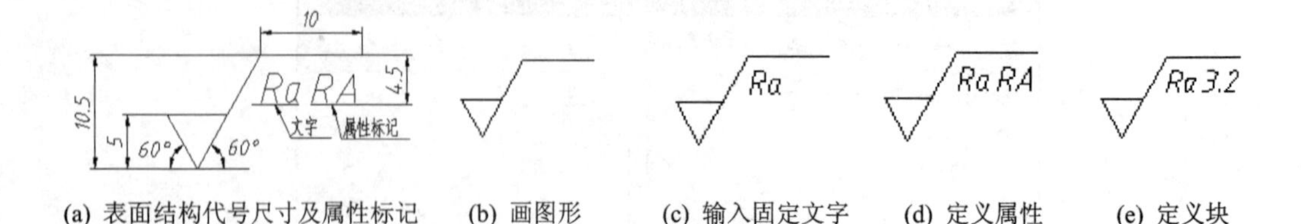

(a) 表面结构代号尺寸及属性标记　(b) 画图形　(c) 输入固定文字　(d) 定义属性　(e) 定义块

图 11－23　表面结构代号图块制作过程

③ 单击菜单“绘图”→“块” →“定义属性”,弹出“属性定义”对话框,设置“属性”区的内

① 单行文字命令用法参见任务 11.1.2 任务知识准备中二、文字的输入及编辑。

容，设置“文字设置”区“文字样式”为“工程数字”，其余采用默认，如图11－25(a)所示。如果“工程数字”文字样式已定义高度，此时“高度”不可更改；如果高度未定义(默认为0)，则可根据需要改变“高度”(默认值为2.5)，一般设置与尺寸数字高度相同为3.5。

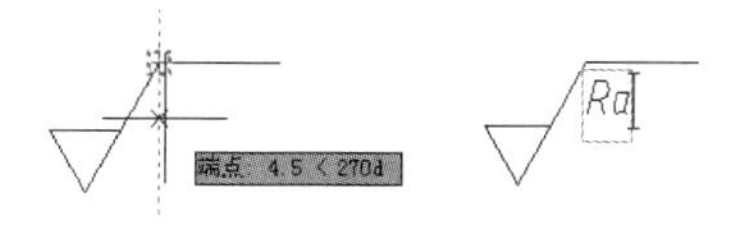

(a) 指定文字起点　(b) 输入文字

图11－24　输入粗糙度固定文字Ra

单击“确定”按钮，返回绘图区，自动捕捉中点沿270°方向输入4.5，则将光标处的“RA”放置在表面结构符号指定位置上，如图11－25(b)所示。

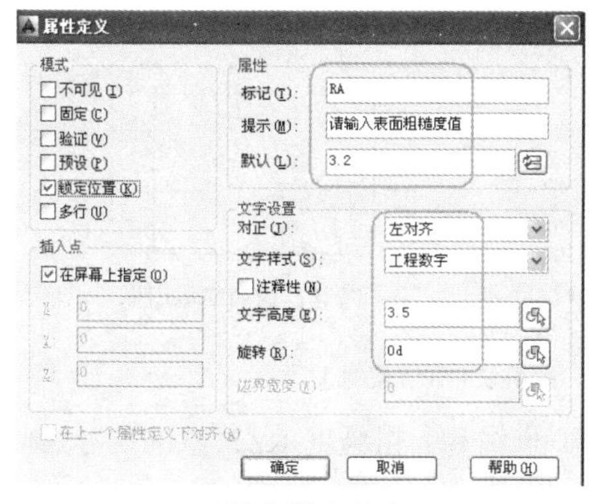

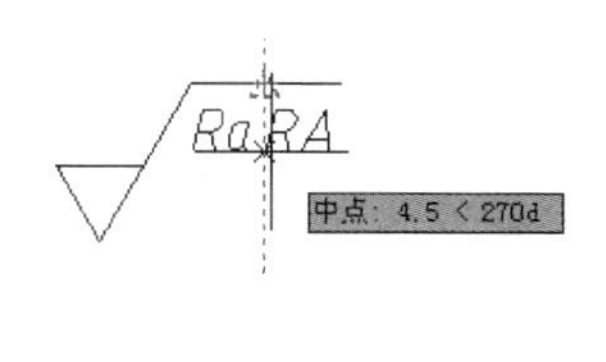

(a) 设置属性和文字　(b) 放置属性RA

图11－25　定义粗糙度属性

④ 单击“绘图→ ”，弹出如图11－26(a)所示的“块定义”对话框。输入名称为“粗糙度RA”或“去除材料粗糙度RA”，拾取图11－26(b)中的端点作为基点，并选择如图11－23(d)所示的图形，选择“转换为块”，完成其他设置，单击“确定”按钮，返回绘图区，如图11－23(d)所示的图形自动变为如图11－23(e)所示的图形，属性标记RA就变为属性默认值3.2。

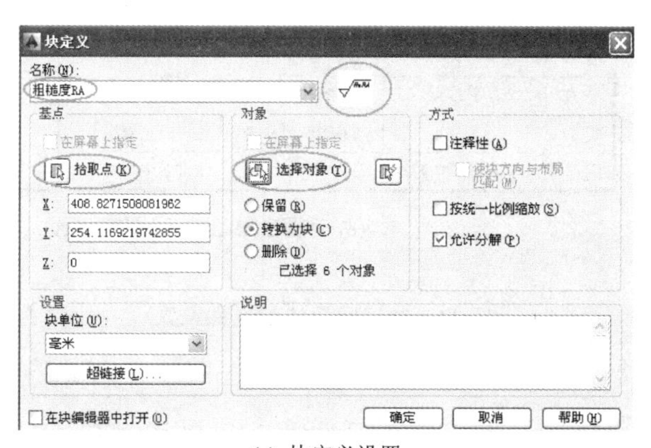

(a) 块定义设置

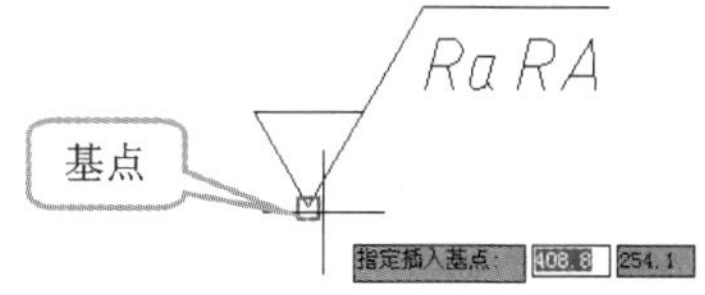

(b) 拾取端点作为插入块时的基点

图11－26　创建粗糙度块

用户还可以用“写块”命令对表面结构代号进行创建。

思考 如果只定义了内部块,如何在其他图形中使用内部块呢?

任务巩固与练习

进一步完善A3绘图样板,添加标题栏、对应图幅的图框及其他粗糙度符号等技术要求的符号,创建常用符号的文件库。

提示

1) 创建不带属性的块:不去除材料粗糙度符号,A3图框(横放带装订边)等,如图11-27所示。

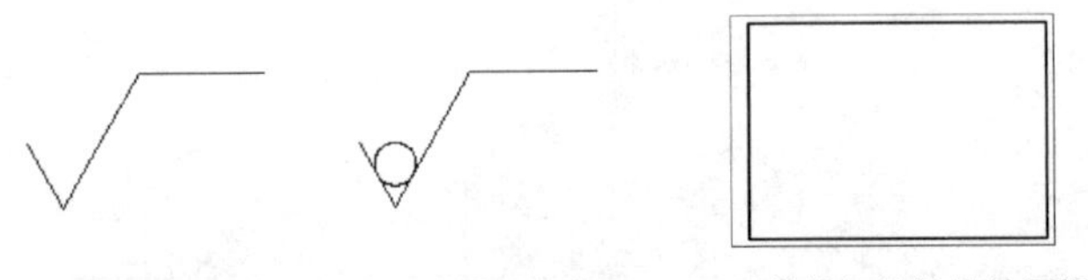

(a) 基本图形符号和不去除材料符号　　(b) 带装订边的横放图框

图11-27 常用块(不带属性)

2) 创建带属性的块:去除材料粗糙度符号(名称:粗糙度RZ)、基准代号、标题栏等。

定义“标题栏”块步骤:

① 画标题栏框:0层绘制,并在对象特性工具栏中改四周线宽为粗实线线宽。

② 填写标题栏固定文字:0层绘制,字高为5,字体为工程数字;输入相关固定文字,如图11-28所示的不带括号文字,选择多行文字对正为“正中”。

③ 定义标题栏变化文字属性:0层绘制,变化文字如图11-28所示,所有带括号文字即属性标记,“属性定义”对话框中文字对正为“正中”。

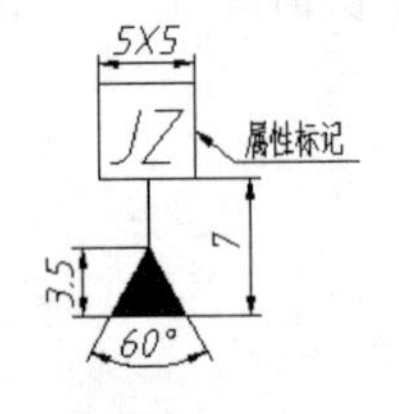

(a) 基准代号尺寸及属性标记

固定文字(用多行文字输入)　　变化文字(属性标记)

设计	(设计)	(设计日期)	(材料)		(单位)
校核	(校核)	(校核日期)			(图名)
审核	(审核)	(审核日期)	比例	(比例)	(图样代号)
班级学号	(班级学号)		(共张第张)		

(b) 标题栏固定文字及属性标记

图11-28 常用块的属性设置

④ 创建“标题栏”块。

任务11.1.2 计算机绘制典型零件图

任务目标

- 综合运用绘图命令和编辑命令进行图形的绘制。
- 掌握文字及特殊符号的输入和编辑。
- 掌握尺寸的标注和编辑。
- 掌握常用符号块的插入标注。

➢ 初步掌握计算机绘制机械零件图的一般流程和方法。

任务引入

绘制轴套(见图11-29)。

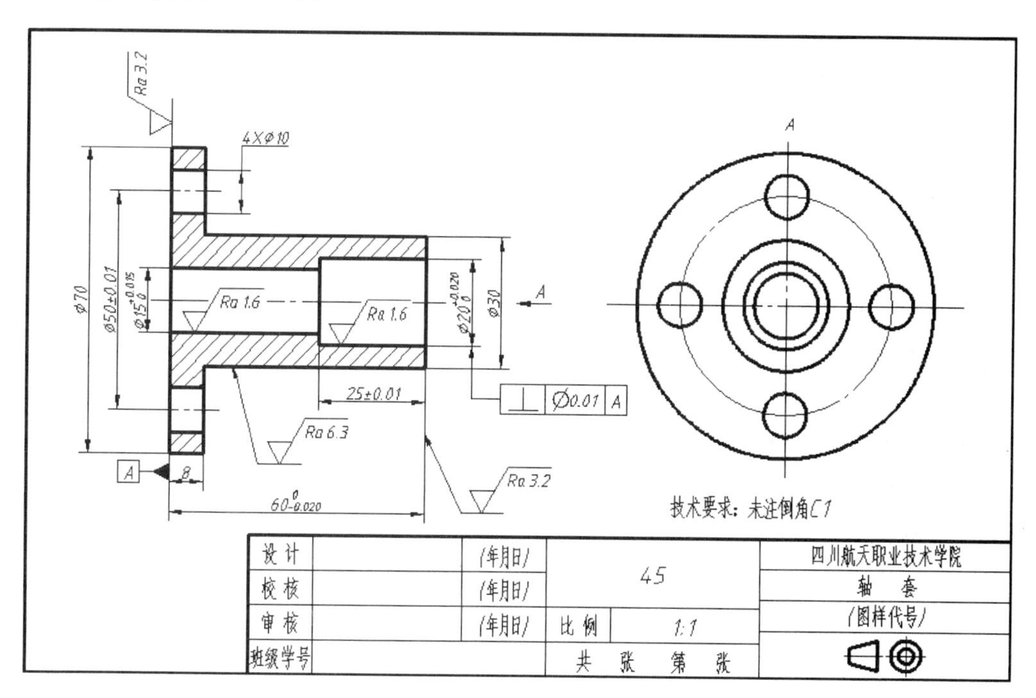

图11-29　轴　套

任务知识准备

一、计算机绘制零件图的基本步骤

用户使用AutoCAD绘制工程图时,仅仅掌握绘图命令、编辑命令等是远远不够的,要做到能够高效精确地绘图,还必须掌握计算机绘制零件图的基本步骤,其一般操作流程如下。

1. 新建文件

一般以“样板”打开前面已保存的样板文件(如A3.dwt或A3.dwg)。

2. 设置绘图环境

① 必要时根据图形大小重设图形界限。

② 有必要重设其他环境:比如添加图层,更改单位精度、文字样式、尺寸标注样式等。

③ 辅助绘图环境设置

注意　打开“极轴”“对象捕捉”“对象追踪”按钮。

3. 绘制图形

绘制图形应先定位后定形,然后分层绘制,层层完成。

绘制图形包括图形绘制、图形编辑,如有剖面线,则还要绘制剖面线(一般要先关闭中心线层)。

4. 标注尺寸

为了减小其他图线的干扰,应将不必要的层关闭,如剖面线层等。如果图形内有尺寸,也可以先注尺寸,再画剖面线。如有尺寸公差,注意尺寸公差的标注(可用堆叠法、替代法、特性法)。

5. 标注技术要求

一般表面结构代号、基准代号等已被创建为符号块,只需要插入这些符号块即可;标注形位公差要用快速引线命令完成;标注文字技术要求则要用单行文字或多行文字命令。

6. 检查,最后插入合适图框和标题栏

一般将图框和标题栏也创建成符号块,也可用表格命令制作。

7. 保存文件

保存文件名为 *.dwg。

二、文字的输入及编辑

文字输入前,应选择一个文字样式为当前样式,设置当前样式的方法有:在打开的“文字样式”对话框中选择所需文字样式并单击“置为当前”,或者在样式工具栏中打开“文字样式控制”下拉列表选择所需文字样式。

文字输入命令的调用方式如表 11-3 所列,可进行单行文字和多行文字的输入和编辑。调用文字工具栏,如图 11-30 所示。

表 11-3 文字输入命令的调用方式

命令调用 \ 命令	单行文字	多行文字
命令	TEXT 或 DTEXT	MTEXT
菜单	绘图→文字→单行文字	绘图→文字→多行文字
按钮	绘图或文字→ AI	绘图或文字→ A

1. 文字输入

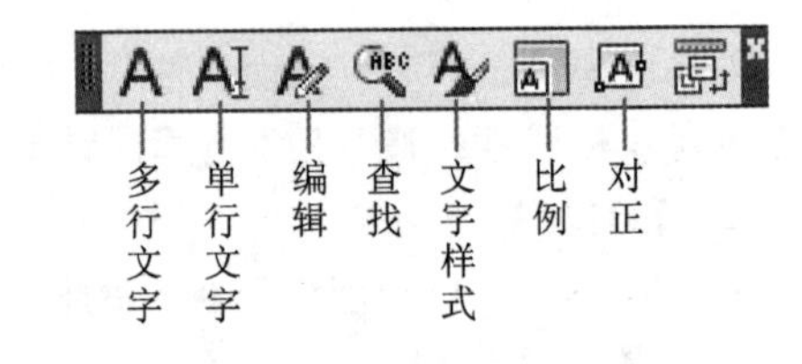

图 11-30 文字工具栏

(1) 单行文字

使用单行文字可以创建一行或多行文字,其中,每行文字都是独立的对象,可对其进行移动、格式设置或其他修改。在文本框中单击鼠标右键可选择快捷菜单上的选项。

如表 11-3 所列,执行命令后,操作及选项说明如下:

命令:_text

当前文字样式:“工程数字”文字高度:2.5 注释性:否 对正:左 执行命令前用户已指定当前文字样式

指定文字的起点 或 [对正(J)/样式(S)]: 指定文字起点或输入选项

指定高度 <2.5>:输入新文字高度↵或↵

指定文字的旋转角度 <0d>:输入文字旋转角度↵或↵

返回绘图区,输入文字,单次回车在下一行输入文字,连续两次回车完成文字输入。

① 起点：定义文本输入的起点，默认情况下对正点为左对齐。如果前面输入过文本，此处以按【Enter】键响应起点提示，则跳过随后的高度和旋转角度的提示，直接提示输入文字，此时使用前面设定好的参数，同时起点自动定义为最后绘制的文本的下一行。图 11－31所示为指定文字高度和旋转角度的文字。

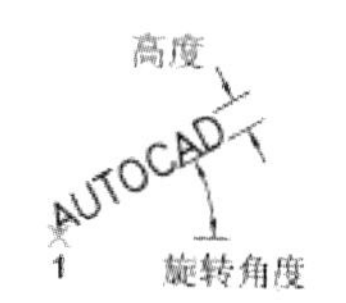

图 11－31　指定文字起点输入文字

② 对正(J)：输入对正选项，系统提示以下不同的对正类型供选择，其功能和示例如表 11－4 所列。

> 输入选项［左(L)/居中(C)/右(R)/对齐(A)/中间(M)/布满(F)/左上(TL)/中上(TC)/右上(TR)/左中(ML)/正中(MC)/右中(MR)/左下(BL)/中下(BC)/右下(BR)］：输入选项指定文字的对正方式

表 11－4　文字对正各选项功能及示例

对正选项	左(L)	居中(C)	右(R)	对齐(A)	中间(M)/
功能	确定文本基线的左侧终点，是默认设置	确定文本基线的水平中点	确定文本基线的右侧终点	确定文本的起点和终点，自动调整文本的高度，使文本放置在两点之间，即保持字体的高和宽之比不变。文字字符串越长，字符越矮	确定文本基线的水平和垂直中点
文字示例	1 AutoCAD	AutoCAD 1	AutoCAD 1	AutoCAD 1 2 space china	AutoCAD 1
对正选项	**布满(F)**	**左上(TL)**	**中上(TC)**	**右上(TR)**	**左中(ML)/**
功能	确定文本的起点和终点，自动调整文字的宽度以便将文本放置在两点之间，此时文字的高度不变。文字字符串越长，字符越窄	文本以第 1 个字符的左上角为对齐点	文本以字串的顶部中间为对齐点	文本以最后一个字符的右上角为对齐点	文本以第 1 个字符的左侧垂直中点为对齐点
文字示例	AutoCAD 1 2 space china	1 AutoCAD	1 AutoCAD	AutoCAD 1	1 AutoCAD
对正选项	**正中(MC)**	**右中(MR)**	**左下(BL)**	**中下(BC)**	**右下(BR)**
功能	文本以字串的水平和垂直中点为对齐点	文本以最后一个字符的右侧中点为对齐点	文本以第 1 个字符的左下角为对齐点	文本以字串的底部中间为对齐点	文本以最后一个字符的右下角为对齐点
文字示例	1 AutoCAD	AutoCAD 1	AutoCAD 1	AutoCAD 1	AutoCAD 1

注意

❶ "中间"选项与"正中"选项不同,"中间"选项使用的中点是所有文字包括下行文字在内的中点,而"正中"选项使用大写字母高度的中点。

❷ 居中(C)选项中,旋转角度是指基线以中点为圆心旋转的角度,它决定了文字基线的方向。可通过指定点来决定该角度。文字基线的绘制方向为从起点到指定点。如果指定的点在圆心的左边,将绘制出倒置的文字。

❸ 布满(F)/左上(TL)/中上(TC)/右上(TR)/左中(ML)/正中(MC)/右中(MR)/左下(BL)/中下(BC)/右下(BR)等选项只适用于水平方向的文字。

③ 样式(S):指定文字样式,创建的文字使用当前文字样式。选择该选项,系统提示:

输入样式名或[?]<工程数字>:输入随后书写文字的样式名称或输入"?"

输入要列出的文字样式<*>:↵后则弹出 AutoCAD 文本窗口,列表显示当前文字样式、关联的字体文件、字体高度及其他参数。

(2) 多行文字

使用多行文字可以一次将若干文字段落创建为单个多行文字对象。使用内置编辑器,可以格式化文字外观(设定其中的不同文字具有不同的字体或样式、颜色、高度等特性)、列和边界。可以输入一些特殊字符,并可以输入堆叠式分数,设置不同的行距,进行文本的查找与替换,导入外部文件等。

在经典界面下,将显示在位文字编辑器。如果指定其他某个选项,或在命令提示下输入-MTEXT,则 MTEXT 将忽略在位文字编辑器,而是显示其他命令提示。

如表 11-3 所列,执行命令后,操作及选项说明如下:

命令:_mtext

当前文字样式:"工程数字" 文字高度:3.5 注释性:否 执行命令前用户已指定当前文字样式

指定第一角点: 定义多行文本输入范围的一个角点

指定对角点或[高度(H)/对正(J)/行距(L)/旋转(R)/样式(S)/宽度(W)/栏(C)]:定义多行文本输入范围的另一个角点或输入选项

① 在设定了矩形的两个顶点后,弹出如图 11-32 所示的在位文字编辑器。

在位文字编辑器用于创建或修改单行或多行文字对象。它可以输入或粘贴其他文件中的文字以用于多行文字、设置制表符、调整段落和行距与对齐以及创建和修改列。它包括"文字格式"工具栏、"段落"对话框、"分栏设置"对话框、"背景遮罩"对话框、栏菜单、"选项"菜单。选定表格单元进行编辑时,在位文字编辑器将显示列字母和行号。

该编辑器和一般的文字排版编辑功能基本相同。可以通过各个下拉列表框、文本输入框以及格式设置按钮完成文本的编辑排版工作。

② 高度(H):用于设定矩形范围的高度。系统提示:

指定高度<当前值>:定义所需文字高度

③ 对正(J):设置对正方式。系统提示如下,其功能同单行文字:

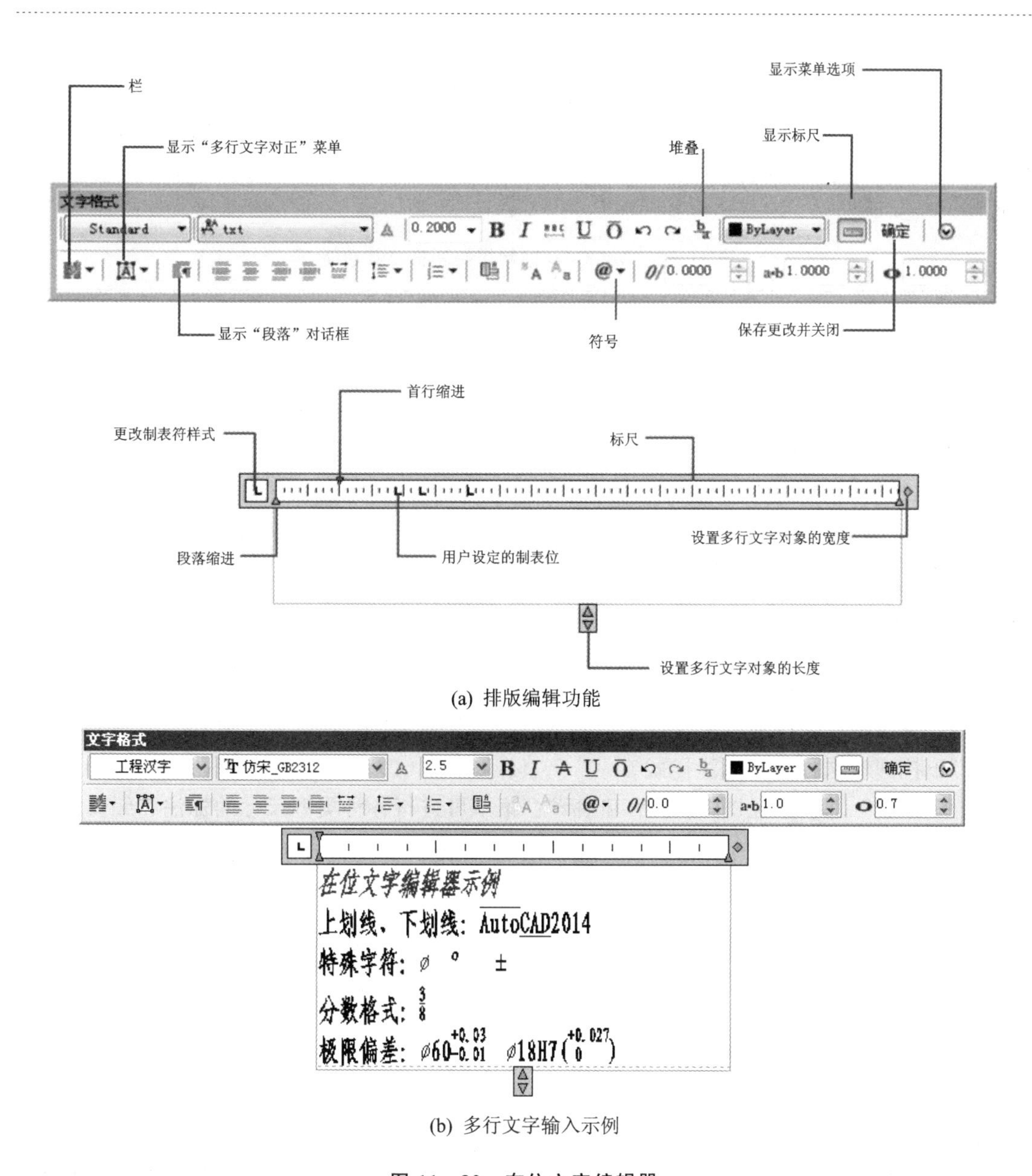

(a) 排版编辑功能

(b) 多行文字输入示例

图 11－32 在位文字编辑器

输入对正方式［左上(TL)/中上(TC)/右上(TR)/左中(ML)/正中(MC)/右中(MR)/左下(BL)/中下(BC)/右下(BR)］＜左上(TL)＞：输入对正选项或直接↵

④ 行距(L)：设置行距类型，系统提示：

输入行距类型［至少(A)/精确(E)］＜至少(A)＞：↵ 或 E↵
输入行距比例或行距 ＜1x＞：

⑤ 旋转(R)：指定旋转角度。

⑥ 宽度(W)：定义矩形宽度，输入宽度或直接单击一点来确定宽度。

注意 创建单行文字时并非所有选项都可用。

(3) 文字控制符

绘制机械图样时,经常需要输入一些特殊字符,如30±0.05、60°、40%等。这些特殊字符不能从键盘上直接输入,可利用AutoCAD提供的控制符进行输入,或者从"符号"中选取,如图11-32(a)所示。控制符由两个百分号(%)和一个字符组成,常见的控制符如表11-5所列。

表11-5 AutoCAD的常用控制符及其功能

控制符	%%C	%%P	%%D	%%%	%%O	%%U
功　能	直径符号(ϕ)	正负号(±)	角度值符号(°)	百分号(%)	打开/关闭上画线功能	打开/关闭下画线功能

2. 编辑文字的技巧

要快速修改文字,可将已有文字复制到新标注的位置,然后直接双击该文字。还可用"文字"工具栏中"编辑"按钮;此外也可用"特性"选项板编辑图形中的文本及属性(右击已有文字,弹出快捷菜单,选择"特性"命令,弹出"特性"选项板)。

三、尺寸标注及编辑

尺寸标注前,应选择一个标注样式为当前样式,设置当前样式的方法有:在打开的"标注样式管理器"对话框中选择所需标注样式并单击"置为当前"按钮;在样式工具栏中打开"标注样式控制"下拉列表选择所需标注样式。

利用"标注"工具栏(见图11-33)和"标注"菜单可进行各种类型尺寸的标注和编辑。

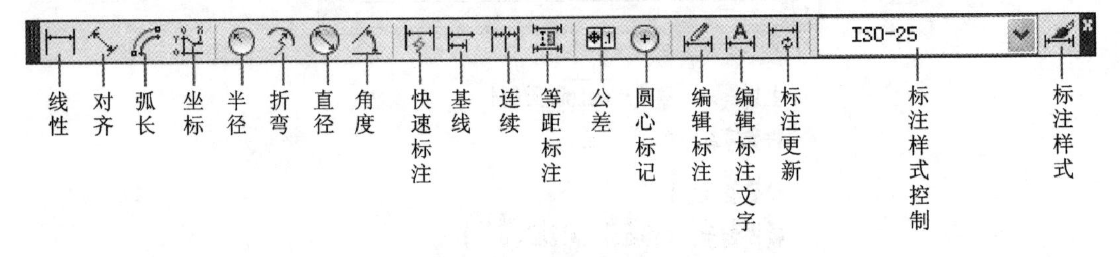

图11-33 "标注"工具栏

1. 尺寸标注

AutoCAD提供了一种半自动化的尺寸标注功能,在标注过程中,能自动测量被标注对象的长度或角度,并以用户希望的格式生成尺寸标注文本。被标注对象不同所采用的命令也不同。尺寸标注类型有线性尺寸标注、径向型(包括半径和直径)尺寸标注、角度型尺寸标注、指引型尺寸标注、坐标型尺寸标注、公差标注、坐标标注、中心标记标注等,如图11-34所示。常用尺寸标注命令及标注形式如表11-6所列。

2. 尺寸标注编辑

用以上尺寸标注命令标注的尺寸有时不能满足实际需要,所以经常还要进行尺寸编辑,主要是修改尺寸文字或尺寸线位置、修改尺寸文字。修改尺寸最常用的快捷方法有夹点编辑和特性法。

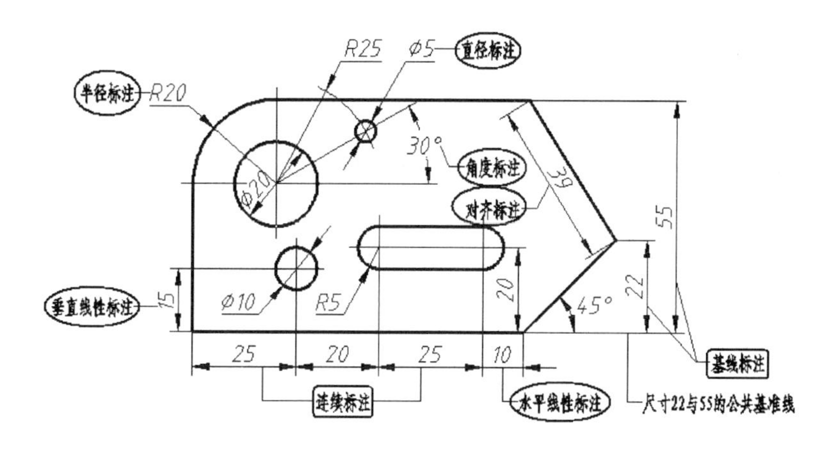

图 11－34　尺寸标注类型

表 11－6　常用尺寸标注命令及标注形式

命令调用	相关说明	图　例
线性标注 ① 命 令：DIMLINEAR 或 DLI ② 菜单：标注→线性 ③ 按钮：标注→	功能：用于标注水平、垂直和按指定角度的尺寸。尺寸界线与尺寸线垂直。 命令提示及选项： 命令：_dimlinear 指定第 1 条尺寸界线原点或 ＜选择对象＞：选点 A 或按回车 指定第 2 条尺寸界线原点：选点 B 或选择要标注对象直线 C 指定尺寸线位置或[多行文字(M)/文字(T)/角度(A)/水平(H)/垂直(V)/旋转(R)]： 指定尺寸线位置，系统会根据鼠标所指定的位置决定用水平还是垂直尺寸标注，或输入选项 选项说明： 多行文字(M)：打开多行文字编辑器，用户可以通过多行文字编辑器来编辑注写的文字。测量的默认数值用“＜ ＞”来表示，用户可以将其删除，也可以在其前后增加其他文字。 文字(T)：单行文字输入。测量值同样在“＜ ＞”中，如在 28 前加“ø” 角度(A)：设定文字的倾斜角度，如尺寸 50。 水平(H)：强制标注两点间的水平尺寸，如尺寸 55。 垂直(V)：强制标注两点间的垂直尺寸，如尺寸 32。 旋转(R)：设定一旋转角度来标注该方向的尺寸。可输入旋转角度或直接指定倾斜方向直线的两端点确定旋转角度，如尺寸 63、47、27。 **注意** ❶ 定义尺寸线两点的方式：指定两点；选择一直线或圆弧等能够识别两个端点的对象来确定。 ❷ 当选择水平/垂直不强制时，AutoCAD 通过尺寸线的位置来决定标注水平尺寸或垂直尺寸	63　32　C　A　55　B ø28 50 角度为30° 27 47 旋转30°

续表 11-6

命令调用	相关说明	图例
对齐标注 ① 命令： DIMALIGNED 或 DAL ② 菜单：标注→对齐 ③ 按钮：标注→	功能：用于标注倾斜直线或两点的直线距离。 命令提示及选项： 命令：_dimaligned 指定第一个尺寸界线原点或 <选择对象>： 指定第二条尺寸界线原点： 指定尺寸线位置或[多行文字(M)/文字(T)/角度(A)]： 选项说明： 对齐标注的尺寸也是线性尺寸，其命令操作与线性标注相同	22 22
半径/折弯/直径 ① 命令： DIMRADIUS 或 DRA/DIMJOGGED/ DIMDIAMETER ② 菜单： 标注→半径/折弯/直径 ③ 按钮： 标注→ / /	功能：半径标注用于标注半圆或小于半圆的半径尺寸；折弯半径标注用于标注大尺寸半径；直径标注用于标注圆或大于半圆的直径尺寸。 命令提示及选项： 命令：_dimradius (半径)/_dimdiameter (直径) 选择圆弧或圆： 标注文字＝当前圆弧半径/圆直径 指定尺寸线位置或[多行文字(M)/文字(T)/角度(A)]：指定点(拖动鼠标拾取一合适位置确定尺寸位置，系统自动在数值前增加半径符号“R”或直径符号“ϕ”)或输入选项 命令：_dimjogged(折弯) 选择圆弧或圆： 指定图示中心位置：指定圆弧新中心点以替代圆弧或圆的实际中心点 标注文字 ＝当前圆弧半径 指定尺寸线位置或[多行文字(M)/文字(T)/角度(A)]：指定点或输入选项 指定折弯位置： **注意** 折弯半径标注也称为缩放半径标注	R23 半径标注 R64 折弯标注 ϕ40 直径标注

续表 11－6

命令调用	相关说明	图　例
基线/连续标注 ① 命令： DIMCONTINUE 或 DCO DIMBASELINE 或 DBA ② 菜单：标注→连续/基线 ③ 按钮： 标注→ /	功能：基线标注用于从同一个基准线处测量的多个标注，即坐标式标注；其每一个尺寸均比前一个尺寸增大一个数值；可以是线性或角度尺寸；尺寸线间隔由尺寸变量控制，即由所选择尺寸样式中基线间距控制。 连续标注用于标注首尾相连的多个尺寸标注(链接式标注)，标注前必须以线性、对齐或角度标注尺寸作为参照尺寸，从第二条尺寸界线连续绘制。 命令提示及选项： 命令：_dimcontinue / _dimbaseline 指定第二条尺寸界线原点或［放弃(U)/选择(S)］＜选择＞：指定点或输入选项 标注文字 ＝ 要标注尺寸数值 指定第二条尺寸界线原点或［放弃(U)/选择(S)］＜选择＞：↵ 选择基准标注/选择连续标注： **注意** ❶ 第 1 条尺寸界线由基准确定。 ❷ 如果上一个标注为线性或角度标注，则不出现“选择连续标注”或“选择基准标注”提示，自动以上一个标注为基准进行基线或连续标注，否则，应先进行一次符合要求的标注或在随后的参数中输入了“选择”项	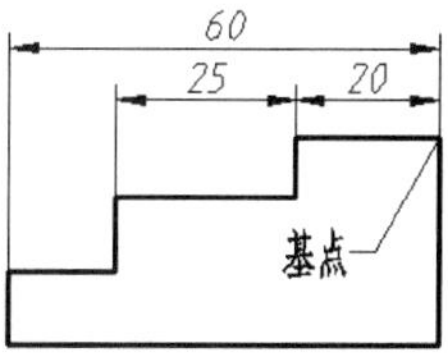 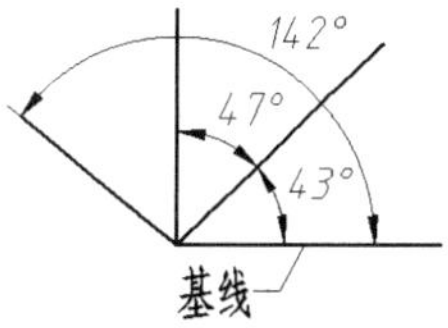
角度 ① 命令： DIMANGULAR 或 DAN ② 菜单：标注→角度 ③ 按钮：标注→	功能：标注圆、圆弧和两条不平行直线的夹角 命令提示及选项： 命令：_dimangular 选择圆弧、圆、直线或 ＜指定顶点＞：选择直线 A(被认为是角度的一条边)或选择圆弧 L 或↵ 选择第二条直线： 指定角度的第二条边 B 指定标注弧线位置或［多行文字(M)/文字(T)/角度(A)/象限点(Q)］：指定合适位置(点 C 或点 D)或输入选项 标注文字 ＝ 当前指定角度 **注意**　尺寸线在标注的角度内成弧线。如果选择圆弧 L 时，系统会自动确定用作尺寸界线的端点。图中点 C、D、H、K、M 均为角度尺寸线放置位置，拖动鼠标还可放在其他适当位置；角度 60°是用指定顶点、第 1 端点、第 2 端点方法得到	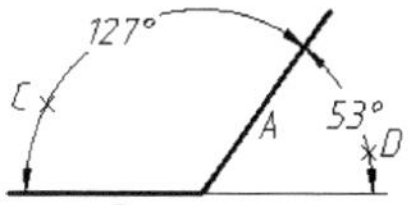 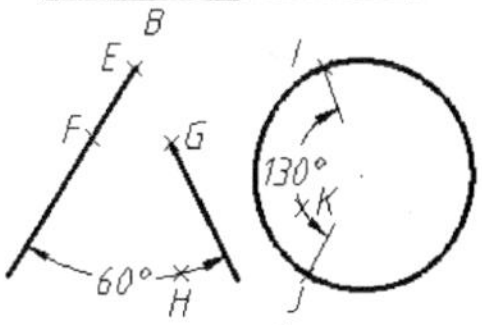 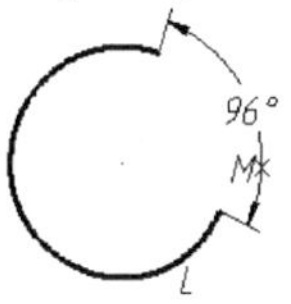

续表 11－6

命令调用	相关说明	图例
快速标注 ① 命令:QDIM ② 菜单:标注→快速 ③ 按钮:标注→	功能:快速创建成组的基线、连续、阶梯和坐标标注,快速标注多个圆或圆弧或编辑一系列标注。 命令提示及选项: 命令:_qdim 关联标注优先级 = 端点 选择要标注的几何图形:选择直线 A、B、C 或直线 D、E、F 指定尺寸线位置或[连续(C)/并列(S)/基线(B)/坐标(O)/半径(R)/直径(D)/基准点(P)/编辑(E)/设置(T)]＜连续＞:↵或输入 b ↵或输入其他选项 选项说明: **注意** 操作时与选择对象的顺序无关	连续(C) 基线(B) 直径(D)

夹点编辑可以方便地修改尺寸的起点、尺寸线位置、尺寸数字位置。一般用于修改不合适的尺寸线位置。

特性法是通过“特性”选项板来修改文本内容或尺寸样式中的所有内容。单击“标准”工具栏中“特性”按钮,弹出“特性”选项板,选择要修改的尺寸,在相应栏目内修改即可。

另外,“标注”工具栏中还有专门用于尺寸编辑的命令“编辑标注”“编辑标注文字”“标注更新”等,可以使尺寸界线、尺寸线、尺寸数字旋转一定角度,以满足图样中标注的需要。

总之,用 AutoCAD 尺寸标注涉及的尺寸变量较多,因此使尺寸标注显得较复杂。要想熟练掌握并运用自如,需要一定量的实践,才会充分理解各变量的含义及相互关系。

任务分析

如图 11－29 所示,轴套零件图主要由直线和圆两种轮廓组成,此外图中还有剖面线、尺寸及尺寸公差、表面结构代号和基准代号。在运用 AutoCAD 绘图过程中,需要运用直线、圆的绘图命令及相关编辑命令,进行图案填充,并初步学习尺寸标注、文字输入、图块插入及其编辑修改的操作方法。

任务实施

一、新建文件

以样板打开任务 11.1.1 中保存的样板文件“A3.dwt”。

二、修改完善绘图环境

根据图形大小重设图形界限并设置辅助绘图环境。

三、绘制轴套

绘制轴套的方法与步骤,如表 11－7 所列。

表 11－7　轴套的绘制与标注

步　骤	方　法	图　例
1. 绘制图形		
（1）绘制轴套轮廓	① 设置当前图层为“中心线”，使用“直线”“圆”完成基准线的绘制。 设置当前图层为“粗实线”，使用“直线”“圆”“偏移”“修剪”“阵列”“镜像”等命令完成可见轮廓。 ② 可先绘制圆的视图，再利用对象追踪的方法绘制非圆视图	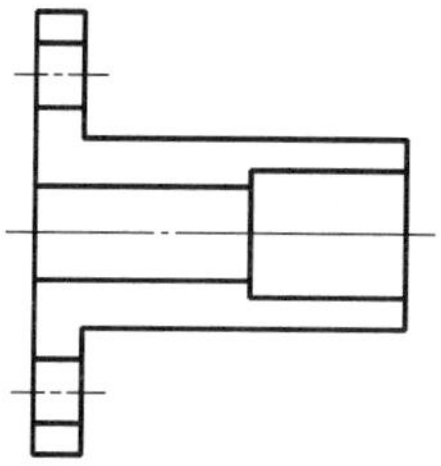 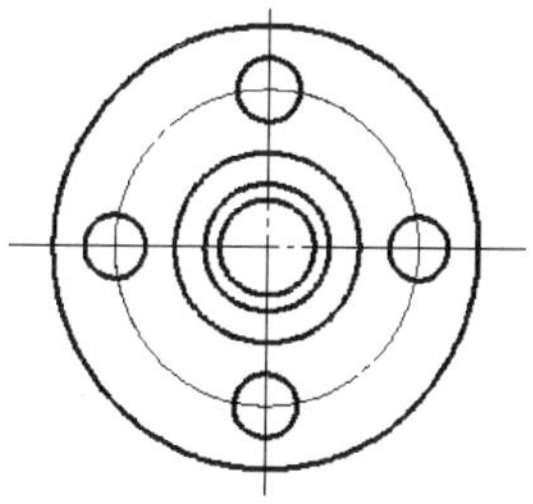
（2）填充剖面线	设置当前图层为“剖面线”，填充主视图剖面线	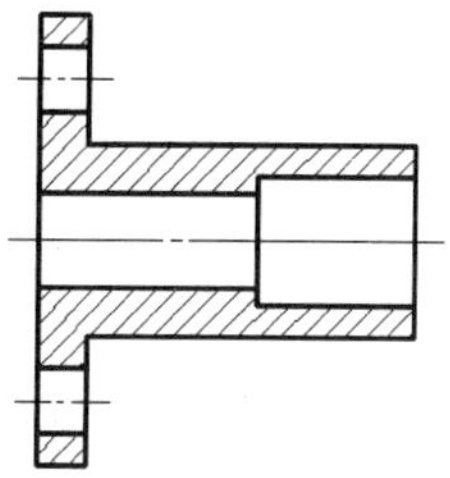 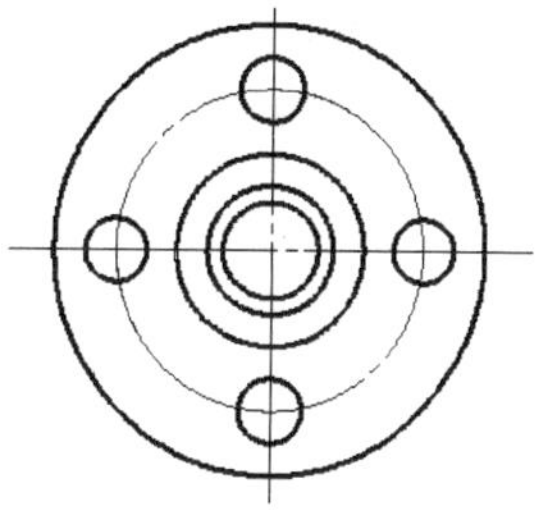
2. 标注尺寸		
（1）标注自由公差线性径向尺寸	设置当前图层为“尺寸”，并设置当标注样式为“线性径向尺寸 35”。 所有线性径向尺寸均注在主视图上，使用“线性标注”命令，统一给径向标注加“ϕ”符号。 **思考**　标注线性径向尺寸，还可以用哪些方法？哪种更简便快捷？试一试。 **注意**　为了不影响标注尺寸时捕捉点，最好关闭“剖面线”层	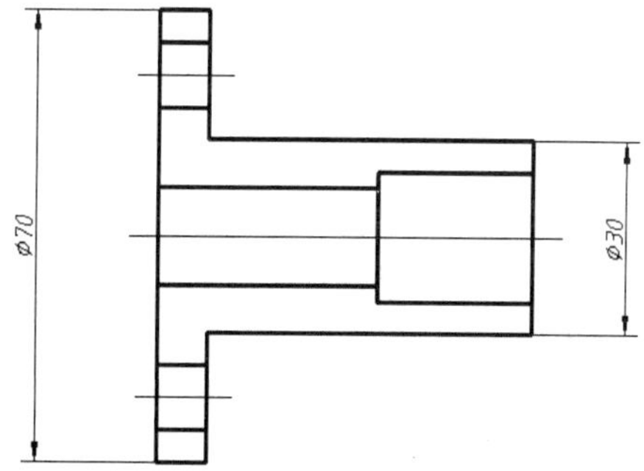 ϕ70 ϕ30

续表 11-7

步骤	方法	图例
(2) 标注非自由公差线性径向尺寸	① 选择“多行文字(M)/文字(T)”选项完成标注 4×ϕ10 ② 使用堆叠法标注极限偏差,步骤如下: 选择“多行文字(M)”选项,弹出多行文字编辑器,在 ϕ15 后输入偏差+0.015^0→选中“+0.015^0”,单击堆叠按钮 →单击“确定” ③ 选择“多行文字(M)/文字(T)”选项完成标注对称偏差 $\phi50\pm0.01$ ④ 单击“标注”工具栏中“等距标注”,调整并列尺寸的间距,基准标注分别选择 ϕ15 和 ϕ20。 **思考** 请试一试利用替代样式法和利用修改公差特性法标注尺寸公差①。比较堆叠法、替代法、特性法标注极限偏差的优缺点。 **注意** “+0.015^0”中“^”用“Shift+6”按键,输入“^”后按空格再输入“0”,以保证上下偏差个位数对齐	 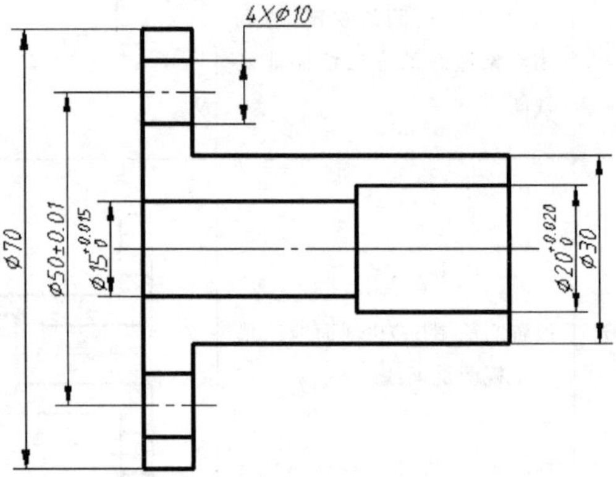
(3) 完成其他尺寸标注	① 设置当标注样式为“GB35”先标注尺寸 8,再用基线标注 $60^{0}_{-0.020}$,自动保持间距。 ② 参照上述步骤完成其他尺寸标注和修改,并调整尺寸的位置	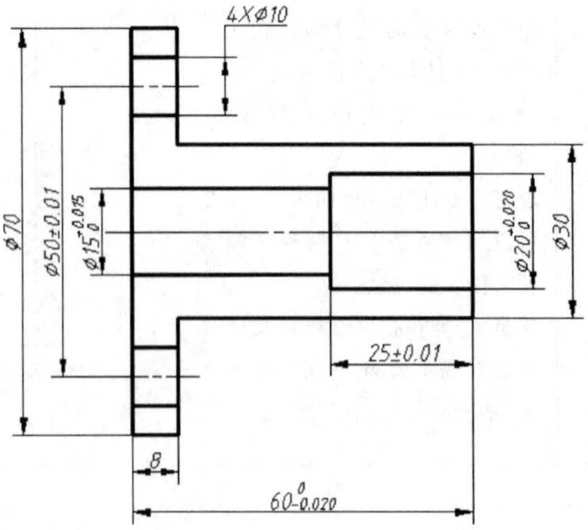

① 有关替代法、特性法标注极限偏差详见本任务拓展。

续表 11－7

步骤	方　法	图　例
3. 标注技术要求		
（1）插入表面结构代号	设置当前图层为“粗糙度”。将任务 11.1.1 中创建的表面结构代号插入到零件图中，按图纸中的标注修改粗糙度数值。 **思考**　如何保证块中对象的特性呢？ **注意**　引线绘制方法，调用“多重引线①”工具栏，单击“多重引线”按钮，也可以在命令行输入“qleader”调用引线命令	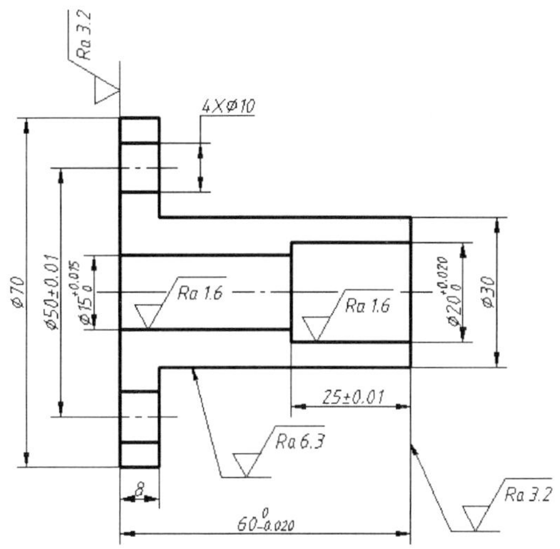 Ra 3.2　4×Ø10　Ø70　Ø50±0.01　Ø15 +0.015 0　Ra 1.6　Ra 1.6　Ø20 +0.020 0　Ø30　25±0.01　Ra 6.3　8　Ra 3.2　60 0 -0.020
（2）插入基准代号并标注几何公差	① 设置当前图层为“基准”，将任务 11.1.1 中创建的基准代号插入到零件图中，如左图所示 ② 设置当前图层为“几何公差”，命令行输入“qleader”调用引线命令，按“空格”或“S”键进行“引线设置”，将注释内容选择为“公差”即可进行几何公差标注，如右图所示。还可以用多重引线命令完成。 **思考**　标注几何公差还可以用什么方法？试一试	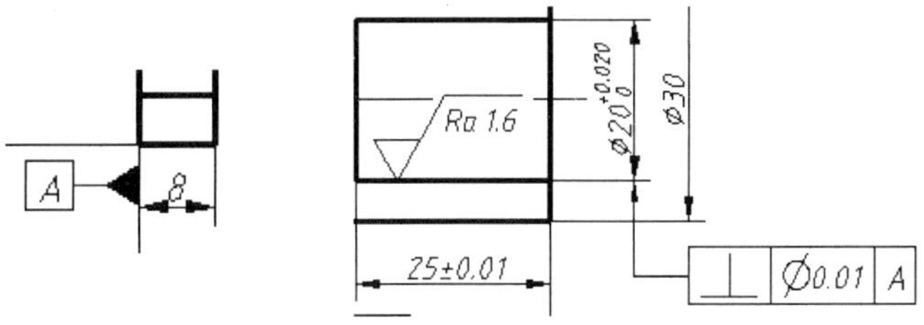 A　8　Ra 1.6　Ø20 +0.020 0　Ø30　25±0.01　⊥　Ø0.01　A
（3）输入文字技术要求	设置当前图层为“技术要求”，并设置当文字样式为“工程数字”，使用文字工具书写技术要求。 **思考**　请试着用两种文字标注方法完成并比较	技术要求：未注倒角C1
4. 检查图形		
插入合适图框和标题栏，调整图形视图显示，如图 11－29 所示。		

① 有关多重引线详见本任务拓展。

四、保存文件

保存文件名为“轴套.dwg”。

任务知识扩展

一、多重引线

对于指引型尺寸标注通常用多重引线,标注引线和注释且可作多种格式设置。

(一) 引线对象

引线对象是一条直线或样条曲线,其中一端带有箭头,另一端带有多行文字对象或块。在某些情况下,有一条短水平线(又称为基线)将文字或块和特征控制框连接到引线上。可以从图形中的任意点或部件创建引线并在绘制时控制其外观,如图 11-35(a)所示。

引线 (mleader) 对象包含一条引线和一条说明。可以先创建箭头或尾部,也可以先创建内容。如果已使用多重引线样式,则可以从该样式创建多重引线。

引线对象也可以包含多条引线,每条引线可以包含一条或多条线段,因此,一条说明可以指向图形中的多个对象。可以在“特性检验器”选项板中修改引线线段的特性。使用 MLEADEREDIT 或从引线夹点菜单选择选项,可将引线添加到多重引线对象或从中删除引线。

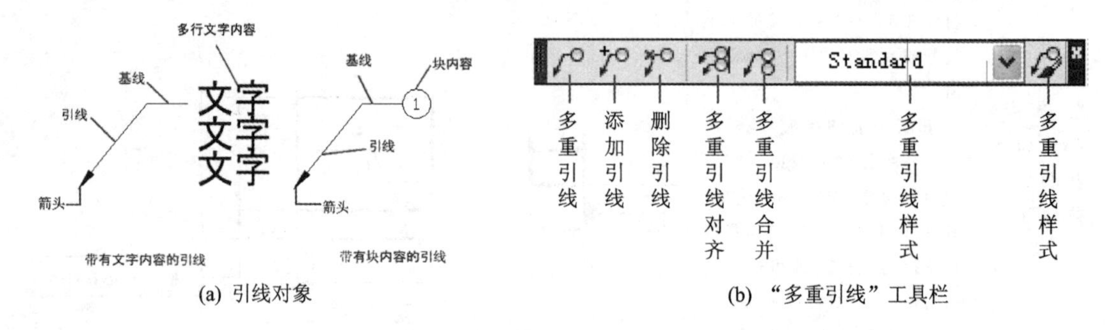

(a) 引线对象　　(b) “多重引线”工具栏

图 11-35　多重引线

注意

❶ 引线对象不应与自动生成的、作为尺寸线一部分的引线混淆。

❷ 基线和引线与多行文字对象或块关联,因此当重定位基线时,内容和引线将随其移动。打开关联标注时,使用对象捕捉可将引线箭头与对象上的位置相关联。如果重定位该对象,箭头保持附着于对象上,并且拉伸引线,但多行文字保持原位。

(二) 多重引线样式

多重引线样式可以控制引线的外观,指定基线、引线、箭头和内容的格式。例如,STANDARD 样式默认多重引线样式使用带有实心闭合箭头和多行文字内容的直线引线。用户可以使用 STANDARD 样式,也可以自定义多重引线样式。定义多重引线样式的步骤如下:

① 如图 11-35(b)所示,调用“多重引线”工具栏,单击“多重引线样式”。

② 在多重引线样式管理器中,单击“新建”。

③ 显示“创建新多重引线样式”对话框,指定新样式的名称。

④ 显示“修改多重引线样式”对话框。

● “引线格式”选项卡中，选择或清除“类型”“颜色”“线型”和“线宽”选项，可以选择直线基线、样条曲线基线或无基线；指定多重引线箭头的符号和尺寸。

● 在“引线结构”选项卡上，选择或清除“最大引线点数(指定多重引线基线的点的最大数目)”“第一个线段角度和第二个线段角度(指定基线中第一个点和第二个点的角度)”“基线-保持水平(将水平基线附着到多重引线内容)” “设定基线距离(确定多重引线基线的固定距离)”选项。

● 在“内容”选项卡上，为多重引线指定文字或块。如果多重引线对象包含文字内容，请选择或清除“文字选项”“引线连接”区相关选项，其中基线间距是指定基线和多重引线文字之间的距离。如果指定了块内容，请选择或清除“块选项”相关内容，可以通过指定块的范围、插入点或圆心附着块。

⑤ 单击“确定”。

注意

❶ 在多重引线对象中，注释性块不能用作内容或箭头。

❷ 多重引线样式定义后，在调用 MLEADER 命令时，可以将其设置为当前多重引线样式。

(三) 绘制多重引线

多重引线命令可以绘制直线引线、带有文字或块的样条曲线引线，如图 11 - 35(a)所示。

如图 11 - 35(b)所示，调用“多重引线”工具栏，单击“多重引线”按钮，操作及选项说明如下：

命令：_mleader

指定引线箭头的位置或［引线基线优先(L)/内容优先(C)/选项(O)］<选项>：o

输入选项［引线类型(L)/引线基线(A)/内容类型(C)/最大节点数(M)/第一个角度(F)/第二个角度(S)/退出选项(X)］<引线类型>：L

选择引线类型［直线(S)/样条曲线(P)/无(N)］<直线>：S 或 P

输入选项［引线类型(L)/引线基线(A)/内容类型(C)/最大节点数(M)/第一个角度(F)/第二个角度(S)/退出选项(X)］<引线类型>：X 或 C (选择多行文字、块、无)， 默认为多行文字

指定引线箭头的位置或［引线基线优先(L)/内容优先(C)/选项(O)］<选项>：在图形中，单击引线头的起点。

指定引线基线的位置：单击引线的端点，返回绘图区，输入多行文字内容，在“文字格式”工具栏上，单击“确定”

注意　在大多数情况下，建议使用 MLEADER 命令创建引线对象。也可以使用“qleader”引线命令。

二、尺寸公差标注的方法

标注尺寸公差除了用堆叠字符的方法外，还可以利用替代样式和通过修改公差特性的方法。其操作步骤如下。

1. 利用替代样式标注尺寸公差

单击“标注(或样式)→”按钮,弹出如图 11-22 所示的“标注样式管理器”对话框,单击“替代”按钮,弹出“替代当前样式”对话框,按如图 11-36 所示进行设置。单击“确定”按钮,返回“标注样式管理器对话框”,并在“样式”列表框中显示“线性径向尺寸 35”子样式名称为“替代样式”,并置为当前。此后用标注命令进行标注,所标尺寸就会用替代样式中设置的公差。

注意 用替代法标注公差,对之前所标尺寸不起作用。

2. 通过修改公差特性标注尺寸公差

选中要修改的尺寸,右击弹出快捷菜单,选择“特性”命令,弹出“特性”选项板,按如图 11-37所示进行设置。关闭“特性”选项板,再按“ESC”键,完成标注。

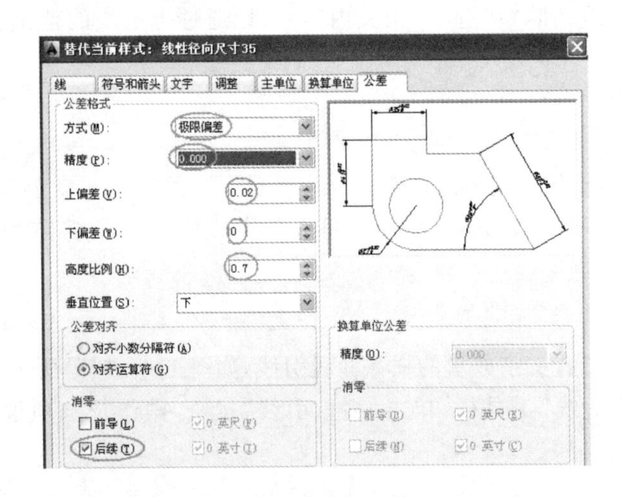

图 11-36 “替代当前样式”对话框

图 11-37 “特性”选项板

任务巩固与练习

选择学习情境 7 中四类典型零件图练习绘制。

任务 11.2 计算机绘制简单装配图

任务目标

- 初步掌握计算机绘制装配图的方法和步骤。
- 掌握由零件图拼绘装配图的技巧。
- 掌握块插入法的定位及消隐。
- 熟悉使用设计中心管理图形信息。

任务引入

用 AutoCAD 绘制图 11-47 所示的千斤顶装配图。绘制装配图时,详细尺寸参照千斤顶底座零件图(见图 11-38(a))、螺套零件图(见图 11-38(b))、螺杆零件图(见图 11-38(c))、绞杆零件图(见图 11-38(d))和顶垫零件图(见图 11-38(e))。

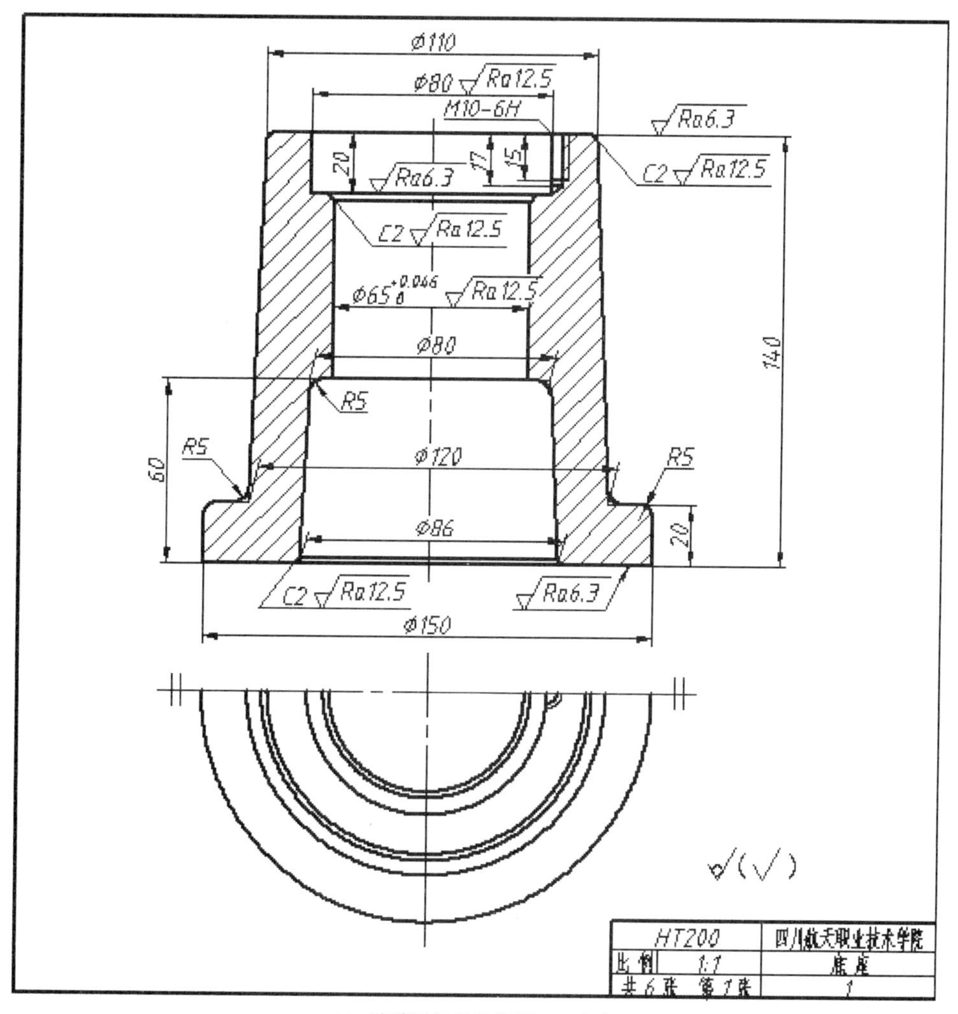

(a) 千斤顶相关零件图——底座

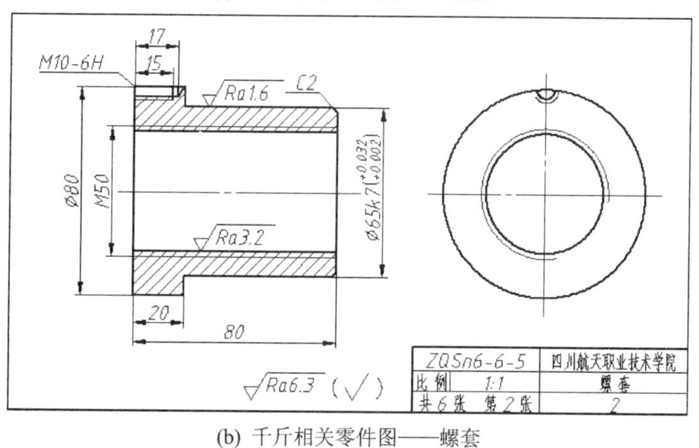

(b) 千斤相关零件图——螺套

图 11－38　千斤顶成套零件图

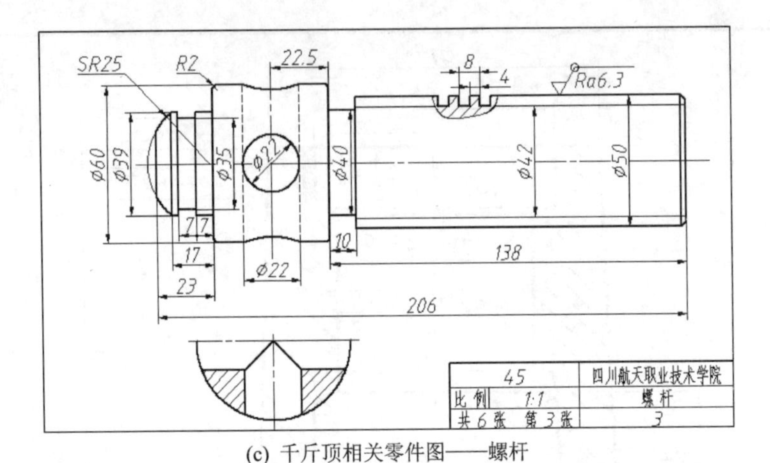

(c) 千斤顶相关零件图——螺杆

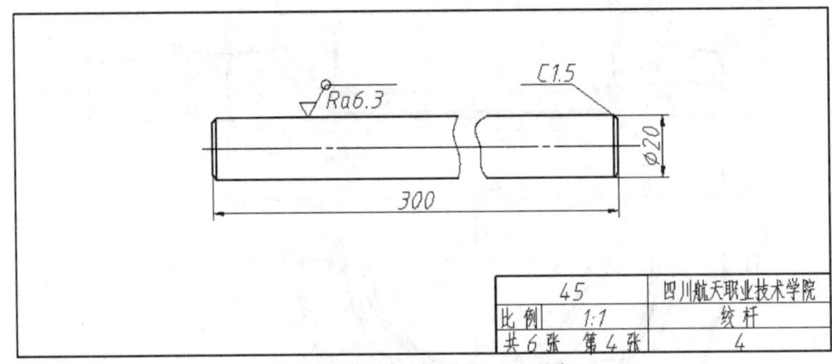

(d) 千斤顶相关零件图——绞杆

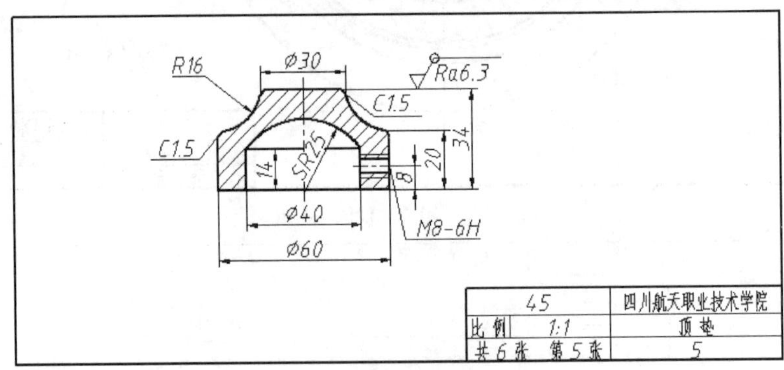

(e) 千斤顶相关零件图——顶垫

图 11-38　千斤顶成套零件图(续)

任务知识准备

与手工绘图相比,用 AutoCAD 绘制装配图的过程更容易、更有效。设计时,可先将各零件准确地绘制出来,然后拼画成装配图。同时,在 AutoCAD 中修改或创建新的设计方案及拆画零件图也变得更加方便。

一、计算机绘制装配图的方法

利用 AutoCAD 绘制装配图可以采用的主要方法有:根据零件图直接绘制、零件图块插入法,零件图形文件插入法和利用设计中心拼画装配图等。

（一）直接绘制法

对于一些比较简单的装配图，可以直接利用 AutoCAD 的二维绘图、编辑和层控制等功能，按照手工绘制装配图的绘图步骤将其绘制出来，与零件图的绘制方法一模一样。例如，连接板装配图（见图 6－12）和手柄装配图（见图 11－39）可以采用“直接绘制法”绘制。

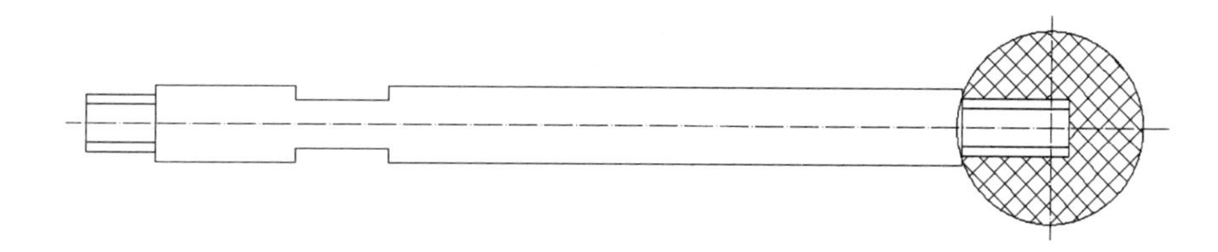

图 11－39　手柄装配图

首先进行环境设置，根据装配图所包含的所有零件，创建对应零件图层；然后从主要零件开始，在相应的零件层按一定顺序依次画出所有零件，注意应将影响装配关系的尺寸准确绘制出来；最后标注尺寸、编序号、填写明细表。通过该方法绘制出的二维装配图，各零件的尺寸精确且在不同的层，为修改设计后从装配图拆画零件图提供了方便。

在绘制过程中，要充分利用“对象捕捉”及“正交”等绘图辅助工具以提高绘图的准确性，并通过对象追踪和构造线 XLINE 来保证视图之间的投影关系。这种绘制方法不适于绘制复杂的图形。

（二）零件图块插入法

零件图块插入法是指将组成部件或机器的各种零部件的图形先创建成图块，然后再按零件间的相对位置，将零件图块逐个插入，拼绘成装配图的一种方法。

1. 创建零件图块

（1）绘制零件图

在绘制零件图时，需要注意以下问题：

❶ 尺寸标注。各零件的尺寸必须准确。由于装配图中的尺寸标注要求与零件图不同，因此，如果只是为了拼绘装配图，则可以只绘制出图形，而不必标注尺寸；如果既要求绘制出装配图，又要求绘制出零件图，则可以先把完整的零件图绘制出并存盘，然后再将尺寸层关闭，进而创建用于拼绘装配图的图块。

❷ 剖面线的绘制。在装配图中，两相邻零件的剖面线方向应相反，或方向相同而间隔不等，因此，在将零件图块拼绘为装配图后，剖面线必须符合国际标准中的这一规定。如果有的零件图块中剖面线的方向难以确定，则可以先不绘制出剖面线，待拼绘完装配图后，再按要求补绘出剖面线。

❸ 螺纹的绘制。如果零件图中有内螺纹或外螺纹，则拼绘装配图时还要加入对螺纹连接部分的处理。由于国标对螺纹连接的规定画法与单个螺纹画法不同，表示螺纹大、小径的粗、细线均将发生变化，剖面线也要重绘。因此，为了绘图简便，零件图中的内螺纹及相关剖面线可暂不绘制，待拼绘成装配图后，再按螺纹连接的规定画法将其补画出来即可。

（2）创建零件图块

将绘制完成的零件图，用写块命令 WBLOCK 定义为图块，供以后拼绘装配图时调用。

操作步骤：

① 打开绘制的零件图，并将尺寸图层、剖面线图层关闭。

② 如果零件图的视图选择及表达方法与装配图有不一致的地方，则需要对绘制的零件图进行编辑修改，使其与装配图保持一致。

③ 用写块命令 WBLOCK，依次将零件图形定义成块，并保存在统一的文件夹中。

为了保证零件图块拼绘成装配图后各零件之间的相对位置和装配关系，在创建零件图块时，一定要选择好插入基点，块的基点一般应选择在与其零件有装配关系或定位关系的关键点上。为了便于将零件图块拼绘成装配图，一个零件的一组视图可以根据需要分别创建为多个图块。

2. 由零件图块拼绘装配图

① 由内向外法。指首先绘制中心位置的零件，然后以中心位置的零件为基准来绘制外部的零件。一般来说，这种方法适合于装配图中含有箱体类的零件，且箱体外部还有较多零件的装配图。

② 由外向内法。指首先绘制外部零件，然后再以外部零件为基准绘制内部零件。

③ 除了由内向外法和由外向内法两种主要的绘制装配图的方法外，还有由左向右、由上向下等方法，在具体绘制过程中，用户可以根据需要选择最合适的方法。

注意 用插入块命令 INSERT，或者选择“插入”→“块(B)…”命令，依次插入创建的零件图块。如果零件图块的比例与装配图的比例不同，则需要设定零件图块插入时的比例，以满足装配图的要求。如果零件图块的位置与装配图中的位置不相符，还需要在插入图块时进行旋转。

(三) 零件图形文件插入法(见图 11-40)

零件插入法是指首先绘制出装配图中的各种零件，然后选择其中的一个主体零件，将其他各零件依次通过复制、粘贴、修剪等命令插入主体零件中，来完成绘制。

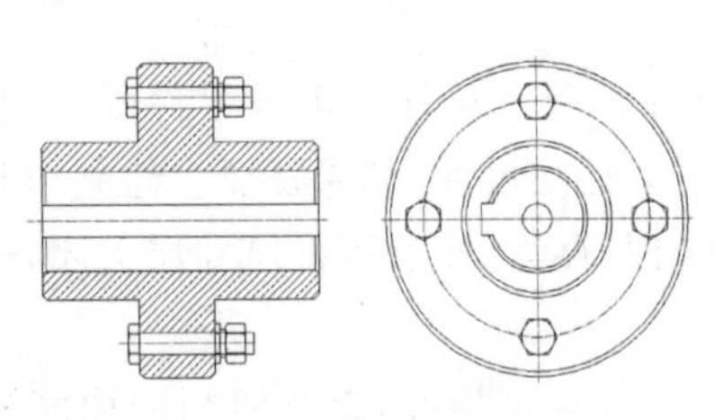

图 11-40 联轴器装配图

在 AutoCAD 中，可以将多个图形文件用插入块命令 INSERT 直接插入到同一图形中，插入后的图形文件以块的形式存在于当前图形中。因此，可以用直接插入零件图形文件的方法来拼绘装配图，该方法与零件图块插入法极为相似，不同的是默认情况下的插入基点为零件图形的坐标原点(0,0)，这样在拼绘装配图时就不便准确地确定零件图形在装配图中的位置。

为保证图形插入时能准确、方便地放到正确的位置，在绘制完零件图形后，应首先用定义基点命令 BASE 设置插入基点，然后再保存文件，这样用插入块命令 INSERT 将该图形文件插入时，就能以定义的基点为插入点进行插入，从而完成装配图的拼绘。

(四) 利用设计中心拼绘装配图

设计中心用来管理和插入诸如块、外部参照和填充图案等内容。AutoCAD 设计中心(AutoCAD Design Center，ADC)是 AutoCAD 提供的一个直观、高效和集成化的图形组织和管理的工具，它与 Windows 资源管理器类似。在设计中心中可以重复使用图形中的块、图层定义、尺寸样式和文字样式、外部参照、布局以及用户自定义的内容。

使用设计中心，可方便、快速地浏览、查找、预览和管理用户计算机、网络驱动器和 Web 页上的图形资源，并将所需图形资源加入到设计中心或当前图形中；为经常访问的图形、文件夹和 Internet 网址创建快捷方式；在同时打开的多个图形文件之间拖动任何内容实现插入，简化绘图过程；通过从内容显示窗口把一个图形文件拖动到绘图区以外的任何位置的方式打开图形文件。

1. 进入 AutoCAD 设计中心

① 命令：ADCENTER

② 菜单：工具→设计中心

③ 按钮：标准→

④ 快捷键：Ctrl＋2

进行上述任何一种操作，都可以打开"设计中心"窗口，如图 11－41 所示。

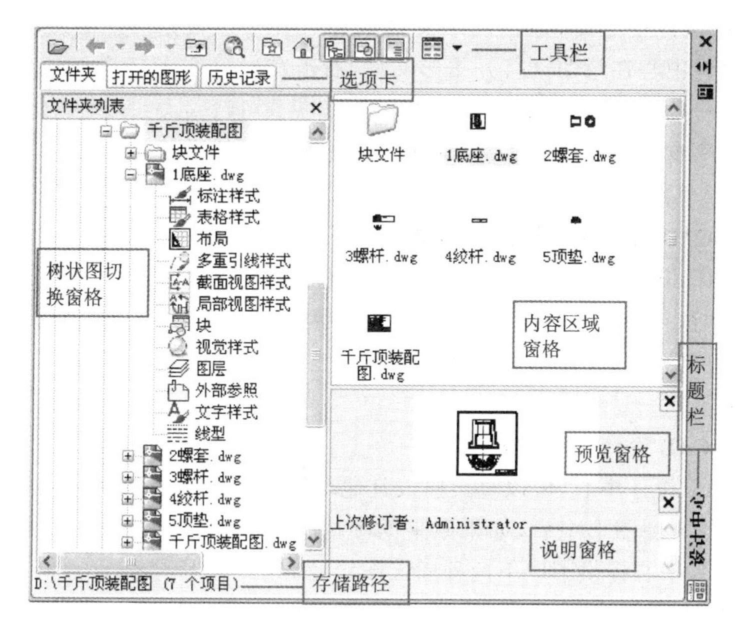

图 11－41 "设计中心"窗口

"设计中心"窗口包括 4 个选项卡："文件夹""打开的图形""历史记录"和"联机设计中心"。这些选项卡各自的功能选项如下。

(1) "文件夹"选项卡

"文件夹"选项卡用于在树状图切换窗格中显示本地及网络驱动器中的资源文件，共包括以下 4 个窗格。

① 树状图切换窗格：用树形目录显示本地和网络驱动器中的文件、文件夹及图形组件等内容。

② 内容区域窗格：用于查看打开图形和其他图形中的内容。

③ 预览窗格：用于显示所选图形文件的预览图像。

④ 说明窗格：用于显示所选图形文件的说明文字。

(2)“打开的图形”选项卡

“打开的图形”选项卡用于在树状视图窗格中显示当前 AutoCAD 的所有图形,同样包括 4 个窗格,意义同前。

(3)“历史记录”选项卡

“历史记录”选项卡用于在树状视图窗格中显示用户曾编辑过的图形,仅包括一个树状视图窗口。

(4)“联机设计中心”选项卡

通过联机设计中心可以访问 Internet 上数以千计的预先绘制的符号、制造商信息以及内容集成商站点。默认情况下,联机设计中心(“联机设计中心”选项卡)处于禁用状态,如图 11-41 所示。可以通过 CAD 管理员控制实用程序启用联机设计中心。

浏览(E)
添加到收藏夹(D)
组织收藏夹(Z)...
附着为外部参照(A)...
块编辑器(E)
复制(C)
在应用程序窗口中打开(O)
插入为块(I)...
创建工具选项板
设置为主页

图 11-42 选 项

2. 利用 AutoCAD 设计中心打开图形文件

在 AutoCAD 设计中心中,双击图形文件只能打开下级目录树,如果要通过设计中心在绘图区打开图形文件,右击在项目列表窗口中欲打开的图形文件,然后从弹出的快捷菜单(见图 11-42)中选择“在应用程序窗口中打开”命令,即可将所选图形文件在绘图区打开。

3. 利用 AutoCAD 设计中心插入图形文件

利用 AutoCAD 设计中心,可以将已有图形文件作为图块插入到当前图形中。只要单击在项目列表窗口中欲打开的图形文件,按住鼠标左键将其拖动到绘图区后松开,此时系统会出现提示信息,由于图形文件是作为图块插入到当前图形中的,因此系统提示的内容与执行的插入图块命令相同。

4. 利用 AutoCAD 设计中心插入图块

通过 AutoCAD 设计中心,可以直接插入其他图形文件中定义的图块,但一次只能插入一个图块。图块被插入到图形中后,如果原来的图块被修改,则插入到图形中的图块也随之改变。AutoCAD 设计中心提供了以下两种插入图块的方法。

① 方法 1:采用“默认比例和旋转角”方式插入图块,采用该方法插入图块的操作步骤如下。

从内容区域窗格或“查找”对话框中选择要插入的图块,按住鼠标左键将其拖动到当前图形中,系统将比较图形和插入图块的单位,根据两者之间的比例对图块进行自动缩放。例如,插入图块的单位为 mm,而当前图形的单位为 cm,则系统自动将插入图块的单位转换为 cm,然后将其插入到当前图形中。

② 方法 2:采用“指定比例和旋转角”方式插入图块,采用该方法插入图块的操作步骤如下。

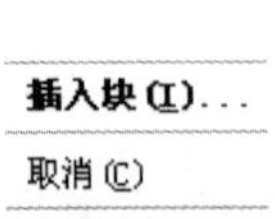

插入块(I)...
取消(C)

图 11-43 快捷菜单

从内容区域窗格或“查找”对话框中用鼠标右键选取要插入的图块,按住鼠标右键将其拖动到当前图形中后松开,从弹出的快捷菜单中选取“插入为块”命令,如图 11-43 所示。此时将打开“插入”对话框,后面的操作与插入图块相同。

5. 利用 AutoCAD 设计中心拼绘装配图

在绘制零件图时，为了装配的方便，可将零件图的主视图或其他视图分别定义成块，注意，在定义块时应不包括零件的尺寸标注和定位中心线，块的基点应选择在与其有装配定位关系的点上。具体步骤见任务实施。

二、计算机绘制装配图的基本步骤

装配图的绘制过程基本与绘制零件图相似，同时又有其自身的特点，一般绘制流程如下：

1）创建各零件图块（一般用写块定义）。

2）创建装配图样板。

① 新建文件。一般以“样板”打开前面已保存的样板文件（如 A3. dwt）。

② 设置绘图环境。必要时可根据图形大小重设图形界限；必要时可重设其他环境：比如添加零件图层，更改单位精度、文字样式、尺寸标注样式等；辅助绘图环境设置，一般打开“正交”（或“极轴”）“对象捕捉”“对象追踪”按钮。

3）绘制装配图，可按上述各种方法绘制。

4）对装配图进行必要尺寸标注。

5）编写零、部件序号。用多重引线标注命令 MLEADER 绘制序号指引线及注写序号。

6）注写技术要求并插入标题栏块、明细栏块（或用表格命令绘制并填写标题栏、明细栏）。

7）保存图形文件。

任务分析

千斤顶是一种小型起重工具。它利用螺旋传动来顶举重物。如图 11-47 所示，螺套 2 和底座 1 用紧定螺钉固定在一起，当转动螺杆 3 时，由于螺纹的作用，螺杆 3 上下移动，通过顶垫 5 将重物顶起或落下。

机械零件的装配图对图纸的幅度和图框的大小都有严格的要求，装配图要求能够表现出各个组件的装配关系，并且有标题栏、明细栏、各种尺寸和技术要求。在运用 AutoCAD 绘图过程中，主要运用设计中心插入图块，注意图块基点的设置和插入。需要时还要运用绘图命令及相关编辑命令完善绘图，并进行图案填充，同时进一步学习尺寸标注、文字输入及其编辑修改的操作方法。

任务实施

一、创建各零件图块

用写块定义，结果如图 11-44 所示的文件列表框中“块文件”文件夹下的五个块文件。

二、创建装配图样板

添加零件图层，如图 11-45 所示，其余同前述。

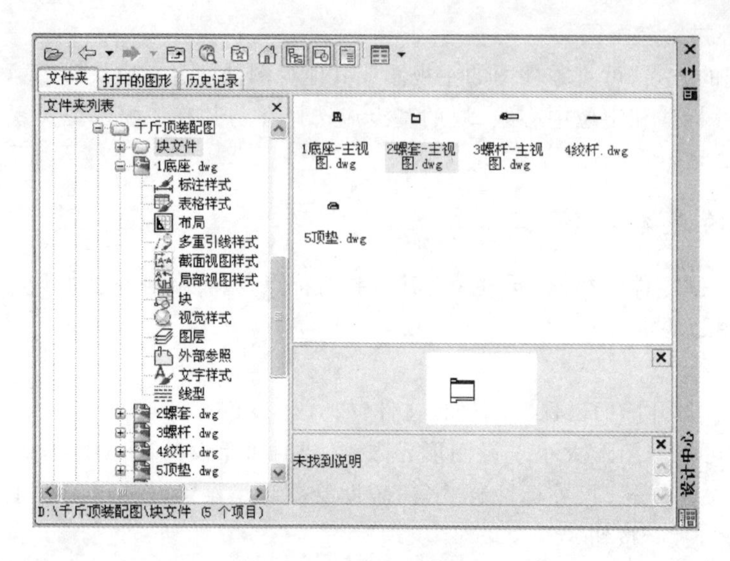

图 11-44　千斤顶各零件图块

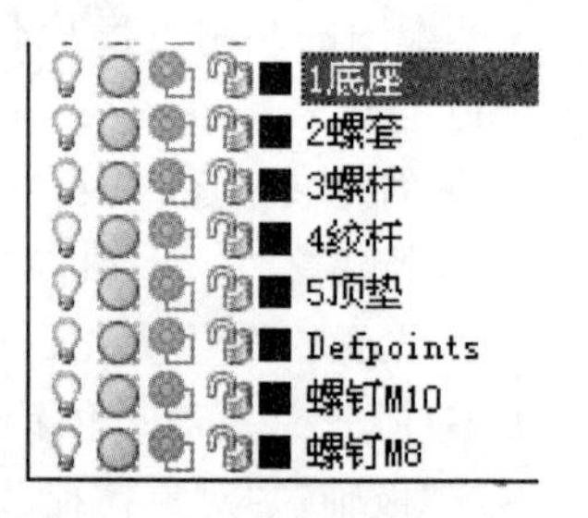

图 11-45　添加的零件图层

三、绘制装配图

选择“工具”→“设计中心”命令，打开“设计中心”窗口。在树状图切换窗格中选择底座零件图的图形文件：单击“块文件”文件夹左端的“+”图标并点中该文件夹，则在内容区域窗格中显示图 11-44 所示内容。

先将“1 底座”图层置为当前，再在内容区域窗格中“1 底座－主视图.dwg”图标上单击，预览窗口就显示“1 底座－主视图.dwg”图形。单击该图块按住鼠标左键并将其拖动到绘图区，则底座的图形便插入到绘图区。打开“对象捕捉”功能，方法同上，依次将其他零件图块插入到绘图区适当位置，即可完成装配图的拼绘。其步骤如图 11-46 所示。

思考　请试一试其他三种方法(根据零件图直接绘制法、零件图块插入法，零件图形文件插入法)绘制千斤顶装配图，并比较哪一种更方便快捷？

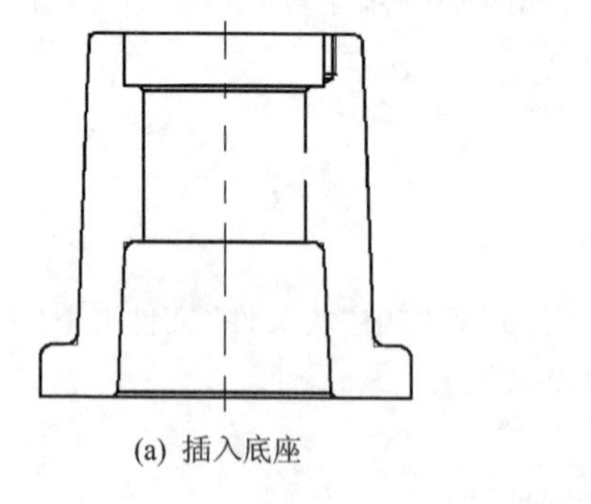

(a) 插入底座

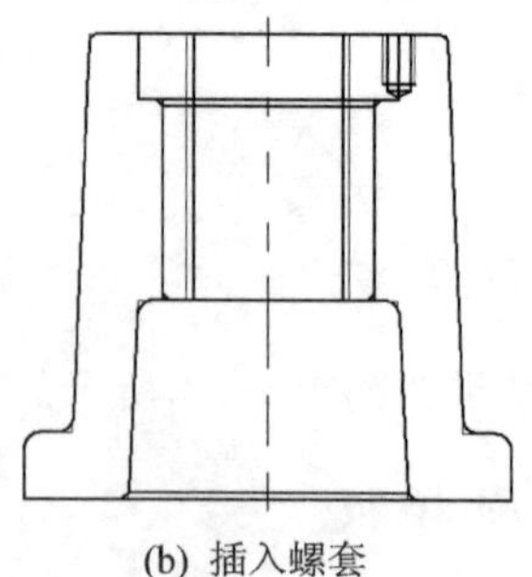

(b) 插入螺套

图 11-46　千斤顶装配图绘制步骤

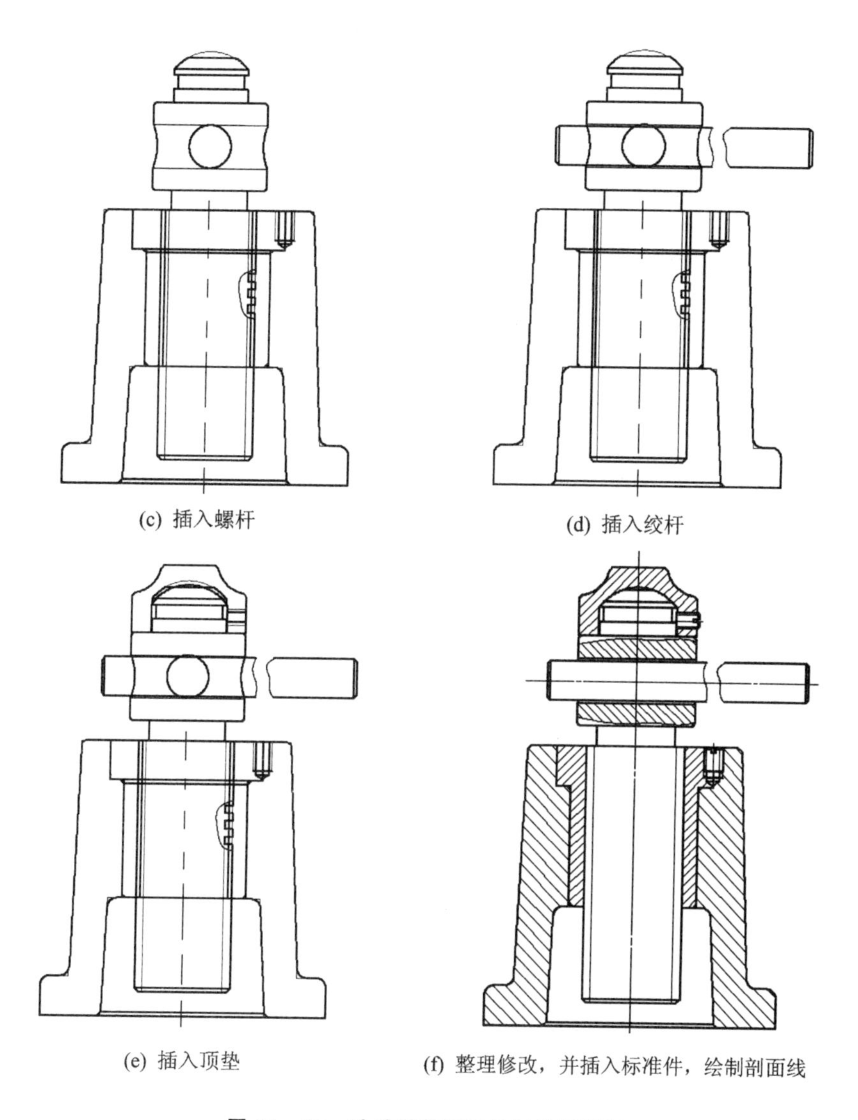

图 11 - 46　千斤顶装配图绘制步骤(续)

四、完善装配图

对装配图进行尺寸标注，编写零、部件序号，注写技术要求并插入标题栏、明细栏块，如图 11 - 47所示。

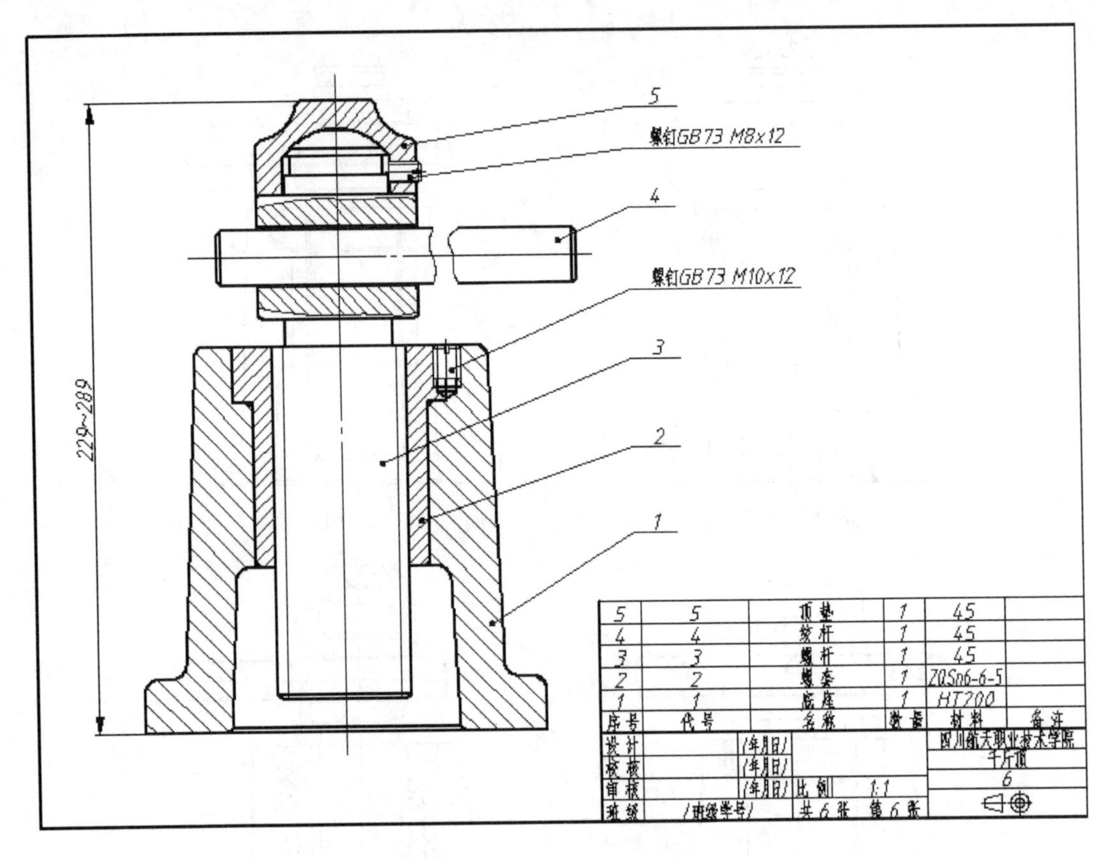

图 11-47　千斤顶装配图

五、保存图形文件

保存图形文件名为千斤顶.dwg。

任务巩固与练习

绘制学习情境 6 任务 6.1 中的连接板装配图以及学习情境 8 任务 8.1 中的机用虎钳装配图。

学习情境12

计算机绘制减速器

任务目标

➢ 进一步掌握计算机绘制机械零件图和装配图的方法与步骤。

➢ 掌握综合运用 AutoCAD 图形绘制及编辑命令，精确绘制机械零件图和装配图的方法和技巧。

任务引入

完成学习情境九所测绘一级减速器中所有零件的零件图，然后拼画减速器装配图。

任务分析

减速器是一种常用的减速装置，减速器测绘是高职高专制图教学的一个重要环节，装配体零件数目较多，画法也更为复杂，从绘图环境的设置、文字和尺寸标注样式的设置、三视图绘制及表达方法选择，对综合能力的形成可起到重要作用。

学习情境九已经对一级减速器进行专项测绘。在此基础上，进一步阅读学习情境九中所测绘的所有零件图（工作图和草图）和装配图，并修改完善图形、尺寸和技术要求，检查零件图之间及其与装配图之间是否对应、协调。对没有绘制零件工作图的此次要全部用 AutoCAD 完成，并学习成批电子文档的管理进而熟练掌握。有关零件图和装配图的绘制方法与步骤可参照学习情境十一来完成。

任务实施

一级齿轮减速器包括箱盖、箱座，高速与低速轴，齿轮，轴承，油塞等零部件，下面主要进行减速器箱盖等其他零件及减速器装配图的绘制。

一、绘制减速器箱盖

减速器的箱盖结构比较复杂。为了更清楚的表达箱盖的结构，主视图采用局部剖视图，表达孔槽结构；俯视图表达外形；左视图采用阶梯全剖视图，投影关系和表达方案如图 12－1 所示。

1）新建文件。

2）设置绘图环境。

3）绘制图形。

① 绘制减速器箱盖的俯视图。

a. 绘制中心线。

b. 绘制箱盖的俯视图。

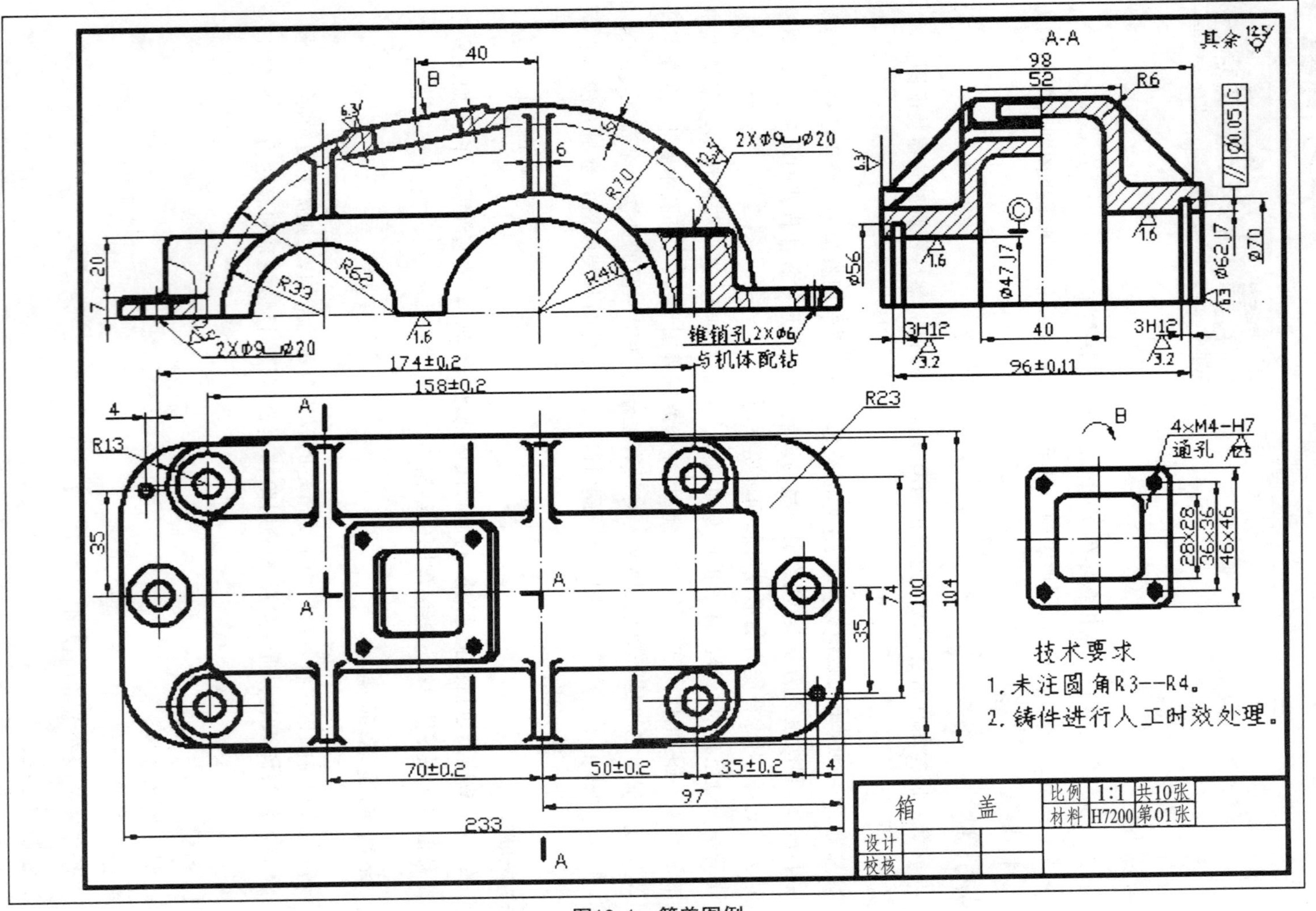
A-A
其余
技术要求
1.未注圆角R3—R4。
2.铸件进行人工时效处理。
箱盖
比例 1:1 共10张
材料 H7200 第01张
设计
校核
锥销孔2X⌀6
与机体配钻
4×M4—H7
通孔

图12-1 箱盖图例

c. 绘制螺栓孔和销孔的中心线。

d. 绘制螺栓孔和销孔。

e. 绘制左右肋板。

f. 绘制窥视孔。

g. 绘制箱盖上的凸台及补全其他的线。

② 绘制减速器箱盖的主视图。

a. 绘制减速器箱盖及轴承孔。

b. 绘制减速器箱盖上凸台、螺栓孔、沉孔。

c. 绘制剖面线。

③ 绘制减速器箱盖的左视图。

a. 绘制速器箱盖左视图的部分轮廓线。

b. 绘制减速器箱盖左视图的其余部分及向视图。

4）标注。

① 标注尺寸。

② 标注技术要求。

5）插入标题栏，调整图形并保存。

二、完成减速器中的其他零部件的绘制并保存

1）齿轮轴。

2）轴。

3）透气塞。

4）油塞。

5）闷盖、调整环、压盖和透盖。

6）透油片、透视盖和密封垫。

三、绘制一级减速器装配图

1）创建各零件图块。

2）创建装配图样板。

3）绘制装配图。

① 拼装减速器的主视图。

② 拼装减速器的俯视图。

③ 拼装减速器的左视图。

4）标注装配图尺寸和技术要求。

5）编写零、部件序号。

6）插入标题栏和明细表，调整图形并保存。

四、输出所有图形

输出图形是绘图工作的最后一步,对于绘制好的AutoCAD图形,可以用绘图仪或打印机输出。图形输出前,必须对输出设备进行配置,才能正确输出图形。有关知识请参阅相关资料或AutoCAD系统自带的帮助信息。

附　录

附录 1　螺纹标准

附表 1－1　普通螺纹(摘自 GB/T 193—2003,GB/T 196—2003)　　mm

公称直径 D、d		螺距 P		粗牙中径 D_2,d_2	粗牙小径 D_1,d_1
第一系列	第二系列	粗牙	细牙		
3		0.5	0.35	2.675	2.459
	3.5	(0.6)		3.110	2.850
4		0.7	0.5	3.545	3.242
	4.5	(0.75)		4.013	3.688
5		0.8		4.480	4.134
6		1	0.75,(0.5)	5.350	4.917
8		1.25	1,0.75,(0.5)	7.188	6.647
10		1.5	1.25,1,0.75,(0.5)	9.026	8.376
12		1.75	1.5,1.25,1,(0.75),(0.5)	10.863	10.106
	14	2	1.5,(1.25),1,(0.75),(0.5)	12.701	11.835
16		2	1.5,1,(0.75),(0.5)	14.701	13.835
	18	2.5	2,1.5,1,(0.75),(0.5)	16.376	15.294
20		2.5		18.376	17.294
	22	2.5	2,1.5,1,(0.75),(0.5)	20.376	19.294
24		3	2,1.5,1,(0.75)	22.051	20.752
	27	3	2,1.5,1,(0.75)	25.051	23.752
30		3.5	(3),2,1.5,1,(0.75)	27.727	26.711
	33	3.5	(3),2,1.5,(1),(0.75)	30.727	29.211
36		4	3,2,1.5,(1)	33.402	31.670
	39	4		36.402	34.670

注:1. 优先选用第一系列,括号内尺寸尽可能不用,第三系列未列入。

2. M14×1.25 仅用于火花塞。

附表1-2 55°密封管螺纹(摘自GB/T 7306—2000)

mm

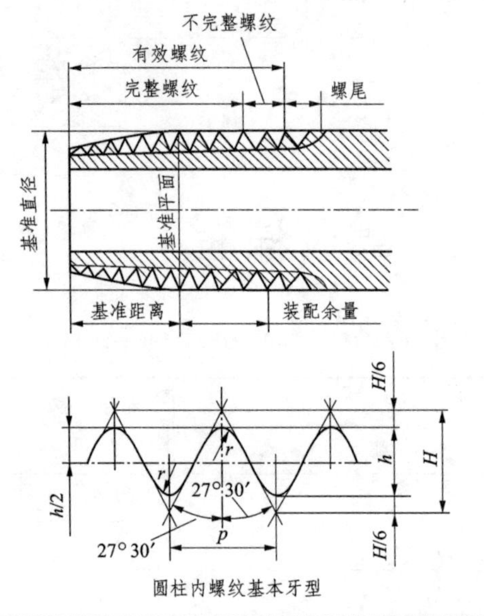

圆柱内螺纹基本牙型

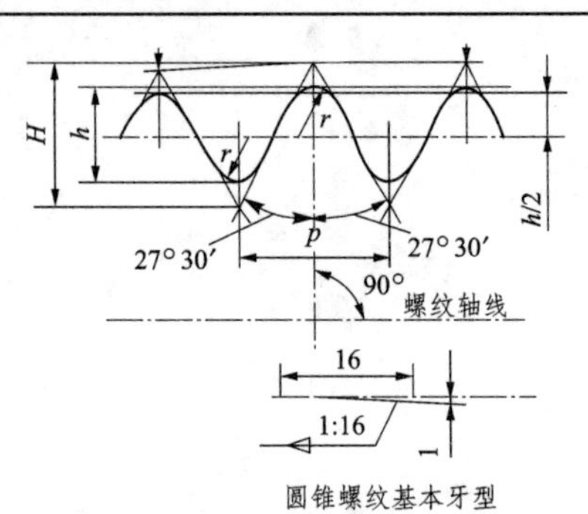

圆锥螺纹基本牙型

标记示例

1½圆锥内螺纹:Rc1½

1½圆柱内螺纹:Rp1½

1½圆锥外螺纹:R1½

1½圆锥外螺纹,左旋:R1½—LH

尺寸代号	每25.4 mm内的牙数 n	螺距 P	牙高 h	圆弧半径 $r\approx$	基面上的基本直径			基准距离	有效螺纹长度
					大径(基准直径)$d=D$	中径 $d_2=D_2$	小径 $d_2=D_2$		
1/16	28	0.907	0.581	0.125	7.723	7.142	6.561	4.0	6.5
1/8	28	1.907	0.581	0.125	9.728	9.147	8.566	4.0	6.5
1/4	19	1.337	0.856	0.184	13.157	12.301	11.445	6.0	9.7
3/8	19	1.337	0.856	0.184	16.662	15.806	14.950	6.4	10.1
1/2	14	1.814	1.162	0.249	20.955	19.793	18.631	8.2	13.2
3/4	14	1.814	1.162	0.249	26.441	25.279	24.117	9.5	14.5
1	11	2.309	1.479	0.317	33.249	31.770	30.291	10.4	16.8
1¼	11	2.309	1.479	0.317	41.910	40.431	38.952	12.7	19.1
1½	11	2.309	1.479	0.317	47.803	46.324	44.485	12.7	19.1
2	11	2.309	1.479	0.317	59.614	58.153	56.656	15.9	23.4
2½	11	2.309	1.479	0.317	75.184	73.705	72.226	17.5	26.7
3	11	2.309	1.479	0.317	87.884	86.405	84.926	20.6	29.8
3½	11	2.309	1.479	0.317	100.330	98.851	97.372	22.2	31.4
4	11	2.309	1.479	0.317	113.030	111.551	110.072	25.4	35.8
5	11	2.309	1.479	0.317	138.951	136.951	135.472	28.6	40.1
6	11	2.309	1.479	0.317	162.351	162.351	160.872	28.6	40.1

* 尺寸代号为3½的螺纹,限用于蒸汽机车。

附表 1-3　55°非密封管螺纹(GB/T 7307—2001)

mm

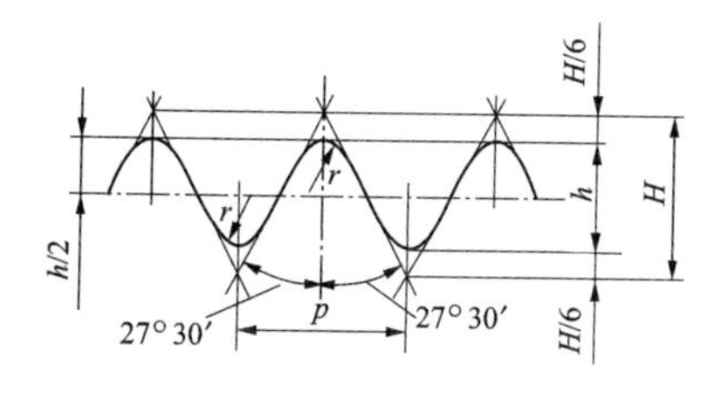

标记示例

尺寸代号 1½，内螺纹：G1½

尺寸代号 1½，A 级外螺纹：G1½A

尺寸代号 1½，B 级外螺纹，左旋：G1½B—LH

螺纹装配标记：右旋 G1½/G1½A

左旋 G1½/G1½A—LH

尺寸代号	每 25.4 mm 内的牙数 n	螺距 P	牙高 h	圆弧半径 $r\approx$	基面上的基本直径		
					大径 $d=D$	中径 $d_2=D_2$	小径 $d_2=D_2$
1/16	28	0.907	0.581	0.125	7.723	7.142	6.561
1/8	28	1.907	0.581	0.125	9.728	9.147	8.566
1/4	19	1.337	0.856	0.184	13.157	12.301	11.445
3/8	19	1.337	0.856	0.184	16.662	15.806	14.950
1/2	14	1.814	1.162	0.249	20.955	19.793	18.631
5/8	14	1.814	1.162	0.249	22.911	21.749	20.587
3/4	14	1.814	1.162	0.249	26.441	25.279	24.117
7/8	14	1.814	1.162	0.249	30.201	29.039	27.877
1	11	2.309	1.479	0.317	33.249	31.770	30.291
1⅛	11	2.309	1.479	0.317	37.897	36.418	34.939
1¼	11	2.309	1.479	0.317	41.910	40.431	38.952
1½	11	2.309	1.479	0.317	47.803	46.324	44.945
1¾	11	2.309	1.479	0.317	53.746	52.267	50.788
2	11	2.309	1.479	0.317	59.614	58.135	56.656
2¼	11	2.309	1.479	0.317	65.710	64.231	62.752
2½	11	2.309	1.479	0.317	75.184	73.705	72.226
$2^{3/4}$	11	2.309	1.479	0.317	81.534	80.055	78.576
3	11	2.309	1.479	0.317	87.884	86.405	84.926
3½	11	2.309	1.479	0.317	110.330	96.851	97.372
4	11	2.309	1.479	0.317	113.030	111.551	110.072
4½	11	2.309	1.479	0.317	125.730	124.251	122.772
5	11	2.309	1.479	0.317	138.430	136.951	135.472
5½	11	2.309	1.479	0.317	151.130	149.651	148.172
6	11	2.309	1.479	0.317	163.830	162.351	160.872

附表1-4 梯形螺纹(摘自GB/T 5796.1—2005、GB/T 5796.2—2005《螺距》) mm

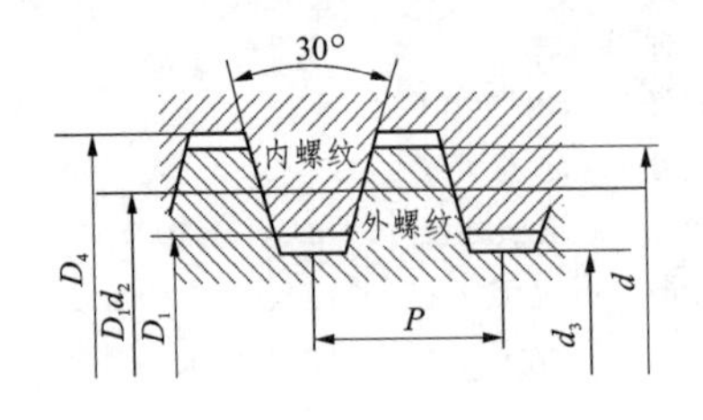

标记示例

Tr40×7—7H(梯形内螺纹,公称直径 d=40、螺距 P=7、精度等级7H)

Tr40×14(P7)LH—7e(多线左旋梯形外螺纹,公称直径 d=40、导程=14、螺距 P=7、精度等级7e)

Tr40×7—7H/7e(梯形螺旋副,公称直径 d=40、螺距 P=7、内螺纹精度等级7H、外螺纹精度等级7e)

公称直径 d		螺距	中径	大径	小径	
第一系列	第二系列	P	$d_2=D_2$	D_4	d_3	D_1
8		1.5	7.25	8.30	6.20	6.50
	9	1.5	8.25	9.30	7.20	7.50
		2	8.00	9.50	6.50	7.00
10		1.5	9.25	10.30	8.20	8.50
		2	9.00	10.50	7.50	8.00
	11	2	10.00	11.50	8.50	9.00
		3	9.50	11.50	7.50	8.00
12		2	11.00	12.50	9.50	10.00
		3	10.50	12.50	8.50	9.00
	14	2	13.00	14.50	11.50	12.00
		3	12.50	14.50	10.50	11.00
16		2	15.00	16.50	13.50	14.00
		4	14.00	16.50	11.50	12.00
	18	2	17.00	18.50	15.50	16.00
		4	16.00	18.50	13.50	14.00
20		2	19.00	20.50	17.50	18.00
		4	18.00	20.50	15.50	16.00
	22	3	20.50	22.50	18.50	19.00
		5	19.50	22.50	16.50	17.00
		8	18.00	23.00	13.00	14.00
24		3	22.50	24.50	20.50	21.00
		5	21.50	24.50	18.50	19.00
		8	20.00	25.00	15.00	16.00
	26	3	24.50	26.50	22.50	23.00
		5	23.50	26.50	20.50	21.00
		8	22.00	27.00	17.00	18.00

附表 1-4

公称直径 d		螺距	中径	大径	小　径	
第一系列	第二系列	P	$d_2=D_2$	D_4	d_3	D_1
28		3	26.50	28.50	24.50	25.00
		5	25.50	28.50	22.50	23.00
		8	24.00	29.00	19.00	20.00
	30	3	28.50	30.50	26.50	27.00
		6	27.00	31.00	23.00	24.00
		10	25.00	31.00	19.00	20.00
32		3	30.50	32.50	28.50	29.00
		6	29.00	33.00	25.00	26.00
		10	27.00	33.00	21.00	22.00
	34	3	32.50	34.50	30.50	31.00
		6	31.00	35.00	27.00	28.00
		10	29.00	35.00	23.00	24.00
36		3	34.50	36.50	32.50	33.00
		6	33.00	37.00	29.00	30.00
		10	31.00	37.00	25.00	26.00
	38	3	36.50	38.50	34.50	35.00
		7	34.50	39.00	30.00	31.00
		10	33.00	39.00	27.00	28.00
40		3	38.50	40.50	36.50	37.00
		7	36.50	41.00	32.00	33.00
		10	35.00	41.00	29.00	30.00

附录2 螺纹紧固件标准

附表2-1 六角头螺栓A、B级摘自(GB/T5782—2000) mm

标记示例

螺纹规格 d=M12,公称长度 l=80 mm,性能等级为4.8级,不经表面处理,产品等级为A级的六角头螺栓的标记:

螺栓 GB/T5780 M12×80

螺纹规格 d		M5	M6	M8	M10	M12	M16	M20	M24	M30	M36
$b_{参考}$	$l_{公称}$≤125	16	18	22	26	30	38	46	54	66	—
	125<$l_{公称}$≤200	22	24	28	32	36	44	52	60	72	84
	$l_{公称}$>200	35	37	41	45	49	57	65	73	85	97
c	max	0.5	0.5	0.6	0.6	0.6	0.8	0.8	0.8	0.8	0.8
	min	0.15	0.15	0.15	0.15	0.15	0.2	0.2	0.2	0.2	0.2
d_a	max	5.7	6.8	9.2	11.2	13.7	17.7	22.4	26.4	33.4	39.4
d_s	公称=max	5.00	6.00	8.00	10.00	12.00	16.00	20.00	24.00	30.00	36.00
	min 产品等级 A	4.82	5.82	7.78	9.78	11.73	15.73	19.67	23.67	—	—
	min 产品等级 B	4.70	5.70	7.64	9.64	11.57	15.57	19.48	23.48	29.48	35.38
d_w	min 产品等级 A	6.88	8.88	11.63	14.63	16.63	22.49	28.19	33.61	—	—
	min 产品等级 B	6.74	8.74	11.47	14.47	16.47	22	27.7	33.25	42.75	51.11
e	min 产品等级 A	8.79	11.05	14.38	17.77	20.03	26.75	33.53	39.98	—	—
	min 产品等级 B	8.63	10.89	14.20	17.59	19.85	26.17	32.95	39.55	50.85	60.79
l_f	max	1.2	1.4	2	2	3	3	4	4	6	6
k	公称	3.5	4	5.3	6.4	7.5	10	12.5	15	18.7	22.5
	产品等级 A max	3.65	4.15	5.45	6.58	7.68	10.18	12.715	15.215	—	—
	产品等级 A min	3.35	3.85	5.15	6.22	7.32	9.82	12.285	14.785	—	—
	产品等级 B max	3.74	4.24	5.54	6.69	7.79	10.29	12.85	15.35	19.12	22.92
	产品等级 B min	3.26	3.76	5.06	6.11	7.21	9.71	12.15	14.65	18.28	22.08
r	min	0.2	0.25	0.4	0.4	0.6	0.6	0.8	0.8	1	1
s	公称=max	8	10	13	16	18	24	30	36	46	55
	min 产品等级 A	7.78	9.78	12.73	15.73	17.73	23.67	29.67	35.38	—	—
	min 产品等级 B	7.64	9.64	12.57	15.57	17.57	23.16	29.16	35	45	53.8
l(商品规格范围及通用规格)		25~50	30~60	40~80	45~100	50~120	65~160	80~200	90~240	110~300	140~360
l系列		25,30,35,40,45,50,(55),60,(65),70,80,90,100,110,120,130,140,150,160,180,200,220,240,260,280,300,340,360									

注:l_s 和 l_g 表中末列出。

附表 2-2　双头螺柱(GB/T 897—1988、GB/T 898—1988、GB/T 899—1988、GB/T 900—1988)

mm

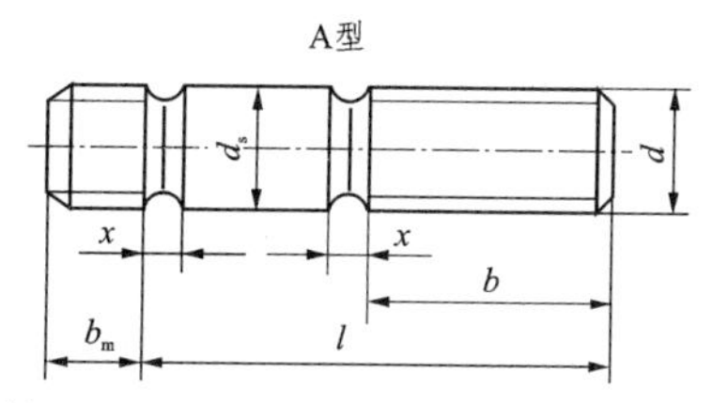

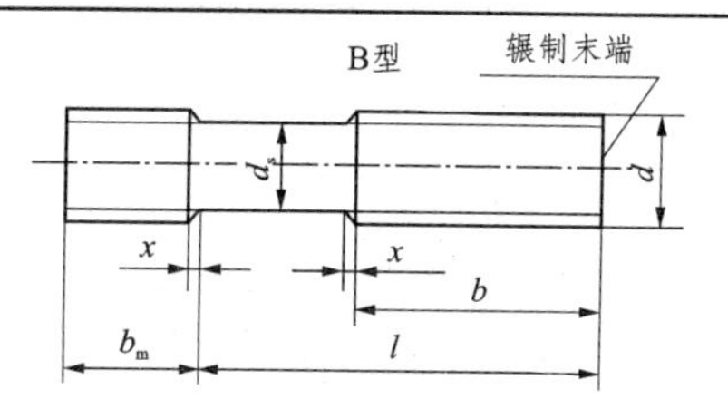

标记示例

1. 两端均为粗牙普通螺纹，$d=10$ mm，$l=50$ mm，性能等级 4.8 级，不经表面处理，B 型，$b_m=1.25d$ 的双头螺柱的标记：

螺柱　GB/T 898　M10×50

2. 旋入机体一端为粗牙普通螺纹、旋螺母一端为螺距 $P=1$ mm 的细牙普通螺纹，$d=10$ mm，$l=50$ mm，性能 4.8 级，不经表面处理，A 型，$b_m=1.25\ d$ 的双头螺柱标记：

螺柱　GB/T 898　AM10—M10×1×50

螺纹规格	b_m				l/b
	GB/T 897—1988 $b_m=1d$	GB/T 898—1988 $b_m=1.25d$	GB/T 899—1988 $b_m=1.5d$	GB/T 900—1988 $b_m=2d$	
M5	5	6	8	10	16～22/10，25～50/16
M6	6	8	10	10	20～22/10，25～30/14，32～75/18
M8	8	10	12	16	20～22/12，25～30/16，32～90/22
M10	10	12	15	20	25～28/14，30～38/16，40～120/26，130/32
M12	12	15	18	24	25～30/16，32～40/20，45～120/30，130～180/36
(M14)	14	18	21	28	30～35/18，38～50/25，55～120，34，130～180/40
M16	16	20	24	32	30～35/20，40～55/30，60～120/38，130～200/44
M18	18	22	27	36	35～40/22，45～60/35，65～120/42，130～200/48
M20	20	25	30	40	35～40/25，45～65/35，70～120/46，130～200/52
(M22)	22	28	33	44	40～55/30，50～70/40，75～120/50，130～200/56
M24	24	30	36	48	45～50/30，55～75/45，80～120/54，130～200/60
(M27)	27	35	40	54	50～60/35，65～85/50，90～120/60，130～200/66
M30	30	38	45	60	60～65/40，70～90/50，65～120/66，130～200/72
(M33)	33	41	49	66	65～70/45，75～95/60，100～120/72，130～200/78
M36	36	45	54	72	65～75/45，80～110/60，130～200/84，210～300/97
(M39)	39	49	58	78	70～80/50，85～120/65，120/90，210～300/103
M42	42	52	64	84	70～80/50，85～120/70，130～200/96，210～300/109
M48	48	60	72	96	80～90/60，95～110/80，130～200/108，210～300/121
l	16，(18)，20，(22)，25，(28，)，30，(32)，35，(38)，40，45，50，(55)，60，(65)，70，(75)，80，(85)，90，(95)，100，110，120，130，140，150，160，170，180，190，200，210，220，230，240，250，260，270，280，290，300				

注：1. 尽可能不采用括号内的规格。

2. P 为粗牙螺纹的螺距。

附表 2-3　开槽圆柱头螺钉(摘自 GB/T 65—2000)、开槽盘头螺钉(摘自 GB/T 67—2000)

mm

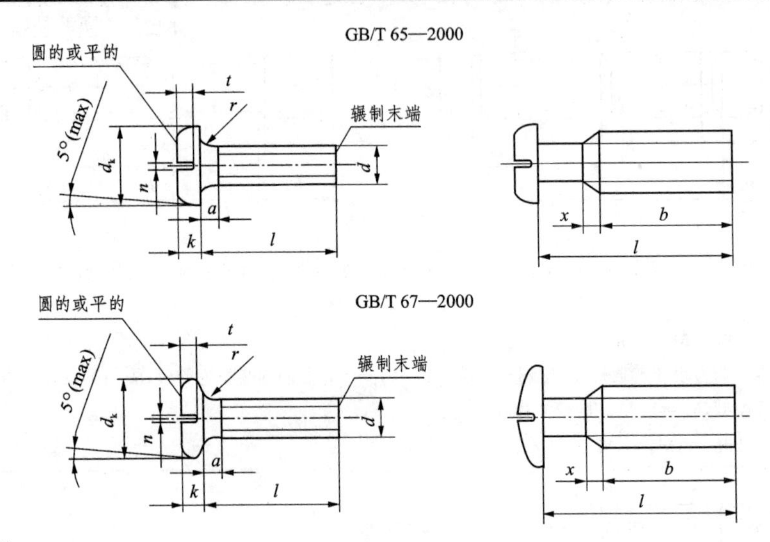

标记示例

1. 螺纹规格 d=M5,公称长度 l=20 mm,性能等级为 4.8 级、不经表面处理的 A 级开槽圆柱头螺钉的标记:

螺钉　GB/T 65　M5×20

2. 螺纹规格 d=M5,公称长度 l=20 mm,性能等级为 4.8 级,不经表面处理的 A 级开槽盘头螺钉的标记:

螺钉　GB/T 67　M5×20

螺纹标准 d	P	b (min)	n (公称)	r (min)	l (公称)	GB/T 65—2000			GB/T 67—2008			
						d_k (max)	k (max)	l (min)	d_k (max)	k (max)	t (min)	r (参考)
M3	0.5	25	0.8	0.1	4～30				5.6	1.8	0.7	0.9
M4	0.7	38	1.2	0.2	5～40	7	2.6	1.1	8	2.4	1	1.2
M5	0.8	38	1.2	0.2	6～50	8.5	3.3	1.3	9.5	3	1.2	1.5
M6	1	38	1.6	0.25	8～60	10	3.9	1.6	12	3.6	1.4	1.8
M8	1.25	38	2	0.4	10～80	13	5	2	16	4.8	1.9	2.4
M10	1.5	38	2.5	0.4	12～80	16	6	2.4	20	6	2.4	3

注:1. 长度 l 系列:4,5,6,8,10,12,(14),16,20,25,60,35,40,50,(55),60,(65),70,(75),80,有括号的尽可能不用。

2. 公称长度 l ≤40 mm 的螺钉和 M3、l ≤30 mm 的螺钉,制出全螺纹($b=l-a$)。

3. P 为螺距。

附表 2-4 开槽锥端紧定螺钉(摘自 GB/T 71—1985)、开槽平端紧定螺钉(摘自 GB/T 73—1985)开槽长圆柱端紧定螺钉摘自(GB/T 75—1985)

mm

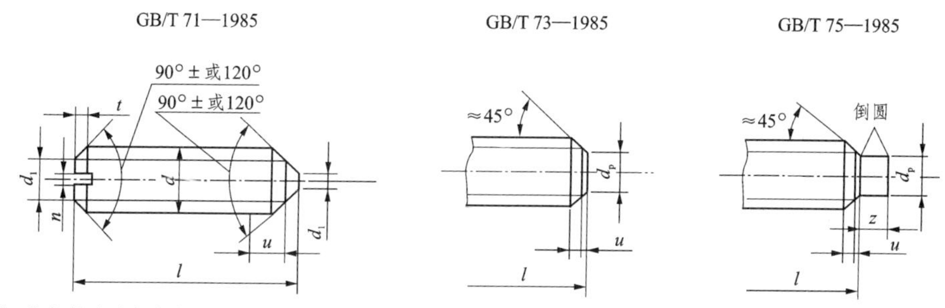

注:公称长度为短螺钉时,应制成 120°,u 为不完整螺纹的长度,$\mu \leqslant 2P$

标记示例

螺纹规格 d=M5,公称长度 l=12 mm,性能等级为 14H 级,表面氧化的开槽平端紧定螺钉的规定标记:

螺钉 GB/T 73 M5×12

螺纹规格 d		M1.2	M1.6	M2	M2.5	M3	M4	M5	M6	M8	M10	M12
P		0.25	0.35	0.4	0.45	0.5	0.7	0.8	1	1.25	1.5	1.75
d_f≈		螺纹小径										
d_t	min	—	—	—	—	—	—	—	—	—	—	—
	max	0.12	0.16	0.2	0.25	0.3	0.4	0.5	1.5	2	2.5	3
d_P	min	0.35	0.55	0.75	1.25	1.75	2.25	3.2	3.7	5.2	6.64	8.14
	max	0.6	0.8	1	1.5	2	2.5	3.5	4	5.5	7	8.5
n	公称	0.2	0.25	0.25	0.4	0.4	0.6	0.8	1	1.2	1.6	2
	min	0.26	0.31	0.31	0.46	0.46	0.66	0.86	1.06	1.26	1.66	2.06
	max	0.4	0.45	0.45	0.6	0.6	0.8	1	1.31	1.51	1.91	2.31
t	min	0.4	0.56	0.64	0.72	0.8	1.12	1.28	1.6	2	2.4	2.8
	max	0.52	0.74	0.84	0.95	1.05	1.42	1.63	2	2.5	3	3.6
z	min	—	0.8	1	1.2	1.5	2	2.5	3	4	5	6
	max	—	1.05	1.25	1.25	1.75	2.25	2.75	3.25	4.3	5.3	6.3
GB 71—85	l(公称长度)	2~6	2~8	3~10	3~12	4~16	6~20	8~25	8~30	10~40	12~50	14~60
	l(短螺钉)	2	2~2.5	2~2.5	2~3	2~3	2~4	2~5	2~6	2~8	2~10	2~12
GB 73—85	l(公称长度)	2~6	2~8	2~10	2.5~12	3~16	4~20	5~25	6~30	8~40	10~50	12~60
	l(短螺钉)	—	2	2~2.5	2~3	2~3	2~4	2~5	2~6	2~6	2~8	2~10
GB 75—85	l(公称长度)	—	2.5~8	3~10	4~12	5~16	6~20	8~25	8~30	10~40	12~50	14~60
	l(短螺钉)	—	2~2.5	2~3	2~4	2~5	2~6	2~8	2~10	2~14	2~16	2~20
l(系列)		2,2.5,3,4,5,6,8,10,12,(14),16,20,25,30,35,40,45,50,(55),60										

附表 2-5 Ⅰ型六角螺母—A 级和 B 级(摘自 GB/T 6170—2000)

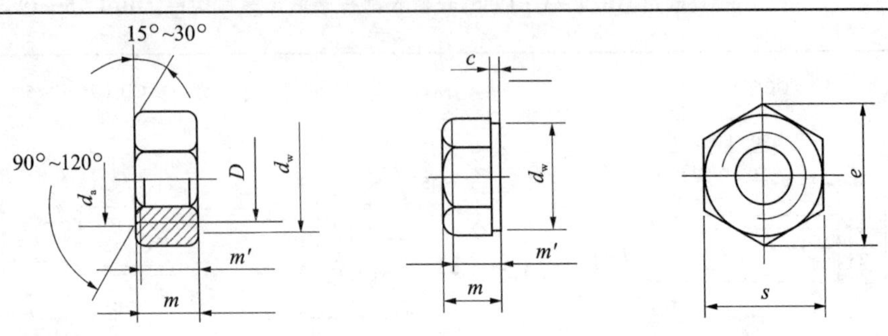

标记示例

螺纹规格 D=M12,性能等级为 8 级,不经表面处理,产品等级为 A 级的Ⅰ型六角螺母的标记:

螺母 GB/T 6170 M12

螺纹规格 D	c	d_a		d_w	e	m		m'	m''	s	
	max	min	max	min	min	max	min	min	min	max	min
M1.6	0.2	1.6	1.84	2.4	3.41	1.3	1.05	0.8	0.7	3.2	3.02
M2	0.2	2	2.3	3.1	4.32	1.6	1.35	1.1	0.9	4	3.82
M2.5	0.3	2.5	2.9	4.1	5.45	2	1.75	1.4	1.2	5	4.82
M3	0.4	3	3.45	4.6	6.01	2.4	2.15	1.7	1.5	5.5	5.32
M4	0.4	4	4.6	5.9	7.66	3.2	2.9	2.3	2	7	6.78
M5	0.5	5	5.75	6.9	8.79	4.7	4.4	3.5	3.1	8	7.78
M6	0.5	6	6.75	8.9	11.05	5.2	4.9	3.9	3.4	10	9.78
M8	0.6	8	8.75	11.6	14.38	6.8	6.44	5.1	4.5	13	12.73
M10	0.6	10	10.8	14.6	17.77	8.4	8.04	6.4	5.6	16	15.73
M12	0.6	12	13	16.6	20.03	10.8	10.37	8.3	7.3	18	17.73
M16	0.8	16	17.3	22.5	26.75	14.8	14.1	11.3	9.9	24	23.67
M20	0.8	20	21.6	27.7	32.95	18	16.9	13.5	11.8	30	29.16
M24	0.8	24	25.9	33.2	39.55	21.5	20.2	16.2	14.1	36	35
M30	0.8	30	32.4	42.7	50.85	25.6	24.3	19.4	17	46	45
M36	0.8	36	38.9	51.1	60.79	31	29.4	23.5	20.6	55	53.8
M42	1	42	45.4	60.6	72.02	34	32.4	25.9	22.7	65	63.8
M48	1	48	51.8	69.4	82.6	38	36.4	29.1	25.5	75	73.1
M56	1	56	60.5	78.7	93.56	45	43.3	34.7	30.4	85	82.8
M64	1.2	64	69.1	88.2	104.86	51	49.1	39.3	34.4	95	92.8

注:1. A 级用于 $D \leqslant 16$ 的螺母;B 级用于 $D > 16$ 的螺母。本表仅按商品规格和通用规格列出。

2. 螺纹规格为 M8~M64、细牙、A 级和 B 级的Ⅰ型六角螺母,请查阅 GB/T 6171—1986。

附表 2-6　小垫圈—A 级(GB/T 848—2002)、平垫圈—A 级(GB/T 97.1—2002)、平垫圈(倒角型)—A 级(GB/T 97.2—2002)、大垫圈—A 级和 C 级(GB/T 96.1—2002)

mm

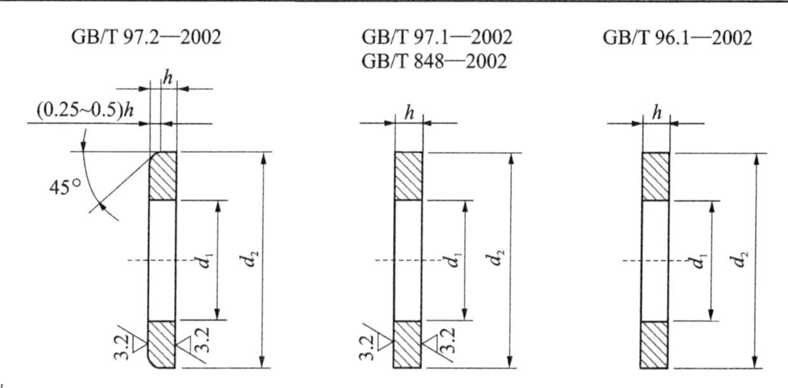

标记示例

1. 标准系列，公称尺寸 d=8 mm，由钢制造的硬度等级为 200HV 级，不经表面处理、产品等级为 A 级的平垫圈的标记：

垫圈　GB/T 97.1　8

2. 标准系列，公称尺寸 d=8 mm，由 A2 组锈钢制造的硬度等级为 200HV 级，不经表面处理、产品等级为 A 级的平垫圈的标记：

垫圈　GB/T 97.1　8　A2

<table>
<tr><th colspan="3">公称尺寸(螺纹规格)d</th><th>1.6</th><th>2</th><th>2.5</th><th>3</th><th>4</th><th>5</th><th>6</th><th>8</th><th>10</th><th>12</th><th>14</th><th>16</th><th>20</th><th>24</th><th>30</th><th>36</th></tr>
<tr><td rowspan="8">内径 d_1</td><td rowspan="4">max</td><td>GB/T 848—2002</td><td rowspan="2">1.84</td><td rowspan="2">2.43</td><td rowspan="2">2.84</td><td rowspan="2">3.38</td><td rowspan="2">4.48</td><td rowspan="4">5.48</td><td rowspan="4">6.62</td><td rowspan="4">8.62</td><td rowspan="4">10.77</td><td rowspan="4">13.27</td><td rowspan="4">15.27</td><td rowspan="4">17.27</td><td rowspan="3">21.33</td><td rowspan="3">25.33</td><td>31.33</td><td rowspan="3">37.62</td></tr>
<tr><td>GB/T 97.1—2002</td><td rowspan="2">31.39</td></tr>
<tr><td>GB/T 97.2—2002</td><td>—</td><td>—</td><td>—</td><td>—</td><td>—</td></tr>
<tr><td>GB/T 96.1—2002</td><td>—</td><td>—</td><td>—</td><td>3.38</td><td>3.48</td><td>22.52</td><td>26.84</td><td>34</td><td>40</td></tr>
<tr><td rowspan="4">公称(min)</td><td>GB/T 848—2002</td><td rowspan="2">1.7</td><td rowspan="2">2.2</td><td rowspan="2">2.7</td><td rowspan="2">3.2</td><td rowspan="2">4.3</td><td rowspan="4">5.3</td><td rowspan="4">6.4</td><td rowspan="4">8.4</td><td rowspan="4">10.5</td><td rowspan="4">13</td><td rowspan="4">15</td><td rowspan="4">17</td><td rowspan="3">21</td><td rowspan="3">25</td><td rowspan="3">31</td><td rowspan="3">37</td></tr>
<tr><td>GB/T 97.1—2002</td></tr>
<tr><td>GB/T 97.2—2002</td><td>—</td><td>—</td><td>—</td><td>—</td><td>—</td></tr>
<tr><td>GB/T 96.1—2002</td><td>—</td><td>—</td><td>—</td><td>3.2</td><td>4.3</td><td>22</td><td>26</td><td>33</td><td>39</td></tr>
<tr><td rowspan="8">外径 d_2</td><td rowspan="4">公称(max)</td><td>GB/T 848—2002</td><td>3.5</td><td>4.5</td><td>5</td><td>6</td><td>8</td><td>9</td><td>11</td><td>15</td><td>18</td><td>20</td><td>24</td><td>28</td><td>34</td><td>39</td><td>50</td><td>60</td></tr>
<tr><td>GB/T 97.1—2002</td><td>4</td><td>5</td><td>6</td><td>7</td><td>9</td><td rowspan="2">10</td><td rowspan="2">12</td><td rowspan="2">16</td><td rowspan="2">20</td><td rowspan="2">24</td><td rowspan="2">28</td><td rowspan="2">30</td><td rowspan="2">37</td><td rowspan="2">44</td><td rowspan="2">56</td><td rowspan="2">66</td></tr>
<tr><td>GB/T 97.2—2002</td><td>—</td><td>—</td><td>—</td><td>—</td><td>—</td></tr>
<tr><td>GB/T 96.1—2002</td><td>—</td><td>—</td><td>—</td><td>9</td><td>12</td><td>15</td><td>18</td><td>24</td><td>30</td><td>37</td><td>44</td><td>50</td><td>60</td><td>72</td><td>92</td><td>110</td></tr>
<tr><td rowspan="4">min</td><td>GB/T 848—2002</td><td>3.2</td><td>4.2</td><td>4.7</td><td>5.7</td><td>7.64</td><td>8.64</td><td>10.57</td><td>14.57</td><td>17.57</td><td>19.48</td><td>23.48</td><td>27.48</td><td>33.38</td><td>33.38</td><td>49.38</td><td>58.8</td></tr>
<tr><td>GB/T 97.1—2002</td><td>3.7</td><td>4.7</td><td>5.7</td><td>6.64</td><td>8.64</td><td rowspan="2">9.64</td><td rowspan="2">11.57</td><td rowspan="2">15.57</td><td rowspan="2">19.48</td><td rowspan="2">23.48</td><td rowspan="2">27.48</td><td rowspan="2">29.48</td><td rowspan="2">36.38</td><td rowspan="2">43.38</td><td rowspan="2">56.26</td><td rowspan="2">64.8</td></tr>
<tr><td>GB/T 97.2—2002</td><td>—</td><td>—</td><td>—</td><td>—</td><td>—</td></tr>
<tr><td>GB/T 96.1—2002</td><td>—</td><td>—</td><td>—</td><td>8.64</td><td>11.57</td><td>14.57</td><td>17.57</td><td>23.48</td><td>29.48</td><td>36.38</td><td>43.38</td><td>49.38</td><td>58.1</td><td>70.1</td><td>89.8</td><td>107.8</td></tr>
</table>

续附表 2-6

<table>
<tr><th colspan="3">公称尺寸(螺纹规格)d</th><th>1.6</th><th>2</th><th>2.5</th><th>3</th><th>4</th><th>5</th><th>6</th><th>8</th><th>10</th><th>12</th><th>14</th><th>16</th><th>20</th><th>24</th><th>30</th><th>36</th></tr>
<tr><td rowspan="12">厚度 h</td><td rowspan="4">公称</td><td>GB/T 848—2002</td><td rowspan="2">0.3</td><td rowspan="2">0.3</td><td rowspan="2">0.5</td><td rowspan="2">0.5</td><td>0.5</td><td rowspan="3">1</td><td rowspan="3">1.6</td><td rowspan="3">1.6</td><td>1.6</td><td>2</td><td rowspan="3">2.5</td><td>2.5</td><td rowspan="3">3</td><td rowspan="3">4</td><td rowspan="3">4</td><td rowspan="3">5</td></tr>
<tr><td>GB/T 97.1—2002</td><td>0.8</td><td rowspan="2">2</td><td rowspan="2">2.5</td><td rowspan="2">3</td></tr>
<tr><td>GB/T 97.2—2002</td><td>—</td><td>—</td><td>—</td><td>—</td><td>—</td></tr>
<tr><td>GB/T 96.1—2002</td><td>—</td><td>—</td><td>—</td><td>0.8</td><td>1</td><td>1.2</td><td>1.6</td><td>2</td><td>2.5</td><td>3</td><td>3</td><td>3</td><td>4</td><td>5</td><td>6</td><td>8</td></tr>
<tr><td rowspan="4">max</td><td>GB/T 848—2002</td><td>0.35</td><td>0.35</td><td>0.55</td><td>0.55</td><td>0.55</td><td>1.1</td><td>1.8</td><td>1.8</td><td>1.8</td><td>2.2</td><td>2.7</td><td>2.7</td><td>3.3</td><td>4.3</td><td>4.3</td><td>5.6</td></tr>
<tr><td>GB/T 97.1—2002</td><td></td><td></td><td></td><td></td><td>0.9</td><td rowspan="2"></td><td rowspan="2"></td><td rowspan="2"></td><td rowspan="2">2.2</td><td rowspan="2">2.7</td><td rowspan="2"></td><td rowspan="2">3.3</td><td rowspan="2"></td><td rowspan="2"></td><td rowspan="2"></td><td rowspan="2"></td></tr>
<tr><td>GB/T 97.2—2002</td><td>—</td><td>—</td><td>—</td><td>—</td><td>—</td></tr>
<tr><td>GB/T 96.1—2002</td><td>—</td><td>—</td><td>—</td><td>0.9</td><td>1.1</td><td>1.4</td><td>1.8</td><td>2.2</td><td>2.7</td><td>3.3</td><td>3.3</td><td>3.3</td><td>4.6</td><td>6</td><td>7</td><td>9.2</td></tr>
<tr><td rowspan="4">min</td><td>GB/T 848—2002</td><td rowspan="2">0.25</td><td rowspan="2">0.25</td><td rowspan="2">0.45</td><td rowspan="2">0.45</td><td>0.45</td><td rowspan="3">0.9</td><td rowspan="3">1.4</td><td rowspan="3">1.4</td><td>1.4</td><td>1.8</td><td rowspan="3">2.3</td><td>2.3</td><td rowspan="3">2.7</td><td rowspan="3">3.7</td><td rowspan="3">3.7</td><td rowspan="3">4.4</td></tr>
<tr><td>GB/T 97.1—2002</td><td>0.7</td><td rowspan="2">1.8</td><td rowspan="2">2.3</td><td rowspan="2">2.7</td></tr>
<tr><td>GB/T 97.2—2002</td><td>—</td><td>—</td><td>—</td><td>—</td><td>—</td></tr>
<tr><td>GB/T 96.1—2002</td><td>—</td><td>—</td><td>—</td><td>0.7</td><td>0.9</td><td>1.0</td><td>1.4</td><td>1.8</td><td>2.3</td><td>2.7</td><td>2.7</td><td>2.7</td><td>3.4</td><td>4</td><td>5</td><td>6.8</td></tr>
</table>

附录 3 键标准

附表 3－1 普通平键的尺寸和键槽的剖面尺寸(GB/T 1096—2003) mm

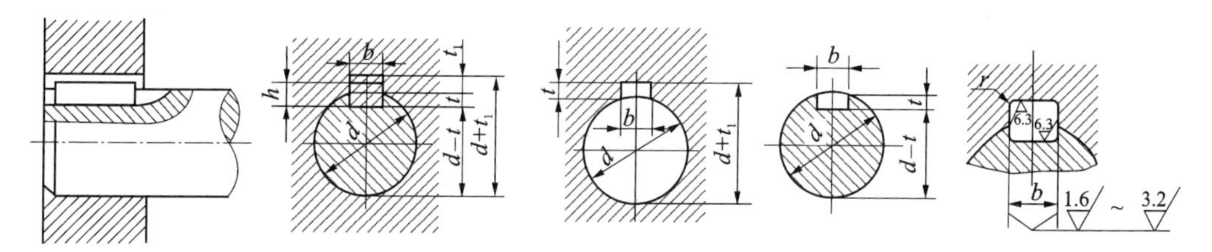

注：在工作图中，轴槽用 t 或($d-t$)标注，轮毂槽深用($d+t_1$)标注。

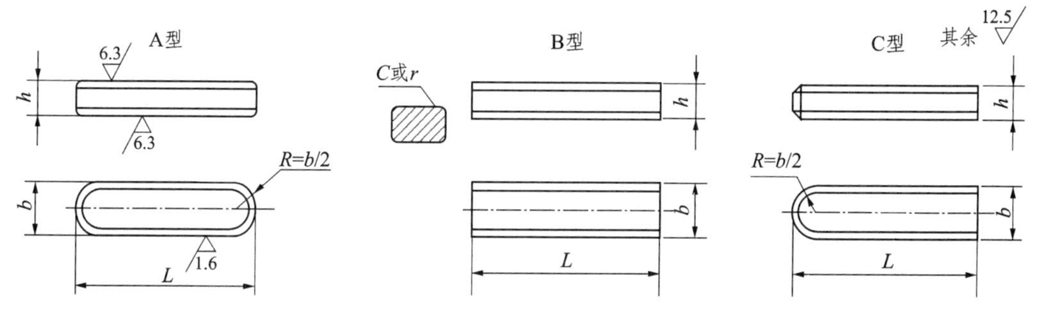

标记示例

1. 圆头普通平键(A 型)，b=18 mm、h=11 mm，L=100 mm：GB/T 1096—1979 键 18×11×100
2. 平头普通平键(B 型)，b=18 mm、h=11 mm，L=100 mm：GB/T 1096—1979 键 B18×11×100
3. 单圆头普通平键(C 型)，b=18 mm、h=11 mm，L=100 mm：GB/T 1096—1979 键 C18×11×100

轴	键		键槽											
			宽度 b						深度				半径 r	
				极限偏差					轴 t		毂 t_1			
				较松键联结		一般键联结		较紧键联结						
公称直径 d	公称尺寸 $b \times h$	长度 L	公称尺寸 b	轴 H9	毂 D10	轴 N9	毂 JS9	轴和毂 P9	公称尺寸	极限偏差	公称尺寸	极限偏差	最小	最大
自6~8	2×2	6~20	2	+0.025 0	+0.060 +0.020	−0.004 −0.029	±0.0125	−0.060 −0.031	1.2	+0.1 0	1	+0.1 0	0.08	0.16
>8~10	3×3	6~36	3						1.8		1.4			
>10~12	4×4	8~45	4	+0.030 0	+0.078 +0.030	0 −0.030	±0.015	−0.012 −0.042	2.5		1.8			
>12~17	5×5	10~56	5						3.0		2.3		0.16	0.25
>17~22	6×6	14~70	6						3.5		2.8			
>22~30	8×7	18~90	8	+0.036 0	0.098 +0.040	0 −0.036	±0.018	−0.015 −0.051	4.0	+0.2 0	3.3	+0.2 0		
>30~38	10×8	22~110	10						5.0		3.3		0.25	0.4
>38~44	12×8	28~140	12	+0.043 0	+0.120 +0.050	0 −0.043	±0.0215	+0.018 −0.061	5.0		3.3			
>44~50	14×9	36~160	14						5.5		3.8			
>50~58	16×10	45~180	16						6.0		4.3			
>58~65	18×11	50~200	18						7.0		4.4			
>65~75	20×12	56~220	20	+0.052 0	+0.149 +0.065	0 −0.052	±0.026	+0.022 −0.074	7.5		4.9		0.40	0.60
>75~85	22×14	63~250	22						9.0		5.4			
>85~95	25×14	70~280	25						9.0		5.4			
>95~110	28×16	80~320	28						10.0		6.4			
>110~130	32×18	90~360	32	+0.062 0	+0.180 +0.080	0 −0.062	±0.031	−0.026 −0.088	11.0		7.4			
>130~150	36×20	100~400	36						12.0	+0.3 0	8.4	+0.3 0	0.70	1.0
>150~170	40×22	100~400	40						13.0		9.4			
>170~200	45×25	110~450	45						15.0		10.4			

注：1. $(d-t)$和$(d-t_1)$两组组合尺寸的极限偏差按相应的 t 和 t_1 的极限偏差选取，但$(d-t)$极限偏差应取负号。

2. l 系列：6,8,10,12,14,16,18,20,22,25,28,32,36,40,45,50,56,63,70,80,90,100,110,125,140,160,180,200,220,250,280,320,360,400,450,500。

3. 平键轴槽的长度公差用 H14。

附录 4　销标准

附表 4-1　圆柱销(GB/T 119.1—2000)　mm

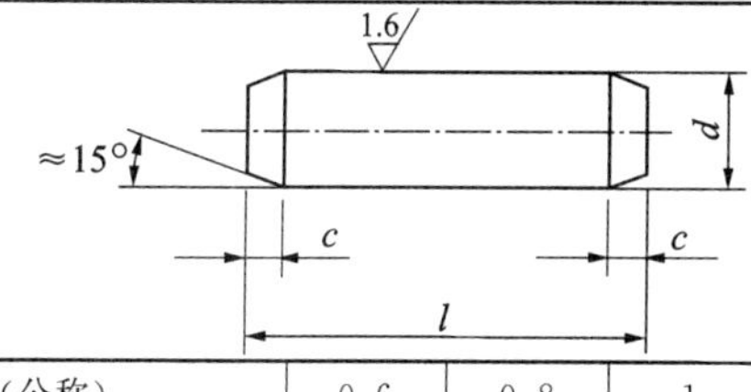

标记示例：
公称直径 d=6 mm、公差为 m6、公称长度 l=300 mm、材料为钢、不经淬火、不经表面处理的圆柱销标记：
销 GB/T 119.1 6m6×30

d(公称)	0.6	0.8	1	1.2	1.5	2	2.5	3	4	5
a≈	0.08	0.10	0.12	0.16	0.20	0.25	0.30	0.40	0.50	0.63
c≈	0.12	0.16	0.20	0.25	0.30	0.35	0.40	0.50	0.63	0.80
l(商品规格范围公称长度)	2～6	2～8	4～10	4～10	4～16	6～20	6～24	8～30	8～40	10～50
d(公称)	6	8	10	12	16	20	25	30	40	50
a≈	0.80	1.0	1.2	1.6	2.0	2.5	3.0	4.0	5.0	6.3
c≈	1.2	1.6	2.0	2.5	3.0	3.5	4.0	5.0	6.3	8.0
l(商品规格范围公称长度)	12～60	14～80	18～95	22～140	26～180	35～200	50～200	60～200	80～200	95～200
l 系列	2,3,4,5,6,8,10,12,14,16,18,20,22,24,26,28,30,32,35,40,45,50,55,60,65,70,75,80,85,90,95,100,120,140,160,180,200									

附表 4-2　圆柱销(摘自 GB/T 117—2000)　mm

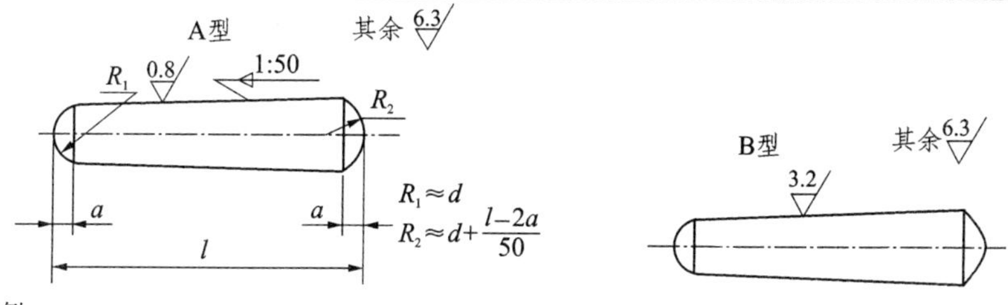

标记示例
公称直径 d=10 mm、长度 l=60 mm、材料 35 钢、热处理硬度 HRC28～38、表面氧化处理的 A 型圆锥销：
销 GB/T 117—2000　A10×60

d(公称)	0.6	0.8	1	1.2	1.5	2	2.5	3	4	5
a≈	0.08	0.1	0.12	0.16	0.2	0.25	0.3	0.4	0.5	0.63
l(商品规格范围公称长度)	4～8	5～12	6～16	6～20	8～24	10～35	10～35	12～45	14～55	18～60
d(公称)	6	8	10	12	16	20	25	30	40	50
a≈	0.8	1	1.2	1.6	2	2.5	3	4	5	6.3
l(商品规格范围公称长度)	22～90	55～120	26～160	32～180	40～200	45～200	50～200	55～200	60～200	65～200
l 系列	2,3,4,5,6,8,10,12,14,16,18,20,22,24,26,28,30,32,35,40,45,50,55,60,65,70,75,80,85,90,95,100,120,140,160,180,200									

附录5 轴承标准

附表5-1 深沟球轴承(摘自GB/T 276—1994) mm

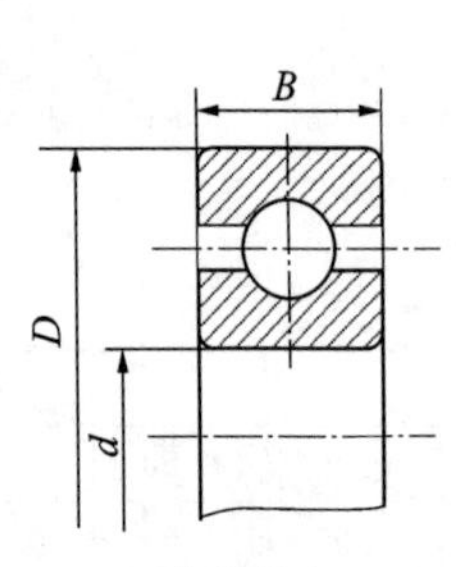

外形尺寸

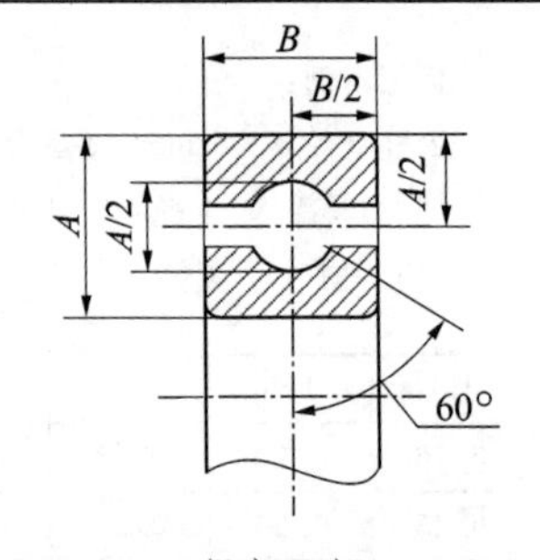

规定画法

标记示例

滚动轴承 6012 GB/T 276—1994

轴承型号		外形尺寸			轴承型号		外形尺寸		
		d	D	B			d	D	B
	6004	20	42	12		6304	20	52	15
	6005	25	47	12		6305	25	62	17
	6005	30	55	13		6305	30	72	19
	6007	35	62	14		6307	35	80	21
	6008	40	68	15		6308	40	90	23
	6009	45	75	16		6309	45	100	25
	6010	50	80	16		6310	50	110	27
(0)1 尺寸系列	6011	55	90	18	(0)3 尺寸系列	6311	55	120	29
	6012	60	95	18		6312	63	130	31
	6013	65	100	18		6313	65	140	33
	6014	70	110	20		6314	70	150	35
	6015	75	115	20		6315	75	160	37
	6016	80	125	22		6316	80	170	39
	6017	85	130	22		6317	85	180	41
	6018	90	140	24		6318	90	190	43
	6019	95	145	24		6319	95	200	45
	6020	100	150	24		6320	100	215	47
	6204	20	47	14		6404	20	72	19
	6205	25	52	15		6405	25	80	21
	6206	30	62	16		6406	30	90	23
	6207	35	72	17		6407	35	100	25
	6208	40	80	18		6408	40	110	27
	6209	45	85	19		6409	45	120	29
	6210	50	90	20		6410	50	130	31
(0)2 尺寸系列	6211	55	100	21	(0)4 尺寸系列	6411	55	140	33
	6212	60	110	22		6412	63	150	35
	6213	65	120	23		6413	65	160	37
	6214	70	125	24		6414	70	180	42
	6215	75	130	25		6415	75	190	45
	6216	80	140	26		6416	80	200	48
	6217	85	150	28		6417	85	210	52
	6218	90	160	30		6418	90	225	54
	6219	95	170	32		6419	95	240	55
	6220	100	180	34		6420	100	250	58

附表 5-2　圆锥滚子轴承(摘自 GB/T 297—1994)

mm

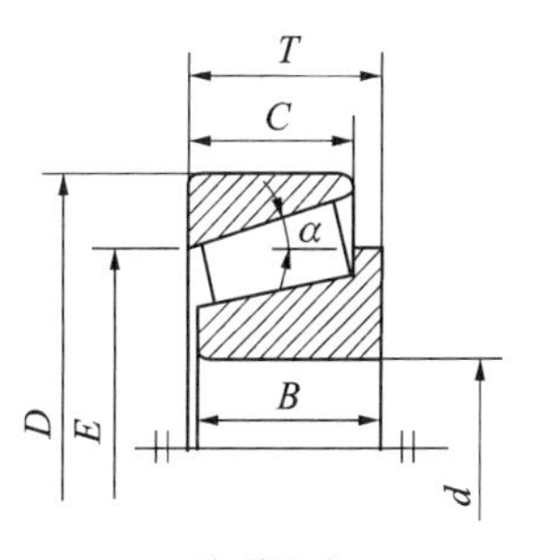

外形尺寸

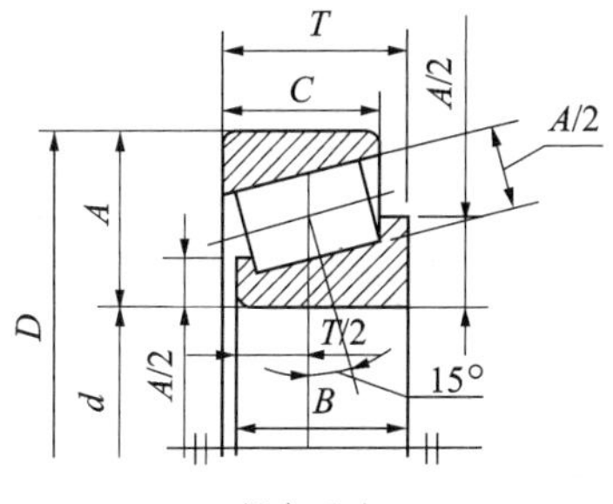

规定画法

标记示例

滚动轴承　30205 GB/T 277—1994

轴承型号		外形尺寸					轴承型号		外形尺寸				
		d	*D*	*T*	*B*	*C*			*d*	*D*	*T*	*B*	*C*
02尺寸系列	30204	20	47	15.25	14	12	22尺寸系列	30204	20	47	19.25	18	15
	30205	25	52	16.25	15	13		30205	25	52	19.25	18	16
	30206	30	62	17.25	16	14		30206	30	62	21.25	20	17
	30207	35	72	18.25	17	15		30207	35	72	24.25	23	19
	30208	40	80	19.75	18	16		30208	40	80	24.75	23	19
	30209	45	85	20.75	19	16		30209	45	85	24.75	23	19
	30210	50	90	21.75	20	17		30210	50	90	24.75	23	19
	30211	55	100	22.75	21	18		30211	55	100	26.75	25	21
	30212	60	110	23.75	22	19		30212	60	110	29.75	28	24
	30213	65	120	24.75	23	20		30213	65	120	32.75	31	27
	30214	70	125	26.25	24	21		30214	70	125	33.25	31	27
	30215	75	130	27.25	25	22		30215	75	130	33.25	31	27
	30216	80	140	28.25	26	22		30216	80	140	35.25	33	28
	30217	85	150	30.50	28	24		30217	85	150	38.50	36	30
	30218	90	160	32.50	30	26		30218	90	160	42.50	40	34
	30219	95	170	34.50	32	27		30219	95	170	45.50	43	37
	30220	100	180	37	34	29		30220	100	180	49	46	39
03尺寸系列	30204	20	52	16.25	15	13	23尺寸系列	30204	20	52	22.25	21	18
	30205	25	62	18.25	17	15		30205	25	62	22.25	24	20
	30206	30	72	20.75	19	16		30206	30	72	28.75	27	23
	30207	35	80	22.75	21	18		30207	35	80	32.75	31	25
	30208	40	90	25.25	23	20		30208	40	90	35.25	33	27
	30209	45	100	27.25	25	22		30209	45	100	38.25	36	30
	30210	50	110	29.25	27	23		30210	50	110	42.25	40	33
	30211	55	120	31.50	29	25		30211	55	120	45.50	43	35
	30212	60	130	33.50	31	26		30212	60	130	48.50	46	37
	30213	65	140	36	33	28		30213	65	140	51	48	39
	30214	70	150	38	35	30		30214	70	150	54	51	42
	30215	75	160	40	37	31		30215	75	160	58	55	45
	30216	80	170	42.50	39	33		30216	80	170	61.50	58	48
	30217	85	180	44.50	41	34		30217	85	180	63.50	60	49
	30218	90	190	46.50	43	36		30218	90	190	67.50	64	53
	30219	95	200	49.50	45	38		30219	95	200	71.50	67	55
	30220	100	215	51.50	47	39		30220	100	215	77.50	73	60

附表 5-3 推力球轴承(摘自 GB/T 301—1995)

mm

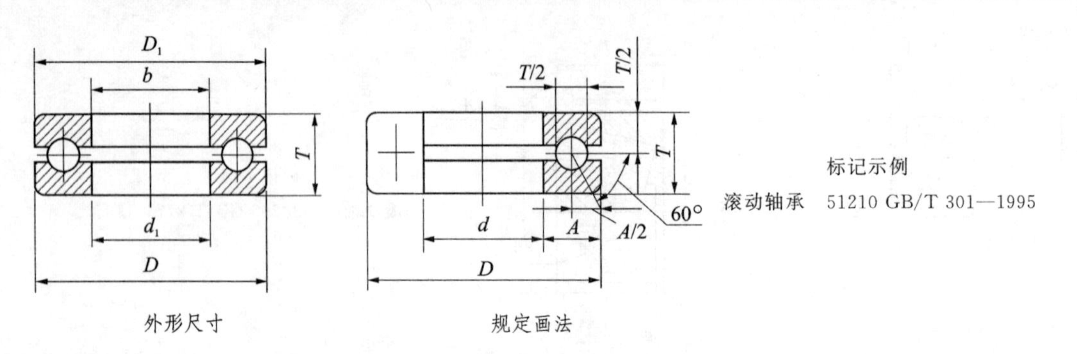

外形尺寸　　　　规定画法

标记示例

滚动轴承　51210 GB/T 301—1995

轴承型号		外形尺寸 d	D	T	d_1	D_1	轴承型号		外形尺寸 d	D	T	d_1	D_1
11尺寸系列(51000型)	51104	20	35	10	21	35	13尺寸系列(51000型)	51304	20	47	18	22	47
	51105	25	42	11	26	42		51305	25	52	18	27	52
	51106	30	47	11	32	47		51306	30	60	21	32	60
	51107	35	52	12	37	52		51307	35	68	24	37	68
	51108	40	60	13	42	60		51308	40	78	26	42	78
	51109	45	65	14	47	65		51309	45	85	28	47	85
	51110	50	70	14	52	70		51310	50	95	31	52	95
	51111	55	78	16	57	78		51311	55	105	35	57	105
	51112	60	85	17	62	85		51312	60	110	35	62	110
	51113	65	90	18	67	90		51313	65	115	36	67	115
	51114	70	95	18	72	95		51314	70	125	40	72	125
	51115	75	100	19	77	100		51315	75	135	44	77	135
	51116	80	105	19	82	105		51316	80	140	44	82	140
	51117	85	110	19	87	110		51317	85	150	49	88	150
	51118	90	120	22	92	120		51318	90	155	50	93	155
	51120	100	135	25	102	135		51320	100	170	55	103	170
12尺寸系列(51000型)	51204	20	40	14	22	40	14尺寸系列(51000型)	51405	25	60	24	27	60
	51205	25	47	15	27	47		51406	30	70	28	32	70
	51206	30	52	16	32	52		51407	35	80	32	37	80
	51207	35	62	18	37	62		51408	40	90	36	42	90
	51208	40	68	19	42	68		51409	45	100	39	47	100
	51209	45	73	20	47	73		51410	50	110	43	52	110
	51210	50	78	22	52	78		51411	55	120	48	57	120
	51211	55	90	25	57	90		51412	60	130	51	62	130
	51212	60	95	26	62	95		51413	65	140	56	68	140
	51213	65	100	27	67	100		51414	70	150	60	73	150
	51214	70	105	27	72	105		51415	75	160	65	78	160
	51215	75	110	27	77	110		51416	80	170	68	83	170
	51216	80	115	28	82	115		51417	85	180	72	88	177
	51217	85	125	31	88	125		51418	90	190	77	93	187
	51218	90	135	35	93	135		51420	100	210	85	103	205
	51220	100	150	38	103	150		51422	110	230	95	113	225

注：表中轴承类型已按 GB/T 272—93“滚动轴承代号方法”编号，其中 51100、51200、51300、51400 型分别相当于 GB/T 301—84 中的 8100、8200、8300、8400 型。

附录 6 倒角、倒圆、越程槽标准

附表 6-1 内外件倒角和倒圆半径尺寸(摘自 GB 6403.4—1986) mm

型式

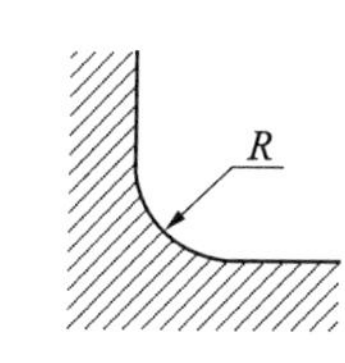

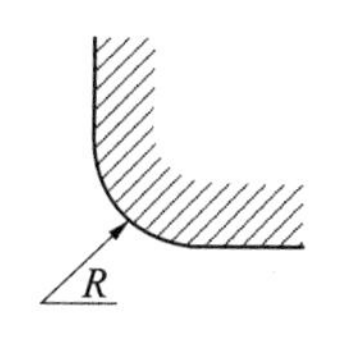

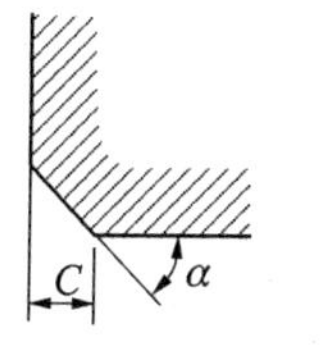

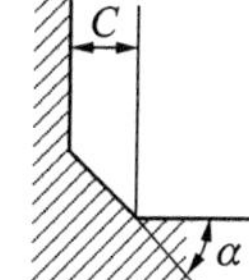

R、C 尺寸系列：

0.1，0.2，0.3，0.4，0.5，0.6，0.8，1.0，

1.2，1.6，2.0，2.5，3.0，4.0，5.0，6.0，8.0，10，

12，16，20，25，32，40，50

装配方式

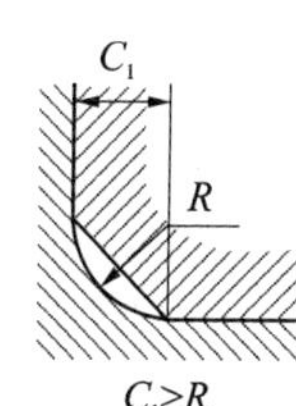

$C_1>R$

$R_1>R$

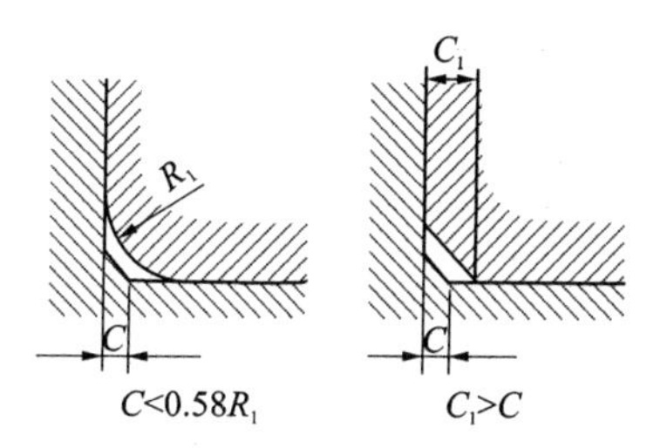

$C<0.58R_1$　　$C_1>C$

尺寸规定：

1. R_1、C_1 的偏差为正；R、C 的偏差为负；
2. 左起第三种装配方式，C 的最大值 C_{max} 与 R_1 的关系如下。

R_1	0.1	0.2	0.3	0.4	0.5	0.6	0.8	1.0	1.2	1.6	2.0	2.5	3.0	4.0	5.0	6.0	8.0	10	12	16	20	25
C_{max}	—	0.1	0.1	0.2	0.2	0.3	0.4	0.5	0.6	0.8	1.0	1.2	1.6	2.0	2.5	3.0	4.0	5.0	6.0	8.0	10	12

直径 ϕ 相应的倒角 C、倒圆 R 的推荐值

ϕ	～3	>3～6	>6～10	>10～18	>18～30	>30～50	>50～80	>80～120	>120～180
C 或 R	0.2	0.4	0.6	0.8	1.0	1.6	2.0	2.5	3.0
ϕ	>180～250	>250～320	>320～400	>400～500	>500～630	>630～800	>800～1 000	>1 000～1 250	>1 250～1 600
C 或 R	4.0	5.0	6.0	8.0	10	12	16	20	25

附表 6-2 回转面及端面砂轮越程槽(摘自 GB 6403.5—1986) mm

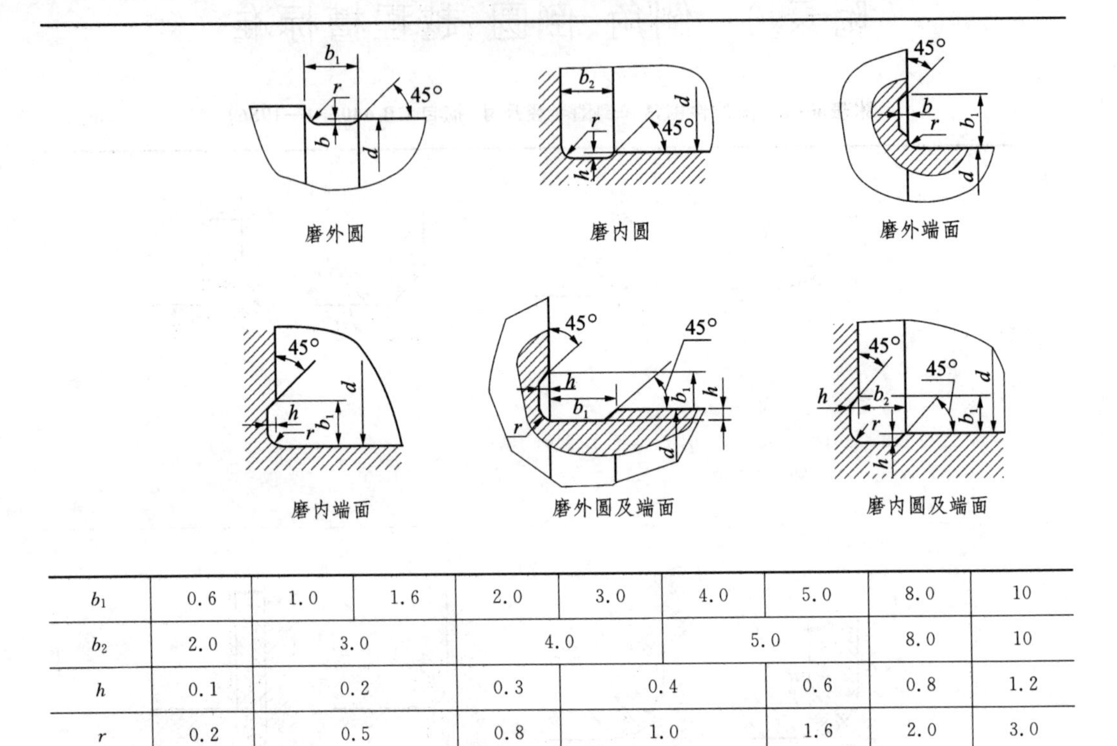

b_1	0.6	1.0	1.6	2.0	3.0	4.0	5.0	8.0	10
b_2	2.0	3.0		4.0		5.0		8.0	10
h	0.1	0.2		0.3	0.4		0.6	0.8	1.2
r	0.2	0.5		0.8	1.0		1.6	2.0	3.0
d	～10			＞10～15		＞50～100		＞100	

注：1. 越程槽内两直线相交处，不允许产生尖角。

2. 越程槽深度 h 与圆弧半径 r 要满足 $r \leqslant 3h$。

3. 磨削具有数个直径的工件时，可使用同一规格的越程槽。

4. 直径 d 值大的零件，吞许选择小规格的砂轮越程槽。

附录 7　轴和孔的极限偏差

附表 7-1　标准公差数值(摘自 GB/T 1800.4—1999)

公称尺寸/mm		IT1	IT2	IT3	IT4	IT5	IT6	IT7	IT8	IT9	IT10	IT11	IT12	IT13	IT14	IT15	IT16	IT17	IT18
大于	至	/μm											/mm						
—	3	0.8	1.2	2	3	4	6	10	14	25	40	60	0.1	0.14	0.25	0.4	0.6	1	1.4
3	6	1	1.5	2.5	4	5	8	12	18	30	48	75	0.12	0.18	0.3	0.48	0.75	1.2	4.8
6	10	1	1.5	2.5	4	6	9	15	22	36	58	90	0.15	0.22	0.36	0.58	0.9	1.5	2.2
10	18	1.2	2	3	5	8	11	18	27	43	70	110	0.18	0.28	0.43	0.7	1.1	1.8	2.7
18	30	1.5	2.5	4	6	9	13	21	33	52	84	130	1.21	0.33	0.52	0.84	1.3	2.1	3.3
30	50	1.5	2.5	4	7	11	16	25	39	62	100	160	0.25	0.39	0.62	1	1.6	2.5	3.9
50	80	2	3	5	8	13	19	30	46	74	120	190	0.3	0.46	0.74	1.2	1.9	3	4.6
80	120	2.5	4	6	10	15	22	35	54	87	140	220	0.35	0.54	0.87	1.4	2.2	3.5	5.4
120	180	3.5	5	8	12	18	25	40	63	100	160	250	0.4	0.63	1	1.6	2.5	4	6.3
180	250	4.5	7	10	14	20	29	46	72	115	185	290	0.46	0.72	1.15	1.85	2.9	4.6	7.2
250	315	6	8	12	16	23	32	52	81	130	210	320	0.52	0.87	1.3	2.1	3.2	5.2	8.1
315	400	7	9	13	18	25	36	57	89	140	230	360	0.57	0.89	1.4	2.3	3.6	5.7	8.9
400	500	8	10	15	20	27	40	63	97	155	250	400	0.63	0.97	1.55	2.5	4	6.3	9.7
500	630	9	11	16	22	32	44	70	110	175	280	440	0.7	1.1	1.75	2.8	4.4	7	11
630	800	10	13	18	25	36	50	80	125	200	320	500	0.8	1.25	2	3.2	5	8	12.5
800	1 000	11	15	21	28	40	56	90	140	230	360	560	0.9	1.4	2.3	3.6	5.3	9	14
1 000	1 250	13	18	24	33	47	66	105	165	260	420	660	1.05	1.65	2.6	4.2	6.6	10.5	16.5
1 250	1 600	15	21	29	39	55	78	125	195	310	500	780	1.25	1.95	3.1	5	7.8	12.5	19.5
1 600	2 000	18	25	35	46	65	92	150	230	370	600	920	1.5	2.3	3.7	6	9.2	15	23
2 000	2 500	22	30	41	55	78	110	175	280	440	700	1 100	1.75	2.8	4.4	7	11	17.5	28
2 500	3 150	26	36	50	68	96	135	210	330	540	860	1 350	3.1	3.3	5.4	8.6	13.5	21	33

注：1. 基本尺寸大于 50 mm 的 IT1～IT5 的标准公差数值为试行的。

2. 基本尺寸小于或等于 1 mm 时，无 IT14～IT18。

附表 7-2 轴的基本偏差数

公称尺寸/mm		基本															
		上偏差 es												IT5和IT6	IT7	IT8	IT4和IT7
		所有标准公差等级															
大于	至	a	b	c	cd	d	e	ef	f	fg	g	h	js	j			
—	3	−270	−140	−60	−34	−20	−14	−10	−6	−4	−2	0		−2	−4	−6	0
3	6	−270	−140	−70	−46	−30	−20	−14	−10	−6	−4	0		−2	—		+1
6	10	−280	−150	−80	−56	−40	−25	−18	−13	−8	−5	0		−2	—		+1
10	14	−290	−150	−95		−50	−32		−16		−6	0		−3			+1
14	18																
18	24	−300	−160	−10		−65	−40		−20		−7	0		−4			+2
24	30																
30	40	−310	−170	−120		−80	−50		−25		−9	0		−5			+2
40	50	−320	−180	−130													
50	65	−340	−190	−140		−100	−60		−30		−10	0		−7			+2
65	80	−360	−200	−150													
80	100	−380	−220	−170		−120	−72		−36		−12	0		−9			+3
100	120	−410	−240	−180													
120	140	−460	−260	−200		−145	−85		−43		−14	0		−11			+3
140	160	−520	−280	−210													
160	180	−580	−310	−230													
180	200	−660	−340	−240		−170	−100		−50		−5	0		−13			+4
200	225	−740	−880	−260													
225	250	−820	−420	−280									偏差=±ITn/2,式中ITn是IT数值				
250	280	−920	−480	−300		−190	−110		−56		−17	0		−16			+4
280	315	−1 050	−540	−330													
315	355	−1 200	−600	−360		−210	−125		−62		−18	0		−18			+4
355	400	−1 350	−680	−400													
400	450	−1 500	−760	−440		−230	−135		−68		−20	0		−20			+5
450	500	−1 650	−840	−480													
500	560					−260	−145		−76		−22	0					0
560	630																
630	710					−290	−160		−80		−24	0					0
710	800																
800	900					−320	−170		−86		−26	0					0
900	1 000																
1 000	1 120					−350	−195		−98		−28	0					0
1 120	1 250																
1 250	1 400					−390	−220		−110		−30	0					0
1 400	1 600																
1 600	1 800					−430	−240		−120		−32	0					0
1 800	2 000																
2 000	2 240					−480	−260		−130		−34	0					0
2 240	2 500																
2 500	2 800					−520	−290		−145		−38	0					0
2 800	3150																

注:1. 基本尺寸小于或等于 1 mm 时,基本差 a、b 均不采用。
2. 公差带 js7～js11,若 ITn 值数是奇数,则去偏差=±ITn/2。

值(摘自 GB/T 1800.3—1998)

μm

偏差数值														
≤IT3 >IT7	下偏差 ei													
k	m	n	p	r	s	t	u	v	x	y	z	za	zb	zc
0	+2	+4	+6	+10	+14		+18		+20		+26	+32	+40	+60
0	+4	+8	+12	+15	+19		23		+28		+35	+42	+50	+80
0	+6	+10	+15	+19	+23		+28		+34		+42	+52	+67	+97
0	+7	+12	+18	+23	+28		+33		+40		+50	+64	+90	+130
								+39	+45		+60	+77	+108	+150
0	+8	+15	+22	+28	+35		+41	+47	+54	+63	+73	+98	+136	+188
						+41	+48	+55	+64	+75	+88	+118	+160	+218
0	+9	+17	+26	+34	+43	+48	+60	+68	+80	+94	+112	+148	+200	+271
						+54	+70	+81	+97	+114	+136	+180	+242	+325
0	+11	+20	+32	+41	+53	+66	+87	+102	+122	+144	+172	+226	+300	+405
				+43	+59	+75	+102	+120	+146	+174	+210	+274	+30	+480
0	+13	+23	+37	+51	+71	+91	+124	+146	+178	+214	+258	+335	+445	+585
				+54	+79	+104	+144	+172	+210	+254	+310	+400	+525	+690
0	+15	+27	+43	+63	+92	+122	+170	+202	+248	+300	+365	+470	+620	+800
				+65	+100	+134	+190	+228	+280	+340	+415	+535	+700	+900
				+68	+108	+146	+210	+252	+310	+380	+465	+600	+780	+1 000
0	+17	+31	+50	+77	+122	+166	+236	+284	+350	+425	+520	+670	+880	+1 150
				+80	+130	+180	+258	+310	+385	+470	+575	+740	+960	+1 250
				+84	+140	+196	+284	+340	+425	+520	+640	+820	+1 050	+1 350
0	+20	+34	+56	+94	+158	+218	+315	+385	+475	+580	+710	+920	+1 200	+1 550
				+98	+170	+240	+350	+425	+525	+650	+790	+1 000	+1 300	+1 700
0	+21	+37	+62	+108	+190	+268	+390	+475	+590	+730	+900	+1 150	+1 500	+1 900
				+114	+208	+294	+435	+530	+660	+820	+1 000	+1 300	+1 650	+2 100
0	+23	+40	+68	+126	+232	+330	+490	+595	+740	+920	+1 100	+1 450	+1 850	+2 400
				+132	+252	+360	+540	+660	+820	+1 000	+1 250	+1 600	+2 100	+2 600
0	+26	+44	+78	+150	+280	+400	+600							
				+155	+310	+450	+660							
0	+30	+50	+88	+175	+340	+500	+740							
				+185	+380	+560	+840							
0	+34	+56	+100	+210	+430	+620	+940							
				+220	+470	+680	+1 050							
0	+40	+66	+120	+250	+520	+780	+1 150							
				+260	+580	+840	+1 300							
0	+48	+78	+140	+300	+640	+960	+1 450							
				+330	+720	+1 050	+1 600							
0	+58	+92	+170	+370	+820	+1 200	+1 850							
				+400	+920	+1 350	+2 000							
0	+68	+110	+195	+440	+1 000	+1 500	+2 300							
				+460	+1 100	+1 650	+2 500							
0	+76	+135	+240	+550	+1 250	+1 900	+2 900							
				+580	+1 400	+2 100	+3 200							

附表 7-3　孔的基本偏差数

公称尺寸/mm		基本偏差																				
		下偏差 EI																				
		所有标准公差等级												IT6	IT7	IT8	≤IT8	>IT8	≤IT8	>IT8	≤IT8	>IT8
大于	至	A	B	C	CD	D	E	EF	F	FG	G	H	JS	J			K		M		N	
—	3	+270	+140	+60	+34	+20	+14	+10	+6	−4	+2	0		+2	+4	+6	0	0	−2	−2	−4	−4
3	6	+270	+140	+70	+46	+30	+20	+14	+10	+6	+4	0		+5	+6	+10	−1+Δ		−4+Δ	−4	−8+Δ	0
6	10	+280	+150	+80	+56	+40	+25	+18	+13	+8	+5	0		+5	+8	+12	−1+Δ		−6+Δ	−6	−10+Δ	0
10	14	+290	+150	+95		+50	+32		+16		+6	0		+6	+10	+15	−1+Δ		−7+Δ	−7	−12+Δ	
14	18																					
18	24	+300	+160	+110		+65	+40		+20		+7	0		+8	+12	+20	−2+Δ		−8+Δ	−8	−15+Δ	0
24	30																					
30	40	+310	+170	+120		+80	+150		+25		+9	0		+10	+14	+24	−2+Δ		−9+Δ	−9	−17+Δ	0
40	50	+320	+180	+130																		
50	65	+340	+190	+140		+100	+60		+30		+10	0		+13	+18	+28	−2+Δ		−11+Δ	−11	−20+Δ	0
65	80	+360	+200	+150																		
80	100	+380	+230	+170		+110	+72		+36		+12	0		+16	+22	+34	−3+Δ		−13+Δ	−13	−23+Δ	0
100	120	+410	+240	+180																		
120	140	+460	+260	+200		+145	+85		+43		+14	0		+18	+26	+41	−3+Δ		−15+Δ	−15	−27+Δ	0
140	160	+520	+280	+210																		
160	180	+580	+310	+230																		
180	200	+660	+310	+240		+170	+100		+50		+15	0		+22	+30	+47	−4+Δ		−17+Δ	−17	−31+Δ	0
200	225	+740	+380	+260																		
225	250	+820	+420	+280																		
250	280	+920	+480	+300		+190	+110		+56		+17	0	偏差=ITn/2,式中ITn是IT值数	+25	+36	+55	−4+Δ		−20+Δ	−20	−34+Δ	0
280	315	+1 050	+540	+300																		
315	344	+1 200	+600	+360		+210	+125		+62		+18	0		+29	+39	+60	−4+Δ		−21+Δ	−21	−37+Δ	0
344	400	+1 350	+680	+400																		
400	450	+1 500	+760	+440		+230	+135		+68		+20	0		+33	+43	+66	−5+Δ		−23+Δ	−23	−40+Δ	0
450	500	+1 660	+840	+480																		
500	560					+260	+145		+76		+22	0					0		26		44	
560	630																					
630	710					+290	+160		+80		+24	0					0		30		50	
710	800																					
800	900					+320	+170		+86		+26	0					0		34		56	
900	1 000																					
1 000	1 120					+350	+195		+98		+28	0					0		40		65	
1 120	1 250																					
1 250	1 400					+390	+220		+110		+30	0					0		48		78	
1 400	1 600																					
1 600	1 800					+430	+240		+120		+32	0					0		56		92	
1 800	2 000																					
2 000	2 240					+48	+250		+130		+34	0					0		68		110	
2 240	2 500																					
2 500	2 800					+52	+290		+145		+38	0					0		76		135	
2 800	3 150																					

注：1. 基本尺寸小于或等于 1 mm，基本偏差 A 和 B 及大于 IT8 的 N 均不采用。

2. 公差带 JS7～JS1，若 ITn 值是奇数，则取偏差＝±(ITn−1)/2。

3. 对小于或等于 IT8 的 K、M、N 和小于或等于 IT7 的 P～ZC，所需 Δ 值从表内右侧选取。
例如，18～30 mm 段的 K7，Δ=8 μm，所以 ES=(−2+8)μm；18～33 mm 段的 S6，Δ=4 μm，所以 ES=(−35+4)μm。

4. 特殊情况：250～315 mm 段的 M6，ES=−9 μm(代替−11 μm)。

值(摘自 GB/T 1800.3—1998)

μm

数值													Δ值					
上偏差 ES																		
≤IT7	标准公差等级大于IT7												标准公差等级					
P~ZC	P	R	S	T	U	V	X	Y	Z	ZA	ZB	ZC	IT3	IT4	IT5	IT6	IT7	IT8
在大于IT7的相应数值上加一个Δ值	−6	−10	−14		−18		−20		−26	−32	−40	−60	0	0	0	0	0	0
	−12	−15	−19		−23		−28		−35	−42	−50	−80	1	1.5	1	3	4	6
	−15	−19	−23		−28		−34		−42	−52	−67	−97	1	1.5	2	3	6	7
	−18	−23	−28		−33		−40		−50	−64	−90	−130	1	2	3	3	7	9
						−39	−45		−60	−77	−108	−150						
	−22	−28	−35		−41	−47	−54	−63	−73	−98	−136	−188	1.5	2	3	4	8	12
				−41	−48	−55	−64	−75	−88	−118	−160	−218						
	−26	−34	−43	−48	−60	−68	−80	−94	−112	−148	−200	−274	1.5	3	4	5	9	14
				−54	−70	−81	−97	−114	−136	−180	−242	−325						
	−32	−41	−53	−66	−87	−102	−122	−144	−172	−226	−300	−405	2	3	5	6	11	16
		−43	−59	−75	−102	−120	−146	−174	−210	−274	−360	−480						
	−37	−51	−71	−91	−124	−146	−178	−214	−258	−335	−445	−585	2	4	5	7	13	19
		−54	−79	−104	−144	−172	−210	−257	−310	−400	−525	−690						
	−43	−63	−92	−122	−170	−202	−248	−300	−365	−470	−620	−800	3	4	6	7	15	23
		−65	−100	−134	−190	−228	−280	−340	−415	−535	−700	−900						
		−68	−108	−146	−210	−252	−310	−380	−465	−600	−780	−1 000						
	−50	−77	−122	−166	−236	−284	−350	−425	−520	−670	−880	−1 150	3	4	6	9	17	26
		−80	−130	−180	−258	−310	−385	−470	−575	−740	−960	−1 250						
		−84	−140	−196	−284	−340	−425	−520	−640	−820	−1 050	−1 350						
	−56	−94	−158	−218	−315	−385	−475	−580	−710	−920	−1 200	−1 550	4	4	7	9	20	29
		−98	−170	−240	−350	−425	−525	−650	−790	−1 000	−1 300	−1 700						
	−62	−108	−190	−268	−390	−475	−590	−730	−900	−1 150	−1 500	−1 900	4	5	7	11	21	32
		−114	−208	−294	−435	−530	−660	−820	−100	−1 300	−1 650	−2 100						
	−68	−126	−232	−330	490	−595	−750	−920	−1 100	−1 450	−1 850	−2 400	5	5	7	13	23	34
		−132	−252	−360	−540	−660	−820	−1 000	−1 250	−1 600	−2 100	−2 600						
	−78	−150	−280	−400	−600													
		−155	−310	−450	−660													
	−88	−175	−340	−500	−740													
		−185	−380	−560	−840													
	−100	−210	−430	−620	−940													
		−220	−470	−680	−1 050													
	−120	−250	−520	−780	−1 150													
		−260	−580	−810	−1 300													
	−140	−300	−640	−960	−1 450													
		−330	−720	−1 050	−1 600													
	−170	−370	−820	−1 200	−1 850													
		−400	−920	−1 350	−2 000													
	−195	−440	−1 000	−1 500	−2 300													
		−460	−1 100	−1 650	−2 500													
	−240	−550	−1 250	−1 900	−2 900													
		−580	−1 400	−2 100	−3 200													

附表 7-4 优先配合中轴的极限偏差(摘自 GB/T 1800.4—1999) μm

公称尺寸/mm		公差带												
		c	d	f	g	h				k	n	p	s	u
大于	至	11	9	7	6	6	7	9	11	6	6	6	6	6
	3	−60 −120	−20 −45	−6 −16	−2 −8	0 −6	0 −20	0 −25	0 −60	+6 0	+10 +4	+12 +6	+20 +14	+24 +18
3	6	−70 −145	−30 −60	−10 −22	−4 −12	0 −8	0 −12	0 −30	0 −75	+9 +1	+16 +8	+20 +12	+27 +19	+31 +23
6	10	−80 −170	−40 −76	−13 −28	−5 −14	−0 −9	−0 −15	−0 −36	−0 −90	+10 +1	+19 +10	+24 +15	+32 +23	+37 +28
10	14	−95 −205	−50 −93	−16 −34	−6 −17	−0 −11	−0 −18	−0 −43	−0 −110	+12 +1	+23 +12	+29 +18	+39 +28	+44 +33
14	18													
18	24	−110 −240	−65 −117	−20 −41	−7 −20	−0 −13	−0 −21	−0 −52	−0 −130	+15 +2	+28 +15	+35 +22	+48 +35	+54 +41
24	30													+61 +48
30	40	−120 −280	−18 −142	−25 −50	−9 −25	−0 −16	−0 −25	−0 −62	−0 −160	+18 +2	+33 +17	+42 +26	+59 +43	+75 +60
40	50	−130 −290												+86 +70
50	65	−140 −330	−100 −174	−30 −60	−10 −29	0 −19	0 −30	0 −74	0 −190	+21 +2	+39 +20	+51 +32	+72 +53	+106 +87
65	80	−150 −340											+78 +59	+121 +102
80	100	−170 −390	−120 −207	−36 −71	−12 −34	0 −22	0 −35	0 −87	0 −220	+25 +3	+45 +23	+59 +37	+93 +71	+146 +124
100	120	−180 −400											+101 +79	+166 +144
120	140	−200 −450											+114 +92	+195 +170
140	160	−210 −460	−145 −245	−43 −83	−14 −39	0 −25	0 −40	0 −100	0 −250	+28 +3	+52 +27	+68 +43	+125 +100	+215 +190
160	180	−230 −480											+133 +108	+235 +210
180	200	−240 −530											+151 +122	+265 +236
200	225	−260 −550	−170 −285	−50 −96	−15 −44	0 −29	0 −46	0 −115	0 −290	+33 +4	+60 +31	+79 +50	+159 +130	+287 +258
225	250	−280 −570											+169 +140	+313 +284
250	280	−300 −620	−190 −320	−56 −108	−17 −49	0 −32	0 −52	0 −130	0 −320	+36 +4	+66 +34	+88 +56	+190 +158	+347 +345
280	315	−330 −650											+202 +170	+382 +350
315	355	−360 −720	−210 −350	−62 −119	−18 −54	0 −36	0 −57	0 −140	0 −360	+40 +4	+73 +37	+98 +62	+226 +190	+426 +390
355	400	−400 −760											+244 +208	+471 +435
400	450	−400 −840	−230 −385	−68 −131	−20 −60	0 −40	0 −63	0 −155	0 −400	+45 +5	+80 +40	+108 +68	+272 +232	+530 +490
450	500	−480 −880											+292 +252	+580 +540

附表 7-5 优先配合中孔的极限偏差(摘自 GB/T 1800.4—1999) μm

公称尺寸/mm		公差带												
		C	D	F	G	H				K	N	P	S	U
大于	至	11	9	8	7	7	8	9	11	7	7	7	7	7
—	3	+120 +60	+45 +20	+20 +6	+12 +2	+10 0	+14 0	+25 0	+60 0	0 −10	−4 −14	−6 −16	−14 −24	−18 −28
3	6	+145 +70	+60 +30	+28 +10	+16 +4	+12 0	+18 0	+30 0	+75 0	+3 −9	−4 −16	−8 −20	−15 −27	−19 −31
6	10	+170 +80	+76 +40	+35 +13	+20 +5	+15 0	+22 0	+36 0	+90 0	+5 −10	−4 −19	−9 −24	−17 −32	−22 −37
10	14	+205 +95	+93 +50	+43 +16	+24 +6	+18 0	+27 0	+43 0	+110 0	+6 −12	−5 −23	−11 −29	−21 −39	−26 −44
14	18													
18	24	+240 +110	+117 +65	+53 +20	+28 +7	+21 0	+33 0	+52 0	+130 0	+6 −15	−7 −28	−14 −35	−27 −48	−33 −54
24	30													−40 −61
30	40	+280 +120	+142 +80	+64 +25	+34 +9	+25 0	+39 0	+62 0	+160 0	+7 −18	−8 −33	−17 −42	−34 −59	−51 −76
40	50	+290 +130												−61 −86
50	65	+330 +140	+174 +100	+76 +30	+40 +10	+30 0	+46 0	+74 0	+190 0	+9 −21	−9 −39	−21 −51	−42 −72	−76 −106
65	80	+340 +150											−48 −78	−91 −121
80	100	+390 +170	+207 +120	+90 +36	+47 +12	+35 0	+54 0	+87 0	+220 0	+10 −25	−10 −45	−24 −59	−58 −93	−111 −146
100	120	+400 +180											−66 −101	−131 −166
120	140	+450 +200	+245 +145	+106 +43	+54 +14	+40 0	+63 0	+100 0	+250 0	+12 −28	−12 −52	−28 −68	−77 −117	−155 −195
140	160	+460 +210											−85 −125	−175 −215
160	180	+480 +230											−93 −133	−195 −235
180	200	+530 +240	+285 +170	+122 +50	+61 +15	+46 0	+72 0	+115 0	+290 0	+13 −33	−14 −60	−33 −79	−105 −151	−219 −265
200	225	+550 +260											−133 −159	−241 −287
225	250	+570 +280											−123 −169	−267 −313
250	280	+620 +300	+320 +190	+137 +56	+69 +17	+52 0	+81 0	130 0	+320 0	+16 −36	−14 −99	−36 −88	−138 −190	−295 −347
280	315	+650 +330											−150 −202	−330 −382
315	355	+720 +360	+350 +210	+151 +62	+75 +18	+57 0	+89 0	+140 0	+360 0	+17 −40	−16 −73	−41 −98	−169 −226	−369 −426
355	400	+760 +400											−187 −244	−414 −471
400	450	+840 +440	+385 +230	+165 +68	+83 +20	+63 0	+97 0	+155 0	+400 0	+18 −45	−17 −80	−45 −108	−209 −272	−467 −530
450	500	+880 +480											−229 −292	−157 −580

附录8 常用金属材料、热处理和表面处理

附表 8-1 常用钢材牌号及用途

名 称	牌 号	应用举例
碳素结构钢 (GB 70—2006)	Q215 Q235	塑性较高，强度较低，焊接性好。常用做各种板材料及型钢，制作工程结构或机器中受力不大的零件，如螺钉、螺母、垫圈、吊钩、拉杆等；也可渗碳，制作不重要的渗碳零件
优质碳素结构钢 (GB 699—1999)	15 20	塑性、韧性、焊接性和冷冲性很好，但强度较低。用于制造受力不大、韧性要求较高的零件、紧固件、渗碳零件及不要求热处理的低负荷零件，如螺栓、螺钉、拉条、法兰盘等
	35	有较好的塑性和适当的强度，用于制造曲轴、转轴、轴销、杠杆、连杆、横梁、链轮、垫圈、螺钉、螺母等。这种钢多在正火和调质状态下使用，一般不作焊接用
	40 45	用于要求强度较高、韧性要求中等的零件，通常进行调质或正火处理。用于制造齿轮、齿条、链轮、轴、曲轴等，经高频表面淬火后可替代渗碳钢制作齿轮、轴、活塞销等零件
	55	经热处理后有较高的表面硬度和强度，具有较好韧性，一般经正火或淬火、回火后使用。用于制造齿轮、连杆、轮圈或轮辊等。焊接性及冷变形性均低
	65	一般经淬火中温回火，具有较高弹性，使用于制作小尺寸弹簧
	15Mn	性能与15钢相似，但其淬透性、强度和塑性均高于15钢。用于制作中心部分的力学件能要求较高且需渗碳的零件。这种钢焊接性好
	65Mn	性能与65钢相似，适于制造弹簧、弹簧垫圈、弹簧环和片，以及冷拔钢丝(小于等于7 mm)和发条
合金结构钢 (GB 3077—1999)	20Cr	用于渗碳零件，制作受力不太大、不需要强度很高的耐磨零件，如机床齿轮、齿轮轴、蜗杆、凸轮、活塞销等
	40Cr	调质后强度比碳钢高，常用做中等截面、要求力学性能比碳钢高的重要调质零件，如齿轮、轴、曲轴、连杆螺栓等
	20CrMnTi	强度、韧性均高，是铬镍钢的代用材料。经热处理后，用于承受高速、中等或重负荷以及冲击、磨损等的重要零件，如渗碳齿轮、凸轮等
	38CrMoAl	是渗氮专用钢种，经热处理后用于要求高耐磨性，高疲劳强度和相当高的强度且热处理变形小的零件，如镗杆、主轴、齿轮、蜗杆、套筒、套环等
	35SiMn	除了要求低温(-20℃以下)及冲击韧性很高的情况外，可全面替代4 0Cr作调质钢；亦可部分替代40CrNi，制作中小型轴类、齿轮等零件
	50CrVA	用于ϕ30～ϕ50 mm重要的承受大应力的各种弹簧，也可用做大截面的温度低于400℃的气阀弹簧、喷油嘴弹簧等
铸钢 (GB 11352—2009)	ZG200—400	用于各种形状的零件，如机座、变速箱壳等
	ZG23—450	用于铸造平坦的零件，如机座、机盖、箱体等
	ZG270—500	用于各种形状的零件，如飞机、机架、水压机工作缸、横梁等

附表 8-2　常用铸铁牌号及用途

名　称	牌　号	应用举例	说　明
灰铸铁 (JB/T 8949.1—1999) (JB/T 8949.2—1999)	HT100	低载荷和不重要零件，如盖、外罩、手轮、支架、重锤等	牌号中“HT”是“灰铁”二字汉语拼音的第一个字母，其后的数字表示最低抗托强度(MPa)，但这一力学性能与铸件壁厚有关
	HT150	承受中等应力的零件，如支柱、底座、齿轮箱、工作台、刀架、端盖、阀体、管路附件及一般无工作条件要求的零件	
	HT200 HT250	承受较大应力和较重要零件，如汽缸、齿轮、机座、飞轮、床身、缸套、活塞、刹车轮、联轴器、齿轮箱、轴承座、油缸等	
球墨铸铁 (GB 1348—2009)	QT400—15 QT450—10 QT500—7 QT600—3 QT700—2	球墨铸铁可替代部分碳钢、合金，用来只在一些受力复杂，强度、韧性和耐磨性要求高的零件。前两种牌号球墨铸铁，具有较高的韧性与塑性，常用来只在受压阀门、机器底座、汽车后桥壳等；后两种牌号的球墨铸铁，具有较高的强度与耐磨性，常用来制造拖拉机或柴油机中的曲轴、连杆、凸轮轴，各种齿轮，机床的主轴、蜗杆、蜗轮、轧钢机的轧辊、大齿轮、大型水压机的工作缸、缸套、活塞等	牌号中“QT”是“球铁”两字汉语拼音的第一个字母，后面两组数字分别表示其最低抗拉强度(MPa)和最小伸长率('100)

附表 8-3　常用有色金属牌号及用途

名　称			牌　号	应用举例
加工黄铜 (GB 5232—85)	普通黄铜		H62	销钉、铆钉、螺钉、螺母、垫圈、弹簧等
			68	复杂的冷冲压件、散热器外壳、弹壳、导管、渡纹管、轴套等
			H90	双金属片、供水和排水管、证章、艺术品等
	铍青铜		QBe2	用于重要的弹簧及弹性元件.耐磨零件以及在高速高压和高温下工作的轴承等
	铅青铜		HPb59—1	用于仪器仪表等工业部门用的切削加工零件，如销、螺钉、螺母、轴套等
加工青铜 (GB 5232—85)	锡青铜	加工锡青铜	QSn4—3	弹性元件、管配件、化工机械中耐磨零件及抗磁零件
			QSn6.5—0.1	弹簧、接触片、振动片、精密仪器中的耐磨零件
		铸造锡青铜	ACuSn10Pb1	重要的减磨零件，如轴承、轴套、蜗轮、摩擦轮、机床丝杆螺母等
			ZCuSn5Pb5Zn5	中速、中载荷的轴承、轴套、蜗轮等耐磨零件
铸造铝合金 (GB 1172—86)			ZAlSi7Mg (ZL101)	形状复杂的砂型、金属型和压力铸造零件，如飞机、仪器的零件，抽水机壳体，工作温度不超过185℃的汽化器等
			ZAlSi12 (ZL102)	形状复杂的砂型、金属型和压力铸造零件，如仪表、抽水机壳体，工作温度在200℃以下要求气密性、承受低负荷的零件
			ZAlSi12Cu2Mg1 (ZL108)	砂型、金属型铸造的要求高温该强度及低膨胀系数的高速内燃机活塞及其他耐热零件

附表8-4　常用热处理和表面处理的方法、应用及代号

名称		牌号	应用举例
钢的常用热处理方法及应用	退火(焖火)	退火是将钢件(或钢坯)加热到临界温度以上30～50℃保温一段时间,然后再缓慢地冷却下来(一般用炉冷)	用来消除铸、焊零件的内应力,降低硬度,以易于切削加工,细化金属晶粒,改善组织,增加韧度
	正火(正常化)	正火是将钢件加热到临界温度以上,保温一段时间,然后用空气冷却,冷却速度比退火快	用来处理低碳和中碳结构钢材及渗碳零件,使其组织细化,增加强度及韧度,减少内应力,改善切削性能
	淬火	淬火是将钢件加热到临界温度以上,保温一段时间,然后放入水、盐水或油中(个别材料在空气中)急剧冷却,使其得到高硬度	用来提高钢的硬度和强度极限,但淬火时会引起内应力使钢变脆,所以淬火后必须回火
	回火	回火是将淬硬的钢件加热到临界点以下的温度,保温一段时间,然后在空气中或油中冷却下来	用来消除淬火后的脆性和内应力,提高钢的塑性和冲击韧度
	调质	淬火后高温回火	用来使钢获得高的韧度和足够的强度,很多重要零件是经过调质处理的
	表面淬火	使零件表层有高的硬度和耐磨性,而心部保持原有的强度和韧度	常用来处理轮齿的表面
	时效	将钢加热到不大于120～130℃,长时间保温后,随炉或取出在空气中冷却	用来消除或减小淬火后的微观应力,防止变形和开裂,稳定工作的形状及储存以及消除机械加工的残余应力
	渗碳	使表面增碳;渗碳层深度0.4～6 mm或大于6 mm。硬度为HRC56～65	增加钢件的耐磨性能、表面硬度、抗拉强度及疲劳极限。适用于低碳、中碳(小于0.40%C)结构钢的中小型零件和大型的重负荷、受冲击、耐磨的零件
钢的化学热处理方法及应用	液体碳氮共渗	使表面增加碳与氮;扩散层深度较浅,为0.02～3.0 mm;硬度高,在共渗层为0.02～0.04 mm时具有HRC66～70	增加结构钢、工具钢制件的耐磨性能、表面硬度和疲劳极限,提高刀具切削性能和使用寿命。适用于要求硬度高、耐磨的中、小型及薄片的零件和刀具等
	渗氮	表面增氮,氮化层为0.025～0.8 mm,而渗氮时间需4～5小时,硬度很高(HV1200),耐磨、抗蚀性能高	增加钢件的耐磨性能、表面硬度、疲劳极限和抗蚀能力。适用于结构钢和铸铁件,如气缸套、气门座、机床主轴、丝杠等耐磨零件,以及在潮湿碱水和燃烧气体介质的环境中工作的零件,如水泵轴、排气阀等零件

附表 8－5　常用热处理工艺及代号(摘自 GB/T 12603—90)

工　艺	代　号	工　艺	代　号	工艺代号意义
退火	5111	表面淬火和回火	5210	例： 5　1　3　1　e 冷却介质(油) 工艺方法(加热炉) 工艺名称(淬火) 工艺类型(整体热处理) 热处理
正火	5121	感应淬火和回火	5212	
调质	5151	火焰淬火和回火	5213	
淬火	5130	渗碳	5310	
空冷淬火	5131a	固体渗碳	5311S	
油冷淬火	5131e	液体渗碳	53111	
水冷淬火	5131W	气体渗碳	5311G	
感应加热淬火	5132	渗氮	5330	
淬火和回火	5141	碳氮共渗	5340	

附录9 常用标准结构和标准数据

附表 9-1 中心孔(GB/T 145—2001)摘编 mm

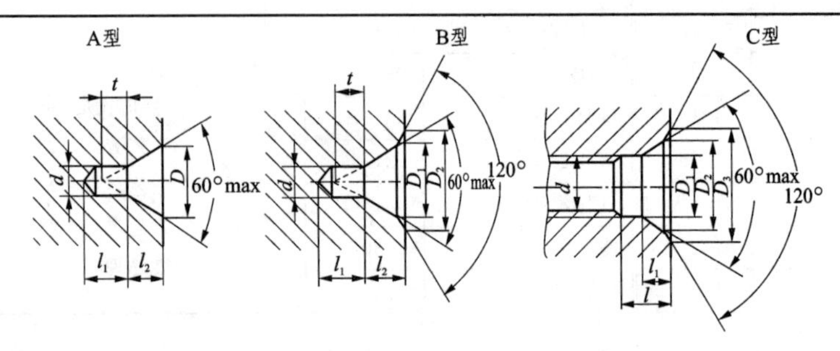

(D、l_2 制造厂可任选其一) (D_2、l_2 制造厂可任选其一)

中心孔尺寸

A 型				B 型					C 型					
d	D	l_2	t 参考	d	D_1	D_2	l_2	t 参考	d	D_1	D_2	D_3	l	l_1 参考
2.00	4.25	1.95	1.8	2.00	4.25	6.30	2.54	1.8	M4	4.3	6.7	7.4	3.2	2.1
2.50	5.30	2.42	2.2	2.50	5.30	8.00	3.20	2.2	M5	5.3	8.1	8.8	4.0	2.4
3.15	6.70	3.07	2.8	3.15	6.70	10.00	4.03	2.8	M6	6.4	9.6	10.5	5.0	2.8
4.00	8.50	3.90	3.5	4.00	8.50	12.50	5.05	3.5	M8	8.4	12.2	13.2	6.0	3.3
(5.00)	10.60	4.85	4.4	(5.00)	10.60	16.00	6.41	4.4	M10	10.5	14.9	16.3	7.5	3.8
6.30	13.20	5.98	5.5	6.30	13.20	18.00	7.36	5.5	M12	13.0	18.1	19.8	9.5	4.4
(8.00)	17.00	7.79	7.0	(8.00)	17.00	22.40	9.36	7.0	M16	17.0	23.0	25.3	12.0	5.2
10.00	21.20	9.70	8.7	10.00	21.20	28.00	11.66	8.7	M20	21.0	28.4	31.3	15.0	6.4

注:① 尺寸 l_1 取决于中心钻的长度,此值不应小于 l 值(对A型、B型)。

② 括号内的尺寸尽量不采用。

③ R型中心孔未列入。

附表 9-2 中心孔表示法(GB/T 4459.5—1999)摘编

要 求	符 号	表示法示例	说 明
在完工的零件上要求保留中心孔		GB/T 4459.5-B2.5/8	采用B型中心孔 d=2.5 mm D_1=8 mm 在完工的零件上要求保留
在完工的零件上可以保留中心孔		GB/T 4459.5-A4/8.5	采用A型中心孔 d=4 mm D_1=8.5 mm 在完工的零件上是否保留都可以
在完工的零件上不允许保留中心孔		GB/T 4459.5-A1.6/3.35	采用A型中心孔 d=1.6 mm D_1=3.35 mm 在完工的零件上不允许保留

注:在不致引起误解时,可省略标记中的标准编号。

参考文献

[1] 李澄，吴天生，闻百桥，等. 机械制图[M]. 2版. 北京：高等教育出版社，2003.

[2] 朱培勤. 机械制图及计算机绘图项目化教程[M]. 上海：上海交通大学出版社，2010.

[3] 刘力，王冰. 机械制图[M]. 3版. 北京：高等教育出版社，2008.

[4] 李慧，赵红梅，姚建英. 机械制图[M]. 长沙：中南大学出版社，2009.

[5] 叶曙光. 机械制图[M]. 北京：机械工业出版社，2008.

[6] 赵大兴，李天宝. 工程图学[M]. 北京：机械工业出版社，2001.

[7] 刘朝儒，吴志均，高振一. 机械制图[M]. 北京：高等教育出版社，2006.

[8] 郑家骧，陈桂英. 机械制图及计算机绘图[M]. 北京：机械工业出版社，2004.

[9] 郭纪林，顾吉仁，周华军. 工程图学[M]. 北京：北京理工大学出版社，2011.

[10] 王启美，吕强. 现代工程设计制图[M]. 3版. 北京：人民邮电出版社，2007.

[11] 夏华生，王梓森. 机械制图[M]. 2版. 北京：高等教育出版社，1988.

[12] 钱可强. 机械制图[M]. 5版. 北京：中国劳动社会保障出版社，2007.

[13] 丁建春. 计算机制图[M]. 北京：中国劳动社会保障出版社，2008.

[14] 徐江华，王莹莹，俞大丽，等. AutoCAD 2014 中文版基础教程[M]. 北京：中国青年出版社，2014.

[15] 郑阿奇. AutoCAD 实用教程[M]. 3版. 北京：电子工业出版社，2007.

[16] 张启光. 计算机绘图(机械图样)——AutoCAD2008[M]. 北京：高等教育出版社，2010.

[17] 魏永庚，杨宏慧，曹立文. 聚焦 AutoCAD2008 之机械制图[M]. 北京：电子工业出版社，2010.

[18] 全国技术产品文件标准化技术委员会，中国标准出版社第三编辑室. 技术产品文件标准汇编 技术制图卷[S]. 2版. 北京：中国标准出版社，2009.

[19] 全国技术产品文件标准化技术委员会，中国标准出版社第三编辑室. 技术产品文件标准汇编 机械制图卷[S]. 2版. 北京：中国标准出版社，2009.

[20] 全国技术产品文件标准化技术委员会，中国标准出版社第三编辑室. 技术产品文件标准汇编 CAD 制图卷[S]. 2版. 北京：中国标准出版社，2012.